Thomas Hülshoff
Das Gehirn

Bücher aus verwandten Sachgebieten:

Grégoire/Lamers/Schaub
Anatomie und Physiologie
ISBN 3-456-83060-2

Fockert et al.
Grundlagen der Entstehung und Erkennung von Krankheiten
ISBN 3-456-83061-0

Meyer (Hrsg.)
Allgemeine Krankheitslehre kompakt
8. vollständig überarbeitete Auflage
ISBN 3-456-83279-6

Guignard/Meerwein
Krankheitslehre für medizinische Praxisassistentinnen
ISBN 3-456-82795-4

Hafner/Meier
Geriatrische Krankheitslehre Teil I
Psychiatrische und neurologische Syndrome
ISBN 3-456-83000-9

Hafner/Meier
Geriatrische Krankheitslehre Teil II
Somatisch verursachte Syndrome
ISBN 3-456-83167-6

Fischer
Lernkartei Pflege
Teil I: Anatomie
ISBN 3-456-82900-0

Fischer
Lernkartei Pflege
Teil II: Innere Medizin
ISBN 3-456-82926-4

Fischer
Lernkartei Pflege
Teil III: Chirurgie
ISBN 3-456-82927-2

Fischer
Lernkartei Pflege
Teil IV: Krankenpflege
ISBN 3-456-82952-3

Fischer
Lernkartei Pflege
Teil V: Staatsbürger-, Gesetzes- und Berufskunde
ISBN 3-456-82953-1

Georg/Frowein (Hrsg.)
PflegeLexikon
ISBN 3-456-83287-7

Arets/Obex/Vaessen/Wagner
Professionelle Pflege 1
Theoretische und praktische Grundlagen
ISBN 3-456-83066-1

Arets/Obex/Ortmans/Wagner
Professionelle Pflege 2
Fähigkeiten und Fertigkeiten
ISBN 3-456-83075-0

Fiersching/Synowitz/Wolf
Professionelle neurologische und neurochirurgische Pflege
ISBN 3-456-83303-2

Tucker
Pflegestandards in der Neurologie
ISBN 3-456-83285-0

Salter
Körperbild und Körperbildstörungen
ISBN 3-456-83274-5

Tideiksaar
Stürze und Sturzprävention
ISBN 3-456-83269-9

Townsend
Pflegediagnosen und Maßnahmen für die psychiatrische Pflege
ISBN 3-456-82813-6

Sauter/Richter
Gewalt in der psychiatrischen Pflege
ISBN 3-456-83043-2

Weitere Informationen über unsere Neuerscheinungen finden Sie im Internet unter:
http://verlag.hanshuber.com oder
per e-mail an: verlag@hanshuber.com.

Thomas Hülshoff

Das Gehirn
Funktionen und Funktionseinbußen

Eine Einführung für pflegende, soziale und pädagogische Berufe

2., überarbeitete und ergänzte Auflage

Verlag Hans Huber
Bern · Göttingen · Toronto · Seattle

Prof. Dr. med. Thomas Hülshoff
Arzt und Familientherapeut. Seit 1986 Professor für Sozialmedizin und medizinische Grundlagen der Heilpädagogik an der Kath. Fachhochschule NW, Abteilung Münster, Fachbereich Sozialwesen. Autor eines Fachbuches über Emotionen.

Anschrift:
Kath. Fachhochschule NW, Abt. Münster, FB Sozialwesen
Piusallee 89–93
48147 Münster
thuelshoff@kfhnw-ms.de

Die Deutsche Bibliothek – CIP-Einheitsaufnahme

Hülshoff, Thomas:
Das Gehirn : Funktionen und Funktionseinbußen ; eine Einführung für pflegende, soziale und pädagogische Berufe / Thomas Hülshoff. - 2., überarb. und erg. Aufl.. - Bern ; Göttingen ; Toronto ; Seattle : Huber, 2000
  ISBN 3-456-83433-0

Das Werk einschließlich aller seiner Teile ist urheberrechtlich geschützt. Jede Verwertung außerhalb der engen Grenzen des Urheberrechtsgesetzes ist ohne Zustimmung des Verlages unzulässig und strafbar. Das gilt insbesondere für Vervielfältigungen, Übersetzungen, Mikroverfilmungen und die Einspeicherung und Verarbeitung in elektronischen Systemen.

© 2000 Verlag Hans Huber, Bern
Lektorat: Dr. Klaus Reinhardt
Herstellung: Peter E. Wüthrich
Satz und Druck: Konkordia Druck GmbH, Bühl
Printed in Germany

Inhalt

Vorwort zur zweiten Auflage 7

Vorwort zur ersten Auflage.. 9

I. Die Grundlagen des Er-Lebens 11

   1. 100 Milliarden Nervenzellen. Von der Feinstruktur des Neurons zur Komplexität des ZNS 13

   2. Schaltpläne. Aufbau und Funktion des Gehirns in der Übersicht 23

   3. Die kleinen grauen Zellen. Die Organisation der Großhirnrinde 33

   4. Linkes Gehirn – rechtes Gehirn? Die funktionale Asymmetrie des Großhirns 47

  ✱ 5. Mischpult der Gefühle. Das Limbische System 59

II. Vom Reiz der Sinne zum Bild der Wirklichkeit 69

   6. Duftende Welten. Der Geruchssinn 71

   7. Vom guten Geschmack. Der Geschmackssinn 79

   8. Alles im Lot. Die Gleichgewichtssinne 89

   9. Herantasten an die Welt. Somatosensorische Systeme 99

  10. Horch, was kommt von draußen rein? Der Hörsinn................... 111

  11. Verständnis schaffen. Hörbehinderung und Schwerhörigkeit 125

  12. Bilder von der Wirklichkeit. Das Sehen 135

III. In Bewegung. Motorische Hirnfunktionen 147

13. Marionetten des Gehirns? Die Organisation motorischer Systeme 149

14. Unsicher. Multiple Sklerose 163

15. «Auf einmal ändert sich alles». Querschnittslähmung 171

16. Mangelnde Feinabstimmung. Infantile Zerebralparese 183

17. «Ob der Phillip heute still …». Hyperkinetisches Syndrom und «minimale zerebrale Dysfunktion» 197

18. Von der «heiligen Krankheit» zum «hirnorganischen Krampfanfall». Epilepsie 213

19. Gegen Widerstand. Die Parkinson'sche Erkrankung 227

20. Aus heiterem Himmel. Schlaganfall 239

IV. Die Welt begreifen. Komplexe kognitive Funktionen 251

21. Unplugged. Musikalisches Empfinden 253

22. Diesseits von Babylon. Sprachentwicklung und Sprachstörungen 265

23. Am Anfang war das Bild. Lesen und Schreiben und ihre Störungen 281

24. Die Welt wird berechenbar. Rechnerisch-mathematische Fähigkeiten und Dyskalkulie 295

25. Wege zur Integration. Geistige Behinderung 311

26. Erschwerter Kontakt. Autismus 325

27. Orientierungslos. Alzheimer-Erkrankung 333

28. Vom Gehirn zum Ich. Bewusstsein, Selbstbewusstsein, Psychosen und die Grenzen unserer Erkenntnis 345

Beantwortung der Multiple-Choice-Fragen 373

Kommentierte Literaturhinweise 375

Medienhinweise 401

Nachweis der Abbildungen und Tabellen 405

Glossar 411

Sachregister 431

Vorwort zur zweiten Auflage

Die Neuauflage des vorliegenden Buches ermöglicht einige inhaltliche und didaktische Erweiterungen. Der Text wurde überarbeitet und ergänzt. Neu aufgenommen wurde ein Kapitel über die Parkinson'sche Erkrankung. Das Schlusskapitel, das sich mit der Rekonstruktion der erlebten Umwelt in den neuronalen Netzen unseres Gehirns und damit mit den komplexen Prozessen des Denkens, Fühlens und reflexiven Selbstbewusstseins befasst, wurde aktualisiert und um eine Beschreibung der Komplexität bei Psychosen des schizophrenen Formenkreises sowie bei manisch-depressiven Störungen erweitert. Dabei kam es mir insbesondere auf eine systemisch-integrative Verknüpfung neurobiologischer, psychischer und sozialer Aspekte an.

Das Literaturverzeichnis wurde aktualisiert und ergänzt.

Neben den Multiple-Choice-Fragen, die dem Überprüfen des Wissens dienen, finden sich jetzt in jedem Kapitel zusätzlich ein bis zwei Vertiefungsfragen, die zu einer weiteren Auseinandersetzung mit der Materie oder als Diskussionsanstöße in Seminaren dienen könnten.

Am Ende der Kapitel, die sich mit Krankheiten befassen, sind Adressen aufgelistet, die Hintergrundinformationen bzw. Hilfe oder Selbsthilfe anbieten. Medienhinweise (CD-ROM, Video) werden gesondert aufgelistet und dienen zur Illustration und Vertiefung der dargestellten Lehrinhalte. Sowohl bei den Medien als auch bei den Adressen handelt es sich um eine Auswahl, die keine Wertung über nicht aufgeführte Institutionen beinhaltet. Da naturgemäß Adressen und Filme aktualisiert werden müssen, bin ich für Korrekturen, aber auch für weitere Hinweise dankbar.

An dieser Stelle möchte ich wiederum Frau Astrid Heitmann für ihre gewissenhaften und umfangreichen Schreibarbeiten ganz herzlich danken. Frau Benita Korr und Frau Monika Preker danke ich für ihre Hilfe bei der Aktualisierung des Literaturverzeichnisses. Frau Anja Middendorf danke ich für das Erstellen zweier neuer Abbildungen. Mein besonderer Dank gilt auch Herrn Peter Börding für seine engagierte Hilfe bei der elektronischen Datenverarbeitung.

Herrn Dr. med. Klaus Reinhardt möchte ich für seine wohlwollende Unterstützung, auch bei der Neuauflage dieses Buches, sowie zahlreiche Ratschläge danken.

Ganz herzlich möchte ich schließlich meiner Frau für die Geduld und das Verständnis danken, das sie meiner Arbeit an dieser Neuauflage entgegengebracht hat.

Münster, im Januar 2000   Thomas Hülshoff

Vorwort zur ersten Auflage

Wie steuern wir unsere Bewegungen, wie empfinden, fühlen, erkennen wir? Was geht in unserem Gehirn vor, wenn wir uns Gedanken machen? Und welche Folgen hat es, wenn eine der vielfältigen Fähigkeiten unseres Gehirns beeinträchtigt ist?

Unser Wissen um die Fähigkeiten und Arbeitsweisen des menschlichen Gehirns hat in den letzten zehn Jahren sprunghaft zugenommen. Parallel zu dieser Entwicklung in der Grundlagenforschung entstand in der Praxis ein differenziertes Spektrum pflegender, therapeutischer und pädagogischer Berufsgruppen, die in der Frühförderung oder Rehabilitation zerebral geschädigter Menschen tätig sind. Diesen unterschiedlichen Gruppen möchte das vorliegende Buch eine Übersicht über die wichtigsten Funktionen und Dysfunktionen des Gehirns geben.

Zunächst werden dessen Anatomie und Physiologie erläutert. Ein zweiter Teil befasst sich mit den Sinneswahrnehmungen, ein dritter mit motorischen Funktionen und möglichen Störungen. Schließlich werden höhere kognitive Prozesse beschrieben, wobei auch Dysfunktionen wie z. B. Teilleistungsstörungen oder Verwirrtheitszustände behandelt werden.

Das Buch entstand im Rahmen meiner Lehrtätigkeit an einer Fachhochschule für Heilpädagogik, Sozialpädagogik und Sozialarbeit. Mögliche Interessenten sind Pflegende, Heil- und Sonderpädagogen, Psychologen, Ergotherapeuten, Motopäden sowie Pädagogen und Sozialarbeiter im Rehabilitations- und Beratungsbereich.

Ich habe versucht, auch komplexe Sachverhalte und neuere Forschungsergebnisse so anschaulich wie möglich darzustellen. Dabei habe ich, wo immer dies möglich war, Fallbeispiele, Übungen oder Abbildungen herangezogen. Das Buch stützt sich nicht auf eigene Forschungsergebnisse, sondern rezipiert die aktuelle Literatur, die meines Erachtens einen ersten Überblick über den Stand des heutigen Wissens gibt. Bücher, auf die ich mich in besonderer Weise beziehe oder die zur Vertiefung des jeweiligen Themas hilfreich sind, werden am Ende des Buches nach Kapiteln geordnet in Form eines kommentierten Literaturverzeichnisses angegeben.

Am Ende eines jeden Kapitels finden sich einige Multiple-Choice-Fragen, mit deren Hilfe Sie Ihr Wissen überprüfen können.

An dieser Stelle möchte ich ganz herzlich Frau Astrid Heitmann für ihre gewissenhaften und umfangreichen Schreibarbeiten danken. Mein besonderer Dank gilt auch Herrn Hartwig Bruns, dem ich viele computergestützte Abbildungen verdanke. Herrn Dr. med. Klaus Reinhardt, Lektor beim Hans Huber Verlag, danke ich für seinen Rat und seine Unterstützung.

Ganz herzlich möchte ich schließlich meiner Frau für die Geduld und das Verständnis danken, das sie für meine Arbeit an diesem Buch entgegen gebracht hat.

Münster, im November 1995   Thomas Hülshoff

Teil 1

Die Grundlagen des Er-Lebens

Im ersten Teil dieses Buches wird die Anatomie und die Physiologie des zentralen Nervensystems erläutert. Ein erstes Kapitel befasst sich mit den Vorgängen auf neuronaler Ebene, ein zweites vermittelt einen Überblick über den Aufbau des Gehirns. Auf die Arbeitsweise unserer Großhirnrinde gehen die Kapitel drei und vier ein. Sie sind das Fundament für den vierten Teil dieses Buches, der sich mit höheren kognitiven Prozessen befasst. Kapitel fünf schließlich beschreibt die Zusammenhänge zwischen dem Limbischen System und unserem subjektiven Gefühlserleben.

1. 100 Milliarden Nervenzellen. Von der Feinstruktur des Neurons zur Komplexität des ZNS

Die vielfältigen Informationen, die wir ständig über unsere Sinnesorgane aufnehmen, müssen weitergeleitet, selektiert, verglichen, verknüpft, weiterverarbeitet und «beantwortet» werden. Diese Antwort muss gegebenenfalls über eine Vielzahl von Muskeln, Drüsen usw. erfolgen. Für diese Aufgaben steht unserem Körper vor allem durch das Gehirn ein Netzwerk aus über 100 Milliarden Nervenzellen zur Verfügung. Diese hochspezialisierten Zellen, deren Zahl bei der Geburt endgültig feststeht und die sich, anders als andere Zellen, nicht mehr vermehren können, haben die spezifische Aufgabe, Informationen weiterzuleiten und zu bearbeiten. Erst die Vielzahl und Komplexität der mit der Weiterleitung beschäftigten Nervenzellen ergibt dann die o.g. Prozesse biologischer Informationsverarbeitung.

Eine einzelne Nervenzelle, auch als Neuron bezeichnet, weist zunächst alle wesentlichen Merkmale einer «normalen» Zelle auf (Zellkern, Zellkörper usw.). Von anderen Zellen unterscheiden sich Nervenzellen vor allem dadurch, dass ihre Zellwand (Membran) zahlreiche Ausstülpungen hat, Fortsätze, die der Informationsweiterleitung dienen. Ein einzelner, vom Zellkörper wegführender Fortsatz wird als **Axon** (oder **Neurit**) bezeichnet. Über ihn werden Informationen von der Nervenzelle weg zu anderen Zellen geleitet. Axone mehrerer Nervenzellen können in Nerven (vergleichbar mit Sammelkabeln) gebündelt laufen und stellen die Grundlage auf- und absteigender Nervenbahnen dar. Am peripheren Ende kann das Axon einer Nervenzelle zahlreiche Verzweigungen haben und somit viele weitere Zellen erreichen und beeinflussen (vgl. **Abb. 1.1**).

Neben dem einzelnen, Informationen fortleitenden Axon weist die Nervenzelle zahlreiche, mitunter tausende von Informationen empfangende Fortsätze auf, so genannte **Dendriten**. Sie stehen ebenfalls mit anderen Zellen in Verbindung, empfangen dort Informationen und leiten sie zur Nervenzelle weiter. Sowohl das Axon mit seinen zum Teil verzweigten Enden wie auch die Dendriten sind in der Lage, mit Strukturen anderer Nervenzellen Kontakt aufzunehmen. So kann sich ein

14 Die Grundlagen des Er-Lebens

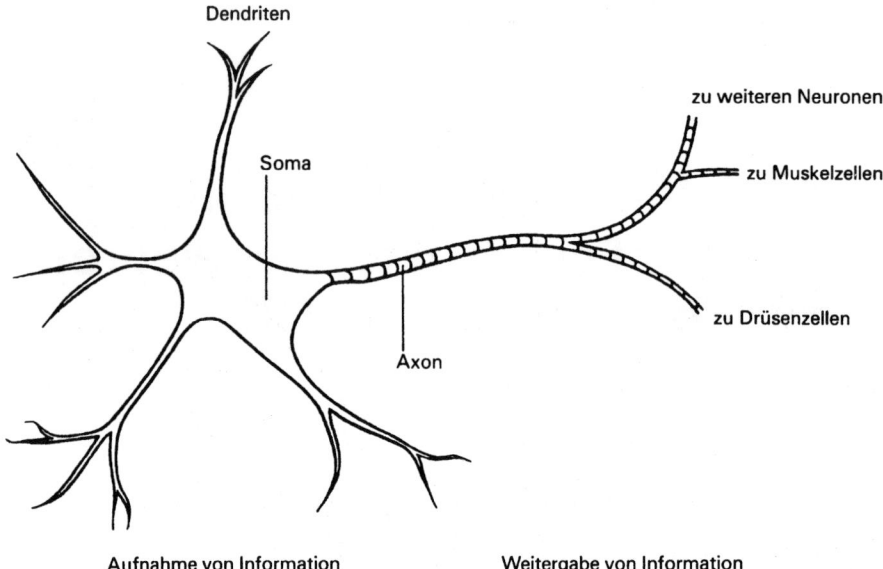

Abbildung 1.1: Schematische Darstellung einer Nervenzelle.

Dendrit an andere Dendriten, Zellkörper oder Axone anlagern. (vgl. **Abb. 1.2**). Hierbei berühren sich die Strukturen der einen und der anderen Zelle nicht, sondern bleiben durch einen dünnen Spalt voneinander getrennt. Die Verbindung zweier Nervenzellen, z. B. vom Axon der ersten Zelle mit dem Dendriten der zweiten Zelle, bezeichnet man als **Synapse,** den die beiden Strukturen voneinander trennenden, winzigen Spalt folglich als «synaptischer Spalt».

Viele unserer Nervenzellen werden von Stützzellen, so genannten **Gliazellen,** umgeben. Diese dienen nicht primär der Informationsvermittlung, sondern sie nehmen eine Art «Hilfsfunktion» für die eigentliche Nervenzelle wahr. Zum einen sind sie in der Lage, unnötige oder überschüssige Substanzen, die in höherer Konzentration die Nervenzelle schädigen könnten, aufzunehmen. Auch bilden sie die **Blut-Hirn-Schranke:** bestimmte Gliazellen, Astrozyten, bilden eine Barriere zwischen Blutgefäßen und den Nervenzellen. Diese fetthaltige Barriere ist nur für bestimmte Stoffe durchlässig und schützt die Nervenzellen insbesondere vor hochmolekularen Giften. Ein Problem in der Psychopharmakotherapie ist es, Stoffe zu finden, die diese Blut-Hirn-Schranke passieren können.

Auch bei der «Instandhaltung», der Regeneration sowie der Ernährung der Nervenzellen scheinen die Gliazellen wichtige Aufgaben zu übernehmen. Schließlich haben sie – sekundär – eine wichtige Aufgabe bei der Art der Informationsweiterleitung. Sie sind in der Lage, sich zwiebelschalenartig um einen Teil des Axons zu wickeln. Da sie fetthaltiges, isolierendes Material in ihrem Zellkörper

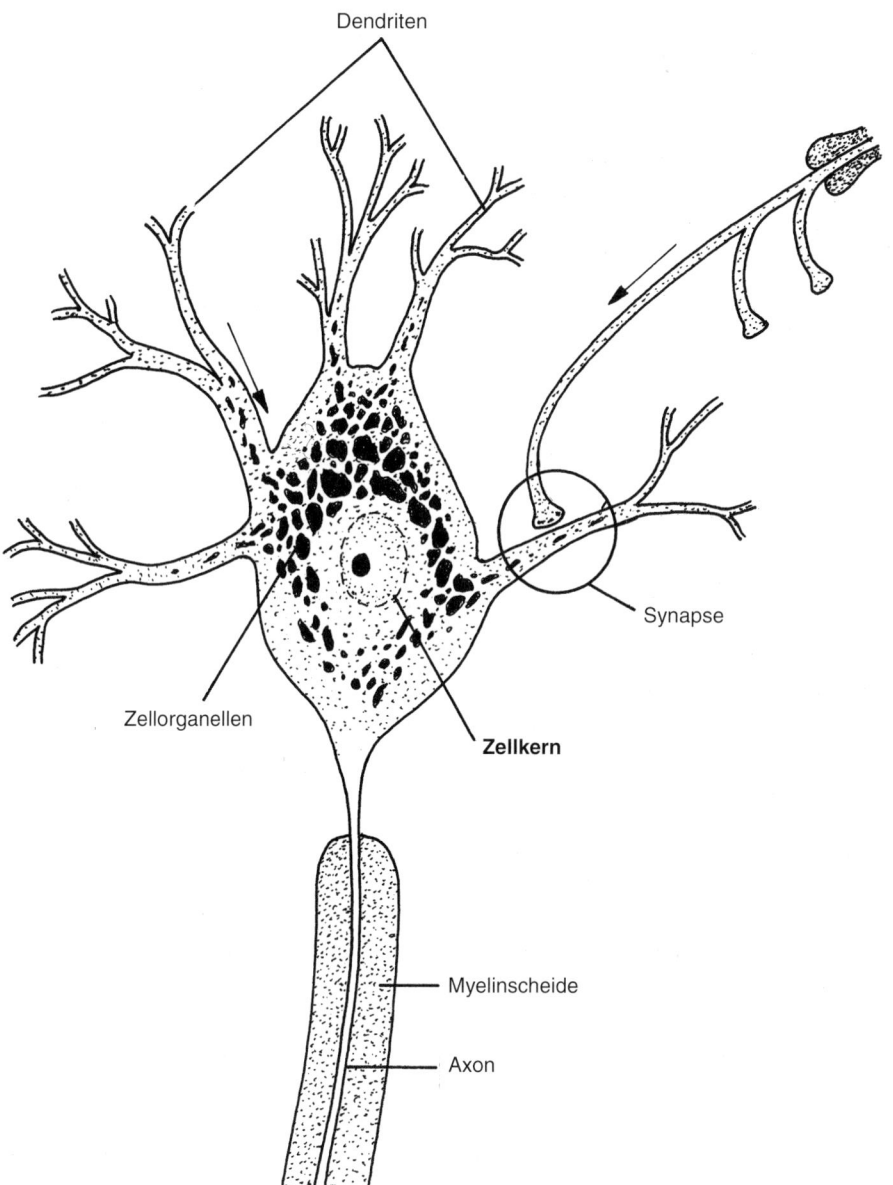

Abbildung 1.2: Nervenzelle mit Axon und Dendriten.

enthalten (Myelin), bilden mehrere solcher Gliazellen eine **Markscheide** bzw. Myelinschicht, die ähnlich einer Kabelisolierung die eigentliche «Leitung», das Axon, isolieren. Da sich diese Isolation nur auf einen Teil des Gesamtaxons beschränkt, liegen zwischen den einzelnen isolierten Abschnitten freie (nicht isolierte) Teile, die nach ihrem Erstbeschreiber als **Ranvien-Schnürringe** bezeichnet werden. Die weiter unten noch erläuterte bioelektrische Erregung kann bei solcher Art isolierten Axonen von Schnürring zu Schnürring «springen». Eine solche saltatorische Erregungsleitung (Salto: Sprung) kann wesentlich schneller Informationen weiterleiten und ist Energie sparender. Ein Untergang der Markscheiden führt folglich sekundär zu erheblichen Nervenschädigungen, wie man sie bsp. bei der multiplen Sklerose findet (vgl. Kap. 14).

Auch die eigentliche Nervenzelle und mit ihr ihre Fortsätze (Axon und Dendriten) ist von einer Membran umgeben, die nur unter bestimmten Umständen die Passage von Molekülen (und auch dann nur einigen) zulässt. Man spricht hier von «Semipermeabilität». Stark vereinfacht kann gesagt werden, dass diese Membran «Öffnungen» aufweist, die **Ionenkanäle**. Ionen sind elektrisch geladene Atome bzw. Moleküle, die positiv oder negativ geladen sein können; beispielsweise sind Natrium (Na^+) und Kalium (K^+) positiv, Chlor (Cl^-) und bestimmte Eiweißfragmente negativ geladen. Ionenkanäle sind Öffnungen, die unter bestimmten Umständen für Ionen permeabel (durchlässig) sind. Diese Durchlässigkeit für ein bestimmtes Ion hängt zum einen von der elektrischen Ladung des Ions und der Membran ab (gleiche Ladungen stoßen sich ab, verschiedene ziehen sich an), zum anderen von der Porengröße der Membran und damit von der Oberflächenstruktur und schließlich vom Konzentrationsgefälle innerhalb und außerhalb der Nervenzelle. Sowohl im intra- als auch im extrazellulären Raum (innerhalb und außerhalb der Zelle) finden sich Ionen in unterschiedlicher Anzahl und Verteilung. Befindet sich die Nervenzelle im Ruhezustand, so befinden sich extrazellulär mehr Na^+-Ionen, intrazellulär ein relativer Überschuss von K^+-Ionen. Da sich innerhalb der Zelle zusätzlich erheblich mehr negative Cl^--Ionen sowie negativ geladene Eiweißsubstanzen ($Protein^-$) befinden, ist das Zellinnere in der Ruhephase, verglichen mit der Außenwelt, negativ geladen (vgl. **Abb. 1.3**).

Da in der Ruhephase die Na^+-Kanäle geschlossen sind, kann dieses Ladungsungleichgewicht aufrecht erhalten werden: die Nervenzelle hat ein **Ruhepotential** von -70 mVolt. Kommt es an einer bestimmten Stelle des Axons zu einer Öffnung spezieller Na^+-Ionenkanäle, so strömen Na^+-Ionen in die Zelle, da dort noch die negative Ladung überwiegt und sich ungleiche Ladung anzieht (die wesentlich größeren $Protein^-$-Ionen kommen nicht im gleichen Maße nach außen). Bereits nach Bruchteilen von Sekunden sind soviele Na^+-Ionen in der Zelle, dass der Intrazellulärraum eine Ladungsumkehr erfährt, depolarisiert. Das **Aktionspotential** beträgt +30 mVolt.

Durch die vorübergehende **Depolarisation** (Ladungsumkehr) dieses Teils des Axons werden die benachbarten membranbildenden Fett-Phosphormoleküle, die ebenfalls elektrisch geladen sind, kurzfristig in ihrer Lage zueinander verändert («ausgerichtet»). Dadurch ändert sich auch am benachbarten Abschnitt kurzfristig

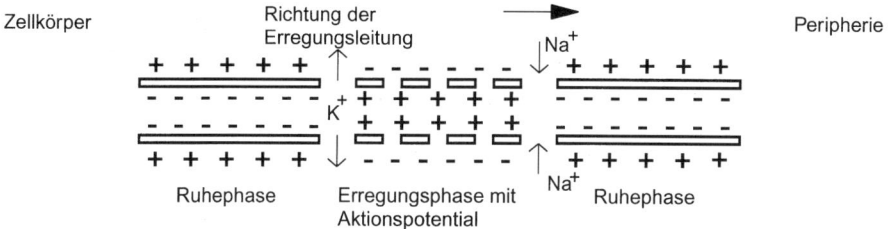

Abbildung 1.3: Erregungsleitung am Axon entlang.

die Oberflächenstruktur, die Natrium-Ionenkanäle öffnen sich. Die Folgen sind klar: auch im nächsten Abschnitt des Axons kann Natrium einströmen, dieser Abschnitt depolarisiert, was wiederum eine Öffnung des nächstgelegenen Axonabschnitts zur Folge hat. Das Aktionspotenzial breitet sich also aus, die elektrische Erregung wird entlang dem Axon weitergeleitet. Inzwischen ändern sich die Ladungsverhältnisse am Ausgangspunkt der Erregung wieder: der relative Überschuss positiv geladener Ionen im Zellinnern führt dazu, dass die relativ kleinen und passagefähigen Ka^+-Ionen nach außen strömen, auch dann noch, wenn die Natriumkanäle bereits wieder geschlossen sind. Diesen Vorgang nennt man **Repolarisation,** am Ende sind wieder die alten Ladungsverhältnisse hergestellt (-70 m Volt im Zellinneren). Allerdings ist nur ladungsmäßig der status quo erreicht, denn nun befinden sich vermehrt Kalium-Ionen außerhalb und Natrium-Ionen innerhalb der Zelle. Eine erneute Erregung könnte, auch bei Öffnung der Natriumkanäle, noch nicht weitergeleitet werden (Refraktärzeit, in der die Zelle kurzfristig nicht leiten kann). Um wieder einsatzbereit zu sein, muss die Nervenzelle aktiv die alten Verhältnisse wieder herstellen. Dies gelingt mit Hilfe der **Ionenpumpe,** bei der unter erheblichem Energieverbrauch die Zellmembran aktiv Kalium heraus und Natrium herein pumpt.

Die **Abbildung 1.4** illustriert die Erregungsweiterleitung am **synaptischen Spalt.** Das Aktionspotential von 30 mV ist, entlang des Axons weitergeleitet, am präsynaptischen Endköpfchen des Axons angelangt. Dort verursacht es eine kurzfristige Strukturveränderung der Membran, so dass Transportbläschen (Vesikel), die chemische Botenstoffe (Neurotransmitter) enthalten, vorübergehend mit der Membran verschmelzen. Durch diesen Prozess werden die Botenstoffe, **Neurotransmitter,** ausgeschüttet und gelangen über den synaptischen Spalt an die postsynaptische Membran des Empfängers, also meist eines Dendriten der nächsten Nervenzelle. Die Neurotransmitter passen «wie der Schlüssel auf's Schloss», treffen also auf spezifische **Rezeptoren** (Empfänger). Sie «klinken» sich in passende Eiweißstrukturen ein und verändern somit kurzfristig die eiweißbedingte Oberflächenstruktur dieser Membran. Dies hat zur Folge, dass sich durch diese Oberflächenveränderung Natrium-Ionenkanäle öffnen, so dass es auch in dieser Mem-

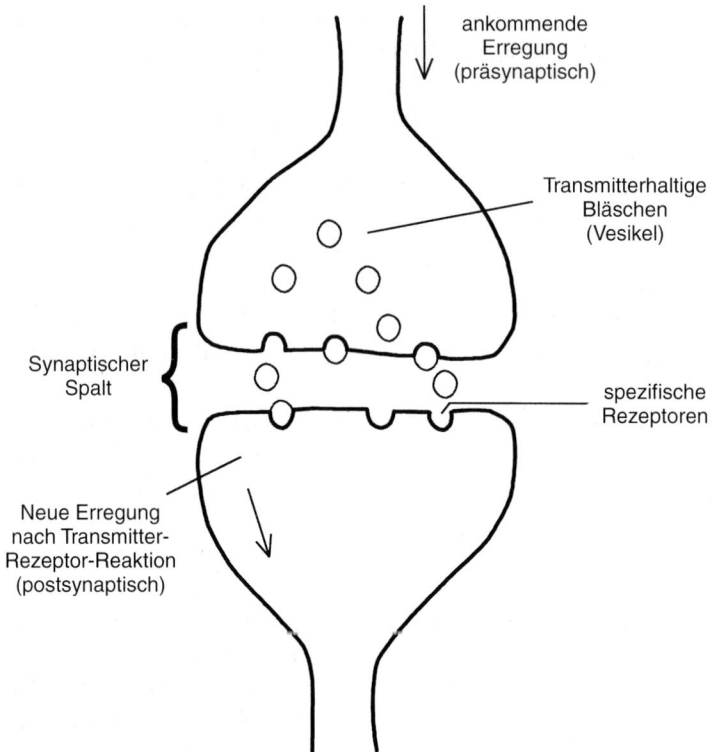

Abbildung 1.4: Erregungsweiterleitung am synaptischen Spalt.

bran zu einer Ladungsumkehr, also einer Erregung kommt. Hatten wir es oben mit einer spannungsinduzierten Öffnung der Ionenkanäle zu tun, so geht es hier um eine chemisch induzierte Erregung. Zwischen zwei Nervenzellen wird die Erregung also auf chemischem Wege, durch Botenstoffe oder Neurotransmitter, weitergeleitet. Die Neurotransmitter werden nach getaner Arbeit entweder zerstört oder zur Senderzelle zurückgeführt und wieder verwendet. Die Wirkung zahlreicher Suchtstoffe und Psychopharmaka beruht entweder auf der Beeinflussung körpereigener Neurotransmitter oder darauf, dass sich künstliche Substanzen an den Rezeptoren anlagern und eine neuronale Erregung auslösen können.

Mittlerweile sind über 200 Neurotransmitter bekannt. Die wichtigsten sind **Dopamin, Noradrenalin, Serotonin** und **Acetylcholin,** die in unterschiedlichen «Schaltkreisen» und Hirnstrukturen sehr differenzierte Aufgaben übernehmen. Die meisten Neurotransmitter erregen, führen also zu einer Weiterleitung der Aktionspotentiale. Andere, wie beispielsweise die **Gamma-Amino-Buttersäure** (GABA) finden sich vorwiegend in neuronalen Verschaltungen hemmenden Charakters, haben also die Funktion, eine Erregung zu hemmen. Ihr Ausfall, beispielsweise bei der Chorea Huntington, führt zu unkontrollierbaren, impulsiven motorischen Bewegungen.

Gegenüber der bioelektrischen Erregungsleitung, die nach dem «Alles-oder-Nichts-Prinzip» arbeitet (eine Nervenzelle feuert oder feuert eben nicht), hat die chemische Signalübertragung über Neurotransmitter den Vorteil, dass die Erregung gehemmt, weitergeleitet oder verstärkt werden kann. Vermutlich finden sich an diesen Strukturen auch die biologischen Substrate des Lernens. Schließlich sei darauf hingewiesen, dass auch Hormone, wie beispielsweise das Adrenalin, Rezeptoren an der Dendritenmembran beeinflussen können und somit die Empfänglichkeit einer Nervenzelle für Erregungen erhöhen oder sogar selbst Erregungen auslösen können.

Durch das Ausschütten von Neurotransmittern können Nervenzellen Erregungen weitergeben an andere Nervenzellen, aber auch an Muskeln (die sich dann zusammenziehen und zur Motorik beitragen) oder Drüsen (die im Erregungsfall Sekrete ausschütten).

Man kann die Nervenzelle mit einem Mikroprozessor vergleichen. Mit ihren bis zu 10 000 dendritischen Verästelungen kann sie sehr komplexe Verbindungen zu tausenden anderer «Mikroprozessoren» aufnehmen. Ob es im Zellinneren (am so genannten Axonhügel) zu einer ausreichenden Depolarisierung von +30mV kommt (und nur dann entsteht eine weiterzuleitende Erregung), hängt davon ab, wie viele hemmende bzw. erregende Impulse über die vielen tausend Eingänge ankommen. Die Nervenzelle «verrechnet» also die ankommenden Signale, die sich in positiver oder negativer Ladung äußern, und als Resultat kommt es ggf. zu einem Impuls, der weitergeleitet wird. Das Verrechnen gleichzeitig einlaufender Informationen über die zahlreichen Eingänge bezeichnet man als räumliche Summation, das Verrechnen von Impulsen in Reihenfolge als zeitliche Summation.

Der **Abbildung 1.5** ist zu entnehmen, dass mehrere Nervenzellen (Neuronen) zu einer gemeinsamen weiterführenden Nervenzelle zusammengeschaltet werden können (**Konvergenz**). Unter **Divergenz** versteht man die Verzweigung in mehrere weiterleitende Neurone. Die Aufnahme, Verarbeitung und Weiterleitung bioelektrischer Impulse, das Verrechnen solcher Impulse und die konvergente oder divergente Verschaltung von Milliarden von Hirnzellen, von der eine jede bis zu 10 000 Kontakte haben kann, bildet die Grundlage der Verarbeitungs-, Steuerungs- und Kognitionsprozesse unseres Gehirns.

Die biochemischen und physiologischen Grundprozesse, die hier vorgestellt wurden, bilden auch das biologische Fundament geistiger Prozesse, erklären sie aber nicht vollständig. Ein kurzer Exkurs möge die Problematik verdeutlichen:

Na^+ hat als positiv geladenes Ion überall, auch fernab jeglicher Zelle, die Tendenz, negative Ladungen anzuziehen oder sich gemäß eines Konzentrationsgradienten zu verteilen. Erst in dem komplexen System einer Nervenzelle mit semi-

20 Die Grundlagen des Er-Lebens

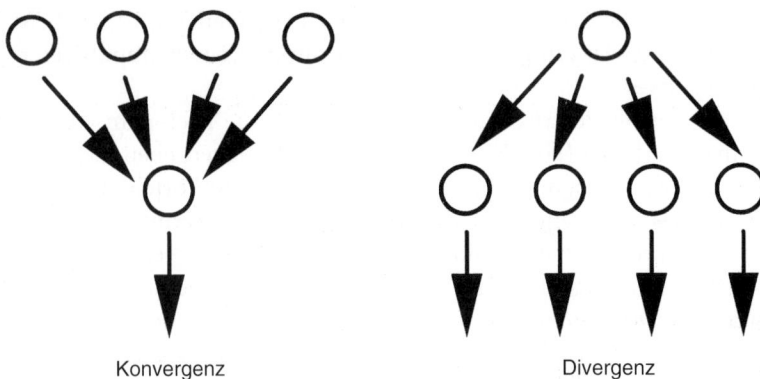

Abbildung 1.5: Konvergenz und Divergenz.

permeabler Membran ergibt sich die «Eigenschaft des Natrium-Ions», zur Erregungsleitung beizutragen. Natrium ist also eine Voraussetzung der Erregungsleitung, die Erregungsleitung selbst ist aber nicht Folge der biophysikalischen Eigenschaften dieses Ions, sondern Ergebnis einer höheren **Systemebene**. Reiz-Reaktionsmuster sind Ergebnisse einer hochkomplexen Schaltung neuronaler Strukturen, also Resultate einer noch höheren Systemebene. Bei der zerebralen Repräsentation von Wirklichkeit, die zumindest beim Menschen von Emotionen, kognitiven «Vorstellungen» und Bewusstseinsprozessen begleitet wird, handelt es sich um Vorgänge auf noch komplexeren Systemebenen. Bei der für uns Menschen komplexesten erfahrbaren Ebene, der des menschlichen Geistes, gelingt es uns nicht mehr, dieses System von einer «Metaebene» zu betrachten. Wir wissen um vielfältige, notwendige biologische Grundlagen geistiger Prozesse, vollends «begreifen» können wir sie aber nicht.

Überprüfen Sie Ihr Wissen!

1.1 Fragetyp B, eine Antwort falsch

Eine der folgenden Aussagen ist falsch. Welche?

a) Die Schwann-Zellen gehören zu den Glia(Stütz)-Zellen.

b) Sie wickeln sich spiralig in mehreren Schichten um das Axon der Nervenzellen.

c) Dadurch bilden sie fetthaltige Myelinhüllen.

d) Sie haben Stütz-, Ernährungs- und Isolierungsfunktionen.

e) Sie reichen durchgehend vom Nervenzellkörper bis zur Synapse.

1.2 Fragetyp C, Antwortkombination

Markisolierte Nervenfasern haben einige Vorteile. Welche Aussage ist richtig?

1. Markisolierte Nervenfasern leiten schneller.
2. Markisolierte Nervenfasern können dünner sein.
3. Markisolierte Nervenfasern brauchen keine Transmitter an den Synapsen.
4. Markisolierte Nervenfasern brauchen weniger Energie.
5. Markisolierte Nervenfasern ermöglichen Erregungen in beide Richtungen.

a) Nur die Aussagen 1 und 3 sind richtig.

b) Nur die Aussagen 2 und 4 sind richtig.

c) Nur die Aussagen 1, 2 und 4 sind richtig.

d) Nur die Aussagen 1, 3 und 4 sind richtig.

e) Nur die Aussagen 1, 3, 4 und 5 sind richtig.

1.3 Fragetyp B, eine Antwort falsch

Welche der fünf folgenden Aussagen stimmt nicht?

a) Eine Nervenzelle hat bis zu 10 000 synaptische Verbindungen.

b) Eine Nervenzelle hat in der Regel einen Dendriten und viele Neuriten.

c) Die prä- und postsynaptischen Strukturen sind durch einen kleinen Spalt getrennt.

d) Die Nervenzelle kann durch räumliche und zeitliche Summation Potentiale verrechnen.

e) Die Zahl der vorhandenen Nervenzellen steht etwa zum Zeitpunkt der Geburt fest.

Vertiefungsfrage

Welche «Vorteile» bietet die biochemische Erregungsweiterleitung durch Neurotransmitter am synaptischen Spalt gegenüber der elektrischen Reizweiterleitung entlang des Axons?

2. Schaltpläne. Aufbau und Funktion des Gehirns in der Übersicht

Das menschliche Gehirn stellt mit seinen über 100 Milliarden Nervenzellen, die jeweils bis zu 10 000 synaptische Verbindungen haben können, die komplexeste uns bekannte Struktur dar. Es dient der Orientierung in der Umwelt und dort geschehenden Ereignissen sowie der Beantwortung solcher Ereignisse, die eine komplexe Reizverarbeitung voraussetzen. Solche «Anworten» können in Abwehr von Feinden oder Flucht, sozialer Kommunikation, mehr oder weniger hochkomplexen motorischen Aktivitäten oder auch kognitiven Prozessen bestehen. Darüber hinaus hat das Gehirn wichtige Aufgaben in vegetativen Prozessen wie beispielsweise der Kontrolle des Schlaf-Wach-Rhythmus, der Atmung, des Hormonhaushaltes und anderem. Dies zeigt, dass das Gehirn eine Vielzahl sehr unterschiedlicher Aufgaben wahrnimmt, und schließlich zeigt sich, dass dieses hochkomplexe Organ eigentlich ein System verschiedenster Substrukturen (oder auch Teilorgane) ist. Um die Organisation des Gehirns in Ansätzen zu verstehen, ist es sinnvoll, zunächst eine allgemeine Übersicht zu bekommen, die zwar stark vereinfacht und en detail nicht immer ganz zutreffend ist, anderseits die Prinzipien neuronaler Organisation erkennbar werden lässt.

Im einfachsten Fall wird eine Umweltinformation in Form eines Sinnesreizes direkt durch Ausschüttung eines Sekrets oder durch eine motorische Reaktion beantwortet. Hierbei werden zwei Nervenzellen benötigt: eine, die den Reiz vom Sinnesrezeptor empfängt, und eine, die in Verbindung mit der ersten Zelle stehend ihrerseits eine Erregung (als Antwort) auf eine Drüse oder eine motorische Einheit zurückleitet. Auch beim Menschen finden wir solche einfachen Reiz-Reaktionsverschaltungen, bsp. beim monosynaptischen **Reflex**.

> Setzen Sie sich entspannt mit überschlagenen Beinen hin und schlagen Sie mit der Handkante auf die Patellarsehne, etwa 1 cm unterhalb der Kniescheibe. Reflektorisch wird ohne Ihren Willen der Unterschenkel nach vorne schnellen.

Bei dem so genannten Patellarsehnenreflex handelt es sich um eine direkte Verschaltung zwischen Sinnesorgan (hier Dehnungsrezeptor) und motorischer Einheit. Dieser Reflex ist zum Aufrechterhalten der Muskelspannung und damit letztlich des Gleichgewichts bei komplexeren motorischen Bewegungen notwendig.

Zwischen der aufnehmenden und der zur motorischen Einheit zurückführenden Nervenzelle können nun weitere, verarbeitende Neurone, so genannte Interneurone, zwischengeschaltet sein.

> Bestreichen Sie mit einem Pinsel oder ähnlichem die linke untere Region ihrer Bauchhaut. Reflektorisch wird sich die gesamt Bauchhaut, also nicht nur der berührte Quadrant, verhärten.

Es handelt sich um einen polysynaptischen Reflex, bei dem nicht nur an einer Stelle des Rückenmarks reagiert wird, sondern mehrere Rückenmarkssegmente miteinander verschaltet sind. Bei dieser Verschaltung sind zahlreiche Interneurone miteinander verbunden.

Je komplexer das Nervensystem im Laufe der Evolution wird, desto zahlreicher werden die Interneurone, die nun immer schwierigere Verschaltungsprozesse übernehmen können. Dabei geht der evolutionäre «Trend» zunächst von relativ starren Reiz-Reaktionsmustern aus, führt aber zu immer variableren und plastischeren Antwortmöglichkeiten und ermöglicht schließlich das individuelle Lernen und damit sehr spezielle und der Umwelt angepasste Reaktionsmöglichkeiten, die allerdings ein hoch entwickeltes Zentralnervensystem voraussetzen. Kennzeichen für diesen Prozess ist, das die archaischen, «primitiven» Verschaltungen bleiben und lediglich durch evolutionär neuere und komplexere Strukturen überlagert werden. Die Schwierigkeit beim Verständnis des menschlichen Gehirns beruht nicht zuletzt darin, zu erkennen, dass die immer komplexer werdenden, neueren und übergeordneten Hirnstrukturen sich auf die archaischen Teile angelagert haben und diese modifizieren. Zum ersten Verständnis möge die Übersicht (**Abb. 2.1**) beitragen.

Zunächst lässt sich das Nervensystem einteilen in Sinnesorgane, ein peripheres, ein autonomes und eine zentrales Nervensystem.

Die **Sinnesorgane** kann man entweder einteilen in Fern- und Nahsinne (zu den ersteren würden der Hörsinn gehören) oder nach der Art ihrer **Rezeptoren** (Empfängerzellen). Dann könnte man unterschiedliche **Photorezeptoren** (wie beispielsweise die farbempfindlichen Zapfen und die Stäbchen für Schwarz/Weiß- und Dämmerungssehen) von **Chemorezeptoren** unterscheiden, zu denen die Geschmackszellen der Zunge mit ihrer Fähigkeit, wässrige Chemikalien zu orten, ebenso gehören wie die Riechzellen der Nasenschleimhaut, die in Luft gelöste Moleküle wahrnehmen. Aber auch Rezeptoren, die den Zuckergehalt unseres Blutes überprüfen und ggf. eine Hungerreaktion mitauslösen können, oder Zellen zur Feststellung des Salzgehaltes unserer Körperflüssigkeiten (Durst) gehören in diese Kategorie. Eine weitere große Gruppe bilden die **Mechanorezeptoren**, zu denen

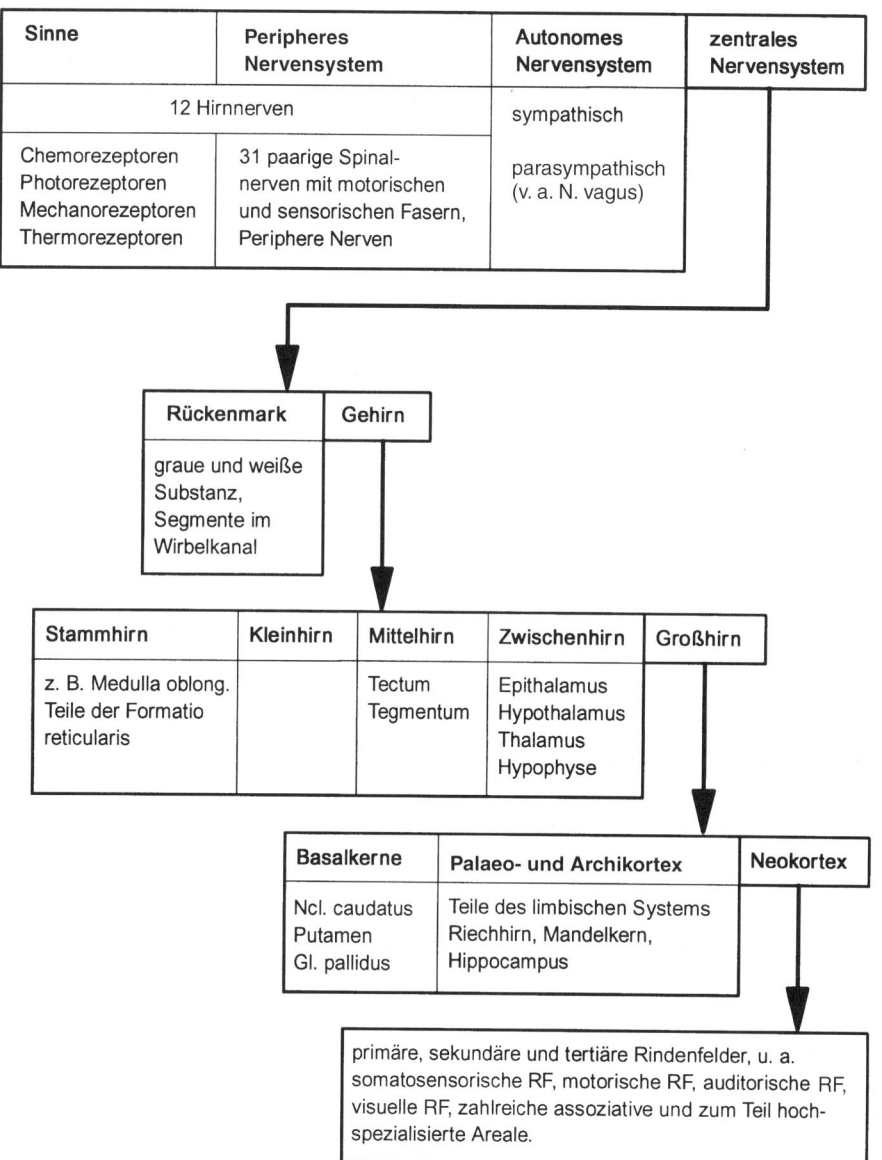

Abbildung 2.1: Das menschliche Nervensystem in der Übersicht

unser Hörorgan, empfindlich für Luftschwingungen, ebenso zu zählen ist wie unser Gleichgewichtsorgan im Innenohr, das auf gleichförmige oder beschleunigte Bewegung reagiert sowie die Lage unseres Kopfes im Raum anzeigt. Aber auch sehr unterschiedliche Typen von Tastkörperchen unserer Haut, Bewegungs- und Dehnungsrezeptoren an Muskeln und Gelenken und Zellen zur Feststellung von Vibrationen gehören in diese Gruppe. Schließlich gibt es **Wärme/Kälte-** und unterschiedliche **Schmerzrezeptoren**.

Diese Sinnesrezeptoren wandeln Informationen über unsere Umwelt in bioelektrische Energie um und leiten sie über Nervenfasern zu Verarbeitungszentren auf unterschiedlichen Ebenen unseres Gehirns. Während die meisten Gefühlsinformationen (somatosensorische Informationen) über das Rückenmark das Gehirn erreichen, treten andere Informationen über **Hirnnerven** ins Gehirn. Der Mensch besitzt zwölf paarig angelegte Hirnnerven, von denen der Riechnerv, der Sehnerv und der Statoakustische Nerv (Gehör und Gleichgewicht) Informationen unserer Sinnesorgane weiterleiten. Sinnesreize von der Gesichts- und Kopfhaut werden vom Nervus trigeminus übermittelt. Darüber hinaus gibt es noch den Vagus- oder Eingeweidenerv zur Kontrolle verschiedener innerer Organe, und drei Hirnnerven sind für die Kontrolle der Augenbewegung zuständig.

Damit sind wir bei Strukturen angelangt, die man dem **autonomen Nervensystem** zuordnen kann. Dieses lässt sich grob in zwei «Gegenspieler» einteilen: das sympathische Nervensystem und das parasympathische Nervensystem (vorwiegend der nervus vagus). Diese beiden Systeme beeinflussen weitestgehend unabhängig von unserem Willen eine Vielzahl innerer Organe und Drüsen. Sie werden von Tiefenstrukturen unseres Gehirns sowie von unserem Hormonsystem beeinflusst. Der **Sympathikus** versetzt zeitgleich sehr unterschiedliche Organe in «Alarmbereitschaft» und rüstet den Körper zu Flucht- oder Kampfreaktionen: die Atmung wird schneller, Puls und Blutdruck steigen an, die Pupillen werden weit und ermöglichen verstärkt visuelle Informationen, es wird vermehrt Adrenalin ausgeschüttet und es stellen sich Gefühle wie Furcht oder Ärger ein. Sein Gegenspieler, der **Parasympathikus**, ist für Ruhe- und Regenerationsphasen zuständig, in denen vor allem Aufbau-, Ernährungs-, Regenerations- und Fortpflanzungsfunktionen im Vordergrund stehen.

Zum **peripheren Nervensystem** zählt man die Strukturen, die Informationen von der Peripherie des Körpers bis zum Rückenmark weiterleiten oder zentrale Informationen zur Peripherie leiten. Dies geschieht über 31 paarig angelegte **Spinalnerven**, die von unterschiedlichen Segmenten des Rückenmarks abgehen und die Peripherie versorgen. Diese Nerven hat man sich als relativ «dicke Faserbündel» vorzustellen, in denen sowohl motorische als auch sensible Nerven gebündelt sind. Die **motorischen** Fasern werden auch als **efferente** Fasern bezeichnet und versorgen die motorischen Einheiten der Peripherie mit Informationen (Befehlen) von «oben». Die sensorischen oder afferenten Bahnen melden Informationen an die zentralen Verarbeitungsinstanzen.

Das **Zentralnervensystem** besteht, wie aus der Abbildung 2.1 zu entnehmen ist, aus dem **Rückenmark** und dem Gehirn. Das etwa 50 cm lange Rückenmark

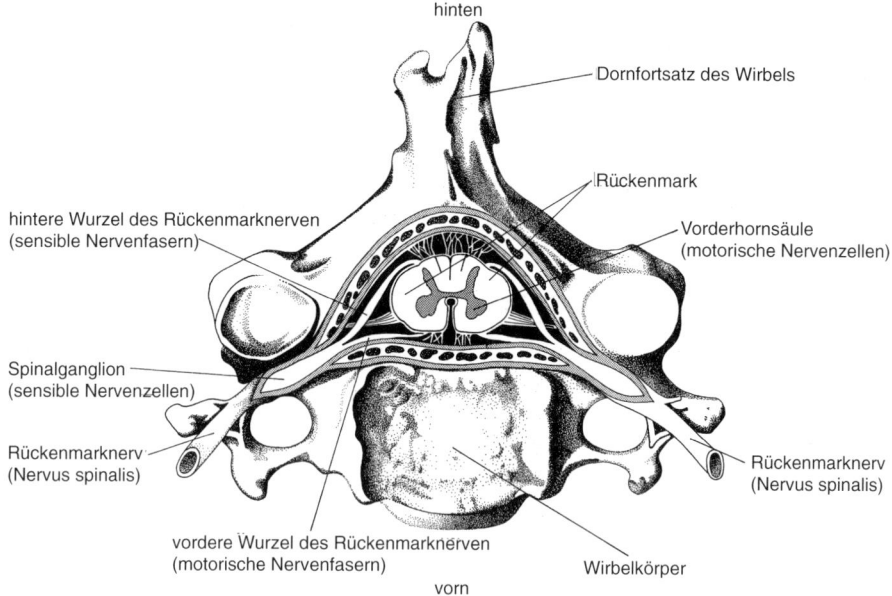

Abbildung 2.2: Das Rückenmark im Wirbelkanal.

wird von drei Häuten umgeben und befindet sich geschützt im Wirbelkanal (**Abb. 2.2**). Im Querschnitt erkennt man eine graue und eine weiße Substanz. Die graue Substanz besteht im wesentlichen aus verarbeitenden Nervenzellen (zusammengefasst als Ganglien). In den motorischen Vorderhörnern werden motorische Informationen verarbeitet. Die Verarbeitung sensorischer Reize findet in den sensorischen Hinterhörnern statt, die ihre Informationen von den sensorischen Anteilen der Spinalnerven erhalten. Zum einen können sensorische Informationen direkt auf motorische Fasern umgeleitet werden (monosynaptischer Reflex), zum anderen können sie auf höhere Ebenen des Rückenmarks weitergeleitet werden, und schließlich können sie über afferente Bahnen bis ins Gehirn gelangen. Die weiße Struktur des Rückenmarks besteht aus umkleideten, myelinhaltigen Nervenfasern, die auf- oder absteigen. Diese Nervenfasern enthalten Neurone, die entweder vom Gehirn ausgehen (efferente Fasern) oder zum Gehirn führen (afferente Fasern). Das Rückenmark wird umgeben vom Liquor zerebrospinalis, einer Flüssigkeit, die sich auch im Gehirn findet und die vor allem Schutz- und Ernährungsfunktionen hat.

Eingebettet in drei schützende Häute sowie die knöcherne Schädelkalotte und von zahlreichen Blutgefäßen versorgt befindet sich unser **Gehirn**, das in einer ersten Übersicht eingeteilt werden kann in den Stamm, das Kleinhirn, das Mittelhirn, das Zwischenhirn und das Vorder- oder Endhirn (**Abb. 2.3**).

28 Die Grundlagen des Er-Lebens

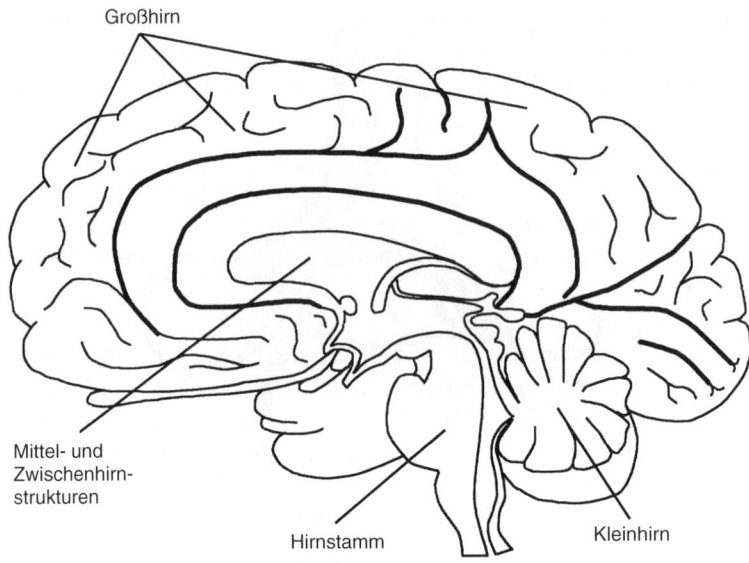

Abbildung 2.3: Hierachischer Aufbau des Gehirns.

Zum **Hirnstamm** gehört das verlängerte Rückenmark (Medulla oblongata), das eine direkte Fortsetzung des Rückenmarks ist, und an dem einige Hirnnerven einmünden, dessen sensorische und motorische Kerne es enthält. Außerdem gehört zum Hirnstamm die sog. formatio reticularis, eine Struktur, die wesentliche Bedeutung hat für unseren Wach- und Schlafrhythmus sowie unsere Fähigkeit zur Aufmerksamkeit. Diese Hirnstammstruktur bildet sozusagen die Grundlage unseres Bewusstseinszustandes (wenngleich sie allein für Bewusstseinsprozesse nicht ausreicht). Der Hirnstamm ist die archaischste Struktur unseres Gehirns und enthält Steuer- und Regulationszentren für überlebenswichtige Funktionen, z. B. das Herz- und Kreislaufsystem, die Steuerung der Atmung, den Temperaturhaushalt und anderes. Während, zumindest im Prinzip, Funktionseinbußen höherer Hirnstrukturen überlebt werden können, ist eine Zerstörung des Hirnstamms immer tödlich. Die in ihm ablaufenden Prozesse laufen automatisch ab und sind durch unseren Willen nicht zu beeinflussen.

> Versuchen Sie den Atem zwei Minuten anzuhalten: es wird Ihnen nicht gelingen, da der Hirnstamm auch gegen Ihren Willen beim Anstieg eines bestimmten CO_2-Gehaltes im Blut die Führung übernimmt.

Das **Kleinhirn** (Cerebellum) ist eine doppelseitig angelegte Ausstülpung hinter- und oberhalb des Stammhirns (s. Abb. 2.3). Es ist ein allgemeines motorisches Koordinationszentrum. Es dient der Gleichgewichtshaltung und der Bewegungskoordination. Indem es Informationen aus Gleichgewichtssystemen, Muskelspindeln, Sinnesrezeptoren, Auge und Ohr miteinander verknüpft und ständig mit motorischen Programmen vergleicht, ermöglicht es eine räumliche und zeitliche Koordination motorischer Handlungsabläufe.

> Versuchen Sie mit geschlossenen Augen ihren Zeigefinger auf die Nasenspitze zu bringen. Wenn dies nach einigen Malen der Übung «fließend» gelingt, ist dies ein Lerneffekt, der eng mit Ihrem Kleinhirn verbunden ist. Ähnliches gilt für das Balancieren auf einem Balken und andere Prozesse der Grobmotorik, Feinmotorik und Koordination.

Während die Impulse willkürlicher Motorik (z. B. der Entschluss, sich eine Tasse Tee einzugießen), von der motorischen Hirnrinde ausgeht, ist die Koordination dieses komplexen motorischen Handlungsablaufes (z. B. richtiger Neigungswinkel zur richtigen Zeit) wesentlich vom Kleinhirn mitbeeinflusst. Schließlich ist das Kleinhirn auch der Ort des motorischen Gedächtnisses. Es wird später zu zeigen sein, dass neben dem kognitiven Gedächtnis, also dem Erinnern von Sprache oder Situationen, ein motorisches Gedächtnis existiert, in dem beispielsweise die erlernte Fähigkeit, Fahrrad zu fahren, verankert sein kann.

Das **Mittelhirn** lässt sich in einen oberen Teil (Tectum oder Vierhügelplatte) und einen unteren Teil (Tegmentum) aufteilen. Letzterer ist der Ort wichtiger visueller, auditorischer und somatosensorischer Zentren. Beim Menschen dient das Tectum vor allem der Blick- und Kopforientierung. Im Tegmentum finden wir wichtige Zentren für die Bewegungs- und Handlungskontrolle, beispielsweise die Substantia nigra (schwarze Substanz) und der Nucleus ruber (Roter Kern). Diese motorischen Kerne haben wichtige Aufgaben bei der Koordination von Bewegungsaufgaben und arbeiten mit dem Kleinhirn zusammen.

Ein besonders interessantes Teilsystem unseres Gehirns ist das **Zwischenhirn**, das aus Epithalamus, Thalamus und Hypothalamus besteht. Auf dieser Stufe unseres Gehirns finden wir schon höhere integrative Funktionen. Sensorische Information wird gesammelt, miteinander verknüpft und bearbeitet, gewichtet und bewertet. Ohne dass dies mit Bewusstseinsprozessen einhergeht, werden «Vorentscheidungen» gefällt und Reaktionen veranlasst. Nur einem Teil der einlaufenden Informationen widmen wir unsere bewusste Aufmerksamkeit, was eine Aktivierung der Großhirnrinde erfordert. Insofern ist der Thalamus des Zwischenhirns das «Vorzimmer» unseres Bewusstseins, die einlaufenden Nachrichten werden nach Wichtigkeit selektiert, wobei hierachische Prinzipien dafür sorgen, dass überlebenswichtige Informationen vorrangig «bearbeitet» werden. In den lateralen und medialen Kniehöckern finden sich wichtige Umschaltstationen der Seh- und Hörbahnen. Teilweise wird hier «unbewusst entschieden», welchem Ereignis wir unseren Blick zuwenden.

> Nähern Sie sich mit Ihrer Hand von hinten dem Gesichtsfeld eines Übungspartners. Wenn Ihr sich bewegender Zeigefinger am seitlichen Ende seines Gesichtsfeldes auftaucht, wird er sich «reflektorisch» Ihnen zuwenden, um mit schärferen Stellen seiner

Netzhaut das unbekannte Objekt zu identifizieren. Auch das unwillkürliche Reagieren auf ein ungewöhnliches Geräusch entspricht einer solchen Zwischenhirnverschaltung.

Im Zwischenhirn befinden sich also archaische Umwelt-Bearbeitungsmuster, die wenig lernfähig sind und dem Überleben der Individuen dadurch dienen, dass sie zwar stereotype, aber komplexe Handlungsmuster bereithalten, wenn eine bestimmte Reizsituation auftritt. Wenn wir beispielsweise erschrecken, wenn wir durch einen dunklen Wald laufen und zwei augenähnliche Strukturen entdecken, und wenn wir dann mit Panik und Fluchtreaktion reagieren, so handelt es sich um ein solches arachisches Programm, das nur von Strukturen unserer Großhirnrinde und der bewussten Erkenntnis, dass es sich nicht um eine Gefahr handelt, überwunden werden kann. Aber auch Hunger und Durst nebst dazugehörigem Verhalten, Verhaltensprogramme im Dienst der Auseinandersetzung, der Sexualität und zum Teil der nicht-sprachlichen Kommunikation sind hier verankert.

Schließlich gehört zum Zwischenhirn noch die Hypophyse, unsere «oberste Hormondrüse», von der zahlreiche sehr wichtige Hormone (u.a. die Sexualorgane stimulierende Hormone) ausgeschüttet werden, die Stoffwechsel, Wachstum und Sexualfunktionen steuern. Die Hypophyse ihrerseits wird hormonell beeinflusst vom Hypothalamus, einer weiteren Struktur des Zwischenhirns.

Auf der nächsten Strukturebene der Informationsverarbeitung und beantwortung bildet sich das subjektive Erleben von Gefühlen. Im **Limbischen System** werden Informationen affektiv (gefühlsbetont) «angefärbt». Durch diese gefühlsmäßige Unterlegung wird die Welt in wichtige und unwichtige, bekannte und nicht bekannte, angenehme und unangenehme Begebenheiten eingeteilt. Wir nehmen die Welt nicht neutral, sondern affektiv getönt wahr. Aber auch unsere Antworten auf die Welt, beispielsweise unsere motorischen Aktionen, werden von Lust oder Unlust begleitet. Die Gefühlsdimension bietet also ein Bewertungs- und Belohnungssystem, das uns schon auf dieser vorbewussten Ebene dazu bringt, in Entscheidungssituationen zu bestimmten Handlungsweisen zu tendieren oder eine Vorauswahl zu treffen. Das Auftreten von Gefühlen ist zunächst nicht nur unbewusst, sondern darüber hinaus von unserem Willen unabhängig. Ob wir uns unseren Gefühlen hingeben, können wir in gewissen Grenzen steuern. Dass wir Gefühle haben, also ärgerlich oder traurig sind, liegt außerhalb unseres Willensbereiches. Wichtige Gefühlsdimensionen sind Ärger, Freude, Ekel, Angst, Trauer und libidinöse Gefühle. Zum Limbischen System gehören zum einen Zwischenhirnstrukturen, nämlich die Mamillarkörper und bestimmte Anteile des Thalamus, zum anderen Teile des Großhirns, auf die im folgenden eingegangen wird.

Das **Großhirn** (Endhirn, Telencephalon) lässt sich zum einen in die Basalkerne (Striatum), zum anderen in die Großhirnrinde unterteilen.

Die Basalkerne sind ähnlich wie das Kleinhirn für die Steuerung motorischer Prozesse verantwortlich. In diesen grauen Basalganglien werden viele Bahnen von und zur motorischen Großhirnrinde umgeschaltet. Diese Basalkerne (Nukleus caudatus, Putamen, Globus pallidus) haben eng mit der Handlungsplanung und Bewegungssteuerung zu tun und stehen in enger Verbindung mit der Großhirnrinde, dem Thalamus, der Substanzia nigra und dem Kleinhirn.

Die Großhirnrinde lässt sich in die älteren Teile des Palläo-, und Archikortex sowie in den evolutionsbiologisch neuen Neokortex, den Sitz höherer kognitiver Prozesse, einteilen. Zu den erstgenannten Strukturen gehört das Riechhirn, der so genannte Mandelkern (Amygdala) und der Hippocampus, Strukturen, die alle zum Limbischen System gehören. Neben der gefühlsbetonten Verarbeitung sensorischer Prozesse hat der Hippocampus vermutlich eine besondere Bedeutung, wenn es darum geht, Ereignisse im Gedächtnis zu fixieren («Pforte des Gedächtnisses»). Der enge Zusammenhang zwischen Gefühls- und Gedächtnisprozessen spielt beim Lernen eine große Rolle.

Die höchstentwickelte und komplexeste Struktur bei höheren Säugetieren und insbesondere beim Menschen ist der Neokortex, die neue Großhirnrinde, in der insbesondere höhere kognitive Prozesse ablaufen. Haben wir in den bisher besprochenen, darunter liegenden Hirnarealen vorwiegend zwar komplexe, doch relativ stereotyp ablaufende Funktionsabläufe angetroffen, so ist das Charakteristikum des Neokortex, sehr punktuell, individuell und variabel auf Ereignisse reagieren zu können. Eine in Milliarden zählende Ansammlung differenzierter Hirnzellen und deren hochkomplexe Verschaltung ermöglicht eine unfassbare Kombinationsmöglichkeit neuronaler Subsysteme und damit ein sehr flexibles Antworten auf Umweltreize. Hier ist der Ort des individuellen Lernens, gezielter Willkürmotorik, der inneren Repräsentation außerkörperlicher Realität (also unsere Vorstellung), der Ort der sprachlichen Kodierung, der intermodalen Verknüpfung unterschiedlicher Sinnesreize sowie der Assoziation, um nur einige Funktionen zu nennen. Dies alles findet in der grauen Substanz der aus Platzgründen gefalteten Oberfläche unserer Hirnrinde statt. Auf den Aufbau und die Funktion der Großhirnrinde wird im folgenden einzugehen sein.

Überprüfen Sie Ihr Wissen!

2.1 Fragetyp B, eine Antwort falsch

Welche der fünf folgenden Aussagen stimmt nicht?

a) Im Stammhirn sind lebenswichtige Funktionen, wie z. B. die Atmung und vegetative Regulationen verankert.

b) Im Zwischenhirn sind komplexe Reaktionsprogramme und instinktgebundenes Verhalten verankert.

c) Das Kleinhirn ist im wesentlichen für die sensorische Integration verantwortlich.

d) Gezielte Bewegungen (Willkürbewegungen) sind in der Großhirnrinde verankert.

e) Die Großhirnrinde ist für das Sprechen verantwortlich.

2.2 Fragetyp B, eine Antwort falsch

Eine der folgenden Aussagen ist falsch. Welche?

a) Der Gehörnerv (N.statoacusticus) leitet vor allem Informationen von Mechanorezeptoren weiter.
b) Der Sehnerv (N.opticus) leitet vor allem Informationen von Photorezeptoren weiter.
c) Der Geschmackssinn besteht aus Chemorezeptoren.
d) Der Geruchssinn besteht aus Chemorezeptoren.
e) Der Gleichgewichtssinn besteht aus Chemorezeptoren.

2.3 Fragetyp A, eine Antwort richtig

Wieviele Hirnnerven hat ein Mensch?

a) 12, paarig

b) 12, unpaarig

c) 31, paarig

d) 31, unpaarig

e) Keine Antwort ist richtig

Vertiefungsfrage

Umreissen Sie stichwortartig die Funktionen des Stammhirns, des Zwischenhirns, des Kleinhirns und der Großhirnrinde.

Adressen

Libero – Hilfen für das Kind mit Erkrankungen des Nervensystems e.V., Farmser Straße 24, 31174 Schnellerten

3. Die kleinen grauen Zellen. Die Organisation der Großhirnrinde

Der **Neokortex**, die Großhirnrinde, ist entwicklungsgeschichtlich der jüngste und damit höchstentwickelste, differenzierteste und plastischste Teil unseres Gehirns. Beim Menschen macht dieser Teil etwa 80 Prozent des Gesamthirnvolumens aus. Dabei ist das menschliche Gehirn nicht das größte auffindbare Gehirn (man denke an die Wale), und auch in seinem Aufbau finden sich keine prinzipiellen Unterschiede zu dem höherer Primaten, insbesondere Schimpansen. Aber im Vergleich zur Körpergröße ist das menschliche Gehirn eben doch erheblich größer als das Schimpansengehirn, der relative Anteil der neokortikalen Großhirnrinde ist deutlich größer, und verschiedene Hirnzentren sind bei Primaten nur in Ansätzen ausgebildet, beispielsweise Assoziationszentren, die sich beim Menschen zu Sprachzentren entwickelten.

Die Milliarden der eigentlichen Gehirnzellen, die den Neokortex ausmachen, bilden eine graue, durchschnittlich etwa 3 mm große Rindenschicht an der äußeren Hirnoberfläche. Darunter finden sich dickere Schichten weißer Substanz, die aus myelinisierten auf- und absteigenden Bahnen besteht. Die eigentliche Rindensubstanz, unsere «kleinen grauen Zellen», findet sich auf einer extrem gefälteten Hirnoberfläche, das Resultat evolutionärer Bemühungen, möglichst viel Hirnrinde in dem relativ kleinen Schädel unterzubringen.

So weist die Hirnoberfläche zahlreiche Windungen (Gyrus, pl. Gyri) und dazwischenliegende oberflächliche (Sulcus, pl. Sulci) oder tiefe Furchen (Fissur) auf. Grob kann man das Großhirn in zwei **Hemisphären** (linke und rechte Hälfte) sowie vier **Lappen** unterteilen: den Frontal- oder Vorderlappen, den Parietal- oder Seitenlappen, den Temporal- oder Schläfenlappen sowie den Okzipital- oder Hinterhauptslappen (vgl. **Abb. 3.1**). In den Tiefen des Gehirns wird die linke Hemisphäre mit der rechten durch den **Balken** verbunden, der aus etwa 200 Millionen Kommissurfasern besteht, die ähnliche Zentren der jeweils linken und rechten Hirnhälfte miteinander verbinden. Hierauf wird später bei der Behandlung der funktionellen Assymmetrie des Gehirns noch einzugehen sein.

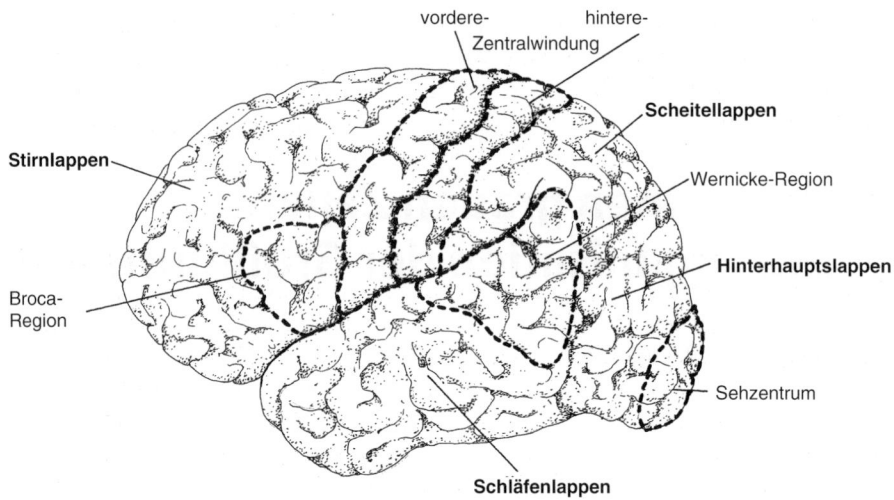

Abbildung 3.1: Anatomische und funktionelle Gliederung der dominanten Großhirnrinde.

Betrachtet man die Feinstruktur der Großhirnrinde, so sieht man, dass sie in **Schichten** aufgebaut ist. Schaut man von der Oberfläche auf das Gehirn, so würde man mikroskopisch eine erste Zellschicht erkennen. Unter dieser ersten Schicht befinden sich in senkrechter Richtung fünf weitere Schichten. Das Gehirn ist also in «kortikalen Säulen» aufgebaut, die jeweils als Grund-Arbeitseinheit oder Modul aufgefasst werden können. Jede kortikale Säule besteht aus sechs, miteinander verbundenen Schichten. Stark vereinfacht kann man sagen, dass die Schichten eins bis vier rezeptive Zellen enthalten und im wesentlichen für die Aufnahme und Verarbeitung von Reizen verantwortlich sind. Sie erhalten ihre Informationen von der Peripherie bzw. von anderen Zentren des Großhirns. In den Teilen der Großhirnrinde, in denen sich sensorische Areale (Bearbeitungsgebiete) befinden, sind diese Schichten besonders stark ausgeprägt, beispielsweise in der Sehhirnrinde oder in den somatosensorischen Feldern. Die Schichten fünf und sechs dienen vor allem dem vorwiegend motorischen «Output» und ziehen entweder direkt in die Peripherie zu den motorischen Einheiten (Pyramidenbahn) oder zu weiteren tiefer gelegenen motorischen Verarbeitungszentren des Gehirns (Basalganglien, Kleinhirn). Die Schichten fünf und sechs sind erwartungsgemäß in den motorischen Arealen unserer Großhirnrinde besonders stark ausgeprägt.

Erfahrungsgemäß etwas schwierig ist es, sich klar zu machen, dass senkrecht zu diesen Säulen, also parallel zur Hirnoberfläche, Fasern verlaufen, die die Schichten unterschiedlicher funktioneller kortikaler Säulen miteinander verbinden. So kann beispielsweise die Tastempfindung eines spitzen, stechenden, aber elastisch aufliegenden Gegenstandes in den Schichten ganz verschiedener und zum Teil weit entfernter kortikaler Säulen parallel verarbeitet werden, so dass diese unterschiedlichen Eigenschaften der ertasteten Umwelt simultan «erfasst» werden. Zusätzlich können optische Eindrücke (dass es sich um eine auf dem Sofa liegende Heftzwecke handelt) mit den akustischen Informationen (z. B. Schmerzschrei) verknüpft werden. Auf die dabei notwendigen Integrationsleistungen werden wir noch zurückkommen.

Seit mehr als 100 Jahren ist bekannt, dass Ausfälle bestimmter Hirnareale, z. B. beim Hirninfarkt, mitunter charakteristische und umschriebene Funktionsstörungen zur Folge haben, beispielsweise umschriebene motorische Lähmungen oder sehr spezielle Sprachstörungen. Neuere Untersuchungen, bei denen die Durchblutung und Ernährung des Gehirns mittels radioaktiver Markerverfahren dargestellt werden können, haben bestätigt, dass bei höheren kognitiven Prozessen unterschiedliche Hirnareale beteiligt sind. So hat man immer wieder eine **Kartierung der Großhirnrinde** vorzunehmen versucht. Dabei beherrschte über lange Zeit der Streit der «Lokalisationisten» mit den «Generalisten» die wissenschaftliche Landschaft. Während die erste Gruppe kognitive Prozesse, z. B. das sprachlich gebundene Bewusstsein, einzelnen Arealen der Großhirnrinde zuordnen wollten, postulierte die andere Gruppe, dass an solchen komplexen Vorgängen stets das ganze Gehirn in einer nicht näher definierbaren Weise beteiligt sei. Beide konnten gute Gründe für ihre Position einnehmen, und beide hatten natürlich recht. Nach heutigem Wissensstand gibt es eine Vielzahl hochspezialisierter Subsysteme, die sich meist in anatomisch aufzeigbaren Arealen befinden, die aber jeweils nur einen recht eng beschriebenen Bereich der Wirklichkeit «bearbeiten». Erst die räumlich-zeitliche Verknüpfung, die schnelle Synchronisierung von Hunderten von Millionen Zellen in solchen Subsystemen, führt zu den komplexen Empfindungen, Wahrnehmungen und Vorstellungen, die unser kognitives Vermögen ausmachen, und die in der Regel von affektiven Tönungen subkortikaler Strukturen (Limbisches System) «untermischt» sind. Insofern kann man kognitive Leistungen als eine Integration der Arbeit sehr verschiedener und zum Teil dezentral gelegener zerebraler Subsysteme verstehen. Dabei werden, wie unten aufgezeigt wird, auch unterhalb der Hirnrinde liegende Gehirnanteile miteinbezogen.

Bei der Kartierung der Hirnareale kann man zum einen nach histologischen Merkmalen vorgehen, d. h. indem man die Hirnareale, die sich feinanatomisch ähnlich sind, kartiert. Die komplexeste und in dieser Hinsicht genaueste Kartierung stammt von Brodmann, der über 50 Areale beschrieben hat. Eine andere Möglichkeit besteht darin, im Tierversuch oder im Verlauf von Hirnoperationen (das menschliche Gehirn ist schmerzunempfindlich) bestimmte Hirnareale zu reizen und zu beobachten, welche motorischen oder sensorischen Folgen dies hat. Auf diese Art erhält man funktionelle «Karten» des Gehirns. Ein dritter Weg besteht darin, bei Patienten mit sehr umschriebenen Funktionsausfällen, z. B. moto-

36 Die Grundlagen des Er-Lebens

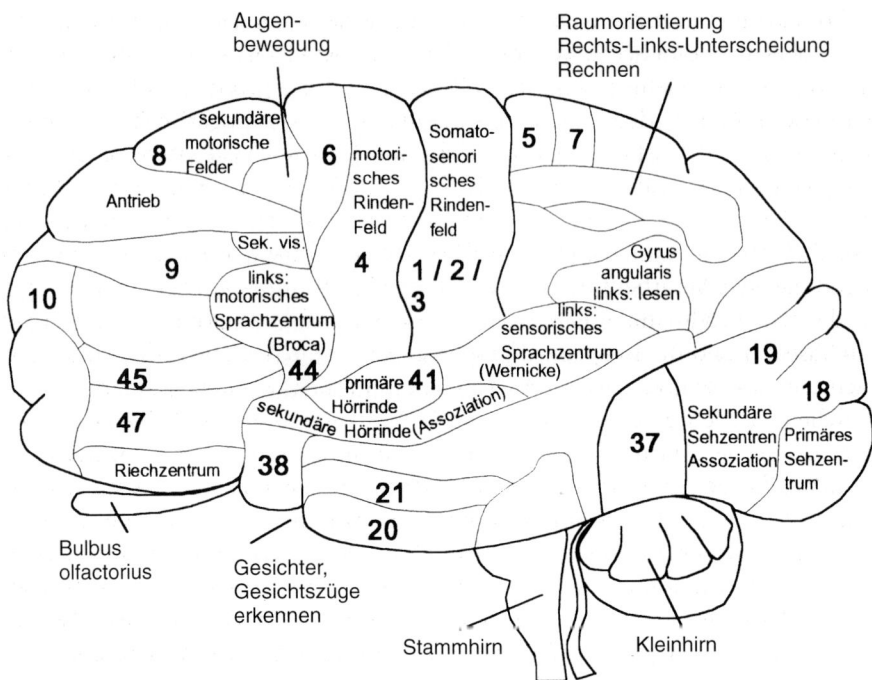

Sekundäre visuelle Felder: **18, 19, 20, 21, 37**; Sekundäre somatosensorische Felder: **5, 7**; Sekundäre motorische Felder: **6**; Tertiäre motorische Felder: **7, 22, 37, 39, 40**; Tertiäre somatosensorische Felder: **9, 10, 11, 45, 46, 47**

Abbildung 3.2: Funktionelle Hirnrindenfelder.

rischen Sprachstörungen, post mortem das Gehirn zu untersuchen und die lädierten Stellen als Funktionsareale zu identifizieren.

Eine erste, grobe Kartierung der Großhirnrinde findet sich in **Abbildung 3.2**. Zunächst ist zu sagen, dass eine Reihe von Hirnfunktionen auf beiden Hemisphären angesiedelt ist (bilateral), einige Funktionen jedoch auf eine Hemisphäre beschränkt sind (auf diese funktionelle Asymmetrie wird später eingegangen). Symmetrisch und damit bilateral sind z. B. motorische Rindenfelder, somatosensorische Rindenfelder, das primäre Hörzentrum und die primäre Sehrinde. Typisch assymetrisch und damit monohemisphärisch angelegt sind in der Regel auf der linken Hirnhemisphäre das motorische Sprachzentrum, Zentren für logisch-mathematische Operationen und das sensorische Sprachzentrum. Rechtshemisphärisch finden sich in der Regel Zentren zum Erkennen geometrischer Muster sowie bestimmter räumlich-visueller Informationen, und auch rhythmisch-musikalische Fähigkeiten sind lateralisiert (unterschiedlich auf die Hirnhälften verteilt).

Grob kann man zunächst **motorische** und **sensorische** Hirnareale unterscheiden, wobei die motorischen sich im vorderen Teil des Gehirns, die sensorischen im hinteren Teil des Gehirns befinden. Weiter kann man primäre motorische und sensorische Areale identifizieren (vgl. Abb. 3.2). Das motorische Rindenfeld (Brodmann-Feld 4) ist die Region, von der aus die Befehle zur motorischen Steuerung «nach unten», also in die Peripherie gehen. Das primäre Sehzentrum (Brodmann-Feld 17) ist die erste großflächige Verarbeitungszentrale des Neokortex für visuelle Informationen, die primäre Hörrinde (Brodmann-Feld 41) dementsprechend die erste Verarbeitungsstelle auditiver Signale, und das somatosensorische Rindenfeld (Brodmann-Areale 1,2,3) dient der Verarbeitung von Eindrücken auf den Tastsinn und die Körpergefühlssphäre. Alle weiteren Hirnareale wurden zunächst als «assoziative Kortex» bezeichnet. Inzwischen zeigte sich, dass man noch zwischen sekundären und tertiären Verarbeitungsarealen unterscheiden kann. Sekundäre Areale sind meist in mehr oder weniger unmittelbarer Umgebung der primären Areale. So werden in den sekundären visuellen Arealen, deren es mindestens fünf gibt, visuelle Informationen Schritt für Schritt weiterbearbeitet, wobei diese Felder miteinander in Verbindung stehen. Dementsprechend gibt es auch sekundäre auditorische (Gehör), somatosensorische und motorische Felder. Tertiäre Hirnareale schließlich dienen der intermodalen Verarbeitung, also der Verknüpfung ganz unterschiedlicher Sinneseindrücke (z. B. der Verknüpfung von optischen und akustischen Eindrücken) sowie der Verknüpfung motorischer und sensorischer Informationen bis hin zur Kreation von Wahrnehmung, Vorstellung, Handlungsplanung, sprachlichen Symbolisierung usw.

Hirnzentren können durch unterschiedliche Bahnen miteinander verbunden werden. Unter **Kommissurbahnen** versteht man solche, die relativ ähnliche funktionelle Areale der rechten und linken Hirnseite miteinander verbinden. **Projektionsbahnen** sind solche, in denen Informationen entweder von der peripheren bzw. untergeordneten, subkortikalen Hirnstrukturen ins Großhirn projiziert werden und zu bestimmten Verarbeitungszentren gelangen, oder durch die Informationen (Befehle) der Großhirnrinde nach unten weitergeleitet werden. **Assoziationsbahnen** schließlich sind Bahnen, die unterschiedliche und zum Teil weit entfernt voneinander liegende Großhirnrindenareale miteinander verbinden.

Bereits anatomisch wird die Großhirnrinde durch den Zentralsulkus in zwei Großgebiete unterteilt. Vor diesem Sulkus findet sich der **Gyrus präcentralis** mit dem motorischen Rindenfeld (Brodmann-Feld 4), dem primären motorischen Feld, von dem aus Impulse an untergeordnete motorische Strukturen sowie die motorischen Einheiten der Peripherie gehen. Auf diesem motorischen Rindenfeld sind alle motorischen Einheiten der Peripherie abgebildet, oder, anders ausgedrückt, es finden sich Zellverbände, die zuständig sind für die entsprechenden motorischen Aktivitäten der Peripherie. Reizt man die motorische Großhirnrinde an einer ganz bestimmten Stelle, so resultiert beispielsweise eine Fingerbewegung oder die Aktivierung eines bestimmten Beinmuskels. Die genauere Untersuchung dieses motorischen Rindenfeldes ergibt, dass nicht alle peripheren motorischen Einheiten gleich stark in der Hirnrinde repräsentiert sind. Vielmehr sind sie nach ihrer Bedeutung für das Überleben «gewichtet», und hochkomplexe motorische Einheiten der Hand benötigen viel größere Hirnareale als beispielsweise die wenigen Bauchmuskeln. Würde man den Menschen so darstellen, wie er proportional und verhältnismäßig in seiner motorischen Großhirnrinde «abgebildet», also repräsentiert ist, so würde sich das verzerrte Bild eines «Homonculus» ergeben (vgl. **Abb. 3.3**).

Man sieht hier z. B., dass die Motorik von Mund und Gesicht besonders stark repräsentiert ist. Bereits für den Säugling ist die Mundmuskulatur überlebenswichtig, und für den sozial lebenden Menschen kommt einer differenzierten Mimik zur Kommunikation eine große Bedeutung zu. Ähnlich ausgeprägt ist die Zungenmotorik und insbesondere die differenzierte Motorik der Hand, die letztlich den Werkzeuggebrauch des «Homo faber» ermöglicht.

Die Abbildung 3.2 zeigt vor dem primären motorischen Rindenfeld mehrere sekundäre motorische Felder, die von tertiären Feldern (insbesondere für das Antriebsgeschehen) umgeben sind. In unmittelbarer Nachbarschaft (Brodmann-Feld 44) befindet sich das motorische Sprachzentrum (Broca-Region), auf das noch eingegangen wird.

Rechts vom Zentralsulkus findet sich der **Gyrus postcentralis** mit dem somatosensorischen primären Rindenfeld (Brodmann-Areale 1,2 und 3), in dem zunächst und primär die Tast- und Gefühlsempfindungen aus der Peripherie unseres Körpers «ankommen» und verarbeitet werden. Auch hier findet sich eine Repräsentation nach Wichtigkeit und Differenzierung. Körperregionen mit sehr dichten und sehr unterschiedlichen Tastsinnen sind besonders stark in der Hirnrinde repräsentiert. Ähnlich wie bei der motorischen Hirnrinde trifft dies vor allem für die Mund- und Gesichtsregion sowie die Zunge und die Hand zu. Und in der Tat finden sich z. B. im Gesicht oder an der Innenseite unserer Hand sehr unterschiedliche und vielfältige, dicht nebeneinander stehende Rezeptoren für leichten oder starken Druck, Vibration, stechenden oder tiefen Schmerz, Kälte oder Wärme. Diese sensorischen, zum Teil unterschiedlichen Informationen werden vermutlich mehrfach in der Hirnrinde abgebildet und verarbeitet und stehen in Verbindung mit sekundären somatosensorischen Verarbeitungsfeldern.

Im Schläfenlappen findet man die primäre **Hörrinde**, die als erste Instanz akustische Signale verarbeitet und mit sekundären Hörrindenarealen und links-hemisphärisch mit dem sensorischen Sprachzentrum (Wernicke) in Verbindung steht.

Frontal unten finden wir den **Bulbus olfactorius**, die Ausstülpung des Riechkolbens, einen sehr alten und archaischen Teil des so genannten Riechhirns, das größtenteils dem Limbischen System zuzuordnen ist. Die Repräsentation auf der Großhirnrinde ist von untergeordneter Bedeutung, vergleicht man sie mit der

Die Großhirnrinde **39**

motorisches Rindenfeld

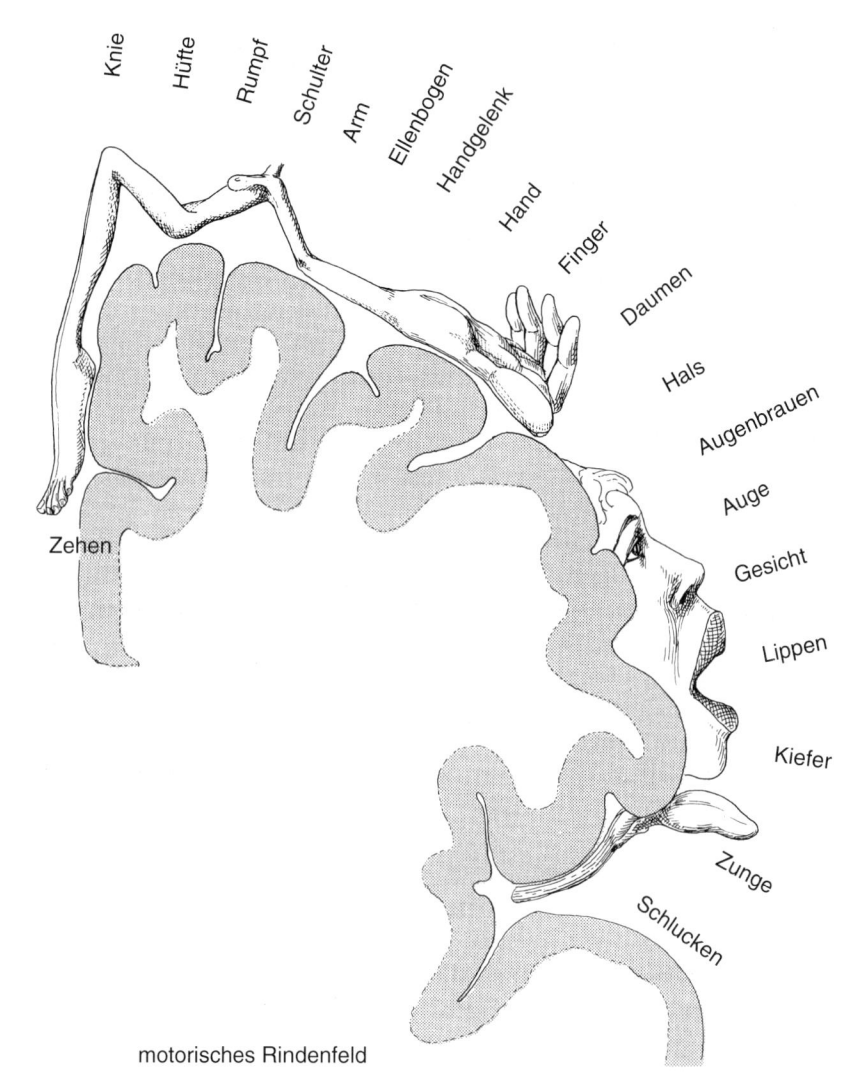

Abbildung 3.3: Repräsentation auf dem motorischen Rindenfeld («motorischer Homunculus»). Aus: Geschwind, N.: «Specializations of the Human Brain.» Scientific American, Sept. 1982, S. 182

hochdifferenzierten Repräsentation akustischer, optischer oder somatosensorischer Signale.

Über die Verarbeitung visueller Informationen wissen wir seit den bahnbrechenden Forschungen der Nobelpreisträger Hubel und Wiesel in den achtziger Jahren etwas genauer Bescheid. Auf die genaueren Vorgänge beim Sehen und visuellen Erkennen wird an anderer Stelle noch detailliert eingegangen. Hier soll zunächst gesagt werden, dass es in den primären und sekundären **Sehzentren** komplexe, hochkomplexe und hyperkomplexe Zellen gibt, die jeweils auf ganz bestimmte visuelle Merkmale ansprechen (feuern). Wir werden später sehen, dass es Zellen gibt, die nur dann aktiv werden, wenn Kantenstrukturen gesehen werden. Andere, hyperkomplexe Zellen reagieren erst dann, wenn Kantenstrukturen sich in eine bestimmte Richtung bewegen. Wieder andere Zellen reagieren auf bestimmte Farbeigenschaften unserer Umwelt, andere auf Größenmerkmale, Bewegungsmerkmale, Formmerkmale oder Merkmale der räumlichen Orientierung. Schließlich gibt es Zellverbände, die bestimmte Merkmale zusammenfassen und damit die Identifikation eines «runden, bewegten, bunten Objektes in Beschleunigung in einem bestimmten räumlich-zeitlichen Kontext» identifizieren (mein bunter Ball, der mir zugeworfen wird). An solchen Wahrnehmungsprozessen sind dann bereits tertiäre Assoziationsfelder beteiligt. Interessanterweise gibt es Hirnrindenareale, die darauf spezialisiert zu sein scheinen, Gesichter an den Gesichtszügen zu identifizieren und zu erinnern. Solche Felder befinden sich an der Unterseite der Hirnrinde, ihr Ausfall führt zur «Prosopagnosie», in der Gesichter nicht mehr erkannt werden können. Offensichtlich kommt dem Erkennen von Gesichtern und von Mimik im Sinne der innerartlichen Kommunikation beim im Sozialverband lebenden Menschen eine große Rolle zu.

Die **tertiären Rindenfelder** sind vermutlich die komplexesten, differenziertesten und plastischsten Strukturen unserer Großhirnrinde. Hier werden sehr unterschiedliche Funktionen primärer und sekundärer Hirnrindenareale zusammengefasst, nach neuen Kriterien verarbeitet und zu neuen Gehirnfunktionen zusammengestellt. Regionen unseres Frontalhirns werden in unterschiedlicher Weise aktiviert, wenn es um Motivation und Antrieb, um emotionales Handeln, um Handlungen im sozialen Kontext und soziale Kompetenz geht. Auf diese zum Teil hochkomplexen Verhaltensweisen und kognitiven Prozesse wird an anderer Stelle eingegangen. Das Zusammenfassen auditiver und visueller Informationen ermöglicht das Lesen, das links-hemisphärisch im Gyrus angularis repräsentiert ist. Sekundäre und tertiäre Felder in der Nähe der Hörbahn sind beim Menschen in der Regel links-hemisphärisch zum **sensorischen Sprachzentrum** umgewandelt worden, in welchem wir die Bedeutung sprachlicher Informationen dekodieren und verstehen können. Hochdifferenziert ist auch das ebenfalls linksseitig angelegte **motorische Sprachzentrum** (nach seinem Erstbeschreiber Broca benannt), in dem der Plan zum Aussprechen eines Wortes entsteht. Am Beispiel der Sprachfunktionen kann die kaskadenartige Informationsverarbeitung bei höheren kortikalen Prozessen verdeutlicht werden (vgl. **Abb. 3.4**).

> Sprechen Sie zunächst ein gehörtes Wort nach. Sprechen Sie anschließend ein aufgeschriebenes und gesehenes Wort aus. Wissen Sie zufällig, wie die vierspännige Wagenfigur auf dem Brandburger Tor heißt, natürlich nicht Quadrille?

1. primäre Sehrinde
2. Gyrus angularis («Lesezentrum»)
3. primäre Hörrinde
4. Sensorisches Sprachzentrum (Wernicke)
5. Motorisches Sprachzentrum (Broca)
6. Motorisches Rindenfeld

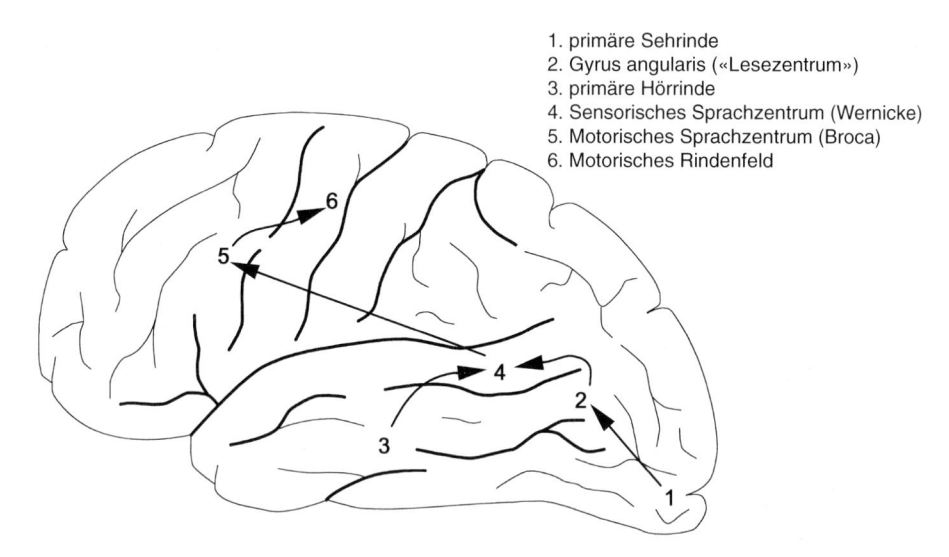

Abbildung 3.4: Die beim Aussprechen eines geschriebenen/gehörten Wortes beteiligten Rindenfelder.

Beim Nachsprechen eines gehörten Wortes gelangt die Information aus dem Innenohr zunächst ins primäre Hörzentrum, wo festgestellt wird, dass es sich nicht um ein Geräusch, einen Ton oder ähnliches, sondern um eine menschliche Stimme mit ganz bestimmten Eigenschaften der Frequenz und Modulation handelt. Die Information wird im sensorischen Sprachzentrum weiterverarbeitet, wo die Bedeutung dieses gesprochenen Wortes analysiert und mit Gedächtnisspeichern abgeglichen wird. Ein Ausfall dieses Zentrum führt zur sensorischen Aphasie, bei der der Patient im Extremfall weder fremde noch seine eigenen Worte verstehen kann, sich also ständig wie «im Ausland» fühlt.

Die semantische Information des gehörten Wortes wird zum motorischen Sprachzentrum projiziert, wo ein «Ausführungsplan» zur Aussprache des Wortes erstellt wird. Eine isolierte Störung dieses Zentrums führt dazu, dass der Patient zwar Worte verstehen, sie aber nicht sprachlich bilden kann. Er kann sie nicht nur nicht aussprechen, sondern er ist nicht in der Lage, Denkinhalte bereits «im Geist sprachlich zu formulieren», ein überaus quälender Zustand. Vom motorischen Sprachzentrum gehen Impulse zur motorischen Hirnrinde, wo gezielt motorische Programme zur Aktivierung der Sprechmuskulatur gebildet werden. Zusätzlich sind noch tief liegende motorische Zentren an dem Sprechen beteiligt, und im Gegensatz zu Sprachstörungen resultieren Sprechstörungen (Artikulationsstörungen) aus funktionellen Störungen der Artikulationsorgane oder der sie steuernden Zentren.

Beim Aussprechen eines geschriebenen Wortes gelangt die visuelle Information zunächst an das primäre Sehfeld und von dort zum Gyrus angularis, dem «Lesezentrum», in dem erkannt wird, dass es sich um Buchstaben (und nicht um Klaviernoten) mit einer bestimmten semantischen Bedeutung handelt. Die semantische Bedeutung wird im sensorischen Sprachzentrum erkannt, und von dort wird die Information nach dem eben beschriebenen Schema weitergeleitet.

Am Sprachgeschehen sind neben den eben beschriebenen Strukturen auch sehr unterschiedliche Gedächtnisfunktionen beteiligt. Die Bedeutung eines geschriebenen oder gesprochenen Wortes kann nur erkannt werden, wenn im Gedächtnis gespeicherte semantische Informationen abgerufen kann, wobei das Wort «Baum» nicht nur der Buchstabenfolge (ggf. auch der englischen Buchstabenfolge tree), sondern auch dem visuell vorgestellten Baum mit grüner Blätterkrone oder entsprechenden akustischen oder taktilen Informationen assoziiert wird. Vor dem willentlichen Aussprechen des gewünschten Wortes wird ein «Lemma» gebildet, ein Zustand, in dem uns das Wort zwar noch nicht verfügbar ist, aber schon «auf den Lippen» liegt – erst Sekundenbruchteile später wissen wir, dass die Figur auf dem Brandenburger Tor Quadriga heißt. Die sehr interessanten und hochkomplexen Assoziationsmuster, nach der Sprache semantisch erkannt und syntaktisch, also nach grammatikalischen Regeln zusammengestellt wird, sind in den letzten Jahren intensiv erforscht worden und werden in Kapitel 22 detaillierter beschrieben.

Von spezieller Art sind auch die Verknüpfungen sekundärer **visueller Hirnareale**. Teilweise entstehen funktionelle Regelkreise, die die Orientierung im Raum und die Identifikation des «was im wo» ermöglichen. Über die visuelle Wahrnehmung und die Repräsentation im gedanklichen Vorstellungsraum kommt es aber auch zu Fähigkeiten der Erkennung geometrischer Strukturen (vorwiegend rechts-hemisphärisch) oder dem Vorstellen auf dem Zahlenstrahl und damit der Grundlage rechnerischer Fähigkeiten. Auch auf solche im weitesten Sinne mathematisch kognitiven Fähigkeiten wird später detaillierter eingegangen (Kap. 24).

Es soll noch kurz erwähnt werden, dass die bisher beschriebenen kortikalen Funktionseinheiten nicht nur untereinander, sondern auch mit subkortikalen, tieferen Strukturen in ständiger Verbindung stehen. Kolb (1993, S. 46 f.) vergleicht solche Verbindungen mit dem Verfahren von Unternehmen und Universitäten, die zur Lösung eines bestimmten Problems «Unterausschüsse» bilden, die Teilaspekte des Problems separat lösen und zur Entscheidung den übergeordneten Instanzen wieder vorlegen. Ähnlich kann man Rückkopplungsschleifen von kortikalen und subkortikalen Strukturen versinnbildlichen.

Zwischen dem Thalamus und dem Neokortex gibt es verschiedene Rückkopplungsschleifen, wobei der Thalamus als «Vorzimmer des Bewusstseins» (vgl. Kap. 2) Informationen vor allem nach Wichtigkeit selektiert und bestimmte stereotype Reaktionen wie Panikreaktionen oder Flucht bzw. Angriffverhalten eigenständig auszulösen vermag. Dabei kann er allerdings (zum Glück) in bestimmten Grenzen kortikal kontrolliert und gebremst werden.

Von besonderer Bedeutung für die Motorik sind die Verbindungen zwischen Neokortex und den Basalganglien (Striatum), die in Zusammenarbeit mit dem Kleinhirn für die räumlich-zeitliche Koordination unserer Bewegung verantwortlich sind. Ihre Störung oder Ausfall (z. B. bei der parkinsonschen Erkrankung oder bestimmten Formen der Zerebralparese) kann zu typischen und charakteristischen Veränderungen im Bewegungsablauf oder bei der Koordination führen.

Rückkopplungsschleifen zwischen Kortex und Mandelkern (Amygdala) verleihen kortikaler Aktivität eine affektive, gefühlsbetonte Komponente. Ein wild kläffender Hund veranlasst uns nicht nur, je nach Vorherrschen kortikaler oder thalamischer Bereitschaft, entweder zur panischen Flucht oder zu anderen, bewussteren und eher großhirngesteuerten Aktionen, sondern ist in der Regel auch mit dem Gefühl der Angst verbunden.

Andere Strukturen des Limbischen Systems, insbesondere der Hippokampus, sind an der Gedächtnisspeicherung beteiligt. Während das motorische Gedächtnis nach anderen Prinzipien arbeitet, werden kognitive Gedächtnisinhalte von der Hirnrinde zum Hippokampus geleitet und von dort wieder, nun bearbeitet, zu Großhirnstrukturen projiziert, wo sie abgespeichert werden. Beidseitige Ausfälle des Hippokampus führen dazu, dass neue Eindrücke nicht mehr langfristig gespeichert werden.

Die Großhirnrinde ist also eine hochkomplexe Struktur, die aus sehr vielfältigen und ihrerseits hochkomplexen Subsystemen besteht. Diese können vorübergehend differenziert zusammengeschaltet werden und bilden ein räumlich-zeitliches, temporär begrenztes Kontinuum. Das Gehirn ist bestrebt, sehr unterschiedliche Subsysteme und ihre Funktionen zusammenzufassen und zu einem ganzheitlichen Empfindungs- und Handlungskomplex zu integrieren. Wir finden auf der einen Seite hochspezialisierte Zellverbände, auf der anderen Seite die Tendenz vorübergehender integraler Zusammenfassung im Sinne einer Problemlösung zur Daseinsbewältigung. Besonders deutlich werden die Aspekte zur Spezialisierung und Integration bei der Untersuchung der Lateralisation, also der funktionellen Assymmetrie unserer Hirnhälften. Hiermit befasst sich das folgende Kapitel.

Überprüfen Sie Ihr Wissen!

3.1 Fragetyp C, Antwortkombination

Welche der folgenden Aussagen ist richtig?

1. Bei einer motorischen Aphasie ist das Wernicke-Sprachzentrum gestört.
2. Bei einer motorischen Aphasie versteht der Betroffene einiges, kann aber Worte und Sätze nicht aussprechen.

3. Bei einer sensorischen Aphasie ist das Sprachverständnis gestört.

4. Bei einer sensorischen Aphasie kann sich der Betroffene wie «im Ausland» fühlen.

5. Aphasien werden in der Regel als sehr quälend erlebt.

a) Nur die Aussagen 1 und 3 sind richtig.

b) Nur die Aussagen 1, 3 und 4 sind richtig.

c) Nur die Aussagen 1, 2, 3 und 4 sind richtig.

d) Nur die Aussagen 1, 3, 4 und 5 sind richtig.

e) Nur die Aussagen 2, 3, 4 und 5 sind richtig.

3.2 Fragetyp A, eine Antwort richtig

In welcher Reihenfolge werden die fünf folgenden Hirnzentren beim Aussprechen eines geschriebenen Wortes aktiviert? Bitte wählen Sie eine der fünf Reihenfolge-Kombinationen.

a) Lesezentrum, primäres Sehzentrum, sensorisches Sprachzentrum, motorisches Rindenfeld

b) Primäres Sehzentrum, Lesezentrum, motorisches Sprachzentrum, sensorisches Sprachzentrum, motorisches Rindenfeld

c) Primäres Sehzentrum, Lesezentrum, sensorisches Sprachzentrum, motorisches Rindenfeld, motorisches Sprachzentrum

d) Primäres Sehzentrum, Lesezentrum, sensorisches Sprachzentrum, motorisches Sprachzentrum, motorisches Rindenfeld

e) Sensorisches Sprachzentrum, Lesezentrum, primäres Sehzentrum, motorisches Rindenfeld, motorisches Sprachzentrum

3.3 Fragetyp B, eine Antwort falsch

In der somatosensorischen Hirnrinde sind bestimmte Körperteile besonders stark repräsentiert. Für einen der fünf folgenden gilt das nicht. Welcher ist das?

a) Gesicht

b) Bauchhaut

c) Lippen

d) Zunge

e) Finger

Vertiefungsfrage

Beschreiben Sie kurz die Prozesse auf Großhirnebene beim Sprechen eines geschriebenen Wortes.

Adressen

Schädel-Hirn-Patienten in Not e.V., Bayreuther Straße 33, 92224 Amberg
Bundesverband für die Rehabilitation der Aphasiker e.V., Oberthürstr. 11a, 97070 Würzburg

4. Linkes Gehirn – rechtes Gehirn? Die funktionelle Asymmetrie des Großhirns

Wir haben gesehen, dass ein großer Teil der kortikalen Funktionen beidseitig, bilateral verankert sind: beide Großhirnhälften haben ein somatosensorisches und ein motorisches Rindenfeld, beide Großhirnhälften haben visuelle und auditive primäre Rindenfelder usw. Es bleibt zu erwähnen, dass einige Rindenfelder ipsilaterale Funktionen wahrnehmen: das Riechhirn der linken **Hemisphäre** nimmt Gerüche aus der linken Nasenschleimhaut wahr. Andere Hirnareale arbeiten kontralateral: das motorische Rindenfeld der rechten Hemisphäre steuert den linken Arm und das linke Bein und umgekehrt. Wiederum gibt es Areale, in denen eine Mischung stattfindet, wie z. B. bei den auditiven Feldern.

Alle bisher besprochenen Strukturen sind aber beidseitig angelegt, befinden sich also auf beiden Hirnhemisphären. Vergleichbare Hirnareale der linken und rechten Hemisphäre sind miteinander verbunden. Verhältnismäßig dicke Leitungsbahnen führen über den Balken von der einen zur anderen Seite (vgl. **Abb. 4.1**).

Etwa 200 Millionen **Kommissurbahnen** im **Balken** (Corpus callosum) verbinden vorwiegend homologe, d. h. ähnliche Hirnbezirke. So sind z. B. die somatosensorischen Areale, die die Handempfindungen repräsentieren, in der linken und rechten Hemisphäre miteinander verbunden. Die linke Hand «weiß» normalerweise, was die Rechte tut. In den sechziger Jahren wurden bei knapp 30 Patienten die Balken chirurgisch vollständig getrennt. Man unternahm eine solche «Kommissurektomie» bei schweren Verlaufsformen der Epilepsie, bei der sich ein epileptischer Anfall über die Kommissurbahnen von einem lokalen Herd der einen Seite auf die gesamte Großhirnrinde auf der anderen Seite ausbreitete und so zu nicht beherrschbaren generalisierten Anfällen führte. Bei erster Betrachtung zeigten die Patienten keine oder nur geringfügige Funktionseinbußen und waren, was ihr Anfallsleiden anging, geheilt oder hatten eine deutliche Besserung erfahren. Genauere Untersuchungen, insbesondere von R. Sperry, zeigten allerdings sehr diffizile Veränderungen, die weiter unten beschrieben werden.

48 Die Grundlagen des Er-Lebens

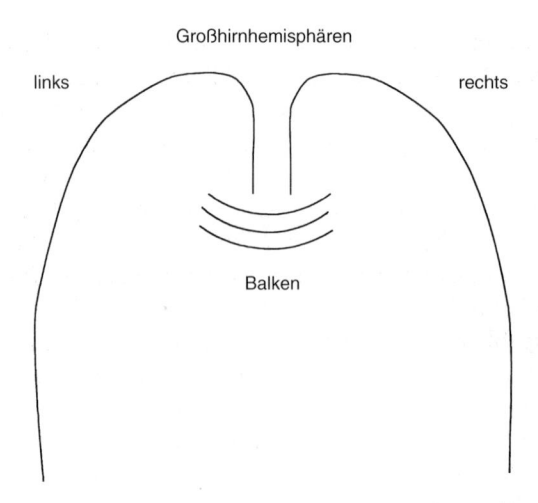

Abbildung 4.1: Der Balken verbindet die linke mit der rechten Großhirnhemisphäre.

Zunächst soll aber darauf eingegangen werden, dass neben den oben genannten symmetrischen und beidseitig lokalisierten Hirnfunktionen eine Reihe von Funktionen bestehen, die eine **Lateralisation** erfahren haben, die also vorwiegend oder zum größten Teil auf einer Hirnhälfte repräsentiert sind. Bereits Ende des vergangenen Jahrhunderts fanden u.a. Broca und Wernicke heraus, dass die nach ihnen benannten motorischen bzw. sensorischen Sprachzentren auf einer Hirnhälfte, bei der überwiegenden Mehrzahl der Menschen (90 Prozent) der linken Hirnhälfte lokalisiert sind. Diese sprachbegabte Hirnhälfte wird auch als **dominante Hemisphäre** bezeichnet. Im Prinzip gibt es vier Methoden, um die Asymmetrie oder zumindest die Bevorzugung einer Hirnhälfte für bestimmte Funktionen herauszufinden. Die älteste Methode, die auch Broca und Wernicke anwandten, besteht darin, die Gehirne verstorbener Patienten zu untersuchen, die an spezifischen Funktionsstörungen litten. Findet man bei den Gehirnen ehemals aphasischer Patienten (also Patienten mit Spracheinbußen) charakteristische Veränderungen in den o.g. Arealen, so liegt die Vermutung nahe, dass diese Areale für die Sprachfunktion zuständig sind. Eine zweite Methode besteht darin, vor und nach gezielten Operationen an der Großhirnrinde, die beispielsweise infolge eines Tumorleidens erforderlich sind, Funktionen der Betroffenen in diffizilen Tests zu untersuchen. Bei einer dritten Arbeitsweise kann man mit Hilfe radioaktiver Markermethoden die Ernährungs- und Stoffwechselfunktionen unterschiedlicher Hirnareale untersuchen, während man den Betroffenen bestimmte kognitive Aufgaben gibt. So werden bestimmte Hirnareale besser durchblutet und ernährt, wenn die Testperson mit sprachgebundenen Aufgaben beschäftigt ist. Diese vorübergehende Mehrversorgung kann man im Positronen-Emmissionstomogramm (PET) darstellen.

Schließlich kann man in der Vorbereitung einer notwendigen Hirnoperation die Lateralisation bestimmter Funktionen abklären. Will man beispielsweise einen Tumor der rechten Großhirnrinde entfernen, aber sichergehen, dass das Sprachzentrum des Betroffenen nicht geschädigt wird, so muss man sich zuvor vergewissern, dass er dieses tatsächlich auf der linken Seite hat. Hierzu kann dem Patienten ein Betäubungsmittel (Natriumamytal) zunächst für einige Minuten in die linke Halsschlagader (A. carotis), und nach einigen Tagen in die rechte Halsschlagader injiziert werden. In einem solchen Fall wird vorübergehend die entweder linke oder rechte Hirnhälfte betäubt, während die andere Hirnhälfte funktions- und bewusstseinsfähig bleibt. Hierbei zeigt sich nun erwartungsgemäß, dass eine kontralaterale Lähmung auftritt: der linksseitig betäubte Patient kann den rechten Arm und das rechte Bein nicht bewegen, wohl aber das linke Bein. Es zeigt sich weiterhin, dass bei einer Betäubung der dominanten Hirnhälfte die Sprachfunktionen ausfallen, der Betroffene also nicht mehr sprechen kann. Er kann aber, wenn das linke, dominante Sprachzentrum betäubt ist, mit Hilfe der rechten Hirnhälfte durchaus Dinge erkennen und benutzen. Es zeigte sich auch, dass eine ganze Reihe von anderen Funktionen lateralisiert sind. So können in der Regel Patienten mit betäubter linker Hirnhälfte singen, auch wenn sie mitunter Fehler bei den Texten machen und vielleicht auch der Rhythmus in Mitleidenschaft gerät. Das Erkennen von Melodien, von Klängen, ganz allgemein das musische Empfinden scheint bei den meisten Menschen rechtsseitig lateralisiert zu sein. Andererseits ist die linke Seite oft «rhythmisch begabt»: wenn entsprechend betäubte Patienten linkshemisphärisch «singen», singen sie rhythmisch korrekt und den richtigen Text, allerdings immer auf dem selben Ton.

Durch diese Untersuchungen konnten eine Reihe von zum Teil deutlich, zum Teil geringfügig lateralisierten Hirnleistungen beschrieben werden. Eine Zusammenstellung dieser Funktionsleistungen des «rechten und linken Gehirns» wird weiter unten gegeben.

Die vermutlich Aufsehen erregendsten Befunde ergaben die Untersuchungen von Sperry in den siebziger Jahren, in denen er kommissurektomierte Patienten sehr differenziert beobachtete und testete (was unter anderem zur Folge hatte, dass solche Operationen in der Regel nicht mehr durchgeführt werden). Im normalen Alltag fielen die Personen nicht oder kaum auf. Das Gehirn hat die Tendenz, unter allen nur möglichen Umständen seine Teilfunktionen zu integrieren und ein einheitliches Bewusstseins- und Handlungsniveau zu erreichen. Erschwerte man bei diesen Patienten allerdings die «Alltagssituation» durch eine wohl durchdachte Versuchsanordnung, so ergaben sich drastische Befunde.

Zum näheren Verständnis seien noch einmal einige Grundlagen wiederholt: die motorische Hirnrinde des rechten Gehirns kontrolliert und steuert die linke Körperhälfte, also auch die linke Hand (und umgekehrt die linke Hemisphäre die rechte Hand). Etwas schwieriger stellen sich die Dinge im Sehsystem dar: da diese etwas komplizierter sind, seien sie kurz erläutert. In **Abbildung 4.2** sieht man, dass ein Mensch, der einen Punkt fixiert, seitlich dieses Punktes eine linke und rechte Gesichtsfeldhälfte hat. Aus optischen Gründen kehren sich diese Gesichtsfeldhälften in der Linse des menschlichen Auges um, so dass, wie in der Abbildung 4.2 zu sehen, das linke Gesichtsfeld auf der rechten Seite des rechten Auges und der rechten Seite des linken Auges abgebildet wird. Entsprechendes gilt umgekehrt für das linke Gesichtsfeld. Weiter ist der Abbildung zu entnehmen, dass der Sehnerv des linken Auges zwei Anteile enthält. Der eine versorgt die linke Netzhauthälfte des linken Auges, er verläuft seitlich (lateral) und zieht über den seitlichen Kniehöcker zur primären Sehrinde der linken Seite, bleibt also gleichseitig (ipsilateral). Anders die Fasern, die die rechte, mittlere (nasal gelegene) Netzhauthälfte versorgen: sie kreuzen in der Sehkreuzung (Chiasma opticum) auf die andere Seite und projizieren kontralateral in die rechte Sehrinde. Diese komplizierten Verhältnisse führen letztlich dazu, dass, wie in der Abbildung 4.2 zu sehen ist, alles, was links vom Fixpunkt gesehen wird, vollständig von der rechten Gehirnhälfte bearbeitet wird, während die linke Gehirnhälfte das gesamte rechte Gesichtsfeld wahrnimmt. Eine solche Zweiteilung nehmen wir aber normalerweise nicht wahr, weil über den Balken die beiden Sehrindenhälften miteinander in Verbindung stehen und «das linke Gehirn weiß, was das rechte sieht».

Anders bei kommissurektomierten Patienten. Hier nehmen die beiden Hirnhälften auf bewusster Ebene getrennt wahr. Sie können auf dieser Ebene nicht mehr miteinander kommunizieren. Durch eine sehr detaillierte Versuchsanordnung erreichte Sperry, dass kommissurektomierte Patienten ein Bild nur über eine Hirnhälfte wahrnehmen konnten. (Dazu muss verhindert werden, dass sich die Augen bewegen und beide Gesichtsfeldhälften angeschaut werden, was eine sehr komplizierte Versuchsanordnung notwendig macht. Außerdem durften die Bilder nur sehr kurz «eingeblitzt» werden. Das Gehirn hat über die Augenmotorik die Tendenz, ein vollständiges, stimmiges und für beide Gehirnhälften erfahrbares integrales Gesamtbild zu finden.) Gelang es, ein Bild so zu projizieren, dass nur die linke Gehirnhälfte das Bild erkannte, konnte die Versuchsperson benennen, was sie gesehen hatte, da ihre Sprachzentren ebenfalls linkshemisphärisch lokalisiert sind. Erkannte nur die rechte Gehirnhälfte das Bild, so äußerte die Person, sie habe nichts gesehen. Forderte man sie aber auf, mit der linken Hand, die ja vom rechten Gehirn gesteuert wird, einen Gegenstand zu identifizieren, so suchte sie den Gegenstand heraus, den das rechte Gehirn gesehen hat – sehr zum Ärger des linken Gehirns, das sich dies gar nicht erklären konnte.

Es muss noch einmal darauf hingewiesen werden, dass die Versuche an kommissurektomierten Patienten nicht unbesehen auf Unversehrte übertragen werden können: wir nehmen unsere Umwelt einheitlich, als ganze Gestalt wahr, und selbst Menschen mit durchtrenntem Balken gelingt es in der Regel, ein einheitliches Bewusstsein über das, was sie sehen und erleben, herzustellen. Wird ihnen kurzzeitig

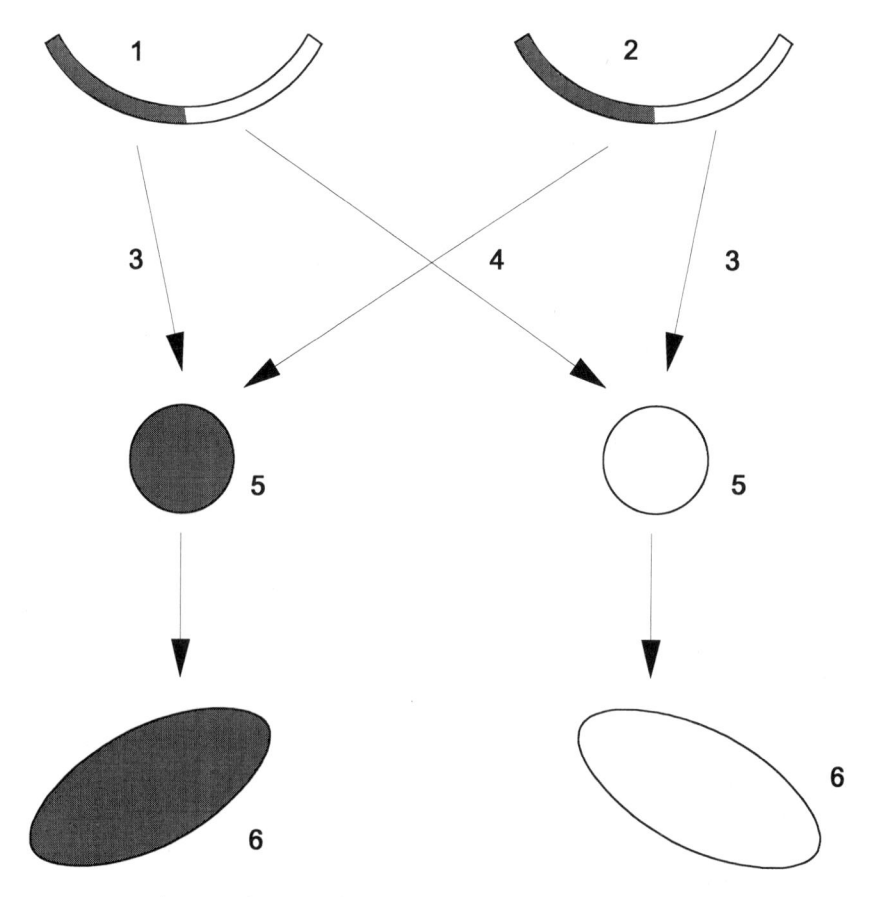

Abbildung 4.2: Schematische Darstellung der Sehbahn: 1 rechte, 2 linke Netzhaut; 3 laterale Bahnen; 4 nasale Bahnen, die im Chiasma opticum kreuzen; 5 Corpus geniculatum laterale; 6 Primäre Sehrinde. Linkes Gesichtsfeld hell, rechtes Gesichtsfeld dunkel.

ein Bild auf die rechte Sehrinde projiziert, so können sie mit dem sprachgebundenen Teil ihres Gehirns (der linken Hemisphäre) nicht sagen, was das rechte Gehirn gesehen hat. Sie «ahnen aber, dass da etwas war»: die Sehinformation gelangt nämlich durch tiefere Strukturen des Gehirns, insbesondere Strukturen des Thalamus, auch auf die linke Hirnseite, wo sie allerdings nicht bewusst dechiffriert werden kann. Die linke, dominante und mit sprachgebundenem Bewusstsein begabte Hirnrinde versucht nun, an die fehlende Information zu gelangen und auf diese Weise eine integrale Bewusstseinseinheit wieder herzustellen, z. B. über den Tast- oder Hörsinn.

Während über die Funktion der linken Hemisphäre frühzeitig Befunde vorlagen, erlaubten die Versuche von Sperry nun auch, spezifische Fähigkeiten der rechten Hirnhemisphäre zu erforschen. Projizierte man der rechten Hirnrinde ein obszönes oder belustigendes Bild, so errötete die Versuchsperson peinlich (oder lachte im zweiten Fall), ohne sagen zu können, warum sie dies tat. Wurde andererseits selektiv das linke Gehirn mit diesen Bilder konfrontiert, so beschrieb die Versuchsperson detailliert, was sie gesehen hatte, erkannte aber in der Regel nicht das Peinliche oder Belustigende des Gesehenen – sie verstand die Pointe nicht. Wenn auch das Limbische System maßgeblich an der affektiven Tönung des Erlebens beteiligt ist, so scheint doch die rechte Hemisphäre, insbesondere in ihren frontalen Bereichen, einen wesentlichen Einfluss auf das emotionale Erleben zu haben, insbesondere wenn es um höhere und komplexere Funktionen wie Scham oder Humor geht.

Schließlich soll noch auf eine komplexe Versuchsanordnung Sperrys eingegangen werden: es wurde schon beschrieben, dass die normalerweise dominante linke Hemisphäre Dinge benennen und mit der rechten Hand durch Tasten erkennen kann, während die rechte Hirnhälfte in der Regel nur linkshändig tastend erkennt. Ähnliche Versuchanordnungen ergaben auch, dass das rechte Gehirn für das Erkennen von Personen und Gesichtszügen besonders prädestiniert sind.

> Bitte schauen Sie in **Abbildung 4.3** die unteren Bilder B und C an, indem Sie vor allem die Nase der abgebildeten Person fixieren. Welches der beiden Bilder B oder C ist der Person A am ähnlichsten?

Die meisten Testpersonen wählen das Bild B, ein zusammengesetztes Chimärenbild des linken Gesichtsfeldes, das von der rechten Gehirnhemisphäre bearbeitet wird. Offensichtlich dominiert bei den meisten Menschen das rechte Gehirn, wenn es um Gesichterwahrnehmung geht. In einem weiteren Versuch projizierte Sperry einer Versuchsperson ein Bild, das aus den Gesichthälften zweier verschiedener Personen zusammengesetzt war (sog. Chimärenbild). Die Versuchsanordnung wurde so arrangiert, dass die linke und rechte Hirnhälfte jeweils ein anderes Bild sah. Fragte man die Testperson, was sie gesehen hatte, so gab sie das Gesicht der Person an, das auf der rechten Gesichtshälfte war – dies konnte sie mit der linken Hirnhälfte erkennen und somit sprachlich benennen. Auch die rechte Hand, die von der linken Hemisphäre gesteuert wird, suchte das entsprechende Foto (rechte Gesichtshälfte) unter verschiedenen Fotos heraus. Forderte man die Testperson hingegen auf, mit der linken Hand (rechtshemispärisch gesteuert) das gesehene Foto herauszusuchen, so entschied sie sich für das Bild der linken Gesichtsfeldhälfte. Interessanterweise hatte die Testperson das Gefühl, ein vollständiges Gesicht gesehen zu haben, sie war sich also des Chimärenversuches nicht bewusst und höchst verwundert, dass die linke Hand anders reagierte als die rechte.

Springer und Deutsch (1988) weisen in ihrem interessanten und gut verständlichen Übersichtswerk darauf hin, dass die oben geschilderten Versuche Extremsi-

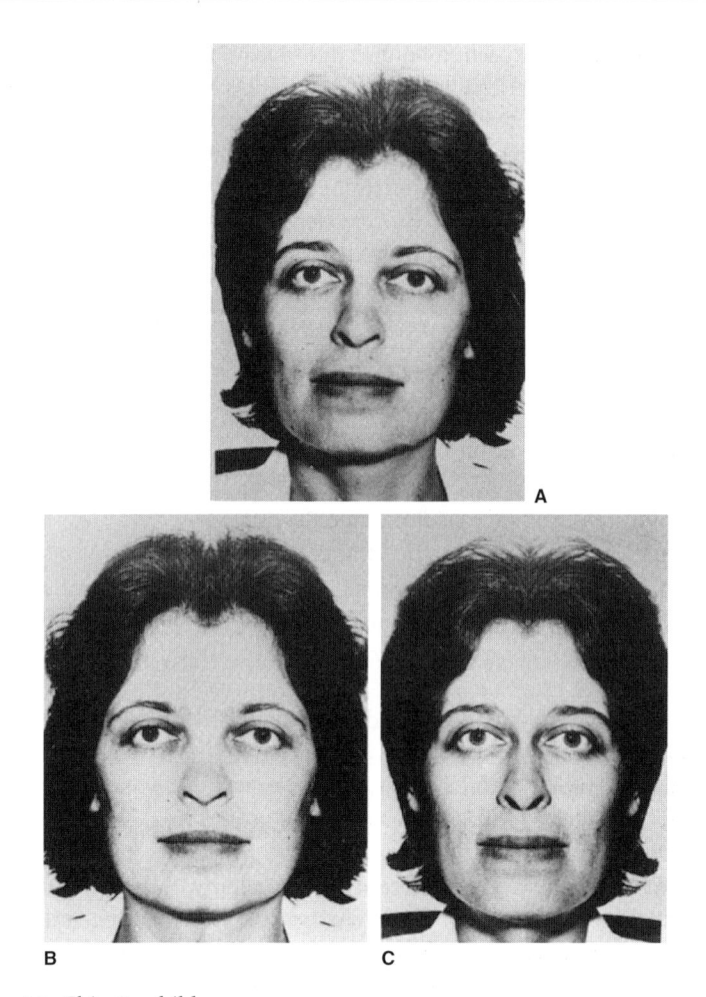

Abbildung 4.3: Chimärenbilder.

tuationen sind, die nicht der Regel entsprechen. Zwar haben unsere beiden Hirnhälften lateralisierte und asymmetrisch lokalisierte Funktionspräferenzen, doch gelingt es dem Gehirn in der Regel, eine integrale Einheit im Erleben und Bewusstsein sowie Handlungsplanung herzustellen. Von daher erscheint es problematisch, von einem «zweigeteilten Bewusstsein» oder sogar «von zwei Gehirnen» zu sprechen.

Unterschiedlich wird bewertet, ob das, was wir als menschliches **Bewusstsein** bezeichnen, vorwiegend eine Funktion der linken oder rechten Hemisphäre darstellt. Im Gegensatz zu Sperry vertritt z. B. der Nobelpreisträger und Neurophysiologe Eccles die These, dass in erster Linie das sprachgebundene Bewusstsein als

Specificum humanum anzusehen sei und dass das menschliche Bewusstsein insofern der dominanten Gehirnhälfte zuzuordnen ist. Auf die Frage des Bewusstseins wird aber in Kapitel 28 noch detaillierter einzugehen sein.

Die Untersuchungen der letzten Jahrzehnte haben eine Reihe von zumindest teilweise lateralisierten und asymmetrischen Hirnfunktionen differenziert. Danach sind in der Regel, d. h. bei 90 Prozent der Menschen, viele komplexe sprachliche Funktionen in der linken, dominanten Gehirnhälfte lokalisiert: das Lesen komplexer Wörter, das Schreiben, das Sprechen und das Sprachverständnis, jedenfalls, sofern es um komplexe syntaktisch verknüpfte Sprache geht. Die rechte Hemisphäre ist mitunter in der Lage, einzelne Worte, insbesondere sehr konkrete Bezeichnungen für Gegenstände, zu verstehen. Komplexe und insbesondere abstrakte Sachverhalte sind allerdings die Domäne der dominanten Hirnhälfte. Typischerweise linksseitig verankert ist die komplexe Willkürbewegung, das verbale Gedächtnis, logisch-analytisches Denken, logische Rechenoperationen und, wie schon dargestellt, das sprachgebundene Bewusstsein.

Domäne der rechten Gehirnhälfte ist das Erkennen komplexer geometrischer Muster und Gesichter, das Verstehen nicht-sprachlicher Umweltgeräusche und das musikalische Empfinden (wahrscheinlich nicht das rhythmische Erkennen), das taktile Wiedererkennen komplexer Reizmuster (Blindenschrift), die Bewegung im Raum, geometrische Prozesse und der Richtungssinn, und möglicherweise auch die Beurteilung des Sprachklangs und das mehr intuitive Erfassen von Stimmungen und Gefühlen.

Das hat dazu geführt, vielleicht etwas zu vereinfachend von einem links- oder rechtshemisphärischen Denken zu sprechen. Von der Tendenz her neigt unsere rechte Hirnhemisphäre dazu, holistisch (ganzheitlich) zu operieren, intuitiv und schlagartig Sachverhalte zu erkennen, ohne sie allerdings genau zu analysieren (man sieht den Wald, aber nicht den einzelnen Baum). Demgegenüber wird die linke Hirnhemisphäre vor allem aktiviert, wenn es um genauere Analysen, um abstraktes oder wissenschaftliches Denken, um differenzierte und in der Regel sprachgebundene kognitive Prozesse, kurz um eine genauere Erkenntnis der uns umgebenden Wirklichkeit geht (wir erkennen die Bäume, mitunter aber den Wald nicht mehr). Eher linkshemisphärisch ist der Prozess des Schriftlesens, eher rechtshemisphärisch das Erkennen von Bildsymbolen (**Abb. 4.4**).

In der Regel benutzen wir unsere beiden Hemisphären zur Lösung anstehender Probleme. Sowohl das intuitive, assoziative und holistische Erfassen von Gegebenheiten als auch die genaue Detailanalyse und das bewusste, logische und strukturierte Vorgehen sind bei komplexen Anforderungen erforderlich. Der Verzicht auf so genannte «rechtshemisphärische» Funktionen würde dazu führen, dass wir im Detail hängen bleiben («Fachidioten»), eine rein rechtshemisphärische Denkweise würde zu unkontrollierten Vorurteilen führen. Die Kombination beider Vorgehensweisen soll durch zwei Beispiele verdeutlicht werden:

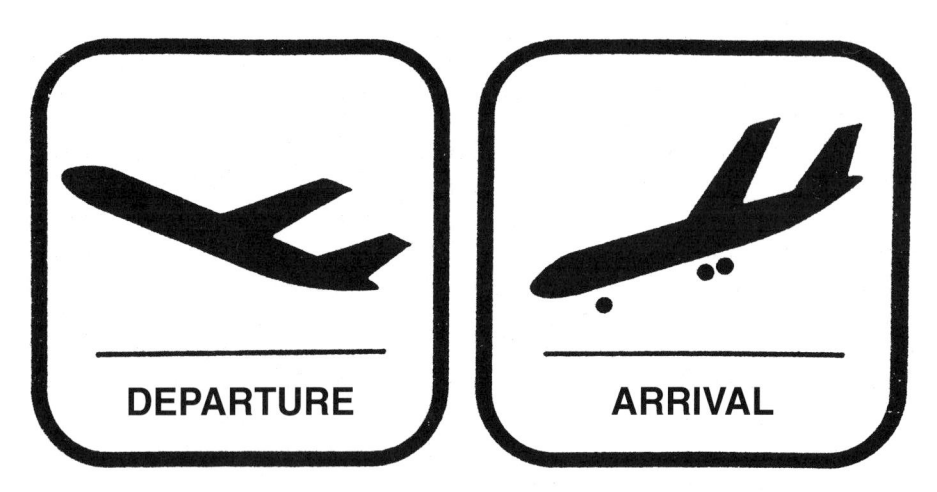

Abbildung 4.4: Beim Betrachten der Logos und der Schriftzüge werden unterschiedliche Hemispärenfunktionen aktiviert.

Ein mir bekannter Röntgenologe beeindruckte mich durch seine Fähigkeit, angesichts einer Lungenaufnahme auf Anhieb und ohne näher nachzudenken eine Tuberkulose zu diagnostizieren. Auf meine Frage, woran er das denn sehe, antwortete er, das wisse er noch nicht, und fing nun an, das Röntgenbild systematisch nach lehrbuchmäßigen Kriterien «zu rastern» und zu analysieren.

Ähnlich intuitives Erfahrungswissen holistischer Art mag vorliegen, wenn ein Sozialpädagoge in einer betreuten Familie «ahnt», dass eine Alkoholproblematik vorliegt. Selbstverständlich bedarf diese «Ahnung», die oft schon den richtigen Weg weisen mag, der analytischen Überprüfung, um nicht zum Vorurteil zu werden.

Schließlich sei noch darauf hingewiesen, dass neuere Richtungen in der Psychotherapie (vgl. Watzlawick, 1982) gezielt eher rechtshirnhemisphärisch wirkende Interventionen entwickelt haben. Da wird beispielsweise bildhaft oder symbolisch kommuniziert, Handlungen und Symptome werden therapeutisch eingesetzt, Beziehungen oder Gefühle mittels einer Skulptur dargestellt usw. (vgl. auch Berker und Hülshoff, 1992).

Überprüfen Sie Ihr Wissen!

4.1 Fragetyp A, eine Antwort richtig

Eines der folgenden Rindenareale ist symmetrisch angelegt, unterscheidet sich also bezüglich linker und rechter Hirnhälfte nicht wesentlich. Welches?

a) Rechenzentrum (logisch-mathematische Operationen)

b) Zentrum zum Erkennen geometrischer Muster

c) Motorisches Rindenfeld

d) Motorisches Sprachzentrum

e) Zentrum zum Erkennen melodischer Sequenzen.

4.2 Fragetyp E, Kausalverknüpfung

1. Eine Kommissurendurchtrennung wurde zur Verhinderung der Ausweitung eines epileptischen Anfalls durchgeführt, denn

2. auch die dem Anfallsgeschehen zugrunde liegende elektrische Aktivität kann bei funktionierenden Kommissuren von der einen zur anderen Hirnhälfte gelangen.

a) Nur die Aussage 1 ist richtig.

b) Nur die Aussage 2 ist richtig.

c) Nur die Aussagen 1 und 2 sind richtig, die Kausalverknüpfung stimmt nicht.

d) Die Aussagen 1, 2 sowie die Kausalverknüpfung sind richtig.

e) Alle Aussagen sind falsch.

4.3 Fragetyp E, Kausalverknüpfung

1. John Eccles sieht das Bewusstsein in der zumeist sprachbegabten rechten Hirnhälfte verankert, denn

2. für ihn ist menschliches Bewusstsein eng mit sprachgebundenem Denken verknüpft.

a) Nur die Aussage 1 ist richtig.

b) Nur die Aussage 2 ist richtig.

c) Nur die Aussagen 1 und 2 sind richtig, die Kausalverknüpfung stimmt nicht.

d) Die Aussagen 1, 2 sowie die Kausalverknüpfung sind richtig.

e) Alle Aussagen sind falsch.

4.4 Fragetyp B, eine Antwort falsch

Eine der fünf folgenden Funktionen gehört nicht typischerweise zur rechten Großhirnhälfte. Welche ist es?

a) Holistisch-ganzheitlich-analog-assoziatives Denken

b) Geometrische Mustererkennung

c) Wahrnehmung von Stimmungen und Gefühlen

d) Analysierende Problemlösungen

e) Schlagartiges, intuitives Erkennen

Vertiefungsfrage

Was versteht man unter der «holistischen Arbeitsweise» der rechten Großhirnhemisphäre?

Adressen

Linkshänderinitiative. Pfalzstr. 24, 63785 Obernburg

5. Mischpult der Gefühle. Das Limbische System

An einem strahlenden Sommermorgen gehen Sie aus dem Haus. Die Sonne scheint, einige weiße Wolken wandern an dem sonst blauen Himmel vorbei, die Luft ist angenehm mild. Obwohl Sie sich wegen ungelöster Probleme Sorgen machen, können Sie doch nicht umhin, verwundert festzustellen, dass es Ihnen einen Augenblick «ganz anders ums Herz wird».

Szenenwechsel: Ein vierjähriges Kind ist beim Rollschuhfahren hingefallen, hat sich wehgetan und kommt weinend auf Sie zu. Wie reagieren Sie?

In den hier skizzierten Stimmungsbildern werden Situationen beschrieben, in denen Emotionen und Affekte ausgelöst werden. Ereignisse (wie der Sturz des Kindes) und Eigenschaften der Welt (wie die momentane Wetterlage) werden von uns nicht «wertfrei» wahrgenommen, sondern stets gefühlsbetont, also affektiv interpretiert und bewertet. Wie kommt es, dass wir dazu neigen (und dazu in der Lage sind), die Welt nicht «sachlich-neutral», sondern im Licht unserer Emotionen wahrzunehmen? Was bewegt uns, uns zumindest teilweise in die Gefühlswelten unserer Mitmenschen hinein zu versetzen und Mitleid zu empfinden? Was ist eine Emotion?

Während wir unter **Motivationen** Kräfte unseres Organismus verstehen, die unserem Verhalten Konstanz, Kraft und Zielrichtung verleihen, sind **Emotionen** Reaktionen auf Reize von außen. Dabei wird ein Umweltereignis aufgenommen, verarbeitet, klassifiziert und interpretiert, wobei eine Bewertung stattfindet. Vor allem Hirnstrukturen unseres Limbischen Systems (s.u.) bewerten Ereignisse als neu oder als bekannt, als bedrohlich oder vertraut, als lustvoll oder unangenehm, als freudig oder traurig. Dieser emotionalen Bearbeitung externer Informationen kommt die Aufgabe zu, das Verhalten des Organismus an die gerade interpretierte Situation anzupassen. Im Falle einer drohenden Gefahr muss sich der Körper z. B. auf Flucht oder Angriff vorbereiten, was u.a. eine Schärfung der Sinne, eine Aktivierung der motorischen Systeme und eine Vielzahl vegetativer Prozesse in Gang setzt. Die emotionsregulierenden Strukturen des Limbischen Systems haben, so können wir sagen, die Aufgabe, zwischen unserem Innenleben und den von außen hereinkommenden Erfahrungen zu vermitteln und sie aufeinander abzustimmen.

Das **Limbische System** befindet sich im Übergangsbereich von Zwischenhirn und Großhirn. So sind Teile des Frontalhirns, insbesondere der Gyrus cinguli, sowohl dem Großhirn als auch dem Limbischen System zuzuordnen. Ähnliches gilt für das Riechhirn, das manchmal als entwicklungsgeschichtlicher Urahn des Limbischen Systems angesehen wird – wenngleich die Aufgaben des Limbischen Systems inzwischen weit über die Bearbeitung geruchlicher Informationen hinausgehen. Zum Limbischen System im engeren Sinne gehören die Amygdala («Mandelkern»), der Hippocampus («Seepferdchen»), die Mammilarkörper des Hypothalamus und die Fornix. Die **Abbildung 5.1** zeigt, dass das Limbische System vom Hypothalamus sowie den Assoziationsarealen der Großhirnrinde über relevante Sinnesreize «informiert wird».

Vom Limbischen System gehen Erregungen zu Hypothalamus und Hirnstamm und beeinflussen damit psychovegetative Systeme und Reaktionen, z. B. komplexe Flucht- oder Angriffsprogramme. Über den Gyrus cinguli gelangen Informationen zum Frontallappen der Großhirnrinde (Stirnhirn), wo uns die Emotionen bewusst werden. In gewissen Grenzen können wir mit Hilfe unserer frontalen Großhirnrinde auch unsere Emotionen kontrollieren.

Das Limbische System kommuniziert über sehr leistungsfähige Verbindungen mit dem Hypothalamus und dem oberen Hirnstamm. Diese wiederum sorgen über eine Beeinflussung des **Hormonsystems** und des **vegetativen (autonomen) Nervensystems** dafür, dass unterschiedlichste Organe gleichzeitig aufeinander abgestimmt werden und in eine für die Situation passende Ausgangslage versetzt werden. So sind Gefühle auf einer «unteren Ebene» immer auch mit charakteristischen hormonellen und vegetativen Sensationen verbunden. Vergegenwärtigen Sie sich den Zustand der Angst: in Zuständen von Angst oder Panik «haben» wir nicht Angst, sondern «sind» Angst. Neben den seelisch empfundenen Emotionen der «Bodenlosigkeit», der Ausweglosigkeit, des Schwindelerregenden, und neben der kognitiven Einschränkung, aufgrund derer wir mögliche Lösungswege vielleicht übersehen, kommt es zu typischen körperlichen Sensationen: schneller Herzschlag, weit aufgerissene Pupillen, Schweißausbruch, Gänsehaut, Blutdruckanstieg und Änderungen der Darmmotilität usw. Diese hormonell und vegetativ gesteuerten Funktionen dienen der Fluchtbereitschaft des Organismus: beschleunigte Atemfrequenz und Pulsschlag bereiten auf die Fluchtmotorik vor, weite Pupillen ermöglichen ein besseres Sichten von Gefahren, die Gänsehaut kann als Überbleibsel der Haarbalgaufrichtung im Sinne von Drohgebärden behaarter Primaten verstanden werden.

Neben einer ersten psychovegetativen Verschaltung gibt es Bahnen zu **motorischen Zentren**, über die mehr oder weniger komplexe motorische Aktionsprogramme in Gang gesetzt werden können, beispielsweise wenn sich Flucht oder Angriff, Zärtlichkeit oder überbordende Freude motorisch ausdrücken. Im Kapitel 21 («Musikempfinden») wird noch zu zeigen sein, dass sich die enge Kopplung

Das Limbische System

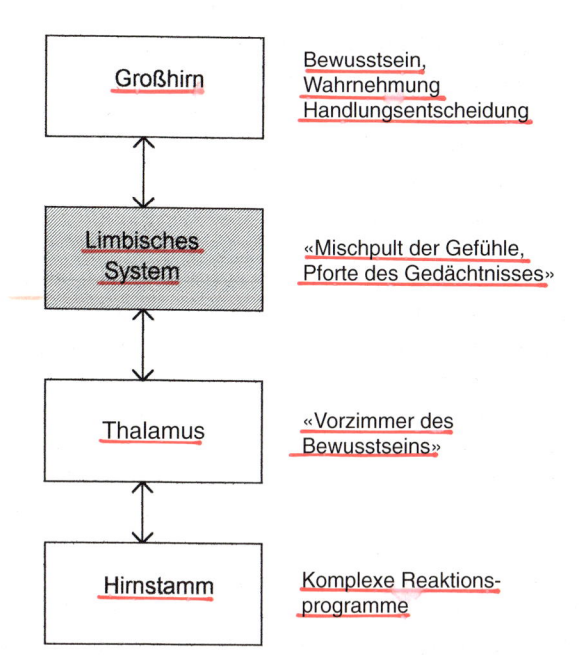

```
┌─────────────┐
│  Großhirn   │  Bewusstsein,
│             │  Wahrnehmung
└─────────────┘  Handlungsentscheidung
      ↕
┌─────────────┐
│  Limbisches │  «Mischpult der Gefühle,
│   System    │  Pforte des Gedächtnisses»
└─────────────┘
      ↕
┌─────────────┐
│  Thalamus   │  «Vorzimmer des
│             │  Bewusstseins»
└─────────────┘
      ↕
┌─────────────┐
│  Hirnstamm  │  Komplexe Reaktions-
│             │  programme
└─────────────┘
```

Abbildung 5.1: Beziehungen des Limbischen Systems zu Großhirn und subkortikalen Hirnstrukturen.

von emotionalem Erleben und Motorik im Rahmen der Rhythmik und der Psychomotorik therapeutisch nutzen lässt. Dort erkennt man in Tabelle 21.1, dass sich z. B. die emotionalen Pole «Freude» und «Trauer» sowie die Pole «Machtgefühl» versus «Zärtlichkeit» in Aktion, Gestus und Äußerung in charakteristischer Weise voneinander unterscheiden.

Zum dritten gibt es enge Verbindungen von emotionalem Erleben und **Gedächtnis.** Während das Kurzzeitgedächtnis durch die gleichzeitige Erregung von Millionen Nervenzellen (sog. Assemblies), also ein Kreisen bioelektrischer Informationen in der Großhirnrinde, gekennzeichnet ist, kann man die Funktion des Langzeitgedächtnisses als ein Abspeichern von Informationen beschreiben. Hierzu wird beispielsweise akustische Information in subkortikale Hirnstrukturen weitergeleitet. Der Hippocampus scheint hier eine besondere Rolle zu spielen. Erst wenn er die Information bearbeitet hat, kann sie dem Großhirn zurückgeführt und letztendlich in den Hirnarealen abgespeichert werden, in denen auch die primäre Reizverarbeitung stattfand. Eine Melodie wird also erst dann in Teilen der Hörrinde «behalten» werden können, wenn die Information zuvor den Hippocampus des Limbischen Systems passiert hat. Danach allerdings sind wir in der Lage, auch noch nach Jahrzehnten schlagartig Melodien zu erkennen.

In bestürzender Weise zeigt die in der Literatur bekannt gewordene «Fallgeschichte» des Patienten H.M. die Wichtigkeit des Hippocampus: nach einem beidseitigen Ausfall dieser Struktur war H.M. nicht in der Lage, sich an Ereignisse zu erinnern, die länger als einige Sekunden zurücklagen. Über Jahrzehnte lebte er «nur im hier und jetzt», war nicht mehr in der Lage, neue Inhalte zu erlernen und somit seine Identität weiter zu entwickeln.

Die enge Verknüpfung des Hippocampus mit den übrigen Strukturen des Limbischen Systems weist darauf hin, dass alle unsere Lernprozesse emotional beeinflusst sind: wir merken uns, was uns wichtig ist. Neues, Interessantes wird bevorzugt bearbeitet, sofern es nicht zu komplex ist. Altbekanntes langweilt uns. Überforderndes frustriert uns und führt zu Ärger und Wut. Misserfolge prägen sich über die damit verbundenen Unlustgefühle besonders ein («aus Schaden wird man klug»), andererseits kann zu große Angst aufgrund der dann im Vordergrund stehenden psychovegetativen Panikreaktionen einen Lernprozess hemmen («Angst macht dumm»). Weil Lernvorgänge immer auch ganz wesentlich emotionale Prozesse sind, ist es in Schule und Ausbildung besonders wichtig, ein dem Lernen förderliches emotionales Klima zu schaffen. Der sozialen Bindung zwischen LehrerIn und Schüler, zwischen MeisterIn und Auszubildendem kommt eine besondere Bedeutung zu. Wichtiger als ausgeklügelte Lerntechniken sind die Gefühle von Zuneigung, Zutrauen und Akzeptanz.

Zum vierten gibt es enge Verbindungen zwischen unserem emotionalen Erleben und unserem **Ausdrucksverhalten**. In Körperhaltung (Proxemik), Gestik, Mimik, Augenausdruck, Stimmklang und Lautstärke «drücken wir aus», in welcher Stimmung wir uns befinden.

In einer Seminarübung wurden sechs Teilnehmer per Karteikarte aufgefordert, einen Satz in kroatischer Sprache (Das Bett ist schon gemacht) den übrigen, nicht informierten Teilnehmern vorzutragen. Dabei wurden die Vortragenden aufgefordert, diesen Satz entweder ängstlich, wütend/ärgerlich, traurig, erotisch oder angeekelt vorzutragen. Den Zuhörern, die die semantische Botschaft nicht kannten, gelang es auf Anhieb, den emotionalen Gehalt zu dekodieren.

Vor allem die mimische Muskulatur mit ihrer hochdifferenzierten Nervenversorgung ermöglicht den Ausdruck von Freude, Trauer, Ekel, Überraschung, Wut und Angst. In der Abbildung 7.3 im Kapitel 7 («Vom guten Geschmack») findet man z. B. die Charakteristika des «Ekelgesichts». Die gerümpfte Nase, der halbgeöffnete Mund und die Andeutung der herausgestreckten Zunge zeigen die nahe Verwandtschaft zum Würgereflex, auf die im 7. Kapitel detaillierter eingegangen wird. Da jeder das Gefühl des Ekels in seinem eigenen Leben kennen gelernt hat und die Kopplung von emotionalem Empfinden und dem Grundrepertoire des mimischen Ausdrucks universal ist, kann man sicher sein, mimisch verstanden zu werden. Werden solche mimischen Grundmuster kulturell überformt und ausgebaut,

z. B. wenn das Ausspucken symbolisiert, das man etwas oder jemanden zum «Erbrechen» findet, kann man in der Regel ebenfalls sicher sein, universell verstanden zu werden.

Mittlerweile werden an die vierzig unterschiedliche Bausteine des mimischen Ausdrucks emotionaler Befindlichkeit beschrieben. Sie sind nur zum Teil willentlich zu modifizieren. Bei der «mimischen Aktionseinheit» Freude/Lächeln werden die Mundwinkel nach oben außen bewegt, wodurch das Weiß der Zähne «aufblitzt» – ein als positiv empfundenes Signal. In Politik und Werbung wird dieses «Keep smiling» manchmal bewusst eingesetzt und dann vom Empfänger als unecht empfunden. Tiefe Freude und Sympathie geht nämlich neben der charakteristischen Veränderung im Mundbereich mit einer Veränderung des Ringmuskels um die Augen einher. Dieser zieht sich zusammen, so dass der obere Teil der Wange nach oben geschoben wird, wobei «Krähenfüßchen» entstehen. Der Eindruck der «strahlenden Augen», möglicherweise noch verstärkt durch Tränenflüssigkeit, die ein Glänzen der Hornhaut bewirkt, lässt sich nicht willentlich herstellen. Ein solches Lachen als Ausdruck tief empfundener Freude wird als echt erlebt, entstammt es doch der Erregung tiefer subkortikaler Schichten, nämlich des Limbischen Systems. Wir haben also in gewisser Hinsicht einen «Lügendedektor» in unserem Erkennen, der uns ansatzweise erlaubt, nonverbale Botschaften über die Stimmungen unserer Menschen wahrzunehmen.

Wir haben damit bereits einige **Grundemotionen** kennen gelernt, die mit spezifischen psychovegetativen Sensationen, motorischen Verhaltensprogrammen und charakteristischem Ausdrucksverhalten korrelieren. In **Abbildung 5.2** werden sie im inneren Kreis noch einmal zusammengefasst. An den Schnittstellen solcher Grundemotionen kann man dann differenziertere Befindlichkeiten anordnen: so kann das Gefühl der Liebe z. B. in Zusammenhang gebracht werden mit den emotionalen Befindlichkeiten von Freude einerseits und Akzeptanz und Vertrauen andererseits. Das Gefühl des Bedauerns oder der Reue beinhaltet sowohl Trauer und Kummer als auch Ekel und Angewidertsein.

Die Hirnstrukturen, die bei der Entstehung von Gefühlen beteiligt sind, arbeiten mit unterschiedlichen chemischen Botenstoffen, also **Neurotransmittern**. Für den Grad der Erregung und das bewusste Erleben scheint Dopamin eine wichtige Rolle zu spielen, während Serotonin und Noradrenalin beim Zustandekommen depressiver Gefühle von Bedeutung sind. Gamma-Aminobuttersäure und Rezeptoren für Benzodiazepine (Valium) beeinflussen unsere Fähigkeit, aufgeregt zu sein oder uns zu beruhigen. Körpereigene Opiate, so genannte Endorphine, spielen in den zentralen Strukturen unseres Limbischen Systems ebenfalls eine wichtige Rolle. Zum einen können sie das Schmerzempfinden betäuben, zum anderen können sie zu höchsten Lustgefühlen führen und somit einen euphorisierenden Effekt ausüben.

Die hier nur angedeuteten Zusammenhänge zwischen biochemischen Botenstoffen und emotionalen Befindlichkeiten sind die Grundlage, um bestimmte Ge-

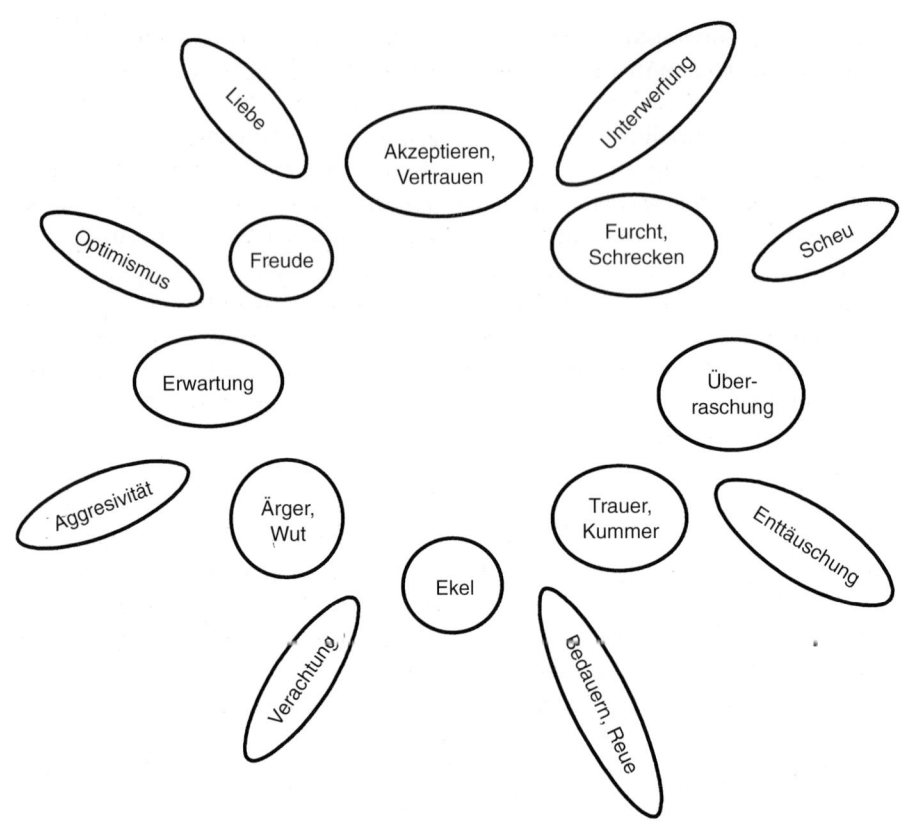

Abbildung 5.2: Menschliche Emotionen und ihre Beziehungen zueinander.

fühle von außen zu stimulieren. Zum einen kann dies pharmakologisch genutzt werden, wenn man beispielsweise die Todesangst im Rahmen eines Herzinfarktes durch Valiumgabe vermindert und damit eine Ruhe- und Erholungsphase einleitet. Gerade beim Beispiel der Benzodiazepine wird andererseits deutlich, dass der damit verbundene Effekt der emotionalen Verflachung (alles wird durch eine rosarote Brille gesehen) oft als subjektiv so angenehm empfunden wird, das dieser Stoff ein hohes Suchtpotential hat. Bereits 14 Tage regelmäßiger Einnahme dieser Substanz kann zur Abhängigkeit führen. Ein noch höheres Suchtpotential weisen Opiatabkömmlinge (z. B. Heroin) auf, die in einem solch starken Maße euphorisieren, das bereits nach wenigen Injektionen eine Abhängigkeit resultieren kann. Auf der Ebene der Biochemie des Limbischen Systems kann **Sucht** verstanden werden als das Bestreben, bestimmte emotionale Sensationen auf schnellstem Wege, also chemisch und unter Umgehung der eigentlich vorgesehenen Anstrengungen, zu erreichen. Das uns von der Evolution zur Verfügung gestellte emotionale Belohnungssystem unserer Limbischen Strukturen, das uns mit positiven Gefühlen belohnt, wenn wir nach langer Anstrengung siegen, ein Kind zärtlich pflegen oder einen Sexualpartner für uns gewinnen, wird im Sinne eines chemischen Kurzschlusses umgangen. Selbstverständlich sind diese biochemischen Gesichtspunkte bei der Entstehung von Sucht nur eine von mehreren, möglicherweise wichtigeren Komponenten. Die persönliche Lebensgeschichte, das sozio-kulturelle Umfeld und die aktuelle Problemlage der Betroffenen spielen hinsichtlich der Suchtgenese eine größere Rolle, doch kann hier nicht darauf eingegangen werden.

Ähnlich komplex sind die Verhältnisse bei **affektiven Störungen** und Gemütskrankheiten (Angstneurose, Phobie, Panikattacken, Depressionen, manische Zustände). Solche Störungen haben auch ein Korrelat auf der Ebene der Hirnfunktionen, und sie lassen sich auch (wenngleich nicht immer sinnvoller- oder notwendigerweise) pharmakologisch beeinflussen.

Dies führt zur Frage, wie frei wir eigentlich in unserem affektiven Erleben sind. Stimmungen, so hatten wir gesehen, legen unsere Welt aus. Ob wir etwas bedrohlich finden oder nicht, ob wir uns über etwas freuen oder von etwas angewidert sind, ob wir vor etwas Angst haben oder auf etwas Lust haben, das unterliegt nicht unserem Willen, sondern wurde bereits evolutionär vorentschieden. Insofern können (und brauchen) wir uns nicht dagegen wehren, Gefühle zu empfinden. Es kann ein befreiender Schritt einer Psychotherapie sein, sich seiner eigenen Gefühle bewusst werden zu dürfen.

> To see and hear what is here
> instead of what should be, was or will be.
> To say what one feels and thinks
> instead of what one should.
> To feel what one feels
> instead of what one ought   (Virginia Satir)

<u>Keiner unserer Eindrücke oder Denkvorgänge, keine unserer Erkenntnisse sind wertneutral und rein sachlicher Art: Immer werden sie von Gefühlen untermischt, immer werten wir das, was uns begegnet, gefühlsbetont.</u>

In einer kulturell weiter entwickelten, hoch technisierten Gesellschaft kann das auch gefährlich werden. Panikattacken und Massenhysterie, demagogische Verblendung, Befehlsgehorsam und Krieg, unkritische Begeisterung für Idole und Verführer sind beredte Beispiele für die Gefahren, die aus dem evolutionären Erbe unseres Limbischen Systems entstehen können. Insofern ist es notwendig, auch den «Stirnbereich unserer Großhirnrinde» zu benutzen. Das kostet Kraft. Dafür, dass wir Ärger, Wut und aggressive Emotionen erleben, können wir nichts. Dies geschieht gänzlich außerhalb unseres Willensbereiches. Was wir mit dieser Wut machen, hängt zum Teil von unserer Entscheidung ab. Wir können uns in eine «Aufgabe verbeißen» – und somit im Sinne freudscher «Sublimierung» die der

Emotion innewohnende Kraft nutzen, wir können uns aber auch zu handgreiflicher Aggression entscheiden. Der soziokulturelle Kontext erlaubt es uns nur bedingt, unsere Gefühle auszuagieren. Nicht jeder Angst, nicht jeder aggressiven Erregung, nicht jedem erotischen Wunsch, nicht jedem depressiven Impuls können wir ungehemmt nachgehen. Die Fähigkeit, Emotionen zwar wahrzunehmen und zu akzeptieren, uns dann aber hinsichtlich unserer Handlungen zu beherrschen, ist sicherlich ein wichtiges Erziehungsziel.

Auf der anderen Seite ist es mitunter notwendig, die emotionalen und psychovegetativen Energien «zu verbrauchen» bzw. «herauszulassen»: Wenn ein naher Angehöriger stirbt, wird in vielen Kulturen gemeinsam geschrien, geklagt, gestikuliert. Im alten Testament wird berichtet, dass die Freunde Hiobs sich «die Kleider zerrissen», also im ursprünglichen Sinne des Wortes mitlitten. Das gemeinsame Weinen kann eine «kathartische», reinigend-befreiende Wirkung haben und solidarisiert darüber hinaus die gemeinsam Trauernden. Oft kann erst nach dem Ausleben depressiver Emotionen das Verlusterlebnis und die Krise als Grund dieser Trauer verarbeitet und überwunden werden.

Die Strukturen des Limbischen Systems an der Schaltstelle von unbewusst arbeitenden Zwischenhirnstrukturen und bewussten Großhirnfunktionen ermöglichen uns unter bestimmten Umständen das bewusste Wahrnehmen von Gefühlen, die immer ein seelisches und körperliches Phänomen sind. Emotionen sind nicht wertneutral, sondern bewerten die uns umgebenden Ereignisse. Sie durchziehen und untermischen unsere Wahrnehmung, unser Denken und Handeln. Damit machen sie einen wesentlichen Teil unserer Persönlichkeit aus.

Überprüfen Sie Ihr Wissen!

5.1 Fragetyp B, eine Antwort falsch

Eine der folgenden Aussagen ist falsch. Welche?

a) Das Limbische System befindet sich an der Grenze von Zwischenhirn und Großhirn und besteht u.a. aus Amygdala, Hippocampus, Riechhirnanteilen, Fornix und Mamillarkernen.

b) Das Limbische System hängt eng mit dem Entstehen emotionaler Vorgänge zusammen.

c) In den Mamillarkörpern des Hypothalamus werden Informationen so bearbeitet, dass sie im Gedächtnis abgespeichert werden können.

d) Zu den grundlegenden Emotionen gehören u.a. Freude, Trauer, Angst, Wut und Ekel.

e) Die frontalen Anteile der Großhirnrinde (Stirnhirn) haben wesentlichen Anteil an der Kontrolle von emotionalen Reaktionen.

5.2 Fragetyp C, Antwortkombinationsaufgabe

Welche der folgenden Aussagen sind richtig?

1. Diazepam (Valium) wirkt auch auf das Limbische System und hat ein großes Suchtpotential.
2. Emotionen werden meist auch von psychovegetativen Reaktionen begleitet.
3. Mimische Ausdrucksformen, die mit emotionalen Vorgängen korrelieren, können zu einem Teil kulturell überformt werden.
4. Das Phänomen der Angst äußert sich auf somatischer Ebene u.a. durch weite Pupillen, Pulsanstieg, Schweißausbruch, Gänsehaut und vermehrte Erregung.
5. Wahrnehmung, Handeln und Denkvorgänge sind stets auch emotional gefärbt.

a) Nur die Antworten 1, 2 und 4 sind richtig.

b) Nur die Antworten 2, 3 und 5 sind richtig.

c) Nur die Antworten 1, 2, 3 und 4 sind richtig.

d) Nur die Antworten 2, 3, 4 und 5 sind richtig.

e) Alle Antworten sind richtig.

Vertiefungsfragen

Welche Funktionen hat das Limbische System, und warum erinnern wir uns in besondere Weise an emotional gefärbte Ereignisse?
Wie arbeiten Stammhirn, Zwischenhirn und Großhirn bei emotionalen Prozessen zusammen?

Teil 2

Vom Reiz der Sinne zum Bild der Wirklichkeit

In diesem Teil werden zum einen die Arbeitsweisen unserer Sinne (Geruchs-, Geschmacks-, Gleichgewichts-, Tast-, Hör- und Sehorgane) beschrieben. Zum anderen soll die zentrale Informationsverarbeitung und Verknüpfung erläutert werden. Am Beispiel der Hörbehinderung und Schwerhörigkeit soll exemplarisch auf eine Sinnesbehinderung eingegangen werden.

6. Duftende Welten. Der Geruchssinn

«Es stanken die Straßen nach Mist, es stanken die Hinterhöfe nach Urin, es stanken die Treppenhäuser nach fauligem Holz und nach Rattendreck, die Küchen nach verdorbenem Kohl und Hammelfett; die ungelüfteten Stuben stanken nach muffigem Staub, die Schlafzimmer nach fettigen Laken, nach feuchten Federbetten und nach dem stechend süßen Duft der Nachttöpfe.»

Dieses Stimmungsbild aus Süskinds Roman «Das Parfum» mag darauf hinweisen, dass nach wie vor neben den visuellen und auditiven Eindrücken auch die unseres Geruchsinns für unser Erleben von Bedeutung sind.

Dieser Nah- und Fernsinn hat nicht nur Bedeutung für unsere Orientierung, sondern auch für unsere Nahrungsauswahl (und damit das Schmecken), für wichtige vegetative Funktionen, für unser emotionales Erleben und für eine Reihe von sozialen Verhaltensweisen. Zwar ist unser Geruchssinn im Verhältnis zu dem anderer Wirbeltiere (etwa Hunden, die in einer ausgesprochenen «Riechwelt» leben) eher unterentwickelt. Dennoch spielt dieser archaische Sinn in unserem emotionalen Erleben nach wie vor eine große Rolle, was z. B. in Ausdrücken wie «den kann ich nicht riechen» oder «zwischen Kanzler X und Staatspräsident Y stimmt die Chemie» zum Ausdruck kommt.

Düfte und Gerüche entstehen, wenn Partikel, von der Luft mitgeweht zur **Riechschleimhaut**, vorwiegend an der obersten von drei muschelartigen Wölbungen in der Nase, aber auch an Teilen der Nasenscheidewand, gelangen (s. **Abb. 6.1**). Dort müssen die geruchsgebenden Substanzen durch eine dünne Schleimschicht transportiert werden, um an den haarähnlichen Zilien der **Riechzellen** «anzudocken». Der genaue Mechanismus ist zwar noch nicht bekannt, doch nimmt man an, dass es zu Verbindungen zwischen Geruchsstoffen und Rezeptoren an der Zilienmembran kommt, was eine Veränderung dieser Membran, das Öffnen von Ionenkanälen und das Entstehen eines Ionenstromes zur Folge hat. Die Riechzellen sind primäre Sinneszellen, bipolare Zellen, deren (dendritisches) Ende in die eben genannten vielverzweigten Zilien mündet. Über die Axone dieser Riechzellen gelangt die jetzt bioelektrische Information ins Gehirn: die Axone vieler

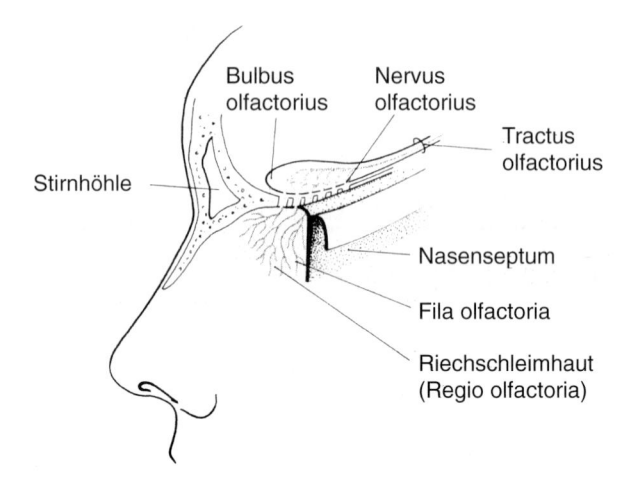

Abbildung 6.1: Riechschleimhaut und Riechnerv.

Riechzellen bündeln sich zu «Fila olfactoria», die durch das Siebbein treten und im «Bulbus olfactorius», dem «Riechkolben», synaptisch mit nachfolgenden Nervenzellen, sog. Mitralzellen, verbunden werden. Hier findet eine Konvergenz statt: etwa 1000 Riechzellen werden mit einer Mitralzelle verknüpft. Man kann den Bulbus olfactorius mit seinen Mitralzellen als Analogie der Netzhaut (vgl. Kap. 12, Visuelles System) verstehen: Er ist quasi Außenposten des (Riech)-Hirns. Über den «Tractus olfactorius» gelangen die olfaktorischen Informationen zum **Rhinencephalon**, einem stammesgeschichtlich alten, archaischen Hirnteil, der in enger Verbindung zum Limbischen System steht (manchmal ihm sogar zugerechnet wird). Wichtige Leitungsbahnen führen von dort zum Hypothalamus, so dass sie vegetative und hormonelle Funktionen beeinflussen können. Andere stehen im Austausch vor allem mit der Mandelkern-Region des Limbischen Systems, so dass eine enge Verbindung zwischen geruchlicher Wahrnehmung und emotionalem Empfinden besteht. Über den Thalamus gelangen Informationen in eine relativ unspezifische, kleinere Großhirnregion, die orbito-frontale Region. Im Gegensatz zu auditiven, somatosensorischen und visuellen Großhirnarealen ist die Repräsentation olfaktorischer Reize auf Großhirnebene nicht so differenziert entwickelt.

> Bitte beschreiben Sie zunächst das Aussehen einer Rose. Beschreiben Sie anschließend den Duft einer Rose: im zweiten Fall stehen Ihnen wesentlich weniger bewusste und sprachfähige Ausdrucksmodi zur Verfügung.

In **Abbildung 6.2** werden die wichtigsten Zentralstrukturen zur olfaktorischen Informationsverarbeitung dargestellt.

Duftstoffe müssen, um gerochen werden zu können, wasserlöslich sein – nur so können sie durch die Sekretschicht gelangen. Eine Veränderung dieser Sekretschicht,

Der Geruchssinn 73

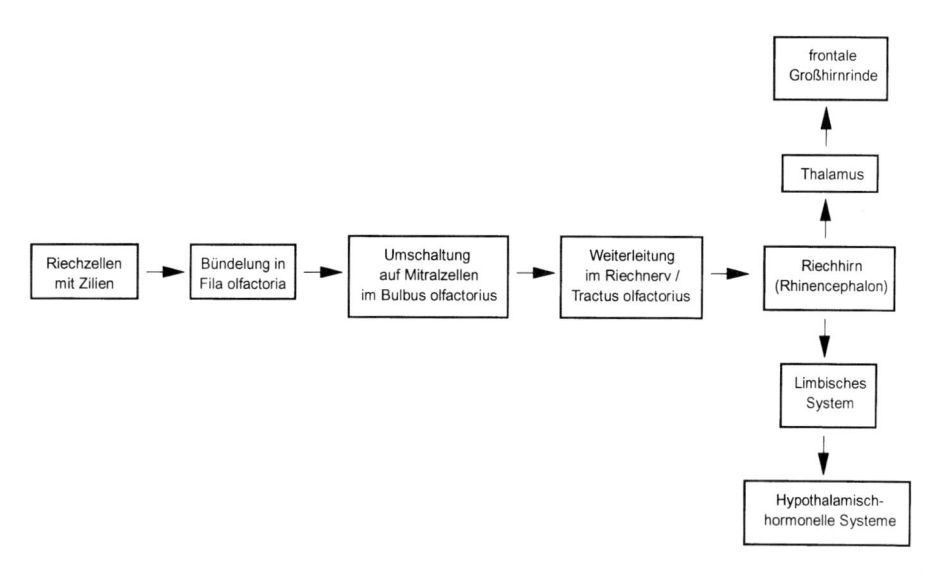

Abbildung 6.2: Weiterleitung und zerebrale Verarbeitung olfaktorischer Informationen.

beispielsweise im Verlauf eines Schnupfens, kann unseren Geruchsinn beeinträchtigen: dann schmeckt uns auch das beste Essen nicht mehr, weil wir nur noch die basalen Geschmacksqualitäten, nicht mehr jedoch die Aromen wahrnehmen.

Bis zu 1000 **Geruchsqualitäten** können Menschen differenzieren. Vermutlich sind sie nicht speziellen Rezeptortypen oder Sinneszellen zugeordnet, sondern werden durch komplexe Erregungsmuster sehr vieler Sinneszellen repräsentiert. Zwar gibt es keine eindeutig abgrenzbaren «Grundqualitäten» des Geruchs, wie dies beim Geschmackssinn der Fall ist (vgl. Kap. 7). Dennoch werden in der Fachliteratur (vgl. Altner 1986, Hatt 1990) sieben **Primärgerüche** unterschieden, von denen sich die vielen anderen Duftgemische ableiten lassen, nämlich kampferartig, blumig, ätherisch, moschusartig, schweißig, faulig, stechend.

> Wenn Sie Gelegenheit dazu haben, besorgen Sie sich die folgenden Stoffe und ordnen Sie sie den oben genannten Primärgerüchen zu: Rosenextrakt oder Geraniol, Fleckenwasser, Angelika-Wurzelöl, Mottenpulver, Schwefelwasserstoff (Stinkbombe), Essig, ein verschwitztes Textil (Buttersäure).

Die meisten Düfte und Gerüche sind aber Duftgemische, auch der menschliche Schweißgeruch.

Ursprünglich diente der Geruchsinn als Fernsinn der Orientierung: Nahrung und Feinde konnten olfaktorisch geortet werden. Unbewusst erkennt sogar ein Stadtmensch manchmal heimatliche Regionen am Geruch. Diese Fähigkeit ist nicht ganz verloren gegangen, spielt aber nur noch eine untergeordnete Rolle.

Eine hedonistische, lustbezogene Beurteilung von Nahrung wird nicht nur über den Geschmacks-, sondern auch über den Geruchsinn hergestellt. Sie erfüllt eine wichtige biologische Funktion: verdorbenes Fleisch wird z. B. als übel riechend empfunden und daher nicht mehr gegessen.

Die oben beschriebene enge Verbindung zwischen Riechhirn, Limbischem System und Hypothalamus führt zu einer starken Kopplung von Geruchserleben, emotionalem Erleben, vegetativen Funktionen und basalen sozialen Verhaltensweisen (z. B. im Bereich der Sexualität). Gleichzeitig hat das Geruchssystem auch Kommunikationsfunktionen. Auf diese Aspekte soll nun eingegangen werden.

Gerüche, die wir mit bestimmten Ereignissen unseres Lebens verbinden, werden sehr archaisch und nicht immer bewusst verarbeitet, beeinflussen uns aber sehr tief.

Erinnern Sie sich an den Bohnerwachsgeruch in Ihrer Schule? An Ihren ersten Zahnarztbesuch? Das Parfüm einer geliebten Person? Den Geruch von Sporthallen?

Hier kommt die Kopplung von Riechhirn und Limbischem System, das ja nicht nur für den Aufbau von **Emotionalität**, sondern auch für Lern- und Gedächtnisvorgänge zuständig ist, zum Ausdruck. Die emotionale Untermischung von Geruchswahrnehmungen dient der hedonistisch-lustbetonten Bewertung: so wie uns verdorbenes Fleisch abstoßen und Ekelgefühle erregen kann, kann uns morgendlicher Kaffeeduft verlocken. Gerüche werden meist nicht wertneutral, sondern mit Zu- oder Abneigung wahrgenommen, als Duft oder Gestank interpretiert. Allerdings sind solche hedonistischen Differenzierungen nicht angeboren, sondern sie werden wohl in frühem Kindesalter geprägt. Viele Eltern wissen, dass Kleinkinder mit ihrem eigenen Kot spielen können und sich nicht geruchsbelästigt fühlen. Erziehung und in früher Kindheit erlebte kulturelle Prägung führen zur dann individuell ausgeprägten hedonistischen Bewertung olfaktorischer Reize.

Für zahlreiche Säugetiere liegen Untersuchungen zur Bedeutung des Geruchsinns für das **Sozialverhalten** vor. Diese Zusammenhänge lassen drei große Gruppierungen zu: zum einen Zusammenhänge zwischen olfaktorischen Reizen und Familien- und Gruppenverhalten: Katzen und Hunde beispielsweise erkennen Mitglieder ihrer Art, ggf. nahe verwandte Tiere und zum Teil sogar die Rangposition eines Tieres am Geruch. Weibliche Meerschweinchen sind durch einen spezifischen Geruchsstoff (Pheromon) vor Aggressionen älterer Männchen geschützt. Der Geruch eines siegreichen und überlegenen Tupaja-Rivalen führt beim Unterlegenen zu schwerwiegenden, zum Teil lebensgefährlichen Stressreaktionen. Bei Seidenäffchen kann der Duft anwesender ranghöherer Weibchen bei unterlegenen Artgenossen den Eisprung verzögern.

Der zweite Aspekt umfasst die Markierungs- und Alarmfunktion von Duftstoffen: Revierabgrenzung, Alarmgebung und Feindabwehr können olfaktorisch erreicht werden: männliche Katzen können mit ihrem unangehm-penetranten Geruch Rivalen abwehren, Skunks Feinde mit ihrem stark übel riechendem Sekret vertreiben.

Im gesamten Tierreich spielen Pheromone und Duftstoffe vor allem im Bereich der Reproduktion eine große Rolle. Eber bilden das Hormon Androstenon, das bei den weiblichen Tieren die «Paarungsstarre» auslöst und eine Begattung ermöglicht. Verwandte Stoffe in Trüffeln sind der Grund, das Wildschweine nach diesen suchen. Verwandte Stoffe im Sellerie sind möglicherweise der Grund, dass ihm – fälschlicherweise – aphrodisierende Wirkung nachgesagt wird.

Auch beim Menschen können olfaktorische Sinnesreize über die Neurone der Riechbahn und den Hypothalamus das Hormonsystem, insbesondere das der Steroidhormone, beeinflussen. Die engen Zusammenhänge zwischen Geruchswahrnehmung, vegetativem und emotionalem Erleben und basalen sozialen Verhaltensweisen verlaufen oft unbewusst, dennoch gibt es so etwas wie eine «olfaktorische Kommunikation» zwischen Menschen. Sie zu untersuchen ist allerdings schwierig, zumal persönliche Erfahrung, Traditionen und kulturelle Tabus die noch zu erörternden Phänomene überlagern können.

Im Laufe der Evolution entwickelten sich auch beim Menschen besondere Duftdrüsen. Vor allem an den Achselhöhlen, im Genital- und Analbereich, den Vorhöfen der Brustwarzen und an den Haaren finden sich solche (apokrinen) Duftdrüsen. Das (meist gekräuselte) Haar an Axilla und Genitalregion führt zu einer Oberflächenvergrößerung, so dass sich das Duftsekret weiter entfalten kann. Zusammen mit einer genetisch bedingten «Grundzusammensetzung» führt insbesondere die individuelle Bakterienflora der Haut zu einem typischen, individuell markanten Geruch. Dieser spielt vor allem im erotisch-sexuellen Bereich eine besondere Rolle: gerade beim entblößten Körper entfaltet der Geruch seine größte Wirkung, erst recht bei vermehrter apokriner Drüsenfunktion während sexueller Erregung. Man weiß aus Versuchen, dass Männer auch im Schlaf durch weibliche Sexualduftstoffe (so genannte Kopuline) beeinflusst werden können, und Frauen nehmen, jedenfalls um die Zeit der Ovulation, das männliche Androstenon zumindest nicht als unangenehm, eventuell auch als angenehmen Geruch wahr.

Bei der Partnersuche spielen (unbewusste) Bewertungen des Geruchs eine große Rolle. Untersuchungen bei japanischen Probanden, deren Ehe von ihren Eltern arrangiert wurde, zeigten, dass sie deutlich häufiger den Geruch ihres Partners (gerochen an sonst nicht zu identifizierenden Kleidungsstücken) negativ beurteilten als europäische Probanden mit «romantischer Liebesheirat»: offensichtlich hatte die letztere Gruppe ihre Partner «besser riechen können».

Um die große Bedeutung von Duftstoffen im erotischen Bereich weiß auch die Parfümindustrie. Wie sinnvoll es allerdings ist, durch Deodorants den spezifisch-individuellen Geruch zu entfernen und andererseits den künstlichen Düften bewusst eine geringe Menge Androstenon zuzuführen, um ein erotisierendes Parfüm «for men» zu kreieren, sei dahingestellt.

Auch in der Eltern-Kind-, speziell der Mutter-Kind-Beziehung spielen Pheromone eine wichtige Rolle. Neugeborene «wissen», wie Muttermilch riecht und wenden sich diesem olfaktorischen Reiz automatisch zu. Nach einer Woche können sie die Milch ihrer Mutter von der anderer Mütter unterscheiden. Sie können zu diesem Zeitpunkt aber auch den spezifischen Körpergeruch oder das Parfüm der Mutter erkennen, und oft lassen sie sich bei Abwesenheit ihrer Mutter durch ein von ihr getragenes Kleidungsstück beruhigen. Umgekehrt können aber auch Mütter ihr Kleinkind am Geruch erkennen.

Dass dieses beidseitige «vertraute Erkennen» zwischen Mutter und Kind am besten gelingt, wenn diese unmittelbar nach der Geburt zusammenbleiben, zeigt eindrucksvoll die Notwendigkeit auf, für Mutter und Kind während und nach der Geburt Bedingungen zu schaffen, die eine intensive Beziehung ermöglichen.

Kurz soll noch auf Funktionsstörungen des Geruchsinns eingegangen werden: unter einer Hyposmie versteht man eine Unterfunktion, unter einer Anosmie einen nicht mehr funktionierenden Geruchsinn. Hyposmien können Begleiterscheinungen einer (oft harmlosen) Erkältung, aber auch Folgen chronisch-allergischer Rhinitiden sein. Kopftraumen und Komplikationen nach HNO-Operationen können ebenfalls als Gründe in Betracht kommen. Aber auch neurologische und psychiatrische Erkrankungen (Schizophrenien, Alzheimer-Erkrankung, M. Parkinson) können mit Fehl- oder Unterfunktionen des Geruchsinns einhergehen. So kann eine Hyposmie, die hierfür allerdings keineswegs spezifisch ist, manchmal zur Frühdiagnose einer Alzheimerschen Erkrankung beitragen.

Therapeutisch werden die oben skizzierten Zusammenhänge in der Aromatherapie genutzt, bei der u.a. Pulsfrequenz, Blutdruck oder Muskelspannung durch olfaktorische Reize beeinflusst werden. Vor allen in naturheilkundlich orientierten Verfahren (Bäder, Massagen, Inhalationen oder Dampfanwendungen) spielen Duftstoffe eine Rolle. Vergleichbares geschieht auch bei der im Rahmen der Heilpädagogik angewandten basalen Stimulation.

Die Zusammenhänge zwischen Geruchssystem und emotionaler Befindlichkeit können aber auch manipulativ verwendet (oder missbraucht) werden. Da wir Ereignisse wie «Kindheitserinnerungen» und andere, uns emotional tief prägende Gegebenheiten leicht mit geruchlichen Assoziationen verknüpfen, sind wir emotional in besonderer Weise für «Schlüsselgerüche» anfällig. Dass sich dies die Parfümindustrie zunutze macht, wurde bereits erwähnt. Aber auch in Lebensmittelabteilungen größerer Kaufhäuser können Geruchstoffe über die Klimaanlage verbreitet werden und zum Kauf anregen – und die Gerüche in Bäckereien und auf Weihnachtsmärkten haben mitunter einen unwiderstehlichen Aufforderungscharakter. Dass manche Fluglinien bei der Landung beruhigende Duftstoffe in den Passagierraum versprühen, andererseits Lederwaren künstliche nach Leder riechende Duftstoffe beigefügt werden, sei am Rande erwähnt. Solche Manipulationen sind nur möglich, weil unser archaischer Geruchsinn, so unbewusst er häufig erlebt werden mag, nach wie vor auch für den heutigen Menschen von grundlegender Bedeutung ist.

Überprüfen Sie Ihr Wissen!

6.1 Fragetyp D, Zuordnungsaufgabe

Bitte ordnen Sie die folgenden Geruchseigenschaften (1–5) den Substanzen (v–z) zu.

1. Kampferartig   v. Menthol

2. Minzig   w. Fleckenwasser

3. Ätherisch   x. Essig

4. Stechend   y. Schwefelwasserstoff/verdorbene Eier

5. Faulig   z. Mottenpulver

Eine der folgenden Kombinationen ist richtig. Welche?

a) 1z 2w 3v 4x 5y

b) 1z 2v 3w 4x 5y

c) 1v 2w 3z 4x 5y

d) 1w 2z 3v 4y 5x

e) 1z 2w 3v 4y 5x

6.2 Fragetyp A, eine Antwort richtig

An welcher Stelle erwarten Sie während eines Schnupfens Veränderungen, die die Geschmacks- und Geruchsqualität erheblich beeinträchtigen?

a) An der Stirnhöhle

b) An der Riechschleimhaut (regio olfactoria)

c) Am Siebbein

d) Am Riechkolben (bulbus olfactorius)

e) Am Riechnerv (nervus olfactorius)

6.3 Fragetyp B, eine Antwort falsch

Eine der fünf folgenden Aussagen zum Geruchsinn ist falsch. Welche?

a) Für verschiedene Geruchsklassen existieren typische Moleküle, an denen wir sie erkennen.

b) Geraniol ist die repräsentative Verbindung im Rosengeruch und kennzeichnet auch andere blumige Gerüche.

c) Bei allen natürlich vorkommenden Düften, z. B. Blütendüften oder Schweißgerüchen, handelt es sich um Duftgemische, in denen entsprechende Komponenten vorherrschen.

d) Die neurophysiologischen Grundlagen für eine Aufteilung der Duftstoffe auf Qualitätsklassen ist ebenso detailliert bekannt wie beim Geschmackssinn.

e) Eine «Geruchsblindheit» nur für bestimmte Stoffe nennt man auch «partielle Anosmie».

6.4 Fragetyp B, eine Antwort falsch

Eine der folgenden Wahrnehmungsqualitäten gehört nicht zu den olfaktorischen Wahrnehmungsqualitäten. Welche?

a) Blumig

b) Moschusartig

c) Bitter

d) Minzig

e) Faulig

Vertiefungsfrage

Welche Zusammenhänge zwischen Geruchssinn und Sozialverhalten kennen Sie?

7. Vom guten Geschmack. Der Geschmackssinn

Evolutionsbiologisch ist das Geschmackssystem das älteste Sinnessystem. Bereits im Wasser lebende Lebewesen nehmen chemisch gelöste Partikel durch spezielle Sensoren als Reize wahr und können somit Eigenschaften ihrer Umwelt beispielsweise hinsichtlich ihrer Nahrungskonzentration erkennen. Dieser basale, archaische Sinn ist beim Menschen ein reiner Nahsinn (im Gegensatz zum Geruchssinn), wir können also nur schmecken, was wir unmittelbar in den Mund nehmen. Hierbei werden Nahrungsmittelbestandteile während des Kauprozesses mit Speichel durchsetzt, also in wässriger Lösung gelöst und an spezielle Geschmacksrezeptoren gespült, wo Geschmackskomponenten analysiert werden können.

Im Gegensatz zum Geruchssinn, der eine Fülle unterschiedlicher Gerüche bzw. Aromen unterscheiden kann, gibt es nur vier grundsätzliche **Geschmacksqualitäten**: bitter, salzig, sauer und süß.

> Vergegenwärtigen Sie sich die vier Grundgeschmacksqualitäten, indem Sie beispielsweise Zitronensaft, Zucker, Salz und einen Magenaperitif kosten.

Alle weiteren «Geschmacksempfindungen», die wir bei einer guten Mahlzeit empfinden, entstehen durch Kombinationen mit unserem Geruchssinn. Durch die Verbindung des Mundraumes mit dem Nasenrachenraum gelangen Moleküle in die Riechschleimhaut, wo ihre Geruchseigenschaften dekodiert und erst im Gehirn mit den Geschmackseigenschaften zu Aromen integriert werden.

In der Regel werden aber bei einer Mahlzeit die eben genannten Geschmacks- und Geruchseigenschaften einer Speise verbunden mit anderen Sinnesempfindungen: Tastkörperchen auf der Zunge analysieren die Konsistenz der Speise und lassen uns eine Nahrung fest, zäh oder weich erscheinen. Thermorezeptoren analysieren, ob eine Suppe zu heiß oder zu kalt ist. Schmerzrezeptoren schließlich sprechen auf bestimmte Nahrungsqualitäten an (beispielsweise Pepperoni). Erst die Integration dieser sehr unterschiedlichen Sinnesempfindungen im zentralen Nervensystem führt zu dem Eindruck, dass uns eine Speise «schmeckt» oder auch nicht. Schließlich werden diese Eindrücke auch mit dem visuellen System gekoppelt.

Man färbe einen Kuchen mit ungiftiger «giftgrüner» Lebensmittelfarbe: der Kuchen, der in allen o.g. Qualitäten ansprechend und lecker ist, mag dennoch Ekel auslösen – eben über das optische System.

Das unsere eigentlichen Geschmackssensoren nur sehr wenige Geschmacksqualitäten analysieren können, mag folgender Versuch verdeutlichen:

Einer Versuchsperson, deren Augen verbunden sind und deren Geruchssystem durch das Zuhalten der Nase «außer Kraft gesetzt wird», werden abwechselnd Stücke einer rohen Kohlrabi und einer rohen Möhre, beide in gleicher Weise zerkleinert, in den Mund gegeben. In der Regel kann die Versuchsperson nicht eindeutig angeben, was sie gegessen hat, weil beide Nahrungsmittel von der Konsistenz sowie vom Geschmack (vor allem süß) weitgehend ähnlich sind. Erst bei der Zuhilfenahme der Riechschleimhaut (Erkennen des Aromas) ist eine eindeutige Identifikation möglich.

Die vier Geschmacksqualitäten, die wir wahrnehmen können, sind die Qualitäten süß, salzig, sauer und bitter. Bei asiatischen Kulturen wird mitunter noch der Geschmack von Glutamat als weitere Komponente angegeben. Glutamat wird auch als Geschmacksverstärker verwandt. Es handelt sich um einen Neurotransmitter (Botenstoff), dessen übermäßiger Genuss zu Kopfschmerzen führen kann. Zwei weitere «Geschmacksnebenqualitäten» werden manchmal als «metallischer Geschmack» sowie «alkalischer (seifiger) Geschmack» angegeben.

Die vier Haupt-Geschmackskomponenten werden an unterschiedlichen Stellen der **Zunge** wahrgenommen. Wie in **Abbildung 7.1** zu sehen ist, befinden sich die Areale für die Geschmacksqualität «süß» an der Zungenspitze, was man beim kindlichen Eis essen schön beobachten kann. Während die Geschmackskomponenten salzig und sauer in mittleren und seitlichen Zungenregionen repräsentiert sind, finden sich Rezeptoren für die Qualität «bitter» am Zungengrund. Auch die Verschaltung über im wesentlichen drei Hirnnerven (s. Abb. 7.1) ist je nach Lage der Empfangsareale unterschiedlich.

Evolutionsbiologisch gesehen dient der archaische, basale Geschmackssinn wichtigen Überlebensfunktionen. Kochsalz (NaCl), das wir als intensiv **salzig** wahrnehmen, spielt für unseren Stoffwechsel und insbesondere für die Erregungsleitung im Nervensystem (Na^+, Cl^-) eine überlebenswichtige Bedeutung. Einerseits darf eine bestimmte Kochsalzkonzentration nicht überschritten werden, soll es nicht zu lebensbedrohlichen Vergiftungen kommen. Andererseits wäre eine über lange Zeit salzfreie Nahrung ebenfalls nicht mit dem Leben vereinbar. So ist es verständlich, dass sich evolutionsbiologisch «Bewertungsmechanismen» herausbildeten, die uns unsere Nahrung auch unbewusst nach solchen physiologischen Kriterien bewerten lässt: eine zu stark versalzene Suppe spucken wir spontan wieder aus, und wenn «das Salz knapp wird», unternehmen wir große Anstrengungen, diesen für uns wichtigen Nahrungsbestandteil zu bekommen – im Mittelalter war Salz eine Handelswährung.

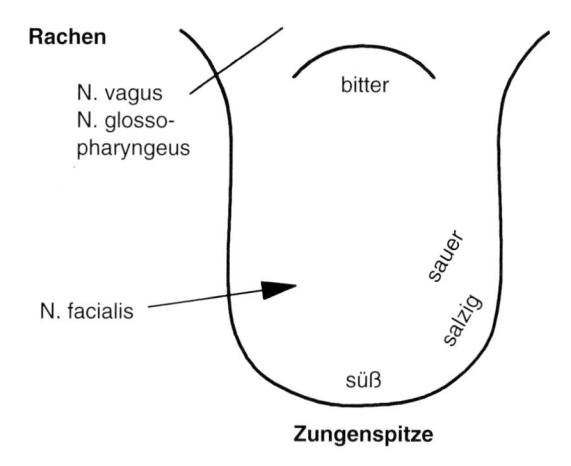

Abbildung 7.1: Verteilung der Geschmacksqualitäten auf der Zunge.

Die Geschmacksqualität **süß** entspricht, soweit es sich um Naturprodukte handelt, meist energiereichen Nahrungsmitteln – Honig, Trauben, reife Äpfel, usw. Diese Geschmacksqualität unterliegt auch einer «hedonistischen» (lustbetonten) Bewertung: wir neigen dazu, süße Nahrung zu bevorzugen. Allerdings hängt die hedonistische Bewertung der süßen Geschmacksqualität vom Sättigungsgrad des Blutzuckers ab: Versuchspersonen mit hohem Blutzuckerspiegel tendierten eher zu niedrig-zuckrigen Lösungen als Versuchspersonen mit niedrigem Blutzuckerspiegel. Bekannt ist auch die Lust auf saure Gurken und den Widerwillen gegen weiteres Süßgebäck am zweiten Weihnachtstag.

Die Geschmacksqualität **bitter**, vor allem in der Kopplung «bitter-sauer», die im hinteren Zungenareal wahrgenommen und über den Nervus vagus weitergeleitet wird, warnt vor in der Natur vorkommenden gefährlichen oder unbekömmlichen Substanzen. Viele in der Natur vorkommende Giftstoffe (beispielsweise Pilze, Nikotin u.a.) schmecken, jedenfalls in gefährlicher Konzentration, intensiv bitter und lösen zumindest Ekel, mitunter einen Würgereflex oder Erbrechen aus. Auf solche reflektorischen Schutzmechanismen wird weiter unten noch eingegangen.

Der eigentliche Geschmackssinn beruht darauf, dass Speisen in der Speichelflüssigkeit gelöst und bestimmten Geschmacksstrukturen auf der Zunge zugespült werden. Solche Geschmacksstrukturen sind **Papillen** (vgl. **Abb. 7.2 a**), die unterschiedlich auf der Zunge verteilt sind. Man unterscheidet Pilz-, Wall- und Blätterpapillen, die grundsätzlich von ähnlicher Funktion, aber etwas differenziertem Aufbau sind. Diese Papillen stehen in enger Verbindung mit Spüldrüsen, die die Nahrungspartikel wieder fortspülen (um weitere Nahrungsanalysen zu ermöglichen). In die Oberfläche der Papillen sind zwischen zwei bis dreißig (je nach Papillenart) **Geschmacksknospen** eingelagert, die in **Abbildung 7.2 b** dargestellt sind. Die Geschmacksknospen werden von Sinneszellen gebildet, die ähnlich wie Orangenschnitzel angelagert sind. An ihrem oberen Teil finden sich zahlreiche kleine Einstülpungen, sog. Microvilli, die der Oberflächenvergrößerung dienen. An der Oberfläche, dem Porus, wird die Nahrungsmittelösung angespült und gelangt zu den Oberflächensensoren an den Microvilli. Dort werden biochemische Prozesse wirksam, die gleich beschrieben werden, und führen letztendlich zu bioelektrischer Erregung in den untergelagerten Strukturen der Sinneszellen. Von den Sinneszellen gehen afferente Fasern ab, die sich in den Fasern der geschmacksleitenden Nerven vereinigen und zum Gehirn ziehen.

Die einzelnen Sinneszellen reagieren nicht spezifisch nur auf «süß» oder «sauer», sondern, im Prinzip auf alle vier Geschmacksqualitäten. Sie haben aber ein «relativ spezifisches» Geschmacksprofil: es gibt Zellen, die überwiegend – wenn auch nicht nur – auf die Qualität «süß» reagieren.

> In ganz geringen Dosen kann eine Spur Salz das Aroma des Kaffees verbessern, ohne als «salzig» wahrgenommen zu werden.

Afferente Fasern, die zum Gehirn ziehen, empfangen Informationen aus mehreren Sinneszellen (mitunter auch aus mehreren Papillen). Eine einzige Sinneszelle kann also nicht entscheiden, ob die von ihr empfangenen Impulse daher kommen, dass ein Nahrungsbestandteil besonders intensiv salzig ist, oder eine Nahrung zwar milde gesalzen ist, aber überwiegend aus der Geschmacksqualität «salzig» besteht: die einzelne Nervenzelle differenziert also nicht zwischen Geschmacksprofil (Qualität) und Geschmacksintensität (Quantität). Erst wenn in zentralnervosen Regionen die Informationen aus vielen Sinnesarealen der Zunge miteinander verglichen werden, kann «geschmeckt» werden, welche Geschmacksqualitäten in welchen Intensitäten vorhanden sind.

Es gibt jetzt erste Hinweise, welche **biochemischen Prozesse** die vier uns grundsätzlich zugängigen Geschmacks-Empfindungsqualitäten auslösen können. Letztlich werden jeweils ganz bestimmte Moleküle an die Membran der Geschmackszellen gelangen. Diese Membran kann unterschiedliche Rezeptoren (Empfangsstellen) in ihren oberflächlichen Eiweißschichten aufweisen. Gelangt das geschmackstragende Molekül an die Membran, so werden nebengelagerte Ionenkanäle geöffnet oder geschlossen, durch die elektrisch geladene Teilchen (Ionen) ein- oder ausströmen können. Daraus resultiert letztlich eine Entladung der Sinneszelle, die als Erregung durch eine nachgeschaltete Nervenzelle verstärkt wird und schließlich ans Gehirn weitergeleitet werden kann. Bei der Geschmacksqualität «sauer» sind es vermutlich Wasserstoffionen (Protonen), die allen bekannten Säuren als Charakteristikum gemein sind und in spezifischer Weise die Kalium-Ionenkanäle der Sinneszellen beeinflussen und damit letztlich die Sinneszelle erregen.

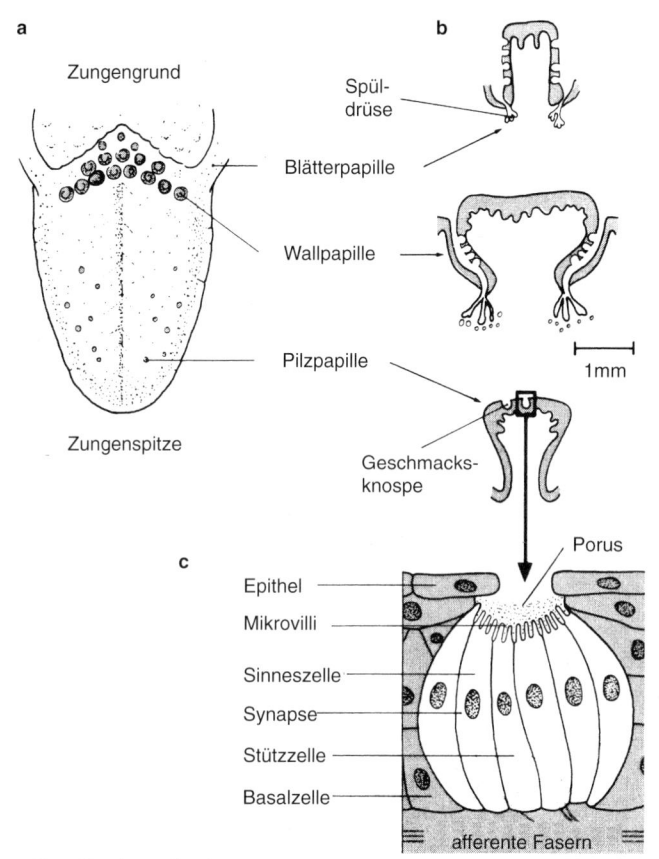

Abbildung 7.2: Der Geschmackssinn.

Die Geschmacksqualität «salzig» kommt zustande, wenn Substanzen (in der Regel Salze, aber nicht nur NaCl) angelagert werden, die sich in wässriger Lösung in zwei Bestandteile, ein negativ geladenes «Kation» und ein positiv geladenes «Anion» spalten lassen, die jeweils an unterschiedlichen Stellen der Zellmembran wirken. Das gleichzeitige Wirken von Kation und Anion bewirkt eine Öffnung eines Natrium-Ionenkanals, was eine spezifische Erregung der Sinneszelle zur Folge hat.

Komplizierter sind die Verhältnisse bei der Geschmacksqualität «süß»: die sehr unterschiedlichen Substanzen, die uns süß schmecken, haben in der Regel gemeinsam, dass sie an ihrer molekularen Oberflächenstruktur einen Protonen-abgebenden und in einem recht genau definierten Abstand einen Protonen-annehmenden Teil aufweisen, die in spezifischer Weise die Zellmembran der Geschmackszelle beeinflussen. Ein zusätzlicher hydrophober, Wasser abstoßender Bestandteil kann die Geschmacksqualität «süß» verstärken. Die Nahrungsmittelindustrie hat Zucker-Ersatzstoffe, Austauschstoffe und Süßstoffe entwickelt, die zum Teil durch ihre Molekularstruktur diesen Effekt simulieren, ohne Energieträger zu sein. Süße Light-Produkte enthalten häufig Aspartam, einen Abkömmling des Phenylalanins, das eine enge Verwandschaft zu einem Neurotransmitter aufweist. Einige Untersuchungen deuten an, dass es Kinder gibt, die, ohne im eigentlichen Sinne krank zu sein, bei einem permantenten und erhöhten Phenylalanin-Genuss zur Hyperaktivität und motorischen Unruhe neigen. Wenn auch diese Befunde noch nicht eindeutig bestätigt sind, so sollte man doch im Kindesalter von einem übermäßigen und bedenkenlosen Genuss aspartamhaltiger Produkte absehen.

Die Kombination einer positiv und negativ geladenen Stelle an der Oberflächenstruktur in Verbindung mit einer Wasser abstoßenden (hydrophoben) Stelle im definierten Abstand führt zu der Geschmacksempfindung «bitter», die bestimmten Alkaloiden von in der Natur vorkommenden Bitter- und Giftstoffen zu eigen ist (demgegenüber haben vom Menschen künstlich hergestellte, in der Evolution noch nicht vorgekommene Giftstoffe oft nicht diese bittere «Warnqualität»).

Die Sinnesinformationen unseres Geschmackssinns gelangen sowohl zu Stamm- und Zwischenhirn, die zum Teil reflektorische und unbewusste Prozesse auslösen und mit den Gefühlsinstanzen unseres Limbischen Systems verbunden werden, als auch in Weiterschaltung zu sensorischen Arealen unserer Großhirnrinde, wo wir Geschmack bewusst behandeln können.

Auf basaler, **reflektorischer** Ebene hat unser Geschmackssinn die Aufgabe, uns hinsichtlich der Nahrungsaufnahme (zum Teil un- bzw. vorbewusst) anzuleiten. Der Geschmackssinn dient der Prüfung der Nahrung auf ihre Bekömmlichkeit oder Unverdaulichkeit/Toxizität. Dabei kann im Extremfall auch gegen unseren Willen ein lebensnotwendiges Würgen oder Erbrechen reflektorisch induziert werden. Des weiteren dient der Geschmackssinn der Stimulation der schon erwähnten Spüldrüsen, der Speicheldrüsen, aber auch der Verdauungsdrüsen des Magen-Darm-Traktes, die von den geschmacksverarbeitenden Instanzen des zentralen Nervensystems mitbeeinflusst werden. Bevor uns das bewusst wird, nehmen die geschmacksverarbeitenden tieferen Instanzen unseres zentralen Nervensystems bereits eine «Vorbewertung» vor. Außerhalb bestimmter Grenzen können uns bestimmte Nahrungsmittel nicht schmecken: es gibt einen Grad an versalzener Suppe, den kein Mensch erträgt. Innerhalb bestimmter Grenzen allerdings gibt es kulturelle wie individuelle Gewöhnungsprozesse, **Adaptationen**. Solche Gewöhnungsprozesse lassen sich sowohl an den Geschmackszellen selbst (die etwa alle 14 Tage erneuert werden und eine «Mauserung» durchmachen) als auch in den zentralnervösen Schaltstellen nachweisen.

Für alle Menschen «verbindliche» Geschmacksprioritäten (also an den Grenzen physiologischer Normwerte), sowie individuelle und kulturell bedingte Ge-

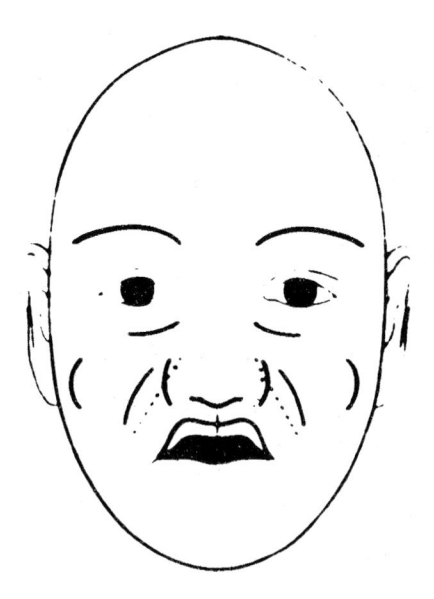

Abbildung 7.3: «Ekelgesicht».

schmacksvorlieben führen zu einer lustbetonten, hedonistischen Geschmacksbewertung. Auf der zentralnervösen Ebene unseres Limbischen Systems nehmen wir die Geschmacksqualitäten nicht nur zur Kenntnis, sondern verbinden Gefühle damit. Unser Sprachgebrauch zeugt von der Kopplung sensorischer Eindrücke mit anderen Empfindungen, schließlich auch im symbolischen Bereich. Wir finden kleine Kinder süß, ein Schicksal bitter, sind sauer, laufen mit einer sauren Miene herum, oder finden etwas «zum kotzen».

Zunächst auf vorbewusster, vom Zwischenhirn gesteuerten Ebene werden solche Empfindungen, manchmal im Zusammenhang mit reflektorischen Prozessen, mit der Steuerung mit unserer mimischen Muskulatur gekoppelt: **Abbildung 7.3** zeigt schematisch das sog. «Ekelgesicht», das bereits Säuglinge reflektorisch einnehmen, wenn man ihnen Bitterstoffe auf die Zunge träufelt und damit automatisch einen Spei- und Würgereflex auslöst. Die Nasen-Lippenfalten werden beim «Ekelgesicht» verstärkt, der Mund verzieht sich im Sinne eines umgekehrten U, manchmal wird die Zunge nach vorne gestreckt (herausgedrückt) und bei stärkeren Reizen kann es zum Phänomen des Würgens kommen. Dieses physiologisch angelegte «mimische Programm» wird von allen Kulturen kulturell modifiziert und überformt und dient auch zum non-verbalen Ausdruck symbolischer Abscheu. Wer seinem Gegenüber durch ein solches mimisches Signal seinen Ekel ausdrückt, eventuell die Zunge herausstreckt oder gar spuckt, kann damit rechnen, verstanden zu werden, muss sich allerdings auch auf Aggressionen gefasst machen.

Abschließend soll noch erwähnt werden, dass es im Gefolge von Tumoren, aber auch durch operationsbedingte Schädigungen (selten nach Mandel- und Ohroperationen) zu Änderungen und manchmal Ausfällen des Geschmackssinns kommen kann. Bekannt sind auch Änderungen des Geschmackssinns in Zeiten hormoneller Umstellung, z. B. in der Frühphase der Schwangerschaft und einige Tage vor der Menstruation.

Der Geschmackssinn ist also ein archaischer, basaler Sinn, der vitalen Interessen dient und unser Empfinden tief greifend beeinflusst.

Überprüfen Sie Ihr Wissen!

7.1 Fragetyp B, eine Antwort falsch

Eine der folgenden Aussagen zu Veränderungen des Geschmacksinns trifft nicht zu. Welche?

a) Bei Verletzungen oder Tumorerkrankungen kann das Erkennen bestimmter Geschmacksqualitäten gestört werden.

b) Eine plötzliche starke Änderung in unserem Geschmacksempfinden kommt häufiger vor und ist in der Regel harmlos.

c) Operative Schädigung z. B. nach Mandel- oder Ohroperationen können eine Schädigung des Geschmackssinnes hervorrufen.

d) Hormonelle Einflüsse können alle Geschmacksempfindungen beeinflussen.

e) Eine Geschmacksschwellenänderung steht oft im Zusammenhang mit der Menstruation (Abhängigkeit vom Östrogenspiegel, vor allem 1–2 Tage vor der Menstruation).

7.2 Fragetyp C, Antwortkombinationsaufgabe

Welche Aussagen zur biologischen Bedeutung des Geschmackssinnes treffen zu?

1. Geschmacksempfinden kann auch der ernährungsphysiologischen Bedarfsfeststellung dienen (Lust auf saure Gurken am 2. Weihnachtstag).

2. Bei Versuchspersonen besteht in der Regel kein Zusammenhang zwischen Blutzuckerspiegel der Testperson und der Bevorzugung von Zuckerlösungen unterschiedlicher Konzentration.

3. Eine wichtige Aufgabe des Geschmackssinnes ist die Prüfung der Nahrung auf unverdauliche oder giftige Stoffe.
4. Eine wichtige Aufgabe des Geschmackssinnes ist die Steuerung der Sekretion der Verdauungsdrüsen.
5. Durch die Kombination sauer/bitter lassen sich starke Reaktionen wie Würgen, Übelkeit und Erbrechen auslösen.

a) Nur die Aussagen 1, 2,3 und 4 sind richtig.

b) Nur die Aussagen 2,3,4 und 5 sind richtig.

c) Nur die Aussagen 1,3,4 und 5 sind richtig.

d) Nur die Aussagen 1, 2,4 und 5 sind richtig.

e) Alle Aussagen sind richtig.

7.3 Fragetyp B, eine Antwort falsch

Eine der folgenden Wahrnehmungsqualitäten gehört nicht zu den typischen vier Geschmacksqualitäten. Welche?

a) Faulig

b) Bitter

c) Salzig

d) Sauer

e) Süß

7.4 Fragetyp B, eine Antwort falsch

Eine der folgenden Aussagen zum Geschmackssinn ist falsch. Welche?

a) Die Abnahme der Geschmacksempfindung bei kontinuierlicher Geschmacksreizung und konstanter Reizkonzentration nennt man Adaptation.

b) Man kann geschmacksbezogene Adaptation nur zentral an Gehirnzellen, nicht aber auf Rezeptorebene (also an den Geschmacksempfängern) nachweisen.

c) Lust und Unlustempfinden spielen beim Geschmackssinn eine wesentliche Rolle (hedonistische Bewertung).

d) Bittere Stoffe, auf die Zunge gebracht, verursachen beim Säugling ein offensichtliches Unlust- und Abwehrverhalten.

e) Emotionale Empfindungen bei Geschmacksreizen lassen sich oft an der Mimik erkennen.

Vertiefungsfrage

Welche Warnfunktionen hat unser Geschmackssinn?

8. Alles im Lot.
Die Gleichgewichtssinne

Der Gleichgewichtssinn besteht im wesentlichen aus dem Vestibularorgan in unmittelbarer Nachbarschaft des Innenohres. Seine Rezeptoren sind **Haar-Sinneszellen**, die auf Auslenkung bioelektrische Impulse erzeugen.

Ein Bündel unterschiedlich langer Fasern, die aus einer solchen Sinneszelle hervorragen, reagiert auf Bewegung, und an der Wurzel der Sinneszellen werden durch die auftretenden Scherbewegungen Membraneiweißeigenschaften verändert, was Ionenströme und damit ein bioelektrisches Potential zur Folge hat. Nicht die Sinneszelle selbst, sondern die dendritischen Ausläufer der nachgeschalteten Nervenzelle leiten den Impuls in Richtung Gehirn weiter.

Haar-Sinneszellen traten in der Entwicklungsgeschichte zunächst als Seitenorgan von Fischen auf und dienten der Ortung von Strömungen (und damit der Eigenbewegung) sowie von Strömungen, die von Beutetieren oder Fressfeinden verursacht wurden. Nach dem gleichen Prinzip arbeitet aber auch das menschliche Innenohr, bei dem die Luftschwingungen auf Schwingungen einer Körperflüssigkeit, der Endolymphe, übertragen werden, die ihrerseits Sinneszellen stimuliert. Und schließlich ist das **Vestibularorgan** (Gleichgewichtsorgan) nach diesem Prinzip gebaut. Dieses besteht auf jeder Seite aus zwei Makulaorganen sowie aus drei Bogenorganen.

In **Abbildung 8.1** ist der Aufbau eines **Makulaorgans** grob schematisch wiedergegeben: an der Basis befinden sich fest verankert die Sinneszellen, deren Härchen in eine gallertartige Masse hineinragen. Auf dieser gallertartigen Masse sind kleine Steinchen (Otolithen) eingelagert. Bei Bewegung (Kippung) werden, der Schwerkraft folgend, mit ihr die Härchen der Sinneszellen ausgerichtet. In den darunter liegenden Sinneszellen wird ein vorhandenes Ruhepotential entweder verstärkt oder vermindert, je nach dem, ob die Härchen nach vorne oder nach hinten ausgerichtet werden. Durch dieses einfache Konstrukt können Beschleunigungen in der Schwerkraft (Translationsbeschleunigungen) registriert und verrechnet werden. Beschleunigungen, die wir beim Anfahren eines Autos körperlich erleben, werden beispielsweise durch die Makulaorgane registriert und verarbeitet. Da die

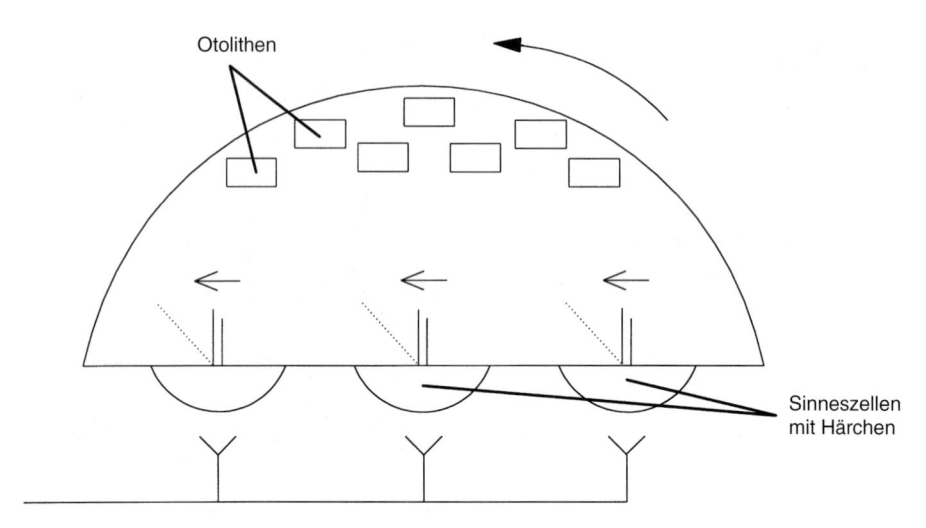

Abbildung 8.1: Aufbau eines Makulaorgans. Bei Lageveränderungen verlagern sich die Otolithen, wodurch die Sinneshärchen abgeknickt werden.

Makulaorgane senkrecht zueinander angeordnet sind (eines befindet sich in waagerechter, eines in senkrechter Lage) kommt es beim Neigen des Kopfes zu ganz spezifischen Auslenkungen an den unterschiedlichen Makulaorganen. Hieraus können zentralnervöse Einheiten exakt die Stellung des Kopfes im Raum «berechnen».

In **Abbildung 8.2** wird der Aufbau eines **Bogengangorgans** dargestellt. In ein von Körperflüssigkeit (Endolymphe) gefülltes Hohlorgan ist an einer Stelle eine gallertartige Masse (die Cupula) eingelassen. In sie ragen wiederum Härchen von Sinneszellen. Dieses System reagiert auf Drehbeschleunigung (Rotationsbeschleunigung). Wenn beim Drehen des Schädels die mit dem Schädel fest verwachsene Cupula in Bewegung gerät, kommt es zu Scherbewegungen der Härchen, weil sich zwar die Cupula «mitbewegt», die Endolymphe aufgrund ihrer Trägheit dieser Bewegung aber «hinterherhinkt». Die Ausrichtung der Sinneshärchen resultiert also aus einer relativen Bewegung der Cupula gegenüber der sie umgebenden Endolymphe, was bei Drehbeschleunigung eintritt.

> Drehen Sie den Kopf, nicken Sie nach vorne und hinten und neigen den Kopf zu beiden Seiten. Es wird deutlich, dass die Drehbewegungen dreidimensional möglich sind.

Die Anordnung der Bogengänge trägt dieser **Dreidimensionalität** Rechnung, sie sind im Schädel in allen drei denkbaren Dimensionen angeordnet. Auch komplizierte Drehbewegungen des Kopfes ergeben spezifische Kombinationen der Meldungen aus den drei Bogengängen, für jede Dimension eine. Hieraus wird dann nicht nur die Lage des Kopfes, sondern auch die Winkelbeschleunigung errechnet.

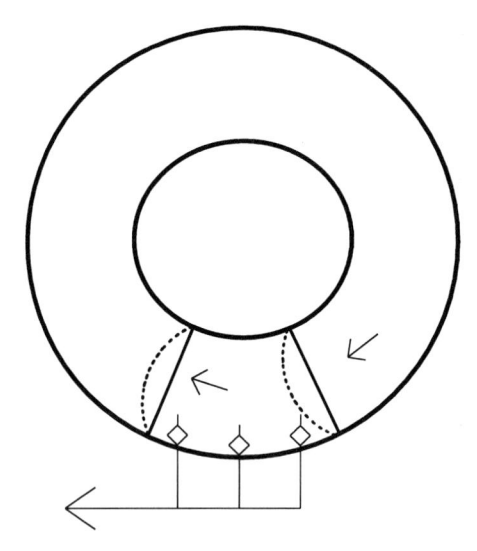

Abbildung 8.2: Aufbau eines Bogengangorgans. Bei Drehbeschleunigung verformt sich die Cupula.

An diesem Beispiel zeigt sich, wie sehr unsere Wahrnehmung von der evolutionär bedingten Anatomie abhängig ist. Schon Kant erkannte, dass wir in dreidimensionalen Raumstrukturen zu denken gewohnt sind, und es ist uns, wie wir heute wissen, völlig unmöglich, die von Einstein errechnete (nicht begriffene) Vierdimensionalität der Welt zu verstehen. Die dreidimensionale Räumlichkeit unseres Alltags- und Erfahrungsbereichs hat sich tief in die anatomischen und neuronalen Verarbeitungsmuster eingeprägt. Ein Weiteres: wir neigen dazu, uns selbst und insbesondere unseren Kopf als den «Mittelpunkt der Welt» anzusehen. Dieser Egozentrismus ermöglicht die Erfahrung der eigenen Identität gegenüber der übrigen Welt. Sie hat eine ihrer Wurzeln in einem Sensorium, dass stets und sehr genau angibt, wie die Lage des Kopfes im Raum aktuell ist.

Von Seiten des Vestibularsystems gelangen also die Informationen der jeweils zwei Makulaorgane jeder Seite sowie der jeweils drei Bogengangorgane jeder Seite in die zentralnervösen, verarbeitenden Instanzen. Aus diesen Informationen wird u.a. die Lage und die Bewegung von Kopf und (in Relation dazu) Körper errechnet. Denn diese Informationen werden gekoppelt mit den Informationen aus Hautrezeptoren, Muskelrezeptoren und Rezeptoren unserer Gelenke. Insbesondere **Muskelspindeln** (Dehnungsrezeptoren) in der Hals- und Schulterregion geben Dehnungen dieser Muskulatur an, die mit den Eindrücken des Vestibularorgans verrechnet werden können: Das Gehirn weiß nicht nur, wie sich der Kopf in Bezug auf die Schwerkraft bewegt, sondern auch, wie er sich in Bezug auf den übrigen Körper bewegt. Auf die besondere Bedeutung der Muskelspindeln der Hals- und

Schultermuskulatur bei der Raumlage wurde man insbesondere bei Raumfahrtuntersuchungen aufmerksam, als die Makulaorgane aufgrund fehlender Schwerkraft ausfielen und «oben und unten» nur durch das optische System und eben diese muskelbezogenen Informationen festgestellt wurden.

Von besonderer Bedeutung hinsichtlich der Erfassung unserer Stellung im Raum ist auch die **Tiefensensibilität**. Sie umfasst den Stellungssinn, den Bewegungssinn und den Kraftsinn. Rezeptoren aus Gelenken, Muskeln und Sehnen leiten Reize aus dem Körperinneren an das Gehirn weiter. Sie werden als **Propriorezeptoren** bezeichnet. Durch die vielfältigen Informationen aus den Dehnungsrezeptoren von Sehnen, Muskeln und Gelenken können wir recht exakt die Lage einzelner Körperteile sowie des gesamten Körpers erfassen.

> Schließen Sie bitte die Augen. Versuchen Sie die passive Stellung, in die ein Übungspartner Ihren linken Arm/Ihre linke Hand bringt, spiegelbildlich mit dem rechten Arm/der rechten Hand zu kopieren und kontrollieren Sie das Ergebnis erst dann mit den Augen.
>
> Bewegen Sie mit geschlossenen Augen zunächst Ihren linken Zeigefinger zur Nase, anschließend lassen Sie Ihren linken und Ihren rechten Zeigefinger an einanderstoßen.

Diese Leistungen sind nur dank der oben beschriebenen Tiefensensibilität, insbesondere den Faktoren «Stellungssinn und Bewegungssinn», möglich.

> Schließlich möge ein Kommilitone Ihnen, während Sie die Augen geschlossen halten, einen Gegenstand in die Hand hineinlegen und verschiedene Zonen der Hand damit berühren. Anschließend dürfen Sie (immer noch mit geschlossenen Augen) diesen Gegenstand aktiv ertasten.

Im zweiten Falle gelingt das Erkennen des Gegenstandes wesentlich besser, weil bei dieser aktiven Bewegung Stellungssinn, Bewegungssinn und Kraftsinn in den Dienst der taktilen Erfassung gestellt werden können.

Schauen wir nun, wie diese sehr unterschiedlichen Informationen über unser Gleichgewicht und unsere Lage im Raum miteinander verknüpft und zentral integriert werden. Die Informationen aus dem Vestibularorgan werden zunächst zum **Vestibularis-Kerngebiet** im Stammhirn weitergeleitet. Von dort führen Bahnen zu sehr unterschiedlichen zentralnervösen Stellen: einmal zum Rückenmark und damit zu den Motoneuronen, die die Muskulatur versorgen. Zum anderen zu den Augenmuskelkernen, die die Augenbewegung mit dem Bewegungssinn abstimmen (mehr dazu unten), dann zum Kleinhirn, einem Zentrum der motorischen Koordination, sowie zu den Vestibulariskernen der Gegenseite, wo die Informationen über die Raumlage miteinander verglichen werden können. Schließlich wird über den Thalamus (Vorzimmer des Bewusstseins) auch die somatosensorische Rinde unseres Großhirns informiert, so dass wir uns unserer Lage bewusst werden. Die **Abbildung 8.3** fasst zusammen, welche zum Teil sehr unterschiedlichen motorischen und sensorischen Zentren unseres Zentralnerven-

Die Gleichgewichtssinne **93**

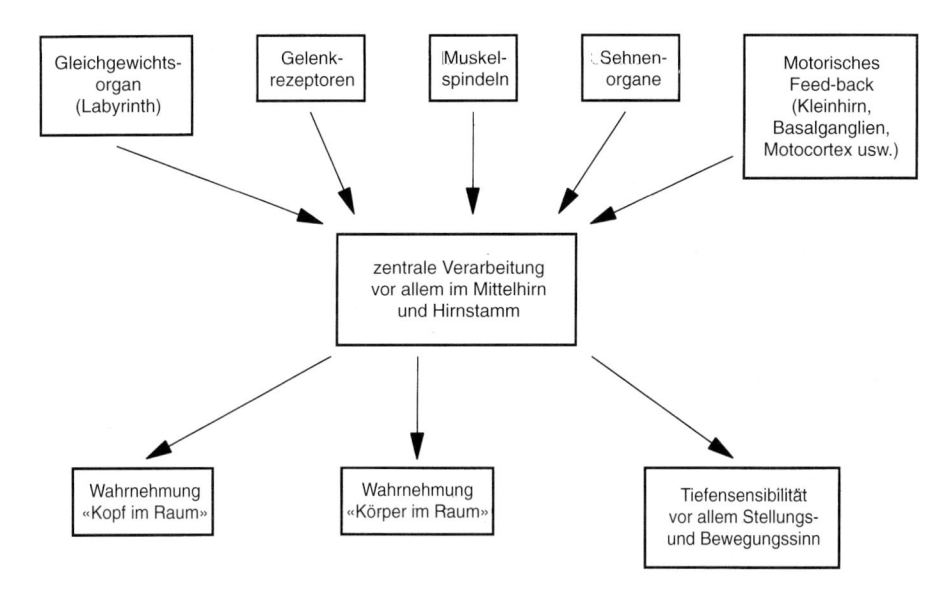

Abbildung 8.3: Funktionen der Sensomotorik.

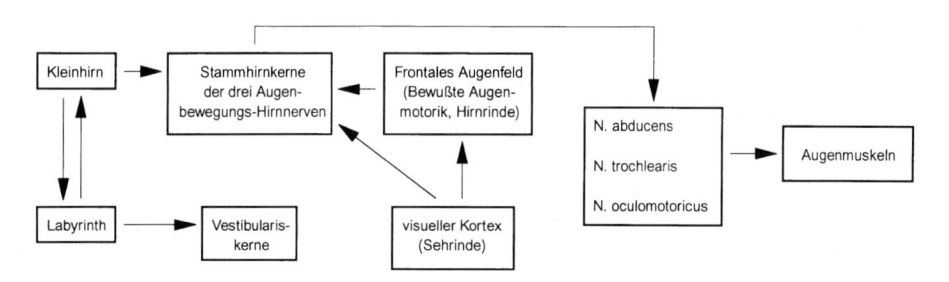

Abbildung 8.4: Zusammenhänge zwischen Gleichgewichtssinn und Augenbewegung.

systems zusammenspielen, um unsere Raumwahrnehmung zu ermöglichen. In **Abbildung 8.4** sieht man, dass die Augenmuskelbewegungen zur Kontrolle der Augenbewegung mit den übrigen zentralnervösen Strukturen zur Verarbeitung des Raumsinns ebenso verbunden sind wie die Vestibulariskerne, aber auch die motorischen Kontrollinstanzen des Kleinhirns, der Basalganglien und der motorischen Hirnrinde (vgl. hierzu auch die Lehreinheit 13, «Motorische Systeme»). Aber auch die visuelle Hirnrinde, mit Hilfe derer wir optische Eindrücke verarbeiten, dient der Erfassung der Lage im Raum. Motorik, visuelles System und Gleichgewichtssystem arbeiten eng miteinander zusammen und sind in der Regel aufeinander eingestimmt.

Stimmt diese Feinabstimmung nicht, wie beispielsweise auf hoher See, wenn uns die Augen etwas anderes melden als das Gleichgewichtsorgan oder die Dehnungsrezeptoren, so stellt sich zumindest Verunsicherung, u.U. auch Übelkeit und Seekrankheit ein.

Auf die Verbindungen zwischen Gleichgewichtsorgan und den Strukturen, die die Informationen unserer Propriozeptoren verabeiten (Gelenkrezeptoren, Muskelspindeln und Sehnenorgane), wurde bereits eingegangen: die Wahrnehmung des Körpers im Raum hängt eng mit der Tiefensensibilität einerseits und der Wahrnehmung des Kopfes im Raum zusammen. Das, was schließlich unsere Lage im Raum beschreibt, ist also Ergebnis der Integration sehr unterschiedlicher sensorischer und motorischer Reize, die in vielfältiger Weise miteinander verarbeitet werden. Das Erleben unserer Stellung im Raum wird aber nicht lediglich «objektiv registriert», sondern von Emotionen und vegetativen Prozessen begleitet. Die Seekrankheit wurde bereits genannt. Säuglinge und Kleinkinder genießen es in der Regel, hochgewirbelt und wieder aufgefangen zu werden. Während des ganzen Kindergartenalters schaukeln Kinder gerne. Auch Erwachsene können sich am Achterbahnfahren erfreuen, wobei offensichtlich schaurig-schöne Empfindungen eine Rolle spielen. Autisten und geistig Schwerbehinderte neigen mitunter zu stereotypen Schaukelbewegungen, möglicherweise werden die dabei entstehenden Reizungen des Gleichgewichtssystems als lustvoll empfunden. Es ist wohl so, dass ein vorübergehendes «aus dem Lot geraten» und das baldige «sicher wieder auf die Füße kommen» vom Limbischen System mit entsprechenden Gefühlsmerkmalen untermischt wird.

Wie in Kapitel 13 noch genauer erläutert wird, sorgen motorische Zentren in Stammhirn und Mittelhirn auf unbewusster, reflexhafter Ebene dafür, dass wir auch in Bewegung nicht aus dem Gleichgewicht geraten und adäquate Stellungen einnehmen. Das Stammhirn bewirkt, dass wir uns entgegen der Schwerkraft aufrichten können. Stellreflexe des Mittelhirns sorgen dafür, dass der Kopf in Normalstellung gebracht werden kann. Spezielle Verschaltungen mit dem Vestibulärorgan (Labyrinth-Stellreflexe) sind dafür verantwortlich, dass auch nach räumlichen Veränderungen der Kopf wieder in die Normalstellung kommt. Schaltungen mit den Halsmuskel-Dehnungsrezeptoren (Halsmuskel-Stellreflexe) sorgen sekundär für eine richtige Ausrichtung des übrigen Körpers. **Stellreflexe** haben also die Aufgabe, den Körper wieder in Normalstellung zu bringen, wenn er aus irgendeinem Grunde «ins Schleudern geraten ist». Während statische Reflexe die Körperstellung im Liegen, Stehen und Sitzen regulieren (Gleichgewichtsaufgaben), sind **stato-kinetische Reflexe** für die Ordnung des Gleichgewichts bei Bewegung zuständig. Sie sorgen unter anderem für die korrekte Körperstellung bei Sprung und Lauf und synchronisieren in besonderem Maße motorische mit vestibulären Informationen (in einer komplexen Feed-Back-Regulierung). Schließlich können stato-kinetische Reflexe dafür sorgen, dass, wenn sich der Kopf in die eine Richtung dreht, die Augen sich kompensatorisch (und unbewusst) in die Gegenrichtung bewegen, so dass das Bild auf der Netzhaut annähernd konstant bleibt.

Dies gilt nur innerhalb bestimmter Grenzen. Wenn wir uns beim Tanzen zu schnell drehen, wird uns schwindelig.

Ein Drehen der Augen in Gegenrichtung der Kopfbewegung dient dem Ziel, das visuelle Bild solange wie möglich annähernd konstant zu halten. Die komplexe Verschaltung über die Augenmuskelkerne und drei (von insgesamt zwölf) Hirnnerven, die lediglich für die Augenbewegung zuständig sind, sowie eine hochdifferenzierte Augenmuskulatur zeugen von der Wichtigkeit dieses Phänomens. Es gibt also intensive Verbindungen zwischen Gleichgewichtsorgan und Augenbewegung.

Eine rotatorische Augenbewegung wird **Nystagmus** genannt. Beim vestibulären Nystagmus wird unter Ausschaltung des optischen Systems lediglich durch die Reizung der Bogengänge eine Augenbewegung verursacht.

Setzt man einer Versuchsperson eine beleuchtete Lupenbrille auf (sog. Frenzel-Brille), so dass sie die Umwelt nicht mehr fixieren kann, andererseits ihre Augenbewegung gut beobachtet werden kann, und dreht die Versuchsperson auf einem Drehstuhl, so wird man auch noch nach Anhalten des Drehstuhls (Trägheit der Endolymphe, s.o.) langsame und schnelle Augenbewegungen finden. Eine Form des visuellen Nystagmus können Sie selbst überprüfen: einer Versuchsperson wird ein Messband (Schneiderband) vor den Augen bewegt, während Sie die Zahlen lesen soll. Die langsamen Augenbewegungen des visuellen Nystagmus sind der Versuch, das visuelle Bild konstant zu halten, die schnellen gegenläufigen Augenbewegungen bringen die Augäpfel wieder an ihre Ausgangsstellung.

Wie gut normalerweise die Konstanterhaltung unseres visuellen Eindrucks gelingt, sehen wir in einem anderen Versuch: wenn wir einen Punkt im Raum fixieren und langsam den Kopf selbständig bewegen, haben wir den Eindruck eines doch festen Bildes: nicht das Bild bewegt sich, sondern unser Kopf. Wenn wir hingegen durch Fremdeinwirkung leicht den Augapfel seitlich tangieren, haben wir den Eindruck, das visuelle Bild bewege sich.

Neben dem oben skizzierten vestibulären sowie visuellen Nystagmus kann man auch einen kalorischen (wärmebedingten) Nystagmus auslösen, indem man den äußeren Gehörgang durch warmes oder kühles Wasser reizt. Die in unmittelbarer Nachbarschaft daran liegende Endolymphe erwärmt oder erkühlt sich, und bei den dabei auftretenden Dehnungsprozessen werden die Haarzellen der Cupula gereizt, was über die bereits besprochenen Verschaltungen zum Nystagmus führt.

Untersuchungen des visuellen, vestibulären und kalorischen Nystagmus dienen zum einen dem Finden neurologischer Störungen (im Sinne von Verarbeitungsstörungen), zum anderen dem Aufspüren von Störungen des Vestibularorganes.

Bei einem Hörsturz kann es infolge eines Infarktes der Region nicht nur zu schweren Hörstörungen, sondern auch zu **Gleichgewichtsstörungen** bis zur Fallneigung kommen. Dies geht im allgemeinen mit Übelkeit und Erbrechen, Schweißausbrüchen und Nystagmus einher. Kommt infolge von Trommelfellperforationen Wasser ins Innenohr, so kann dies auch den Gleichgewichtssinn irritieren. Beim Tauchvorgang kann man so die Orientierung verlieren: Da der Gleichgewichtssinn gegenüber dem visuellen Orientierungssinn der archaischere ist, kann man u.U. unter Wasser die Richtung zur Oberfläche verkennen.

Schließlich soll noch kurz auf Zusammenhänge zwischen der Stellung des Körpers im Raum und unserem **Körperschema** eingegangen werden. Mit der Zusammenarbeit von Propriozeptoren, der Kontrolle motorischer Aktivität und den Informationen aus dem Gleichgewichtsorgan gewinnen wir ein Bild über die Stellung unseres Kopfes und des gesamten Körpers im Raum. Dabei entwickeln wir ein inneres Schema der räumlichen Ausdehnung unseres Körpers, das erstaunlich korrekt ist und im wahrsten Sinne des Wortes eine Wurzel unseres «Selbstbewusstseins» ist (abgesehen davon dient uns die innere Repräsentation unseres Körpers dazu, während der motorischen Aktivität nirgends anzustoßen).

> Schaut man sein Spiegelbild in einem Normalspiegel und in jeweils einem konvexen oder konkaven Zerrspiegel an, so ist man in der Regel in der Lage, das richtige Körperimago zu erkennen. Ähnliches gilt für Photos des eigenen Körpers, wenn sie durch eine Speziallinse verzerrt sind. Schließlich kann man von einem Übungspartner den eigenen Körperumriss nachzeichnen lassen, während man auf einem Stück Papier liegt, und kann später die eigene Silhouette von anderen relativ gut unterscheiden.

Das innere Bild unseres Körpers hängt also eng mit der Verarbeitung der Stellung des Körpers im Raum zusammen. Dabei handelt es sich, wie wir gesehen haben, um eine integrative Leistung unseres zentralen Nervensystems, bei der Informationen aus dem Vestibularorgan, den Gelenkrezeptoren, Muskelspindeln und Sehnenorganen, Informationen aus motorischen Feed-Back Prozessen und nicht zuletzt visuelle Informationen miteinander verknüpft, verglichen und verrechnet werden. Darüber hinaus machen wir uns eine «Vorstellung von uns und der Welt» aufgrund weiterer Sinneseindrücke, die aus unterschiedlichen Tastorganen kommen. Die integrative Verknüpfung solcher sehr unterschiedlichen taktilen Reize ermöglicht den Aufbau einer Tastwelt. Damit beschäftigt sich das folgende Kapitel.

Überprüfen Sie Ihr Wissen!

8.1 Fragetyp B, eine Antwort falsch

Eine der folgenden Aussagen stimmt nicht. Welche?

a) Unser Gleichgewichtssinnesorgan reagiert auf Schwerkraft- und Beschleunigungskräfte.

b) Die Ausrichtung von Sinneszell-Haarfortsätzen ist ein Prinzip der Informationsaufnahme, dass sich nicht nur beim Gleichgewichtsorgan, sondern auch beim Innenohr findet.

c) Die Makulaorgane reagieren vor allem auf Rotationsbeschleunigungen.

d) Die drei Bogengänge sind im wesentlichen in den drei Dimensionen des Raumes angeordnet.

e) Eine erste Verarbeitung der Informationen des Gleichgewichtsorgans findet in den Vestibulariskernen des Stammhirns statt.

8.2 Fragetyp C, Antwortkombinationsaufgabe

Welche der folgenden Aussagen treffen zu?

1. Das Erkennen der Lage im Raum stützt sich auf Informationen des Gleichgewichtsorgans, peripherer Dehnungsrezeptoren (u.a. der Muskeln), unseres Sehsystems und motorischer Feed-Back-Phänomene.

2. Ein kalorischer Nystagmus tritt auf, wenn der äußere Gehörgang mit kalter oder warmer Flüssigkeit gespült wird.

3. Durch die Kopplung von vestibulären Reizen und Kernen der Augenmotorik kann innerhalb bestimmter Grenzen auch bei Bewegung des Kopfes das Sehfeld einigermaßen konstant gehalten werden.

4. Unsere Tiefensensibilität besteht aus dem Stellungssinn, dem Bewegungssinn und dem Kraftsinn, seine Rezeptoren sind Propriozeptoren an Gelenken, Muskeln und Sehnen.

5. Stato-kinetische Reflexe dienen vorwiegend der Erhaltung des Gleichgewichts in Ruhe (beim Sitzen oder Stehen).

a) Nur die Antworten 1, 2, 3 und 4 sind richtig.

b) Nur die Antworten 2, 3, 4 und 5 sind richtig.

c) Nur die Antworten 1, 2, 4 und 5 sind richtig.

d) Nur die Antworten 1, 3, 4 und 5 sind richtig.

e) Alle Antworten sind richtig.

Vertiefungsfrage
Wie ist die Seekrankheit zu erklären?

9. Herantasten an die Welt. Somatosensorische Systeme

Umgangssprachlich halten wir «den» **Tastsinn** für einen unserer «fünf Sinne». In Wirklichkeit sind die Dinge komplexer: man kann mindestens zwanzig sehr unterschiedliche Reizqualitäten voneinander unterscheiden, die unterschiedlichen Rezeptoren zugeordnet werden können.

> Berühren Sie Ihre Haut mit einem Wattebausch, mit einer spitzen Nadel oder einem stumpfen Gegenstand. Setzen Sie eine vibrierende Stimmgabel auf Ihren Ellenbogen. Bewegen Sie vorsichtig mit einer Bleistiftspitze ein Haar an Ihrem Oberarm. Unterscheiden Sie Kitzel- von Schmerzreizen. Fassen Sie einen warmen und einen kalten Gegenstand an. Vergegenwärtigen Sie sich die momentane Stellung Ihres Armes und bewegen ihn anschließend: welche Gelenke haben Sie bewegt, und woran haben Sie das gemerkt?

Mit diesen wenigen Beispielen soll gezeigt werden, dass das, was wir gemeinhin als «den Tastsinn» bezeichnen, einen Komplex höchst unterschiedlicher sensorischer Fähigkeiten umfasst, die wir in ihrer Gesamtheit als **Somatosensorik** bezeichnen (im Gegensatz zu anderen Sinnen wie dem Gehör oder dem Sehvermögen, die auch «sensorische» Systeme darstellen).

Eine erste Übersicht gibt die **Tabelle 9.1**: Im wesentlichen kann man die somatosensorischen Qualitäten in die Oberflächensensibilität, die Tiefensensibilität und die viszerale Sensibilität einteilen. Zur **Oberflächensensibilität** tragen die Sinnesrezeptoren der behaarten und unbehaarten Haut bei, während die **Tiefensensibilität** durch Rezeptoren der Skelettmuskeln, Sehnen und Gelenke zustande kommt. Unter **viszeraler Sensibilität** verstehen wir die unserer Eingeweide, wenn wir beispielsweise einen vollen Magen spüren oder unter Nierenkoliken leiden.

Die **Schmerzqualitäten** lassen sich als Sonderform der Somatosensorik in ein ähnliches Schema fassen: auch hier kann man einen oberflächlichen Schmerz (Beispiel: Nadelstich, Quetschverletzung) von einem Tiefenschmerz (Muskelkrampf, Kopfschmerzen) sowie Eingeweideschmerzen (Blinddarmentzündung oder die o.g. Nierenkolik) unterscheiden.

Tabelle 9.1: Übersicht über die Systeme der Sensibilität und des Schmerzempfindens.

Sensibilität	Oberflächensensibilität Rezeptoren der behaarten und unbehaarten Haut	Tiefensensibilität Rezeptoren der Skelettmuskeln, Sehnen und Gelenke	Viszerale Sensibilität Rezeptoren der Eingeweide (z. B. Magen, Darm usw.)
Schmerzempfinden	Oberflächenschmerz Haut (Beispielsweise Nadelstich)	Tiefenschmerz Bindegewebe, Knochen, Gelenke, Muskeln (Beispielsweise Muskelkrampf)	Viszeraler Schmerz Eingeweide (Beispielsweise Gallenkolik)

Wenden wir uns im folgenden den unterschiedlichen **Rezeptoren** dieses somatosensorischen Systems zu. Zunächst lassen sich diese «Sinnesorgane» von ihrem Aufbau in drei große Gruppen einteilen: zum einen freie Nervenendigungen, die beispielsweise vom Nerv ausgehend in die Haut ragen. Solche freien Endigungen sind in besonderer Weise bei der Entstehung von Schmerzempfindungen beteiligt. Ein zweiter Typus umfasst eingekapselte Endorgane, bei denen die sensiblen Nervenendigungen durch zum Teil zwiebelschalenartig angeordnete Gewebsschichten «umwickelt» werden. Beispiele hierfür sind die Meissnerschen Tastkörperchen der Fingerbeeren oder die Pacinischen Lamellenkörperchen im Unterhautgewebe sowie an Gelenken und Sehnen. Schließlich gibt es zahlreiche Übergangsformen von freien Endigungen zu eingekapselten Organen.

Interessanter als diese Einteilung nach strukturellen Gesichtspunkten ist die Frage, wie wir so unterschiedliche Sinnesmodalitäten wie Druck, Vibration oder Temperatur wahrnehmen. In **Tabelle 9.2** werden zunächst die vier grundlegenden Rezeptortypen aufgelistet: Mechanorezeptoren vermitteln die Informationen, die wir gemeinhin unserem Tastsinn zuordnen. Thermorezeptoren dienen der Kälte- und Wärmewahrnehmung, Chemorezeptoren informieren uns unter anderem über den Sauerstoff- bzw. Kohlendioxidgehalt und Nozirezeptoren sind für Schmerzreize zuständig. Der rechte Teil der Tabelle 9.2 differenziert zwischen Oberflächen-, Tiefen- und viszeraler Sensibilität.

Wenden wir uns zunächst den **Mechanorezeptoren** im Sinne der Oberflächensensibilität, also dem **Tastsinn** unserer Haut zu. In unserer Haut finden wir zunächst Proportionalrezeptoren, die auf Druck und Berührung, auf Spannung und Dehnung reagieren, und zwar proportional zum jeweiligen Reiz. Dabei können wir nicht nur die Qualität des Reizes, sondern auch die Intensität und Dauer beurteilen. Je nach Dichte der Rezeptoren gelingt es uns mehr oder weniger gut, scharf zwischen zwei Druckpunkten zu unterscheiden.

Tabelle 9.2: Sensible/somatosensorische Rezeptoren.

Rezeptortypen	Oberflächen-sensibilität	Tiefen-sensibilität	Viszerale Sensibilität
Mechano-rezeptoren («Tastsinn» i. e. S.)	Proportionalrezeptoren (Druck, Berührung, Spannung, Dehnung) Geschwindigkeitsrezeptoren Beschleunigungsrezeptoren (Vibration) Schwellenrezeptoren (z. B. Juckreiz)	Propriorezeptoren – Stellungssinn – Bewegungssinn – Kraftsinn	
Nozizeptoren	Oberflächenschmerz	Tiefenschmerz	Schmerz innerer Organe
Thermo-rezeptoren	Kältereize, Wärmereize, Übergang zu Schmerzreizen		
Chemo-rezeptoren	Chemische Sensoren, z. B. auf Sauerstoff- oder CO_2-Gehalt		

Bitte berühren Sie Ihre Haut vorsichtig mit einer spitzen Nadel. An den Fingerkuppen reicht ein Abstand von 2 bis 3 mm, um zwei Punkte als getrennt voneinander zu erleben. Am Oberarm muss der Abstand zweier Druck- oder Steckpunkte 5 bis 10 mm betragen, sollen die Reize als getrennt wahrgenommen werden. Dieses unterschiedliche räumliche Auflösungsvermögen zeigt, dass unsere Fingerkuppen eine wesentlich höhere Dichte an Tastsensoren aufweist. Eine solche unterschiedliche Dichte lässt sich auch feststellen, wenn Sie zunächst den Handrücken, dann die Handinnenfläche bepusten oder mit einem Wattebausch reizen.

Neben den Proportionalrezeptoren gibt es Beschleunigungsrezeptoren, die auf Vibration reagieren, wie Sie bei dem o.g. Stimmgabelversuch feststellen konnten. Hierfür sind u.a. Pacini-Körperchen verantwortlich. Geschwindigkeitsrezeptoren finden wir u.a. in Form von Meissner-Körperchen und Haarfollikelrezeptoren.

Bewegen Sie vorsichtig ein Haar Ihres Unterarms mit Hilfe eines spitzen Bleistifts in eine Richtung und halten es für einige Sekunden in dieser Stellung. Sie werden bemerken, dass nur während der Bewegung, nicht aber während der «außergewöhnlichen Haarausrichtung» eine Tastempfindung an das Gehirn gemeldet wird. Offensichtlich wird nicht die Stellungsänderung, sondern die Bewegung und Bewegungsrichtung registriert.

Sogenannte Schwellenrezeptoren, die u.a. durch freie Nervenendigungen in der Haut zustandekommen, sind möglicherweise bei der Registrierung beweglicher Objekte (Insekten und Kitzelgefühle) beteiligt.

Mechanorezeptoren finden wir auch bei den Sinnesmodalitäten der Tiefensensibilität. Die Wirkprinzipien sind die gleichen, doch spricht man hier nicht mehr vom Tastsinn, sondern von **Propriorezeptoren**, weil sie etwas über den Zustand unseres Körpers aussagen.

Wie im Kapitel 8 (Gleichgewichtssystem) beschrieben, besteht unsere Tiefensensibilität aus einem Stellungs-, Bewegungs- und Kraftsinn.

> Führen Sie mit geschlossenen Augen Ihren rechten Zeigefinger auf die Nasenspitze oder Ihre linke Ferse zum rechten Knie.

> Verändern Sie die Beugehaltung von rechtem Arm, Hand und Finger eines Übungspartners, der dabei die Augen geschlossen hat, und fordern Sie ihn auf, bei geschlossenen Augen den linken Arm in eine spiegelsymmetrische Stellung zu bringen.

All diese Fähigkeiten verdanken wir den Propriorezeptoren des **Stellungssinns**, die mit erstaunlicher Genauigkeit arbeiten, ohne dass uns dies bewusst ist (die dabei erreichten Winkelgrade können wir nur höchst unvollkommen bewusst abschätzen).

Unter dem **Bewegungssinn** versteht man die Fähigkeit zur Wahrnehmung von Richtung und Geschwindigkeit von Bewegung.

> Ändern Sie durch Beugung oder Streckung bitte die Stellung Ihrer Hand, dann die Ihrer Schultern. Vermutlich können Sie im zweiten Fall eine wesentlich genauere und intensivere Wahrnehmung erreichen, was mit den größeren Winkelveränderungen zusammenhängt.

Der **Kraftsinn** erlaubt uns ein unbewusstes Abschätzen der benötigten Muskelkraft, um Widerstände zu überwinden und Bewegungen zu harmonisieren. Fällt er aus oder ist er gestört, wie dies bei manchen Formen des hyperkinetischen Syndroms der Fall sein kann, so kann daraus eine praktische Ungeschicklichkeit resultieren.

> Legen Sie einem Übungspartner bei geschlossenen Augen zwei geringfügig unterschiedliche Gewichte auf den Handteller. Fordern Sie ihn anschließend, immer noch bei geschlossenen Augen, auf, diese beiden Gewichte aktiv aufzuheben. Da im ersten Fall nur der Tastsinn, im zweiten Fall auch der Kraftsinn zum Tragen kommt, wird jetzt eine Gewichtsabschätzung leichter möglich sein.

Die Oberflächensensibilität (der Tastsinn unserer Haut) und die Tiefensensibilität ermöglichen uns das Bilden eines Körperschemas (Körperimagos), das Bewusstsein der Stellung unseres Körpers im Raum, eine taktile räumliche Orientierung sowie das taktile Erkennen von Teilen unserer Umwelt.

> Man denke beispielsweise an Spiele im Vorschulalter, bei denen Kinder aufgefordert werden, Gegenstände unterschiedlicher Form, Schwere und Beschaffenheit in einem undurchsichtigen Beutel tastend zu erkennen. Mit zunehmendem Alter wird die Fähigkeit taktilen Erkennens abstraktionsfähiger: Erwachsene sind in der Lage, auf den «Rücken geschriebene Zahlen» während der taktilen Stimulation zu erkennen.

Unsere Umgangssprache weist auf die Verbindung von somatosensorischer Informationsverarbeitung und Denkprozessen hin, wenn wir beispielsweise die «Welt begreifen», «uns etwas vorstellen» oder einen Sachverhalt «erfasst» haben.

Die **Thermorezeptoren** ermöglichen uns eine Differenzierung von kalten und warmen Reizen. Dies allerdings nicht im Sinne einer objektiven Bestimmung des Wärmegrades, vielmehr wird eine relative Erwärmung oder Abkühlung gegenüber der Körpertemperatur registriert.

> Füllen Sie bitte eine Schale mit kaltem, eine mit lauwarmen und eine mit warmen Wasser. Wenn Sie die linke Hand in das kalte, die rechte in das warme Wasser halten und anschließend beide Hände gleichzeitig in die mittlere Schale tauchen, so werden die Thermorezeptoren der linken Hand «warmes Wasser», die der rechten Hand «kaltes Wasser» registrieren.

Außerdem können unterhalb bestimmter Kälte- und oberhalb bestimmter Wärmegrade thermische Reize (über andere Rezeptoren) als Schmerzreize registriert werden, wie die Berührung einer heißen Herdplatte oder Erfrierungserscheinungen lehren können.

Schmerzzustände können, wie bereits gesagt, als Oberflächenschmerz, Tiefenschmerz oder Schmerz innerer Organe imponieren. Der oberflächliche Schmerz kann mechanisch und thermisch zustande kommen. Beim rein mechanischen Schmerz führt eine direkte Verschaltung auf unterster Ebene bereits dazu, dass wir uns reflexartig vom Schmerzort entfernen oder in anderer Weise reagieren, bevor uns dies bewusst wird.

> So können wir beispielsweise reflexartig eine uns stechende Mücke erschlagen, bevor uns der Stich bewusst wird.

Bei manchen mechanischen Schmerzreizen kommt es vermutlich zur Aussonderung so genannter Neurokinine, Botenstoffe, die an den Synapsen auch noch nach der akuten Schädigung wirksam bleiben. So ist zu erklären, dass ein Schmerz auch noch lange nach der Schädigung empfunden wird.

Schließlich kann zwischen einem schnell weitergeleiteten, als stechend empfundenen und gut lokalisierten Schmerz und einem eher dumpfen, nicht genau zu lokalisierenden Schmerz unterschieden werden. Dies hängt nicht nur mit unterschiedlichen Rezeptoren in der Peripherie, sondern vor allem auch mit unterschiedlichen Leitungsbahnen und weiterverarbeitenden zentralen Instanzen zusammen, wie unten noch gezeigt wird.

Die vielfältige somatosensorische Information gelangt über zwei grundsätzlich unterschiedliche Wege zum Gehirn: zum einen über das sog. Hinterstrang-Lemniscus-System (Lemniscus = «Schleifenbahn»). Zum anderen gibt es ein «extralemniskales» System.

Wie der **Abbildung 9.1** zu entnehmen ist, gelangt die somatosensorische Information über die Spinalnerven in das Rückenmark. Im Fall des **Lemniskus-Systems** werden die Reize über den sog. Hinterstrang bis zum Stammhirn, insbesondere den Hirnstammkernen nucleus gracilis und nucleus cuneatus weitergeleitet. Hier findet sich die erste Umschaltstation, von hier aus geht ein Fasersystem (lemniskus medialis) zum Thalamus, der zweiten Umschaltstation, die sich im Zwischenhirn befindet. Die im ventrobasalen Kerngebiet des Thalamus gelegene Relais-Station ist für das somatosensorische System das, was das Corpus geniculatum laterale bzw. mediale für das Hör- und Sehsystem ist: eine vorbewusste, subkorticale Umschaltstation («Vorzimmer des Bewusstseins»). Eine dritte Umschaltstation befindet sich dann in den somatosensorischen Großhirnrindenarealen. Hierauf wird später noch eingegangen. Das hier skizzierte Hinterstrang-Lemniskus-System dient dem schnellen, gezielten, bewussten und unbewussten Wahrnehmen von Druck- und Tastempfindungen. In allen drei «Umschaltstationen» werden die sensiblen Zonen der Haut, aus denen die Information stammt, Punkt für Punkt abgebildet. Dieses System dient also der genauen Differenzierung der unterschiedlichen sensiblen Reize. Man spricht daher von einem spezifischen System.

Entwicklungsgeschichtlich wesentlich älter ist ein zweites, unspezifisches, **extralemniskales System**, das, wie die Abbildung 9.1 zeigt, von den Spinalnerven zunächst über den Vorderseitenstrang zur entwicklungsgeschichtlich alten Formatio reticularis zieht. Hier handelt es sich um Stammhirnstrukturen, die wesentlich unseren Wachheits- und Erregungszustand steuern. Sensorische Informationen versetzen uns in einen allgemeinen Alarmzustand oder werden mit reflektorischen Reaktionen und (unter Mitwirkung des Limbischen Systems) mit Gefühlen der Lust, des Widerwillens, der Angst oder Erregung korreliert. Die Verbindungen zum Thalamus sind ebenfalls eher unspezifisch, und von hier aus werden die Reize in vielfältige Großhirnregionen weitergeleitet. Es handelt sich also um ein unspezifisches System, in dem die somatosensorische Information nicht genau lokalisiert und differenziert, sondern eher generell wahrgenommen und verarbeitet wird.

Die Schmerzqualitäten werden in einer etwas komplexeren Art und Weise verarbeitet, können prinzipiell aber beide Systeme «benutzen». Der punktgenaue, als stechend empfundene und gut lokalisierbare Oberflächenschmerz wird weitgehend über das Lemniskus-System weitergeleitet und bearbeitet, während die dumpfen, nicht lokalisierbaren Tiefenschmerzqualitäten das entwicklungsgeschichtlich archaische System repräsentieren. Diese Schmerzqualitäten stehen in engem Zusammenhang zu Wut, Depression oder Panik und lassen sich, im Gegensatz zu den erstgenannten Schmerzen, durch Morphin oder andere Opiate betäuben – wobei eben nicht nur der Schmerz, sondern auch die Gefühlslage verändert wird. Schließlich muss noch darauf hingewiesen werden, dass es zwischen beiden Systemen wechselseitige Verbindungen gibt, sie also nicht völlig unabhängig voneinander arbeiten.

Somatosensorische Systeme 105

| spezifisches Hinterstrang-Lemniscussystem | → Hinterstrang → | Stammhirnkerne, 1. Umschaltstation (nucleus gracilis, nucleus cuneatus) | → | Lemniscus medialis | → | Thalamus 2. Umschaltstation (Ventrobasalkern) | → | Somatosensorische Rindenfelder SI und SII der Großhirnrinde |

Spinalwurzeln, Rückenmark

unspezifisches, extralemniscales System → Vorderseitenstrang → Formatio reticularis → Unspezifische Thalamuskerne → Verbindungen zu verschiedensten Hirnrindenregionen, zu Hirnstamm, Limbischem System, Hypothalamus und subcortical-motorischen Zentren.

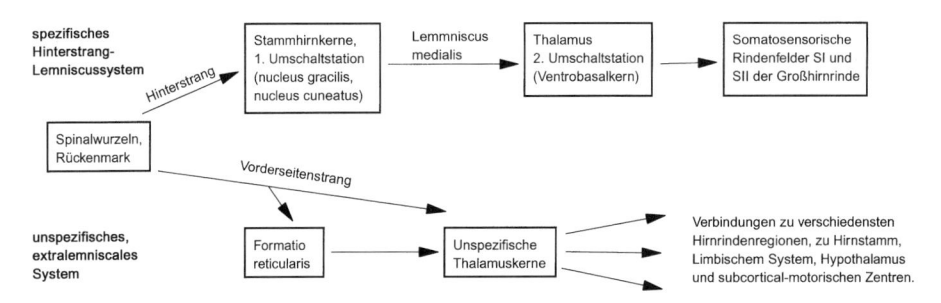

Abbildung 9.1: Spezifische und unspezifische Weiterleitung und Verarbeitung somatosensorischer Reize.

In der Peripherie haben die einzelnen Sinnesrezeptoren kleinere oder größere Versorgungsgebiete, von denen aus sie Reize aufnehmen. Das für sie zuständige Gebiet bezeichnet man als ihr **rezeptives Feld**. Dabei kommt es zu geringfügigen Überlappungen, doch können sich die rezeptiven Felder bestimmter Detektoren gut abgrenzen lassen. Auch die sensiblen Zonen, die von einzelnen Nerven versorgt werden, lassen sich abgrenzen: man spricht von Dermatomen oder von sog. Headschen Zonen (vgl. Abb. 15.2, Kap. 15).

Im spezifischen System somatosensorischer Weiterverarbeitung kommt es zu einer «somatotropen» Abbildung in allen drei Relais-Stationen: sowohl in den Hirnstammkernen, als auch in den basalen Thalamusgebieten sowie den sensorischen Zentren der Großhirnrinde werden die einzelnen Hautzonen Punkt für Punkt abgebildet.

Die **Abbildung 9.2** zeigt, dass es zwei **somatosensorische Rindenfelder** in der Großhirnrinde gibt, in denen diese Information verarbeitet wird (S I und S II). In der **Abbildung 9.3** kommt zum Ausdruck, dass diese «Abbildung» oder besser: Repräsentation unserer sensiblen Hautareale im Großhirn nicht «maßstabgerecht», sondern nach Wichtigkeit ausgeprägt ist. So sieht man, dass die Mund-, Lippen-, Zungen-, Hand-, Fuß- und in geringerem Maße auch die Genitalregion besonders stark repräsentiert sind, während andere Bereiche (Hals, Rumpf usw.) weniger Kapazitäten beanspruchen. Dies entspricht der Dichte somatosensorischer Rezeptoren in der Peripherie.

Für den Säugling ist in der «oralen Phase» des Saugens bzw. Gestilltwerdens die Sensibilität der Mundregion von lebenswichtiger Bedeutung. Einmal ausgeprägt sensibel versorgt, bleibt diese Region (z. B. beim Küssen) auch weiterhin eine sensible Zone. Für uns als zunächst baumhangelnde Primaten, im Laufe der Evolution hantierende Lebewesen war die hohe Sensibilität der Hände mit damit korrespondierenden Hirnarealen ebenfalls von großer Wichtigkeit.

Punkt für Punkt werden in der Großhirnrinde also alle somatosensorischen Areale der Peripherie repräsentiert. Es gibt Großhirn-Rindenzellen, die nur «an-

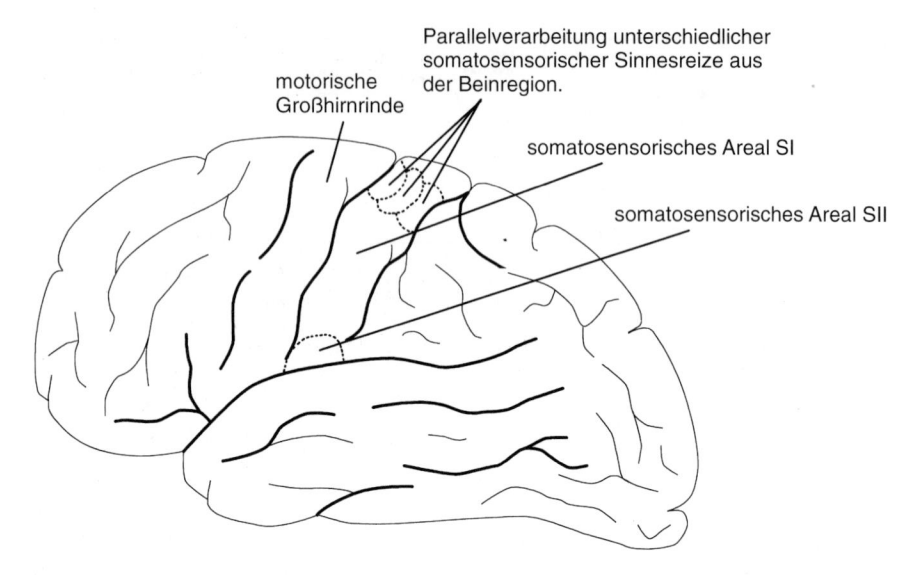

Abbildung 9.2: Verarbeitung somatosensorischer Informationen in der Großhirnrinde.

sprechen», wenn der linke große Zeh berührt wird, andere reagieren auf sensible Reize am Unterarm usw.

Darüber hinaus werden die peripheren Areale in der Großhirnrinde mehrfach repräsentiert. Informationen bestimmter Beinregionen, so sieht man auf Abbildung 9.2, werden an mindestens drei unterschiedlichen Großhirnarealen parallel verarbeitet. Möglicherweise wird hier auch nach verschiedenen taktilen Reizqualitäten unterschieden – Intensität und Qualität von Vibration, Druck oder Bewegung werden zunächst getrennt und parallel verarbeitet, um später integriert zu werden, so dass wir ein «einheitliches Geschehen» erleben.

> Wenn man sich auf einen festen, harten, kalten, federnden Schreibtischstuhl setzt, so werden diese vier unterschiedlichen Sinnesqualitäten in der Regel ganzheitlich wahrgenommen.

Selbst beim ausgereiften Hirn sind die verarbeitenden Bezirke der Großhirnrinde nicht statisch: fallen Bezirke aus, so können Nachbarbezirke Aufgaben übernehmen, so dass nach Zelluntergang (z. B. infolge eines Hirninfarktes) eine sensomotorische Übungsbehandlung zur Wiederanbahnung somatosensorischer Verarbeitung führen kann. Auch weiß man inzwischen, dass eine Über- oder Unterstimulation der Haut, mithin sensorischer Rezeptoren, Anzahl und Funktion somatosensorischer Hirnrindenzellen beeinflussen kann. Dies trifft nicht nur für das frühe Kindesalter zu, sondern ist ein lebenslang nachzuweisendes Phänomen.

Somatosensorische Systeme **107**

somatosensorisches Rindenfeld

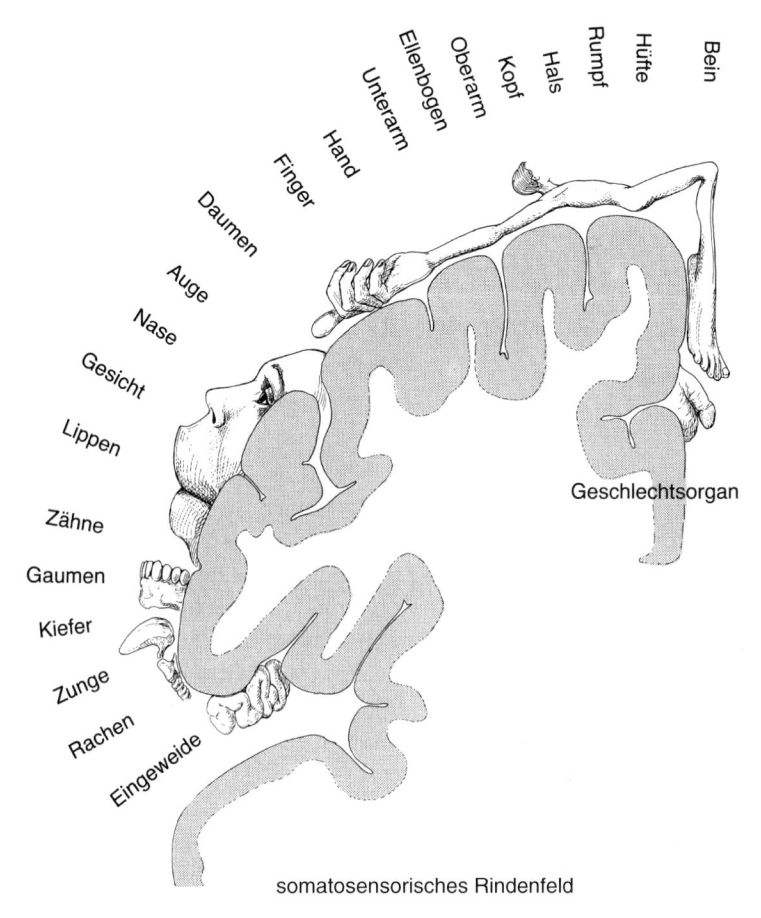

Abbildung 9.3: Somatosensorisches Rindenfeld («sensorischer Homunculus»).
Aus: Geschwind, N.: «Specializations of the Human Brain.» Scientific American, Sept. 1982, S. 182

Wenn man über mehrere Wochen einen gebrochenen Arm im Gipsverband hat, so kommt es nicht nur zu einer (vorübergehenden) Abnahme an Muskelmasse, sondern aufgrund der mangelnden taktilen Stimulation auch zu einer nachweisbaren Veränderung der Repräsentation dieses Areals in der somatosensorischen Großhirnrinde. Subjektiv ändert sich die «Körperempfindung» ebenfalls. Natürlich ist dieses Phänomen reversibel.

Zum Schluss dieses Kapitels soll noch auf einige grundlegende Prinzipien der Informationsverarbeitung dieses Systems eingegangen werden. **Abbildung 9.4** veranschaulicht die sog. **laterale Hemmung**: Auf die Stelle a wird ein Druckreiz ausgeübt, der von den unmittelbar benachbarten Zellen 1.2 und 1.3 registriert wird.

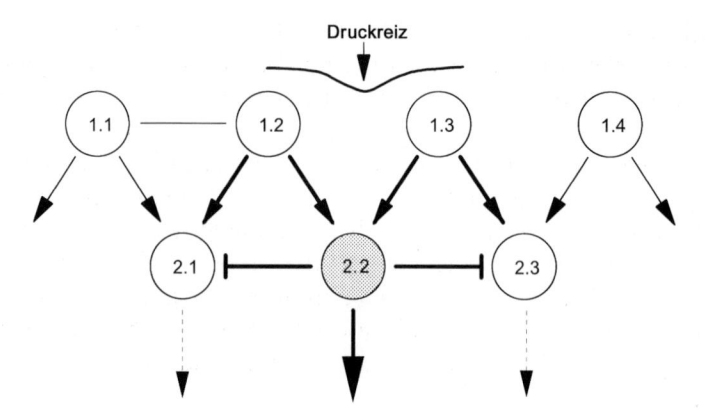

Abbildung 9.4: Laterale Hemmung.

Sie leiten ihre Informationen zu verschiedenen nachrangigen Zellen weiter, in der Abbildung 9.4 unter anderem zu den Zellen 2.1, 2.2 und 2.3. Die Zelle 2.2 erhält die meiste Information, da sie im Zentrum der beiden Eingangszellen liegt. Gleichzeitig aber hemmt sie durch hemmende Nervenzellverbindungen ihre benachbarten Zellen 2.1 und 2.3. Daraus resultiert, dass die Haupterregung zur nächsten Relais-Station fast ausschließlich von der Mittelzelle 2.2 ausgeht, während die benachbarten Zellen nicht oder kaum «feuern». Durch diese sog. laterale Hemmung wird erreicht, dass die Information gebündelt wird und sich nicht lawinenartig über das gesamte Nervensystem ausbreitet.

Aber auch «von oben» können ankommende somatosensorische Reize moduliert bzw. gehemmt werden. So können beispielsweise körpereigene opiatähnliche Substanzen, sog. **Endorphine**, in Zeiten des Stresses relativ schmerzunempfindlich machen – ein Phänomen, auf dem die manchmal euphorische Stimmung nach einem kräftezehrenden Jogging beruht. Somatosensorische Information ist keine «Einbahnstraße» von unten nach oben. Das Gehirn kann – in gewissen Grenzen – filtern und «mitbestimmen», wie viel taktile Reize es «zulässt». Möglicherweise beruhen suggestive und autosuggestive Entspannungsverfahren, autogenes Training u.a. auf diesem Effekt. Im Gegensatz zur lateralen Hemmung wird dieses Phänomen als **deszendierende Hemmung** bezeichnet. Beide Formen der Inhibition (Hemmung) ermöglichen erst eine sinnvolle Informationsauswahl, Selektion und Weiterverarbeitung im Dienste einer angemessenen Reaktion. Möglicherweise versagt dieses Abstimmungssystem bei bestimmten Formen des Autismus sowie sensorischer Integrationsstörungen, so dass dann das Gehirn von ungefilterten taktilen Reizen überflutet wird.

Schließlich bleibt noch anzumerken, dass nicht nur die unterschiedlichen, oben aufgeführten taktilen Sinnesqualitäten miteinander verbunden und integriert werden, sondern dass es zu einer **intermodalen** Verknüpfung somatosensorischer, akkustischer, geruchlicher oder visueller Reize kommt. Wir können einen Gegenstand tastend, sehend, hörend «erfassen», und die integrative Leistung unseres Gehirns besteht darin, diesen so unterschiedlich wahrgenommenen Gegenstand als identisch wahrzunehmen.

In seltenen Situationen kann es auch zu **Synästhesien** kommen: dann werden «Farben gehört» oder «Geräusche gefühlt». Dies kann zum Beispiel nach Einnahme halluzinogener Drogen (z. B. LSD) der Fall sein (vgl. hierzu auch Kap. 21). Gerade über das unspezifische, archaische Weiterleitungs- und Verarbeitungssystem sind solche synästhetischen Querverbindungen eher möglich – man denke an die «Gänsehaut», wenn ein Stück Kreide quietschend auf der Tafel bewegt oder eine Lackplatte geräuschvoll mit dem Fingernagel bearbeitet wird: hier «fühlen» wir das Geräusch.

Das somatosensorische System besteht aus einer Vielzahl unterschiedlicher Sinnesrezeptoren, die in mannigfacher Weise zusammenarbeiten und miteinander verknüpft sind. Hierbei handelt es sich um ein basales, entwicklungsgeschichtlich früh angelegtes Sensorium, das auch für uns heutige Menschen hinsichtlich unserer Welterfahrung, aber auch unserer «Stimmungen» von großer Bedeutung ist.

Überprüfen Sie Ihr Wissen!

9.1 Fragetyp B, eine Antwort falsch

Die folgenden peripheren Regionen werden besonders stark in der somatosensorischen Großhirnrinde repräsentiert. Eine gehört eher nicht dazu. Welche?

a) Lippenregion

b) Zunge

c) Bauchhaut

d) Fingerkuppen

e) Genitalregion

9.2 Fragetyp C, Antwortkombinationsaufgabe

Welche der folgenden Aussagen treffen zu?

1. Thermische Reize können bei starker Intensität auch über Noci-Rezeptoren registriert werden.

2. Bei dem Lemniskalen System handelt es sich um ein spezifisches Weiterleitungs- und Verarbeitungssystem, das u.a. die Lokalisation von taktilen Reizen ermöglicht.
3. Eine wichtige, vorbewusste Umschaltstation somatosensorischer Reize befindet sich in den spezifischen, basalen Zentren des Thalamus.
4. Man unterscheidet über zwanzig unterschiedliche somatosensorische Qualitäten.
5. Mechanorezeptoren der Haarfollikel ermöglichen ein Erkennen von gerichteter Bewegung.

a) Nur die Aussagen 1, 2 und 3 sind richtig.

b) Nur die Aussagen 2, 3 und 4 sind richtig.

c) Nur die Aussagen 1, 2, 4 und 5 sind richtig.

d) Nur die Aussagen 3, 4 und 5 sind richtig.

e) Alle Aussagen sind richtig.

Vertiefungsfrage

Erklären Sie bitte das Prinzip der «lateralen Hemmung» bei der Verarbeitung somatosensorischer Information und äußern Sie sich kurz über die Folgen von Störungen dieser Funktion.

10. Horch, was kommt von draußen rein? Der Hörsinn

Das menschliche Gehör besteht aus **Mechanorezeptoren**, die ähnlich wie unser Tast- und Gleichgewichtssystem auf mechanische Reize ansprechen. Die adäquaten Stimuli für das Gehör sind Luftdruckschwankungen, die als Geräusche wahrgenommen werden. Ein Schallereignis wie beispielsweise das Schlagen einer Pauke führt zu Zonen verminderten bzw. verstärkten Luftdrucks, die sich als Luftdruckwelle fortbewegen. Die **Lautstärke** eines solchen Schallereignisses hängt von der Energie, die zum Schall führte, ab. In der **Abbildung 10.1** ist die Höhe der Ausschläge, die Amplitude der Welle, das Charakteristikum der Lautstärke. Die subjektiv empfundene Lautstärke wird in **Phon** angegeben, wobei der Bezugspunkt (1 Phon) die Lautstärke ist, mit der ein Gesunder einen bestimmten Ton (1000 Hertz) gerade noch hören kann. Da das menschliche Ohr eine sehr große Bandbreite unterschiedlicher Lautstärken (vom leisen Blätterrauschen bis zum Flugzeugstart) wahrnehmen und verarbeiten kann, hat man als eine weitere Maßeinheit eine logarithmische Skalierung in **Dezibel** (dB) eingeführt.

Tabelle 10.1 zeigt typische Schallpegelwerte aus dem Umweltbereich. Leichtes Blätterrauschen ist mit etwa 10 dB, der Schall einer Bohrmaschine mit 110 dB anzusetzen. Bei etwa 130 dB liegt bei den meisten Menschen die Schmerzschwelle, doch ist bereits jenseits von 90 dB längerfristiger Lärmbelästigung eine Innenohrschwerhörigkeit möglich: die empfindlichen Haarsinneszellen (s.u.) können vor allem bei chronischer Überbeanspruchung zerstört werden und regenerieren nicht. Eine Innenohrschwerhörigkeit für bestimmte Frequenzbereiche ist die Folge.

Von der Lautstärke muss die **Frequenz** eines Tones unterschieden werden: Die Frequenz bezeichnet die Anzahl der Schwingungen pro Sekunde und gibt die Tonhöhe an. Sie wird in **Hertz** (Hz = 1/sec) als Maßeinheit angegeben. Das menschliche Gehör ist in der Lage, tiefe Töne von nur 20 Hz sowie hohe Töne von maximal 20 000 Hz wahrzunehmen. Zahlreiche Tiere, z. B. die Fledermäuse, sind in der Lage, auch im Ultraschallbereich weit jenseits dieser Marke Schallereignisse wahrzunehmen.

Tabelle 10.1: Typische Lautstärken der Umwelt

Geräusch	Lautstärke
Düsenjäger	140 dB
Bohrmaschine	110 dB
Lastwagen	90 dB
Normales Gespräch	60 dB
Flüstern	30 dB
Blätterrauschen	10 dB

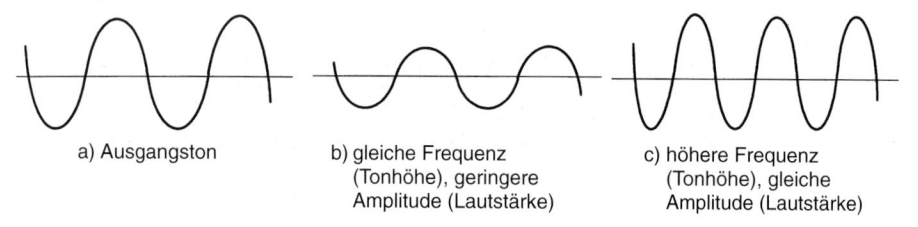

a) Ausgangston

b) gleiche Frequenz (Tonhöhe), geringere Amplitude (Lautstärke)

c) höhere Frequenz (Tonhöhe), gleiche Amplitude (Lautstärke)

Abbildung 10.1: Lautstärke und Frequenz.

Abbildung 10.2 zeigt ein so genanntes **Audiogramm**: Einer Testperson werden Töne verschiedener Frequenzen mittels Kopfhörer eingespielt, und die Testperson gibt an, bei welcher Lautstärke sie den Ton wahrnimmt. Es wird deutlich, dass die Hörschwelle, also der Bereich, an dem ein Ton gerade wahrgenommen werden kann, abhängig ist von der Frequenz. Klangereignisse mit einer Frequenz zwischen 100 Hz und etwa 7000 Hz werden besonders gut wahrgenommen: Es handelt sich um den Frequenzbereich menschlicher Sprache, an den unser Gehör im Laufe der Evolution besonders angepasst wurde.

> Sie können beim Hörgerät-Akustiker in der Regel kostenlos ein Audiogramm von sich anfertigen lassen. Vergleichen Sie es mit Abbildung 10.2: Bei welchem Lautstärkepegel ist normalerweise die Hörschwelle bei einem Ton von 125 Hz zu erwarten?

Aus Abbildung 10.2 wird weiterhin deutlich, dass es Frequenzbereiche mit deutlich höherer Hörschwelle gibt: Hier muss also der Lautstärkepegel höher sein, wenn wir etwas hören sollen.

Die meisten Schallereignisse, die wir wahrnehmen, sind **Geräusche**, also eine Mischung sehr unterschiedlicher gleichzeitiger Schallereignisse mit unterschiedlichen Frequenzen und Lautstärken. Ein Schallereignis mit nur einer Frequenz wird als **Ton**, ein Gemisch verschiedener Töne als **Klang** bezeichnet. Unter einem **Phonem** versteht man ein Geräuschereignis mit Bedeutungscharakter, beispielsweise ein kurzes Wort oder eine Silbe.

Der Hörsinn **113**

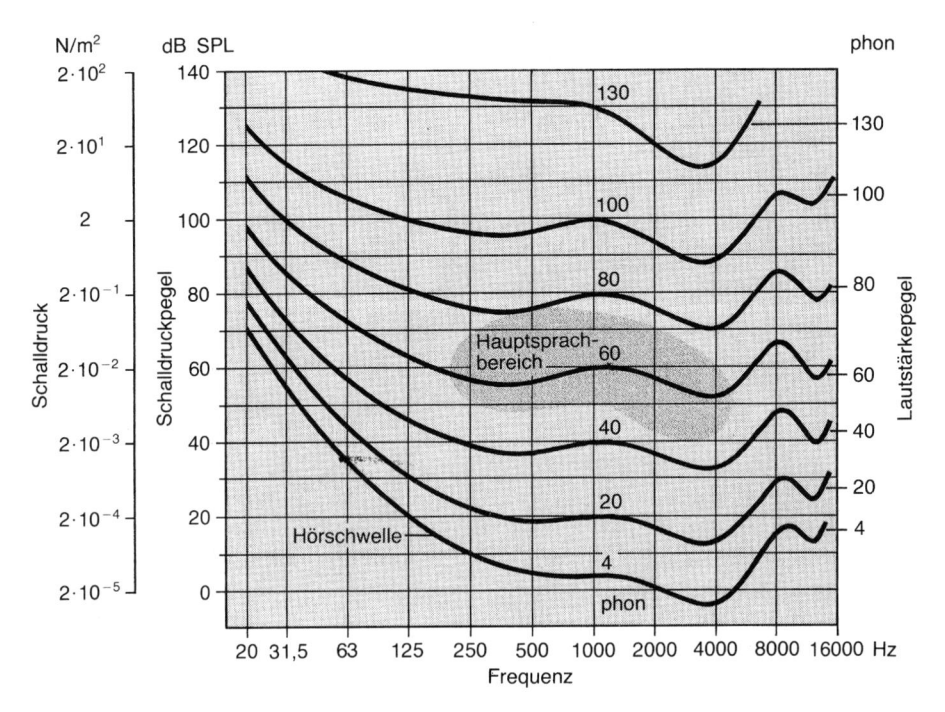

Abbildung 10.2: Audiogramm. (Objektiver) Schalldruck und Kurven (subjektiv) gleicher Lautstärke.

Nachdem die allgemeinen Grundlagen der Akustik kurz skizziert wurden, soll nun auf den Aufbau des menschlichen Gehörs eingegangen werden. Grob schematisch lässt sich das menschliche Gehörorgan in das Außen-, Mittel- und Innenohr einteilen (vgl. **Abb. 10.3**). Das **Außenohr** wird von der trichterförmigen Ohrmuschel und dem äußeren Gehörgang gebildet und schließt mit dem Trommelfell ab. Dabei dient die Ohrmuschel bereits dem Orten der Richtung eines Schallereignisses. Der Gehörgang ist so gebaut, dass die Schallwellen in einer ganz bestimmten Weise reflektieren, so dass ein Verstärkungseffekt eintritt (Orgelresonanzphänomen).

> Schallverstärkung durch die Nutzung von Reflektionsphänomenen machen sich auch Erbauer von Konzertsälen und Kirchen zunutze.

Am Ende des äußeren Gehörgangs trifft die Schallwelle auf das Trommelfell, das das Außen- vom **Mittelohr** trennt und das durch die Schallwelle in Schwingungen gerät. Diese Schwingungen werden auf drei gelenkig miteinander verbundene Gehörknöchelchen übertragen: Amboss, Hammer und Steigbügel, die ihren Namen der beschreibenden Anatomie früherer Zeit verdanken. Am Ende dieser Gehör-

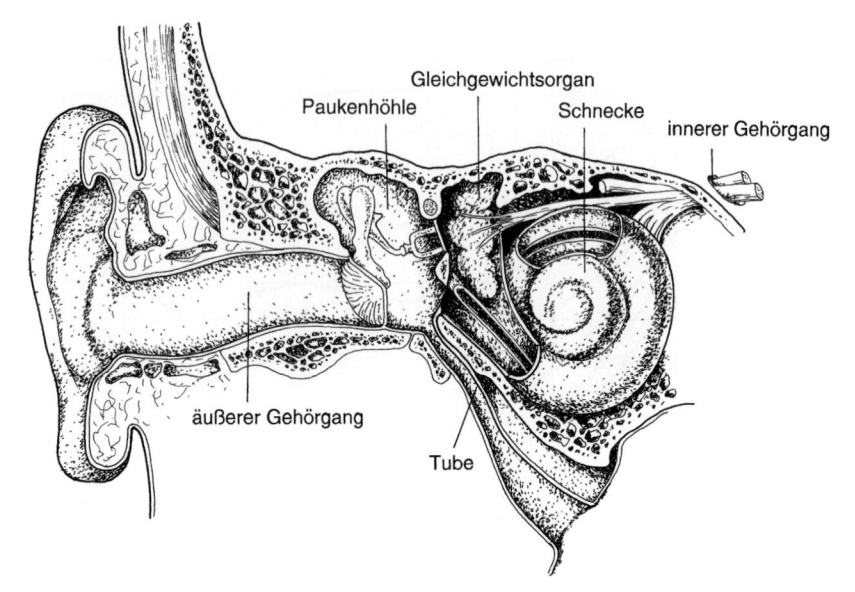

Abbildung 10.3: Schnitt durch das Gehörorgan.

knöchelchen-Kette findet eine Übertragung der Schwingungen auf die Membran des «ovalen Fensters» statt, das das Mittelohr vom Innenohr trennt. Zum einen hat die Übertragung der Schwingungen von Luft auf knöcherne Strukturen bereits einen verstärkenden Effekt. Ein weiterer, massiver Verstärkungseffekt tritt dadurch auf, dass der Schalldruck von einer relativ großen Fläche des Trommelfells auf die relativ kleine Fläche der Membran des ovalen Fensters übertragen wird (**Abb. 10.4**).

> Ein ähnliches Phänomen liegt prinzipiell vor, wenn wir einen Nagel in die Wand schlagen. Hier wird der Druck von der relativ großen Fläche des Hammers auf die relativ kleine Fläche der Nagelspitze übertragen. Dadurch wird der Druck pro Flächeneinheit verstärkt, so dass der Nagel in die Wand getrieben wird.

Durch die oben skizzierten Mechanismen der Schallverstärkung wird der Schall auf seinem Weg zum Innenohr um den Faktor 200 verstärkt. An den Gehörknöchelchen ansetzende Muskeln haben möglicherweise die Aufgabe, bei zu starken Schallpegeln reflektorisch die Amplitude zu dämpfen und einer Übersteuerung des Systems vorzubeugen. Dies gelingt allerdings nur in bestimmten Grenzbereichen. Schließlich mündet in das Mittelohr die so genannte eustachische Röhre, eine Verbindung vom Mittelohr zum Nasen-Rachen-Raum, die dem Druckausgleich dient.

> Das beim Starten und Landen eines Flugzeuges zu beobachtende Phänomen eines «Knackens im Mittelohr» spiegelt die Anpassungsschwierigkeiten des Mittelohrdrucks an eine akute Luftdruckänderung wieder, die durch mehrfaches Öffnen und Schließen des Mundes in der Regel rasch beseitigt werden kann.

Trommel-   ovales
fell   Fenster

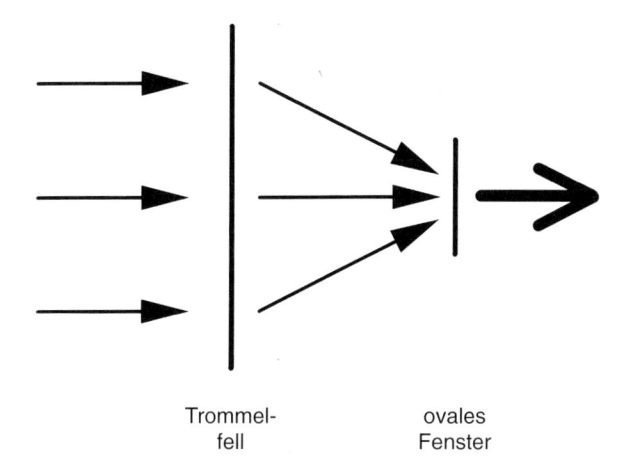

Abbildung 10.4: Schallverstärkung durch Übertragung des Schalldrucks von einer großen (Trommelfell) auf eine kleine (ovales Fenster) Fläche.

Bei Kindern kann die eustachische Röhre, die den Mittelohrraum mit dem Nasen-Rachen-Raum verbindet, Wegstrecke für Infektionen sein.

Das **Innenohr**, das vom festesten Knochen unseres Körpers (Mastoid) geschützt wird, besteht aus zwei Funktionssystemen: dem Gleichgewichtsorgan, das in Kapitel 8 bereits behandelt wurde, und der **Cochlea** (Schnecke), die das eigentliche Gehörorgan enthält. Dieses wird nach seinem Erstbeschreiber auch als Cortisches Organ bezeichnet.

Die Schnecke weist $2^1/_2$ Windungen auf. Stellt man sie sich aus didaktischen Gründen als ein nicht gewundenes, geradliniges Schlauchsystem vor, so gibt es neben einer vom Mittelohr wegführenden eine zum Mittelohr hinführende Röhre. Zwischen diesen beiden Strukturen liegt ein weiterer Hohlraum. Wegen der Windungen werden diese «Röhren» allerdings als Skalen bezeichnet (ital. scala: Treppe). Alle drei Skalen sind mit Endolymphe, einer Körpereigenflüssigkeit, gefüllt. Die Schallwellen werden als Wanderwellen von der beweglichen Membran des ovalen Fensters über die Scala vestibuli weitergeleitet, um über die Scala tympani und die Membran des runden Fensters wieder abgeleitet zu werden. Dabei wird aber nicht nur die Endolymphe der eben genannten Gänge in Schwingungen versetzt, sondern auch die Endolymphe der dazwischenliegenden Scala media. In ihr befindet sich das eigentliche Hörorgan, das Cortische Organ.

Das **Corti'sche Organ** besteht aus etwa 20 000 Sinneszellen, die in charakteristischer Weise säulenförmig auf einer so genannten Basilarmembran angeordnet sind (vgl. **Abb. 10.5**). Die Sinneszellen ruhen auf der Basilarmembran, und ihre herausragenden Sinneshärchen sind durch eine gallertartige Substanz mit einer weiteren, der so genannten Reisnerschen Membran verbunden. Kommt es aufgrund

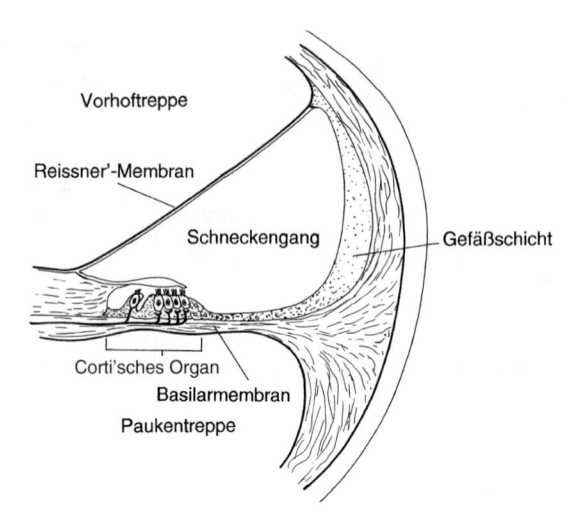

Abbildung 10.5: Schnitt durch das Corti'sche Organ.

eines Schallereignisses zu Schwingungen in der Endolymphe der umgebenden Skalen, so schwingt die Basilarmembran im Rhythmus der erzeugten Frequenz. Dabei treten Scherkräfte an den Sinneshärchen, die an der Reisner-Membran befestigt sind, auf. Dadurch werden die Sinneshärchen in der entsprechenden Frequenz hin und her bewegt. Da diese Sinneshärchen in die Membran der Sinneszelle eingebettet sind, entstehen hier vorübergehende Änderungen der Membraneigenschaften – alles im Frequenz-Rhythmus des Schallereignisses –, was wiederum geringe Ionenströme zur Folge hat. Letztlich findet also in den Sinneszellen die Umwandlung eines mechanischen Ereignisses (der Schallwelle) in einen bioelektrischen Strom statt. Der Strom schwingt in der gleichen Frequenz wie das ursprüngliche, mechanische Schallereignis (analoge Übertragung). Dieser sehr geringe bioelektrische Strom wird nicht direkt ins Gehirn weitergeleitet (dazu wäre er zu schwach). Vielmehr lagern afferente, bipolare Nervenzellen aus dem Ganglion spirale an die Sinneszellen an. An ihren Synapsen empfangen sie die Erregung der Sinneszellen (vgl. Kap. 1 über Neurotransmitter) und leiten diese bioelektrische Erregung, die sie massiv verstärken, über den Hörnerv zum Gehirn.

Bei den Schwingungen der Basilarmembran handelt es sich um eine Wanderwelle: Zunächst werden die mittelohrnahen Teile der Membran erregt, schwingen also, später wandert diese Welle bis an das äußerste Ende dieser Membran.

> Wenn Sie ein etwa 3 m langes Seil am einen Ende verknoten und am anderen Ende mit ihrer Hand eine Schwingung ausführen, können Sie die «Fortpflanzung» dieser Schwingung beobachten.

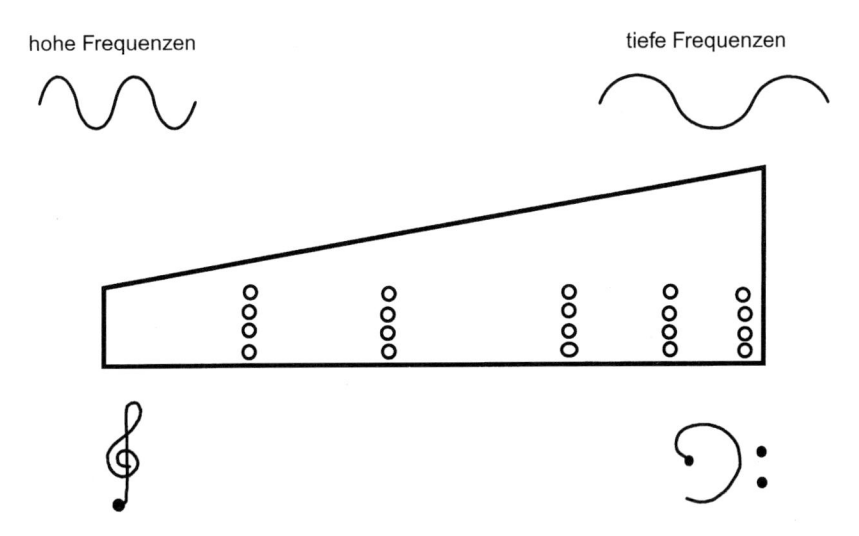

Abbildung 10.6: Schematische Darstellung der Sinneszellanordnung auf der unterschiedlich breiten Basilarmembran.

Die Basilarmembran ist aber, wie auf **Abbildung 10.6** zu sehen ist, nicht überall gleich breit: am mittelohrnahen Ende, also dem Anfang der Membran ist sie relativ schmal, am äußersten Ende relativ breit (die Verhältnisse sind in der Zeichnung übertrieben). Am «schmalen Ende» verhält sich die Membran wie eine dünne, straff gespannte Musiksaite: Sie gerät bei Tönen hoher Frequenz in Resonanz. Am entgegengesetzten, breiten Ende verhält sie sich wie eine relativ dicke, entprechend weniger stramm gespannte Instrumentensaite: Sie gerät insbesondere bei tiefen Schwingungen in Resonanz, schwingt hier also besonders heftig.

Wenn Sie zwei gleich gestimmte Gitarren nebeneinander postieren und die tiefe E-Saite zupfen, werden Sie bemerken, dass auch die tiefe E-Saite der zweiten Gitarre in Schwingung gerät. Analoge Resonanzen finden sich auch bei den dünneren, straffen Saiten hoher Frequenzen.

Die Basilarmembran reagiert also an unterschiedlichen Stellen auf unterschiedliche **Frequenzen** besonders stark. An ihrem Anfang reagiert sie besonders stark auf hohe Frequenzen, an ihrem Ende besonders stark auf tiefe Frequenzen. Da die etwa 20 000 Sinneshaarzellen «perlschnurartig» auf der Basilarmembran angeordnet sind, reagieren sie jeweils maximal auf unterschiedliche Frequenzbereiche. Bereits auf der Basilarmembran wird also ein «Sammelsurium von Tönen» (also ein Geräusch) in seine Frequenz-Bestandteile zerlegt und analysiert, ein Phänomen, das in der Physik als Fourier-Transformation bekannt ist.

Die Bipolarzellen und Nervenfasern des Hörnerven leiten also Aktivitäten bestimmter Sinneszellen zum Gehirn weiter und vermitteln diesem den Eindruck, welche Sinneszellen an welchem Ort der Basilarmembran in besonderer Weise erregt wurde. Dies spiegelt eine Analyse der Töne unterschiedlicher Frequenzen und ihrer entsprechenden Lautstärken wieder.

Der eigentliche Hörvorgang erfolgt in der Reihe innerer Haarzellen, die insgesamt nur ein Viertel aller Haarzellen auf der Basilarmembran ausmachen. Äußere Haarzellen werden wahrscheinlich von efferenten, also vom Gehirn herkommenden Nervenfasern stimuliert. Sie sind je nach Stimulation selbst in der Lage, Schallempfindungen zu produzieren. Möglicherweise dienen sie einer erhöhten Trennschärfe bei dem Erkennen unterschiedlicher Frequenzen. Die Diskriminierung (Unterscheidung) unterschiedlicher Frequenzen und die Konzentration auf bestimmte Schallereignisse können also zentral beeinflusst werden.

> So ist es uns möglich, unsere Aufmerksamkeit selektiv auf bestimmte Schallereignisse, z. B. die Unterhaltung bei einer Party zu lenken und Hintergrundgeräusche zu vernachlässigen. Andererseits kennt jeder das Phänomen, das bei großem Stress oder Erschöpfung die Hörschwelle und vor allem die Verständnisschwelle erhöht sein kann.

Während also Außen- und Mittelohr der Schallweiterleitung und Schallverstärkung dienen, findet im Innenohr die eigentliche Schallverarbeitung, d. h. die Umwandlung von einer mechanischen Welle in eine bioelektrische Erregung statt. Bereits auf dieser Stufe wird ein Geräusch in seine einzelnen Frequenzanteile zerlegt.

Schwerhörigkeiten (vgl. Kap. 11), die auf Störungen im Mittelohr beruhen, sind folglich Schallweiterleitungs-Schwerhörigkeiten. So können Trommelfellschäden oder Versteifung der Gehörknöchelchen (Otosklerose) eine Schallweiterleitung erschweren. Innenohrstörungen hingegen sind, jedenfalls wenn es sich um Störungen der Sinneszellen handelt, Verarbeitungsstörungen, bei denen das Hören erschwert oder unmöglich wird, obwohl der Schall bis ins Innenohr gelangt. Infarkte der Sinneszellen, Zerstörung durch chronischen Dauerlärm oder altersbedingte Degeneration, meist bei den eher höheren Frequenzen, sind Beispiele einer solchen Innenohrschwerhörigkeit.

> Schlagen Sie eine Stimmgabel an und halten Sie sie in Ihrem Gesichtsfeld: normalerweise hören Sie den Ton beidseits gleich laut. Hört man bei dieser Versuchsanordnung den Ton seitendifferent, also mit einem Ohr leiser, so kann eine Schallweiterleitungsstörung vorliegen.

Wird die angeschlagene Stimmgabel in der Mitte des Schädels auf die Schädelkalotte gesetzt, so wird der Schall nicht über die Luftleitung, sondern über die Knochenleitung zum Innenohr geleitet. Hier kann der Ton (ein intaktes Innenohr vorausgesetzt) seitengleich wahrgenommen werden, auch wenn ein Mittelohrschaden vorliegt.

Im folgenden soll auf die zentrale Verarbeitung von Schallereignissen eingegangen werden.

Der Hörsinn **119**

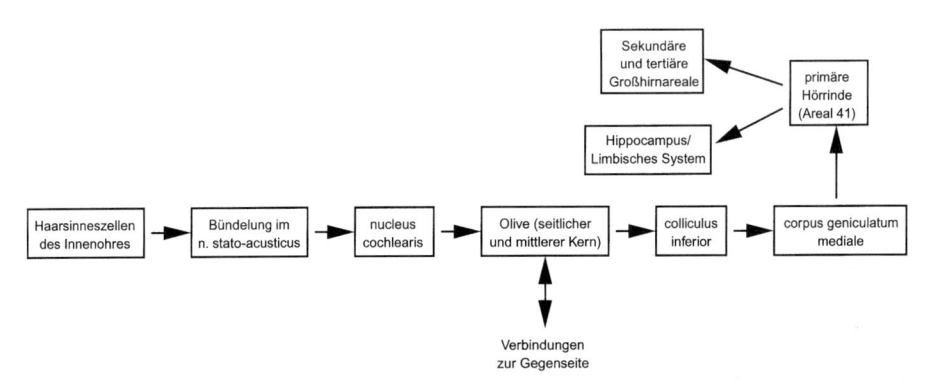

```
Haarsinneszellen → Bündelung im → nucleus → Olive (seitlicher → colliculus → corpus geniculatum
des Innenohres    n. stato-acusticus  cochlearis   und mittlerer Kern)  inferior       mediale
                                                         ↓↑                                ↓
                                                   Verbindungen                    Hippocampus/
                                                   zur Gegenseite                  Limbisches System
                                                                                         ↓↑
                                                                        Sekundäre      primäre
                                                                        und tertiäre → Hörrinde
                                                                        Großhirnareale (Areal 41)
```

Abbildung 10.7: Weiterleitung und zerebrale Verarbeitung auditiver Informationen.

Die **Abbildung 10.7** gibt vereinfacht den Verlauf der geräuschverarbeitenden Bahnen wieder. Die Bipolarzellen, die ihre Informationen von den Sinneszellen des Cortischen Organs erhalten, bündeln sich im Ganglion spirale und senden Fasern über den **Nervus statoacusticus** zum Gehirn (dieser besteht, wie sein Name sagt, nicht nur aus Gehörnerv-Fasern, sondern auch aus Bahnen des Gleichgewichtssystems).

Auf ihrem Weg zur Hörrinde im Großhirn passieren diese Bahnen mehrere Umschaltstationen: zunächst den **Nucleus cochlearis** und einen Kernkomplex, der als **Olive** bezeichnet wird. Bereits auf der Ebene der Olivenkomplexe findet ein teilweiser Wechsel der Bahnen auf die Gegenseite statt: Hier können also bereits Informationen vom linken und rechten Ohr miteinander verglichen werden, was für die Schallortung wichtig ist. Die geringen Zeitdifferenzen beim Hören eines seitlich gehörten Tons, die im linken und rechten Ohr auftreten und die zentral registriert, verglichen und verrechnet werden, ermöglichen eine recht präzise Winkelbestimmung zur Ortung des, möglicherweise sich bewegenden, Schalls. Diese evolutionsbiologisch für das Überleben wichtige Fähigkeit ermöglicht uns auch das stereophone Musikhören.

Wichtige zerebrale Umschaltstationen sind der **Colliculus inferior** und vor allem **das Corpus geniculatum mediale**, eine Zwischenhirnstruktur, in der eine komplexe Verarbeitung des Schalls erfolgt. Ähnlich wie beim Sehsystem (vgl. Kap. 12) findet in den thalamischen Strukturen unseres Zwischenhirns eine vorbewusste Auswertung des Sinnesreizes, hier des Schallereignisses, statt: Bevor uns das bewusst wird, wenden wir uns einer Schallquelle zu, um sie besser zu orten, oder reagieren panisch im Sinne einer Fluchtreaktion auf ein unbekanntes oder bedrohliches Geräusch.

Schließlich projizieren Bahnen zur **primären Hörrinde**, dem Brodman-Areal 41, das sich im so genannten Heschel-Gyrus des Temporallappens befindet. In dieser eigentlichen, primären Hörrinde findet der bewusstseinsfähige Verarbeitungsprozess von Schallereignissen statt: Sprachgebundene Frequenzen können beispielsweise von musikalischen Klängen unterschieden werden. In der Nachbarschaft zu dieser primären Hörrinde befinden sich sekundäre auditorische Zielgebiete. Auch das sensorische Sprachzentrum (Wernicke-Zentrum), das in der Regel linksseitig angelegt ist, und das dem semantischen Spracherkennen dient, ist unmittelbar angelagert. Hier wird die Bedeutung des gesprochenen Wortes analysiert. Schließlich sind tertiäre und paralimbische Gebiete involviert, in denen größere und zum teil intermodale Verknüpfungen stattfinden. Es spricht vieles dafür, dass Schallereignisse oder Klänge gefühlsmäßig bewertet und über das Limbische System («Mischpult der Gefühle, Pforte des Gedächtnisses») verarbeitet werden, bevor sie dann im auditorischen Gedächtnis «abgespeichert» werden. Ein solches auditorisches Gedächtnis befindet sich wahrscheinlich ebenfalls im Temporallappen.

> Der bekannte Neurologe Oliver Sacks schildert in seinem erfrischend unkonventionellen Buch «Der Mann, der seine Frau mit einem Hut verwechselte» die Eindrücke einer Patientin mit Epilepsien im Temporalbereich. Sie nahm (im Sinne akustischer Halluzinationen) ganze Musiksequenzen wahr, die sie früher einmal gehört hatte. Diese Halluzinationen waren so echt, dass sie anfangs nach einem eingeschalteten Radio suchte.

Im Gegensatz zur Sehbahn ist über die Einzelheiten der **neuronalen Verarbeitung von Schallreizen** noch relativ wenig sicheres Wissen vorhanden. Man nimmt aber an, dass zunächst mit aufsteigender Verarbeitung eine spezifischere Differenzierung der Schallereignisse erfolgt: Frequenzen werden immer genauer selektiert, einige Nervenzellen sprechen nur auf ganz bestimmte Sequenzmuster an. Aber neben den Frequenzen wird auch die Intensität des Schalls bearbeitet und erfasst, und auch die Geschwindigkeit von Frequenzänderung und Amplitudenmodulation kann erarbeitet werden. Auch können Zeitdifferenzen bei Schallereignissen (zum Orten des Schalls) und intraaurale Amplitudendifferenzen festgestellt werden, so dass unterschiedliche Lautstärken linker und rechter Schallquellen verglichen werden können. In höheren kortikalen Strukturen werden neuronale Zellen zu komplexen Zellverbänden und schließlich zu hyperkomplexen Zellverbänden zusammengefasst. So sprechen manche Zellen nur auf ganz bestimmte Frequenzen an. Andere, komplexere Zellen reagieren erst, wenn bestimmte Frequenzen mit Obertönen gekoppelt sind. Hyperkomplexe Zellen schließlich reagieren erst auf Änderungen dieser Frequenzen nebst Obertönen. So entstehen schließlich neuronale Muster, die auf ganz spezifische und hochkomplexe Charakteristika eines Schallereignisses ansprechen. In Zusammenarbeit mit den Gedächtnisspeichern sind wir so beispielsweise in der Lage, eine uns vertraute (und durch das Telefon nur geringfügig verzerrte) Stimme wieder zu erkennen. Darüber hinaus können wir aber auch Begleitgeräusche als Hintergrundgeräusche selektieren und die wesentliche semantische Botschaft des gesprochenen Wortes erkennen. Möglicherweise gibt es sekundäre oder tertiäre auditorische Felder, deren Neuronen auf spezifische Phoneme (also Silben wie «la» oder «ma») besonders ansprechen.

Bei der Speicherung auditiver Ereignisse ins Gedächtnis spielt das Limbische System und somit auch die gefühlsmäßige Bewertung eine Rolle. Bestimmte Klänge wie Dur- oder Molltonarten können Gefühle evozieren, und uns vertraute Melodien können die Stimmung einer vergessen geglaubten Situation aktualisieren.

Bekannt ist weiterhin, dass tiefe Frequenzen mit ihren entsprechenden Vibrationen eher unser Gefühl stimulieren, weshalb wir bei Musikgenuss auf Partys die «Bässe aufdrehen». Hohe Frequenzen hingegen haben weniger eine emotionale, als vielmehr eine semantische Bedeutung: kommt es uns auf den Informationsgehalt an, beispielsweise bei Nachrichtensendungen, dann sorgen wir für eine entsprechende Höheneinstellung.

Es soll schließlich noch erwähnt werden, das ein größerer Teil der Hörbahn auf die kontralaterale, also gegenseitige Hörrinde wechselt, ein Teil der Hörbahn aber epsilateral auf der gleichen Seite verläuft. Offensichtlich kam dem Vergleich von Schallereignissen der linken und rechten Seite evolutionsbiologisch eine große Bedeutung zu.

Auf die Spezialisierung höherer auditiver Verarbeitung wird noch einzugehen sein. In Kapitel 21 kommt die Verarbeitung musikalischer Eindrücke zur Sprache, in Kapitel 22 wird auf die Sprach- und Verständnisfunktionen eingegangen. Beide Fähigkeiten, das Musikerleben wie auch das Sprachverständnis, sind lateralisiert, zeigen also Seitenunterschiede, was die Bearbeitung in der linken oder rechten Großhirnhälfte angeht. Hierauf wurde in Kapitel 4 (linkes und rechtes Gehirn) bereits eingegangen.

Überprüfen Sie Ihr Wissen!

10.1 Fragetyp E, Kausalverknüpfung

1. Bei einem definierten Ton einer bestimmten Frequenz werden bestimmte Sinnes- (Haar-) Zellen der Basilarmembran besonders stark erregt, weil
2. die Wanderwelle in der Schnecke die an verschiedenen Stellen unterschiedlich breite Basilarmembran an verschiedenen Stellen zu unterschiedlichen Resonanzschwingungen veranlasst.

a) Nur die Aussage 1 ist richtig.

b) Nur die Aussage 2 ist richtig.

c) Die Aussagen 1 und 2 sind richtig, die Kausalverknüpfung ist falsch.

d) Die Aussagen 1, 2 und die Kausalverknüpfung sind richtig.

e) Alle Aussagen sind falsch.

10.2 Fragetyp B, eine Antwort falsch

Eine der folgenden Aussagen über das Innenohr ist falsch. Welche?

a) Das Cortische Organ besteht aus Rezeptorzellen (Haarzellen), die in die Basilarmembran eingebettet sind und die Zilien (Haarfortsätze) haben.

b) Die Zilien der Haarzellen sind mit einer gallertartigen Masse mit der Tektorialmembran verbunden.

c) Die Schwingungen der Endolymphe werden über die auftretenden Scherbewegungen auf die Zilien übertragen.

d) Die Nervenzellen aus dem Ganglion spirale sind Bipolarzellen, die synaptisch sowohl mit dem N. acusticus als auch mit den Sinneszellen (Haarzellen) in Verbindung stehen.

e) Die Basilarmembran schwingt homogen, d. h. bei einer bestimmten Frequenz an allen Stellen gleich stark.

10.3 Fragetyp A, eine Antwort richtig

Nur eine der folgenden Aussagen ist richtig. Welche?

Die Anzahl von Schwingungen pro Sekunde...

a) wird als Lautstärke bezeichnet.

b) wird als Frequenz bezeichnet.

c) wird in Phon gemessen.

d) wird in Dezibel gemessen.

e) ist abhängig von der Amplitude eines Schallereignisses.

10.4 Fragetyp C, Antwortkombinationsaufgabe

Welche der folgenden Aussagen sind richtig?

1. Die Schnecke des menschlichen Gehörs ist etwa $2^1/_2$ gewunden und enthält 3 Gänge (Skalen).

2. Das eigentliche Gehörsinnesorgan befindet sich in der Scala media, während die äußeren Gänge Endolymphe enthalten.

3. Beim Menschen liegt der Gesamtbereich hörbarer Frequenzen zwischen ungefähr 15 000 und 20 000 Hz.

4. Am empfindlichsten reagiert das Gehör auf Töne, die dem Frequenzspektrum menschlicher Sprache nahe kommen.

5. Bei Frequenzen, die über oder unter den Bereich maximaler Empfindlichkeit hinausgehen, ist eine immer größere Schallenergie erforderlich, um einen Ton hörbar zu machen.

a) Nur die Aussagen 1, 2, 3 und 5 sind richtig.

b) Nur die Aussagen 1, 2, 4 und 5 sind richtig.

c) Nur die Aussagen 2, 3, 4 und 5 sind richtig.

d) Nur die Aussagen 1, 2, 3 und 4 sind richtig.

e) Alle Aussagen sind richtig.

Vertiefungsfrage

Erläutern Sie das Prinzip der «Fourier-Tranformation» am Beispiel akustischer Selektion an der Basilarmembran des Innenohrs.

11. Verständnis schaffen. Hörbehinderung und Schwerhörigkeit

In dem Kapitel 10 wurde dargestellt, dass dem Außenohr im wesentlichen eine schallverstärkende, dem Mittelohr eine schallweiterleitende und dem Innenohr eine schallverarbeitende Funktion zukommt. Sowohl bei der Weiterleitung als auch bei der Verarbeitung kann es zu akuten oder chronischen Störungen kommen, die zu einer Beeinträchtigung des Hörvermögens oder einer Hörbehinderung führen können. Hörbehinderungen können nach verschiedenen Kriterien eingeteilt werden: Nach der Art der Schädigung, nach der Schwere der Schädigung oder nach dem Zeitpunkt des Schädigungseintritts.

Nach der Art der Schädigung kann man grob vereinfacht eine **Schallweiterleitungsschwerhörigkeit** von einer Schallverarbeitungsschwerhörigkeit unterscheiden. Im ersten Fall ist bei intaktem Innenohr die Leitung des Schalls von der Ohrmuschel zur Schnecke (mit dem Cortischen Organ) gestört. In der Regel handelt es sich um Störungen im Mittelohr oder am Eingangsbereich des Innenohres. So kann beispielsweise das Trommelfell geschädigt (z. B. massiv vernarbt) sein. Auch können die Gehörknöchelchen, die normalerweise gelenkig miteinander verbunden sind, verkalkt bzw. verknöchert und damit bewegungsunfähig sein (Otosklerose). Infolge von chronischen und schweren Mittelohrentzündungen kann es ebenfalls zu Störungen der Schallweiterleitung kommen. Aber auch Innenohrerkrankungen, die die Endolymphe oder die Flexibilität der Basilarmembran betreffen, gehören noch zu Schallweiterleitungsstörungen.

Im Prinzip versucht man Schallweiterleitungsstörungen kausal zu behandeln, indem beispielsweise verknöcherte Gehörknöchelchen durch eine Plastik ersetzt werden (übrigens in der Regel mit gutem Erfolg). Andere Störungen sind weniger gut zu behandeln, dann werden schallverstärkende Hilfen, also Hörgeräte, zur Anwendung kommen (näheres zur Therapie weiter unten).

Bei der zweiten Gruppe, der **Schallverarbeitungsschwerhörigkeit**, findet sich die Störung an den Sinneszellen oder den nachfolgenden neuronalen Strukturen. Die Haarsinneszellen sind sehr empfindlich, und sie regenerieren sich genau wie die Nervenzellen nicht mehr, sind sie einmal zerstört worden. Eine solche Zerstörung von Sinneszellen kann bei chronischer Lärmbelästigung eintreten. Aber auch ein Infarkt in der Nähe des Cortischen Organs kann zum Absterben von Sinneszellen führen. Auch beim «Verschleiß» im Alter kann es zu einer Schwerhörigkeit des Innenohrorgans, dann meist für hohe Frequenzen, kommen. Schließlich gibt es eine Reihe angeborener bzw. vorgeburtlich erworbener Störungen dieses Systems. Natürlich können auch neuronale Erkrankungen in den Leitungsbahnen eine Verarbeitung auditiver Reize erschweren, wobei das Hörorgan intakt sein kann.

Die Unterteilung in Schallweiterleitungs- und Schallverarbeitungsschwerhörigkeit ist von therapeutischem Interesse: Im zweiten Fall würde eine reine Schallverstärkung wenig Erfolg haben, während die Nutzung verbliebener Haarsinneszellen oder das Einsetzen eines Cochlea-Implantates größere Erfolge versprechen (s.u.).

Weiter kann eine Schwerhörigkeit nach dem Schweregrad eingeteilt werden. Wie die **Tabelle 11.1** zeigt, unterscheidet man eine leichtgradige, eine mittelgradige und eine hochgradige Schwerhörigkeit von einer Schwerhörigkeit, die an die Gehörlosigkeit grenzt. Auch bei der so genannten **Gehörlosigkeit** findet man mitunter noch ein sehr geringes und selektives Resthörvermögen. Der **Hörverlust** wird in der Regel in dB angegeben. Für den Alltag ist noch wichtig, in welcher Entfernung Umgangssprache (wenigstens zum Teil) noch verstanden werden kann.

Eine weitere Einteilung orientiert sich am Kriterium des Behinderungszeitpunktes. Die psychosozialen Folgen einer späten Hörschädigung (Altersschwerhörigkeit, Presbyakusis) sind andere als die bei früher Hörschädigung. Diese kann wiederum aufgeteilt werden in prälinguale und postlinguale Hörstörungen. Es leuchtet ein, dass eine Hörschädigung, die vor Spracherwerb eintritt, gravierendere Folgen für die Kommunikation und die psychosoziale Entwicklung hat, als eine Hörschädigung jenseits des 8. Lebensjahres, indem der Spracherwerb weitgehend abgeschlossen ist. Solche **prälingualen Hörstörungen** können vorgeburtlich (pränatal) entstehen: genetisch bedingt, oder durch eine Infektion (z. B. Rötelnembryopathie), Sauerstoffmangel oder andere intrauterine Schädigungen. Bei der Rötelnembryopathie kommt es in der Regel zu Mehrfachbehinderungen, die nicht nur das Gehör betreffen. Perinatal (während der Geburt) steht Sauerstoffmangel bei Geburtshindernis und Komplikationen bei Frühgeburtlichkeit im Vordergrund, postnatal sind vor allem infektiöse Krankheiten wie Meningitis oder Masern sowie unbehandelte, schwere Mittelohrentzündungen zu nennen. Da, wie weiter unten gezeigt wird, Spracherwerb und Hörvermögen eng zusammenhängen, ist die Frühdiagnostik und eine entsprechend frühe Behandlung bzw. Förderung entscheidend. Bei den üblichen Säuglings- und Kleinkindervorsorgeuntersuchungen, aber auch beim Beobachten durch die Eltern sollten Anzeichen einer Hörschädigung so ernst genommen werden, dass eine dezidierte Untersuchung stattfindet.

Wichtig für die Diagnostik bei Verdacht auf Schwerhörigkeit ist das **Audiogramm**. Dem Betroffenen werden Sinustöne einer bestimmten Frequenz per

Tabelle 11.1: Schweregrade der Schwerhörigkeit.

Verstehen der Umgangssprache	Schweregrad der Hörbehinderung
über 4 m	leichtgradig
bis 4 m	mittelgradig
bis 1 m	hochgradig
am Ohr	an Gehörlosigkeit grenzend
nicht mehr	Gehörlosigkeit

Kopfhörer auf das linke bzw. rechte Ohr eingespielt, wobei sich der Geräuschpegel langsam erhöht. Der Proband gibt den Geräuschpegel an, ab dem er den Ton der entsprechenden Frequenz hören kann (Hörschwelle). Getrennt für das Hörvermögen beider Ohren werden so die Hörschwellen unterschiedlicher Frequenzen ermittelt und in ein Audiogramm (Hörkurve) eingetragen. Auf diese Weise erhält man nicht nur ein Bild über den Schweregrad der Schwerhörigkeit (also eine Veränderung der Hörschwelle), sondern auch über die qualitativen Aspekte der Störung, also eine Vorstellung davon, welche Frequenzen ausfallen und welche noch gehört werden. Letzteres ist vor allem zur Bestimmung der Resthörigkeit wichtig. Während Erwachsene verbal oder durch Tastendruck angeben können, wann die Hörschwelle erreicht ist, und Kindergartenkinder im Rahmen der Spielaudiometrie dazu gezielt motiviert werden, ist man bei Säuglingen und Kleinkindern auf ein anderes Verfahren angewiesen. Hier werden Sinustöne eingespielt und die elektrischen Veränderungen in der Hirnrinde durch die Ableitung einer Spezialform des EEGs (sog. akustisch evozierter Potentiale, AEP), registriert.

Die Behandlung der Schwerhörigkeit versucht natürlich zunächst kausal anzusetzen: Wo dies möglich ist, können Entzündungsherde antibiotisch behandelt werden, vernarbte Strukturen modifiziert oder die verknöcherten Gehörknöchelchen durch eine Plastik ersetzt werden. Auch eine Infusionsbehandlung kann bei akutem Infarkt cochlearisnaher Bezirke erfolgreich sein.

Bei einer bleibenden, irreversiblen Schwerhörigkeit besteht sodann zumindest prinzipiell die Möglichkeit, den Schall durch ein **Hörgerät** zu verstärken. Dies ist vor allem bei der Schallleitungsschwerhörigkeit erfolgreich. Bei einfachen Geräten, wie sie vor allem früher verwandt wurden, wurde der gesamte Schall der Umgebung gleichmäßig verstärkt. Für die Betroffenen wurden jedoch Nutz- wie Störgeräusche so massiv verstärkt, dass sie mitunter mit diesen Schallqualitäten überfordert waren. Neuere Geräte ermöglichen, je nach Anforderungsprofil, das sich aus dem Audiogramm ergibt, bestimmte Frequenzen stärker zu verstärken als andere Frequenzen. Zum Teil ist es auch möglich, die Hörgeräte wahlweise zu programmieren und gezielt umzustellen, je nachdem ob man z. B. Musik hören (mit

Betonung der tiefen Frequenzen) oder Sprachinformationen aufnehmen will (vor allem höhere Frequenzen). Neuere elektronisch unterstützte Hörhilfen ermöglichen also eine flexiblere Anpassung.

Bei schwerhörigen Personen, bei denen ganze Frequenzbereiche, möglicherweise im Hauptsprachbereich, ausgefallen sind, besteht zudem die Möglichkeit, nicht hörbare Frequenzen auf andere, für den Betroffenen noch zu hörende Frequenzen zu transponieren. Mit solchen speziellen Geräten, sog. Transposern, kann der Gehörgeschädigte dann möglicherweise Geräusche oder Sprache wahrnehmen, wenn auch sehr verzerrt, weil in einen anderen Frequenzbereich transponiert. Es liegt auf der Hand, dass die zerebrale Verarbeitung und Interpretation solcher verzerrter Schallereignisse nicht immer einfach ist.

Ein relativ neues Verfahren zur Behandlung der Schallverarbeitungsschwerhörigkeit stellt die **Cochlea-Implantation** dar. Hier wird eine Platinelektrode so in die Schnecke implantiert, dass sie an die den Reiz weiterleitenden Nervenzellen angelagert wird. Geräusche der Außenwelt, über ein kleines Außenmikrofon aufgenommen, werden zunächst in elektrische Impulse umgewandelt und per Induktion zum Cochleaimplantat gesendet, wo sie an spezifischer Stelle der Platinelektrode zu kleinen Potentialveränderungen führen. Diese werden von den Nervenzellen erkannt und weitergeleitet. So kann die betroffene Person wieder zerebral Schallereignisse registrieren und bearbeiten, auch wenn die Sinneshaarzellen zerstört sind. Dies gelingt umso besser, je früher eine solche Cochleaimplantation stattfindet: Im frühen Lebensalter ist das Gehirn plastisch genug, sich auf diese sicherlich verzerrte Schallwiedergabe einzustellen und Verarbeitungsmechanismen zu entwickeln. Menschen, die nach jahrzehntelanger Gehörlosigkeit ein Cochleaimplantat erhalten, tun sich in der Regel über viele Jahre schwer, sich mit den für sie völlig neuen auditiven Reizkonstellationen zu befassen und sich ihnen anzupassen.

Die bisher beschriebenen Maßnahmen dienen also entweder der Verstärkung der Hörfähigkeit oder einer effektiveren Nutzung der Rest-Hörfähigkeit. Weitere, meist elektronische Maßnahmen können darin bestehen, andere **Sinnesmodalitäten** zu nutzen, beispielsweise, wenn Alarmanlagen oder Schutzeinrichtungen am Arbeitsplatz von akustischen Reizen auf optische Reize (Warnblinkanlage) umgestellt werden. Auf ähnlichem Prinzip beruhen Lichtwecker, Umschaltungen der Telefonklingel oder der Haustürschelle auf Flackerlicht-Signalgeber usw. Die modernen Formen der Telekommunikation, insbesondere Faxgeräte, sind als weitere Hilfen zu nennen. Aber auch selektive Verstärker (z. B. spezielle Stethoskope für schwerhörige Menschen in Medizinberufen) sind erhältlich. Professionelle Berufe, z. B. Heilpädagogen oder Sozialpädagogen im Rehabilitationsbereich haben mitunter die Aufgabe, sich gezielt über die Vielfalt der technischen Möglichkeiten und Neuerungen zu informieren.

Schließlich sei noch auf die so genannten **Induktionsschleifen** hingewiesen: Moderne Hörgeräte erlauben es oft, wahlweise die über Luftleitung zum Hörgerät gelangenden Schallereignisse zu verarbeiten, andererseits diesen Zugang aber abzustellen und nur auf elektromagnetisch induzierte Schwingungen zu reagieren. So können in Kirchen oder Konzertsälen an bestimmten Stellen, die ausgeschildert sind, Schallereignisse (z. B. Konzerte) selektiv gehört werden, ohne dass man die störenden Nebengeräusche hört. Auch im Unterricht werden auf Induktion beruhende Geräte manchmal eingesetzt.

Es wurde bereits auf den engen Zusammenhang zwischen Gehör und **Spracherwerb** hingewiesen. Bereits das neu geborene Kind reagiert auf Schall, indem es sich der Schallquelle zuwenden will. Später kommt eine intermodale Kopplung zustande: Das Kind will ansehen, was es hört, und tasten, was es sieht (z. B. die Rassel). In einem später einsetzenden auditorischen Feed-Back-Prozess erkennt das Kind den Unterschied zwischen der eigenen und fremden Stimme und gewinnt zunehmend Lust daran, eigene Laute zu erzeugen. Dieses Lautbilden findet sich auch bei gehörlosen Kindern, doch unterbleibt der Feed-Back-Prozess. Etwa ab dem 9. Monat kommt es beim hörenden Kind zum Anbahnen des so genannten Symbol-Niveaus: das Kind erkennt, dass es Phoneme, bedeutungstragende Lautgestalten wie beispielsweise Silben oder kurze Worte gibt. Der «Wau-Wau» ist in der Erfahrungswelt des Kindes eben immer das Tier mit bestimmten, charakteristischen Eigenschaften. Hier entsteht eine Begriffswelt, die ab dem 2. Lebensjahr zum aktiven Sprechen führt, wobei zunächst Ein-Wort-«Sätze» entstehen, bei denen das Kind gedachte Begriffe verbal kodiert. Ein neuer Schritt ist erreicht, wenn das Kind Zwei-Wort-«Sätze» benutzt, also einfache grammatikalische Strukturen benutzt und somit auf eine syntaktische Ebene gelangt. Prinzipiell bahnt sich hier die Möglichkeit sprachgebundenen Denkens an, mit dessen Hilfe auch komplexe Sachverhalte erfahren und weitergegeben werden können. Es kommt zu einem stürmischen Anwachsen des Wortschatzes einerseits und der syntaktischen Fähigkeiten andererseits, ein Prozess, der etwa mit dem 8. bis 10. Lebensjahr weitgehend abgeschlossen ist. Erst dann sind die sprachlichen Fähigkeiten so fest etabliert, dass eine dann erfolgende Schwerhörigkeit die Sprache in der Regel nicht mehr infrage stellt.

Angesichts dieser Zusammenhänge wird deutlich, dass eine frühe Erfassung der Schwerhörigkeit von entscheidender Bedeutung für therapeutische und heilpädagogische Maßnahmen ist. Fehlen jeden auditiven Feed-Backs kann dazu führen, dass der Spracherwerb erheblich gestört bzw. sogar ganz verhindert wird. Folglich kommt es darauf an, so früh wie möglich Resthörigkeit (nach entsprechender medizinisch-technischer Versorgung, s.o.) aktiv für den Spracherwerb zu nutzen und Methoden einzusetzen, um auch bei unzureichendem Hörvermögen Sprache und Artikulation anzubahnen. Speziell dafür ausgebildete Heil- und Sonderpädagogen nutzen die zu ertastende Vibration im Hals- u. Kehlkopfbereich, die Mimik und Lippenstellung, die Zahnstellung, motorische und taktile Prozesse oder den

Luftstrom, der z. B. bei dem Bilden eines W oder F entsteht, um den Kindern ein Feed-Back über die artikulierten Laute zu geben. Auch kann moderne Elektronik die artikulierten Frequenzmodulationen auf einem Monitor sichtbar machen. Ein sehr intensives, langfristiges und geduldiges Üben in spielerischem Kontext kann so auch bei schwerhörigen Kindern die Verbalsprache und Artikulation anbahnen. Dieser Prozess wird sich in der Regel auch in der Schulzeit fortsetzen, wozu unterschiedliche Sonderschulen zur Verfügung stehen (vor allem bei Schwerhörigkeit und an Gehörlosigkeit angrenzende Schwerhörigkeit, während bei leichteren Formen von Hörbehinderung zu überlegen ist, ob nicht auch ein Regelschulbesuch möglich ist).

Die Erfolge bei einer intensiven heilpädagogischen Förderung im o.g. Sinne und die Notwendigkeit, eine solche Maßnahme so früh wie möglich und so intensiv wie nötig durchzuführen, haben zum Teil dazu geführt, dass mitunter relativ starr von den betroffenen Kindern und ihren Bezugspersonen erwartet wurde, dass Kommunikation im wesentlichen über die Verbalsprache abläuft. Intuitiv neigen schwerhörige Kinder auch dazu, Emotionalität, Wünsche und Forderungen an die Umwelt durch Mimik, Gestik und insbesondere Gebärden zu äußern. Es ist verständlich, dass vonseiten der Heilpädagogen Wert darauf gelegt wurde, dass ein Wunsch nur dann erfüllt und eine Äußerung nur dann Beachtung finden sollte, wenn sie verbal geäußert wird – Gebärden und nonverbale Ausdrucksmöglichkeiten können dazu führen, dass die mühselige Anbahnung der Artikulation unterbleibt. Andererseits ist zu bedenken, dass Spontaneität und emotionaler wie sozialer Kontakt zwischen den Kindern und den Bezugspersonen erschwert wird. Schließlich berücksichtigt ein solches Modell zu wenig, dass Gebärden ein komplexes und differenziertes Kommunikations- und Ausdrucksmittel sein können. Für viele schwer Hörbehinderte war es, wie aus Biographien deutlich wird, eine «Offenbarung», eine elaborierte **Gebärdensprache** kennen zu lernen und sich in ganz anderer Weise ausdrücken zu können. Wie man heute weiß, kann es sich bei Gebärdensprache um eine hochdifferenzierte und elaborierte Sprache mit syntaktischen Regeln und einer Vielzahl von semantischen Symbolen handeln, auch wenn die Art der Syntax nicht der Verbalsprache entspricht. Es ist aber möglich, in einer solchen Sprache, z. B. der American Sign Language (AMESLAN), Gedichte oder wissenschaftliche Sachverhalte zu äußern. Diese können von Dolmetschern übersetzt und dem Hörenden zugänglich gemacht werden.

Neben dieser Form der Kommunikation gibt es die durch Gesten gestützte Lautsprache, die vom Hörenden mit wesentlich weniger Zeitaufwand zu erlernen ist. Dabei wird der Hörende seine verbalen Äußerungen durch gezielte, plastische und durch Konventionen festgelegte Gesten unterstützen. Er bietet damit dem Schwerhörigen, der sonst auf seine Rest-Hörfähigkeit und das Abschauen von den Lippen angewiesen ist, eine wichtige Unterstützung.

Setzen Sie sich einem Übungspartner gegenüber: bilden Sie bitte mit dem Mund die Silben «ba» und «ma», ohne diese Laute auszusprechen. Ihr Gegenüber wird durch das «Lippenabschauen» diese beiden Phoneme nicht eindeutig charakterisieren können, ist also auf den Sinnzusammenhang und den Gesprächkontext angewiesen.

Letztlich beinhalten solche Kommunikationsprozesse auch die Frage, inwieweit die Gesellschaft von Schwerhörigen Assimilation und Anpassung verlangt oder wie weit man auf die Besonderheiten dieser Gruppe Rücksicht zu nehmen bereit ist (Videotext, Untertitel auch bei Nachrichten, Gebärdendolmetscher bei öffentlichen Veranstaltungen usw.).

Beim Umgang mit Hörgeschädigten gibt es einige im Grunde selbstverständliche, dennoch oft vergessene Regeln. Deutlich zu sprechen ist wichtiger als laut zu sprechen. Im Gegenteil: lautes Sprechen verändert die Mimik, verzerrt die Sprachfrequenz und kann zusätzlich zu Missverständnissen führen. Wir sollten langsam sprechen und kleine Pausen zwischen den Sätzen lassen (wenn wir in einer Fremdsprache hören, sind wir auch dankbar für solche Pausen, in denen wir nicht verstandene Worte aus dem Sinnzusammenhang erarbeiten können).

Zum Hörgeschädigten sollte Sichtkontakt bestehen, und auch das Licht sollte das Abschauen von Lippenbewegungen ermöglichen. Dazu gehört auch, dass bei Gruppengesprächen dem Hörgeschädigten deutlich wird, wer als nächster spricht. Kurze Sätze und einfache Wörter, vor allem der Verzicht auf Mode- oder Dialektwörter können hilfreich sein. Auch kann es helfen, wenn man klar und geordnet redet und nicht abrupt das Thema wechselt (alle diese Ratschläge sind auch bei der Kommunikation unter Hörenden höchst sinnvoll). Unsinnig hingegen ist es, angeblich vereinfachend, in Wirklichkeit aber grammatikalisch falsch zu sprechen («du verstehen?»).

Bei größeren Verständigungsproblemen kann es hilfreich sein, Namen, Zahlen, Fachausdrücke usw. aufzuschreiben oder komplexere Sachverhalte in Bildern, Skizzen oder Modellen darzustellen. Auch das Vormachen oder das Hinweisen auf Gegenstände erleichtert die Kommunikation. Schließlich können natürliche oder konventionell festgelegte Gebärden die Kommunikation unterstützen.

Bitte verändern Sie die folgenden Sätze nach den o.g. Regeln:

Das Gedächtnis dieses Schülers ist phänomenal.

Gehörlosen fällt es, wie sicher einzusehen ist, aufgrund ihrer Verständigungsschwierigkeiten leichter, kurze Sätze zu verstehen, wobei fünf Wörter pro Satz als Faustregel gelten kann und ein Satz auch in mehrere Sätze zu zerlegen ist.

Bitte geben Sie mir das Speisesalz in dem aparten Salzstreuer.

Den meisten Schwerhörigen gelingt es, ein eigenständiges und zufrieden stellendes Leben zu führen, sich in Arbeit und Freizeit gesellschaftlich zu integrieren und befriedigende Beziehungen einzugehen.

Vereinzelt können Verständigungsschwierigkeiten oder soziale Ausgrenzung aber auch zu erheblichen psychosozialen und psychischen Problemen führen. So können permanente Frustationserlebnisse, vor allem im sozialen Kontakt, bewirken, dass der/die Hörgeschädigte sich von seiner sozialen Umwelt abwendet und sich isoliert. Dies wiederum kann dazu führen, dass in Suchtverhalten (z. B. Alkohol) ein Ersatz gesucht wird.

Eine weitere, zum Glück seltenere Gefahr besteht, wenn Hörbehinderte aufgrund der Hör- und Kommunikationsschwierigkeiten soziale Situationen nicht eindeutig einordnen können. Alle Menschen neigen bekanntlich dazu, in sozial unsicheren Situationen zunächst Ereignisse auf sich zu beziehen («Die reden bestimmt über mich») und bei starker Unsicherheit, also im Zweifelsfalle, zunächst vom Schlimmsten auszugehen («Die reden bestimmt schlecht über mich»). Eine permanente Situation solcher Missverständnisse, gepaart mit der Unmöglichkeit, den anderen aktiv zu fragen, ob man mit der Vermutung richtig liegt, kann zu einer verzerrten Wahrnehmung der sozialen Wirklichkeit führen. In Einzelfällen kann es sogar zur Wahnbildung kommen.

Menschen mit Hörschädigung haben, wie gezeigt wurde, große Chancen und Möglichkeiten, ein selbstbewusstes, eigenständiges, ausgeglichenes Leben zu führen. Vor allem in der Kindheit und Jugend sowie in speziellen Übergangsphasen brauchen sie dabei pädagogische Förderung, aktive soziale Unterstützung und die Bereitschaft ihrer Umgebung, andere Möglichkeiten der Kommunikation zu akzeptieren und zu unterstützen.

Überprüfen Sie Ihr Wissen!

11.1 Fragetyp C, Antwortkombinationsaufgabe

Welche der folgenden Hörschädigungen sind als praenatal anzusehen?

1. Hörschäden infolge einer Rötelnembryopathie
2. Hörschäden infolge einer Lues (Geschlechtskrankheit) der Mutter
3. Hörschäden infolge von Sauerstoffmangel bei der Geburt
4. Hörschäden nach Impfschaden
5. Hörschäden nach Hörsturz

a) Nur die Aussage 1 ist richtig.
b) Nur die Aussage 2 ist richtig.

c) Nur die Aussagen 1 und 2 sind richtig.

d) Nur die Aussagen 1, 2 und 5 sind richtig.

e) Keine der Aussagen ist richtig.

11.2 Fragetyp D, Zuordnungsaufgabe

Bitte ordnen Sie die Behandlungsmethoden (V bis Z) den Erkrankungen (1–5) zu.

V. Steigbügelplastik (Operation)

W. Durchblutungsfördernde Mittel

X. Hörverbessernde HNO-ärztliche Behandlung

Y. Hörgerät

Z. Cochleaimplantat (Elektrosondenimplantat in die Schnecke)

1. Innenohrgehörlosigkeit mit Ausfall der Sinneszellen

2. Otosklerose

3. Hörsturz

4. Chronische Mittelohrentzündung und Trommelfelldefekt

5. Schallleitungs- sowie Innenohrschwerhörigkeit

Eine der folgenden Kombinationen ist richtig. Welche?

a) 1z 2v 3w 4y 5x

b) 1z 2w 3v 4x 5y

c) 1z 2v 3w 4x 5y

d) 1x 2y 3v 4z 5w

e) 1z 2x 3y 4v 5w

11.3 Fragetyp A, eine Antwort richtig

Wann lässt sich eine Hörschädigung frühestens erkennen?

a) Im Neugeborenen- und frühen Säuglingsalter.

b) Beim Ausbleiben erster Worte in der altersspezifischen Phase.

c) In der postlingualen Phase.

d) Im 2. Lebensjahr.

e) Im Kindergartenalter.

Vertiefungsfragen

Äußern Sie sich bitte kritisch zur Diskussion «Lautsprache versus Gebärdensprache» in der Erziehung und pädagogischen Förderung hörbehinderter Kinder.
Benennen Sie mögliche Kommunikationsschwierigkeiten zwischen Hörenden und Hörbehinderten und leiten Sie daraus Grundprinzipien einer gelungenen Kommunikation ab.

Adressen

Deutscher Schwerhörigenbund e.V., Geschäftsstelle. Bundesverband der Schwerhörigen und Ertaubten, Schiffbauerdamm 13, 10117 Berlin
Bundesgemeinschaft der Eltern und Freunde hörgeschädigter Kinder e.V., Pirolkamp 18, 22397 Hamburg

12. Bilder von der Wirklichkeit. Das Sehen

Der adäquate («passende») Reiz, der unser Sehsystem aktiviert, ist das **Licht**. Licht kann man sich entweder als elektromagnetische Welle mit bestimmten Wellenlängen bzw. Frequenzen (also Schwingungen pro Sekunde) vorstellen, oder aber als Lichtquanten bzw. Photonen, sozusagen «Licht-Teilchen» mit bestimmter Energie. Wir werden später sehen, dass der menschliche Geist die Doppelnatur des Lichtes zwar beweisen, sie aber nicht anschaulich verstehen kann. Lichtquanten können an einer Oberfläche reflektiert, zurückgeworfen werden, sie können teilweise absorbiert werden (wenn ein rot gefärbtes Glas beispielsweise nur die roten Lichtanteile hindurch lässt), oder sie können vollständig absorbiert werden, wobei meist Wärme entsteht (vgl. **Abb. 12.1 a–c**).

In **Abbildung 12.2** ist zu sehen, dass vor den eigentlichen Lichtdedektoren der Netzhaut das optische System des Auges angeordnet ist. Das Licht gelangt zunächt durch die durchsichtige **Hornhaut** (Cornea), die bekanntlich sehr berührungsempfindlich ist und einerseits das Auge schützt, andererseits durch ihre Krümmungseigenschaften ähnlich wie die Linse das Licht bündelt.

Die **Regenbogenhaut** (Iris) bildet in der Mitte eine freie, runde Öffnung, die **Pupille**, die sich je nach Lichtbedarf weiten oder verengen kann. Die Pigmente der Iris geben dem Auge die charakteristische Augenfarbe. Bei den Pupillenreaktionen kann das Auge je nach Lichteinfall adaptieren: werden wir geblendet, wird die Pupille sehr eng, gehen wir in einen dunklen Raum, so erfolgt die Adaptation durch Pupillenerweiterung, ein Prozess, der in der Regel länger dauert. Aber auch emotionale Aufregung, Gefahr, Stress und libidinöse Eindrücke können die Pupillen erweitern lassen (weswegen im Mittelalter das pupillenerweiternde Atropin unter dem Namen «Belladonna», – schöne Frau – benutzt wurde). Hinter der Iris findet sich die an Ziliarmuskeln aufgehängte, elastische **Linse**, die durch die Ziliarmuskulatur gestreckt oder gekrümmt werden kann, wodurch es zur Nah- oder Fernadaptation und leztlich zu einem scharfen Abbild auf der Netzhaut kommt. Jenseits der Linse sieht man den Glaskörper, eine gallertartige, lichtdurchlässige Substanz. Die relative Größe des durch den Glaskörper ausgefüllten Augenraumes

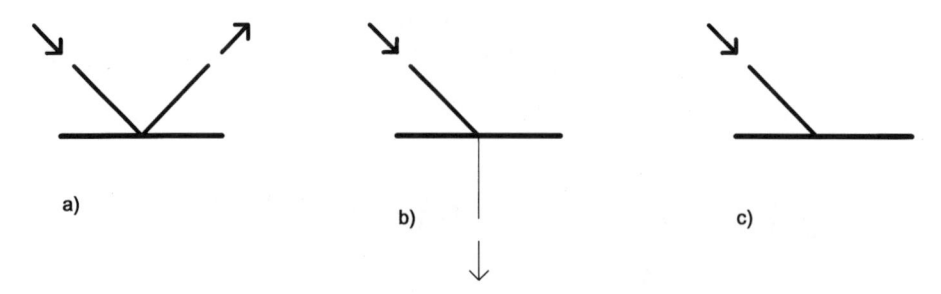

Abbildung 12.1: Licht kann von einer Oberfläche reflektiert (a), teilweise (b) oder ganz absorbiert (c) werden.

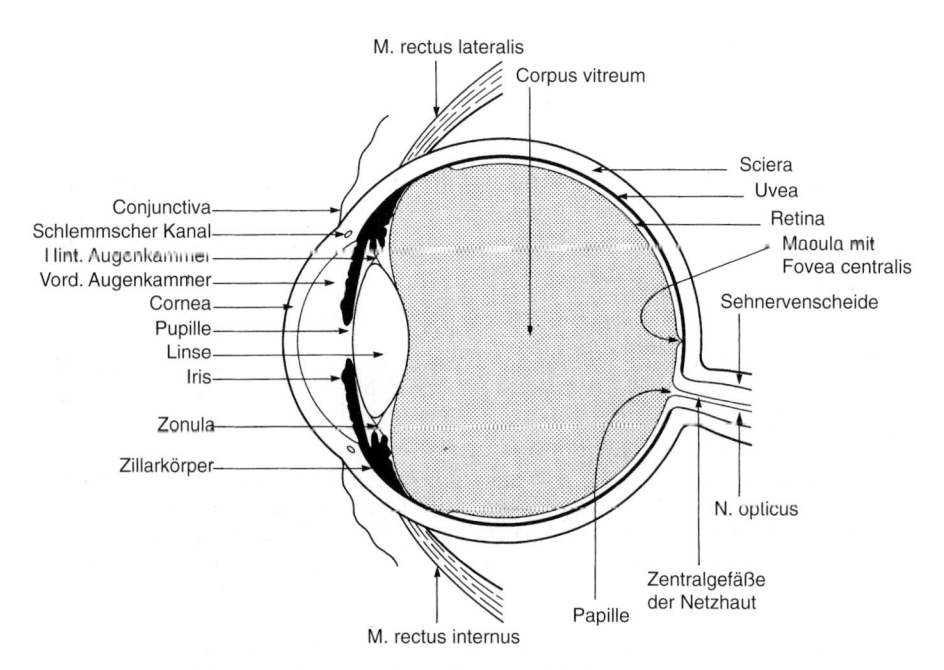

Abbildung 12.2: Schematische Darstellung des menschlichen Auges.

führt dazu, dass der optische Strahlengang so beschaffen ist, dass das zu sehende Bild an der Netzhaut scharf abgebildet wird. Die drei Schichten am Augenrand sind, von außen nach innen: zum einen die **Lederhaut** mit ihrer Schutzfunktion, die am vorderen Augenanteil in die durchsichtige Hornhaut übergeht; zweitens die **Aderhaut**, die die an sie angelagerte innere **Netzhaut** mit Stoffen versorgt.

Die Netzhaut selbst ist Ort des eigentlichen Sehorgans. An ihrer Peripherie finden sich Lichtrezeptoren, die als **Stäbchen** bezeichnet werden. Sie reagieren auf

Das Sehen **137**

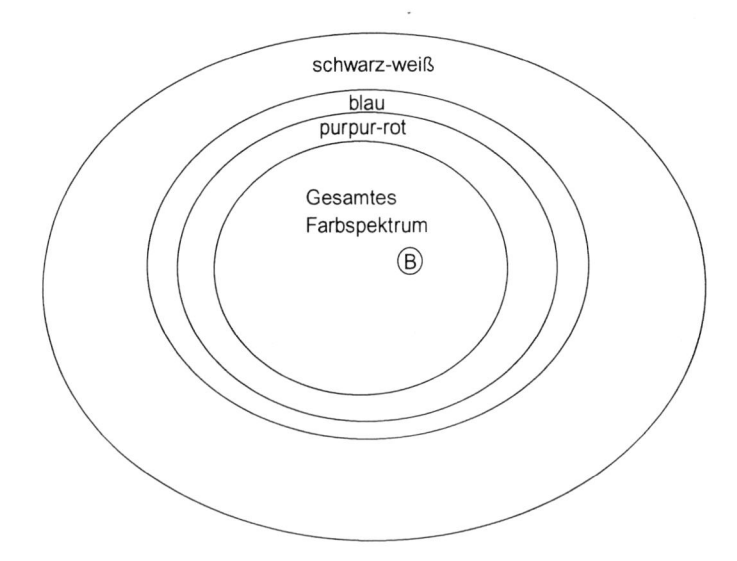

schwarz-weiß
blau
purpur-rot
Gesamtes
Farbspektrum
Ⓑ

Abbildung 12.3: Die Möglichkeiten der Farbempfindung sind unterschiedlich auf der Netzhaut verteilt. In einem zentralen Bereich können wir das gesamte Farbspektrum wahrnehmen, in Grenzbereichen nur noch bestimmte Farbqualitäten, in der Peripherie nur noch schwarz-weiß.

Hell-Dunkel-Unterschiede. Mit den Stäbchen unserer Netzhaut können wir also zum einen periphere Reize schemenhaft wahrnehmen, wenn wir sie auch nicht scharf erkennen können.

Wenn Sie in der Peripherie des Sehfeldes eines Übungspartners die Hand bewegen, wird er sich automatisch Ihrer sich bewegenden Hand zuwenden, um zu fixieren, «was da los ist». Unsere peripheren Stäbchen orten bewegliche Eindrücke und sorgen mit festinstallierten Verhaltensprogrammen dazu, dass wir dem Geschehen unsere Aufmerksamkeit widmen.

Außerdem sind die Stäbchen, von denen immer mehrere auf ein nachfolgendes Neuron verschaltet werden, geeignet, auch kleinste Lichtquanten noch wahrzunehmen. Deshalb dienen sie unserem Dämmerungssehen – allerdings mit dem Nachteil, dass sie keine Farben unterscheiden können, weswegen «nachts alle Katzen grau sind».

Einen anderen Seh-Zelltypus stellen die **Zapfen** dar, die sich auf das Farbsehen spezialisiert haben. In einem eng umschriebenen Bereich, dem gelben Fleck (auch als Fovea centralis bezeichnet), finden sich hunderttausende von Zapfen, die nicht nur das Farbsehen, sondern auch das scharfe Sehen und Erkennen ermöglichen.

In der **Abbildung 12.3** wird deutlich, dass wir die Welt nicht in allen Bereichen unseres Sehfeldes gleich bunt erleben: Nur in der Mitte sehen wir die von uns üblicherweise wahrgenommenen Farben wirklich. Zum Rand hin fallen immer mehr Farbnuancen aus, und in der Peripherie sehen wir «schwarz-weiß». Erst das Gehirn errechnet später die farbige Beschaffenheit des gesamten Gesichtsfeldes und «färbt nach»: Strukturen, die von der Fovea in einem bestimmten Farbton empfunden werden, werden vom Gehirn im Nachhinein in der gleichen Farbe empfunden, auch wenn sie in der Peripherie auftauchen. Wenn uns auch nicht bewusst ist, dass wir nur mit einer Stelle unseres Gesichtsfeldes scharf sehen können, so sind wir doch darauf angewiesen, beim Lesen Buchstaben und Worte mit eben dieser Stelle abzurastern, was man bei der Zuhilfenahme des Fingers bei Erstklässlern gut beobachten kann.

Das Licht, das auf den Lichtdedektoren (Zäpfchen und Stäbchen) der Netzhaut eintrifft, führt an den Eiweißstrukturen dieser Rezeptoren zu einem kurzfristigen Bleichungsprozess, der allerdings wieder reversibel ist. Verantwortlich für diesen biochemischen Mechanismus ist das Retinal-Molekül, das in eine hochkomplexe Eiweißstruktur, das Rhodopsin, eingelagert ist. Unter «Photonenbeschuss», also Lichteinwirkung, verändert sich die Struktur des Retinals kurzfristig, und mit ihr die des Rhodopsins. Dadurch werden in der Umgebung Ionenkanäle geöffnet, was einen kleinen, bioelektrischen Strom zur Folge hat. Durch vielfältige Verstärkungsmechanismen, die kaskadenartig hintereinander geschaltet sind, wird der durch das Lichtquantum ausgelöste Initialstrom derart verstärkt, dass am Ende des Rezeptors Transmitter ausgeschüttet werden, die die nachgeschalteten Nervzellen beeinflussen. So wird der elektromagnetische Reiz in ein Nervensignal umgewandelt. Bereits auf Netzhautebene werden die ankommenden Impulse der Rezeptorzellen verarbeitet: In **Abbildung 12.4** sieht man, dass Horizontalzellen, Bipolarzellen und Amakrinzellen in sehr unterschiedlichen Kombinationen miteinander verschaltet und gekoppelt sein können, wobei einige dieser Zellen eher hemmende, andere verstärkende Eigenschaften haben. Jedenfalls sind die Nervenimpulse, die in den Ganglienzellen einlaufen und über den Sehnerv weitergeleitet werden, bereits Ergebnisse erster «mikroprozessualer» Verrechnungen auf Netzhautebene.

Die farbempfindlichen Zapfen lassen sich noch einmal in drei Typen einteilen: Zapfen, die insbesondere auf rotes, auf grünes sowie auf blaues Licht ansprechen. Das bedeutet z. B. dass ein vorwiegend auf blau oder violett ansprechender Zapfen zwar auch, aber doch erheblich weniger auf andere Lichtquanten reagiert (vgl. die drei Kurven in **Abb. 12.5**). Aus Abbildung 12.5 geht hervor, dass der Erregungsgrad dieser drei uns zur Verfügung stehenden Zapfentypen im Gehirn verrechnet wird. Das Resultat einer solchen Verrechnung ist die Empfindung der gesehenen **Farbe**. Noch einmal: wenn wir beispielsweise eine gelbe Blume sehen, dann werden vor allem die grün- und rotempfindlichen Zapfen aktiviert, die blauempfindlichen wenig bis gar nicht. Aus der Verrechnung dieser unterschiedlichen Impulse resultiert die Wahrnehmung der Farbe gelb, die eine rein zerebrale Leistung ist. So

Das Sehen **139**

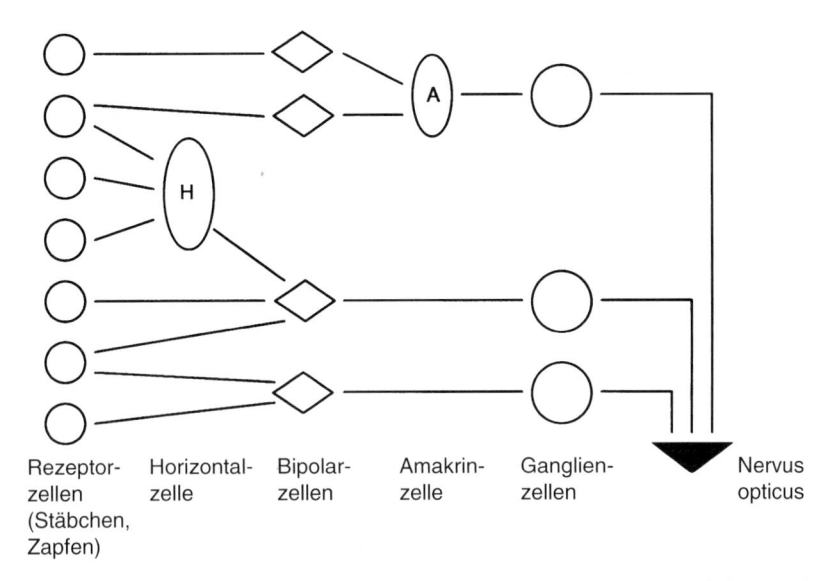

Abbildung 12.4: Schematische Darstellung neuronaler Verschaltungen auf der Netzhautebene.

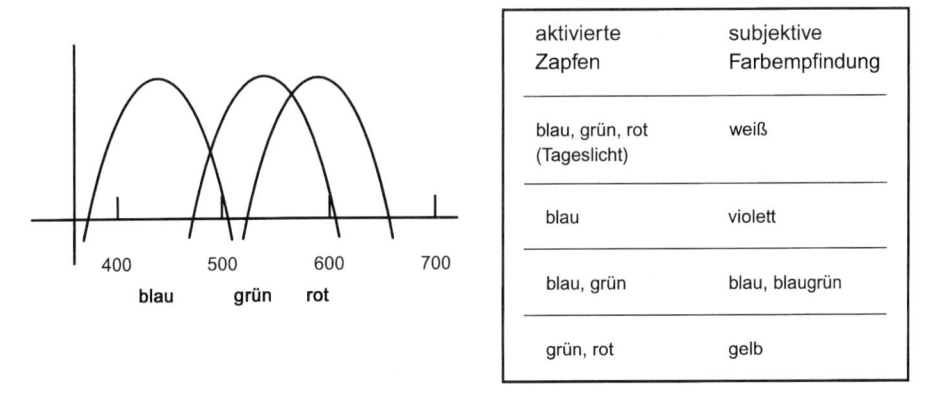

aktivierte Zapfen	subjektive Farbempfindung
blau, grün, rot (Tageslicht)	weiß
blau	violett
blau, grün	blau, blaugrün
grün, rot	gelb

Abbildung 12.5: Verrechnung der unterschiedlichen Erregungszustände der drei Zapfentypen zu zentralen Farbwahrnehmungen.

reicht es, unser Sehsystem mit den entsprechenden Anteilen dieser Grundfarben zu aktivieren, um jede mögliche uns sichtbare Spektralfarbe sehen zu lassen.

Die Mischung von Pigmentfarben ist etwas anderes: Wenn im Farbkasten rot und grün zusammen gemischt werden, ergibt sich nicht gelb, sondern eine ins grau gehende Farbe. Hier ändern sich die Reflexionseigenschaften durch die Mischung unterschiedlicher Pigmente. Das Phänomen, das aber hier beschrieben werden soll, kann man sich vergegenwärtigen, wenn man den Lichtstrahl dreier Diaprojektoren so übereinander projiziert, dass sich ein gemeinsames Bild abzeichnet. Wird im einen Lichtstrahl die Farbe blau, in den beiden anderen jeweils rot und grün projiziert, so sehen wir auf der Leinwand ein weißes Bild. Weiß ist also die gleichmäßige Aktivierung unserer drei Rezeptoren – der Informationsgehalt ist gleich null, wir sehen «nur weiß».

> Auch das PAL-Farbfernsehen funktioniert nach diesem Prinzip: wenn Sie sich mit einer Lupe den Bildschirm anschauen, dann erkennen Sie, dass der Bildschirm übersät ist von Triplets, Leuchtpunkten, die jeweils nur die Farben rot, blau und grün wiedergeben. Erst aus der Distanz verschmilzt dieser Seheindruck zu den von uns wahrgenommenen Farben.

Die etwa 1 Million Nervenfasern, die von der Netzhaut abgehen, werden im Sehnerv, dem **Nervus opticus** gebündelt. Die Stelle, an der der Sehnerv in die Netzhaut mündet (oder genauer: an der der Sehnerv von der Netzhaut abgeht), enthält keine Sinneszellen: Hier haben wir also einen **blinden Fleck**.

> Man kann diesen blinden Fleck demonstrieren: Wenn Sie das X in **Abbildung 12.6** mit dem rechten Auge fixieren und das linke Auge zuhalten, und nun das Papierblatt langsam zu Ihrem Gesicht hinbewegen, so wird irgendwann ein Winkel erreicht werden, bei dem Sie das Haus nicht mehr sehen können. Es fällt auf Ihren «blinden Fleck». Charakteristisch ist, dass wir die Horizontallinie aber als weiterhin ununterbrochene Linie wahrnehmen: sie wird im Sinne der Formkonstanz von unserem Gehirn kurzerhand «nachgerechnet» und vervollständigt.

Die seitlichen (lateralen) Anteile des Nervus opticus gelangen zur gleichen Hirnrindenseite, sie verlaufen also ipsilateral (vgl. Abb. 4.2 in Kap. 4). Demgegenüber kreuzen die nasalen, inneren Hirnnervenanteile auf die jeweils andere Seite, sie verlaufen also kontralateral. Jenseits der Sehbahnkreuzung (chiasma opticum) wird auf einer ersten Schaltstation im **Corpus geniculatum laterale** des Thalamus («Vorzimmer des Bewusstseins») die Sehinformation vorbewusst verarbeitet. Von hier aus gehen Impulse zur Augenmuskulatur, was dazu führt, dass wir die Welt nach vorgegebenen Programmen «abrastern». Dies wird besonders in der **Abbildung 12.7** deutlich: Hier sieht man, wie wir normalerweise unsere Augen bewegen, um ein Gesicht zu erkennen. Aber auch Teile des Limbischen Systems und der hormonregulierenden Zentren werden von dieser Schaltstation aus versorgt: Sonnenlicht erfreut uns in der Regel und kann mitunter Depressionen beheben, und diverse biologische Uhren werden vom Lichteinfall mitbeeinflusst. Zudem kommt es hier bereits zu einem verrechnenden Vergleich der Informationen aus dem linken und rechten Auge.

Vom Corpus geniculatum laterale ziehen die Sehbahnen gekreuzt oder ungekreuzt weiter zur **primären Sehrinde** im Hinterhauptslappen, dem sog. Areal 17. Hier kommt es zu einer komplexen Verarbeitung der Sehinformation, wie sie wei-

Abbildung 12.6: Versuchsbild zur Wahrnehmung des blinden Flecks.

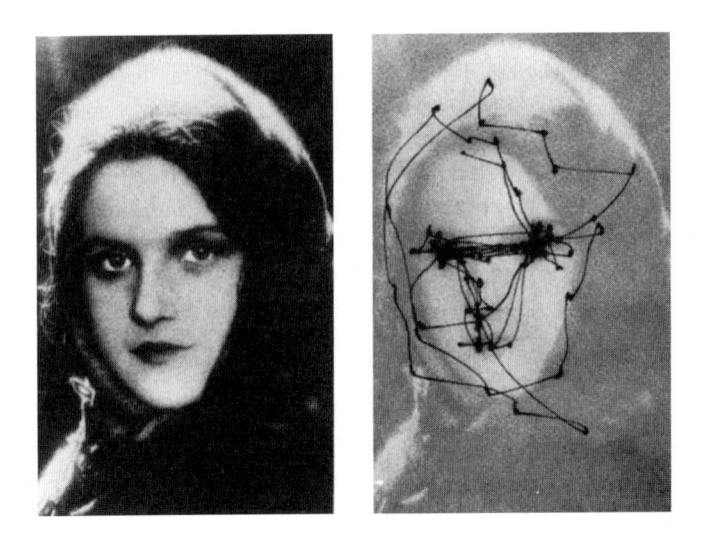

Abbildung 12.7: Augenbewegungen beim Erkennen eines Gesichts.

ter unten aufgezeigt wird. Aber von hier aus werden bestimmte Aspekte der Sehinformation auch weitergeleitet an höhere, komplexere und weiterverarbeitende Zentren. Es handelt sich um sekundäre Sehfelder, die mit höheren Wahrnehmungsfunktionen betraut sind. Und schließlich werden auch tertiäre Felder beteiligt, die Gesehenes mit anderen Sinneseindrücken vergleichen und Zugang zum Gedächtnisspeicher haben.

Im folgenden soll dargestellt werden, wie optische Informationen weiter verarbeitet werden. Bereits auf Netzhautebene erfolgt eine komplexe Verschaltung, so dass die optischen Informationen weiter verarbeitet werden. Eine einfache Sinneszelle reagiert auf Lichtquanteneinfall und feuert. Die nachgeschalteten verarbeitenden Zellen und Nervenzellen können Informationen aus mehreren Sinneszellen verarbeiten. Jede Nervenzelle besitzt ein **rezeptives Feld** auf der Netzhaut, für das sie «zuständig ist». Auf dieser einfachen Ebene können Nervenzellen reagieren und auf «on» geschaltet werden, wenn ihr rezeptives Feld durch Licht aktiviert wird. Gleichzeitig wird das Umfeld dieses rezeptiven Feldes kein Lichtsignal empfangen, also auf «off» geschaltet. Bewegt sich ein heller Lichtpunkt mit kontrastreichem dunklem Umfeld durch das Gesichtsfeld, so werden unterschiedliche Nervenzellen (mit den dazugehörigen rezeptiven Feldern und Sinneszellen) in einer wohl definierten Reihenfolge aktiviert. Hieraus kann das Gehirn mit komplexeren Schaltstrukturen später die Bewegung der Lichtquelle rekonstruieren. Auf dieser einfachen Ebene können Nervenzellen registrieren, ob ein lichtgebendes Element im Gesichtsfeld auftaucht, welche rezeptiven Felder betroffen sind und welche Frequenzen die elektromagnetische Welle (welche Farbe das Objekt) hat. Mehr nicht.

In den sechs Zellschichten des Corpus geniculatum laterale (Thalamus) werden die unterschiedlichen Informationen miteinander verknüpft, verglichen und weiter verarbeitet. Von hier aus gelangen die Informationen über die Sehbahn in die primäre Sehrinde des Hinterhauptlappens, der ebenfalls in sechs Zellschichten gegliedert ist und eine Weiterverarbeitung ermöglicht. Während also einfache Zellen die Grundelemente der Helligkeit, der Wellenlänge und des Ortes, an dem sich die Lichtquelle befindet, feststellen können, werden die weiterverarbeitenden Neuronen so zusammengeschaltet, dass komplexere Eigenschaften des Gesehenen analysiert werden können. **Abbildung 12.8** verdeutlicht dies. Man sieht, dass die Sehinformation von den Fotorezeptoren über die Netzhaut und die primäre Hirnrinde bis zu den sekundären und tertiären Hirnrindengebieten gelangt. Man sieht weiter, dass es mindestens drei verschiedene **Sehkanäle** gibt, die sehr unterschiedliche Eigenschaften des Gesehenen weiter verarbeiten. Nach den daran beteiligten Zellen werden sie als Magno-Kanal, als Blob-Kanal und als Parvo-Interblob-Kanal bezeichnet. Der so genannte Parvo-Interblob-Kanal ist für die scharfe Abbildung eines Bildes verantwortlich und lässt Formen einzelner, kleiner Teile des Gesamtbildes scharf erkennen. Hingegen können Farben, Helligkeitsunterschiede, Bewegung oder Raumtiefe mit diesem Kanal nicht beurteilt werden. Demgegenüber ist der Magno-Kanal ein «farbenblinder Kanal», der für das Wahrnehmen von Bewegung und räumlicher Tiefe zuständig ist, und der Blob-Kanal liefert Bilder von geringer Schärfe, die im mittleren Bereich intensiv farbig sind und flächenunterschiedliche Helligkeit erkennt, nicht aber Bewegung, Formen oder räumliche Tiefe.

Aus der Abbildung 12.8 wird deutlich, dass die Informationsverarbeitung aller drei Kanäle auf jeder Stufe immer komplexer wird. So wird z. B. auf der Stufe der Photorezeptoren und damit der einfachen Zellen nur Helligkeit festgestellt, während komplexere Zellen von Netzhaut und primärer Hirnrinde Kontraste heraus-

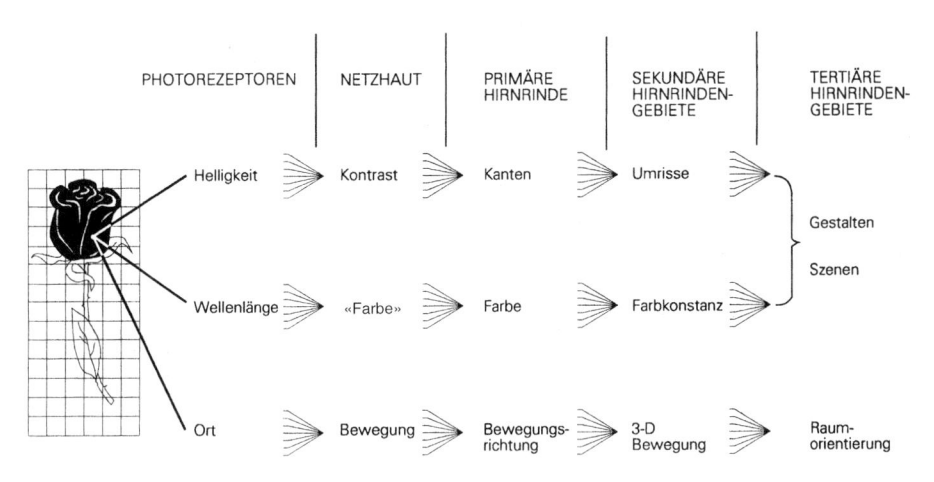

Abbildung 12.8: Verarbeitungsschritte visueller Informationen.

arbeiten und Kanten erkennen: Es gibt in der primären Hirnrinde Zellen, die dann und nur dann ansprechen, wenn das gesehene Objekt Kanten aufweist. Hyperkomplexe Zellen sprechen auf noch komplexere Eigenschaften an, beispielsweise darauf, dass sich Kanten in eine bestimmte Richtung bewegen, oder das Kanten bestimmte Umrisse zeigen. Auch die «Wellenlänge» des erregenden Lichtes wird in ähnlicher Weise immer komplexer verarbeitet, bis eine farbkonstante Szene entsteht. Ein dritter Kanal ist vor allem für das räumliche Zuordnen des Gesehenen, das «wo» des «was» verantwortlich. Zunächst wird registriert, an welchem Ort der Netzhaut und damit des Sehfeldes der Reiz auftaucht. Durch das Wechseln unterschiedlicher Orte kann die Bewegung, schließlich Bewegungsrichtung und Dreidimensionalität sowie die Raumorientierung rekonstruiert werden.

In den Arealen der tertiären Hirnrindengebiete werden die «Erkenntnisse» der unterschiedlichen Kanäle integriert und zu hyperkomplexen Wahrnehmungsgestalten zusammengefasst: Jetzt sehen wir bewegte, farbige, szenisch angeordnete Gestalten in einer räumlichen Orientierung. Darüber hinaus wird das Gesehene mit Gedächtnisinhalten verglichen, so dass ich «meinen roten Ball, der mir zugeworfen wird» als solchen erkenne. Und schließlich bewirkt die intermodale Verknüpfung, dass der getastete oder beim Aufprallen gehörte Ball mit dem gesehenen Objekt identifiziert wird. Die Komplexität der Integration optischer Informationen verdeutlicht die **Abbildung 12.9**.

Es wird deutlich, dass mit immer höheren Integrationsebenen und damit immer komplexeren Verschaltungs- und Bearbeitungsmustern relativ einfache optische Eigenschaften der Umwelt miteinander verknüpft werden, bis das gesehene Objekt in seinen wesentlichen Eigenschaften wahrgenommen wird. **Wahrnehmung (Perzeption)** ist also mehr als der **Sinneseindruck (Sensation)**: Wahrneh-

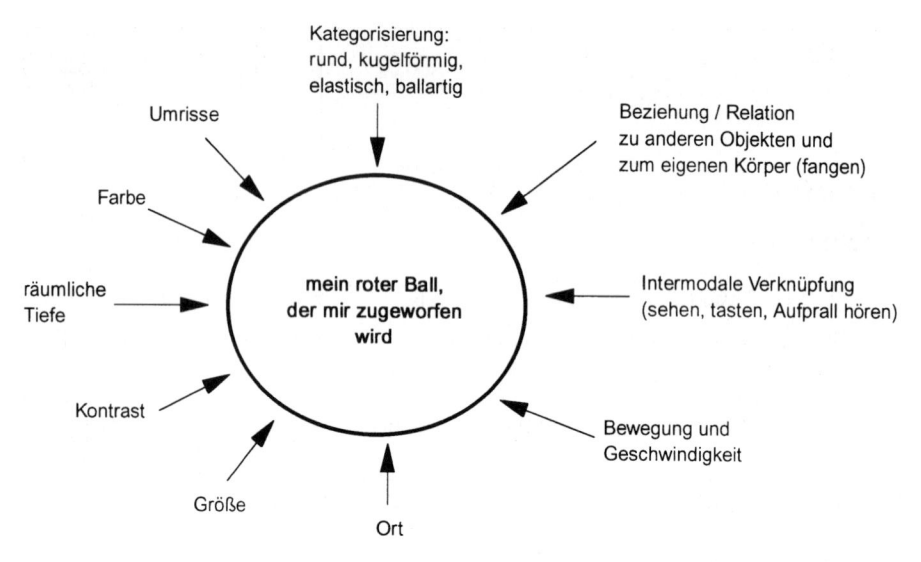

Abbildung 12.9: Verschiedene Aspekte der gesehenen Wirklichkeit werden in unterschiedlichen Hirnarealen getrennt verarbeitet und zu einer Wahrnehmungsgestalt integriert.

mung beinhaltet bereits eine Verknüpfung und Interpretation der aufgenommenen Sinneseindrücke, hier der optischen Sinneseindrücke. Dabei wird das Gesehene nach bestimmten Mustern und Strukturerwartungen geordnet und interpretiert.

Auf die Prinzipien, nach denen es schließlich zur bewussten Wahrnehmung kommt, wird im Kapitel 28 detaillierter eingegangen.

Überprüfen Sie Ihr Wissen!

12.1 Fragetyp B, eine Antwort falsch

Eine der folgenden Aussagen ist falsch. Welche?

a) Zapfen sind für die Farberkennung, Stäbchen für Hell-Dunkel- und Grauwertwahrnehmung zuständig.

b) Wir haben drei Typen von Zapfen: rot-, grün- und gelbempfindliche.

c) Der Blinde Fleck liegt am Eintrittsort des Sehnerves in die Netzhaut.

d) Die drei Farbpigmente unserer Zapfen können alle uns sichtbaren Farben verschlüsseln.

e) Eine gleichmäßige Mischung aller Spektralfarben wird vom Menschen als weißes Licht wahrgenommen.

12.2 Fragetyp C, Antwortkombinationsaufgabe

Welche Aussagen sind richtig?

1. Ein optisches Bild wird auf der Netzhaut abgebildet.
2. Das zweiäugige (biokuläre) Sehen ermöglicht dem Menschen die räumliche Wahrnehmung.
3. Die Stäbchen der Netzhaut werden auch als Bipolarzellen bezeichnet.
4. Der Bezirk der Netzhaut, der eine hintergeschaltete Ganglienzelle beeinflussen kann, wird als deren rezeptives Feld bezeichnet.
5. Die Transmitter der Ganglienzellen des Sehnerven werden als Photonen bezeichnet.

a) Nur die Aussagen 1 und 2 sind richtig.

b) Nur die Aussagen 1 und 4 sind richtig.

c) Nur die Aussagen 1, 2 und 4 sind richtig.

d) Nur die Aussagen 1, 2, 3 und 4 sind richtig.

e) Nur die Aussagen 2, 3 und 5 sind richtig.

12.3 Fragetyp E, Kausalverknüpfung

1. In der Dämmerung reagieren vor allem die Zapfen der Netzhaut denn
2. die Zapfen der Netzhaut haben sich auf das Wahrnehmen von Grautönen spezialisiert.

a) Nur die Aussage 1 ist richtig.

b) Nur die Aussage 2 ist richtig.

c) Nur die Aussagen 1 und 2 sind richtig, die Kausalverknüpfung ist falsch.

d) Die Aussagen 1, 2 sowie die Kausalverknüpfung sind richtig.

e) Alle Aussagen sind falsch.

12.4 Fragetyp B, eine Antwort falsch

Eine der folgenden Aussagen ist falsch. Welche?

a) Es gibt visuelle Hirnzellen, die nur auf Bewegung (unabhängig von Richtung oder Größe des Objekts) reagieren.

b) Es gibt visuelle Hirnzellen, die sich vermutlich auf die Entschlüsselung der Umrisse von Gegenständen spezialisiert haben.

c) Die Ganglien des Sehnerven werden auch als «hyperkomplexe» Zellen bezeichnet.

d) Die Zellen der Sehrinde sind in funktionalen Zellsäulen angeordnet.

e) Ein großer Teil der primären Sehrinde verarbeitet die Information aus der Sehgrube (gelber Fleck/Vovea centralis).

Vertiefungsfrage

Erläutern Sie anhand des Versuchs zur Wahrnehmung des blinden Flecks, dass unsere visuelle Wahrnehmung nicht objektiv ist.
Erläutern Sie bitte, dass es sich beim Prozess des visuellen Erkennens um eine zerebrale Integrationsleistung handelt.

Adressen

Deutscher Blinden- und Sehbehindertenverband e.V., Bismarckallee 30, 53173 Bonn
Bund zur Förderung Sehbehinderter e.V., Max-Planck-Str. 24, 40880 Ratingen
Retinitis Pigmentosa Vereinigung, Vaalser Straße 108, 52074 Aachen

Teil 3

In Bewegung.
Motorische Hirnfunktionen

Die neuronalen Grundlagen unserer Motorik werden in Kapitel 13 ausführlich beschrieben. Daran schließen sich exemplarische Beispiele motorischer Störungen an: In einem Kapitel über Multiple Sklerose wird eine chronische Erkrankung mit ungewisser Mobilitätsprognose vorgestellt. Das Kapitel 15 (Querschnittslähmung) beschreibt demgegenüber eine erworbene, bleibende Behinderungsform. Bei der infantilen Zerebralparese handelt es sich um eine bereits bei Geburt vorliegende, oft durch Frühförderung und Therapie zu bessernde Störung. Das Kapitel «Parkinson'sche Erkrankung» handelt von Funktionsstörungen der Basalganglien. In dem Abschnitt über Epilepsie gehe ich in besonderer Weise auf mögliche Stigmatisierungsgefahren ein.

Das «hyperkinetische Syndrom» ist, insbesondere wegen seiner Nachbarschaft zur «minimalen zerebralen Dysfunktion», nicht nur unter die Rubrik «leichte motorische Störungen» einzuordnen – es hätte in Verbindung mit Teilleistungsstörungen auch im vierten Teil dieses Buches erscheinen können. Ähnliches gilt für das Thema «Schlaganfall», das wegen der vorwiegend (nicht ausschließlich) motorischen Symptomatik in diesem Teil aufgeführt ist.

13. Marionetten des Gehirns? Die Organisation motorischer Systeme

Arnold Gehlen, ein bekannter Anthropologe, charakterisiert den Menschen als ein «Mängelwesen», das im Vergleich zu den Tieren viele Fähigkeiten vermissen lässt – ein Tiger ist stärker, ein Adler sieht besser, ein Jaguar kann schneller sprinten und ein Delphin besser schwimmen. Konrad Lorenz hält dieser Sichtweise entgegen:

> «Wollte der Mensch die ganze Klasse der Säugetiere zu einem sportlichen Wettbewerb herausfordern, der auf Vielseitigkeit ausgerichtet ist und beispielsweise aus den Aufgaben besteht, 30 km weit zu marschieren, 15 m weit und 5 m tief unter Wasser zu schwimmen, dabei ein paar Gegenstände gezielt heraufzuholen und anschließend einige Meter an einem Seil empor zu klettern, was jeder durchschnittliche Mann kann, so findet sich kein einziges Säugetier, das ihm diese drei Dinge nachzumachen imstande ist.» (DIFF, 1992 Einführungsbrief: 14)

Die Vielseitigkeit und die Möglichkeit, gezielt Einzelfähigkeiten in fast beliebig scheinender Vielfalt zu komplexen Funktionen zu verbinden, scheint eine besondere Fähigkeit des Menschen zu sein, die seine angeblichen Mängel mehr als ausgleicht. Diese Grundprinzipien finden sich auch in der menschlichen Motorik, bei der grundlegende motorische «Bausteine» je nach Bedarf zu unterschiedlichsten Funktionseinheiten temporär zusammengestellt werden können, so dass daraus im Bedarfsfalle sehr verschiedene, **komplexe motorische Fähigkeiten** resultieren. Dabei geht der evolutionäre Trend dahin, stereotype motorische Programme zu modifizieren und Einzelbewegungen zu ermöglichen, die vom stereotypen «Lauf- bzw. Greifprogramm» abweichen und kleine, aber gezielte Bewegungsmuster ermöglichen. Die übergeordneten motorischen Funktionen kontrollieren die basaleren, eher reflexartigen Bewegungsabläufe, hemmen sie teilweise und ermöglichen eine gezielte Willkürmotorik. Als Nachfahren baumhangelnder Primaten entwickelte sich beim Menschen insbesondere die Hand- (Greif-)-motorik, die visuo-motorische Verknüpfung (zum Abschätzen von Entfernungen) und der «innere Vorstellungsraum», der die räumliche Wirklichkeit möglichst präzise vorzustellen erlaubte. «Ein Affe, der keine Vorstellung hatte von dem Ast, nach dem er sprang, war bald ein toter Affe und gehört folglich nicht zu unseren Vorfahren.»

Mit dem Aufbau und den Funktionen der einzelnen motorischen Funktionseinheiten sowie der Zusammenfassung zu größeren und komplexen motorischen Systemen durch übergeordnete Kontrollzentren befasst sich dieses Kapitel.

Die basale motorische Einheit «vor Ort» ist der **Muskel** mit den ihn versorgenden Nervenfasern. Letztere schütten an ihren synaptischen Endstellen Neurotransmitter, in der Regel Acetylcholin, aus, die die Muskelfaser in spezifischer Weise erregen und eine Kontraktion (Zusammenziehung) auslösen. Die **Abbildung 13.1** skizziert schematisch den Aufbau eines willkürlich bewegbaren Skelettmuskels. Er besteht aus zahlreichen Faserbündeln, die ihrerseits aus **Muskelfasern** bestehen. Jede Muskelfaser besteht aus einer Reihe von **Myofibrillen**, und diese wiederum aus zahlreichen **Myofilamenten**. Auf der Ebene der Myofilamente wird deutlich, dass diese aus Aktin- sowie Myosinbestandteilen bestehen, die molekular versetzt angeordnet sind, sich also relativ zueinander verschieben lassen. Die Abbildung 13.1 zeigt, dass zwischen Myosin- und Aktinbestandteilen chemische Brücken bestehen. Diese können durch Einwirkung von Neurotransmittern kurzfristig ihre Bindungsstruktur ändern, sich «verkürzen», so dass sich die Aktin- und Myosinfilamente relativ zueinander bewegen, sich «ein wenig ineinander schieben». Dieser molekular gesehen geringfügige Effekt wird massiv verstärkt durch die Anordnung und Zusammenfassung vieler Myofilamente zu Myofibrillen, vieler Myofibrillen zu Muskelfasern, vieler Muskelfasern zu Faserbündeln, die jeweils auch nur Untereinheiten des Gesamtmuskels sind.

Ein Muskel besteht also zum einen aus den kontraktilen (zusammenziehfähigen) Muskelfasern, die auch als extrafusale Fasern bezeichnet werden. Ein motorisches Neuron (Nerv), das so genannte **Alpha-Motoneuron**, kann die **extrafusalen Muskelfasern** reizen und damit die Muskelbewegung initiieren. Gleichzeitig gehen vom Rückenmark aber auch **Gamma-Motoneuronen** aus, die sog. **intrafusale Muskelfasern** beeinflussen können. Innerhalb dieser intrafusalen Muskelfasern finden sich Dehnungsrezeptoren, so genannte **Muskelspindeln**, die auf Dehnung der intrafusalen Fasern reagieren und diesen sensorischen Reiz zu sensorischen Schaltzentralen des Rückenmarks weiterleiten.

Während also die Alpha-Motoneuronen für die Innervation des «eigentlichen motorischen Muskelgewebes», also die Betätigung der Muskelkraft, verantwortlich sind, melden andere Fasern über Muskelspindeln/Dehnungsrezeptoren den Erfolg und dienen der Kontrolle. Diese Dehnungsrezeptoren reagieren aber nicht nur auf die Dehnung der «eigentlichen», extrafusalen Muskelfasern, sondern in besonderer Weise auch auf die Dehnung der intrafusalen Muskelfasern, die nicht durch motorische Aktivität, sondern durch Steigerung der Gamma-Motoneuronen, also direkt vom Rückenmark angeregt werden. So kann ein kompliziertes

Skelettmuskel

Faserbündel

Muskelfaser

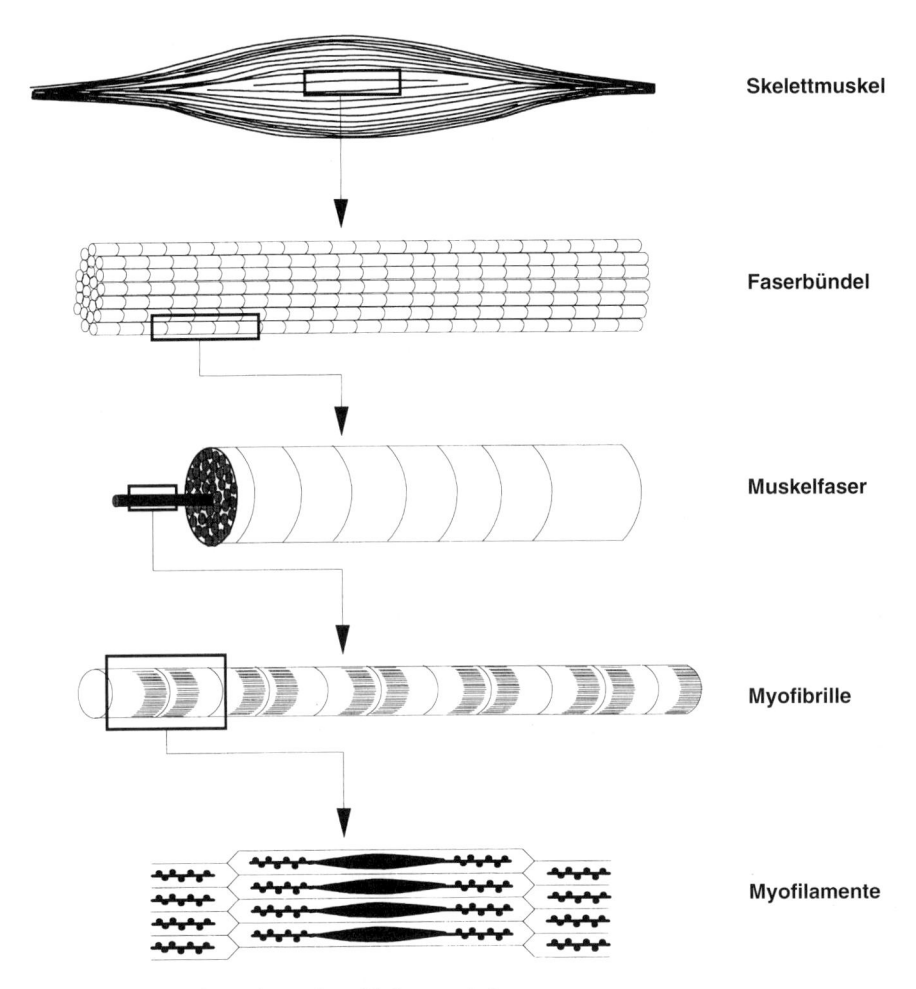

Myofibrille

Myofilamente

Abbildung 13.1: Feinstruktur eines Skelettmuskels.

Feed-Back-System die Spannung unserer Muskulatur differenziert modulieren, schon bevor es zur eigentlichen Bewegung kommt.

> Denken Sie an den Sprinter, dessen Muskulatur sich bereits vor dem Startschuss auf den Lauf vorbereitet.

Bereits in Kapitel 2 wurde beschrieben, dass sich einfache **motorische Programme** auf unterer Rückenmarksebene verschalten lassen, wobei es sich um monosynaptische Reflexe handelt (es wurde der Patellar-Sehnenreflex beschrieben.) Etwas komplexere Schutzreflexe, bei denen größere Körperteile koordiniert werden, werden über mehrere Rückenmarkssegmente polysynaptisch verschaltet. Als Beispiel wurde der Bauchhaut-Reflex angegeben, bei dem bei Berührung nur eines Bauchsegmentes sich reflektorisch die gesamte Bauchhaut versteift.

Je komplexer die motorischen Antworten auf Umweltreize werden, desto mehr verarbeitende Interneurone müssen eingeschaltet werden. So werden bei schwierigeren motorischen Programmen höhergelegene, sehr komplexe motorische Kontrollzentren des Gehirns benötigt.

Eine erste Übersicht über diese Zentren gibt die **Abbildung 13.2** mit einer Darstellung der Beziehungen dieser Zentren zueinander. Man sieht, dass die Muskeln die «untersten» motorischen Funktionseinheiten sind, die, wie besprochen, zunächst von den Alpha- und Gamma-Motoneuronen, und in sekundärer Linie von den spinalen Interneuronen, also den Schaltstellen des Rückenmarks, beeinflusst werden. Im darüberliegenden **Hirnstamm** finden sich komplexe motorische Programme, die auch ohne unser Bewusstsein ein adaptives basales motorisches Reagieren ermöglichen: Solche Halte- und Stellreflexe, auf die noch eingegangen wird, sind sozusagen die «Grundlagen unserer Motorik». Die darüberliegende **motorische Hirnrinde** ermöglicht im Gegensatz zu den bisher genannten komplexen, aber starren und stereotypen motorischen Reaktionen variablere und sehr gezielte Aktionen kleinster motorischer Einheiten (z. B. den Pinzettengriff mit Zeigefinger und Daumen). Die motorische Hirnrinde ist aber nicht das letzte übergeordnete Glied motorischer Regulation. Sie ist nur «ausführendes Organ» und dient sehr gezielter motorischer Aktivität, wird aber ihrerseits beeinflusst durch den Thalamus des Zwischenhirns («Vorzimmer des Bewusstseins», in dem auch motorische «Vorentscheidungen» fallen) sowie durch die Basalkerne der Archiokortex sowie das Kleinhirn. Sowohl die Basalkerne als auch das Kleinhirn kann man als «Unterausschüsse» des Großhirns ansehen, in denen die räumliche und zeitliche Abfolge motorisch komplexer Aktivitäten fein abgestimmt und koordiniert wird. Die eigentlichen Entscheidungen zur Motorik, einschließlich des Handlungsantriebs, der Planung von Bewegungen und des Bewegungsentwurfes, haben ihren Sitz im übergeordneten assoziativen Kortex, also den sekundären und tertiären Rindenfeldern unseres Großhirns. Diese werden beispielsweise aktiviert, wenn man einem Schimpansen eine Banane hinhält und ihn motiviert, diese zu nehmen und zu schälen (nicht aber bei der eigentlichen motorischen Bewegung, bei der dann die untergeordneten Zentren aktiviert werden). Das stark vereinfachte Diagramm berücksichtigt nur unvollkommen, dass zwischen den einzelnen motorischen Kontrollzentren zahlreiche Zwischenkopplungen und Rückkopplungsmechanismen bestehen und dass darüber hinaus verschiedene sensorische Systeme (Gleichgewichtsorgan, unterschiedlichste Dehnungsrezeptoren, visuelles System usw.) auf alle motorischen Ebenen Einfluss nehmen.

Neben den verarbeitenden und kontrollierenden motorischen Zentren sind die Leitungsbahnen von Bedeutung, über die Impulse von diesen Zentren zu den motorischen Funktionseinheiten gelangen. Die **Abbildung 13.3** zeigt den Verlauf der sog. **Pyramidenbahn**. Sie verdankt ihren Namen der Tatsache, dass sie eine pyra-

Motorische Systeme

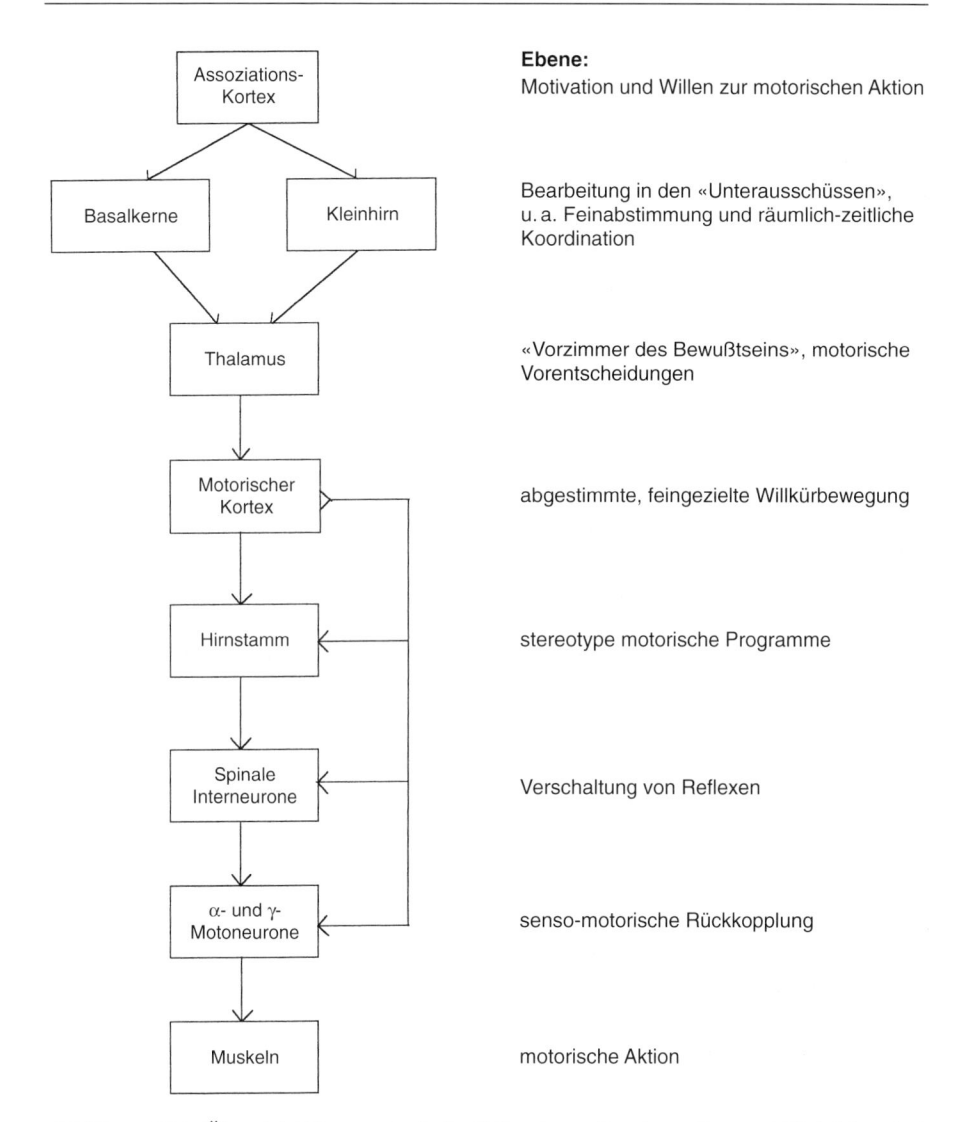

```
Assoziations-Kortex                    Ebene:
      │                                Motivation und Willen zur motorischen Aktion
      ├──────┐
      ▼      ▼
  Basalkerne  Kleinhirn               Bearbeitung in den «Unterausschüssen»,
      │      │                        u. a. Feinabstimmung und räumlich-zeitliche
      └──┬───┘                        Koordination
         ▼
      Thalamus                        «Vorzimmer des Bewußtseins», motorische
         │                            Vorentscheidungen
         ▼
    Motorischer Kortex ──┐            abgestimmte, feingezielte Willkürbewegung
         │               │
         ▼               │
     Hirnstamm ◄─────────┤            stereotype motorische Programme
         │               │
         ▼               │
     Spinale             │
     Interneurone ◄──────┤            Verschaltung von Reflexen
         │               │
         ▼               │
    α- und γ-            │
    Motoneurone ◄────────┘            senso-motorische Rückkopplung
         │
         ▼
      Muskeln                         motorische Aktion
```

Abbildung 13.2: Übersicht über motorische Teilsysteme. Basalganglien und Kleinhirn sind Strukturen auf vergleichbarer Ebene.

midenähnliche Struktur des Kleinhirns passiert (ohne dort allerdings umgeschaltet zu werden). Man kann der Abbildung 13.3 entnehmen, dass die Fasern der Pyramidenbahn von den Motoneuronen in der primären motorischen Hirnrinde direkt und ohne Unterbrechung zur zugehörigen Umschaltstelle im Rückenmark gelangen. Dabei kreuzt der größte Teil der Pyramidenbahn-Fasern und gelangt somit auf die gegenüberliegende Körperhälfte.

Daraus resultiert, dass der linke Motorkortex die rechte Körpermotorik kontrolliert und umgekehrt. Ein Patient mit einem Schlaganfall (Hirninfarkt) in der rechten motorischen Hirnrinde zeigt folglich eine linksseitige Halbseitenlähmung.

Die Pyramidenbahn steht im Dienste der **Willkürmotorik**. Hochdifferenzierte Zentren der motorischen Hirnrinde versorgen jeweils sehr kleine motorische Einheiten der Peripherie (z. B. Fingermuskeln).

Die willkürliche Innervation der Muskulatur verläuft also über die Pyramidenbahn. Demgegenüber gibt es Bahnen von der Hirnrinde zu tiefer gelegenen Schaltstellen im Gehirn (vgl. **Abb. 13.3**). Manche Motoneurone werden direkt mit dem Hirnstamm verbunden, einige bereits in den Basalganglien der Archeokortex umgeschaltet (teilweise einmal, teilweise zweimal), bevor diese Bahnen weiter zum Hirnstamm projizieren. Vom Hirnstamm schließlich führt eine Reihe von Bahnen in das tiefer gelegene Rückenmark, unter anderem der Tractus vestibulo-spinalis (mit Verbindung zum Vestibulär- und Gleichgewichtsorgan), der Tractus rubro-spinalis (vom Nucleus ruber, roter Kern) und zwei Bahnen von der Formatio reticularis des Stammhirns, die Funktionen für Wachheit und Erregungszustand wahrnimmt. Alle Bahnen außerhalb der Pyramidenbahn werden als **extrapyramidale Bahnen** bezeichnet und dienen mehr oder weniger den unwillkürlichen motorischen Komponenten, beispielsweise Halte- und Stellreflexen, zum Teil automatisierten motorischen Unterprogrammen sowie der Feinabstimmung und Koordination. Die gleich noch zu behandelnden sensorischen Zentren und motorischen Kontrollinstanzen (vor allem Basalganglien und Kleinhirn) haben einen wichtigen Einfluss auf das extrapyramidale System.

Wie aus Abbildung 13.2 hervorgeht, ist der Hirnstamm jenseits der spinalen bzw. rückenmarksbezogenen Verschaltung die nächsthöhere motorische Integrationsinstanz. Hier finden sich automatisierte motorische Programme, die wesentlich komplexer als die einfachen spinalen Schutzreflexe sind und ebenfalls dem Überleben dienen. Vor allem ermöglichen die motorischen Zentren des Hirnstamms die reflektorische Kontrolle der Körperstellung im Raum. Vom Gleichgewichtsorgan des Innenohrapparates gelangen sensorische Impulse zum Hirnstamm. Sie melden nicht nur Beschleunigung (gradlinige Fortbewegung) oder Winkelbeschleunigung (Drehung des Kopfes), sondern identifizieren auch die Stellung des Kopfes im Raum. Diese Informationen, die durch Sinneshärchen im Vestibularorgan verarbeitet und zum Hirnstamm weitergeleitet werden, werden verglichen mit Informationen unseres Auges zur Kopfstellung.

> Zur Erinnerung: Stimmen diese Informationen nicht überein, wie beispielsweise auf einem schwankenden Schiff, wo Augen und Gleichgewichtsorgan unterschiedliches melden, so kann dies zu Verwirrung und Übelkeit führen.

Aber auch Dehnungsrezeptoren der Halsmuskulatur tragen zur Identifikation der Kopfstellung bei, wie Astronautenversuche in Schwerelosigkeit (in der unser Vesti-

Motorische Systeme **155**

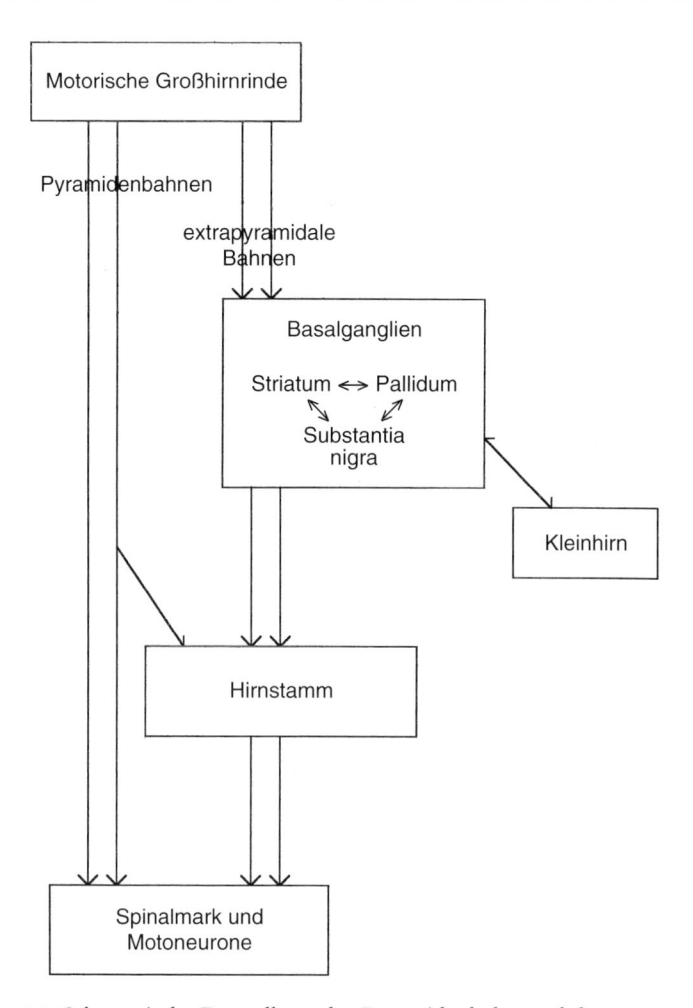

```
         ┌─────────────────────────┐
         │ Motorische Großhirnrinde │
         └─────────────────────────┘
              │    │    │
    Pyramidenbahnen │
                    │   extrapyramidale
                    │      Bahnen
                    ▼    ▼
              ┌──────────────────────┐
              │     Basalganglien    │
              │                      │
              │  Striatum ↔ Pallidum │
              │       ↘   ↗          │
              │      Substantia      │◄──┐
              │        nigra         │   │
              └──────────────────────┘   │
                                    ┌──────────┐
                                    │ Kleinhirn│
                                    └──────────┘
              │    │    │
              ▼    ▼    ▼
              ┌──────────────────────┐
              │      Hirnstamm       │
              └──────────────────────┘
                   │    │
                   ▼    ▼
              ┌──────────────────────┐
              │   Spinalmark und     │
              │     Motoneurone      │
              └──────────────────────┘
```

Abbildung 13.3: Schematische Darstellung der Pyramidenbahn und der extrapyramidalen Bahnen.

bularapparat nicht richtig funktioniert) gezeigt haben. Die motorischen Zentren des Stammhirns regulieren den Muskeltonus (Spannungszustand der Muskulatur) der Extremitäten und ermöglichen auch ohne unser Bewusstsein, dass unser Körper auch entgegen der Schwerkraft stehen bleibt. Außerdem sorgen hochkomplexe Reflexe dafür, dass unser Blickfeld konstant bleibt, wenn sich die Lage unseres Kopfes im Raum verändert (vgl. Kap. 8, in dem auch der folgende Versuch kurz erwähnt wurde).

> Fixieren Sie einen Gegenstand im Zimmer und drehen ihren Kopf ein wenig nach links oder rechts: Sie nehmen den fixierten Gegenstand als unbewegt wahr, ein Ergebnis mo-

torisch-sensorischer Verrechnungsprozesse. Wenn Sie hingegen Ihren Augapfel mit Hilfe ihres Zeigefingers leicht bewegen, nehmen Sie den fixierten Gegenstand als bewegt wahr (obwohl Sie wissen, dass dem nicht so ist), weil durch die Fremdbewegung Ihres Zeigefingers die oben genannten Verrechnungsinstanzen überfordert sind.

In den etwas höher gelegenen Strukturen des Hirnstamms (Mittelhirn) sind so genannte **Stellreflexe** lokalisiert, die den Körper wieder von einer relativen Schrägstellung in die Normalstellung zurückbringen. Unwillkürlich können wir mit Hilfe dieser Reflexe unser Körpergleichgewicht aufrecht erhalten. Auch wird die «Grundhaltung» unserer Fernsinne (Gehör, Geruchssinn, Augen) aufrecht erhalten bzw. schnell wieder eingenommen, was unserer Orientierung im Raum und damit letzlich unserem Überleben dienlich ist.

Reflexe, die Körperhaltung und Gleichgewicht in Ruhe, also im Sitzen, Liegen oder Stehen ermöglichen, werden als **statische Reflexe (Haltereflexe)** bezeichnet. Unter **stato-kinetischen Reflexen** versteht man solche, die in bzw. nach Bewegung den Körper oder Körperteile automatisch bestimmte Stellungen einnehmen lassen. Die motorischen Vorgänge zur Konstanthaltung des Gesichtsfeldes während der Körperbewegung (Stellreflexe) gehören dazu. Aber auch die Tatsache, dass z. B. Raubkatzen nach einem Sprung stets mit allen Vieren «richtig landen», beruht auf stato-kinetischen Reflexen. Beim neu geborenen Menschen kann man stato-kinetische Reflexe auslösen, wenn man das Baby ruckartig zu einer festen Unterlage bewegt, wobei sich eine reflektorische Streckung der Extremitäten zeigt. Gerade während des ersten Lebensjahres sind zu unterschiedlichen Zeiten und Entwicklungsphasen sehr verschiedene statische und stato-kinetische Reflexe auslösbar. Sie verschwinden nach einer bestimmten Zeit in wohl definierter Reihenfolge, da allmählich reifere und übergeordnetere Hirnzentren «die Führung übernehmen» und diese automatisierten Reflexe modulieren und modifizieren. Völlig verschwunden im eigentlichen Sinne sind diese Stell- und Haltereflexe aber natürlich nicht. Zum einen lassen sie sich bei Ausfällen der motorischen Großhirnrinde und damit der Willkürmotorik wieder nachweisen (z. B. nach bestimmten Schädel-Hirntraumen), zum anderen baut unsere Willkürmotorik zum großen Teil auf unbewusst verlaufenden automatisierten motorischen Reflexen auf, die immer wieder als Bausteine unserer Gesamtmotorik in diese integriert werden. Die Untersuchung der Stell- und Haltereflexe im Säuglingsalter und ihre entwicklungsgemäße Ablösung durch komplexere motorische Aktivitäten spielen eine wichtige Rolle bei der Vorsorgeuntersuchung von Säuglingen.

Es wurde bereits erwähnt, dass die primäre **motorische Großhirnrinde** aus Zellen besteht, die direkt zu den entsprechenden Stellen in den Tiefen des Rückenmarks gelangen. Die Großhirnrinde steuert die präzise Ausführung gewollter Bewegung, insbesondere auch feiner und dezidierter Bewegungen.

Wenn Sie im Pinzettengriff eine Rosine aufheben und zum Mund führen, ist hieran wesentlich die motorische Hirnrinde mit ihren willkürmotorischen Funktionen beteiligt.

Im Gegensatz zu den oben angesprochenen «Stammhirnprogrammen» handelt es sich also nicht um komplexe, stereotyp verlaufende motorische Aktivitäten, sondern jeweils um «kleine motorische Bausteine», die sehr gezielt verändert werden können und vor allem willentlich eingesetzt werden. Erst bei den Primaten (Menschenaffen) ermöglichte dies den **Präzisionsgriff**, ein Extrem an visuo-motorischer Koordination, gezielte Willkürbewegung im Sinne von **Feinmotorik** sowie schließlich den Werkzeuggebrauch.

> So gelingt es bereits Schimpansen, Steine als «Hammer und Amboss» in den Dienst des Nüsseknackens zu stellen.

Entsprechend ihrer Bedeutung sind die motorischen Einheiten in der Peripherie in unterschiedlichem Maße in der motorischen Großhirnrinde repräsentiert, da sie unterschiedlich «fein» von ihr kontrolliert werden. Die Abbildung 3.3 in Kapitel 3 (sog. Homunculus) verdeutlicht, dass insbesondere die Gesichts- und Mundmotorik sowie die Handmotorik einen sehr großen Raum bei der zerebralen Repräsentation einnehmen. Wie schon in erwähnt, ist dies Voraussetzung unserer detaillierten Mimik sowie unserer hochkomplexen manuellen Fähigkeiten.

Funktionen der motorischen Hirnrinde können zum einen durch einen Infarkt in dieser Region (beim Schlaganfall) gestört werden. In der Regel resultiert dann eine kontralaterale (gegenseitige) Halbseitenlähmung, wie sie in Kapitel 20 (Schlaganfall) beschrieben wird. Zum anderen können Störungen in der motorischen Hirnrinde in Gefolge von Narbenbildung oder anderer Schädigungen auch zu charakteristischen motorischen Krampfanfällen führen, die in der motorischen Hirnrinde ihren Ausgang nehmen. Hierauf wird in Kapitel 18 (Epilepsie) eingegangen.

Die primäre motorische Rinde unseres Großhirns ist allerdings nicht die höchste motorische Koordinationseinheit, sondern nur das «ausführende Zentrum» für exakte Willkürmotorik. Die Abbildung 13.2 soll verdeutlichen, dass in Zusammenarbeit mit sensorischen Zentren der **assoziative Kortex** (also sekundäre und tertiäre Hirnrindenareale) den **Handlungsplan** zur motorischen Aktion entwirft. Von hier aus gehen «Meldungen an Unterausschüsse» unterhalb des Neokortex, die die entsprechenden motorischen Schritte «vorbereiten» und koordinieren, ohne dass uns dies in der Regel bewusst wird. Diese «Unterausschüsse», die der bewussten Willkürmotorik zuarbeiten, sind im wesentlichen die Basalganglien unterhalb der Großhirnrinde sowie das Kleinhirn. Von den Basalganglien bzw. dem Kleinhirn gehen (unbewusste) motorische Informationen direkt über den Hirnstamm ins Rückenmark (vgl. extrapyramidales System). Zum anderen gelangen motorische Reize über den Thalamus zum Motorkortex (primäre motorische Hirnrinde), wo sie bearbeitet werden und über die Pyramidenbahn zur Muskulatur gelangen. Diese Willkürmotorik läuft also vom assoziativen Kortex über die «Unterausschüsse» zur primären motorischen Hirnrinde und schließlich über die Pyramidenbahn zu den ausführenden Muskeln.

Nun sollen noch kurz die wichtigsten subkortikalen Strukturen beschrieben werden. Die **Basalganglien** wirken dabei mit, die Bewegungsplanung der assoziativen Hirnrinde in Bewegungsprogramme umzusetzen. Es geht also um eine zeitlich-räumliche Verknüpfung motorischer Einzelaktivitäten zu einem integrativen, sinnvollen Handlungsablauf. Vor allem die Einleitung und Durchführung langsamer Bewegungen werden von den Basalganglien stark beeinflusst.

> Wenn Sie in der linken Hand eine Tasse auf einem Unterteller halten und sich mit der rechten Hand aus einer Kanne Tee eingießen, dann wird die Bedeutung der zeitlich-räumlichen Koordination (unter Beachtung diverser Neigungswinkel) deutlich.

Im wesentlichen bestehen die Basalganglien aus dem sog. Striatum (das wiederum in das Putamen und den Nucleus caudatus, den so genannten Schweifkern, unterteilt werden kann) sowie dem Pallidum und der Substantia nigra (schwarze Substanz). Ein Ausfall der Basalganglien oder eine Schwächung ihrer Funktion führt vor allem zu Störungen der langsamen Bewegung sowie zu spezifischen Koordinationsstörungen.

Beim **Parkinson-Syndrom** sind aus unterschiedlichen Gründen Zellen der Substantia nigra zerstört, so dass deren Neurotransmitter Dopamin nicht ausreichend vorliegt. Dies zieht Pallidum und Striatum in Mitleidenschaft. Beim typischen Parkinson-Syndrom kommt es zu einem erhöhten Muskeltonus, der Bewegungen nur gegen «fast wächsernen» Widerstand möglich macht. Dieser erhöhte Muskeltonus wird als **Rigor** bezeichnet. Unter **Akinese** versteht man eine Störung oder den Ausfall langsamer Bewegungen. Typisch ist schließlich ein Zittern in Ruhe (z.B. das «Pillen-Dreh-Phänomen» der Finger), das als **Ruhetremor** bezeichnet wird. Diese Störung, die auch mit Auffälligkeiten der Mimik («Salbengesicht») verbunden sein kann, tritt hauptsächlich als eigenständige Erkrankung im Alter, mitunter aber auch als Nebenwirkung bei bestimmten Medikamenten (Neuroleptika) auf.

Einen zweiten «motorischen Unterausschuss» bildet das **Kleinhirn**, das im unteren Teil des Hinterhauptes gelegen ist, aus einem Kleinhirnwurm und einer Kleinhirnrinde besteht und zwei Hemisphären (Hälften) aufweist. Das Kleinhirn erhält zahlreiche Informationen aus motorischen und sensorischen Systemen (insbesondere aus dem Gleichgewichtssinn). Es bestehen zum Teil hochkomplexe schleifenförmige Verbindungen zur motorischen Hirnrinde und subkortikalen motorischen Strukturen. Das Kleinhirn ist, hierachisch betrachtet, verglichen mit den Basalganglien ein gleichrangiges Zentrum. Es ist vor allem für die Programmierung rascher Bewegungen, für die Kurskorrektur rascher Bewegungen sowie die Verknüpfung von Haltung und Bewegung verantwortlich. Ausfälle des Kleinhirns zeigen sich in Schwierigkeiten, Muskeln so dosiert zu innervieren (zu beeinflussen), dass eine harmonische Bewegung entsteht. Sowohl die zeitlichen als auch die örtlichen Abstimmungen und Integrationen können erschwert sein, so dass Bewegungen zu kurz oder zu lang greifen bzw. zu kurz oder zu lang andauern.

Ein fünfjähriger Junge mit Kleinhirndysplasie (Fehlbildung) hatte erhebliche örtliche und zeitliche Koordinationsschwierigkeiten sowohl in der Grob- als auch in der Feinmotorik. Beim Einfüllen von Wasser in einen Spielzeugeimer goss er daneben. Beim Fußballspielen trat er daneben. Zahlreiche Hämatome an Knien und Unterschenkeln zeugten von Stürzen, beispielsweise wenn er ein Hindernis zwar erkannte, aber beim Laufen die Entfernungen und Bewegungsfolgen falsch einschätzte.

Weitere Zeichen einer Kleinhirndysfunktion sind eine zu niedrige Muskelspannung (**Hypotonus**) mit eventueller Muskelschwäche sowie ein Zittern, das sich bei Bewegung verstärkt (**Intentionstremor**). In den komplexen und zum Teil schleifenartigen Verschaltungen mit dem Kleinhirn spielt die Hemmung motorischer Erregung eine große Rolle. Der hierfür zuständige, hemmende Neurotransmitter ist in der Regel Gamma-Amino-Buttersäure (GABA). Insgesamt besteht ein wesentlicher Mechanismus der motorischen Feinregulierung in einer dosierten **Hemmung** (**Inhibition**) motorischer Erregung. Ein Ausfall von Kontrollfunktionen führt also häufig zu ungesteuerten, impulsiven und enthemmten Bewegungsabläufen.

Es wurde bereits auf einige Störungen in den o.g. motorischen Kontrollzentren hingewiesen. Daneben gibt es Störungen, die mehr oder weniger sehr unterschiedliche motorische Strukturen betreffen können. Bei der Multiplen Sklerose, auf die in Kapitel 14 eingegangen wird, können je nach dem, welche Gehirnteile von einem selbstentzündlichen Prozess befallen sind, sehr unterschiedliche motorische, aber auch sensorische Störungen resultieren. Bei der infantilen Zerebralparese (vgl. Kap. 16) handelt es sich in der Regel um Sauerstoffmangel-bedingte perinatale Störungen der Motorik mit spastischen Lähmungen unterschiedlichen Grades, Koordinationsstörungen (**Ataxie**) und **Hyperkinesen** (oft unwillkürlichen, impulsiven Bewegungen und zum Teil schraubenförmig sich windenden Bewegungsmustern). Sehr diskrete motorische Störungen können bei der minimalen zerebralen Dysfunktion (MCD) sowie dem «hyperkinetischen Syndrom» vorliegen, auf das Kapitel 17 näher eingeht. Hier können sowohl leichte Formen von spastischen Lähmungen als auch Koordinationsstörungen, Zeichen motorischer Unreife, Dyspraxien (Schwierigkeiten bei komplexen Bewegungsabläufen) und Störungen im motorischen Handlungsentwurf vorliegen – also Störungen auf ganz unterschiedlichen zerebralen Ebenen, die mitunter mit Raumerfassungsstörungen und Störungen der taktilen und Körperwahrnehmung sowie der visuo-motorischen Koordination einhergehen können.

Es wurde schon darauf hingewiesen, dass die Willkürmotorik ihren Ursprung in den assoziativen Hirnfeldern, vor allen den sekundären motorischen Arealen und den tertiären Feldern, hat. Hier findet sich der Handlungsantrieb (vor allem im Frontalhirn), der Bewegungsentwurf und die generelle Planung einer motorischen Handlungskette.

Bei dem Vorhaben, mir einen Pullover anzuziehen, muss ich ggf. die Knöpfe öffnen, die verschiedenen Öffnungen des Pullovers begutachten und räumlich einordnen und eine ganz bestimmte Handlungssequenz (zuerst den Kopf, dann den linken Arm, dann den rechten Arm, dann den Pullover herunterziehen, Knöpfe schließen) realisieren. Dies erfordert eine Kopplung unterschiedlicher taktiler und somato-sensorischer, visueller und motorischer Aktivitäten, die aufeinander abgestimmt werden müssen. Zugleich entsteht ein «innerer Planungsentwurf» im Vorstellungsraum, oft unter Zuhilfenahme des Gedächtnisses.

Störungen eines solchen sequentiellen motorischen Planungsentwurfes können bei minimaler zerebraler Dysfunktion, dann in relativ geringem Umfang auftreten: die Kinder können den Pullover zwar anziehen, doch brauchen sie länger als andere, verhalten sich ungeschickt und die Aktion verläuft recht stressig. Bei der Alzheimer-Erkrankung, mit der sich Kapitel 27 befasst, kann der Ausfall integrativer zerebraler Funktionen und des Gedächtnisses zu schwer wiegenden Dyspraxien und schließlich zur völligen Hilflosigkeit führen.

Zusammenfassend kann man sagen, dass die menschliche Motorik durch eine Vielzahl hierachisch geordneter motorischer Zentren abgestimmt wird. Dem evolutionären Trend folgend werden stammesgeschichtlich archaische, stereotype Bewegungsmuster bei den Primaten und schließlich beim Menschen modifiziert, was eine immer fortschreitendere präzise Willkürmotorik ermöglicht. Dieses Phänomen findet sich auch in der Entwicklungsgeschichte jedes einzelnen Kindes, während der die relativ archaischen Massenbewegungen des Säuglingsalters durch immer differenziertere und gezieltere motorische Bewegungsmuster abgelöst werden.

Überprüfen Sie Ihr Wissen!

13.1 Fragetyp A, eine Antwort richtig

Eines der folgenden Zentren ist vorwiegend für die Koordination und Kontrolle langsamer Bewegungen verantwortlich. Welches?

a) Das Kleinhirn

b) Die Basalganglien

c) Das Rückenmark

d) Das Stammhirn

e) Die motorische Großhirnrinde

13.2 Fragetyp C, Antwortkombinationsaufgabe

Beim so genannten Parkinson-Syndrom, einer Störung der Basalganglien, kommt es zu einigen typischen motorischen Störungen. Welchen?

1. Hypotonus (zu niedriger Muskeltonus)
2. Mimische Starre (Salbengesicht)
3. Störung langsamer Bewegungen
4. Ruhetremor (Ruhezittern)
5. Halbseitenlähmungen

a) Nur die Aussagen 1, 2 und 3 sind richtig.

b) Nur die Aussagen 2, 3 und 4 sind richtig.

c) Nur die Aussagen 3, 4 und 5 sind richtig.

d) Nur die Aussagen 2, 3, 4 und 5 sind richtig.

e) Alle Aussagen sind richtig.

13.3 Fragetyp E, Kausalverknüpfung

1. Die primäre motorische Hirnrinde ist das oberste motorische Kontrollorgan, von dem die ersten Impulse bei einer motorischen Aktion ausgehen, denn
2. die motorische Hirnrinde steuert insbesondere gezielte Aktivitäten der Willkürmotorik.

a) Nur die Aussage 1 ist richtig.

b) Nur die Aussage 2 ist richtig.

c) Die Aussagen 1 und 2 sind richtig, die Kausalverknüpfung stimmt nicht.

d) Alle Aussagen sind richtig.

e) Alle Aussagen sind falsch.

13.4 Fragetyp B, eine Antwort falsch

Eine der folgenden Aussagen ist falsch. Welche?

a) Die Gamma-Motoneurone innervieren die intrafusalen Fasern in der Nähe der Muskelspindeln.

b) Die Impulse der Willkürmotorik werden vor allem über extrapyramidale Bahnen weitergeleitet.

c) Basalganglien und Kleinhirn sind beim Menschen hierachisch gesehen etwa gleichrangige Zentren, die vor allem der räumlich-zeitlichen Koordination von Bewegungsabläufen dienen.

d) Im Stammhirn sind relativ stereotype statische und stato-kinetische Reflexe verankert.

e) Einfache Reflexbewegungen im Sinne von mono- und polysynaptischen Reflexen werden oft bereits auf Rückenmarksebene verarbeitet.

Vertiefungsfragen

Diskutieren Sie am Beispiel der motorischen Steuerungsprozesse, inwieweit der Mensch ein «Mängelwesen» ist.
Worin bestehen die Aufgaben extrapyramidaler Bahnen und Zentren?

Adressen

Bundesarbeitsgemeinschaft zur Förderung der Kinder und Jugendlichen mit Teilleistungsstörungen (MCD/HKS) e.V. Postfach 450246, 50877 Köln
Verein zur Förderung der Kinder mit minimaler zerebraler Dysfunktion (MCD). Friedemann-Bach-Str. 1, 82166 Gräfelfing

14. Unsicher.
Multiple Sklerose

Frau M. war 25 Jahre alt, als sie zum ersten Mal unter Sehstörungen litt. Anfangs waren es die Doppelbilder, die ihr zu schaffen machten, dann kam es zu zeitweiligem Sehausfall, der zum Glück wieder von alleine verschwand. Dem zeitweiligen Taubheitsgefühl an Füßen und Händen maß die junge Kinderkrankenschwester zunächst keine Bedeutung bei. Nach einem halben Jahr wiederholter und vorübergehender Auffälligkeiten ließ sie sich untersuchen, doch wurde zunächst keine eindeutige Diagnose gestellt. Der Verdacht der Ärzte reichte von «psychosomatischen Befindlichkeitsstörungen» und «funktionellen Beschwerden» über «Polyneuropathie» bis zu Störungen infolge einer mutmaßlichen Alkoholkrankheit. Schließlich wurde der Verdacht einer «Multiplen Sklerose» gestellt, und Frau M. musste eine Reihe zum Teil unangenehmer Untersuchungen über sich ergehen lassen. Fast zwei Jahre lang lebte sie in der Ungewissheit, dann ergab der klinische Verlauf ihrer Krankheit ein zweifelfreies Bild: Sie litt unter multipler Sklerose. Sie entschloss sich, trotz der ungewissen Prognose und der Tatsache, dass sie bereits einige bleibende neuronale Funktionsausfälle hatte, mit ihrem Mann, einem Ingenieur in die Entwicklungshilfe zu gehen. In Zentralafrika baute sie in den nächsten vier Jahren eine Säuglingsstation auf. Die politischen und organisatorischen Fähigkeiten, die sie hierbei entwickelte, und die ihr zuvor fremd waren, sollten ihr später von großem Nutzen sein.

Nach und nach verschlimmerte sich ihre Krankheit, Schwindelattacken und Gleichgewichtsstörungen nahmen an Intensität zu, es zeigten sich deutliche und schwere grob- sowie feinmotorische Störungen. Frau M. zog mit ihrem Mann wieder nach Deutschland, wo er in einem Industriekonzern in einer Großstadt Arbeit fand. Frau M., die zu diesem Zeitpunkt bereits nicht mehr erwerbstätig war, widmete sich mit großem sozialem Engagement der Nichtsesshaftenarbeit. In Zusammenarbeit mit einer Kirchengemeinde mietete sie einige Räume an, errichtete eine Küche und bot mit einer Reihe ehrenamtlicher HelferInnen Nichtsesshaften täglich zwei warme Mahlzeiten und die Möglichkeit, den Tag zu verbringen, an. Aus diesen bescheidenen Anfängen entwickelte sich im Laufe der Jahre ein in der «Szene» bekannter und frequentierter Treffpunkt, der aus dem sozialen Netz der Stadt nicht mehr wegzudenken ist. Frau M., die inzwischen nicht mehr laufen kann und auf den Rollstuhl angewiesen ist, erlebt bei ihren Behördengängen und politischen Aktivitäten häufig, dass sie entscheidende Institutionen als Rollstuhlfahrerin nur mit großen Mühen erreichen kann. Inzwischen «sachkundige Bürgerin» im Rat der Stadt, gelingt es ihr durch gezielte politische Aktivitäten, diesen Missstand teilweise zu beheben.

Bei der multiplen Sklerose handelt es sich um eine Erkrankung des zentralen Nervensystems, bei der das Stützgewebe, die **Gliazellen**, zugrunde gehen. Die Folge ist, dass die Nervenzellen, die normalerweise von den Gliazellen «umwickelt» werden, nicht mehr ausreichend ernährt und geschützt werden und dass die schnelle, saltatorische Erregungsleitung nicht mehr möglich ist. Erst sekundär kommt es dadurch zu funktionellen Ausfällen der Nervenzellen. Da die Gliazellen prinzipiell regenerieren können, ist es möglich, dass die Symptome, zumindest vorerst, nur vorübergehender Natur sind, sich also die Nervenzelle wieder erholt. Erst wenn die Nervenzelle selbst zugrunde geht, bleibt das Symptom, da sich die Nervenzelle nicht regenerieren kann. Die multiplen, überall in der weißen Substanz des ZNS auftretenden Verhärtungen (Sklerosierungen) geben der multiplen Sklerose ihren Namen. Die Ursache dieses chronisch-entzündlichen Krankheitsbildes ist letztlich nicht geklärt. Man nimmt heute an, dass es sich möglicherweise um eine Autoimmunerkrankung handelt, bei der Abwehrstoffe gegen körpereigenes, hier Nerven-Stützgewebe, gebildet wird. Ob hierbei u.a. Viren, die nach möglicherweise jahrzehntelanger Latenzzeit das Gewebe schädigen, eine Rolle spielen (sog. Slow-Virus-Hypothese), ist nicht geklärt.

Die Erstsymptome dieser Erkrankung, die vorwiegend zwischen dem zweiten und vierten Lebensjahrzehnt beginnt, sind Gefühlsstörungen (Hyper- oder Hypästhesien), Ameisenlaufen und «Kribbeln», Sehstörungen (Doppelbilder, vorübergehende Erblindungen) sowie Gangunsicherheiten und Gleichgewichtsstörungen. Charakteristisch ist, dass sich zumindest anfangs noch kein eindeutig pathophysiologischer Befund feststellen lässt. Sind die Symptome in aller Regel anfangs reversibel, so kann es im weiteren Verlauf zu unterschiedlichen Verlaufsformen kommen. Eine gutartige Form der MS äußert sich in wenigen, vollständig zurückgehenden Schüben. Ein chronisch rezidivierender Verlauf kann langsam, ein chronisch progredienter Verlauf schnell zu bleibenden und mitunter schwer wiegenden Folgeerscheinungen führen. Man geht davon aus, dass rund die Hälfte der MS-Patienten einen eher günstigen Verlauf zeigen und von der anderen Hälfte ein Teil auf Dauer auf einen Rollstuhl angewiesen ist.

Eine Reihe von Untersuchungen, teilweise auch invasiver Art, wie die **Lumbalpunktion**, bei der Liquorwasser aus dem Rückenmarkskanal entnommen wird, kann mit einer gewissen Wahrscheinlichkeit das Vorliegen einer MS bestätigen – beweisen oder sicher ausschließen lässt sich die Diagnose aber nicht, entscheidend ist der Krankheitsverlauf. Neben der Lumbalpunktion und der neurologischen Untersuchung sind vor allem die **evozierten Potentiale** von Bedeutung, eine Untersuchung, bei der den Patienten visuelle, akustische oder sensorische Reize appliziert werden und über den entsprechenden Großhirnarealen ein EEG abgeleitet wird. Charakteristische Veränderungen können Hinweise auf das Vorliegen einer MS geben. Auch Veränderungen im Computertomogram können zur Diagnose beitragen, ohne sie zu beweisen.

Im weiteren Verlauf der Erkrankung kann es zu sehr unterschiedlichen Lähmungserscheinungen kommen. Relativ häufig sind spastische Verlaufsformen, bei denen es zu einer erhöhten Muskelanspannung und gesteigerten Reflexen kommt (insbesondere auch bei seelischer Aufregung). Die **Spastik**, die zum Teil medikamentös symptomatisch behandelt werden kann, kann sich sehr störend auf das Leben der Betroffenen auswirken. Weiter kann es zu Blasentleerungsstörungen kommen, die im Extremfall zur Inkontinenz der Betroffenen führen und, so sich die Blase nicht durch entsprechende Reizung gezielt entleeren lässt, beim Mann ein Urenal (Auffangbeutel) und bei der Frau ggf. eine Vorlage erfordern. Blasenentzündungen aufgrund von Restharnbildung können das Krankheitsbild komplizieren.

Die **Koordinationsstörungen**, die auf einen Befall der Basalganglien oder Kleinhirnstrukturen hinweisen, können sich in Gangunsicherheit, Stürzen, aber auch in Störungen der visuomotorischen Koordination und der Feinmotorik (z. B. beim Greifen) äußern. Schließlich kann es aufgrund einer gestörten Koordination der Sprechwerkzeuge zu Sprechstörungen kommen, so dass die Betroffenen sehr undeutlich sprechen und schwer zu verstehen sind. Dies stigmatisiert sie möglicherweise, denn sie sind natürlich weder sprachgestört (ihre Sprachzentren sind intakt) noch geistig behindert. Es handelt sich also lediglich um eine Sprechstörung.

Die MS, deren Ursache letztlich ungeklärt ist, ist nicht heilbar. Die medizinischen Bemühungen konzentrieren sich daher auf symptomatische, pflegerische und rehabilitative Maßnahmen. Zu den symptomatischen Maßnahmen gehören u.a. eine Cortisontherapie im akuten Schub. Hierbei wirkt das Cortison vermutlich über seine antiallergischen, abschwellenden und entzündungshemmenden Wirkungen. Eine dauerhafte Cortisontherapie ist allerdings wegen der zum Teil erheblichen Nebenwirkungen dieses Präparates bedenklich. Weitere symptomatische Maßnahmen sind die medikamentöse Bekämpfung einer Spastik, eine gesunde und ausgeglichene Ernährung, medikamentöse Behandlung anfallsweise auftretender Schmerzen (insbesondere Gesichtsschmerzen), Behandlung der Blasenentleerungsstörung und Vorbeugung einer chronischen Blasenentzündung sowie krankengymnastische und physikalische Behandlungen. Die Krankengymnastik darf einerseits den Betroffenen nicht überfordern, soll andererseits im Schub ansetzen, um nach dem Schub Funktionsausfälle soweit wie möglich wieder beheben zu können.

Schließlich geht es darum, irreversible Funktionsausfälle (z. B. Lähmungen) zu kompensieren, also zu lernen, trotz und mit der bleibenden Behinderung ein so normales Leben wie möglich zu führen. Hierzu gehört das sog. «Daily-Living-

Training», in dem Betroffene beispielsweise lernen, sich mit Hilfsmitteln (z. B. dem Rollstuhl) innerhalb und außerhalb der Wohnung zu bewegen und die üblichen anfallenden Arbeiten und Verrichtungen (im Bad, in der Küche, auf dem Weg zum Arbeitsplatz) zu verrichten.

Entgegen früheren Behauptungen ist eine Wesensveränderung aufgrund der Erkrankung im Gehirn (sog. hirnorganisches Psychosyndrom) sehr selten, keinesfalls obligat. Hingegen kann es zu reaktiven depressiven Verstimmungen kommen, was nicht verwunderlich erscheint, wenn man die Unsicherheit der Prognose dieser Krankheit kennt. Die Erkrankung verläuft in Schüben, die sich über Jahre und Jahrzehnte hinziehen. Ein jeder dieser Schübe kann folgenlos abklingen, kann aber Restsymptome zeigen oder einen drastischen und sich verschlimmernden Verlauf aufweisen. Wie aber das Fallbeispiel zeigt, führt auch diese Erkrankung keineswegs obligat zur Resignation. Vielmehr hängt die Krankheitsbewältigung nicht nur vom Ausmaß der zerebralen Schädigung und der Stärke der Funktionseinbußen, sondern auch vom sozialen Umfeld und insbesondere von den, oft biographisch erworbenen, seelischen Kräften der betroffenen Persönlichkeit ab.

Erfahrungsgemäß zeigen sich häufiger, wenngleich keineswegs obligat, Schwierigkeiten, was das Autofahren und allgemein die **Mobilität**, die Berufstätigkeit, die Sexualität und die Partnerschaft angeht. Nur von der Schwere der Funktionseinbußen hängt es ab, ob der Betroffene Auto fahren kann oder nicht. Hierbei ist entscheidend, ob er für sich oder andere eine Gefahr darstellt. Viele Betroffene können über lange Zeiträume, möglicherweise auch nach einem Schub wieder, Auto fahren. Andere sind auf das Umrüsten ihres Wagens (Handgas, Schaltungsautomatik, Servolenkung) angewiesen, wieder andere können aufgrund schwer wiegender und bleibender Ausfallserscheinungen nicht mehr Auto fahren (insbesondere bei Koordinationsstörungen). Die Mobilität insbesondere bei Rollstuhlpflichtigen Betroffenen wird oftmals durch die Gegebenheiten der Umwelt erschwert: Zur Behinderung (der Disability) gesellt sich die Benachteiligung (das Handicap). Unüberwindbare Bordsteine und Treppen, unzugängliche Bahnsteige, Eingänge, die Fremdhilfe erforderlich machen, und vieles andere mehr erschweren die Partizipation am gesellschaftlichen Leben.

Die **Sexualität** kann, muss aber keineswegs gestört sein. Immerhin kann es beim Mann zu Erektionsstörungen und bei der Frau zu Beeinträchtigungen des Orgasmus kommen, je nach Lokalisation und Schwere sensorischer Beeinträchtigungen. Auch wenn das Risiko eines neuen Schubes direkt nach der Geburt eines Kindes leicht erhöht ist, ist die Schwangerschaft selbst für Mutter und Kind in der Regel (abgesehen von der Notwendigkeit einer guten medizinischen Betreuung) unproblematisch. Ob möglicherweise eine gewisse Vulnerability (anlagebedingte Disposition) zum Entstehen einer MS beiträgt, ist ungewiss. Sicher ist die MS aber keine Erbkrankheit im eigentlichen Sinne. Die Tatsache, dass jemand in der Verwandschaft eine MS hat, führt allein nicht zum Auftreten dieser Krankheit in der nächsten Generation. So gesehen gibt es also keine wesentlichen Gründe gegen eine Elternschaft. Ob man sich angesichts der Ungewissheit der eigenen Prognose zur Elternschaft entschließt, ist eine Frage der individuellen biographischen Situation und Entscheidung.

Die **berufliche Situation** kann vor allem in Zeiten hoher Arbeitslosigkeit erschwert sein. Die oft sinnvollen und mitunter notwendigen Umschulungsmaßnahmen können den Einstieg in einen neuen Beruf ermöglichen. Andererseits kann ein erneuter Schub mit neuen Störungen im Bereich der Koordination, der Wahrnehmung oder der Motorik solche Berufsziele wieder erschweren oder sogar zunichte machen.

Neben den medizinischen, rehabilitativen und pflegerischen Hilfen sind psychosoziale Beratung und insbesonder Hilfen von anderen Betroffenen von großer Bedeutung. Die deutsche Gesellschaft für Multiple Sklerose, die in vielen Städten lokale Gruppen hat, bietet den Betroffenen neben konkreten rechtlichen, finanziellen und lebenspraktischen Beratungsangeboten und Hilfen auch die Möglichkeit, sich mit anderen Betroffenen auszusprechen und nicht zuletzt solidarisch gegen gesellschaftliche Ausgrenzungen anzugehen – eine wichtige Aufgabe der Öffentlichkeitsarbeit.

Überprüfen Sie Ihr Wissen!

14.1 Fragetyp A, eine Antwort richtig

Eine der folgenden fünf Antworten ist richtig. Welche?

a) Die Multiple Sklerose ist eine Erkrankung des peripheren Nervensystems.

b) Sie betrifft vorwiegend die graue Substanz.

c) Es sind nur motorische Fasern betroffen.

d) Es handelt sich um eine chronisch-entzündliche Erkrankung, deren Ursache nicht eindeutig geklärt ist.

e) Im Vergleich zu anderen neurologischen Erkrankungen ist die MS eine sehr seltene Erkrankung.

14.2 Fragetyp B, eine Antwort falsch

Eine der fünf folgenden Aussagen ist falsch. Welche?

a) Das häufigste Erkrankungsalter liegt zwischen dem 20. und 40. Lebensjahr, mit einem Gipfel um das 30. Lebensjahr.

b) Zwischen Erstbeschwerden und Diagnosestellung können viele Jahre liegen.

c) «Multiple Sklerose» bedeutet «Verhärtung an unterschiedlichen Stellen».

d) Betroffen sind anfangs die markhaltigen Stützzellen.

e) Bestimmte Auffälligkeiten im EEG sind beweisend für die Multiple Sklerose.

14.3 Fragetyp E, Kausalverknüpfung

1. Die Phase der Diagnosestellung bei MS kann von Krisen und großer Unsicherheit geprägt sein,
denn

2. Verlaufsform und Prognose sind zum Zeitpunkt der Diagnosestellung oft ungewiss.

a) Nur die Aussage 1 ist richtig.

b) Nur die Aussage 2 ist richtig.

c) Die Aussagen 1 und 2 sind richtig, die Kausalverknüpfung stimmt nicht.

d) Die Aussagen 1, 2 sowie die Kausalverknüpfung sind richtig.

e) Alle Aussagen sind falsch.

14.4 Fragetyp A, eine Antwort richtig

Mit welcher der folgenden Untersuchungen kann man eine Multiple Sklerose sicher beweisen?

a) Evozierte Potentiale

b) Liquoruntersuchungen

c) Computertomogramm

d) Klinisch-neurologische Untersuchungen

e) Mit keiner der o.g. Methoden ist eine Multiple Sklerose sicher beweisbar.

Vertiefungsfragen

Worin bestehen die besonderen psychischen Belastungen in der Anfangs- und Diagnosephase einer Multiplen Sklerose?
Worin bestehen wesentliche Unterschiede hinsichtlich der psychosozialen Belastung bei einer MS gegenüber anderen Mobilitätsbehinderungen, z. B. einer Querschnittslähmung?

Adressen

Deutsche Multiple-Sklerose Gesellschaft (DMSG), Bundesverband e.V. Vahrenwaldstr. 205-207, 30156 Hannover. DMSG@dmsg.de, www.dmsg.de

15. «Auf einmal ändert sich alles». Querschnittslähmung

Das **Rückenmark** verbindet die Kontroll- und Entscheidungsinstanzen unseres Gehirns mit den motorischen Funktionseinheiten und sensorischen Sinnesstrukturen (Kälte-, Wärme-, Schmerz- und Tastrezeptoren) der Peripherie unseres Körpers. Es liegt innerhalb des Wirbelkanals, der von hinten von den Dornfortsätzen, von vorne von den Wirbelkörpern der einzelnen Wirbelsäulensegmente begrenzt wird. Es reicht bis in die Lendenwirbelregion. Das Rückenmark wird durch umgebende Häute geschützt und von einer Flüssigkeit, dem Liquor zerebrospinalis, umgeben. Diese Flüssigkeit ist mit der Gehirnflüssigkeit identisch und versorgt das Rückenmark u.a. mit Nährstoffen.

Im Querschnitt (vgl. Abb. 2.2, Kap. 2) lassen sich zwei Zonen des Rückenmarks unterscheiden: eine schmetterlingsförmige graue Substanz im Inneren sowie eine sie umgebende weiße Substanz im äußeren Bereich. Die **graue Substanz** im Inneren besteht aus Nervenzellen, die quasi als «Umschaltstationen» fungieren: hier laufen sensible Informationen, beispielsweise aus den Tastrezeptoren, im sensiblen «Hinterhorn» ein und werden entweder direkt verarbeitet oder «nach oben» weitergeleitet. Motorische «Umschaltstationen» finden sich in den motorischen «Vorderhörnern» der grauen Substanz, wo Impulse aus zentralen Instanzen auf die peripheren Nerven umgeschaltet und weitergeleitet werden. Während die graue Substanz also aus Nervenzellen besteht und Verarbeitungsfunktionen wahrnimmt, besteht die **weiße Substanz** aus auf- und absteigenden Leitungsbahnen. Die sensorischen Reize bzw. motorischen Befehle werden durch diese Leitungsbahnen bis zu ihren Bestimmungsorten, den peripheren Nerven einerseits oder dem Gehirn andererseits, weitergeleitet. Da die Leitungsbahnen von fetthaltigen Stützzellen isoliert werden (Myelinisierung), sind sie im Mikroskop als weißliche Schicht erkennbar, und die weiße Substanz verdankt diesem Umstand ihren Namen.

Unterhalb eines jeden Wirbelsegments gehen seitlich (und damit paarig) zwei periphere Nerven, die **Spinalnerven** (Rückenmarksnerven im Unterschied zu den Hirnnerven), ab: relativ dicke Nervenfaserbündel, die, ähnlich großen Kabelsträngen, viele einzelne Nervenzellfortsätze enthalten (**Abb. 15.1**). Solche peripheren Nerven (also Sammelstränge) sind gemischt, sie enthalten sowohl sensible als auch motorische Fasern. Der Mensch besitzt 31 paarig angelegte Spinalnerven, deren sensible Anteile unterschiedliche und relativ genau abgegrenzte Körpergebiete versorgen (s. **Abb. 15.2**). Die sensiblen Fasern dienen der Weiterleitung von Berührungsempfindung, Schmerz- und Temperaturempfindung sowie der Empfindung der Körperlage. Auch die motorischen Leitungsbahnen sind segmental angeordnet: Der motorische Anteil eines Spinalnerven versorgt die Muskulatur einer ganz bestimmten Körperregion seines «Versorgungsgebietes». Neben den motorischen und sensorischen Bahnen enthält das Rückenmark bzw. seine unmittelbare Umgebung auch Leitungsbahnen des sog. vegetativen Nervensystems. Dies besteht aus zwei funktionell entgegengesetzten Systemen: dem sympathischen sowie dem parasympathischen Nervensystem. Beide versorgen im wesentlichen unwillkürlich (d.h. nicht durch den Willen zu beeinflussen) die inneren Organe unseres Körpers, wobei der Sympathikus eher aktivierende Aufgaben hat und auf Kampf- und Fluchtreaktion vorbereitet, während der Parasympathikus im Dienste der Regeneration steht.

Im Falle einer Schädigung des Rückenmarks können zum einen Leitungsbahnen der weißen Substanz zerstört werden, zum anderen die Umschaltstationen der grauen Substanz. Die Folge einer solchen Schädigung ist, dass an der Stelle der Schädigung die Umschaltfunktionen gestört oder zerstört sind, so dass die motorischen und sensorischen Aktivitäten an dieser Stelle nicht mehr funktionieren: u.a. resultiert hieraus eine schlaffe Lähmung in Höhe dieses Segmentes. Andererseits werden die Leitungsbahnen gestört oder durchtrennt, so dass unterhalb der Läsion keine oder keine ausreichende Verbindung mit den oberhalb liegenden, steuernden zentralnervösen Instanzen besteht. Zunächst kommt es also auch unterhalb der Schädigungsstelle zu einer **schlaffen Lähmung**, weil keine Impulse mehr weitergeleitet werden. Nach einiger Zeit können aber die neuronalen Schaltkreise der grauen Substanz unterhalb der Schädigung, die ja nicht zerstört sind, eine gewisse «Eigentätigkeit» aufnehmen, was zu einer mehr oder weniger unkontrollierten Nervenzellaktion führt: die schlaffe Lähmung kann in eine **spastische Lähmung** übergehen.

Querschnittslähmungen entstehen durch eine Schädigung des Rückenmarks. Je nach Ort und damit Höhe der Schädigung spricht man von einer hohen oder tiefen Querschnittslähmung, wobei im ersten Fall alle vier Extremitäten gelähmt sind (**Tetraplegie**), im zweiten Fall nur die Beine (**Paraplegie**). (Im Gegensatz zur Querschnittslähmung kommt es beim Schlaganfall, einem Hirninfarkt, in der Regel zu einer Halbseitenlähmung, einer **Hemiplegie**, bei der beispielsweise der rechte Arm und das rechte Bein gelähmt sind). Schließlich kann man eine **komplette Querschnittslähmung**, bei der keinerlei sensorische Informationen unterhalb der Schädigung weitergeleitet werden und die motorische Lähmung vollstän-

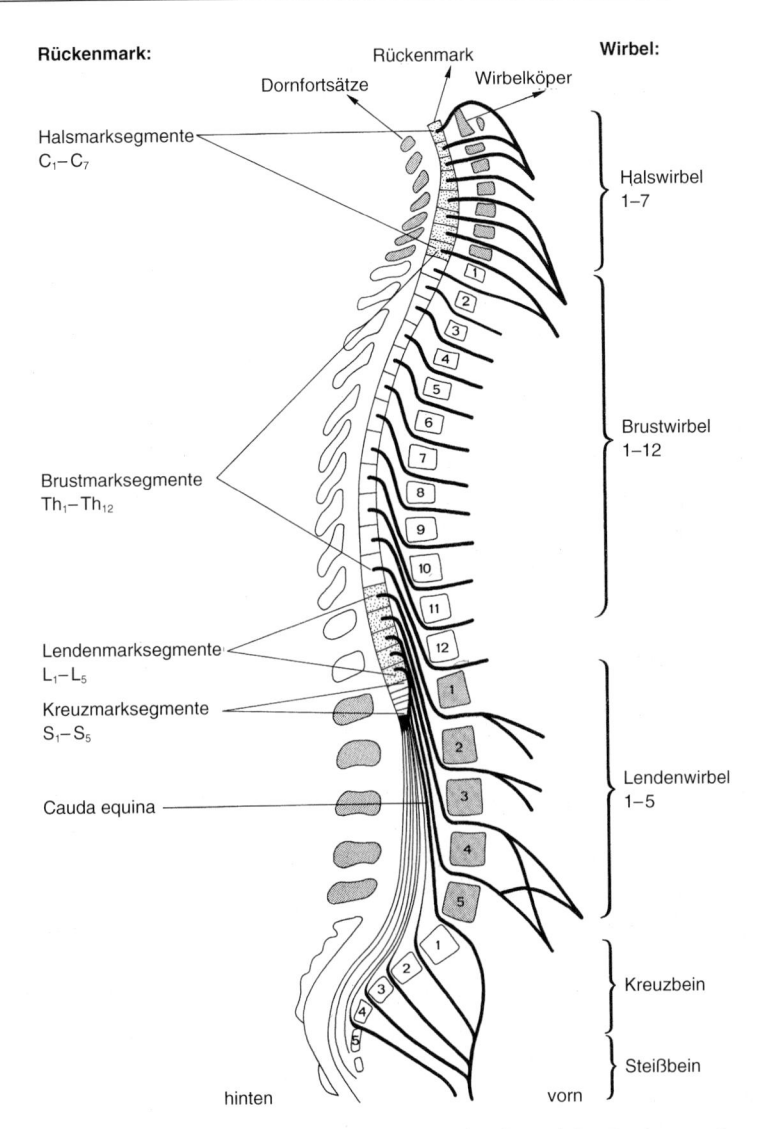

Abbildung 15.1: Schematische Darstellung der Wirbelsäule und des Rückenmarkes mit den austretenden Rückenmarksnerven.

dig ist, von einer **inkompletten Querschnittslähmung** abgrenzen, bei der nicht alle Leitungsbahnen zerstört sind, sondern einige Fasern ihre Funktionen wahrnehmen können.

Querschnittslähmungen können unterschiedliche Ursachen haben. Unter den angeborenen Querschnittssyndromen spielt die **Spina bifida** zahlenmäßig die

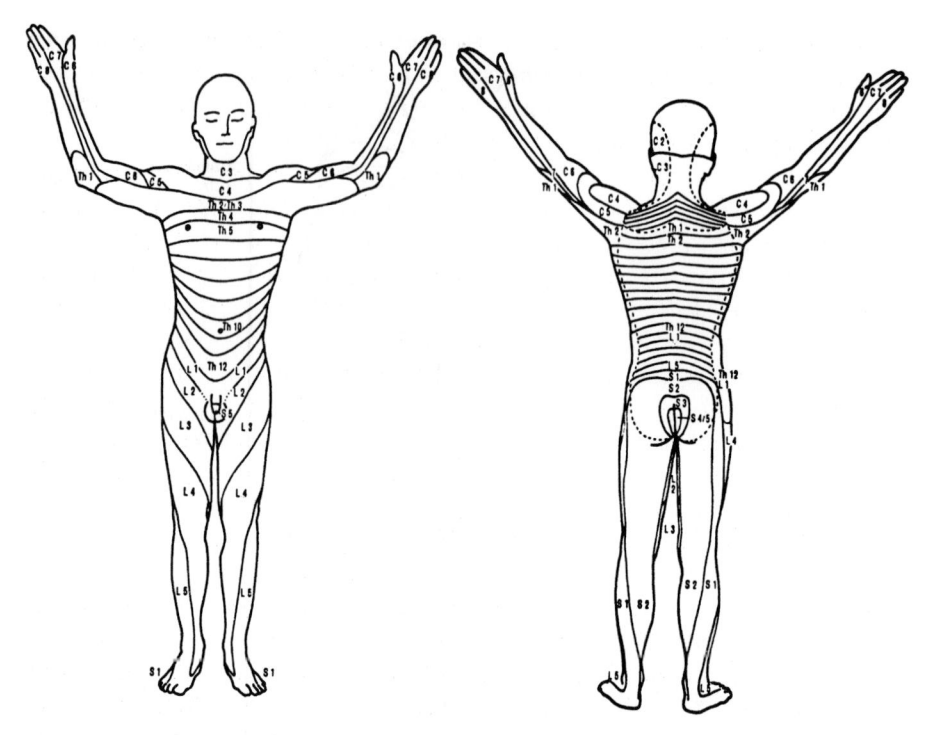

Abbildung 15.2: Segmentale Hautinnervation.

größte Rolle: Intrauterin kommt es zu einer nicht vollständigen Schließung des Neuralrohres (der Anlage für das Rückenmark) und damit zu einem Defekt, der, je nach Höhe und Ausprägung, unterschiedliche Schweregrade eines Querschnittssyndroms hervorrufen kann. Erworbene Querschnittslähmungen können Folge einer Raumforderung sein: gut- sowie bösartige Geschwulste (Krebs) können auf das Rückenmark drücken und es lädieren. Bandscheibenvorfälle können, ungünstig gelegen, durch Druck auf die Spinalwurzel zur Lähmungen führen und müssen dann operiert werden.

Die häufigsten Ursachen einer erworbenen Querschnittslähmung sind aber traumatischer Natur: etwa 800 der 1000 Menschen, die in der Bundesrepublik jährlich neu an der Querschnittslähmung erkranken, sind Opfer eines Traumas, zumeist Verkehrsopfer, mitunter Opfer von Arbeitsunfällen, Haushaltsunfällen, Sportunfällen, und, zahlenmäßig geringer, Suizidversuchen. Insbesondere die Beschleunigungs- und Peitschenschlagtraumen bei Verkehrsunfällen, bei denen Fahrer oder Beifahrer zunächst nach vorn und dann zurückgeschleudert werden, können durch Zerstörung von Blutgefäßen sowie Rückenmarksquetschungen und Stauchungsbrüchen der Wirbelsäule zu Querschnittssyndromen führen. Männer, vor allem im dritten Lebensjahrzehnt, sind statistisch gesehen wesentlich häufiger betroffen als Frauen. Während Querschnittslähmungen nach Unfällen schlagartig und oft vollständig auftreten, verlaufen sie bei Entzündungen innerhalb von Stunden oder Tagen und bei Tumoren in der Regel schleichend.

Die Therapie und damit die Prognose **traumatischer Querschnittslähmungen** hat in den letzten fünfzig Jahren beeindruckende Fortschritte gemacht. War in der ersten Hälfte unseres Jahrhunderts die Querschnittslähmung mit Siechtum und oft genug mit frühzeitigem Tod verbunden, so änderte sich dies durch die Behandlungs- und Rehabilitationsmaßnahmen, die seit dem Ende des zweiten Weltkriegs entwickelt wurden, grundlegend. Die Behandlung lässt sich, grob vereinfacht, in vier Phasen einteilen: Neben der Phase der ersten Hilfe und des Transports ist eine zweite Phase der Akutbehandlung (Behandlung im spinalen Schock) abzugrenzen. Ihr schließt sich in der Regel eine Rehabilitationsbehandlung in speziellen Zentren sowie die Bemühungen um eine Reintegration in die gesellschaftlichen Lebensbezüge an. Der Ersthelfer vor Ort muss wissen, dass abnorme Stellungen, Berührungsempfindlichkeit, Taubheitsgefühle, Urin- und Stuhlabgang, Nacken- und Wirbelsäulenschmerzen sowie Bewegungsstörungen auf eine Rückenmarksschädigung hinweisen können. Aber selbst wenn diese Symptome nicht vorliegen, muss man bei entsprechendem Unfallhergang (z. B. Peitschenschlagtrauma) an ein mögliches Rückenmarkstrauma denken. Bei dem geringsten Verdacht auf ein Rückenmarkstrauma gilt es, ein Abknicken der Wirbelsäule oder abrupte Bewegungen zu vermeiden. Man muss sich klar machen, dass möglicherweise Knochensplitter im Wirbelkanal schon bei geringfügiger Bewegung der Wirbelsäule das Rückenmark unwiderruflich zerstören können. Um dies zu vermeiden, muss der Patient so schonend und ruhig wie möglich transportiert werden. Ersthelfer am Unfallort sollten wenn eben möglich den Betroffenen in seiner Lage lassen und allenfalls vorsichtig für Druckabpolsterung und Wärmeschutz (Decken) sowie fachkundige Hilfe sorgen (bei Herz- oder Atemstillstand allerdings sind, trotz der damit verbundenen Gefahr der Verschlimmerung eines Querschnittssyndroms, Wiederbelebungsmaßnahmen notwendig). Der Transport des Querschnittsgelähmten erfolgt unter schonendsten Bedingungen, in der Regel in einer Vakuummatratze, die jede Körperbewegung ausschließt, und oft unter Einsatz eines Rettungshubschraubers, der die nächste, auf solche Störungen vorbereitete Spezialklinik anfliegt.

In der Frühphase des sog. **spinalen Schocks** kommt es zu schlaffer Lähmung und mehr oder weniger vollständigem Sensibilitätsausfall unterhalb der Schadensstelle, meist auch zu Blasen- und Darmlähmung und Durchblutungsstörungen. Die ersten Stunden und Tage des spinalen Schocks, der in der Regel zwei bis acht Wochen dauert, sind besonders kritisch und komplikationsreich. Da einerseits sensible Druckempfindung nicht mehr weitergeleitet werden, andererseits zumindest unterhalb der Läsion eine Bewegung unmöglich ist, kommt es schnell zu Druckgeschwüren, die zu einer Zerstörung und Infektion großer Hautpartien führen können. Eine ebenso behutsame (zur Vermeidung weiterer Läsionen) wie regelmäßige Umlagerung des Patienten (oft im Drei-Stunden-Rhythmus), die Lagerung auf Spezialbetten und eine minutiöse Hautpflege können einem Druckgeschwür (Dekubitus) vorbeugen.

In der Phase des spinalen Schocks kommt es wesentlich darauf an, die Wirbelsäule ruhig zu stellen, um weiteren Rückenmarksschäden vorzubeugen. Im Gefolge dieser absoluten Ruhigstellung kann es zu Blutgerinseln (Thrombosen) und Lungenentzündungen kommen, die mitunter intensive medizinische Maßnahmen erfordern. Die Blasenlähmung erfordert meist eine anfängliche Katheterisierung der Blase unter sterilen Bedingungen, wobei immer die Gefahr einer aufsteigenden Harnwegsinfektion mit potentieller Nierenschädigung besteht. Auch die anfängliche Darmfunktionsstörung macht medizinische Eingriffe wie medikamentöse Darmanregung, leichte Abführmittel, vorsichtige Einläufe usw. notwendig. Sekretstau in den Bronchien, Schwierigkeiten beim Abhusten und Lungenentzündungen sind weitere Komplikationen, denen man vorzubeugen versucht. Bei hohen Schädigungen des Brust- und Halsmarks sind immer intensivmedizinische Überwachungen von Atmungs-, Herz-Kreislauf-, Blasen- und Nierenfunktionen notwendig.

Die Akutbehandlung im spinalen Schock dauert in der Regel zwei bis acht Wochen. Daran schließt sich eine **Rehabilitationsbehandlung** an, die je nach Höhe und Intensität der Schädigung mehrere Monate bzw. bis zu einem Jahr betragen kann. Dabei geht es anfangs darum, Kreislauf und innere Organe an die neuen Anforderungen zu gewöhnen, indem der Patient in kleinen Schritten mobilisiert wird. Krankengymnastische Übungen sollen einer Gelenkversteifung vorbeugen und die Gelenkfunktionen erhalten. Weiter muss der Betroffene lernen, mit Störungen aufgrund ausgefallener vegetativer Steuerungsmechanismen umzugehen: so muss er beispielsweise auf Dauer eigenständig die Probleme der Darmentleerung und der Blasenfunktion bewältigen.

Eine besondere Aufgabe der Rehabilitation ist die **Adaptation** an ein Leben mit Mobilitätsbehinderung. Je nach Höhe und Grad der Schädigung kann eine teilweise oder komplette Lähmung nur der unteren oder aller vier Extremitäten vorliegen. War eine solche Lähmung im ersten Stadium in der Regel eine schlaffe Lähmung, so treten nach einigen Monaten durch unkontrolliertes Feuern der unterhalb der Schädigung gelegenen Neurone Spastiken auf, die eventuell erhaltene Restfunktionen der Mobilität erschweren können. Im Laufe der Rehabilitationsbehandlung stellt sich zunehmend heraus, welche Funktionseinbußen dauerhafter Natur sind. Mitunter kann man noch viele Monate nach dem Unfall Besserungen feststellen, allerdings ist ein bleibender Zustand von Funktionseinbußen absehbar, oft schon wesentlich früher. Für den Betroffenen gilt es nun, mit seinen Funktionseinbußen und Lähmungen leben zu lernen. Dazu gehört, falls möglich, das kurzfristige Gehen mit Gehstützen, das soweit wie möglich eigenständige Wechseln vom Bett in den Rollstuhl, vom Rollstuhl in das Auto, das Überwinden kleinerer und größerer Barrieren usw. Hierbei muss der Betroffene die ihm verbliebenen Restfunktionen der gelähmten Extremitäten (so vorhanden) ausnützen und ggf. bei einer Paraplegie die Funktionen der nicht gelähmten Arme gezielt einsetzen, um beispielsweise bei der Badbenutzung oder dem Zubettgehen seine Position zu verändern.

Bei diesem Prozess der Adaptation kann man vielleicht drei Stufen unterscheiden: In der ersten Stufe geht es um das Training verbliebener Funktionen bzw. das kompensatorische Nutzen anderer Funktionen: Mit Hilfe der Krankengymnastik wird gezielt geübt, beim Benutzen von Gehstützen die Armmuskulatur einzusetzen und das Gleichgewicht zu halten. In einer zweiten Stufe geht es darum, die so gewonnenen kompensatorischen Teilfunktionen der Mobilität im Alltag so zu nutzen, dass man möglichst eigenständig leben (d. h. wohnen und arbeiten) kann. Im sog. Daily-Living-Training, einer Domäne der Ergotherapie, lernen Betroffene je nach Ausmaß ihrer Schädigung, mit umgebauten und speziellen Werkzeugen den Haushalt zu führen, in der umgebauten Küche sich ein Essen zu bereiten, das Bad zu benutzen, kleinere Hindernisse in der Wohnung zu passieren, in den Wagen zu steigen und ggf. mit Hilfe spezieller Umrüstungen zu fahren, sich auf die Bedürfnisse des Arbeitsplatzes einzustellen und dergleichen mehr. Zu diesem Zweck gibt es in den meisten Rehabilitationskliniken Trainingsküchen, Trainingsbadezimmer, zum Teil elektronische Hilfen und computerunterstützte Simulationen sowie eine Vielzahl ergotherapeutischer Programme, die aus den verbliebenen Fähigkeiten Fertigkeiten für die Alltagsbewältigung zu entwickeln helfen. In einer dritten Stufe der Rehabilitation geht es schließlich darum, die wiedergewonnenen Fertigkeiten in den realen, sozialen Alltag und die Lebensbezüge zu transferieren, eine Aufgabe, an der nicht nur Mediziner und Therapeuten, sondern auch Heilpädagogen und Sozialarbeiter im Rehabilitationsbereich beteiligt sein können. Es geht darum, die konkrete Wohnung so umzugestalten, dass der Betroffene tatsächlich eigenständig leben kann. Es geht darum, Bedürfnisse und Fähigkeiten des Betroffenen in Deckung zu bringen mit den Möglichkeiten, die das reale Umfeld bieten kann und bieten will. Hierzu gehören Umbaumaßnahmen ebenso wie Überlegungen zur Erhaltung und Neugestaltung des Arbeitsplatzes. Außerdem geht es nun auch um die Auseinandersetzung mit der lebenslangen Behinderung, die möglicherweise erst jetzt emotional in ihrer vollen Tragweite erfahren wird, auch wenn dies auf kognitiver Ebene bereits vorher bewusst war. So kann es z. B. geschehen, dass Querschnittsgelähmte in dem Augenblick, indem sie sich an den Rollstuhl gewöhnen müssen, mit schweren Depressionen und/oder einer akuten Verschlechterung ihres Allgemeinzustandes (Herz-Kreislaufstörungen, Harnwegsinfekt usw.) reagieren. Zwar war ihnen bereits bewusst, dass sie auf den Rollstuhl angewiesen sind, doch das emotionale Erleben dieser Wirklichkeit schlägt dann ganz anders und krisenhaft zu Buche.

Prinzipiell gilt für alle orthopädischen, technischen und elektronischen Hilfsmittel: Sie müssen nicht nur den speziellen Funktionseinbußen und den durch die Lebenswirklichkeit der Betroffenen vorgegebenen Anforderungen angepasst sein (so braucht ein berufstätiger Querschnittsgelähmter möglicherweise für den Arbeitsplatz und den Wohnbereich zwei sehr unterschiedliche Rollstühle und/oder die Möglichkeit, mittels elektronischer und mechanischer Hilfen seinen Rollstuhl mit dem Wagen zu transportieren), sondern darüber hinaus müssen solche Hilfsmittel vom Betroffenen bewusst sowie emotional akzeptiert werden können. Dieser Adaptationsprozess dauert in der Regel längere Zeit und benötigt mitunter eine fachliche Begleitung im Sinne einer Krisenhilfe.

Aber nicht nur der Betroffene muss sich an seine Umwelt adaptieren, sondern auch die Umwelt muss Bereitschaft zeigen, auf die Bedürfnisse Querschnittsgelähmter einzugehen. Es wurde eingangs erwähnt, dass die Diagnose «Querschnittslähmung» noch vor fünfzig Jahren eine infauste Prognose beinhaltete. Demgegenüber haben Querschnittsgelähmte heute dank intensivmedizinischer, pflegerischer und vor allem rehabilitativer Maßnahmen eine fast normale Lebenserwartung. Das allgemeine öffentliche Bewusstsein hinkt dieser Entwicklung in bedrückender Weise nach. Die meisten Bahnhöfe sind nicht darauf eingerichtet, dass Rollstuhlfahrer ohne fremde Hilfe einen Zug benutzen können, und oft genug sind selbst die normalen Bahnabteile noch nicht rollstuhlgerecht. Ähnliches findet sich in anderen Bereichen, so dass Rollstuhlfahrer oft nicht an wichtigen gesellschaftlichen Vorgängen teilnehmen können (Cafebesuche, Kinobesuche, Theaterveranstaltungen usw.). Wo dies durch technische Hilfen möglich ist, kann versucht werden, Mobilitätshindernisse zu verringern oder zu beseitigen: Beispielsweise kann ein Wagen durch gezielte Umbaumaßnahmen (Handgasumstellung, Servolenkung, Kupplungsautomatik usw.) einem paraplegisch Gelähmten zu größerer Eigenständigkeit und Mobilität verhelfen. Neben solchen individuell orientierten technischen Maßnahmen sind auch generelle Maßnahmen notwendig (Bordsteinabflachung, behindertengerechte Busse usw. als generelle Regelmaßnahmen). Dies wiederum setzt die Bereitschaft der Allgemeinheit voraus, solche Maßnahmen grundsätzlich und regelmäßig zu finanzieren und damit zu akzeptieren, dass der Behinderte einen Rechtsanspruch auf gesellschaftliche Partizipation hat. Die Akzeptanz muss aber weitergehen: es muss ins Bewusstsein eines jeden dringen, dass Querschnittsgelähmte partiell behindert sind, also lediglich einen eng umschriebenen Funktionsausfall hinsichtlich ihrer Mobilität haben, ansonsten aber sich in keinem anderen Bereich ihres Lebens von ihren Mitmenschen grundsätzlich unterscheiden. Es geht also nicht an, in ihnen primär oder vorrangig «den Behinderten» zu sehen, sondern sie primär wie alle anderen auch als individuelle Persönlichkeit zu sehen: als Gesprächspartner, als Mann oder Frau, als Arbeitskollegen, als Schüler oder Dozent, als Urlaubsbekanntschaft oder welche Rollen auch immer unser Leben so bietet. Es muss erkannt werden, dass die

Mobilitätsbehinderung ein Charakteristikum unter vielen, und beileibe nicht das Wichtigste ist.

Querschnittsgelähmte brauchen, je nach Art ihrer Funktionseinbußen, sicher in gewisser Hinsicht gesellschaftlich zur Verfügung gestellte besondere Hilfen und Erleichterungen. Auf der anderen Seite ist es in der Regel ihr Bestreben, wo immer möglich am normalen Leben und Alltagsgeschehen teilzunehmen, und bewusst keine Sonderstellung einzunehmen. Es ist bedrückend und empörend, dass das selbstverständliche Recht auf ein soweit wie möglich eigenständiges Leben und auf die Normalität des Alltags ausgerichtete Leben in der Gesellschaft oftmals erst eingefordert werden muss, in der Regel durch Selbsthilfegruppen und Interessenverbände der Betroffenen.

Überprüfen Sie Ihr Wissen!

15.1 Fragetyp B, eine Antwort falsch

Eine der folgenden Aussagen ist falsch. Welche?

a) Man unterscheidet komplette und inkomplette Querschnittslähmung.

b) Die Symptomatik einer Querschnittslähmung hängt auch von der Höhe der Schädigung ab.

c) Einmal aufgetretene Schäden nach einem Wirbelsäulentrauma sind immer irreversibel (bleibend).

d) Der Ersttransport nach einer Wirbelsäulenverletzung muss besonders schonend verlaufen.

e) Häufig gehen anfangs schlaffe Lähmungen in eine spastische Lähmung über.

15.2 Fragetyp E, Kausalverknüpfung

1. Bei der Lagerung akut Wirbelsäulenverletzter ist größte Vorsicht geboten, denn

2. bei abrupten Bewegungen und Abknickungen der Wirbelsäule können weitere schwere Rückenmarkschäden entstehen.

a) Nur die Aussage 1 ist richtig.

b) Nur die Aussage 2 ist richtig.

c) Nur die Aussagen 1 und 2 sind richtig, die Kausalitätsverknüpfung stimmt nicht.

d) Die Aussagen 1, 2 sowie die Kausalverknüpfung sind richtig.

e) Alle Aussagen sind falsch.

15.3 Fragetyp C, Antwortkombinationsaufgabe

Welche der folgenden Aussagen sind richtig?

1. Die «Behandlung im spinalen Schock» sollte grundsätzlich in der erstbesten, d. h. nächsterreichbaren Klinik erfolgen.

2. Die Lähmungen in der ersten Phase (spinaler Schock) sind zunächst schlaff.

3. Besondere Gefahren im spinalen Schock sind Blasenfunktionsverlust, Atemstörungen, Liegegeschwüre und Gelenkversteifungen.

4. Zur Verhinderung von Liegegeschwüren sind spezielle Maßnahmen des Bettens erforderlich.

5. Die Phase der «Behandlung im spinalen Schock» ist in der Regel kürzer als die anschließende Rehabilitationsphase.

a) Nur die Aussagen 1 und 3 sind richtig.

b) Nur die Aussagen 1, 3 und 4 sind richtig.

c) Nur die Aussagen 1, 2, 3 und 4 sind richtig.

d) Nur die Aussagen 1, 3, 4 und 5 sind richtig.

e) Nur die Aussagen 2, 3, 4 und 5 sind richtig.

15.4 Fragetyp B, eine Antwort falsch

Eine der folgenden Aussagen ist falsch. Welche?

a) Ziel der Wohnungsumgestaltung ist eine möglichst große Selbständigkeit und Mobilität des Querschnittsgelähmten.

b) Wichtige Erfordernisse sind stufenloser Wohnungszugang, breite Türen sowie Wendemöglichkeiten für den Rollstuhl.

c) Auch paraplegisch Gelähmte können nach entsprechenden Umbaumaßnahmen des Autos autofahren.

d) Es gibt gesetzlich geregelte Parkerleichterungen für Schwerbehinderte mit außergewöhnlichen Gehbehinderungen.

e) Tischtennisspielen, Basketball und Kugelstoßen sind für rollstuhlpflichtige Querschnittsgelähmte eher ungeeignete Sportarten.

Vertiefungsfragen

Erläutern Sie, dass die Phase, in der ein Querschnittsgelähmter erstmals den Rollstuhl benutzt, mit einer schweren seelischen oder körperlichen Krise einhergehen kann.

Erläutern Sie, dass das Handicap eines auf den Rollstuhl angewiesenen Querschnittsgelähmten wesentlich gesellschaftlich mitbedingt ist.

Adressen

Fördergemeinschaft der Querschnittsgelähmten in Deutschland e.V., Silcherstr. 15, 67591 Möbheim

16. Mangelnde Feinabstimmung. Infantile Zerebralparese

Die 22-jährige Manuela K. ist spastisch gelähmt. Aufgrund einer komplizierten Geburt mit zeitweiliger Sauerstoffunterversorgung des Gehirns kam es zu einer Störung wichtiger motorischer Zentren, so dass sie seither eine erhebliche spastische Lähmung beider Beine sowie eine geringfügige spastische Lähmung der oberen Extremitäten aufweist. Die Sprachmotorik und die mimische Motorik sind leicht gestört.

Von Anfang an wurde Manuela intensiv gefördert: Eine entwicklungskinesiologische Behandlung nach Vojta wurde sehr intensiv in den ersten Lebensjahren durchgeführt, und auch danach gehörten Krankengymnastik, sensomotorische Übungsbehandlung, therapeutisch-sportliche Aktivitäten und spezielle Förderungsmaßnahmen bis zur Pubertät zu ihrem Alltag. Die Eltern legten großen Wert darauf, dass ihre intellektuell begabte Tochter so normal wie möglich aufwachsen konnte: Gegen zum Teil erheblichen institutionellen Widerstand sorgten sie dafür, dass Manuela den Regelkindergarten, die Grundschule und ein Regelgymnasium – also nicht eine Schule für Körperbehinderte – aufsuchte. Die Schwierigkeiten setzten sich im Studium fort: Frau K., die normalerweise auf Gehstützen angewiesen ist, bei extremen und langwierigen Belastungen zeitweilig aber auch den Rollstuhl benutzt, hat Schwierigkeiten, einige Vorlesungen und Übungen (sie studiert ein naturwissenschaftliches Fach) zu besuchen, da Treppen und andere bauliche Gegebenheiten nicht für Behinderte eingerichtet sind. Da die entsprechenden Institute, Laboratorien und Praktiumsstellen zum Teil weit voneinander entfernt sind, ist Frau K. auf ein behindertengerechtes Auto angewiesen, dessen technische Umrüstung nach aufwendigem «Papierkram» bezuschusst wurde.

Unter ihren KommilitonInnen und bei ihren Dozenten genießt sie inzwischen hohes Ansehen. Anfangs hatte sie aber, wie bereits während ihrer Schulzeit, immer wieder gegen Vorurteile und Stigmatisierung anzukämpfen. Ihre leichten Störungen bei der mimischen Koordination sowie ihre leicht gestörte Sprechmotorik führte bei Gesprächspartnern des Öfteren zu Vorurteilen.

Im Behindertenreferat des ASTA sieht sie eine ihrer Hauptaufgaben darin, der Stigmatisierung und Ausgrenzung körperbehinderter Menschen entgegenzuwirken. So ist es ihrer Initiative zu verdanken, dass beim Neubau eines Labors ein behindertengerechter Eingang, der anfangs nicht vorgesehen war, sowie ein Aufzug eingerichtet wurden.

Bei der infantilen (d.h. kindlichen, im Kindesalter auftretenden) Zerebralparese (CP) handelt es sich um eine sensomotorische Störung, die als Folge einer **frühkindlichen Hirnschädigung** eintritt. Im Gegensatz zu anderen, später erworbenen Störungen des Gehirns liegt hier die Störung in der Phase der Entstehung und frühen Differenzierung dieses Organs. Ähnlich wie bei der geistigen Behinderung (vgl. Tab. 25.3, Kap. 25) kann man prä-, peri- und postnatale Schädigungen unterscheiden. So kann eine Zerebralparese Folge einer Vergiftung oder Sauerstoffunterversorgung in der Schwangerschaft sein. Häufiger sind Zerebralparesen nach Geburtstraumen zu beobachten, vor allem wenn es zur zeitweiligen Unterversorgung mit Sauerstoff kam. Aber auch im ersten Lebensjahr können exogene, auf das Gehirn einwirkende Schädigungen noch eine Zerebralparese verursachen. Mit etwa vier von 1000 betroffenen Kindern gehört die Zerebralparese zu den relativ häufigsten Körperbehinderungen. Die Zahl leichterer Störungen (beispielsweise im Grenzbereich eines hyperkinetischen Syndroms) ist deutlich höher.

Vergegenwärtigt man sich, dass die Ursache einer Zerebralparese meistens in einer Sauerstoffunterversorgung des Gehirns in einer sehr sensiblen, frühen Phase seiner Entwicklung ist, so wird verständlich, dass Schädigungen auf sehr unterschiedlichen Sektoren, nicht nur im motorischen Bereich auftreten können.

Tabelle 16.1 zeigt, dass grundsätzlich motorische Störungen, sensorische (Sinnes-) Störungen, eine geistige Behinderung oder eine Epilepsie Folgen einer massiven frühkindlichen Hirnstörung sein können. Mit anderen Worten: Es kann eine **Mehrfachbehinderung** vorliegen. Es ist aber darauf hinzuweisen, dass dies keineswegs immer der Fall ist. Mindestens ein Viertel aller von einer Zerebralparese betroffenen Menschen sind intellektuell normal oder überdurchschnittlich begabt, und hirnorganische Krampfanfälle treten nur bei einem geringeren Teil der Betroffenen (etwa einem Drittel) auf.

Wenngleich also Mehrfachbehinderungen vorkommen, sind die deutlichsten und schwerwiegendsten Symptome bei der Zerebralparese motorischer Art. Um diese Funktionsausfälle besser einordnen zu können, empfiehlt es sich, sich noch einmal die Grundlagen der Motorik zu vergegenwärtigen (vgl. Abb. 13.2 in Kap. 13): Auf der Ebene des Hirnstamms und darunter werden reflexartige motorische Aktionen gesteuert. Die Willkürmotorik wird durch die motorische Großhirnrinde ermöglicht, die über die Pyramidenbahn die Muskulatur aktiviert. Extrapyramidale Bahnen stehen in enger Verbindung zu den subkortikalen Basalkernen und thalamischen Gebieten sowie dem Kleinhirn. Die «Feinabstimmung» und Koordination werden maßgeblich durch das extrapyramidale System beeinflusst. Daraus folgt, dass, je nachdem welche Hirngebiete aufgrund eines Sauerstoffmangels beeinträchtigt sind, sehr unterschiedliche Störungen resultieren können.

Vereinfacht kann man die motorischen Störungen bei einer infantilen Zerebralparese in drei große Gruppen einteilen (vgl. **Tab. 16.2**). Ist das Pyramidenbahn-

Tabelle 16.1: Mögliche Folgen einer frühkindlichen Hirnschädigung.

Frühkindliche Hirnschädigung			
Motorische Störung	Mentale Retardierung/ geistige Behinderung	Störungen der Sensorik und Wahrnehmung	Hirnorganisches Anfallsleiden

Tabelle 16.2: Grobeinteilung motorischer Funktionsstörungen bei Zerebralparesen.

Schädigung der Pyramidenbahn	Schädigung des extrapyramidalen Systems	Kleinhirnschädigung
Spastische Lähmungen, Kraftverlust, Muskel-Hypertonus	Hyperkinesen, z. B. – Athetose – Chorea, mangelhafte Bewegungskontrolle Muskel-Hypotonie	Ataxie, Koordinations- und Haltungsstörungen, Muskel-Hypotonie

system gestört, so kommt es zu einer **spastischen Lähmung**, der, wohl wegen der relativen Häufigkeit von 50 bis 70 Prozent, die Behinderung ihren Namen verdankt. Bei einer Spastik ist die Muskelspannung vermehrt.

Wenn Sie Ihren Oberarm beugen und strecken, bemerken Sie zwei unterschiedliche Muskelsysteme. Die Beugemuskel (Agonisten) sind im Armbereich stärker entwickelt als die Streckmuskeln (Antagonisten). Dies ist für unsere Fähigkeit des Hantierens und Tragens von Bedeutung. Anders liegen die Dinge bei der Beinmuskulatur, die für das Tragen des Körpergewichts und den aufrechten Gang verantwortlich ist: Hier überwiegt die Streckmuskulatur. In beiden Fällen haben wir aber zwei gegensätzlich arbeitende Muskelsysteme, Agonisten und Antagonisten. Spastische Lähmungen führen typischerweise zu einer Übererregung und damit «Verkrampfung» (Kontraktur) sowie vermehrter Muskelspannung. Dabei überwiegt im Beinbereich das Streck-, im Armbereich das Beugesystem. Die typische «Wernicke-Mann-Haltung» (vgl. Abb. 20.3 in Kap. 20) mit angewinkelter Hand und gestrecktem, leicht innenrotiertem Bein bei inkompletter, spastischer Halbseitenlähmung ist so zu erklären.

Spastische Lähmungen können unterschiedlich verteilt sein: Bei einer spastischen Di- oder Paraplegie sind beide Beine betroffen, unter einer spastischen Hemiplegie versteht man eine Halbseitenlähmung, und bei einer Tetraplegie sind alle Extremitäten gelähmt (vgl. **Abb. 16.1**).

Bei einer vorwiegenden Schädigung des extrapyramidalen Systems (vgl. Tab. 16.2) kommt es zu **Hyperkinesen**, also unwillkürlichen und durch den Willen

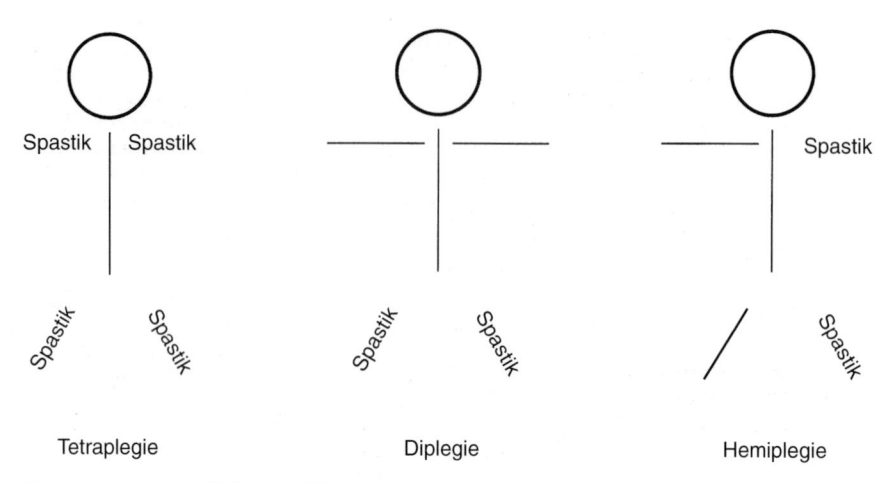

Abbildung 16.1: Mögliche Manifestationen einer spastischen Lähmung (Tetraplegie, Diplegie, Hemiplegie).

nicht unterdrückbare Bewegungen, die als **Tremor** (Zittern), **Athetose** (langsamschraubende Bewegungsabläufe der Extremitäten) oder (im Kindesalter seltener) als **Chorea** imponieren können: Im letzten Fall handelt es sich um rasche Muskelbewegungen, z. B. Schleuderbewegungen, die ebenfalls willentlich nicht unterdrückt werden können. Solche Hyperkinesen, die u. U. nur sehr diskreter Natur sind, andererseits auch stark ausgeprägt sein können, führen zu einer mangelhaften Bewegungskontrolle.

Ein dritter Störungsbereich wird als **Ataxie** bezeichnet: Gleichgewichtsstörungen, die oft mit Haltungs- und Koordinationsstörungen verbunden sind und auf einer Schädigung des Kleinhirns beruhen. Oft kann hier der Muskeltonus (im Gegensatz zur spastischen Lähmung) vermindert sein.

Diese aus didaktischen Gründen vorgenommene Dreiteilung existiert in der Realität meist nicht in dieser Trennschärfe – häufig liegen Mischformen mit unterschiedlichen Störungen einzelner Funktionssysteme vor.

Die Weltgesundheitsorganisation unterscheidet im Bereich der **Behinderung** drei unterschiedliche Ebenen: Unter «impairment» versteht man die eigentliche **Schädigung**, hier beispielsweise das durch Sauerstoffmangel zugrunde gegangene Hirngewebe. Die «disability» (**Beeinträchtigung**) ist nicht unbedingt proportional der Schädigung. So können größere Hirndefekte möglicherweise fast folgenlos sein, weil andere Hirnareale die Funktionen übernehmen, andererseits können auch kleine, aber ungünstig platzierte Hirndefekte schwer wiegende Funktionseinbußen zur Folge haben. Außerdem können Sekundärschäden auftreten, die zu Funktionseinbußen führen, sofern man nicht therapeutisch und rehabilitierend dagegen ansteuert.

Infantile Zerebralparese

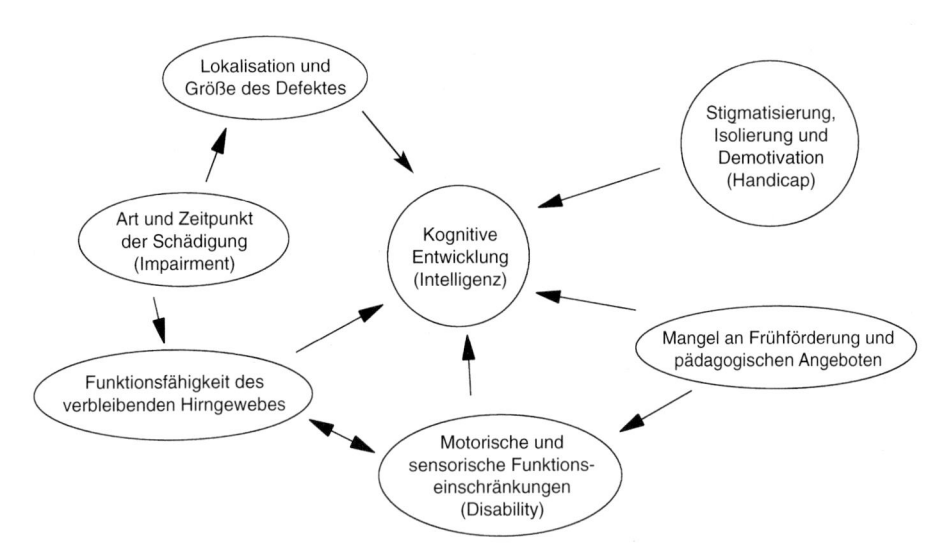

Abbildung 16.2: Multifaktorielle Genese einer mentalen Retardierung bei Zerebralparese.

Diagramm mit folgenden Elementen:
- Lokalisation und Größe des Defektes
- Art und Zeitpunkt der Schädigung (Impairment)
- Funktionsfähigkeit des verbleibenden Hirngewebes
- Kognitive Entwicklung (Intelligenz)
- Stigmatisierung, Isolierung und Demotivation (Handicap)
- Mangel an Frühförderung und pädagogischen Angeboten
- Motorische und sensorische Funktionseinschränkungen (Disability)

Ein Kind, das während der ersten zwei Lebensjahre nicht lernt, sich aufzurichten oder zu greifen, wird möglicherweise sensorische Defizite haben. Wenn es sich nicht (oder nur erschwert) einer Geräuschquelle zuwenden kann, wird die intermodale Verknüpfung von Gesehenem, Gehörtem und/oder Getastetem verzögert werden. Psychomotorisch kann es zu Störungen kommen, wenn dem natürlichen Bewegungsdrang, kindlicher Impulsivität oder dem Wunsch nach Autonomie und Selbständigkeit aufgrund der zunächst nur motorischen Störung nicht entsprochen werden kann. Wie weiter unten noch aufzuzeigen sein wird, ist es Aufgabe der Heilpädagogik, zerebralparetisch behinderten Kindern adäquate sensomotorische und psychomotorische Entwicklungsmöglichkeiten anzubieten. Funktionseinbußen in diesem Bereich sind also nicht nur Folge des «impairments», sondern resultieren bereits aus einer unzureichenden Förderung.

Noch stärker ist die dritte Ebene, das «handicap» (**Benachteiligung**), Folge der Interaktion mit der Umwelt: Was man einem körperbehinderten Kind zutraut oder nicht, welche Erwartungen man an es hat oder mit welchen Vorurteilen man ihm begegnet, hängt nicht nur vom Verhalten des Kindes, sondern in besonderem Maße von gesellschaftlichen und sozio-kulturellen Bedingungen ab.

Die Zusammenhänge sollen in **Abbildung 16.2** noch einmal am Beispiel der intellektuellen Entwicklung verdeutlicht werden. Noch einmal: Mindestens ein Viertel aller Betroffenen sind normal bis überdurchschnittlich begabt. Liegt aber eine intellektuelle Minderbegabung vor, so können die Ursachen hierfür sehr unterschiedlich sein. Art und Zeitpunkt einer Hirnschädigung (Impairment) führen einerseits zu unterschiedlich lokalisierten und unterschiedlich starken Defekten, andererseits ist auch die Funktionsfähigkeit des verbleibenden Hirngewebes von großer Bedeutung für die intellektuelle Entwicklung. Aber die motorischen und sensorischen Fähigkeiten, die für das, was wir gemeinhin als Intelligenz bezeichnen, von ausschlaggebender Bedeutung sind, entwickeln sich gerade in den ersten Lebensjahren im Zusammenspiel von sensorischer Welterfahrung und motorischer Reaktion. Da viele unserer Intelligenztests genau solche Fähigkeiten prüfen, kann eine Förderung oder Vernachlässigung hier zu Buche schlagen. Aber auch Demotivation, Stigmatisierung, Isolation usw. können sich (in geringerem Maße) negativ auf die Intelligenzentwicklung auswirken.

Neben Störungen der Sensorik, der Wahrnehmung und der geistigen Entwicklung können auch orthopädische Störungen (z. B. Haltungsschäden), Sensibilitätsstörungen und Verhaltensstörungen als sekundäre Störungen angesehen werden. Dasselbe gilt für Störungen der Nahrungsaufnahme und der Sprache. Gerade in diesem Bereich erfahren Betroffene häufig sehr belastende Stigmatisierung. Bei Erregung, gerade dann, wenn der Betroffene sich besonders viel Mühe gibt, verständlich zu artikulieren, kann es zur erschwerten Sprechmotorik kommen. Hierbei handelt es sich um eine Dysarthrie, eine Sprech-, keine Sprachstörung (vgl. Kap. 21)! Die Koordination der Sprachmuskulatur, nicht das Sprachzentrum oder gar die Intelligenz, wie oft fälschlich unterstellt wird, sind gestört. Aber auch Schluck- und Kaustörungen sowie ein vermehrter Speichelfluss können in Verbindung mit Koordinationsstörungen der Mundmuskulatur als stigmatisierend erlebt werden. Auch diese Phänomene treten bei seelischer Anstrengung und Konzentration gehäuft auf.

Bevor wir uns der Behandlung und Rehabilitation bei Zerebralparese zuwenden, soll noch kurz darauf eingegangen werden, dass die in der Regel bei Geburt vorhandenen Schädigungen motorischer Zentren sich auf ein motorisches System auswirken, das sich in einer Entwicklungsphase befindet. Die normale **motorische Entwicklung** des Säuglings und Kleinkindes, auf die hier nicht explizit eingegangen werden kann (eine gute Einführung findet sich bei Hellbrügge sowie bei Kalbe) kann schlagwortartig und stark vereinfacht so charakterisiert werden: Im grobmotorischen Bereich gelingt es im Laufe der ersten eineinhalb Lebensjahre, von der Liegestellung des Neugeborenen zur Aufrichtung zum Stand und zur Fortbewegung zu kommen. Innerhalb dieser so wichtigen Zeitspanne lernt das Kind, ausgehend von der Rückenlage, zunächst das Anheben des Kopfes, dann das freie Sitzen und schließlich über Stützreaktionen das Aufsitzen. Aus der Bauchlage kann es sich im Laufe der Zeit auf den Händen abstützen, dann mit nur einer Hand abstützen, wobei die zweite Hand zur «Greifhand» wird, um sich schließlich an Gegenständen hochzuziehen und letztendlich zum freien Stand zu kommen. Hinsichtlich der Fortbewegung lernt der Säugling zunächst das Rollen, Robben, Krabbeln, schließlich das Gehen an Gegenständen sowie als «Abschluss dieser Entwicklung» das freie Gehen. Im feinmotorischen Bereich steht am Anfang der Entwicklung die meist geschlossene Faust, am Beginn des zweiten Lebensjahres die

```
motorische Reifung ↑

Großhirn                          Zunahme inhi-
Willkürmotorik                    bitorischer Kon-
                                  trolle, Gradu-
                                  ierung,
                                  selektiver
Subkortikale und                  Bewegung
Zwischenhirnstrukturen            und Vari-
                                  ations-
Stell-, Stütz- und                möglich-
Balancereaktionen                 keiten
                   Abnahme
                   der Massen-
                   Bewegungen,
                   Kontrolle und
Hirnstamm          Integration der
Massenbewegungen   Stell- u. Stützaktion

                                  Geburt
```

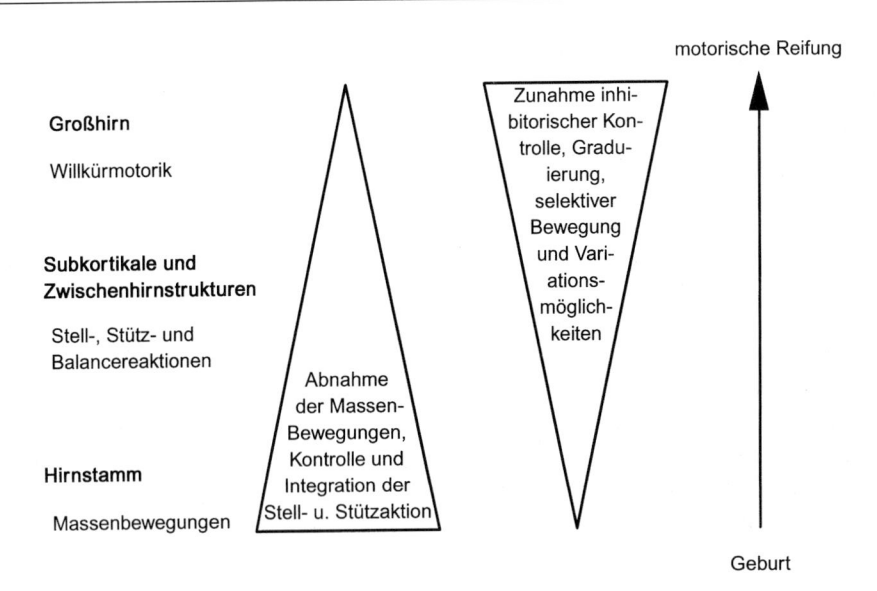

Abbildung 16.3: Die Reifung der motorischen Zentren.

Möglichkeit der Feinmanipulation. Hier verläuft der Weg vom reflexartigen Umklammern (beispielsweise eines dargereichten Zeigefingers) über gezieltes Greifen, Abgeben und Loslassen, zweihändige Manipulationen (zwei Klötze gegeneinander schlagen) bis hin zur Fähigkeit, kleinere Türme zu bauen, Gegenstände als Werkzeug zu benutzen oder mittels «Pinzettengriffs» eine Rosine aufzupicken.

Bei diesen motorischen Reifungsvorgängen kommt es zu deutlichen Umstrukturierungen und funktionalen Änderungen im zentralen Nervensystem (vgl. **Abb. 16.3**). Das Neugeborene reagiert durch Massenbewegungen und festprogrammierte, angelegte Reflexe und Reaktionsprogramme. Deren anatomisches Korrelat liegt vorwiegend im Hirnstamm, zum Teil in Zwischenhirnstrukturen.

> Ein Neugeborenes, das vom mütterlichen Zeigefinger an der Wange berührt wird, wendet sich «instinktiv» diesem Finger zu, und saugt an ihm, wenn es ihn erreicht hat. Dieser angeborene Such- und Saugreflex ist überlebensnotwendig. Auch Greifreflexe, die in der Evolutionsgeschichte dem Neugeborenen ermöglichten, sich an der Mutter festzuklammern, dienen dem Überleben in dieser Lebensphase. Die einschlägige, zum Teil angegebene Literatur gibt eine Fülle weiterer Beispiele.

Im Verlauf der Hirnreifung und -differenzierung nimmt die Bedeutung solcher Massenbewegungen und stereotyp verlaufender Reflexe mehr und mehr ab. Dabei verschwinden sie nicht einfach, sondern werden modifiziert, kontrolliert und in den Dienst einer abgestimmten, zielgerichteten Motorik gestellt. Mehr und mehr gelingt es übergeordneten, heranreifenden motorischen Funktionssystemen, untergeordnete stereotype Impulse zu hemmen und damit zu kontrollieren und aufeinander abzustimmen. Gerade die **Inhibition (Hemmung)** ist eine wichtige Voraussetzung der Feinabstimmung. Wie im Kapitel 17 («Hyperkinetisches Syndrom») gezeigt wird, kann eine mangelhafte inhibitorische Kontrolle nicht nur zu hyperkinetischen Störungen, sondern auch zu Störungen der Koordination und des praktischen Handelns führen. Mit der Zunahme inhibitorischer Kontrollfunktionen steigt auch die Möglichkeit einer graduellen Feinabstimmung und selektiver Bewegungsmuster. Damit vergrößert sich die Variationsmöglichkeit motorischer Aktionen ungemein. Im zweiten Lebensjahr ist ein Kind in der Lage, eigenständig Türen zu öffnen, Dinge an sich zu nehmen und seinen Erlebnishorizont gezielt zu erweitern. Hinsichtlich weiterer Einzelheiten muss auf die Fachliteratur verwiesen werden, beispielsweise Oerter/Montada.

Sind im Rahmen einer Zerebralparese die o.g. Hirnstrukturen beeinträchtigt, so kann der hier skizzierte Prozess nicht so ohne weiteres entwicklungsgemäß ablaufen. Auch zerebralparetisch gelähmte Kinder haben die Tendenz inne, sich motorisch weiter zu entwickeln, sich fortzubewegen, von der Welt «Besitz zu ergreifen» und sie «zu begreifen». Diese uns entwicklungsgeschichlich mit in die Wiege gegebene Tendenz zur motorischen Expansion und zum «Begreifen» unserer Umwelt führt dazu, dass auch Kinder mit Zerebralparese nach Bewegung drängen. Die gestörten motorischen zerebralen Instanzen lassen aber nur eine bedingte Reifung zu. Es überwiegen die Massenbewegungen. Archaische Stell-, Stütz- und Balancereaktionen persistieren (bleiben bestehen) und werden nicht durch reifere motorische Aktionen ersetzt. Spastische oder athetotische Komponenten erschweren zusätzlich einen zielgerichteten Bewegungsablauf. Ohne gezielte Förderung (bzw. Behandlung) von außen verfestigen sich solche dysfunktionalen Bewegungsmuster. Das Kind lernt «irgendwie sich fortzubewegen», aber da hierbei pathologische Bewegungsmuster in den Dienst der Motorik gestellt werden, wird das Erlernen «richtiger Bewegungsmuster» erschwert.

Bei den kinderärztlichen Vorsorgeuntersuchungen werden sowohl reflexartige Bewegungen als auch Stell-, Stütz- und Balancereaktionen überprüft. Dabei gilt es herauszufinden, ob solche motorischen Reaktionen altersentsprechend umgewandelt werden, oder ob sie persistieren – letzteres kann ein Zeichen einer Zerebralparese sein.

Die Therapie befasst sich zunächst mit den motorischen Störungen. Ihr Ziel dabei ist, pathologische motorische Muster zu unterbinden bzw. zu überwinden und neue, entwicklungsgerechtere Bewegungsmuster anzubahnen. Hierbei handelt es sich nicht um ein «Muskeltraining» – die Muskulatur ist in der Regel normal angelegt. Vielmehr wird in der Regel «das Gehirn trainiert» – durch externe sensorische Reize und das Anbahnen bestimmter motorischer Bewegungsabfolgen werden sekundär die motorischen Zentren stimuliert und angeregt, bestimmte Funktionsabläufe zu ermöglichen. Entscheidend ist, dass die Behandlung möglichst früh beginnt, gezielt ansetzt und intensiv durchgeführt wird. Gerade in den ersten Lebensjahren ist das Gehirn in funktioneller Hinsicht noch relativ plastisch, so dass es mitunter gelingt, schwere Zerebralparesen positiv zu beeinflussen oder Minimalformen einer solchen Störung ganz zum Verschwinden zu bringen. Bei dieser an der Motorik ansetzenden Behandlung kommen vor allem zwei Spezialmethoden zur Anwendung: zum einen die neurologische Entwicklungsbehandlung nach **Bobath**, zum anderen die entwicklungskinesiologische Behandlung nach **Vojta**. Bei der Behandlung nach Bobath wird zunächst der abnorme Haltungstonus unterbunden. Von bestimmten Punkten des Körpers ausgehend werden pathologische Muster gehemmt und physiologische Aktionen angebahnt. Die Behandlung nach Bobath ist eher ein ganzheitlich orientiertes Konzept, das möglichst viele Bereiche des kindlichen Lebens und Erlebens umfassen soll. Beispielsweise wird Spielzeug so präsentiert, dass das Kind «quasi automatisch» die richtigen Rumpf- bzw. Kopfbewegungen durchführt. So gesehen, so formuliert Kalbe, ist die «Bobath-Behandlung ... mehr ein Konzept als eine Technik ... Die Vojta-Behandlung dagegen ist eine rein senso-motorische Therapie, die die übrigen Probleme des Kindes primär unberücksichtigt lässt. Sie ist eine Methode mit klar definierter Technik». (Kalbe, U.,1981:62). Auch hier allerdings geht es darum, eine der normalen Physiologie möglichst nahe kommende Koordinationsfähigkeit und Motorik anzubahnen und auffällige Bewegungsstereotypien zu unterbinden.

In diesen basalen, an der Motorik ansetzenden Therapien im Rahmen einer Frühförderung zerebralparetischer Kinder ist auch die heilpädagogische Förderung von großer Wichtigkeit. Es wurde schon erwähnt, dass bei Vorliegen schwer wiegender motorischer Grundstörungen sowohl die Psychomotorik als auch die Sensomotorik beeinträchtigt sein können. Letztlich besteht zwischen psychischem Erleben, sensorischer Wahrnehmung und Verarbeitung und motorischem Erkunden und Reagieren ein enger Zusammenhang. Die intermodale Verknüpfung sensorischer Reize (dass Gesehenes auch gehört oder ertastet wird) und die Integration des so Erlebten (dass es sich beim Gesehenen, Gefühlten und Gehörten um ein identisches Objekt der Umwelt handelt) ist in gewissem Maße von der Möglichkeit, motorisch zu erkunden und zu reagieren abhängig. Auch das seelische Erleben von Eigenständigkeit und Unabhängigkeit, die Lust am Erkunden und an motorischer Expansion, die Freude an Rhythmik, Körperbeherrschung und Geschick trägt zur Entwicklung der Persönlichkeit und des Selbstbewusstseins bei. Störungen im motorischen Bereich können (müssen natürlich keineswegs) zu dysharmonischen Entwicklungen in Wahrnehmung und seelischem Erleben beitragen. Dies zu verhindern ist mit eine Aufgabe der Heilpädagogik. Unter «erschwerten Bedingungen» soll auch zerebralparetischen Kindern ermöglicht werden, altersgemäße sensorische und psychomotorische Erfahrungen zu machen. Entsprechende Förderprogramme und Spiele sind entwickelt worden. Gleichzeitig ist die Förderung des Kontakt- und Sozialverhaltens ein wichtiges Element heilpädagogischer Arbeit. Und schließlich darf nicht vergessen werden, dass das Kind

Freiräume braucht und dass die hier grob skizzierten Fördermaßnahmen ein vernünftiges Maß nicht überschreiten dürfen – das Kind soll adäquat und bedürfnisgerecht gefördert werden, nicht aber «um jeden Preis» bestimmte Fertigkeiten erlernen.

Logopädische (sprachtherapeutische) Maßnahmen können die Mundmotorik und Artikulation zu verbessern helfen. Ähnliches gilt auch für gezielte Übungen zum Essen, Schlucken und zur Speichelkontrolle.

Die Ergotherapie setzt auf dem Boden der oben beschriebenen neurophysiologischen funktionalen und heilpädagogischen Fördermaßnahmen an und versucht ein möglichst hohes Maß an Selbständigkeit anzubahnen. Im Selbsthilfetraining werden unter Zuhilfenahme möglicher Hilfsmittel (modifizierte Haushaltsgeräte, Gehhilfen, elektronische Hilfen usw.) Verrichtungen des täglichen Lebens eingeübt. Was zunächst «nur» als Technik imponiert – eigenständiges An- und Auskleiden, Essen ohne etwas zu verschütten, selbständiges Waschen oder Erweiterung der Mobilität – erweist sich oft als mitentscheidend für das Gefühl von Selbständigkeit und das Selbstbewusstsein.

Für Selbstbewusstsein und Körpergefühl ist auch der Sport von großer Bedeutung. Ob nun das Schwimmen, das Bogenschießen, Ballsport oder das Reiten (z. B. als Reittherapie oder als heilpädagogisches Voltigieren) angeboten wird – in jedem Fall geht es um die Erfahrung des eigenen Körpers und seine Fähigkeiten, die damit verbundene Steigerung des Selbstwertgefühls, das Erleben neuer sensorischer Erfahrungen und nicht zuletzt um die damit verbundenen sozialen Kontakte. Es stellt sich allerdings die Frage, ob solche sportlichen Aktivitäten immer den Charakter einer «Therapie» haben müssen – mitunter ist eine solche therapeutische Zielrichtung hilfreich. Manchmal kann es gerade für zerebralparetische Kinder und Jugendliche wichtig sein, gerade nicht eine wie immer geartete Schwimmtherapie zu absolvieren, sondern – wie andere Jugendliche auch – «einfach nur zu schwimmen».

Im Rahmen dieses Buches können therapeutische Maßnahmen nur kurz angerissen werden. Es sollte aber deutlich geworden sein, dass Förderung, Therapie und Rehabilitation zerebralparetischer Kinder und Jugendlicher stets mehrdimensional angelegt sind und individuell auf die Persönlichkeit zugeschnitten sein müssen. Darüber hinaus kommt der Beratung, manchmal auch der Unterstützung der Eltern (ggf. auch der Geschwister) eine große Bedeutung zu. Zum einen, weil die Eltern die Hauptleistung für die Erziehung und Förderung ihrer Kinder erbringen, zum anderen, weil sie durch die besonderen physischen und psychischen Belastungen, die damit verbunden sein können, stark gefordert sind. Und schließlich kann auch emotionaler Rückhalt und Wertschätzung für die Eltern wichtig werden.

Es bleibt festzuhalten, dass es sich bei der infantilen Zerebralparese um eine zerebrale Funktionsstörung handelt, die mit sehr unterschiedlichen Symptomen und Schwierigkeiten in verschiedenen Schweregraden einhergeht. Durch eine mehrdimensionale, individuell gestaltete, möglichst früh einsetzende Förderung gelingt oft eine deutliche Verbesserung der motorischen Grundfunktionen und oft auch eine Prävention sonst drohender sekundärer Schädigungen.

Überprüfen Sie Ihr Wissen!

16.1 Fragetyp C, Antwortkombinationsaufgabe

Welche der folgenden Aussagen zur Spastik treffen zu?

1. Spastik bedeutet Verminderung der Muskelspannung (des Muskeltonus).
2. Spastische Lähmung weist auf eine Störung im pyramidalen System hin.
3. Bei einer spastischen Di- oder Paraplegie sind beide Beine betroffen.
4. Spastik und Athetose treten bei einer Zerebralparese besonders häufig auf.
5. Bei der spastischen Tetraplegie ist eine Körperhälfte betroffen.

Welche Aussagen treffen zu?

a) Nur die Aussagen 1, 2 und 4 sind richtig.
b) Nur die Aussagen 2, 3 und 5 sind richtig.
c) Nur die Aussagen 2, 3 und 4 sind richtig.
d) Nur die Aussagen 1, 2, 3 und 4 sind richtig.
e) Alle Aussagen sind richtig.

16.2 Fragetyp D, Zuordnungsaufgabe

Bitte ordnen Sie die folgenden Begriffe (1–5) den Definitionen/ Kurzbeschreibungen (v–z) zu.

1. Hyperkinesen
2. Tremor
3. Athetosen
4. Choreatische Hyperkinesen
5. Ataxie

v. Gleichgewichtsstörung mit schwankendem oder torkelndem Gang.

w. Zittern

x. Langsam-schraubende Bewegungsabläufe, z. B. an den Extremitäten.

y. Rasche Muskelkontraktionen (Zuckungen), die z. B. im Gesicht Grimassieren oder an den Extremitäten Schleuderbewegungen hervorrufen.

z. Sammelbezeichnung für verschiedene unwillkürliche, d. h. willkürlich nicht unterdrückbare Bewegungen.

Eine der folgenden Zuordnungskombinationen ist richtig. Welche?

a) 1w 2z 3y 4x 5v

b) 1x 2y 3z 4v 5w

c) 1z 2w 3x 4v 5y

d) 1z 2w 3x 4y 5v

e) 1w 2z 3x 4y 5v

16.3 Fragetyp B, eine Antwort falsch

Eine der folgenden Aussagen zur Zerebralparese (CP) ist falsch. Welche?

a) Eine Zerebralparese kann durch Sauerstoffmangel unter der Geburt entstehen.

b) Art und Verteilungsmuster der Bewegungsstörung bei einer CP sind unabhängig davon, welche sensomotorischen Hirnregionen gestört sind.

c) Es gibt erhebliche Unterschiede im Schweregrad einer CP.

d) Eine CP kann – im Sinne einer Mehrfachbehinderung – zusammen mit einem Anfallsleiden, einer geistigen Behinderung und/ oder einer Sinnesbehinderung auftreten.

e) Bei einer CP können unterschiedliche motorische Systeme geschädigt sein.

16.4 Fragetyp E, Kausalverknüpfung

1. Eltern sollten bei Säuglingen möglichst alle Säuglings-Vorsorgeuntersuchungen durchführen lassen, wobei auch Motorik und Neurophysiologie überprüft werden

   denn

2. die Früherkennung und Frühbehandlung einer Zerebralparese bringt die besten Ergebnisse.

a) Nur die Aussage 1 ist richtig.

b) Nur die Aussage 2 ist richtig.

c) Nur die Aussagen 1 und 2 sind richtig, die Kausalverknüpfung ist nicht richtig.

d) Die Aussagen 1, 2 sowie die Kausalverknüpfung sind richtig.

e) Alle Aussagen sind falsch.

Vertiefungsfrage

Nennen Sie bitte mögliche Symptome einer infantilen Zerebralparese, die von der Umwelt fehlgedeutet werden können, und erläutern Sie in diesem Zusammenhang den Begriff der Stigmatisierung.

Adressen

Bundesverband für Körper- und Mehrfachbehinderte e.V., Brehmstr. 5-7, 40239 Düsseldorf

«Der erste Schritt» (Förderung der konduktiven Pädagogik nach Petö bei Zerebralparese und infantiler spastischer Behinderung). Hexentaufe 12, 45134 Essen

17. «Ob der Phillip heute still ...». Hyperkinetisches Syndrom und «minimale zerebrale Dysfunktion»

Der fünfjährige Till wird dem Konsiliararzt in einer Erziehungsberatungsstelle vorgestellt, um abzuklären, ob eine «hirnorganische Komponente» dem auffälligen Verhalten des Kindes zugrunde liegt. Die Eltern berichten, dass Till schon als Säugling außerordentlich unruhig gewesen sei. Nach unauffälliger Schwangerschaft, aber leicht komplizierter Geburt, die eine vorübergehende Sauerstoffzufuhr nötig gemacht habe, sei der Junge bei den meisten Vorsorgeuntersuchungen unauffällig gewesen, wenngleich er relativ spät (mit 17 Monaten) laufen gelernt habe. Auch heute noch sei er motorisch ungeschickt, im Kindergarten fiel er durch Schwierigkeiten in der Feinmotorik und Koordination auf (z. B. beim Ankleiden und Zuknöpfen), und er könne weder Fahrrad- noch Rollschuhfahren. Dies alles irritiert die Eltern nicht so sehr wie die Tatsache, dass Till sehr unruhig ist. Kaum kann er einige Minuten still sitzen. Immer ist er in Bewegung. Sein impulsives Verhalten lässt ihn manche Gefahren nicht erkennen oder zumindest nicht richtig einschätzen. Zielgerichtetes Spielen über längere Sequenzen ist nur bei Einzelzuwendung, nicht aber in der Gruppe mit Gleichaltrigen möglich. Die erhebliche Unruhe des Kindes belastet nicht nur das Familienleben (indem es häufiger zu Ungeduldsreaktionen seitens der Eltern und aggressiven Wutausbrüchen seitens des Kindes kommt), sondern führt auch dazu, dass Till von seinen Alterskameraden «schief angeguckt», nicht zu Kindergeburtstagen eingeladen wird oder dass man sich über ihn «lustig macht». Die Erzieherinnen berichten über Schwierigkeiten bei der visuellen Wahrnehmung und der visuo-motorischen Koordination, die sich unter anderem bei Bastel- und zeichnerischen Aktivitäten, Puzzle-Spielen und anderem zeigt. Die psychologische Testdiagnostik ergab, dass Till normal intelligent ist. Lediglich bei visuo-motorischen Aufgaben sowie Aufgaben, die eine längere Aufmerksamkeits- und Koordinationsspanne erfordern, kommt es zu Leistungsabfällen. Bei der neurologischen Untersuchung zeigten sich linksseitig betonte überschießende Bewegungsmuster sowie diskrete Störungen der Fein- und Grobmotorik.

Die Erscheinungsbilder bzw. Störungen, die mit einem o.g. skizzierten Verhalten in Verbindung gebracht werden, werden auch von den Fachleuten außerordentlich kontrovers diskutiert. Manche bestreiten die Existenz eines hyperkinetischen Syndroms oder einer wie immer gearteten leichten Hirnfunktionsstörung, andere vertreten vehement die Auffassung, solche Störungen müssten frühzeitig erkannt und vor allen den Pädagogen bewusst gemacht werden, um sekundären Schaden vom Kind abzuwenden. Beobachten kann man, dass es Kinder gibt, die wesentlich unruhiger als andere sind. Weiterhin wird nicht bestritten werden, dass manche Kinder sich mit bestimmten perzeptiven (sinnesverarbeitenden) und kognitiven (Teil-) Prozessen schwerer tun als andere. Umstritten ist, ob sich hieraus eigenständige Syndrome mit geklärter oder zumindest postulierter Ursache und entsprechenden therapeutischen Maßnahmen ableiten lassen.

Im wesentlichen werden drei Felder unterschieden, die sich teilweise, aber nicht völlig überlappen: zum einen das **hyperkinetische Syndrom**, dessen Hauptmerkmale die Aufmerksamkeitsstörung, die Impulsivität und die Hyperaktivität sind. Eine solche Hyperaktivität kann viele Ursachen haben, unter anderem auch eine hirnorganische Reifungsverzögerung, insbesondere motorischer Kontrollinstanzen. Insofern kann ein hyperkinetisches Syndrom mit einer minimalen zerebralen Dysfunktion einhergehen, muss es aber nicht.

Unter einer **minimalen zerebralen Dysfunktion** versteht man eine meist perinatal entstandene Reifungshemmung oder zumindest Reifungsverzögerung des Gehirns mit mehreren sehr geringen Störungen der Perzeption, kognitiven Verarbeitung und Motorik.

Schließlich können manchmal spezifische **Teilleistungsstörungen** abgegrenzt werden, wenn das Kind in einem oder zwei Bereichen Schwierigkeiten hat (z. B. bei einer isolierten Lese-Rechtschreibstörung), ohne dass Hinweise auf eine weitere zerebrale Dysfunktion oder motorische Hyperkinesie gegeben sind. Auf Teilleistungsstörungen wird in späteren Kapiteln einzugehen sein. Deswegen sollen die wichtigsten Teilleistungsstörungen des Kindesalters hier nur aufgeführt werden: Es sind dies insbesondere die Lese-Rechtschreib-Schwäche, die Dyskalkulie (Rechenschwierigkeiten), bestimmte Formen von Apraxie (also Werkzeugstörungen), Sprach- bzw. Sprechstörungen, isolierte Störungen der visuo-motorischen Koordination sowie der visuellen Perzeption.

Das **hyperkinetische Syndrom**, im folgenden HKS genannt, äußert sich vor allem in motorischer Unruhe und Hyperaktivität, aber auch in Impulsivität und Aufmerksamkeitsstörungen. Die Kinder sind ständig in Bewegung, wobei die Bewegungen oft nicht situations- und handlungsangemessen sind. Die Bewegungen sind oft überschießend und werden nicht genügend gesteuert und aufeinander abgestimmt. Es gelingt dem Kind nicht in ausreichendem Maße, Ruhe zu bewahren und seine motorische Erregung zu unterdrücken, wenn dies die Situation verlangt. Die Handlungen laufen oft impulsiv ab (erst wird gehandelt, dann nachgedacht), eventuelle Gefahren und Risiken werden entweder nicht gesehen oder

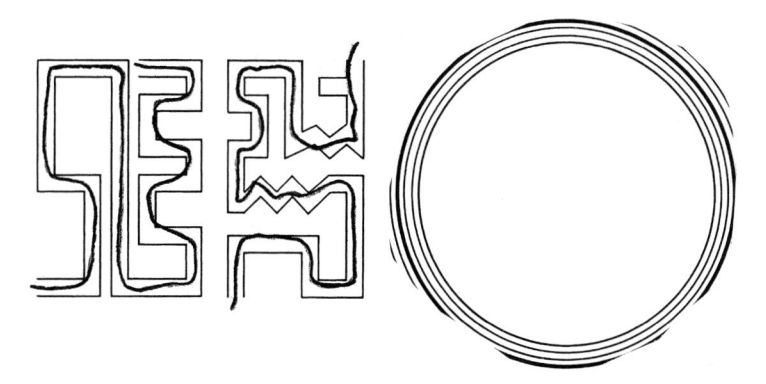

Abbildung 17.1: Zwei Aufgaben (Labyrinth verfolgen, Kreis ausscheiden) aus der Lincoln-Oseretzky-Skala feinmotorischer Schwierigkeiten.

falsch eingeschätzt. Ablenkbarkeit, Zappeligkeit und motorische Unruhe gehen einher mit geringerem Konzentrationsvermögen, als es bei den Gleichaltrigen zu finden ist. Das Kind kann seine Aufmerksamkeit nicht altersentsprechend lange einer bestimmten Situation ungeteilt zuwenden, sondern ist leicht ablenkbar. Nicht dass es intellektuell weniger leistungsfähig wäre – der Intelligenzgrad ist oft durchschnittlich bis überdurchschnittlich. Aber es ermüdet rascher, und kann sich nicht lange genug auf eine Aufgabe konzentrieren, ohne auf andere Reize zu reagieren.

Eine genaue neurologische und motopädische Untersuchung ergibt oft diskrete Störungen der Grobmotorik, Feinmotorik und Koordination. Insbesondere beim Trampolinspringen sowie beim Körper-Koordinationstest fallen Gleichgewichtsstörungen und Störungen der räumlich-zeitlichen Koordination auf, die im normalen Alltag übersehen werden. Weniger die motorischen Einzelfunktionen, als vielmehr ihr Zusammenspiel sind diskret gestört, und schließlich kann es zu Schwierigkeiten bei komplexen, motorischen Handlungsabläufen kommen. Manche Kinder haben z. B. Schwierigkeiten, die aufeinander folgenden Koordinationsleistungen zu planen und durchzuführen, die beispielsweise beim Anziehen eines Pullovers erforderlich sind. Störungen der Feinmotorik, wie sie in **Abbildung 17.1** zutage treten, können sich sekundär auf die Schulleistungen auswirken, insbesondere was das Schreiben angeht.

Sekundär können solche hyperkinetischen Kinder eine leichte Irritierbarkeit, Erregbarkeit und mitunter aggressive Verhaltensweisen entwickeln, die nicht primär hirnphysiologischer Natur sind, sondern Folgen einer Interaktion der Kinder mit ihrer Umwelt: Ihre motorische Unruhe wird als störend empfunden und entsprechend kommentiert, was von den Kindern als schwere Kränkung erlebt und mit höherer Erregung beantwortet wird, und so schaukelt sich schließlich zwischen Kind und Umwelt ein durch Ungeduld und Aggressivität charakterisierter

Prozess auf. Im Verlauf solcher Prozesse können Kinder zu Außenseitern, zum «Zappelphillip», «Störenfried» oder zum «Klassenclown» werden. Insbesondere in letzterer Rolle versuchen sie wenigstens halbwegs in den Klassenverband integriert zu werden, und sei es in der Rolle des ewig Faxen machenden «Clowns».

Die Ursachen einer Hypermotorik können sehr vielfältig sein. Zum einen muss man darauf hinweisen, dass in bestimmten Lebensphasen Kinder, vermutlich Jungen etwas mehr als Mädchen, motorisch unruhig sind und lediglich die Umwelt ihren natürlichen Bewegungsdrang erschwert. Es ist bezeichnend, dass insbesondere Jungen im Grundschulalter «auffällig werden», in einer Zeit also, in der die Sozietät (hier die Schule) erhebliche Konzentrationsleistungen von ihnen verlangt – vielleicht sind nicht immer die kindlichen Verhaltensweisen, sondern die zivilisatorischen Forderungen zu hinterfragen. Dies gilt vor allem bei mangelnden Bewegungsmöglichkeiten in Schule, Spielumwelt oder Wohnumfeld (Zwei-Zimmer-Wohnung in Trabantenstadt).

Die Reizüberflutung und Hektik des insbesondere großstädtischen Alltagslebens kann ein weiterer, eine Hyperkinesie begünstigender Faktor sein. Auch zugeführte Schadstoffe werden als Faktoren ins Feld geführt. Erwiesenermaßen kann Blei, manchmal in minderwertigen Anstrichen vorhanden, eine Hypermotorik auslösen. Weniger erwiesen und mitunter heftig und kontrovers diskutiert ist die Frage, ob Lebensmittelfarbstoffe, Konservierungsmittel, Phosphat, Nitrat, Geschmacksverstärker und Zuckerersatzstoffe (insbesondere Aspartam) eine Hyperkinesie auslösen oder zumindest verstärken können. Es gibt hierzu Studien mit unterschiedlichen Ergebnissen (vgl. Hartmann 1988). Hirnorganische Komponenten können vorliegen, wenn das hyperkinetische Syndrom im Rahmen einer minimalen zerebralen Dysfunktion auftritt, eine Hirnreifungsstörung, die weiter unten beschrieben wird. In diesem Falle können Reifungsstörungen insbesondere motorischer Kontrollinstanzen zur Impulsivität und Hyperaktivität führen. Schließlich sei erwähnt, dass insbesondere bei chronischen seelischen Konflikten, emotionalen Spannungszuständen, Angst, Depression und Vernachlässigung sowie Kindesmisshandlung und sexuellem Missbrauch Kinder mit Hypermotorik reagieren können (natürlich nicht zwangsläufig). Mitunter ist Hyperaktivität Ausdruck eines «Ablenkmanövers» bei familiären Konflikten, die nicht zur Sprache kommen dürfen. Manchmal können Kinder in ihrer sonst lethargischen und niederdrückenden Umgebung nur so auf ihre Not und die ihrer Angehörigen aufmerksam machen. Und schließlich gibt es sicherlich eine Reihe von Kindern, bei denen eine Hypermotorik als besonderes Merkmal ihres Temperaments, als Normvariante anzusehen ist, und es wäre fatal, hieraus ein «Krankheitszeichen» ableiten zu wollen.

Sind die Verhältnisse beim hyperkinetischen Syndrom schon kompliziert, so werden sie bei der Diskussion der **minimalen zerebralen Dysfunktion** (im folgenden MCD genannt) noch komplexer. Dies fängt bereits bei der Nomenklatur an. Die Begriffe MCD, minimal cerebral dysfunction, frühkindliches psycho-organisches Syndrom (POS), ADS/ADD (Aufmerksamkeits-Defizit-Syndrom bzw. attention-deficit-disorder) und frühkindliches exogenes Psychosyndrom meinen im wesentlichen das Gleiche, wenngleich mit unterschiedlichen Akzentuierungen. Während von der überwiegenden Mehrzahl der Fachautoren die Existenz eines hyperkinetischen Syndroms akzeptiert wird, ist dies bei der MCD nicht unbedingt der Fall. In den wichtigsten psychiatrischen Klassifikationen, der DSM III R und der ICD 10 findet sich die MCD (bzw. Synonyma) nicht als eigenständiges Krankheits- oder Störungsbild.

Geht man davon aus, dass es sinnvoll ist, unterschiedliche Teilleistungsstörungen, die gemeinsam auftreten, zum Bild einer «minimalen zerebralen Dysfunktion» zusammenzufassen, so wird man die MCD als eine leichte Hirnfunktionsstörung infolge eines gestörten Entwicklungs- und Reifungsprozesses des frühkindlichen Gehirns definieren. Hierbei kommt es zu einer Reifungsstörung innerhalb eines recht umschriebenen Zeitraums, nämlich der zweiten Schwangerschaftshälfte, der Zeit um die Geburt und längstenfalls des ersten Lebensjahres. Es wird postuliert, dass unterschiedliche Störungen, z. B. Infektionen, Vergiftungen (z. B. Alkohol), Sauerstoffmangel und andere in dieser sehr vulnerablen Zeit zu einer Störung der Differenzierung und «Verschaltung» (Synaptogenese) der Nervenzellen führen können. Sind diese Störungen schwerer Natur, so resultieren daraus Epilepsien (hirnorganische Krampfanfälle), spastische Lähmungen oder geistige Behinderungen – also keine minimalen, sondern deutliche zerebrale Dysfunktionen. Sind solche Störungen der Hirnreifung nur sehr diskreter Natur, so können daraus recht diskrete Störungen der Motorik, Perzeption und kognitiver Teilleistungen folgen.

Im folgenden sollen einige typische Störungen, die mit der MCD in Verbindung gebracht werden, kurz skizziert werden. Auf die Störungen der Motorik ist oben unter dem Abschnitt «hyperkinetisches Syndrom», das ja ebenfalls Ausdruck einer MCD sein kann, schon eingegangen worden.

Ruf-Bächtiger (1987) beschreibt in ihrem lesenswerten Buch eine Reihe von **Wahrnehmungs- und Programmsteuerungsstörungen**, die keineswegs obligat, aber doch teilweise bei einer MCD anzutreffen sind. Zum einen kann die Erfassungsspanne vermindert sein, so dass das Kind Schwierigkeiten hat, eine größere Menge an Informationen aufzunehmen. Wenn wir uns z. B. eine sechsstellige Telefonnummer merken wollen, so teilen wir sie in Untergruppierungen und damit Informationseinheiten auf (67-92-05), so dass wir sie uns besser merken können. Normalerweise können Menschen etwa ab dem 10. Lebensjahr 7 solcher Informationseinheiten auf einmal aufnehmen. Bei Kindern mit MCD kann sowohl die Fähigkeit, eine große Anzahl von Informationen in Untereinheiten zu bündeln (z. B. Telefonnummern), als auch die Menge dessen, was erfasst werden kann, gestört bzw. verzögert sein. Bei der Aufnahme von Sinnesreizen kann es dazu kommen, dass die divergierenden Informationen über unterschiedliche Kanäle (also auditive, visuelle oder taktile Reize) nicht sinnvoll verarbeitet werden können. Die Kinder sind dann überfordert, die Vielfalt der auf sie einstürmenden unterschiedlichen Reize voneinander zu trennen und entsprechend ihrer Wichtigkeit auszuwählen. Daraus resultiert, dass sie leicht ablenkbar sind und ihre Konzentrationsfähigkeit geringer sein kann.

Unter der **Diskriminationsfähigkeit** versteht man die Möglichkeit, ähnliche Reize voneinander zu unterscheiden. Eine auditive Diskriminationsfähigkeit erlaubt es uns, die ähnlichen Phoneme (Lautgestalten) von «Traum» und «Raum» zu unterscheiden. Kinder mit MCD, die nicht sinnesbehindert (z. B. hörgestört) sind, sind im Prinzip in der Lage, solche Phoneme voneinander zu unterscheiden. Erst wenn pro Zeiteinheit zu viele Diskriminationsleistungen verlangt werden, ermüden die Kinder und verlieren «den Faden». Hat man einmal aufgrund von Diskriminationsschwierigkeiten den «Gesprächsfaden» verloren, so versucht man aus dem Sinnzusammenhang und dem Kontext zu erschließen, worum es geht.

> So wird man, wenn man sich nicht ganz klar ist, ob von «Rasse» oder «Tasse» die Rede ist, aus dem Gesprächskontext und der Tatsache, dass man gerade über Geschirr redet, den richtigen Schluss ziehen. Ähnlich verhalten wir uns bei Unterhaltungen in einer Fremdsprache, wo es nicht unbedingt erforderlich ist, jedes Wort zu verstehen, um dem Zusammenhang zu folgen. Dies ist allerdings ungemein anstrengend.

Das ständige «Hinterherjagen nach dem Gesprächsfaden» ermüdet die Kinder und strengt sie sehr an. Dies ist ein weiterer Baustein beim Entstehen von Konzentrations- und Leistungsstörungen, die, dies sei noch einmal betont, kein Ausdruck einer Lern- oder Intelligenzschwäche sind.

Figur-Hintergrund-Differenzierungsstörungen sowie **Gestalterfassungsstörungen** sind bei einer Reihe betroffener Kinder anzutreffen. Es fällt ihnen schwer, je nach Anforderung wichtige und unwichtige Reize voneinander zu trennen und aus einer Vielfalt optischer Reize die Konstellationen wahrzunehmen, auf die es im Moment ankommt. Normalerweise trennen wir die «Figur» vom «Hintergrund», nehmen also bewusst «gute Gestalten» wahr und vernachlässigen bei der visuellen Wahrnehmung den Rest des Gesehenen.

> In **Abbildung 17.2 a** geht es beispielsweise darum, die Anzahl der Sterne zu bestimmen, wozu diese in den Vordergrund treten und die Kreise zum «Hintergrund» werden müssen. Solche und komplexere Aufgaben fallen Kindern mit MCD mitunter schwerer. Aber auch die Erfassung einer Gestalt und die Reproduktion derselben kann erschwert werden, wie aus **Abbildung 17.2 b** hervorgeht.

Es soll noch auf die veränderte Reizschwelle bei manchen MCD betroffenen Kindern eingegangen werden: Die Selektion von Umweltreizen und ihre Klassifikation in «wichtig und unwichtig» führt zu Schwierigkeiten bei der Informationsverarbeitung. Bei manchen Kindern ist außerdem die Reizschwelle für bestimmte

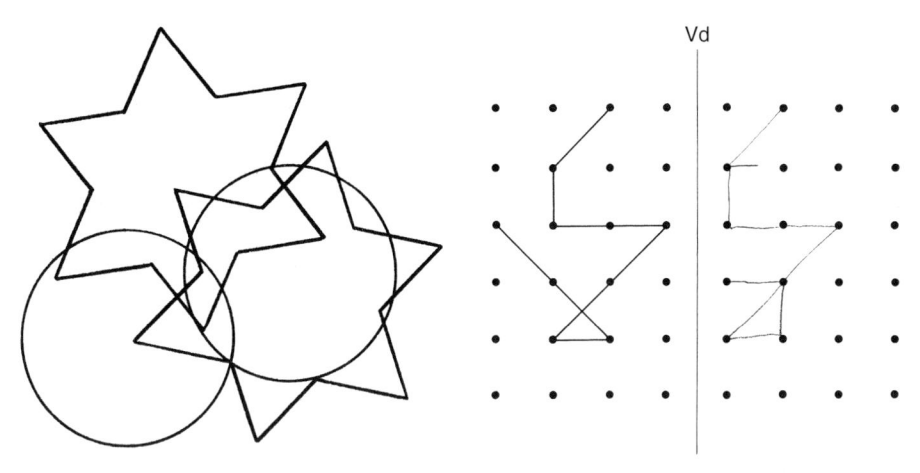

Abbildung 17.2 a,b: Frostigs Entwicklungstest der visuellen Wahrnehmung (FEW), Untertests II b5 und Vd.

Reize (z. B. auditive) herabgesetzt, so dass sie leichter akustisch zu stören sind. Ähnliches gilt durchaus auch für andere Sinnesmodalitäten.

Unter **intermodalen Störungen** versteht man die Schwierigkeiten, Sinnesreize verschiedener Qualitäten miteinander zu koppeln: Ein Kind lernt, dass optische, akustische und taktile Reize ein und desselben Gegenstandes diesen charakterisieren – der gesehene, runde Ball, den ich aufprallen höre, ist identisch mit dem ertasteten kugeligen Objekt. Eine solche Verknüpfung intermodaler Reize kann bei Kindern mit MCD erschwert bzw. verzögert sein.

Unter **serialen Störungen** versteht man die Schwierigkeit, komplexe Handlungsvollzüge in Folge zu planen und durchzuführen. Das Anziehen und Zuknöpfen eines Pullovers mag nicht nur aus motorischen Gründen (s.o.) erschwert sein, sondern es können bereits Schwierigkeiten bei dem sinnvollen Aufeinanderfolgen bestimmter Handlungssequenzen bestehen, so dass den Kindern komplexe Aufgaben in kleine Einzelschritte zerlegt werden sollten.

Wurden bisher motorische und perzeptive Störungen besprochen, so soll nun noch kurz auf komplexe Störungsmuster eingegangen werden. Die Kombination verschiedener basaler Störungen, wie sie oben aufgezeigt wurden (wobei noch eine Reihe anderer Störungen hinzukommen können), kann zu mehr oder weniger komplexen Störungen führen: Manche Kinder haben Schwierigkeiten, die Raumlage des eigenen Körpers und anderer Objekte exakt zu bestimmen. Zur Raumlageerfassung sind Kopplungen von taktil-visuell-motorischen Erfahrungen erforderlich, und das Kind muss eine Vielfalt solcher Erfahrungen ins Erleben integrieren, bevor es erkennt, dass ein sich im Raum bewegendes Objekt nach wie vor das konstante Objekt ist, auch wenn man es von einem anderen Blickwinkel sieht.

Auch die Erfassung des eigenen Körperschemas hängt eng mit der Raumlageerfassung zusammen. Störungen der Raumerfassung haben weit reichende Konsequenzen, sowohl bei der räumlichen Orientierung, als auch unter Umständen bei der räumlichen Anordnung von Buchstaben (d/b, p/q) und Zahlen (6/9, 27/72). Komplexere Aufgaben in Mathematik, Geometrie und schriftlichen Leistungen können also erschwert sein. Fälschlich geht man dann möglicherweise davon aus, dass Kind habe eine «Rechenschwäche», obwohl es in Wirklichkeit vielleicht nur Störungen der Raumerfassung aufweist. Allerdings können schwere Störungen dieser Art auch zu Schwierigkeiten bei der «Orientierung auf dem Zahlenstrahl», der inneren Zahlenrepräsentation und der Mengenvorstellungen führen, den eigentlichen Phänomenen einer Dyskalkulie (Rechenstörung). So können die teilweise nur geringgradigen und verschiedenartigen basalen Störungen, die oben kurz angerissen wurden, zu komplexeren Teilleistungsstörungen führen: Lese-Rechtschreib-Schwäche, Sprachentwicklungsverzögerungen, Rechenstörungen, Agnosien (Erkennungs- und Wahrnehmungsstörungen), Apraxien (Werkzeugstörungen) usw. Es muss noch einmal darauf hingwiesen werden, dass diese Störungen auch einzeln vorkommen können. Man sollte dann von Teilleistungsstörungen, nicht aber von einer MCD sprechen. Auf solche Teilleistungsstörungen wie beispielsweise die Lese-Rechtschreib-Schwäche wird in anderen Kapiteln detailliert eingegangen.

Im psychosozialen Bereich können Kinder mit MCD durch Schwierigkeiten beim sozialen Kontakt auffallen: Manchmal erkennen sie die Bedeutung von Gestik und Mimik nicht adäquat, manchmal haben sie Schwierigkeiten mit dem Erfassen komplexer sozialer Situationen. Distanzunsicherheit, Irritation, impulsives und inadäquates Verhalten können die Folge sein. Auch Störungen der Kommunikation sowie des Sozialgefühls, verbunden mit dem Eindruck «nicht dazu zu gehören», können beobachtet werden. Vor allem in großen Gruppen haben manche Kinder Schwierigkeiten im Erfassen einer sozialen Situation. Die schnelle Ermüdbarkeit und Überforderung einerseits, die Schwierigkeit, andererseits, längerfristig an einer gemeinsamen Aktion zielgerichtet teilzunehmen, ohne abgelenkt zu werden, kann ebenso wie eine motorische Ungeschicklichkeit in der Gruppe der Gleichaltrigen diskriminieren und zu Außenseiterpositionen führen, worunter die Kinder, die dies merken, leiden.

«MCD» und «hyperkinetisches Syndrom» sind Summendiagnosen: Unterschiedliche Störungsmerkmale können in unterschiedlichen Schweregraden vorliegen, keins der Einzelsymptome beweist eine MCD, und letztlich ist es Definitionssache, welche und wie viele Symptome in welchen Bereichen man fordert, um von einer MCD zu sprechen. Daraus resultieren auch sehr unterschiedliche Häufigkeitsangaben der MCD, die zwischen 1 und 18 Prozent aller Schulkinder schwanken. Bei dem Verdacht auf das Vorliegen eines organisch mitbedingten hyperkinetischen Syndroms oder leichter Hirnfunktionsstörungen empfiehlt sich folgendes diag-

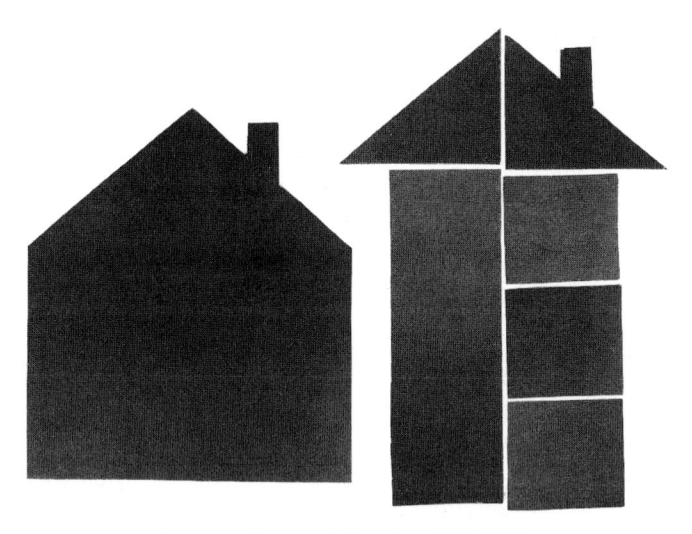

Abbildung 17.3: Gestalterfassungsschwierigkeiten im HAWIK-R.

nostisches Vorgehen: In einer gezielten Anamnese sollte nach Störungen in Schwangerschaft, Geburtszeit und dem ersten Lebensjahr gefragt werden, wobei insbesondere auch auf Entwicklungsauffälligkeiten geachtet wird. Bei der Erfassung der möglichen Symptome ist nicht nur die Anamnese der Eltern, sondern auch die Befragung von anderen Erziehern (z. B. Lehrer) hilfreich, aber all dies ersetzt die eigene Verhaltensbeobachtung, u.a. im Spiel, nicht. Ein EEG (Hirnstromkurve) zeigt manchmal diskrete unspezifische Auffälligkeiten, denen aber bei der MCD keine prognostische Bedeutung zukommt. Die Intelligenz ist durchschnittlich (manchmal auch überdurchschnittlich): Noch einmal muss betont werden, dass Kinder mit MCD weder lern- noch geistig behindert sind. Allerdings sind Störungen in bestimmten Untertests von Intelligenztests (bei ansonsten unauffälligem Intelligenzquotienten) möglich, beispielsweise bei einem Subtest des wohl gebräuchlichsten Intelligenztests HAWIK (**Abb. 17.3**).

Eine gründliche **neurologische Untersuchung** umfasst einerseits eine Überprüfung der Reflexe, des Muskeltonus, der groben Kraft, der Sensorik und der allgemeinen neurologischen Entwicklung. Darüber hinaus werden schwerpunktsmäßig Aspekte der Motorik und Koordination überprüft. Insbesondere Gang und Zehengang, Fersengang, Liniengang, einbeiniges Hüpfen und Überhüpfen sowie die Aufforderung, beide Arme hochzuhalten können hier diskrete Störungen oder Seitenunterschiede zutage bringen. Auch der Finger-Nase-Versuch, bei dem der Finger an die Nase gebracht werden muss, sowie der entsprechende Knie-Hacken-Versuch, die Überprüfung des Einbeinstandes sowie schneller Handbewegungen («wie das Fähnchen auf dem Turme»), und insbesondere die Überprüfung komplexer fingermotorischer Fähigkeiten und Handlungssequenzen in wechselnder Folge können bisher verborgene Schwierigkeiten offenbaren, z.B. wenn das Kind abwechselnd eine Faust schließen und die andere öffnen oder Daumen und Zeigefinger zusammenführen soll. Zur Überprüfung der motorischen und koordinativen Fähigkeiten gibt es spezielle Tests, insbesondere die LOS, bei deren Untersuchungsgang (18 Aufgaben) sowohl grobmotorische (auf einem Bein mit geschlossenen Augen stehen, Ball fangen, rückwärts gehen) als auch feinmotorische (z.B. Streichhölzer sortieren, vgl. auch Abb. 17.1) Fähigkeiten überprüft werden. Im Körper-Koordinationstest für Kinder (KTK) zeigen sich mitunter ebenfalls motorische Schwierigkeiten. Besonders deutlich werden einschießende choreo-athetotische Bewegungsmuster und Seitenunterschiede beim Trampolin-Koordinationstest, der allerdings nur von Geübten auszuwerten ist (in der Regel Motopäden). Der allgemeine Entwicklungsstand kann entweder mit dem Denver-Test (nur bis zum 7. Lebensjahr, relativ oberflächlich), mit Hilfe der Münchener funktionellen Entwicklungsdiagnostik oder dem Entwicklungsgitter nach Kiphard überprüft werden. Hierbei wird man insbesondere auf Teil-Entwicklungsverzögerungen im Rahmen eines sonst unauffälligen Profils achten. Die Gestalterfassung und optische Perzeption kann zum einen mit Untertests gängiger Intelligenztests (z.B. dem Mosaiktest im HAWIK, Abb. 17.3), aber auch den progressiven Matrizen nach Raven (**Abb. 17.4**) untersucht werden. Auch bestimmte Untertests des Entwicklungstests der visuellen Wahrnehmung nach Frostig (vgl. Abb. 17.2) können geeignet sein. Je nach Fragestellung können sich Konsiliaruntersuchungen anschließen: Augenarzt, HNO-Arzt und Audiologe, Logopäde, Psychologe und andere Berufe können die neuropädiatrische und heilpädagogische Diagnostik im Bedarfsfall ergänzen.

Die verschiedenen Sinnesmodalitäten werden in sehr komplexen Zusammenhängen von vielen zerebralen Subsystemen verarbeitet und die sehr unterschiedlichen motorischen Qualitäten unseres Handelns sind ebenfalls Folgen hochdifferenzierter, aufeinander abgestimmter Hirnprozesse. Überall auf diesem Weg der Verarbeitung sensorischer Reize und dem Entwurf motorischer Handlungen können minimale, relative Funktionsstörungen eintreten, die keineswegs konstant sind, sondern in der Regel erst auftreten, wenn die Belastung auf dem einen oder anderen Sektor zu groß wird. Die o.g. minutiöse Diagnostik dient dem Aufspüren solcher «Schwachstellen». Ob und wenn, ab wann man von einer MCD spricht, differiert je nach Autor.

Die Behandlung von Funktionsstörungen (z.B. im Rahmen eines hyperkinetischen Syndroms oder einer MCD) muss berücksichtigen, dass es sich um Schwierigkeiten infolge von Schädigungen handelt, die lange zurückliegen. Zwei grundsätzliche Wege sind also denkbar: Zum einen kann versucht werden, noch nicht ausgereifte Hirnfunktionen mittels Training (also Übungserfahrungen) nachreifen bzw. ausreifen zu lassen. Zum anderen kann es das Bestreben einer Übungsbehandlung sein, benachbarte zerebrale Subsysteme kompensatorisch zum Aus-

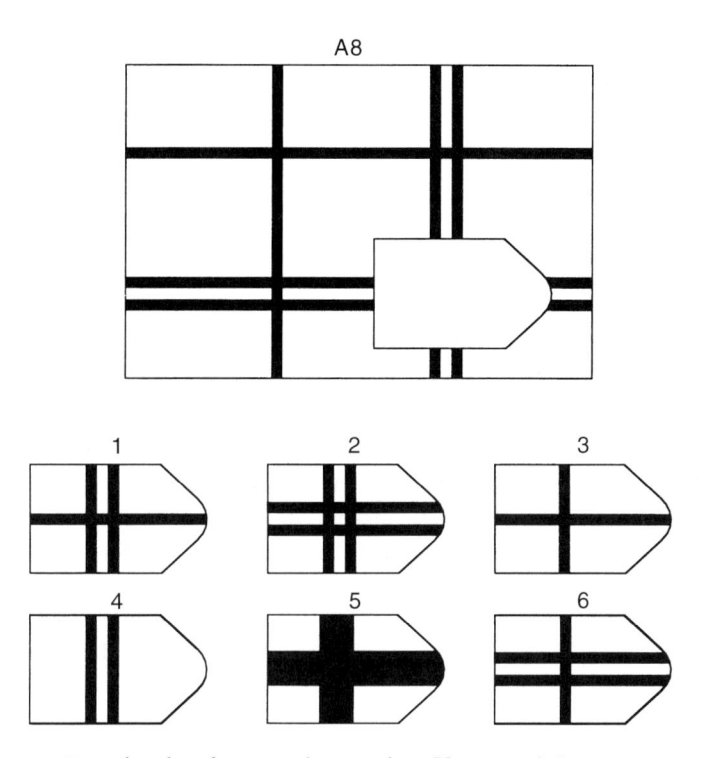

Abbildung 17.4: Raven's colored progressive matrices, Untertest A 8.

gleich nicht erreichbarer Funktionen zu stimulieren. Im einen Falle geht es also eher um Entwicklungsförderung, im anderen eher um Kompensation. Für viele der o.g. Funktionsschwächen gibt es eine Reihe zum Teil sehr differenzierter heilpädagogischer, motopädischer, logopädischer und ergotherapeutischer Übungsbehandlungen, auf die hier nicht eingegangen werden kann (ich verweise auf die angegebene Literatur). Wichtig scheint mir, dass man nicht in einen hektischen Polypragmatismus verfällt, sondern sieht, was wirklich Not tut. Eine Reihe von Kindern mit sog. MCD oder HKS weisen verschiedene Störungen auf verschiedenen Ebenen auf. In der Regel sind sie aber durch mehrere Therapien gleichzeitig zeitlich wie emotional überfordert. Also muss man gewichten, welche Schwierigkeiten primär der Hilfe bedürfen. Dies hängt einmal von der Bedeutung des Symptoms für die weitere Entwicklung ab (bestimmte motorische Schädigungen können sich auf vielen Gebieten, auch in der späteren Entwicklung, als störend erweisen und mögen deswegen Vorrang haben). Zum anderen hängt es aber auch von den konkreten Gegebenheiten in der Lebenssituation des Kindes ab.

Bei einem Zweitklässler mag die Schwierigkeit der Feinmotorik und damit der Handschrift unter Umständen schwerer wiegen als seine Schwierigkeiten beim Schlittschuhlaufen. Umgekehrt ist es für ein anderes Kind möglicherweise besonders belastend, nicht bei sportlichen Aktivitäten der Spielgruppe mithalten zu können.

Bei den Übungsmaßnahmen sollte schließlich nicht vergessen werden, dass sie dem Kind Spaß machen sollten. Ein Übungsprogramm ohne Berücksichtigung der kindlichen Bedürfnisse, dass zu tiefer Lustlosigkeit und Abneigung führt, hat dann sein Ziel verfehlt.

Auf die Diskussion der Frage, ob Nahrungsmittel und Schadstoffe eine auslösende Rolle beim HKS spielen, wurde schon verwiesen. Ob entsprechende Diäten wirksam sind, muss und kann im Einzelfalle ausprobiert werden. Oft kann auch die bei der speziellen Essensgestaltung erfahrene Zuwendung Positives bewirken. Manchmal allerdings kann eine vor allem strenge Diät ihrerseits stigmatisieren.

Sehr kontrovers wird der Einsatz von Psychopharmaka beurteilt. Neuroleptika und Sedativa sind meistens nicht indiziert: Die Dosen, die zu einer Beruhigung des Kindes führen, führen meist auch zu einer Einschränkung seiner Aufnahmefähigkeit. Aus der Gruppe der Amphetamine, der sog. «Muntermacher», stammt u.a. das Ritalin®: normalerweise stimulieren diese, den Erwachsenen süchtig machenden Medikamente, sie sind Aufputschmittel. Bei manchen hyperkinetischen Kindern haben sie den paradoxen Effekt, dass sie die Kinder beruhigen. Möglicherweise werden die kontrollierenden und damit hemmenden motorischen Instanzen unseres Gehirns von ihnen in besonderer Weise beeinflusst. Allerdings ist dieser Mechanismus nicht erwiesen. Bei manchen dieser Kinder können Amphetamine beruhigen, die Impulskontrolle unterstützen und die Konzentrationsfähigkeit vorübergehend steigern. Solche Medikamente heilen nicht: Nach Absetzen kommt es haufig zu einem Rebound-Phänomen. Auch die Intelligenz (oder sonstige Leistungsparameter) werden nicht erhöht. Die Kinder werden lediglich anpassungsfähiger und ruhiger – können also manchmal die ihnen innewohnende Leistungsfähigkeit besser nutzen. Schließlich muss bedacht werden, dass es sich immer um einen Eingriff in die Hirnchemie handelt, die besonders im Kindesalter wohl bedacht werden muss. Und schließlich kann das Gefühl, wegen «Verhaltensschwierigkeiten» auf Tabletten angewiesen zu sein, zu einer mehr oder weniger starken Kränkung führen. Aus diesem Grunde lehne ich den Einsatz solcher Medikamente, die im Erwachsenenalter (wohl nicht im Kindesalter) eine hohes Suchtpotential haben, auch bei Kindern ab.

Möglicherweise das schwierigste Problem der hier geschilderten Kinder besteht in einer «sekundären Neurotisierung»: Die permanenten Misserfolge und Versagensängste, das Gefühl, nicht «dazu zu gehören», die Einsicht, in diskreten, aber wahrzunehmenden Bereichen anders zu sein als andere können zu einer tiefen, chronischen Selbstwertkrise führen. Von Eltern und Erziehern, mitunter auch von Gleichaltrigen wird das impulsive und manchmal störende Sozialverhalten mit Ungeduld registriert, manchmal als «Ungezogenheit» oder «Bösartigkeit» fehlinterpretiert. Vor 100 Jahren hat Heinrich Hoffmann im Struwwelpeter Schwierigkeiten des «Zappelphilip», des «Hans-Guck-in-die-Luft» und andere als Charakterschwächen oder Erziehungsfehler angeprangert. Vordergründig kann es dann eine Erleichterung sein, wenn Eltern und Erzieher, ggf. auch das Kind solche Verhaltensweisen als eine Störung im medizinischen Sinne, also quasi als «Krankheit» interpretieren. Dennoch ist die Frage, ob hiermit wirklich etwas gewonnen ist: Wenn aus der ehemaligen Verhaltensstörung nun eine Krankheit wird, wird zwar die Art des Stigmas geändert, es bleibt aber beim Stigma.

Wesentlich sinnvoller erscheint es mir, von Normvarianten in den unterschiedlichsten Bereichen auszugehen. Der eine ist eben lebhafter, der andere ruhiger, der eine ist konzentrierter, der andere spontaner, relative Schwächen und Stärken sind unterschiedlich verteilt. Es gab wohl zu allen Zeiten (jedenfalls zeugen Biographien und Einzelberichte davon) Menschen mit Schwächen, die man heute als MCD bezeichnen würde. Erst unter ganz spezifischen Leistungsanforderungen fallen diese Schwierigkeiten überhaupt als Störung auf: Unter anderem dann, wenn in einer hochzivilisierten, technisierten Gesellschaft mit entsprechend einschränkenden Lebensbedingungen von allen Schülern unisono bestimmte Fähigkeiten (Konzentrationsfähigkeit, Impulskontrolle) verlangt werden.

Sir Winston Churchill war ein hyperkinetisches Kind, dass das große Glück hatte, auf verständnisvolle Lehrer zu stoßen. Sie erlaubten ihm, auch innerhalb der Schulstunden jeweils nach 10 oder 15 Minuten «mal eben draußen eine Runde zu drehen».

Nach meiner Auffassung ist es bei unruhigen oder im o.g. Sinne betroffenen Kindern durchaus sinnvoll, eine gezielte, mehrdimensionale Untersuchung durchzuführen, um diskrete Schwierigkeiten zu erkennen. Vereinzelt können solche Schwierigkeiten durchaus im Rahmen einer Übungsbehandlung beseitigt werden. Wichtig ist eine Einstellungsänderung bei Eltern und Lehrern (dadurch sekundär auch beim Kind), denen klar wird, dass dieses Kind in bestimmten Bereichen geringfügige Divergenzen hat, ohne deswegen krank, dumm oder gar verstockt zu sein. Aus einer solchen Erkenntnis sollte die Einsicht resultieren, dieses Kind in all seinen Facetten zu akzeptieren. Es gibt viele Möglichkeiten, den Besonderheiten dieser Kinder Rechnung zu tragen: beispielsweise gezielte motorische Aktivitäten auch in den Unterricht einbauen, Aufmerksamkeitsspannen zu variieren, komplexe Aufgaben serieller Art in kleinere Einheiten zu «zerlegen», im Einzelfalle unterschiedliche Hilfsmittel und Gedächtnisstützen zulassen, Kinder vor wechselnder Reizüberflutung schützen und dergleichen mehr. Zahlreiche Anregungen finden sich in der angegebenen Literatur. Dies alles setzt allerdings die Bereitschaft voraus, diese Kinder so zu akzeptieren, wie sie sind.

Im übrigen ist die Prognose, was die Grundstörung angeht, gut: Fast alle dieser Kinder erreichen im Erwachsenenalter ein im wesentlichen unauffälliges (mit allenfalls geringfügigen Schwierigkeiten) motorisches und perzeptives Niveau. Die

Intelligenz ist und bleibt im Normbereich. Ob es zu sekundären neurotischen Störungen und Schwierigkeiten in der Schullaufbahn mit allen problematischen sozialen Folgen kommt, hängt also nicht von der beschriebenen Grundstörung, sondern von den psychosozialen Umfeldbedingungen ab.

Überprüfen Sie Ihr Wissen!

17.1 Fragetyp B, eine Antwort falsch

Eines der folgenden Symptome gehört definitionsgemäß nicht zur minimalen zerebralen Dysfunktion: Welches?

a) perzeptive Wahrnehmungsstörungen

b) motorische Unruhe

c) verminderte Diskriminationsfähigkeit

d) veränderte Reizschwelle

e) niedrige Intelligenz

17.2 Fragetyp A, eine Antwort richtig

Ein Syndrom, das im wesentlichen durch Aufmerksamkeitsstörungen, Impulsivität und Hyperaktivität gekennzeichnet ist, bezeichnet man am ehesten als:

a) hyperkinetisches Syndrom

b) minimale zerebrale Dysfunktion

c) spezifische Lernstörung

d) Apraxie

e) frühkindliches exogenes Psychosyndrom

17.3 Fragetyp C, Antwortkombinationsaufgabe

Welche Faktoren können als Ursachen einer Hyperaktivität in Frage kommen?

1. Entwicklungsbedingte Hyperaktivität als normale Reifungsvariante

2. Situative Hyperaktivität bei chronischen Konflikten und Deprivationssyndromen
3. Frühkindlich entstandene Hirnfunktionsstörungen
4. akute und chronische Vergiftungen
5. Hyperaktivität als Folge eines Sozialisationsdefizits.

Eine der folgenden Kombinationen trifft zu: Welche?

a) Nur die Antworten 1, 2 und 4 sind richtig.

b) Nur die Antworten 1, 2,3 und 4 sind richtig.

c) Nur die Antworten 1,3,4 und 5 sind richtig.

d) Nur die Antworten 1, 2,3 und 5 sind richtig.

e) Alle Antworten sind richtig.

17.4 Fragetyp E, Kausalverknüpfung

Überprüfen Sie die folgende Aussage:

1. Die Behandlung eines hyperkinetischen Syndroms mit Amphetaminen (z. B. Ritalin) wird kontrovers diskutiert, denn
2. Bei Amphetamingebrauch im Kindesalter bestehen erhebliche Suchtgefahren.

a) Nur die Aussage 1 ist richtig.

b) Nur die Aussage 2 ist richtig.

c) Die Aussagen 1 und 2 sind richtig, die Kausalverknüpfung stimmt nicht.

d) Alle Aussagen sind richtig.

e) Alle Aussagen sind falsch.

17.5 Fragetyp B, eine Antwort falsch

Eine der folgenden Untersuchungen/Tests eignet sich eher nicht zur Beurteilung motorischer Schwierigkeiten. Welche(r)?

a) LOS

b) Trampolin-Test

c) Körper-Koordinationstest

d) Neurologische Untersuchung

e) HAWIK

Vertiefungsfragen

Worin besteht die Problematik des Begriffs «minimale zerebrale Dysfunktion»?
Äußern Sie sich bitte zur Gefahr einer möglichen sekundären Neurotisierung auf dem Boden eines hyperkinetischen Syndroms.

Adressen

Bundesverband der Elterninitiativen zur Förderung hyperaktiver Kinder e.V. PF 60, 91291 Forchheim, www.osn.de/user/hunter/badd.html
Bundesarbeitsgemeinschaft zur Förderung überaktiver Kinder e.V.
Bundesarbeitsgemeinschaft zur Förderung der Kinder und Jugendlichen mit Teilleistungsstörungen (MCD/HKS). Postfach 450246, 50877 Köln
Verein zur Förderung der Kinder mit minimaler zerebraler Dysfunktion (MCD). Friedemann-Bach-Str. 1, 82166 Gräfelfing

18. Von der «heiligen Krankheit» zum «hirnorganischen Krampfanfall». Epilepsie

Der 16-jährige Markus kommt mit seiner Mutter in die Beratungsstelle, weil er unter schweren Angst- und Panikzuständen leidet. Tagelang «gräbt er sich zuhause ein», er hat keine Freunde und Freundinnen, in der Freizeit macht er kleine Botengänge für die Nachbarin, ansonsten zieht er sich zurück. Mitunter fehlt er in der Schule unentschuldigt. Obwohl er ein guter Schüler ist, ist er fest davon überzeugt, dass er die bald anstehende Abschlussprüfung nicht bestehen wird und somit keine Berufsausbildung bekommen kann. In der Beratungssituation klammert er sich außerordentlich stark an die Mutter. Diese, eine allein erziehende etwa 45-jährige Frau, deren ältester Sohn gerade das Haus verlassen hat, berichtet, dass Markus schon seit einigen Jahren ihr «Sorgenkind» sei. Unter anderem habe er seit dem 10. Lebensjahr eine zunächst «zu spät entdeckte» Epilepsie: Mehrere kleine Anfälle im Säuglingsalter seien nicht erkannt worden, erst ein großer Krampfanfall habe zur richtigen Diagnose geführt. Seit sechs Jahren bekomme Markus Antiepileptika, und seither habe er nur noch insgesamt zwei große Anfälle gehabt. Trotz der relativ guten Prognose und des Vorschlags des behandelnden Neurologen, aufgrund eines jetzt seit langem stabilisierten EEGs die Medikation langsam auszuschleichen, haben Mutter und Sohn die Befürchtung, es könne mit den Anfällen wieder losgehen. Auch die berufliche und soziale Zukunftsprognose wird von beiden eher unrealistisch Besorgnis erregend eingeschätzt. Erschwerend kommt hinzu, dass «man mit niemanden darüber reden kann», die Störung wird als stigmatisierend erlebt.

Bei der Epilepsie handelt es sich um synchrone paroxysmale **bioelektrische Entladungen** ganzer Bezirke bzw. neuronaler Zellverbände im Gehirn. Bioelektrische Erregungen werden nicht abgestuft und differenziert von Hirnzellen untereinander weitergeleitet, sondern es kommt zu einer plötzlichen, «gewitterähnlichen» und mehr oder weniger vollständigen Entladung der Nervenzellen großer Hirnareale. Je nach Lokalisation können die daraus resultierenden Symptome umschrieben und lokalisiert sein: Im Rahmen sog. kleiner Anfälle kann es zu isolierten Zuckungen bestimmter Extremitäten oder psychomotorischer oder sensorischer umschriebener Störungen kommen. Andererseits kann die gesamte Hirnrinde betroffen sein, so dass es zum klassischen Bild eines «Grand-mal-Anfalls» kommt, wie er weiter unten beschrieben wird.

Prinzipiell kann jedes Gehirn mit einem Krampfanfall reagieren, wenn die Grenzen seiner Belastbarkeit erreicht sind – z. B. bei Entzündungen des Gehirns, u. U. bei hohem Fieber, bei Vergiftungen usw. Menschen, deren «Krampfschwelle» aus unterschiedlichen Gründen herabgesetzt ist, können aus verhältnismäßig geringen Anlässen (Übermüdung, leichtere Krankheit usw.) einen solchen Krampfanfall entwickeln: bei einer (mehr oder weniger) leichten Vorschädigung des Gehirns, einer erniedrigten Krampfschwelle und dem mehrfachen Auftreten hirnorganischer Krampfanfälle, in der Regel mit verändertem EEG, spricht man von einer Epilepsie. Ihre Häufigkeit beträgt etwa 0,5 bis 1 Prozent, so dass man von etwa 400 000 bis 800 000 Epilepsie-Kranken in der BRD ausgehen kann, wenngleich die Zahl der Menschen, die relativ selten **Gelegenheitskrämpfe** zeigen, ohne an Epilepsie erkrankt zu sein, etwa zehnmal höher ist.

Etwa 70 Prozent der hirnorganischen Krampfanfälle können hinsichtlich ihrer Ursachen aufgeklärt werden. So können Schädigungen während der Schwangerschaft, vor allem wenn sie mit Vergiftungen, Entzündungen oder Sauerstoffmangel einhergehen, eine Disposition für spätere Epilepsien legen. Ähnliches gilt für Perinatalschäden mit Sauerstoffmangel oder Entzündungen bzw. Komplikationen im Kleinkindesalter. Es muss darauf hingewiesen werden, dass solche Hirnschädigungen zwar u. U. auch mit spastischen Lähmungen und/oder geistiger Behinderung einhergehen, es aber in der Regel nicht tun, so dass etwa 90 Prozent aller von Epilepsie Betroffenen eine normale (bzw. überdurchschnittliche) Intelligenz aufweisen. Im späteren Lebensalter kann es zu einer Epilepsie (häufig zu umschriebenen Krampfanfällen) kommen, wenn das Gehirn sekundär geschädigt wird, beispielsweise durch Hirnverletzungen (Kriegsverletzungen) oder Tumore. Eine familiär gehäufte Epilepsie ist relativ selten: Lediglich in etwa 7 Prozent kann man von einer gewissen hereditären Disposition ausgehen.

Eine anlagebedingte, erhöhte Verletzbarkeit (Vulnerabilität) bedeutet aber keineswegs, dass eine Epilepsie eintreten muss. Es handelt sich hier nur um eine von mehreren Bedingungen, die schließlich zum Krampfanfall führt. Statistisch gesehen ist das Risiko eines Kindes, dessen einer Elternteil an einer Epilepsie leidet, um das 8fache erhöht. Die Wahrscheinlichkeit beträgt also 4 Prozent, was im Klartext heißt, dass von 25 Kindern eines epileptische Anfälle entwickeln würde. Sind beide Elternteile betroffen, steigt die Wahrscheinlichkeit allerdings an, und manchmal kann es ratsam sein, die nähere Verwandschaft mittels EEG im Hinblick auf eine latente Disposition zu untersuchen.

Von den eigentlichen Ursachen muss man die **Auslöser** eines epileptischen Anfalls trennen: hier handelt es sich um Ereignisse, die sozusagen «das Fass zum Überlaufen bringen»: maximale körperliche und seelische Belastungen, intermittierendes Flackerlicht (Diskoleuchte, zu geringer Abstand zum Fernsehgerät), Alkohol oder andere Nervengifte, hormonelle sowie Witterungseinflüsse oder das jähe Abbrechen einer medikamentösen antiepileptischen Behandlung können solche Anfälle auslösen, ohne im eigentlichen Sinne die Ursache darzustellen.

Bei etwa 30 Prozent der Betroffenen lässt sich trotz intensiver Diagnostik keine eindeutige Ursache ermitteln, so dass man etwas ratlos von einer sog. «genuinen Epilepsie» spricht.

Hinsichtlich der Symptome kann man große Anfälle (grand mal) von kleinen Anfällen (petit mal) unterscheiden. Bei den **Grand-mal-Anfällen** handelt es sich um eine synchrone, paroxysmale Entladung an der gesamten Großhirnrinden-Oberfläche. Kommt es von Anfang an zu einem solchen Grand-mal-Anfall, so spricht man von einem primären Grand-mal, entwickelt es sich aus einem zunächst begrenzten, fokalen Anfall heraus, handelt es sich um ein sekundäres Grand-mal-Geschehen. Der Grand-mal-Anfall beginnt meist mit einer **Aura**, während der der Beginn des Anfalls vom Kranken bewusst erlebt wird. In diesem nur einige Sekunden dauernden Zustand äußert der Kranke mitunter ein «eigenartiges Gefühl», das er nicht so recht beschreiben kann. Sehr unterschiedliche sensorische Reize (Kribbeln, Engegefühl, seltsame Geschmäcke oder Gerüche usw.) werden von unerklärlichen emotionalen Phänomenen begleitet. Manchmal gelingt es dem Betroffenen, innerhalb von Sekunden Sicherheitsmaßnahmen zu ergreifen, beispielsweise sich hinzulegen, bevor zunächst das tonische, dann das klonische Stadium eintritt. Manchmal mit einem Schrei oder Stöhnen fällt der Betroffene zu Boden und wird plötzlich bewusstlos; seine Muskeln versteifen sich, weshalb man vom **tonischen Stadium** spricht. Die Augen können verdreht und die Gesichtszüge verzerrt wirken. Wenn die Atmung ins Stocken gerät, kann auch eine leichte Blaufärbung des Gesichtes eintreten. Diese, meist nur 10 bis 20 Sekunden dauernde Phase wird vom **klonischen** Stadium abgelöst, das durch «Zuckungen» in den Gesichtsmuskeln und den Extremitäten gekennzeichnet ist. Hier kann Verletzungsgefahr bestehen, wenn der Bewusstlose an spitze oder scharfe Gegenstände gerät. Durch Zungenbiss und vermehrte Speichelproduktion kann ein schaumig-blutiges Sekret erzeugt werden, das die Atemwege verlegen kann. Manche Betroffenen nässen oder koten ein. Diese Phase dauert etwa 1 bis 2 Minuten und geht dann in den «Terminal-» oder Erschöpfungsschlaf über, der mehrere Stunden dauern kann und als Regenerationsphase anzusehen ist, in der sich das Gehirn wieder erholt, bis der Betroffene erwacht und in der Regel unauffällig ist, wobei er sich an die Vorfälle (mit Ausnahme der Aura) nicht erinnern kann.

Das hier geschilderte Geschehen eines Grand-mal-Anfalls ist für die Umgebung außerordentlich dramatisch und wirkt lebensbedrohlich, obwohl dies in der Regel nicht der Fall ist. Die Umgebung hat das Gefühl, es handele sich um einen lang andauernden Vorfall, obwohl ein Blick zur Uhr in der Regel davon überzeugt, dass es sich nur um einige wenige Minuten handelt. So dramatisch der Grand-mal-Anfall ist, so ungefährlich ist er in der Regel. Lediglich die Folgen (sekundäre Verletzungen bzw. mögliches Ersticken bei Verlegen der Atemwege) können eine zusätzliche und gravierende Schädigung ergeben. Andererseits kann ein nicht aufhörender Anfall oder eine Serie von Anfällen, wobei Zeiten von 15 Minuten überschritten werden, lebensbedrohlich sein: in einem solchen Falle spricht man von einem **Status epilepticus**.

Die erste Hilfe beim unkomplizierten (und damit ungefährlichen) grand mal besteht darin, die Art des Anfalls zu beobachten (um diese Information später an den Arzt weitergeben zu können) und durch einen Blick auf die Uhr die Dauer des Anfalls festzuhalten. Im tonischen Stadium sollten spitze oder scharfe Gegenstände entfernt werden, so dass sich der Betroffene keine sekundären Verletzungen zuzieht. In der Phase des Terminalschlafs sollten die äußeren Atemwege kontrolliert und ggf. freigelegt werden, der Betroffene ist in die stabile Seitenlage zu bringen und vor Wärmeverlust zu schützen (Decke). In der Regel ist es sinnvoll, auch nach einem solchen Anfall medizinische Hilfe herbeizuholen. Weitere Maßnahmen wie das Festhalten der Extremitäten oder das Einbringen eines Gummikeils zwischen die Zähne sollte man unterlassen: Die in der tonischen Phase auftretenden Muskelkräfte können zu Selbst- und Eigenverletzungen führen. Darüber hinaus kann durch solche Maßnahmen das eigentliche Anfallsgeschehen natürlich nicht beeinflusst werden.

Bei einem bekannten Anfallsleiden, insbesondere bei Kindern oder Jugendlichen, haben Begleiter (Erzieher, Lehrer usw.) mitunter die Möglichkeit, ein sofort wirkendes Antikonvulsivum zu geben. Hierbei handelt es sich um einen Diazepam-Abkömmling (Valium® usw.), ein Medikament, das in öliger Suspension mittels einer kleinen Ampulle in den Enddarm eingegeben wird, wo es innerhalb von wenigen Minuten über die Darmschleimhaut resorbiert wird und einen andauernden Grand-mal-Anfall stoppen kann. Bei der Notfall-Behandlung mit Valium ist unbedingt die Dosierungsanweisung zu beachten, da eine erhöhte Dosis u. U. zum Atemstillstand führen kann.

Sehr viel häufiger, allerdings auch für die Umgebung oft sehr viel weniger dramatisch kommt es zu sog. **kleinen Anfällen (petit mal)**, die in vielfältiger Weise unterteilt werden können. Solche Unterteilungen, die in der angegebenen Fachliteratur nachzulesen sind, sind für die Prognose und insbesondere für eine spezifische Therapie wichtig. In unserem Zusammenhang reicht es, auf die wichtigsten (weil häufigsten) Petit-mal-Anfälle einzugehen.

Bei Neugeborenen und jungen Säuglingen können epileptische Anfälle auftreten, die noch nicht das «Reifebild» eines Grand-mal Anfalls zeigen: Zuckungen des Gesichtes und der Extremitäten, Zitterbewegungen oder Versteifungen können Anzeichen eines solchen Anfalls sein. Etwas charakteristischer sind die im Säuglings- und im Kleinkindesalter auftretenden **BNS-Krämpfe** («Blitz-Nick-Salaam»), die, zunächst vielleicht noch als «Schreckhaftigkeit» fehlinterpretiert, spä-

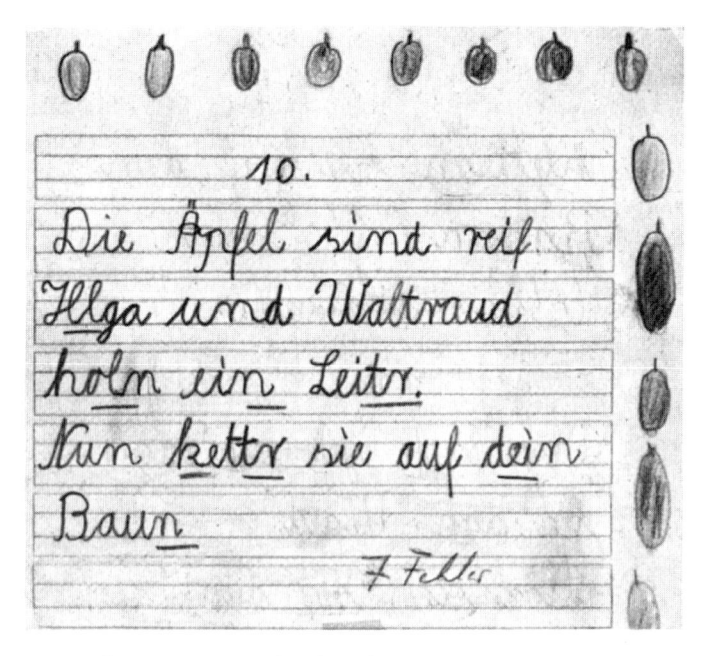

Abbildung 18.1: Auffälligkeiten im Diktat bei Absencen.

ter doch die typischen Zeichen aufweisen: Ruckartig krümmen sich die Säuglinge, wobei der Kopf nach vorne bewegt wird (Nick-Komponente). Wenn die großen Extremitäten gebeugt werden, insbesondere die Arme über der Brust verschränkt werden, erinnert die Bewegung an den orientalischen Gruß «Salaam». Diese in der Regel im frühesten Kindesalter auftretenden Krämpfe haben unbehandelt meist eine schlechte Prognose. Sind sie Folge eines bereits pränatal sehr stark geschädigten Gehirns, kann es möglicherweise auch bei gelungener medikamentöser Einstellung zu Entwicklungsverzögerungen oder geistiger Behinderung kommen. Bei einem abgesehen vom Krampfleiden ansonsten nicht vorgeschädigtem Gehirn können sehr drastische medikamentöse Maßnahmen (zum Teil Antikonvulsiva, zum Teil hohe Cortisongaben mit zahlreichen Nebenwirkungen) die spätere Prognose mitunter entscheidend verbessern.

Typische Anfälle des Schulkindalters sind die sog. **Absencen**, die mildesten Formen eines epileptischen Anfalls. Für wenige Sekunden kommt es zu Bewusstseinsstörungen (manchmal bis zu 50 mal am Tag). Dabei wird eine Handlungssequenz kurzfristig unterbrochen, nach wenigen Sekunden aber wieder aufgenommen, wobei sich die Kinder nicht an die Absence erinnern. In der **Abbildung 18.1** sieht man Absencen, die während eines Diktats aufgetreten sind. In den kurzfristigen «Blackouts» können unverständliches Murmeln, Verdrehen des Kopfes (Hans-

Guck-in-die-Luft) oder andere kleinere Auffälligkeiten beobachtet werden. Manchmal werden Absencen für längere Zeit verkannt, so dass man das Kind als «verträumt» oder «unkonzentriert» einstuft. Durch das EEG kann die richtige Diagnose dieser unter medikamentöser Behandlung prognostisch guten Verlaufsform gestellt werden.

Zu Missverständnissen kann es auch bei **Dämmerattacken** bzw. **psychomotorischen Anfällen** kommen. Plötzlich und unerwartet können die Patienten ein absonderliches Verhalten zeigen: Schmatz-, Kau- und Nestelbewegungen können auftreten, die Kinder können auch in größter Erregung aufspringen, motorische Handlungssequenzen zeigen oder unangebrachte Worte (mitunter auch obszönen Inhalts) ausstoßen. Nach einer solchen, unwillentlich und unbewusst reproduzierten Sequenz sind die Kinder hochgradig verwirrt und aufgewühlt.

> Matthes (1984, S. 20) beschreibt den Fall eines 13-jährigen Mädchens, das der Mutter beim Kartoffelschälen hilft, sich plötzlich eine Kartoffelschale in den Mund stopft, zu kauen beginnt, die Schalen in den Eimer wirft und in der Küche umherrennt, bis es nach einer Minute aus diesem absonderlichen Zustand herauskommt.

Schließlich soll noch auf **Herdanfälle** (sog. **fokale Anfälle**) eingegangen werden. Wenn eine isolierte Störung neuronaler Zellverbände vorliegt (z. B. durch Vernarbung an einer bestimmten Stelle der Großhirnrinde oder durch einen Tumor), können isolierte Symptome auftreten. Die Symptome (also Fehlfunktionen) entsprechen den Funktionen der gestörten Hirnrindenareale. Am häufigsten sind die sog. **Jackson-Anfälle** an der motorischen Hirnrinde, bei denen eine Störung zu kontralateralen motorischen klonisch-tonischen Anfällen führt: Es kommt zu einem umschriebenen Muskelklonus beispielsweise des rechten Arms. Allerdings können solche isolierten, fokalen Anfälle sekundär generalisieren und in ein Grand-mal-Geschehen einmünden. Neben solchen motorischen Anfällen sind auch isolierte sensible oder sensorische Anfälle möglich. So wird z. B. von Sacks (1989) ein Anfall in der Hörrinde beschrieben, der zu heftigen auditiven Halluzinationen führte.

Die Diagnostik dieser und anderer nicht aufgeführter Anfallsformen kann im Einzelfall schwierig sein. Kernstück der Diagnostik ist das in den zwanziger Jahren eingeführte **Elektro-Enzephalogramm** (EEG). Über eine Reihe von Elektroden, die mit Hilfe eines leitenden Gels und elastischer Bänder an der Kopfhaut angebracht werden, lässt sich die elektrische Summenaktivität über den jeweiligen Ableitungen verstärken und graphisch darstellen. Man erhält auf diese Weise Ableitungen der bioelektrischen Aktivität verschiedener Hirnareale. Charakteristische Ausschläge («spikes» und «waves») geben Aufschluss über den Aktivitätsgrad des Gehirns (Wach- oder Schlafphasen) sowie Irregularitäten im Sinne eines Krampfpotentials oder einer erhöhten Krampfbereitschaft (s. **Abb. 18.2**). Ein EEG kann Hinweise auf Art und Ausmaß eines epileptischen Geschehens geben. Ande-

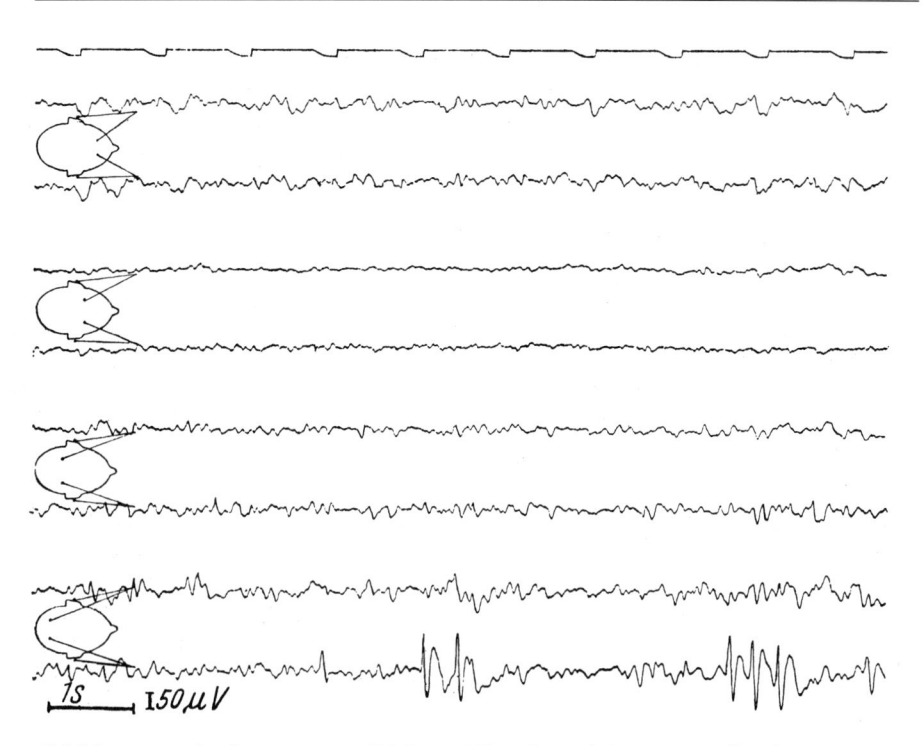

Abbildung 18.2: In der untersten Ableitung Hinweise auf einen Krampfherd.

rerseits sind auch Fehlinterpretationen möglich. So kann im Sinne eines Zufallsbefundes eine erhöhte Krampfbereitschaft diagnostiziert werden, ohne dass klinisch manifeste Krampfanfälle auftreten. Dies erfordert eine entsprechende Aufklärung und Beruhigung des Probanden. Aber auch bei der medikamentösen Einstellung eines von Epilepsie Betroffenen ist es wichtig, den Menschen und nicht das EEG zu behandeln: Entscheidend ist die Besserung der klinischen Symptomatik und nicht in erster Linie die Besserung des EEGs, und dies ist bei der Auswahl und Dosierung des Medikamentes zu berücksichtigen. Auch falsch-negative Befunde kommen vor, wenn nach einem klinisch manifesten Anfall kein eindeutiger Befund im EEG vorliegt. Mitunter können durch Provokationsmethoden solche Anfälle dennoch im EEG sichtbar gemacht werden: Nach Photostimulation (dabei wird der Patient einem Flackerlicht ausgesetzt), nach Hyperventilation (also vermehrter Ein- und Ausatmung) oder nach Schlafentzug kann man manchmal eine Krampfbereitschaft im EEG darstellen und die Diagnose absichern.

Insbesondere bei dem ersten Auftreten eines Krampfanfalls im Erwachsenenalter (aber natürlich auch bei anderen Verlaufsformen) ist es unerlässlich, den Patienten gründlich neurologisch zu untersuchen und darüber hinaus nach Hirndruck zu fahnden und ein Computertomogramm des Schädels vorzunehmen: Mitunter sind die Krampfanfälle nur sekundäre Zeichen einer primär viel bedrohlicheren, manchmal aber auch behandelbaren Krankheit, wie beispielsweise einem gutartigen Hirntumor oder einer Hirnblutung.

Neben den bisher beschriebenen hirnorganischen Krampfanfällen im Sinne einer Epilepsie gibt es vor allem im Kindesalter auch Gelegenheitskrämpfe, beispielsweise die bis zum vierten Lebensjahr häufiger auftretenden **Fieberkrämpfe** bei Temperaturen über 39,5 °C, die durch milde fiebersenkende Maßnahmen (Wadenwickel, Zäpfchen) sowie rektale Diazepamgabe beendet werden können, wenn nicht eine schwer wiegendere Krankheit wie beispielsweise eine Menigitis dahinter steckt. Diese Gelegenheitskrämpfe führen in der Regel nicht zu einer späteren Epilepsie und sind auf das Kleinkindesalter beschränkt.

Es soll noch erwähnt werden, dass insbesondere Jugendliche mit konversionsneurotischer Symptomatik in seelische Zustände geraten können, in denen ein anfallsähnliches Äquivalent auftritt. So wie psychische Lähmungen oder Empfindungsstörungen (bzw. Ohnmachten) möglich sind, so kann auch ein **psychogener Anfall** produziert werden. Charakteristisch ist, dass sich dieser Anfall so äußert, wie er vom Jugendlichen imaginiert wird, was u. U. erheblich von einem grand mal abweicht oder, je nach Vorerfahrung des Jugendlichen, einem grand mal auch sehr ähnlich sein kann. Es handelt sich hier nicht um ein bewusstes «Vorspielen falscher Tatsachen» im Sinne einer Simulation, sondern um eine echte, wenn auch neurotische Erkrankung, die sich körperlich äußert, ohne dass ein Krampfleiden vorliegt.

Die Behandlung der Epilepsie hat in den letzten Jahrzehnten wesentliche Fortschritte gemacht. Das Diazepam (Valium®) zu Unterbrechung einer akuten Krampf-Notsituation wurde bereits genannt. Zahlreiche, zum Teil sehr veränderte Abkömmlinge dieser Substanz und andere **Antikonvulsiva (Antiepileptika)** stehen heute zur Verfügung, um möglichen Krämpfen vorzubeugen. Eine Reihe von Nebenwirkungen sind bekannt, so dass zum Teil Patienten hinsichtlich ihres Medikaments oder der Dosierung «umgestellt» werden müssen. In der Regel ist es aber möglich, einen Patienten «einzustellen», d. h., Krampfanfälle zu verhindern oder ihre Häufigkeit auf ein sehr geringes Maß herabzusenken, ohne dabei gravierende Nebenwirkungen (wie beispielsweise Müdigkeit) in Kauf nehmen zu müssen. Etwa 80 Prozent der Epilepsien können auf diese Weise kontrolliert (also Anfallsfreiheit erreicht) oder wesentlich verbessert werden, in etwa 20 Prozent kommt es dabei sogar zur völligen Heilung. Es bleiben allerdings auch noch 20 Prozent, deren Behandlungsergebnisse nicht zufrieden stellend sind. Immerhin können aber 80 bis 90 Prozent aller von Epilepsie betroffenen Menschen mehr oder weniger unauffällig ihre Frau bzw. ihren Mann in Beruf und Gesellschaft stehen. Der größte Teil der Betroffenen fällt überhaupt nicht auf, oft ist die Krankheit der näheren Umwelt nicht bekannt. Viele bedeutende Menschen litten unter dieser Störung: Cäsar, Peter der Große, Lenin, Lord Byron, Dostojewski, Händel, Paganini, Sokrates, Nobel und van Gogh, um nur einige zu nennen.

Im Gegensatz zu den insbesondere heute günstigen Heilungschancen und prognostischen Aussichten besteht vielfach noch die völlig falsche Auffassung, Epilepsie sei letztlich kaum zu beeinflussen, gehe mit einer seelischen und/oder geistigen Behinderung einher und sei überdies eine Erbkrankheit. Kaum eine neurologische Erkrankung bzw. Störung hat soviele Stigmatisierungen erfahren. Bereits im Altertum wurde Epilepsie entweder als «heilige Krankheit» oder als «dämonische Krankheit» angesehen, obwohl bereits Hippokrates 400 v.Chr. darauf hingewiesen hat, dass an dieser Krankheit nichts Heiliges oder Dämonisches sei, sondern dass es sich um eine Hirnkrankheit handele, die durch eine geregelte Lebensführung positiv zu beeinflussen ist.

> Auch im Markus-Evangelium wird der epileptische Anfall eines Kindes beschrieben, der einem dämonischen Geist zugeschrieben wird:
>
> Ein Mann aus der Menge wandte sich an Jesus: Ich habe meinen Sohn zu dir gebracht; er ist von einem bösen Geist besessen, darum kann er nicht sprechen. Immer, wenn dieser Geist ihn packt, zerrt er ihn hin und her. Schaum steht dann vor seinem Mund, er knirscht mit den Zähnen und sein ganzer Körper wird steif. Ich habe deine Jünger gebeten, den bösen Geist auszutreiben, aber sie konnten es nicht. (Mk 9.17-18)

Offensichtlich war das Erleben eines Krampfanfalles für die Außenstehenden oft so unfassbar, dass man immer wieder der Versuchung unterlag, diese Störung wider besseren Wissens als Ausdruck übernatürlicher und dämonischer Mächte zu deuten.

Eine extreme Stigmatisierung erfuhren Menschen, die von Epilepsie betroffen waren, unter der Herrschaft des «Dritten Reichs». In maßloser Überbewertung hereditärer Faktoren und unter Zugrundelegung der verbrecherischen Annahme, behindertes Leben sei «lebensunwert», wurden Betroffene sterilisiert oder sogar getötet. Es war in den Zeiten des Terrorregimes, in denen viel zu wenige der «Normalbürger» dagegen Einspruch erhoben, gefährlich, zu dieser Krankheit (der eigenen oder eines Angehörigen) zu stehen. Diese geschichtlichen Erfahrungen, verbunden mit der Tatsache, dass über mindestens 15 Jahre die Epilepsieforschung in Deutschland ein kümmerliches Schattendasein führte, mögen mit dazu beigetragen haben, dass auch heute noch die Störung «Epilepsie» stigmatisiert ist und vielerorts verschwiegen wird (s. das Fallbeispiel am Anfang dieses Kapitels). Inzwischen haben sich neben lokalen Selbsthilfegruppen, deren Aufgaben sehr vielfältig sind, Betroffene in der «Deutschen Sektion der Internationalen Liga gegen Epilepsie» zusammengeschlossen, deren Anliegen u.a. die Aufklärung der Öffentlichkeit, politische Arbeit und die Beseitigung stigmatisierender Vorurteile ist.

Hinsichtlich der Lebensführung hat sich gezeigt, dass es zwar allgemeine Empfehlungen, jedoch keine allgemein gültigen festen Regeln geben kann. Meistens ist es sinnvoll, sich vor allem im Kindesalter vor körperlicher Überforderung zu schützen (gleichzeitig jedoch normale sportliche und altersgemäße Belastungen wahrzunehmen), als Jugendlicher und Erwachsener möglichst keinen oder zumindest nicht übermäßig Alkohol zu trinken, für ausreichenden Schlaf zu sorgen und nicht übermäßig zu rauchen. Aber dies sind allgemeine Richtlinien, und es wird darauf ankommen, in jedem einzelnen Fall nach individuellen Ursachen und Auslösern epileptischer Anfälle zu unterscheiden.

Die meisten sozialen Probleme und Implikationen entstehen, wenn kritiklos und pauschal bestimmte Schwierigkeiten «erwartet» und entsprechende Rollenzuschreibungen vorgeschrieben werden. Dies kann die Berufswahl, die vermeintliche oder tatsächliche Belastung am Arbeitsplatz, den Wohn- und andere Bereiche betreffen. Individuell können gesellschaftliche Reaktionen sehr unterschiedlich erlebt und bearbeitet werden.

> Ein mir bekannter 18-jähriger betroffener junger Mann litt sehr darunter, aufgrund seiner Epilepsie «nicht tauglich» zu sein, während ein anderer froh war, nicht «zu den Fahnen geeilt zu werden». Beiden Äußerungen lag zugrunde, dass von Epilepsie Betroffene vom Wehrdienst freigestellt werden.

Die Problematik sozialer Stigmatisierung und die Notwendigkeit individueller Entscheidungen bei gesellschaftlich relevanten Maßnahmen soll am Beispiel des Autofahrens kurz erläutert werden:

> Da sich insbesondere ein großer Krampfanfall während des Autofahrens nicht nur für den Betroffenen, sondern ggf. auch für andere Verkehrsteilnehmer sehr folgenschwer auswirken kann, sind in der Regel Berufe wie Bus- oder Taxifahrer diesem Personenkreis verschlossen. Andererseits hat in unserer Gesellschaft die Mobilität einen so großen Stellenwert gewonnen und ist das Auto zu einem derartigen Statussymbol geworden, dass eine pauschale Verweigerung des Führerscheins für alle von Epilepsie Betroffenen eine unzulässige Härte bedeuten würde, zumal die Unfallstatistiken ausweisen, dass die Unfallhäufigkeit epileptischer Fahrer nicht über dem statistischen Durchschnitt liegt. So wird ein Führerschein befürwortet werden, wenn unter antikonvulsiver Behandlung der Betroffene mindestens drei Jahre anfallfrei gewesen ist, das EEG eine günstige Prognose erwarten lässt und der Betroffene halbjährlich zu Kontrolluntersuchungen geht. Der Betroffene ist verpflichtet, bei einer Verschlimmerung seiner Krankheit nicht mehr Auto zu fahren (er ist aber nicht verpflichtet, den Führerschein abzugeben). Eine Meldepflicht der Epilepsie eines Kraftfahrers besteht nicht, wenngleich der Arzt unter übergeordneten Gesichtspunkten (bei erheblicher möglicher Gefährdung anderer) das Recht hat, Betroffene bei Uneinsichtigkeit zu melden.

An diesen kurzen Ausführungen werden die diffizilen Probleme, die weniger in der Grundstörung, als vielmehr in dem Zusammenspiel unterschiedlicher Interessen und gesellschaftlicher Kräfte liegen, deutlich. Eine Reihe von Betroffenen gibt an, dass sie unter den gesellschaftlichen Rollenerwartungen und Etikettierungen fast mehr leiden als an der eigentlichen Störung, die wie oben gezeigt, oft medikamentös gut beeinflusst werden kann.

Ausführliche und detaillierte Erörterungen möglicher psychosozialer Schwierigkeiten im Alltag finden sich in dem grundlegenden und gut zu lesenden Einführungsbuch «Ärztlicher Rat für Epilepsiekranke» von A. Mattes (1984). Während die Grundlagenforschung, die Diagnostik und medikamentöse Therapie in den letzten 50 Jahren sehr erfreuliche Fortschritte gemacht haben, zeigen die Entwicklungen des sozialen Umgangs mit dieser Störung im gesellschaftlichen Kontext noch deutlich Defizite auf, die es zu beheben gilt.

Überprüfen Sie Ihr Wissen!

18.1 Fragetyp E, Kausalverknüpfung

1. Ein dauerhafter Zustand großer Anfälle (Status epilepticus) bedarf sofortiger klinischer Behandlung denn

2. ein Status epilepticus ist lebensbedrohlich.

a) Nur die Aussage 1 ist richtig.

b) Nur die Aussage 2 ist richtig.

c) Nur die Aussagen 1 und 2 sind richtig, die Kausalverknüpfung stimmt nicht.

d) Die Aussagen 1, 2 sowie die Kausalverknüpfung sind richtig.

e) Alle Aussagen sind falsch.

18.2 Fragetyp B, eine Antwort falsch

Eines der fünf Merkmale gehört eher nicht zum großen Anfall (grand mal). Welches?

a) Plötzliche Bewusstlosigkeit

b) Allgemeine Muskelversteifung

c) Muskelzuckungen im Gesicht und an den Extremitäten

d) Stereotype, nestelnde Bewegungen

e) Erschöpfungsschlaf

18.3 Fragetyp C, Antwortkombinationsaufgabe

Welche der folgenden Aussagen sind richtig?

1. Ein Grand-mal-Anfall kann durch eine Aura eingeleitet werden.
2. Bei Grand-mal-Anfällen kann es zu Einnässen und zu Zungenbiss kommen.
3. Einen Zungenbiss sollte man mittels Gummikeil verhindern.
4. Ein einzelner Grand-mal-Anfall ist in der Regel kein lebensbedrohliches Ereignis.
5. Andauernde große Anfälle (Status epilepticus) sind in der Regel nicht lebensgefährlich.

a) Nur die Aussagen 1, 2 und 3 sind richtig.

b) Nur die Aussagen 2, 3 und 4 sind richtig.

c) Nur die Aussagen 1, 2 und 4 sind richtig.

d) Nur die Aussagen 1, 2, 4 und 5 sind richtig.

e) Alle Aussagen sind richtig.

18.4 Fragetyp A, eine Antwort richtig

Ein sechs Monate alter Säugling mit problematischem Geburtsverlauf zeigt Anfälle, die anfangs als «Schreckhaftigkeit» gedeutet wurden. Das Kind fährt ruckartig zusammen, krümmt sich für ein bis drei Sekunden und schlägt die Arme zusammen. Auch der Kopf wird gebeugt. Welche Anfallsform vermuten Sie am ehesten?

a) BNS-Krampf (Blitz-Nick-Salaam)

b) Absencen

c) Herdanfall

d) klassischer Grand-mal-Anfall

e) Psychogener Anfall

Vertiefungsfragen

Wie ist es zu erklären, dass ein hirnorganisches Krampfleiden oft in besonderer Weise tabuisiert wird?

Äußern Sie sich dazu, dass eine mögliche Stigmatisierung bei hirnorganischen Krampfleiden belastender sein kann als das eigentliche Krampfgeschehen.

Adressen

Deutsche Epilepsievereinigung e.V., Zillestr. 102, 10585 Berlin, dezille@acl.com
Liga gegen Epilepsie e.V., Informationszentrum Epilepsie (auch für med. Fragen und Informationen), Herforder Str. 5-7, 33602 Bielefeld

19. Gegen Widerstand. Die Parkinson'sche Erkrankung

Im Jahre 1817 beschrieb der englische Arzt James Parkinson ein widersprüchliches Krankheitsbild so detailliert, dass seine Beschreibung auch heute noch Gültigkeit hat. Widersprüchlich war das Krankheitsbild, das er «Shaking Palsy» (Schüttellähmung) nannte, weil die beiden von ihm beschriebenen Hauptkomponenten des Syndroms, die Lähmung und das Zittern, streng genommen unvereinbar sind. Bei der hier vorliegenden Störung handelt es sich aber auch nicht um eine Lähmung im eigentlichen Sinne, sondern um eine Störung im Stoffwechselhaushalt der Basalganglien, die mit einem Ausfall sehr spezifischer motorischer (und anderer) Funktionen einhergeht.

Etwa 250 000 Menschen leiden in Deutschland an der **Parkinson'schen Erkrankung**, die Mehrzahl im höheren Lebensalter, wenn auch immerhin 8 % unter 40 Jahre alt sind. Um die Art die Störung bei der Parkinson'schen Erkrankung zu verdeutlichen, sollte man sich noch einmal die Grundlagen der motorischen Hirnfunktionen, wie sie in Kapitel 13 beschrieben wurden, vergegenwärtigen. Die Willkürmotorik nimmt ihren Anfang in der motorischen Hirnrinde, von wo aus die Befehle über die Pyramidenbahnen an die Peripherie weitergeleitet werden. Außerhalb dieser Bahnen, über das **extrapyramidale System**, werden motorische Informationen über die Basalganglien verarbeitet und ebenfalls an die Peripherie weitergegeben. Diese extrapyramidalen Informationen dienen der «motorischen Begleitmusik», steuern also Muskeltonus, räumliche und zeitliche Koordinationsleistungen, die Dosierung von Kraft, die Intention für Richtungsänderungen und vieles mehr. Basalganglien (wie auch das Kleinhirn) sind also als «Unterausschüsse» zu verstehen, die, ohne dass uns dies bewusst ist, dafür sorgen, dass die bewusst geplanten motorischen Aktionen in der richtigen Reihenfolge, Dosierung, Kraft und Feinabstimmung ausgeführt werden. Während das Kleinhirn vor allem zur Steuerung schnellerer Bewegungsabläufe beiträgt, sind die Basalganglien mit wichtigen Aufgaben der Steuerung langsamer Bewegungen befasst. Ihr Ausfall oder eine Schwächung ihrer Funktion führt vor allem zu Störungen langsamer Bewegungen sowie zu spezifischen Koordinationsstörungen. Diese Basalganglien sind neuronale Zellverbände, Kerne tief unterhalb der Hirnrinde.

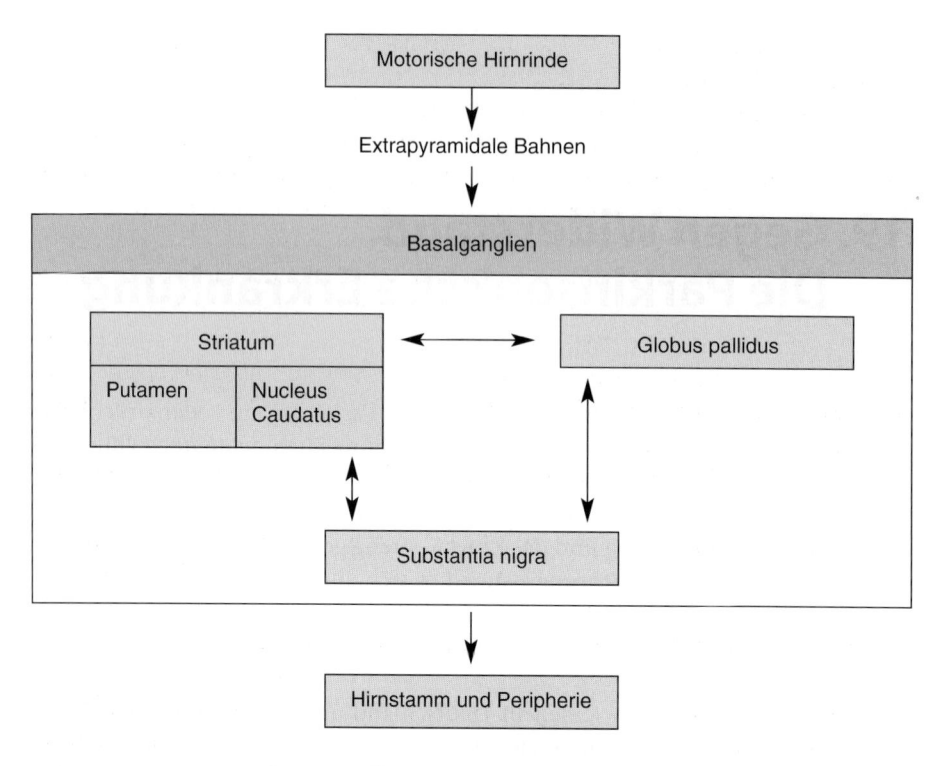

```
                    ┌─────────────────────┐
                    │ Motorische Hirnrinde│
                    └──────────┬──────────┘
                               ▼
                    Extrapyramidale Bahnen
                               │
                               ▼
┌──────────────────────────────────────────────────────────────┐
│                        Basalganglien                          │
│                                                               │
│  ┌─────────────────────────┐      ┌──────────────────────┐  │
│  │        Striatum         │◄────►│   Globus pallidus    │  │
│  ├───────────┬─────────────┤      └──────────▲───────────┘  │
│  │  Putamen  │   Nucleus   │                 │              │
│  │           │   Caudatus  │                 │              │
│  └───────────┴──────▲──────┘                 │              │
│                     │                        │              │
│                     ▼                        ▼              │
│              ┌──────────────────────────────────┐           │
│              │        Substantia nigra          │           │
│              └──────────────────────────────────┘           │
└───────────────────────────────┬──────────────────────────────┘
                                ▼
                    ┌───────────────────────┐
                    │ Hirnstamm und Peripherie│
                    └───────────────────────┘
```

Abbildung 19.1: Die Basalganglien. Über extrapyramidale Bahnen gelangen motorische Impulse zu den Basalganglien, wo sie weiter verarbeitet werden. Zu den Basalganglien zählt auch die Substantia nigra. Von ihr führen dopaminerge (auf Dopaminbasis arbeitende) Bahnen zu den Kerngebieten des Striatums und des Globus pallidus.

Abbildung 19.1 gibt eine erste Übersicht: Von der Substantia nigra, die ihren Namen ihrer dunklen Anfärbung durch Melanin verdankt, ziehen Verbindungsbahnen zu anderen Basalganglien, dem Globus pallidus und insbesondere dem Striatum, das anatomisch wiederum in den Nucleus caudatus (den Schweifkern) und das Putamen eingeteilt wird. Diese neuronalen Bahnen arbeiten hauptsächlich mit dem Neurotransmitter **Dopamin**, der bereits beschrieben wurde. In diesem, auf die Basalganglien bezogenen Dopaminsystem hat das Dopamin letztlich die Funktion, auf biochemischer Ebene unsere Bewegungen fliessend und geschmeidig zu halten. Biochemisch gesehen ist der Neurotransmitter Acetylcholin eine Art «Gegenspieler», der auf dieser neuronalen Ebene für den Muskeltonus und «die Festigkeit unserer Haltung» sorgt. Liegt also ein relativer Mangel an Dopamin (und wahrscheinlich auch Noradrenalin, das von ihm chemisch abgeleitet wird, sowie Serotonin) vor, bzw. ein relatives Überangebot an Acetylcholin, so resultieren daraus «steife, nicht-fließende Bewegungen».

Neben diesem Dopaminsystem auf der Ebene der Basalganglien gibt es zwei weitere, wovon vor allen Dingen das dritte Dopaminsystem eine besondere Stellung einnimmt: So gibt es im Mittelhirn dopaminhaltige Zellkörper, die auf höhere Hirnregionen projizieren, vor allen Dingen in die Großhirnrinde und das Limbische System. Wie später noch zu zeigen ist, kann ein Überangebot von Dopamin in diesem dritten Dopaminsystem zu einer Hyperaktivität der mit ihm verknüpften Untersysteme führen und Symptome einer Schizophrenie aufrecht erhalten oder verstärken (Näheres in Kap. 28). An dieser Stelle bleibt zunächst festzuhalten, dass sich eine Störung im Dopaminstoffwechsel an unterschiedlichen Stellen im Gehirn unterschiedlich auswirkt: In einem Dopaminsystem kommt es bei Dopaminmangel zu motorischen Schwierigkeiten, in einem anderen bei relativem Überangebot von Dopamin zu vorwiegend psychischen Phänomenen. Beide Systeme hängen aber miteinander zusammen.

Aus Gründen, auf die noch eingegangen wird, kommt es bei der Parkinson'schen Erkrankung zu einem Untergang von Zellen in der Substantia nigra. Diese sind nun kaum noch dazu in der Lage, Dopamin zu produzieren, und die nachfolgenden Strukturen des Striatums, insbesondere das Putamen, werden nicht mehr ausreichend von der Substantia nigra inerviert. Die Folge ist, dass komplexe Rückkopplungsschleifen zwischen Strukturen der Pyramidenbahnen und dem hier beschriebenen extrapyramidalen System gestört sind. Während die Willkürmotorik prinzipiell funktionstüchtig ist, ist ihre extrapyramidale Bearbeitung und Steuerung gestört. Insbesondere Muskeltonus, Geschmeidigkeit, Flüssigkeit der Bewegung, Änderung der Bewegungsrichtung und die Dosierung von Kraft können nicht mehr adäquat miteinander gekoppelt werden, was zu den im Folgenden zu beschreibenden Symptomen führt.

Die **Tabelle 19.1** gibt eine Übersicht über Kardinalsymptome bei der Parkinson'schen Erkrankung, weitere Begleitsymptome (die im Wesentlichen auf die Kardinalsymptome zurückzuführen sind) sowie psychische und vegetative Folgen. Die Hauptsymptome der Parkinson'schen Erkrankung finden sich in der Trias «Rigor», «Tremor» und «Akinese».

Bei der erhöhten Muskelanspannung, dem **Rigor**, ist der Muskelwiderstand erhöht. Der Patient selbst kann nur gegen Widerstand seine Muskeln bewegen, er hat mitunter das Gefühl «im Watt zu wandern». Aber auch bei der passiven Streckung oder Beugung seiner Gliedmaßen können Krankengymnastin oder Arzt feststellen, dass der Arm nur ruckartig den Bewegungen des Untersuchenden folgt: Man spricht von einem «Zahnradphänomen».

Das Zittern (**Tremor**), nicht obligat, aber in 90 % der Verlaufsformen anzutreffen, stellt sich vor allem in Ruhepausen ein. So können beispielsweise selbst bei

Tabelle 19.1: Symptome der Parkinson'schen Erkrankung.

Kardinalsymptome
 Rigor (Muskelsteife)
 Tremor (Zittern)
 Akinese (Unbeweglichkeit)

Weitere motorische Symptome
 Eingeschränkte Mimik
 Seltener Lidschlag
 Gebeugte Haltung
 Gang in kleinen Schritten
 Anlaufschwierigkeiten und Bewegungsblockaden
 Mikrographie (kleine Schrift)

Vegetative Symptome
 Hitzewallungen und Schweißausbrüche
 Vermehrter Speichelfluss, vermehrte Talgproduktion

Mögliche psychische Begleitsymptome
 Depression
 Verlangsamung intellektueller Prozesse
 Verminderung der intellektuellen Leistungsfähigkeit (seltener)

aufgelegter Hand die Finger in einem permanenten Zittern verhaftet sein, das an das «Zählen von Münzen» erinnern mag. Aber auch ein Kopfzittern und Zittern anderer Körperteile kann beobachtet werden. Bei psychischen Belastungen wie Nervosität, Ärger oder Aufregung kann sich diese Symptomatik verstärken.

Unter **Akinese** versteht man eine Einschränkung der Beweglichkeit. Zu Beginn der Erkrankung können Ungeschicklichkeiten im Alltag auftreten, wenn beispielsweise Knöpfe nicht mehr zugedrückt, Möhren nicht mehr geschält oder Präzisionsgriffe nicht mehr ausgeführt werden können. Später kommen Verlangsamungen anderer Bewegungsabläufe, insbesondere aber Startschwierigkeiten und Schwierigkeiten beim Ändern von Bewegungen hinzu. Die Schritte werden kleiner, der Gang wirkt schleppend, die Arme werden beim Gehen nicht mehr pendelnd mitbewegt. Vor allem an engen Stellen oder an Hindernissen, bei denen man die Richtung wechseln muss, treten Probleme auf: der Gang wird hier unsicherer, die Patienten können fallen, wobei eine nach vorn übergebeugte Haltung erschwerend hinzukommt.

Hier wird die Besonderheit der Parkinson'schen Erkrankung, die eben keine Lähmung im eigentlichen Sinne ist, deutlich: Einmal «in Gang gekommen» kann der Patient, wenn auch mühsam, gehen. Aber wenn er abbremsen muss (z. B. um die Richtung zu ändern), muss ein neues «Startprogramm» die extrapyramidale Begleitsteuerung in Gang setzen, die, wie wir gesehen haben, gestört ist.

Eine Besonderheit dieser Akinese betrifft die Mimik, die ja ebenfalls ein motorisches Phänomen ist: Auch die Gesichtsmotorik ist reduziert, was, zusammen mit der weiter unten beschriebenen vermehrten Talgproduktion, zu einem Phänomen führt, dass in früheren Zeiten als «Salbengesicht» bezeichnet wurde: Gefühlsregungen sind am Gesichtsausdruck nur noch bedingt ablesbar. Die Reduktion der Mimik macht auf den Außenstehenden mitunter den Eindruck, als nehme der Parkinsonerkrankte nicht an der Unterhaltung teil oder sei geistig abwesend. Dies ist keineswegs der Fall! Die Betroffenen sind bei vollem Bewusstsein und geistig aktiv, doch es gelingt ihnen nicht, Mimik, Gestik und Körperhaltung in adäquater Weise zu innervieren. Sie leiden oft erheblich unter Missverständnissen dieser Art.

Die vorübergebeugte Haltung, der kleinschrittige Gang, Anlaufschwierigkeiten sowie Schwierigkeiten bei der Bewegungsänderung können also mit den drei Kardinalsymptomen ebenso erklärt werden wie die starre Mimik, der seltene Lidschlag und das bereits beschriebene Zahnradphänomen. Aber auch eine leise, monotone Sprechweise, mitunter durch eine nicht so gut verständliche, rauhe Stimme sowie die Mikrografie (das Kleinerwerden der Schrift) oder das plötzliche Innehalten in Bewegungen im Sinne blockierter Bewegungen («freezing») können als Begleiterscheinungen der Kardinalsymptome des Morbus Parkinson verstanden werden.

Relativ häufig treten vegetative Symptome auf: Hitzewallungen, Schweißausbrüche, vermehrte Talgproduktion oder verminderter Speichelfluss weisen darauf hin, dass eine Störung im Transmitterhaushalt nicht nur die neuronalen, sondern auch die vegetativ-endokrinen Funktionen beeinflusst.

Alle bisher genannten Symptome bzw. Befunde sind keineswegs obligat. Wenn sie auftreten, können sie in unterschiedlichem Schweregrad und Häufigkeit vorkommen. Dies gilt erst recht für mögliche psychische Veränderungen: Psychische Regungen und Abläufe können (müssen aber nicht) verlangsamt sein. Unter «Bradyphrenie» versteht man das (ebenfalls nur manchmal anzutreffende) Phänomen, dass geistige Leistungen verlangsamt sind. Dabei sind die Patienten, was ihre kognitiven Fähigkeiten angeht, nicht gehandicapt: Sie können Entscheidungen fällen, logisch denken, Fragestellungen abwägen – kurz, ihnen steht das gesamte Repertoire kognitiver Leistungen zur Verfügung – aber diese Prozesse brauchen etwas mehr Zeit.

Depressive Verstimmungen treten, glaubt man der Literatur, bei 20 % der Erkrankten auf. Hier herrscht die «Minussymptomatik» vor: Die Betroffenen fühlen sich freudlos, lustlos, antriebslos, hoffnungslos usw. Tagesschwankungen sind typisch, vor allem morgens sind depressive Züge ausgeprägt. Depressionen können mitunter vor Beginn der motorischen Ausfallerscheinungen auftreten, bei 80 % der Parkinson'schen Erkrankungen kommt es allerdings nicht zu ausgeprägten

Depressionen. Möglicherweise speisen sich solche Depressionen aus zwei Quellen: Zum einen kann ein Fehlverhältnis der beteiligten Neurotransmitter (Noradrenalin, Serotonin und Dopamin) eine entscheidende Rolle bei dem Entstehen und Aufrechterhalten eines solchen depressiven Erscheinungsbildes spielen. Zum anderen können aber auch Verlust- und Trauererlebnisse, soziale Isolation sowie Probleme bei der Verarbeitung des als Lebensschicksal empfundenen Krankheitsbildes zu eher reaktiv entstandenen Depressionen führen.

Pathophysiologisch liegt all diesen Veränderungen eine Störung in der funktionalen Modulation motorischer Prozesse durch die Basalganglien zu Grunde. Kraft, Bewegungsrichtung, Geschwindigkeit und Bewegungsmaß werden nicht mehr richtig aufeinander abgestimmt, so dass die Bewegungen unphysiologisch und ungeschmeidig werden. Die Vernetzung und Rückkopplung, die eine solche Bearbeitung in den Basalganglien ermöglicht, ist auf den Mangel an Dopamin zurückzuführen, der wiederum durch einen Untergang der Zellen der Substantia nigra zustande kommt.

Wodurch aber kommt es zu einem solchen Zelluntergangsphänomen?

Bei der Mehrzahl der Patienten ist die Ursache ihrer Erkrankung nicht bekannt, so dass man etwas hilflos von einer «genuinen» oder «idiopathischen» Form der Parkinson'schen Erkrankung spricht. Genetische Faktoren mögen (keineswegs allein) eine gewissen Rolle spielen, wobei vor allem die Verletzlichkeit der o.g. Strukturen für eine Erschöpfung im Alter (Vulnerabilitätshypothese) von Bedeutung ist.

Ein Teil der Betroffenen leidet unter Atherosklerose (Gefäßverkalkung), die mitunter auch im Gebiet der Basalganglien zu Zelluntergängen führen kann. Andere können durch wiederholte Mikrotraumen (z. B. wiederholte Schädeltraumen bei Boxern) eine Schädigung erlitten haben. Eine Vergiftung durch Kohlenmonoxid und Drogen kann im Einzelfall vorliegen, auch können Tumoren und Entzündungen ein Parkinson-Syndrom hervorrufen.

In den zwanziger Jahren dieses Jahrhunderts erfasste Europa und Amerika eine Grippewelle, die letztendlich mehr Tote forderte als der Erste Weltkrieg. Hunderttausende Überlebende entwickelten die sog. «Schlafkrankheit» (Enzephalitis lethargica), eine Gehirnkrankheit, bei der vor allem die Funktion der Basalganglien geschädigt war, was zu schweren motorischen und anderen Symptomen des Parkinson-Syndroms führte. In seinem fesselnden und empathischen Buch «Zeit des Erwachens» schildert Oliver Sacks die dramatischen Veränderungen, die Ende der sechziger Jahre diesen Menschen durch eine Therapie mit L-Dopa ermöglicht wurde, nachdem sie mitunter jahrzehntelang ein motorisch und psychisch reduziertes Leben führen mussten.

Die genuine Parkinson'sche Erkrankung sowie die bisher beschriebenen weiteren Formen des Parkinson-Syndroms sind behandelbar, aber letztlich nicht heilbar.

Anders ist es bei dem medikamentös ausgelösten Parkinson-Syndrom: Wie in Kapitel 28 beschrieben wird, können belastende Symptome der Schizophrenie, wie bspw. psychotische Erregung, Wahnvorstellungen oder Halluzinationen durch die Gabe sog. **Neuroleptika**, von denen Haldol® eines der bekannten ist, deutlich reduziert und das Leiden der Betroffenen vermindert werden. Dabei greifen diese Medikamente in den Dopaminhaushalt im dritten System (s.o.) ein und reduzieren Dopamin. Leider reduzieren sie Dopamin auch in den anderen Systemen, so dass neben weiteren Nebenwirkungen auch ein Parkinsonismus ausgelöst werden kann: die Reduktion psychotisch-schizophrener Symptome wird also durch motorische und vegetative Störungen eines Parkinson-Syndroms «erkauft». Diese Nebenwirkungen können so erheblich sein, dass sie wiederum mit «Antiparkinson-Mitteln» behandelt werden müssen. Immerhin verschwinden diese Nebenwirkungen der medikamentösen Behandlung der Schizophrenie bei Absetzen der Antipsychotika, die Ursache dieses Parkinson-Syndroms ist also behebbar.

Anders ist das bei der Therapie der Parkinson'schen Erkrankung, der wir uns nun zuwenden wollen: Sie umfasst medikamentöse Therapie, physikalische Therapie und psychosoziale Begleitmaßnahmen.

Auf vierfache Art kann man medikamentös ansetzen:

Zum Einen kann der fehlende Botenstoff «Dopamin» durch **L-Dopa** ersetzt werden. Dabei macht man sich seit den sechziger Jahren zu Nutze, dass seine Vorstufe L-Dopa (im Gegensatz zum Dopamin selbst) die **Blut-Hirn-Schranke** (vgl. Kap. 1) passieren kann, so dass L-Dopa im Gehirn zu Dopamin synthetisiert wird.

Zum Zweiten kann der Abbau noch vorhandenen oder produzierten Dopamins verzögert bzw. verhindert werden, so dass das wenige Dopamin länger wirken kann (Prinzip der sog. MAO-Hemmer)

Sog. dopaminerge Medikamente, die einer anderen chemischen Gruppe angehören, verstärken bzw. ahmen die Wirkung des Dopamins nach.

Während die bisher genannten drei Medikamentengruppen den Effekt des Dopamins stärken, wirken sog. Anticholinergika dadurch, dass sie den Effekt des Gegenspielers, des Acetylcholins hemmen. Sie erinnern sich: Acetylcholin spielt bei Muskeltonus, Haltung und Festigkeit eine Rolle. Bei Dopaminmangel liegt es in «relativem Übermaß» vor, was zu der Unflexibilität der Bewegungen beiträgt. Statt nun Dopamin zu steigern, ist prinzipiell (und auch praktisch) die Verminderung der Wirkung von Acetylcholin möglich.

Alle bisher genannten medikamentösen Maßnahmen sind mit zum Teil erheblichen Nebenwirkungen verbunden. Mitunter werden mehrere Substanzen in Kombination angewandt. Nach einem sehr genau einzuhaltenden, sich über den ganzen Tag erstreckenden Zeitplan müssen unterschiedliche Medikamente verlässlich eingenommen werden. Die in der Regel gute Compliance (Bereitwilligkeit der Patienten, sich an die notwendigen Regeln zu halten) ermöglicht oder erleichtert die Therapie. Aber trotz individueller Pharmakotherapie und großer Sorgfalt und Geduld auf Seiten der Patienten wie der Therapeuten kann die Wirkung der Medikamente temporär unterschiedlich sein und im Laufe der Zeit nachlassen. Eine gute Beobachtung von Wirkung und Nebenwirkung der Medikation und eine adäquate Kommunikation zwischen Behandelnden, Betroffenen, Pflegenden und Angehörigen ist unerlässlich.

Zu den physikalischen Maßnahmen gehören Physiotherapie, Krankengymnastik und Ergotherapie. Während das krankengymnastische Training der Beweglichkeit des Körpers dient, geht es der Ergotherapie um den Erhalt von Fertigkeiten im Alltag. Bei der physikalischen Therapie ist aber Rücksicht darauf zu nehmen, dass bei einem Mangel an Neurotransmittern die Patienten mitunter früh erschöpfen. Es liegt kein Übungsmangel im eigentlichen Sinne vor, sondern die oben geschilderte Eigentümlichkeit in der Biochemie dieser Erkrankung führt dazu, dass Patienten «sehr genau wissen, was motorisch zu tun ist», Nerven und Muskeln ebenfalls in der Lage sind, diese Bewegungen durchzuführen und lediglich ein Mangel an Neurotransmittern den Bewegungsfluss erschwert. So können Krankengymnastik und Ergotherapie Medikamente nicht ersetzen. Sie können aber, adäquat und synergistisch eingesetzt, sehr wohl zur Selbständigkeit des Betroffenen, der Bewältigung von Problemen in der Motorik und anderer krankheitsbedingter Probleme beitragen.

Psychosoziale Begleitung der Betroffenen, aber auch des Umfeldes ist oft sehr hilfreich. So kann eine logopädische Betreuung und Sprachförderung auch auf Kommunikationsschwierigkeiten eingehen. Einer reaktiven Isolation kann vorgebeugt werden, wenn Missverständnisse und Stigmata erkannt, aufgedeckt und beseitigt werden: Schwierigkeiten in der mimischen Ausdrucksform können zu Fehlinterpretationen bei den Angehörigen und zur Resignation bei den Betroffenen führen. Verlangsamung in Motorik und Gestik, vielleicht aber auch in Sprache und Denkprozessen kann zu Hilflosigkeit bei Betroffenen und zu Ungeduld bei den Angehörigen und Pflegenden führen.

Bei einem Teil der Patienten kommt es zu mehr oder weniger ausgeprägten depressiven Verstimmungen. Diese müssen aber keineswegs immer vorliegen, sondern wechseln sich durchaus mit Phasen größerer Zuversicht ab. Ein größerer Teil der von der Parkinson'schen Krankheit Betroffenen zeigt neueren Untersuchungen zufolge meist ausgeprägte Coping-Strategien, also die Fähigkeit, das eigene Schicksal in die Hand zu nehmen und zur Bewältigung der Krankheit beizutragen. Hier ist zum einen ein hohes Maß an Compliance und Mitarbeit zu nennen, nicht zuletzt auch in Selbsthilfeorganisationen und Interessenverbänden. Aber auch der Wille zur Therapie, Selbstbeherrschung und aktives Angehen bestehender Probleme kennzeichnen viele Parkinson-Erkrankte.

Kurz soll noch auf einige Behandlungsmethoden eingegangen werden, die sich in den letzten Jahren abzeichneten und zum Teil noch in der Anfangsphase sind.

Unter stereotaktischer Operation versteht man ein Verfahren, bei dem mittels einer Sonde Zwischenhirnstrukturen zerstört werden. Diese Operation ist risikoreich und mit Nebenwirkungen behaftet. Sie wird nur sehr selten durchgeführt, wenn die Erkrankung fortschreitet und medikamentöse Hilfe nicht mehr möglich ist.

Ein anderes Verfahren ist die hochfrequente Stimulation von Strukturen des extrapyramidalen Systems, bei dem über eine Sonde die für den Tremor verantwortlichen Hirnzentren elektrisch stimuliert werden, so dass das Zittern nachlässt. Die Sonde ist über eine Leitung mit einem Stimulationsgerät verbunden, das unter die Haut verpflanzt wird und von dem Patienten selbst eingeschaltet werden kann (es entspricht von der Wirkungsweise in etwa den schon seit langem erprobten Herzschrittmachern). Auch das Verfahren der extrapyramidalen Stimulation ist noch in der Erprobung und sicher auf schwere, medikamentös nicht mehr zugängliche Verlaufsformen beschränkt. Zudem wird mit diesem Verfahren im Wesentlichen nur der Tremor beeinflusst.

Die Forschungsergebnisse zur Transplantation von neuronalem embryonalen Gewebe sind zur Zeit widersprüchlich. Hierbei werden die noch undifferenzierten Nervenzellen aus dem Gehirn von abgetriebenen Embryonen implantiert (der niedrige Differenzierungsgrad führt dazu, dass das Gewebe vom Empfängergewebe «akzeptiert» wird). Einige Untersuchungen berichten von einer Verbesserung des Allgemeinzustandes, andere kommen zu keinem eindeutig positiven Ergebnis. Langzeitergebnisse über mögliche Virusinfektionen (Gewebe von Embryonen muss innerhalb von 48 Stunden transplantiert werden, weswegen das Gewebe nicht auf Virusinfektionen getestet werden kann) liegen zur Zeit ebenso wenig vor wie Langzeituntersuchungen zur Frage der Entstehung von Gehirntumoren.

> Es ist möglich, dass im Laufe der nächsten Jahre neue Erkenntnisse, insbesondere gentechnische Fortschritte zu einer vermehrten Diskussion einer solchen Therapie führen. Im Gegensatz zu anderen «heißen Eisen», deren Realisation eher in der ferneren Zukunft liegen dürfte (das Klonen von Menschen, Keimbahn-Therapie) könnte sich die Transplantation embryonaler Stammzellen oder eine modifizierte Form der eben angedeuteten Behandlung bei der Parkinson-Erkrankung als ein medizinisch-ethisches Problem in näherer Zukunft erweisen.

> Bei allem Verständnis für den Leidensdruck von Parkinson-Patienten und ihre Hoffnungen auf eine kausale Therapie wiegt meines Erachtens das ethische Gebot der Unantastbarkeit menschlichen Lebens stärker. In Deutschland ist die Transplantation von neuronalem embryonalem Gewebe verboten.

Die Parkinson'sche Erkrankung beruht, so kann abschließend festgestellt werden, auf einer Funktionsstörung der Basalganglien in Folge eines Ausfalls dopaminhaltiger Zellen. Sie ist hauptsächlich durch Bewegungsverlangsamung, Muskelsteifheit und Zittern charakterisiert. Zwar ist eine ursächliche Heilung nicht möglich, doch kann der Krankheitsverlauf durch Medikamente, physikalische Maßnahmen und eine adäquate psychosoziale Begleitung entscheidend positiv beeinflusst werden.

Überprüfen Sie Ihr Wissen!

19.1 Fragetyp C, Antwortkombinationsaufgabe

Welche der folgenden Aussagen sind richtig:

1. Bei Parkinson'scher Erkrankung können psychische Leistungen äußerlich verlangsamt erscheinen.
2. Der Patient kann äußerlich interessenloser auf die Umwelt wirken, ohne dass dies tatsächlich dem inneren Erleben entsprechen muss.
3. Plötzliches Abbremsen ist bei der Parkinson'schen Erkrankung erschwert.
4. Bei der Parkinson'schen Erkrankung können Stoß- und Kippbewegungen zu Stürzen führen.
5. Passive Muskelbewegung ist bei Parkinson'scher Erkrankung fast immer mühelos möglich.

Eine der folgenden Kombinationen trifft zu. Welche?

a) Nur die Aussagen 1,2 und 3 sind richtig.

b) Nur die Aussagen 1,2,3 und 4 sind richtig.

c) Nur die Aussagen 1,3 und 5 sind richtig.

d) Nur die Aussagen 1,3 und 4 sind richtig.

e) Nur die Aussagen 1,4 und 5 sind richtig.

19.2 Fragetyp B, eine Antwort falsch

Eine der folgenden Aussagen zur Parkinson'schen Erkrankung ist falsch. Welche?

a) Die wichtigsten Symptome der Parkinson'schen Erkrankung sind Rigor, Tremor und Akinesie.
b) Es findet sich bei der Parkinson'schen Erkrankung eine Verringerung der Nervenzellen der schwarzen Substanz (Substantia nigra).
c) In der Regel ist der Botenstoff (Neurotransmitter) Dopamin vermindert.
d) Symptomatisch kann eine Parkinson'sche Erkrankung auch mit Neuroleptika (Antipsychotika) wie bspw. Haloperidol® behandelt werden.
e) Der Tremor nimmt häufig bei Gemütsbelastung wie Aufregung oder Angst zu.

19.3 Fragetyp C, Antwortkombinationsaufgabe

Welche der folgenden Aussagen zur psychischen Situation Parkinson-Erkrankter treffen zu?

1. Parkinson-Erkrankte können auch dann Informationen aufnehmen, wenn sie selbst sprachlich nicht eindeutig darauf reagieren können.
2. Auch teilnahmslos wirkende, sitzende oder liegende Parkinson-Patienten sind mitunter dankbar für Abwechslung in ihrem Alltagsleben.
3. Denkprozesse können bei Parkinson-Erkrankten gelegentlich verlangsamt sein.
4. Um einen Parkinson-Erkrankten nicht durch ein zu hohes Aktivitätsniveau zu überfordern, sollte man ihn weitgehend von sozialen Kontakten fernhalten.
5. Die Intensität der Gemütserlebnisse nimmt bei praktisch allen Parkinson-Erkrankten deutlich ab.

Welche der o.g. Aussagen treffen zu?

a) Nur die Aussagen 1,2 und 3 sind richtig.
b) Nur die Aussagen 2,3 und 4 sind richtig.
c) Nur die Aussagen 1,2 und 5 sind richtig.
d) Nur die Aussagen 2,3 und 5 sind richtig.
e) Nur die Aussagen 1,2,3 und 5 sind richtig.

> **Vertiefungsfragen**
>
> Erläutern Sie bitte, dass die körperliche Bewegungsarmut (Akinese) sowie die herabgesetzte Mimik zu Fehlinterpretationen und Missverständnissen im Umgang mit Betroffenen führen kann.
> Wann wird die Akinese von Parkinson-Kranken zum Stigma, wann ist besonders mit der Ungeduld Pflegender zu rechnen?

Adressen

Deutsche Parkinson-Vereinigung dPV e.V. (Bundesverband), Moselstraße 31, 41464 Neuss, http://www.Parkinson-net.de/dpv/padpv.htm

20. Aus heiterem Himmel. Schlaganfall

Der 70-jährige Herr K., der verwitwet im eigenen Haushalt in relativer Nachbarschaft zu seinen zwei Kindern lebte, litt seit einigen Jahren unter latentem Bluthochdruck und vorübergehenden Schwindelattacken, gepaart mit Kopfschmerzen und leichten temporären Gedächtnisstörungen. Als er eines Tages seit den frühen Morgenstunden Sehschwierigkeiten und vermehrte Schwindelgefühle hatte, ging er zu seiner Tochter. Dort erlitt er einen massiven linksseitigen Schlaganfall, der sich in einer plötzlichen, schlaffen Lähmung der gesamten rechten Seite sowie dem sofortigen Sprachverlust äußerte. Herr K. war nicht mehr fähig, sich zu äußern, und konnte sich nicht mehr bewegen. Der herbeigerufene Hausarzt diagnostizierte den Schlaganfall und bemühte sich um die Aufnahme in einem Akutkrankenhaus, doch dauerte es mehrere Stunden bis zur Einweisung. Obwohl Herr K. intensivmedizinisch betreut und überwacht wurde, traten in den folgenden zwei Tagen wiederholte kleinere Schlaganfälle ein. Neben den medizinisch-therapeutischen Maßnahmen, insbesondere der Herz-Kreislaufüberwachung und -regulierung und einer medikamentösen Infusionsbehandlung sowie zahlreichen diagnostischen Interventionen wurde bereits am zweiten Tag mit einer krankengymnastischen Behandlung begonnen. Eine Logopädin zur Sprachbehandlung stand allerdings nicht zur Verfügung. Nach insgesamt sechswöchigem Krankenhausaufenthalt hatte sich der Allgemeinzustand von Herrn K. soweit gebessert, dass er das Krankenhaus verlassen konnte. Er litt aber nach wie vor unter einer Halbseitenlähmung und einer mittelschweren Sprachstörung, die eine normale Verständigung unmöglich machte. Wegen der daraus resultierenden Hilflosigkeit und der von den Ärzten geäußerten Erwartung, dass sich am neurologischen Zustand von Herrn K. nichts wesentliches ändern werde, wurde nach vorübergehender Pflege in der Familie der Tochter ein Platz in einem Altenpflegeheim gesucht und gefunden.

Etwa 1,5 Millionen Bundesbürger sind vom Schlaganfall, auch **Apoplex** oder **apoplektischer Insult** betroffen, jedes Jahr gibt es mindestens 500 000 Neuerkrankungen, etwa die Hälfte der Betroffenen überlebt den Schlaganfall. Es handelt sich auch epidemiologisch um eine häufige und ernst zu nehmende Erkrankung, der in der Regel zu wenig Beachtung geschenkt wird.

Letztlich geht beim Schlaganfall immer Hirngewebe zugrunde, was, je nach Ort der Schädigung, zu sehr unterschiedlichen Schädigungen führen kann (vgl. Abb. 20.1).

240 In Bewegung. Motorische Hirnfunktionen

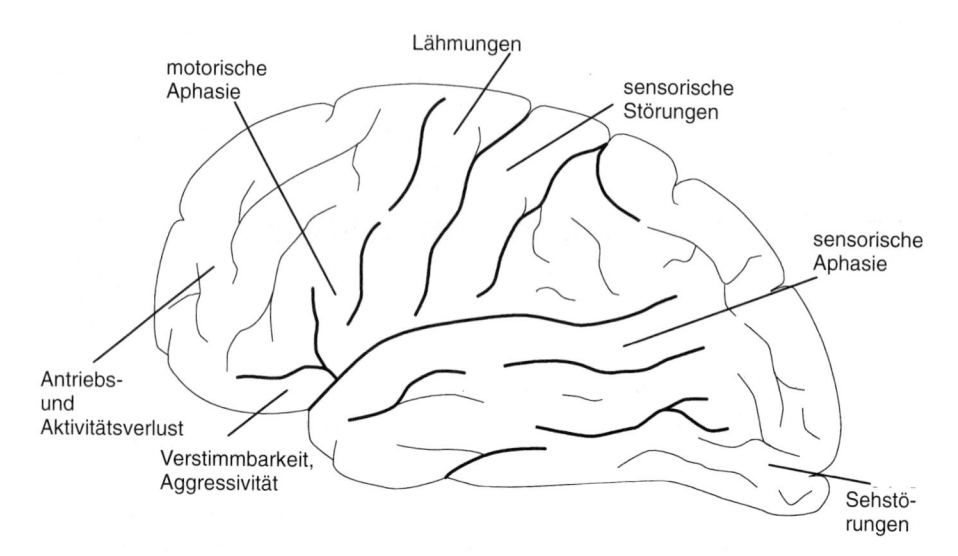

Diagramm des Gehirns mit Beschriftungen:
- motorische Aphasie
- Lähmungen
- sensorische Störungen
- sensorische Aphasie
- Antriebs- und Aktivitätsverlust
- Verstimmbarkeit, Aggressivität
- Sehstörungen

Abbildung 20.1: Typische Infarktareale und Funktionseinbußen bei Apoplex.

Am häufigsten sind Lähmungen, Empfindungsstörungen, Sprach- und Sehstörungen, auf die noch näher einzugehen ist. Die Zerstörung von Hirnarealen ist wiederum Folge einer **Durchblutungs- und Ernährungsstörung**.

Das menschliche Gehirn ist das auf Sauerstoffmangel am empfindlichsten reagierende Organ. Bereits eine fünfminütige Unterbrechung des Hirn-Blutkreislaufs und ein Mangel an Sauerstoff und Glukose führt zu irreparablen Schäden von Hirnsubstanz. Das etwa 2 Prozent unseres gesamten Körpers ausmachende Organ braucht immerhin 15 Prozent unserer Sauerstoffvorräte. Die Zufuhr mit sauerstoffhaltigem Blut erfolgt über vier große Blutgefäße: zwei Wirbelarterien und zwei Halsschlagadern, die sich an der Basis unseres Schädels zu einem kreisförmigen Adergeflecht vereinigen. Von diesem Geflecht gehen zahlreiche, die unterschiedlichen Hirnstrukturen versorgenden Arterien aus. Dadurch ist es gewährleistet, das selbst bei dem Verschluss eines der zuführenden Hauptgefäße die Gesamtversorgung noch zustande kommt.

Drei unterschiedliche Typen von Schlaganfall können unterschieden werden: bei weitem am häufigsten (80 Prozent) ist der sog. **ischämische Insult** (ischämisch = aufgrund ungenügender Blutversorgung), der Hirninfarkt. Ursache sind massive Arterienverkalkungen und Gefäßverengungen, die, obwohl oft im Gefolge zu hohen Blutdruckes, bei plötzlichem Blutdruckabfall oder anderen zusätzlichen Belastungen dazu führen, dass Hirnareale nicht mehr ausreichend versorgt werden. In einem zweiten denkbaren Szenario, der **Hirnembolie**, kann ein Hirninfarkt bei möglicher Vorschädigung der Gefäße dadurch entstehen, dass sich ein Blutgerinsel

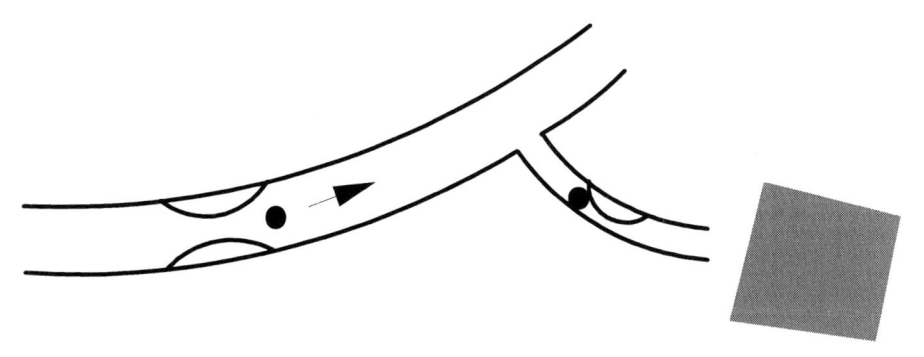

Abbildung 20.2: Verengte Hirnblutgefäße mit Thromboembolie und poststenotischem Hirngewebsinfarkt (graue Fläche).

(Thrombus) aus der Peripherie, z. B. aus dem Herzen, ablöst und die engeren Hirngefäße verstopft, was ebenfalls zu einem poststenotischen (jenseits der Verengung liegenden) Untergang von Hirngewebe führt. In **Abbildung 20.2** ist dargestellt, wie es jenseits einer solchen Gefäßverengung bzw. -verstopfung zu einem Hirninfarkt und damit Zelluntergang kommt. Schließlich kann es in einem dritten, selteneren Fall (etwa 5 Prozent) zu **Blutungen** in das Hirngewebe oder zwischen die Hirnhäute kommen: hierbei wird Hirngewebe durch die sich bildende Raumforderung verdrängt und zugrunde gerichtet. In einem Spezialfall kann eine vorbestehende Schädigung der Arterienwand, die zunächst zu einer sackartigen Erweiterung (**Aneurysma**) führt, einreißen, mit der Folge einer lebensbedrohlichen Blutung.

Die häufigste Form des Schlaganfalls, der Hirninfarkt (ischämischer Insult), ist Folge einer Durchblutungsstörung, die ihrerseits aus einem meist vorgeschädigten Blutgefäßsystem sowie einer akuten Belastung resultiert. Man muss hier zwischen Auslöser und Krankheitsursache unterscheiden. Auslösende Momente können z. B. kurzfristiger Blutdruckabfall, oft in den frühen Morgenstunden, sein. Auch Herzrhythmusstörungen, körperlicher und mitunter seelischer Stress, medikamentöse Nebenwirkungen oder recht unterschiedliche Sekundärerkrankungen können solche Auslöser sein. Ursachen hingegen sind letztlich Resultate der Faktoren, die zu einer Verengung des Gefäßsystems führen. In der Regel sind dies Faktoren, in deren Folge die Blutgefäße starke Ablagerungen zeigen, dadurch verengen und starr und unelastisch werden. Solche Risikofaktoren haben unterschiedliche Relevanz: ab dem 45. Lebensjahr verdoppelt sich die Wahrscheinlichkeit eines Schlaganfalls alle zehn Jahre. Herzerkrankungen verfünf- bis siebenfachen das Risiko, an einem Apoplex (Schlaganfall) zu erkranken, bei chronischen Bluthochdruck ist das Risiko fünffach, bei Rauchern und Diabetikern zwei- bis fünffach so hoch wie ohne diese Faktoren. Alkoholkonsum schlägt mit den Faktoren eins bis vier, langzeitige Einnahme der Antibabypille mit dem Faktor zwei bis drei und die Vererbung mit dem Faktor drei zu Buche. Auch Bewegungsmangel, höhere Cholesterinwerte und Übergewicht können Risikofaktoren darstellen, wenngleich dies nicht eindeutig geklärt ist. An psychosozialen Risikofaktoren werden lebensverändernde Ereignisse (sog. Life-Events), negativ-emotional getönter Stress sowie übermäßige Arbeit ohne Erholungspausen (Workaholic) genannt.

Oft gehen einem Schlaganfall im eigentlichen Sinne vorübergehende, sog. **transitorische ischämische Attacken** (TIA) voraus, bei denen kurze, vorübergehende Ausfälle von Körperfunktionen und -fähigkeiten (in der Regel unter 24 Std. Dauer) auftreten. Solche Warnsymptome können in Kopfschmerzen, flüchtigen Lähmungen, Taubheit in den Gliedmaßen, plötzlichem Doppelsehen, Drehschwindel und Gangunsicherheit, Gesichtfeldausfällen, Koordinationsstörungen, Sprech- und Schluckstörungen sowie vorübergehenden Gedächtnisstörungen bestehen. In diesem Stadium sind alle genannten Störungen prinzipiell reversibel, doch müssen solche Warnsymptome so ernst genommen werden, dass eine gründliche internistische Untersuchung und die Einleitung spezifischer therapeutischer Maßnahmen, z.B. Blutdruckregulierung, Therapie möglicher Grundkrankheiten, ggf. auch eine operative Behandlung verengter Gefäße, eingeleitet wird. Geschieht dies nicht, kann es zum manifesten Schlaganfall kommen, bei dem drei weitere Stadien unterschieden werden können: beim **prolongierten reversiblen neurologischen Defizit** (PRIND, Stadium II) dauern die immer noch vorübergehenden Ausfälle mehr als 24 Stunden an. Ein unaufhaltsames Fortschreiten neurologischer Ausfälle wird als Stadium III oder **progressive stroke** (PS) bezeichnet. Das vierte Stadium, der **completed stroke** (CS) charakterisiert den manifesten Schlaganfall mit bleibenden neurologischen Ausfällen.

Diese Ausfälle können, je nach Art der Hirnschädigung, sehr unterschiedlicher Natur sein (vgl. Abb. 20.1). Bewusstseinstrübungen treten vor allem im Anfangsstadium des Infarktes häufig auf, sind aber nicht obligat. Zu **Halbseitenlähmungen** (Hemiparese) kommt es, wenn die motorische Hirnrinde betroffen ist. Diese betreffen die Gegenseite, weil die motorischen Bahnen auf die kontralaterale Seite kreuzen. Ein Hirninfarkt der linken Hirnhälfte führt also zu einer rechtsseitigen Lähmung an Armen und Beinen. Diese Lähmungen sind zunächst schlaffe Lähmungen, weil keinerlei Impulse zu den motorischen Funktionseinheiten gelangen. Kommt es nicht zu einer Besserung unter Rehabilitationsbedingungen, so kann die schlaffe Lähmung später in eine spastische Lähmung übergehen, wenn die untergeordneten neuronalen Schaltstellen ungebremst und ungesteuert «feuern». Typisch ist die sog. Wernicke-Mann-Haltung (**Abb. 20.3**) als Folge einer Halbseitenlähmung, bei der eine halbseitige Gesichtslähmung, herabhängende Mundwinkel, eine halbseitige Schließunfähigkeit des Mundes sowie die Anwinklung des gelähmten Armes und die Zirkumduktion (halbkreisförmiges Mitziehen) des gelähmten Beines auffällt.

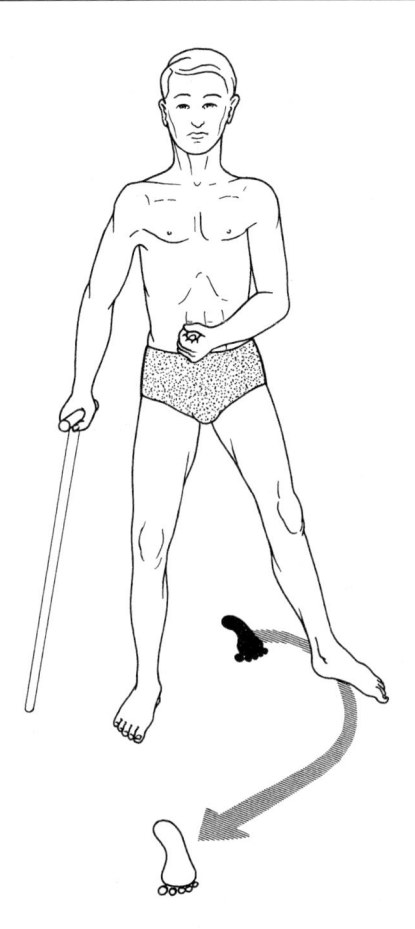

Abbildung 20.3: Typische Haltung bei Halbseitenlähmung nach Schlaganfall.

Treten infolge der Lähmungen von Gesichts-, Mund- und Sprachorganmuskulatur zusätzlich Speichelfluss und Sprechstörungen (die etwas anderes als Sprachstörungen sind) auf, so kann dies zu einer zusätzlichen starken Stigmatisierung der Betroffenen führen, die von ihrer Umwelt fälschlicherweise als behinderter charakterisiert werden, als sie tatsächlich sind. Die halbseitige Gesichtslähmung ist Folge einer Lähmung des Nervus facialis und kann zu einem Verlust der Mimik führen, die in der sozialen Kommunikation stark beeinträchtigen kann.

Die Betroffenen können die Kontrolle über ihre Blasen- und Darmtätigkeit verlieren, und eine solche Inkontinenz kann mitunter dramatische Auswirkungen auf die erlebte psychosoziale Kompetenz haben, insbesondere dann, wenn trotz erfolgter Blasen- und Darmtrainings diese Funktionen nicht mehr sicher erreicht werden können und Betroffene sich mitunter aus Scham sozial abkapseln. Aufgabe der sozialen Rehabilitation ist es, solchen Tendenzen entgegenzuwirken.

Seh- und Wahrnehmungsstörungen können sehr unterschiedliche Formen aufweisen. Manche Betroffene haben Sehfeldausfälle, die in der Regel durch Untergang von Sehrindenarealen bedingt sind. Andere haben Störungen in sehr komplexen Leistungen, beispielsweise wenn sie Gesichter nicht mehr erkennen können, ansonsten aber keine Sehstörungen aufweisen. Je nach Lokalisation des Hirninfarkts kann es zu sehr komplexen und unterschiedlichen Wahrnehmungsstörungen sowie Störungen des Körperschemas kommen.

Ein Viertel aller Apoplexpatienten leiden zusätzlich unter einer **Aphasie** (etwa 40 000 Neuerkrankungen pro Jahr). Die meisten dieser schweren Sprachstörungen resultieren aus einer linkshirnseitigen Durchblutungsstörung. Die Aphasie ist die vollständige oder teilweise Unfähigkeit, mit Sprache umzugehen, und sie betrifft das Leben der Betroffenen in einschneidender Weise. Sowohl das Verstehen als auch das Sprechen, Schreiben und Lesen können gestört sein. Wenn das motorische Sprachzentrum, (Broca-Zentrum) zerstört ist, entsteht eine **motorische Aphasie** mit unflüssiger Sprache, einem Telegrammstil, bei dem der Betroffene unter großer Anstrengung und zum Teil dysgrammatikalisch und holprig spricht, bei stärkeren Verlaufsformen kaum noch zu verstehen ist. Es handelt sich hier um eine Störung des Sprachentwurfs, der Betroffene weiß, was er sagen will, kann dies aber nicht mehr ausdrücken.

Bei der **sensorischen Aphasie**, bei dem das Wernicke-Zentrum zerstört ist, kann der Betroffene möglicherweise flüssig sprechen, doch ist er oft ebenfalls unverständlich. Hauptcharakteristikum ist dabei, dass er weder sich noch andere verstehen kann. Ihm fehlen die Möglichkeiten der semantischen Dekodierung, er versteht die Sprache nicht mehr und fühlt sich «gleichsam wie im Ausland». Daher kann er auch die eigene Sprachproduktion nicht kontrollieren. Daneben gibt es noch **amnestische Aphasien**, in denen der Zugriff zum Gedächtnis und damit zum Wortspeicher erschwert oder verunmöglicht ist, den Betroffenen somit die passenden Worte fehlen, meist verbunden mit Störungen der Konzentrations-, Merk- und Gedächtnisfähigkeit. Und schließlich treten häufig Mischformen und **globale Aphasien** auf, bei denen alle o.g. Funktionen gestört sind. Die übrigen Dimensionen kognitiver Prozesse (bzw. der Intelligenz), des Denkens und des Bewusstseins sind nicht gestört, so dass der Betroffene das Ausmaß seiner Störung erfasst, aber nicht artikulieren kann. Die Unfähigkeit, gedankliche Prozesse in Worte zu kleiden bzw. zu verstehen, führt zu einem immensen Leidensdruck. Insbesondere leiden die Patienten unter den schweren Kommunikationsstörungen und den daraus resultierenden sozialen Folgen. Besonders belastend ist es, wenn man sie fälschlicherweise für geistig behindert hält.

Weitere Symptome können Kau- und Schluckstörungen sowie sog. «Werkzeugstörungen» (Apraxien) sein, also der Verlust komplexer motorischer Fertigkeiten.

Schließlich kann es zu umschriebenen Schreib- und Rechenstörungen (Agraphie, Akalkulie) und Lesestörungen kommen.

Eine wirksame Therapie muss unverzüglich einsetzen. Leider wird oft viel zu viel Zeit vergeudet, weil mitunter Ersthelfer, Angehörige und Ärzte sich der Dramatik des Geschehens nicht in vollem Umfang bewusst sind. Würden Schlaganfallspatienten ähnlich schnell zu Spezialzentren gebracht werden, wie das beispielsweise beim Herzinfarkt der Fall ist, so könnten mitunter so tragische Verlaufsformen wie im o.g. Fallbeispiel verhindert oder zumindest in ihren Auswirkungen gemindert werden. Es kommt darauf an, Herz- und Kreislaufsituation so schnell wie möglich zu stabilisieren, wobei der Patient gut medizinisch überwacht werden muss (sog. «monitoring»). Gefäßverschlüsse und Thrombosen können ggf. medikamentös aufgelöst, die Durchblutung in Gang gesetzt werden. Neuerdings gibt es Medikamente, die das Übergreifen von Funktionsstörungen auf benachbarte Hirnareale eindämmen, indem sie das Ausschütten der Transmittersubstanz Glutamat von zerstörten Hirnzellen hemmen. Eine gezielte krankengymnastische und pflegerische Betreuung von Anfang an kann die Wiederherstellung der Funktion reversibel geschädigter Nervenzellverbände anbahnen. Auch logopädische (sprachheiltherapeutische) Maßnahmen mit dem Ziel, neuronale Zellverbände zu reaktivieren oder entstandene Schäden zu kompensieren, müssen so früh wie möglich einsetzen. Die Zahl neurologischer, intensivmedizinischer und rehabilitativer Einrichtungen für Schlaganfallspatienten ist beschämend gering, was dazu führt, dass ein Großteil der Betroffenen unteroptimal versorgt ist, mit allen Folgen für eine bleibende Behinderung, die manches Mal nicht in dieser Schwere hätte eintreten müssen.

Geht es in der Phase der Aktubehandlung darum, so viele Nervenzellverbände zu retten wie möglich, ist es das Ziel einer meist langwierigen Rehabilitationsbehandlung, entweder benachbarte Hirnareale dazu zu bringen, die Funktionen abgestorbener Zellen zu übernehmen, oder aber dem Patienten dazu zu verhelfen, mit bleibenden Störungen und Behinderungen zu leben, indem ihm kompensatorische Techniken vermittelt werden. Das multiprofessionelle Rehabilitationsteam besteht aus sehr verschiedenen Berufsgruppen, beispielsweise Krankenschwestern, Logopäden, Ärzten, Krankengymnasten, Ergotherapeuten, Sozialpädagogen und Sozialarbeitern usw. Während z. B. die Logopädie versucht, Sprachverständnis und Artikulationsvermögen wieder anzubahnen und ggf. bei bleibenden Schäden neue Kommunikationsstrategien zu entwickeln, um einer drohenden Isolierung entgegen zu wirken, haben andere Berufsgruppen die Aufgabe, den Patienten so weit wie möglich wieder zu einem selbständigen Leben zu verhelfen. Maßnahmen des sog. «Daily-Living-Trainings» zielen darauf ab, das An- und Ausziehen, die Körperpflege, das eigenständige Essen, die Haushaltsführung und die Mobilität mit und ohne technische Hilfsmittel soweit wie möglich zu verbessern bzw. zu fördern. Geht es in der Krankengymnastik darum, sensorische und motorische Fehlfunktionen durch eine Übungsbehandlung zu beheben oder zumindest zu kompensieren, so ist es Ziel der Ergotherapie, die wiedergewonnenen (Teil)-Fähigkeiten, möglicherweise unter Zuhilfenahme technischer Hilfen, so zu nutzen, dass man sie im Alltag einsetzen kann: So wird möglicherweise geübt, trotz motorischer Behinderung Schränke zu öffnen oder Türen zu schließen, ins Auto zu steigen, sich an- und auszuziehen oder trotz Störungen der Gesichts- und Handmuskulatur eigenständig zu essen. Andere Maßnahmen zielen auf eine Verbesserung der Merk-, Konzentrations- und Wahrnehmungsfunktionen ab. Sozialpädagogen und Sozialarbeiter schließlich widmen sich der Frage, unter welchen sozialen, familiären und nachbarschaftlichen Bedingungen der Betroffene sein weiteres Leben gestalten kann. In ihren Aufgabenbereich fällt auch die Beratung der Angehörigen, die sich mitunter in massiven emotionalen oder/und sozialen Belastungssituationen befinden. Die Rollenumkehr, in der der ehemals gesunde Elternteil nun zum möglicherweise Abhängigen seiner Kinder wird, mag beiden Teilen sehr schwer fallen. Angehörige können zwischen Abschiebungstendenzen und Überbehütung des Betroffenen hin und her schwanken, und auch der Betroffene selbst kann sich in einer Ambivalenz zwischen inadäquater Anspruchshaltung auf Fremdversorgung und damit verbundener Regression einerseits und übertriebenen Hoffnungen auf Verselbständigung mit unrealistischen Erwartungen und erheblichem Stress andererseits befinden. Schließlich ist es die Aufgabe sozialer Arbeit, praktische, finanzielle und technische Beratung zu geben, sei es beim Umrüsten des Autos, der Umgestaltung der Wohnung, der Inanspruchnahme sozialer Dienste (Essen auf Rädern, Sozialstationen), der Weitervermittlung in stationäre Alten- und Pflegeeinrichtungen oder dem Beantragen kleinerer (spezielle Bestecke, mit einer Hand zu bedienende Haushaltsgegenstände) oder größerer, technisch aufwendigerer Geräte (Rollstühle, elektronische Kommunikationshilfen usw.).

Es ist zu hoffen, dass in Zukunft die durchaus vorhandenen Chancen einer rechtzeitigen und intensiven Akutbehandlung sowie einer intensiven und mehrdimensionalen Rehabilitation, auch unter Berücksichtigung sozialer und familiärer Netze, besser genutzt werden, als dies durchschnittlich zur Zeit der Fall ist.

Überprüfen Sie Ihr Wissen!

20.1 Fragetyp E, Kausalverknüpfung

1. In den allermeisten Akutkrankenhäusern finden neben medizinischer Therapie und Pflege auch umfassende und mehrwöchige rehabilitative Maßnahmen statt, denn

2. Training und Rehabilitation sollten – nach der medizinischen Akutbehandlung – so schnell wie möglich erfolgen.

a) Nur die Aussage 1 ist richtig.

b) Nur die Aussage 2 ist richtig.

c) Nur die Aussagen 1 und 2 sind richtig, die Kausalverknüpfung stimmt nicht.

d) Die Aussagen 1, 2 sowie die Kausalverknüpfung sind richtig.

e) Alle Aussagen sind falsch.

20.2 Fragetyp C, Antwortkombination

Ein 75-jähriger Mann erleidet einen ischämischen Insult der linken Hirnhälfte. Betroffen sind vor allem das (motorische) Broca-Sprachzentrum, sowie die linke motorische Hirnrinde. Mit welchen Störungen rechnen Sie?

1. Motorische Aphasie

2. Schwierigkeiten, Worte auszusprechen

3. Lähmungen des linken Armes

4. Anfangs eine schlaffe Lähmung

5. Lähmung des linken Beines

a) Nur die Aussagen 1 und 3 sind richtig.

b) Nur die Aussagen 2 und 4 sind richtig.

c) Nur die Aussagen 1, 2 und 4 sind richtig.

d) Nur die Aussagen 1, 3 und 4 sind richtig.

e) Nur die Aussagen 1, 3, 4 und 5 sind richtig.

20.3 Fragetyp D, Zuordnungsaufgabe

Bitte ordnen Sie die Begriffe 1–5 den Übersetzungen/Erläuterungen/Definitionen V–Z zu.

1. Apoplex
2. Aphasie
3. Ischämischer Insult
4. Hirnembolie
5. Aneurysma

V. Schlaganfall durch Durchblutungsstörungen
W. Sprachstörung
X. Sackförmige Gefäßerweiterung
Y. Schlaganfall
Z. Schlaganfall durch Blutpfropf

Eine der folgenden Zuordnungen stimmt. Welche?

a) 1y 2w 3v 4x 5z
b) 1y 2w 3v 4z 5x
c) 1x 2y 3w 4z 5v
d) 1x 2y 3z 4w 5v
e) 1w 2x 3z 4y 5v

20.4 Fragetyp D, Zuordnungsaufgabe

Bitte ordnen Sie die vier Stadien des Schlaganfalls (1–4) den Beschreibungen/Definitionen (W–Z) zu.

1. Stadium 1: Transitorische ischämische Attacke (TIA)
2. Stadium 2: Prolongiertes reversibles neurologisches Defizit (PRIND)
3. Stadium 3: Progressive stroke (PS)
4. Stadium 4: Completed stroke (CS)

W. Manifester Schlaganfall mit bleibenden neurologischen Ausfällen

X. Ausfälle, die länger als 24 Stunden andauern, aber vorübergehen

Y. Kurze, vorübergehende Ausfälle, die nicht länger als 24 Stunden andauern

Z. Unaufhaltsam fortschreitende neurologische Ausfälle

Welche Zuordnung ist richtig?

a) 1y 2x 3w 4z

b) 1y 2x 3z 4w

c) 1y 2z 3w 4x

d) 1z 2w 3x 4y

e) 1x 2y 3z 4w

Vertiefungsfragen

Benennen Sie kurz die wichtigsten sozialen Auswirkungen schlaganfallsbedingter Hilflosigkeit und erläutern Sie in diesem Zusammenhang den Begriff der «filialen Rollenumkehr» (Rollenumkehr im Eltern-Kind-Verhältnis). Erläutern Sie die Zusammenhänge von Akuttherapie, frühzeitiger Rehabilitation und Prognose beim Apoplex.

Adressen

Deutsche Schlaganfall-Stiftung, Deutsche Schlaganfall-Liga e.V.
Carl-Bertelsmann-Str. 256, 33311 Gütersloh

Teil 4

Die Welt begreifen.
Komplexe kognitive Funktionen

Am Anfang des vierten Teils steht ein Kapitel über musikalisches Empfinden. Darin sollen vor allem die Zusammenhänge von Emotionalität, Motorik, Ausdruck und sensorischer Perzeption beim Musizieren bzw. Hören von Musik beschrieben werden.

Danach werden drei komplexe kognitive Fähigkeiten dargestellt: das Sprechen, das Schreiben sowie rechnerisch-mathematische Fähigkeiten. Sprache, Schrift und Mathematik sind nur durch das Zusammenarbeiten hochkomplexer Areale möglich. Andererseits entwickeln sich diese Fähigkeiten im Rahmen eines kulturellen Prozesses. Daher wird in diesen Kapiteln nicht nur auf die biologischen (zerebralen), sondern auch auf die kulturellen Grundlagen eingegangen, was möglicherweise auch zum besseren Verständnis dieser kognitiven Phänomene beiträgt.

Schließlich werden drei Störungen auf kognitiver Ebene vorgestellt: zum einen die geistige Behinderung, wobei auch auf psychosoziale Aspekte eingegangen wird. Zum anderen der Autismus, dessen Ursache und Erscheinungsbild sich noch nicht eindeutig einordnen lassen. Schließlich wird, auch im Hinblick auf die große praktisch-epidemiologische Bedeutung, auf die Alzheimer-Erkrankung als Beispiel eines erworbenen, zerebral bedingten Verwirrtheitszustands eingegangen.

Ein Kapitel über Bewusstsein, Selbstbewusstsein, die Komplexität psychischer Prozesse und ihrer Störungen sowie die Grenzen unserer Erkenntnis soll zur Diskussion auch erkenntnistheoretischer und philosophischer Fragen anregen und schließt dieses Buch ab.

21. Unplugged.
Musikalisches Empfinden

«Auf unserem Lebensweg ist die Musik ein ständiger Begleiter, den uns gleichsam die Natur gegeben hat. Ist nicht das Summen neben dem Atmen und den Gedanken etwas, was in den unergründlichen Tiefen unseres Wesens wurzelt? Nehmen wir nicht, wenn uns die Not bedrängt, zu innerem Gesang Zuflucht? Kann man einen treueren Freund finden als diese tröstend und ermutigend aus uns aufsteigende Musik, die uns nie verlässt?» (George Ballan)

In Kapitel 10 wurde aufgezeigt, dass im Gegensatz zu einem Geräusch, das aus einem Gemisch unterschiedlichster akkustischer Frequenzen besteht, ein reiner **Ton** idealerweise durch eine einzige Frequenz charakterisiert ist. Die für das Musikerleben relevanten Klänge bestehen üblicherweise aus Tönen und begleitenden Obertönen.

Der **Klang**, der durch Frequenzband und Lautstärke charakterisiert ist, gehört somit zum einen zur «Welt der Physik» (vgl. Kap. 10, Abb. 10.1). Als physikalisches Ereignis wird ein Klang bereits auf der Ebene der Basilarmembran unseres Innenohres (vgl. Abb. 10.5, 10.6) in seine Bestandteile zerlegt und analysiert. Bei Vorherrschen hoher oder tiefer Frequenzen werden unterschiedliche Sinneszellen erregt, was über die Hörbahn weitergeleitet wird. Über wichtige Umschaltstationen (vgl. Abb. 10.7) wird die akkustische Information in immer komplexeren neuronalen Strukturen weiterverarbeitet und hinsichtlich ihrer Lautstärke, Klangfarbe, Intensität und ihres Bedeutungsgehalts analysiert, wobei auch Seitenunterschiede verglichen werden. Es wurde bereits darauf hingewiesen, dass die evolutionsbiologisch für das Überleben wichtige Fähigkeit der präzisen akkustischen Ortung durch Winkelbestimmung uns Menschen das stereophone Musikhören ermöglicht. Auf der Ebene des Thalamus werden auch musikalische Sinnesreize «vorbewertet» und im Limbischen System mit emotionaler Stimmung «unterlegt», bevor sie durch die auditive Hörrinde im Schläfenlappen bewusst wahrgenommen und analysiert werden können.

Klänge gehören aber nicht nur zur «physikalischen Welt», sondern auch zur «Welt unseres Bewusstseins». Das Limbische System wird durch hohe und tiefe

Töne unterschiedlich stimuliert. Vor allem die Bässe (die wir, wie in Kap. 10 bereits erläutert, bei bestimmten Musikstücken bevorzugen) sind in der Lage, Gefühle wie Trauer, Angst und andere Emotionen zu verstärken bzw. auszulösen, während hohe Töne eher Gefühle von Freude, Glück und Zärtlichkeit evozieren können. Der Frequenzbereich von etwa 6000 Hz hingegen, in dem auch unser Sprachfrequenzspektrum angesiedelt ist, eignet sich in besonderer Weise für den Transport semantischer Botschaften, weniger für den Ausdruck emotionaler Befindlichkeiten.

Durch **Akkorde** in Dur und Moll wird das Limbische System in unterschiedlicher Weise angesprochen. Der aus einer großen und einer kleinen Terz bestehende Durakkord wird, wenigstens im westlichen Kulturkreis, als klar, hell und freudig, der Mollakkord als eher melancholisch und düster charakterisiert. Musikalische Klänge lassen uns also nicht «kalt», sondern werden von uns auch emotional empfunden. Sie sind in der Lage, Stimmungen zu verändern, zu verstärken oder abzuschwächen, z. B. wenn Trauer durch einen Trauermarsch verstärkt wird. Andererseits kann aber auch eine schon vorherrschende emotionale Stimmung uns ein Musikstück in unterschiedlicher Weise erleben lassen. Ein emotionales «Mitschwingen» kann die Wahrnehmung der Musik ändern.

Humanethologische und vergleichende anthropologische Studien haben belegt, dass es überkulturelle, biologisch fundierte Ausdrucksformen emotionaler Befindlichkeit gibt, die allerdings kulturell aufgegriffen und überformt werden. In **Tabelle 21.1** sieht man, dass sich auf der Ebene des **Ausdrucksverhaltens** in Aktion, Gestus, Äußerung und Funktion unter anderem die Ausdrucksformen der Freude, der Trauer, des Machtgefühls oder der Zärtlichkeit differenzieren lassen. In Kapitel 5 wurde beschrieben, dass solche nonverbalen Botschaften meist recht gut verstanden werden. Tabelle 21.1 zeigt nun, dass sich diesen Ausdrucksformen emotionaler Befindlichkeit vier **musikalische Grundmuster** korrespondierend gegenüberstellen lassen: der Freude- oder Prestotyp, der Trauer- oder Adagiotyp, der Macht- oder Allegro/Maestosotyp sowie der Zärtlichkeits- oder Andantetypus.

> Falls Sie Gelegenheit dazu haben, können Sie sich die acht folgenden Musikstücke anhören und überlegen, welchem der o.g. Typen Sie sich zuordnen lassen:
> a) «Ungarische Tänze» von J. Brahms und «Feelin' groovy» von Simon and Garfunkel
> b) «Ares' Tod» von E. Grieg und «Allein» von R. Mey
> c) die 5. Sinfonie von L.v.Beethoven und «Revolution» von den Beatles
> d) «Liebestraum» von F. Liszt und «Love is all around» von den Trogs

Korrespondierend zu dem in der Humanethologie (vgl. Eibl-Eibelsfeld) beschriebenen Ausdruck des Machtgefühls (Imponiergehabe) mit beeindruckenden Drohgebärden, sympathisch-vegetativer Erregung und zielstrebiger Aktion findet sich beispielsweise beim musikalischen Allegro/Maestoso-Typus ein stark akzentuierter Rhythmus bei laut-voluminöser Lautstärke und Klangfarbe. Ähnliche

Tabelle 21.1: Zusammenhänge zwischen emotionalem Empfinden und musikalischem Ausdruck.

Verhaltensweise			Musikalischer Ausdruck			
Stimmung	Aktion	Gestik	Typus	Tempo und Rhythmus	Lautstärke und Klang	Melodie und Harmonik
Freude	vital, agil	vorwärtseilend, sich öffnend	presto	schnell, abwechslungsreich	laut, hell	z. B. aufwärtsstrebende Motive, «dur»
Trauer	schleppend, niedergedrückt	sich klein machend, sich zurückziehend	Adagio	langsam, konturärmer	leise, dunkel	geringer Ambitus, «moll»
Machtgefühl	zielstrebig, bestimmt	sich groß machend aufrecht, angespannt	Marschtypus	gemessen, stark akzentuierter Rhythmus	laut, massiv	weitgespannt, Grundtonbetonung
Zärtlichkeit	behutsam, anschmiegsam	Nähe suchend	Wiegenliedtypus	gemäßigt, gleichbleibend	leise, hell	einfache Harmonien

Zusammenhänge lassen sich, wie Tabelle 21.1 zeigt, auch für andere Grundtypen herausarbeiten.

Darüber hinaus kann Musik vegetative Erscheinungen evozieren, beispielsweise wenn durch unerwartete, neue Harmonien ein «Schauer» ausgelöst wird, schnelle, eindrucksvolle Musik zur Aktionssteigerung des Sympathikus (mit Blutdruckerhöhung und Steigerung von Herz- und Atemfrequenz) führt, oder wenn eine beruhigende, eventuell auch ermüdende Musik über die Stimulation des Parasympathikus entspannende Wirkung entfaltet. Seit vielen Jahrtausenden weiß man um die Wirkung von Musik auf das Limbische System sowie das Vegetativum und versucht dies, auch therapeutisch zu nutzen: z. B. bei dem Versuch, die vermutlich endogene Depression des alttestamentarischen Königs Saul zu beeinflussen:

> «Immer, wenn der böse Geist über Saul kam, griff David zur Harfe. Dann wurde es Saul leichter ums Herz, und der böse Geist verließ ihn» (1. Sam, 16.23)

Auch Wiegenlieder, die meist als entspannend, zart, ruhig und gelöst empfunden werden, bedienen sich der musikalischen Wirkung auf das emotionale Erleben und das vegetative Nervensystem. Der beruhigende Effekt wird verstärkt durch eine rhythmische Stimulation des Gleichgewichtsorgans beim «Hin- und Herwiegen», die vertraute Stimme/den vertrauten Geruch der Mutter oder einer anderen primären Bezugsperson und bestimmte, stereotyp wieder vorkommende Ausdrucksweisen. So wird die Entspannung durch eine intermodale Beeinflussung unterschiedlicher Sinnessysteme sowie eine **psycho-motorische Kopplung** erreicht.

Diese Kopplung von Musikverarbeitung und Motorik zeigt sich vor allem bei der Psychomotorik, Rhythmik und beim Tanz. Es soll vorausgeschickt werden, dass unser Gehirn dazu tendiert, Eindrücke und Wahrnehmungen zeitlich zu strukturieren.

> Wenn Sie einem absolut gleichmäßig tickendem Metronom (oder einer Uhr) lauschen, werden Sie unbewusst die eigentlich gleichmäßige akkustische Information in Gruppen zerlegen («tick-tack»). Wenn in einer Gruppe jeder mit den Fingern einen beliebigen Rhythmus klopft, wird sich nach einiger Zeit in der Regel ein gemeinsamer «Gruppenrhythmus» herauskristallisieren. Wir neigen nicht nur dazu, Informationen zeitlich zu strukturieren, sondern dies auch in Übereinstimmung mit unserer Umwelt zu tun.

Der renommierte Psychologe Pöppel beschreibt fünf hierarchisch aufeinander aufgebaute Modalitäten der **zeitlichen Empfindung**. Er unterscheidet Gleichzeitigkeit, Ungleichzeitigkeit, Aufeinanderfolge, Gegenwart und Dauer.

Wenn über einen Kopfhörer einer Versuchsperson zwei Töne über das linke und rechte Ohr eingespielt werden, die eine zeitliche Verzögerung von drei Tausendstelsekunden haben, so hört die Person subjektiv nur einen Ton. **Gleichzeitigkeit** und Ungleichzeitigkeit können also nur voneinander getrennt werden,

Abbildung 21.1: Rubinsche Vase.

wenn Reize einen gewissen zeitlichen Abstand haben. Dieser Abstand beträgt beim auditiven System etwa drei Tausendstelsekunden. Das Sehsystem verhält sich wesentlich träger: Hier werden 20 bis 30 Tausendstelsekunden gebraucht, um Ungleichzeitigkeit zu registrieren. Gleichzeitigkeit im Erleben ist also nicht absolut, wir haben verschiedene «Gleichzeitigkeitsfenster», je nach Sinneskanal.

Um Reihenfolgen zu beurteilen («welcher Ton kam zuerst?») benötigen wir etwa 30 bis 40 msec. Diese sog. **Ordnungsschwelle** ist für alle Verarbeitungssysteme gleich. Man nimmt heute an, dass die analysierende Reizverarbeitung in übergeordneten tertiären Rindenfeldern geschieht, und diese komplexe zerebrale Leistung benötigt in etwa immer die gleiche Zeit. 30 msec also braucht unser Gehirn, um elementare Ereignisse als solche zu registrieren. Darüber hinaus werden Ereignisse aber nicht als isoliert für sich stehend wahrgenommen, sondern aufeinander bezogen. Aufeinanderfolgende Ereignisse verschmelzen zu einer **Wahrnehmungsgestalt**. Dem Gehirn kommt hier wieder eine (nun zeitlich strukturierende) Integrationsaufgabe zu. Vermutlich werden etwa Ereignisse von einer maximal drei Sekunden dauernden Spanne zu einer solchen Wahrnehmungsgestalt integriert.

> Wenn wir eine Bedeutungsgestalt erfasst haben, suchen wir danach oft nach weiteren Gestalten: die Folge der Silben «kubakubakubakubakubaku» wird entweder als «Kuba» oder als «Baku» wahrgenommen. Nach einigen Sekunden wechseln «automatisch» die Interpretationen – mal ist uns «Baku» bewusst, mal «Kuba». Dieses Phänomen entspricht den optischen «Kippbildern» (vgl. **Abb. 21.1**), bei denen entweder eine Vase oder zwei Gesichter erkennbar werden.

Der Wechsel der Interpretationsgestalten tritt nach etwa drei Sekunden ein. Zentrale Mechanismen, so Pöppel, können Wahrnehmungsgestalten etwa nur drei Sekunden festhalten, die Integrationsfähigkeit ist gleichsam nach dieser Zeit «erschöpft». Unser subjektiv empfundenes «Jetzt», das Empfinden der **Gegenwart**, umfasst also etwa eine Zeitspanne von drei Sekunden. Dieses Zeitphänomen finden wir u. a. in der Dichtung wieder: Verszeilen sind so gestaltet, dass sie einen «Dreisekundentakt» nicht überschreiten.

> Sah' ein Knab' ein Röslein steh'n,
> Röslein auf der Heiden
> War so jung und morgenschön,
> lief er schnell, es nah zu seh'n,
> sah's mit vielen Freuden.
> Röslein, Röslein, Röslein rot,
> Röslein auf der Heiden. (J. W. Goethe)

Umfasst ein Vers mehr als die hier aufgezeigte Zeitspanne, wie das z. B. beim Hexameter der Fall ist, so legt der Sprecher eine künstliche Pause (Zäsur) ein.

Auch in der Musik finden wir ein solches zeitliches Strukturierungsprinzip, das dafür sorgt, dass die 3/4- oder 4/4-**Takte** diese Zeitspanne nicht überschreiten. Im «Wohltemperierten Klavier» von Bach, dem «Fliegenden Holländer» von Wagner oder dem Kopfmotiv aus Beethovens 5. Sinfonie wird deutlich, dass wir, jedenfalls der in der abendländischen Kultur, Musik, deren Rhythmus sich an dieses Zeitmaß hält, als besonders ästhetisch empfinden.

Letztlich bleibt festzustellen, dass auch unsere Motorik im Rahmen des hier vorgestellten zeitlichen Strukturierungsprinzips strukturiert ist.

> Absichtsbewegungen dauern bis zu drei Sekunden: Geben Sie einem Bekannten zur Begrüßung die Hand. Der zeitlich grundlegende Mechanismus bei Planung und Ausführung von Bewegungen ist als kulturübergreifendes Phänomen auf der Basis neurophysiologischer Prozesse anzusehen.

Die fünfte von Pöppel vorgestellte Dimension unseres Zeiterlebens ist die der **Dauer**. Wenn wir kognitiv oder motorisch aktiv sind, empfinden wir die Zeit als kurz (kurzweilig), während wir retrospektiv das Empfinden haben, dass es sich um eine lange Zeit gehandelt hat, immerhin ist ja viel geschehen. Andererseits kommt uns eine Zeit, in der nicht viel passiert, als langgedehnt vor («Langeweile»), während wir im Nachhinein eine solche Zeitspanne als relativ kurz interpretieren (es ist ja kaum etwas geschehen). Zeitdauer wird also subjektiv empfunden und interpretiert und kann erst im Rahmen von Periodizität ausnutzenden Hilfsmitteln (Uhr, Kalender, sich wiederholende Wochentage) objektiviert werden.

In der **Rhythmik** werden akkustische Wahrnehmung, musikalische Empfindungen, zeitliche Strukturierungsmomente und Motorik zentral miteinander verknüpft.

Musikalisches Empfinden   259

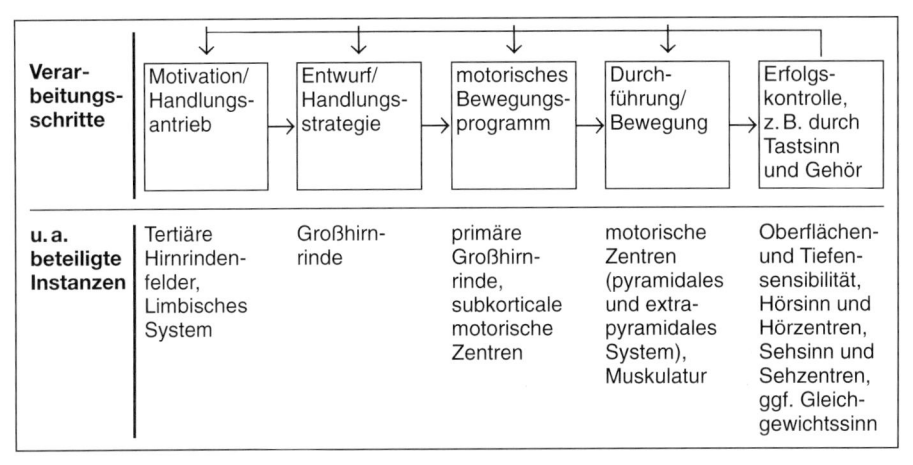

Verar- beitungs- schritte	Motivation/ Handlungs- antrieb →	Entwurf/ Handlungs- strategie →	motorisches Bewegungs- programm →	Durch- führung/ Bewegung →	Erfolgs- kontrolle, z. B. durch Tastsinn und Gehör
u. a. beteiligte Instanzen	Tertiäre Hirnrinden- felder, Limbisches System	Großhirn- rinde	primäre Großhirn- rinde, subkorticale motorische Zentren	motorische Zentren (pyramidales und extra- pyramidales System), Muskulatur	Oberflächen- und Tiefen- sensibilität, Hörsinn und Hörzentren, Sehsinn und Sehzentren, ggf. Gleich- gewichtssinn

Abbildung 21.2: Zerebrale Verarbeitungsschritte beim aktiven Musizieren.

Bitte versuchen Sie beim Sprechen der folgenden Zeilen den Rhythmus zu klopfen:
Wir spielen Fußball
Fußball macht Spaß
Franz macht ein böses Foul
Tor! Tor!

Bei solchen rhythmisierenden Prozessen werden sehr unterschiedliche Sinnesleistungen **intermodal** verarbeitet, und darüber hinaus findet eine senso-motorische **Integration** statt. Im Kapitel 13 (Organisation motorischer Systeme) wurde in Abbildung 13.2 die Verknüpfung unterschiedlicher motorischer Subsysteme dargestellt; die Abbildung 8.3 in Kapitel 8 (Gleichgewichtssinn) zeigt Verknüpfungen somatosensorischer und vestibulärer Wahrnehmung mit motorischen Einheiten.

In **Abbildung 21.2** wird deutlich, dass beim aktiven Musizieren zunächst nach einer Handlungsmotivation in der Großhirnrinde eine «Strategie» entworfen wird, der ein von verschiedenen motorischen Subsystemen modelliertes Bewegungsprogramm folgt. Die «Stimmigkeit» der nun ausgeführten Bewegungen wird intermodal überprüft: Beim Gitarrespielen spürt die Hand den «richtigen Griff», aber auch das Auge kann Barree-Griffe kontrollieren, und das Gehör zeigt sich erst recht empfindlich für falsche bzw. richtige Akkorde. Das aktive Musizieren und noch mehr psychomotorische und rhythmische Aktivitäten so wie der Tanz sind also hochkomplexe, integrative Vorgänge, bei denen eine Vielzahl von Teilsystemen aufeinander abgestimmt werden müssen: u. a. Strukturen unserer Großhirnrinde (motorische Hirnrinde, Hörrinde, Sehareale usw.), das Limbische System (mit seinen Gefühlsqualitäten), der Gleichgewichtssinn, die Tiefensensibilität (mit Bewegungs-, Lage- und Kraftsinn) sowie motorische Kontrollinstanzen (wie

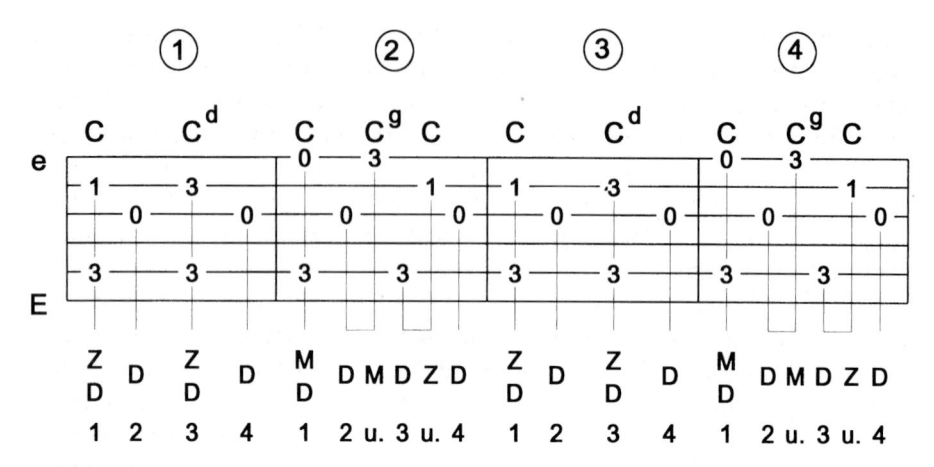

```
        ①              ②              ③              ④
    C    C^d        C    C^g  C     C        C^d      C    C^g  C
e ┌──────────────┬─── 0 ── 3 ──┬─── 1 ──────────────┬─── 0 ── 3 ──┐
  │─ 1 ─── 3 ───┼─────────────┼─ 1 ─── 3 ──────────┼─────── 1 ───┤
  │─── 0 ─── 0 ─┼─ 0 ─── 0 ───┼─── 0 ─── 0 ────────┼─ 0 ─── 0 ───┤
  │─ 3 ─── 3 ───┼─ 3 ─── 3 ───┼─ 3 ─── 3 ─── 3 ────┼─ 3 ─── 3 ───┤
E └──────────────┴─────────────┴────────────────────┴─────────────┘

   Z     Z         Z              Z     Z         Z
   D  D  D  D      M  D M D Z D   D  D  D  D      M  D M D Z D
              D                              D
   1  2  3  4     1  2 u. 3 u. 4  1  2  3  4     1  2 u. 3 u. 4
```

Abbildung 21.3: «Sita's Traum» (Ausschnitt).

Kleinhirn, Basalganglien, Stammhirn und Motoneurone). Ein Teil dieser Prozesse läuft ohne unser Bewusstsein ab, der größte Teil ist zwar prinzipiell bewusstseinsfähig, wird aber doch mehr oder weniger automatisch erfolgen können, und ein geringerer Teil wird uns direkt ins Bewusstsein gerufen.

> Gitarrenspieler, die sich an «Sita's Traum» (**Abb. 21.3**) versuchen, stehen vor der Aufgabe, mit der linken Hand Bassbegleitung und Melodie greifen, mit der rechten Hand Bassbegleitung und Melodie zupfen zu müssen. Die Integrationsaufgabe ist eine doppelte: Zum einen müssen Begleitung und Melodie integriert werden, zum anderen muss «die rechte Hand wissen, was die Linke tut».

Die Integration rhythmischer und melodischer Elemente erfolgt im Großhirn. In Kapitel 4 (linkes Gehirn – rechtes Gehirn) wurde bereits erwähnt, dass die linke Hemisphäre in erster Linie für rhythmische Strukturen (und die semantische Bedeutung von Worten) zuständig ist, während die Wahrnehmung von Melodien und Tonbildung hauptsächlich rechtshemisphärisch abläuft. Das zeigen auch Anästhesieversuche zur Überprüfung von Lateralität musischer Funktionen, die zum besseren Verständnis an dieser Stelle noch einmal ausführlich skizziert werden: Vor einer eventuellen Großhirnoperation überprüft man sicherheitshalber, welche Großhirnhemisphäre dominant ist (damit man nicht versehentlich das Sprachzentrum zerstört). Betäubt man durch die Injektion eines Schlafmittels in die linke Halsschlagader selektiv die linke Großhirnhälfte, so können die meisten Probanden (etwa 90 Prozent) erwartungsgemäß nicht mehr sprechen (ihr Sprachzentrum liegt linkshemisphärisch), während rechtshirnhemisphärische kognitive Prozesse ablaufen – ein recht eigentümlicher Bewusstseinszustand. Auch die motorische Lähmung ist einseitig, allerdings kontralateral: Die rechte Seite kann nicht mehr bewegt werden. Bei einer solchen selektiven Betäubung des linken Gehirns sind die Patienten in der Lage, ihnen bekannte Melodien zu singen, allerdings mit sehr eingeschränktem Vermögen, den richtigen Text von sich zu geben. Außerdem haben sie große Schwierigkeiten, Rhythmen zu erkennen und einzuhalten. Umgekehrt führt eine Betäubung der rechten Hirnhälfte dazu, dass ein bekanntes Lied rhythmisch exakt und auch mit komplexem Text gesungen werden kann – allerdings immer auf dem gleichen Ton. Hier leidet die Fähigkeit zur Melodierkennung und Tonbildung.

Normalerweise allerdings arbeiten beide Hirnhälften eng zusammen, so dass es unserem Gehirn gelingt, rhythmische und melodische Komponenten des Musikerlebens zu integrieren. Die Integration unterschiedlicher Subsysteme zeigt sich auch noch auf einer anderen Ebene: Musik, das Gitarrenbeispiel oben sollte es verdeutlichen, ist Ausdruck der Integration unterschiedlicher Sinnesmodalitäten und motorischer Subsysteme. Diese intermodale Verknüpfung kommt besonders dann zum Ausdruck, wenn wir Musik beschreiben. Wir halten uns nicht an einen einzigen Sinneskanal, sondern sprechen von einem «weichen Klang» oder einem «schneidenden Akkord». Wahrnehmungsphänomene wie Helligkeit, Rauigkeit, Dichte, Volumen oder Dynamik entstammen unterschiedlichen Modalitäten, ihre Beschreibung im Rahmen des Musikerlebens weist auf intermodale Verarbeitungsmechanismen hin. Die Übertragung sensorischer Bilder von einer Sinnesmodalität auf die andere wird als **Synästhesie** bezeichnet.

> Künstlerisch-kreative Auseinandersetzung mit synästhetischen Phänomenen in der Musik findet sich neuerdings auch in den bei Jugendlichen beliebten Videoclips. Synästhetische Wahrnehmung im engeren Sinne, z. B. das Hören von Tönen bei objektivem Vorliegen visueller Reize oder umgekehrt das Empfinden von Farben beim Hören von Musik, können durch bewusstseinsverändernde Drogen wie Mescalin, Mariuhana oder LSD ausgelöst werden.

Weil Musikempfinden stets eine Vielzahl zerebraler Systeme aktiviert, können wir Musik als eine ganzheitliche Erfahrung bezeichnen. Dabei gibt es unterschiedliche Formen musikalischer Aktivität: das rezeptiver Hören (meditativ oder analysierend), das aktive Musizieren, das Singen, die Rhythmik oder den Tanz. All diese Formen des Musikerlebens sprechen vielfältige sensorische, motorische und emotionale Dimensionen des Menschen an. Darüber hinaus ist das Musizieren Ausdruck unserer Befindlichkeit und hat kommunikative Bedeutung. Und schließlich spielt die Musik auch im sozialen Zusammenleben eine große Bedeutung.

> Jugendprotest äußert sich nicht selten gerade auch in der Musikszene. Konzerte, Veranstaltungen und Feste sind soziokulturelle Ereignisse. Beeindruckend sind Kompositionen und Aufführungen von psychisch behinderten Musikern – beispielsweise der Hamburger Gruppe «Station 17». Dabei kann Musik eine wichtige politische, kulturelle und sozial-integrative Funktion haben.

Schließlich werden in der Musikpädagogik, der heilpädagogischen Rhythmik, der Musiktherapie und der sich neu etablierenden Tanztherapie die fördernden, befreienden und heilsamen Elemente der Musik gezielt genutzt.

Überprüfen Sie Ihr Wissen!

21.1 Fragetyp B, eine Antwort falsch

Eine der fünf folgenden Aussagen ist falsch. Welche?

a) Die zerebralen Strukturen zum Vergleich von Tönen verschiedener Seiten (Richtungsortung) ermöglichen auch das stereophone Hören.

b) Ausdrucksmodi emotionaler Empfindlichkeiten in Gestik und Mimik können mit Musiktypen korrelieren.

c) Unter Synästhesie versteht man das Zusammenwirken taktiler und akustischer Reize.

d) Die zerebralen Integrationsphänomene, die uns ein zeitliches «Jetzt» erleben lassen, dauern in etwa 3 Sekunden.

e) In der Retrospektive wirkt eine ereignisarme Zeit kurz, während eine ereignisarme Zeit während des akuten Erlebens eher als lang erlebt wird.

21.2 Fragetyp C, Antwortkombinationsaufgabe

Welche der folgenden Aussagen treffen zu?

1. Die Fähigkeit, rhythmische Strukturen zu erkennen, ist vor allem linkshemisphärisch angelegt.

2. Musikalische Eindrücke können das Limbische System und damit unsere Gefühlswelt, aber auch das vegetative Nervensystem beeinflussen.

3. Verbale bzw. semantische Information wird hauptsächlich durch tiefe Frequenzen transportiert.

4. Beim Tanz werden motorische und unterschiedliche sensorische Funktionen miteinander gekoppelt.

5. Das Empfinden von Musik stellt eine integrative zerebrale Leistung dar.

a) Nur die Aussagen 1, 2, 3 und 5 sind richtig.

b) Nur die Aussagen 2, 3, 4 und 5 sind richtig.

c) Nur die Aussagen 1, 2, 4 und 5 sind richtig.

d) Nur die Aussagen 1, 3, 4 und 5 sind richtig.

e) Alle Aussagen sind richtig.

Vertiefungsfrage

Charakterisieren Sie kurz die Begriffe «Adagio-, Presto-, Marsch-, und Wiegenliedtypus» und gehen Sie auf Zusammenhänge von Musik, Gestik und emotionalem Empfinden ein.

Adressen

Musiktherapie an der Universität/Gesamthochschule Siegen:
www.uni-siegen.de/dept/fb04/musiktherapie

22. Diesseits von Babylon. Sprache und Sprachstörungen

«1. Es hatte aber alle Welt einer Zunge und Sprache...

4. Und sie sprachen: Wohlan, lasst uns eine Stadt und einen Thron bauen, des Spitze bis an den Himmel reiche, dass wir uns einen Namen machen! Denn wir werden sonst zerstreut in alle Länder....

6. Und der Herr sprach: Siehe, es ist einerlei Volk und einerlei Sprache unter ihnen allen, und haben das angefangen zu tun; sie werden nicht ablassen von allem, was sie sich vorgenommen haben zu tun.

7. Wohlauf, lasset uns herniederfahren, und ihre Sprache dasselbst verwirren, dass keiner des anderen Sprache verstehe!» (1 Mose 11.1–8)

Die Vermutung, dass alle Sprachen auf eine gemeinsame Wurzel zurückgehen könnten, die Feststellung, dass es sehr viele verschiedene Sprachen gibt, so dass Menschen einanderm nicht verstehen und ihre Zusammenarbeit schwierig ist, die grundsätzliche Erkenntnis, dass jeder Mensch gleichermaßen sprachfähig ist, sowie die Bedeutung menschlicher Sprache für die Organisation sozialer Verbände ist jahrtausendealt. Sprache als die Möglichkeit, im Rahmen von **Kommunikation** innerartlich Informationen weiterzugeben, findet sich bereits im Tierreich. Schimpansen sind in der Lage, mehr als hundert Wörter zu verstehen, sinnvoll zu gebrauchen und in Anfängen auch richtig grammatikalisch zu verknüpfen – sofern ihnen diese Wörter in der «Gebärdensprache» Gehörloser oder als graphische Symbole beigebracht werden. Kehlkopf und andere Artikulationsorgane ermöglichen ihnen keine Lautsprache, doch Anfänge der Symbolerkennung und Benutzung liegen hier bereits vor (vgl. insbesondere Beeh 1993 und Eccles 1989).

Auch uns Menschen stehen neben der verbalen Sprache, dem Thema dieses Kapitels, viele andere Möglichkeiten der Kommunikation zur Verfügung: die Mimik, die Gestik, unsere Körperhaltung (Proxemik), der Klang unserer Stimme und einige andere sog. «paralinguistische» Phänomene haben teils Ausdrucks-, jedenfalls Informationscharakter und werden oft unbewusst wahrgenommen.

Die Entwicklung einer elaborierten Lautsprache im Sinne der Kommunikation

Tabelle 22.1: Die vier Funktionen der menschlichen Sprache.

Expressive Funktion	Schmerzschrei, Weinen bei Trauer
Signalfunktion	Warnschrei, Hilferuf
Deskriptive Funktion	Erzählen, schildern (inkl. Gestikulieren); Möglichkeit der Lüge
Argumentative Funktion	Abwägen, Abstrahieren, auf Gültigkeit überprüfen

war mit Sicherheit beim Erscheinen des anatomisch modernen Menschen weit fortgeschritten. Schädelabdrücke mit Asymmetrie (Vergrößerung des linken Großhirn-Abdrucks) weisen darauf hin, dass möglicherweise schon der werkzeugbenutzende Homo habilis ein rudimentäres Sprachvermögen besaß. Dass der Neandertaler, wie man aufgrund anatomischer Strukturen der Kiefer- und Halsregion meint rekonstruieren zu können, die Vokale o und e, nicht aber u, i und a aussprechen konnte, ist eine reizvolle, aber nicht bewiesene These. Die Entwicklung einer differenzierten Sprache ermöglichte präzise Informationsweitergabe, eine Beschreibung von Gefahren oder Ressourcen (Nahrungsquellen), differenzierte Arbeitsteilung im Sozialverband und vor allem die Tradition individuell gewonnener Erfahrungen, die nun «Allgemeingut» wurden. Von Eibel-Eibesfeld stammt der Hinweis, dass man nun nicht mehr jedem Individuum vormachen muss, wie man Nahrung zubereitet usw., sondern dass sprachlich überlieferte Empfehlungen wie «Kartoffeln wäscht man, bevor man sie kocht» Handlungen ermöglichen, die nie zuvor gesehen wurden.

Entwicklungsgeschichtlich hat Sprache zunächst eine **expressive Funktion** – sie drückt Befindlichkeiten und Gefühle aus, wie das bereits im Tierreich zu beobachten ist. Auch die **Signalfunktion** ist als Warnschrei, Hilferuf oder anderes mehr auch bei Tieren zu beobachten. **Deskriptive Funktionen**, also das Beschreiben von Lagerplätzen, das Schildern von Ereignissen und die Möglichkeit der Lüge findet sich bereits in Ansätzen bei Schimpansen, die durch Gestik und Mimik zu täuschen in der Lage sind (vgl. hierzu Sommer). Erst die vierte Ebene der **argumentativen Funktion** ist allein dem Menschen vorbehalten – sie ermöglicht uns das Abwägen, das Abstrahieren und das Prüfen sprachlicher Information auf ihre Gültigkeit. Die drei übrigen Ebenen durchdringen aber nach wie vor unsere Sprache (Tab. 22.1), und insbesondere dem Erzählen, Schildern und leider auch der Lüge kommt nach wie vor eine große Bedeutung zu.

Man nimmt heute an, dass sich die Sprache bei den Vormenschen dadurch entwickelt hat, dass die Mütter durch Gestik und Mimik ihren Neugeborenen Wissenswertes zunächst zeigten, später im Rahmen ihrer anatomischen Möglichkeiten

Tabelle 22.2: Gruppierungen heute noch gesprochener Sprachen (Auswahl).

Amerindische Sprachen	Indoeuropäische Sprachen	afroasiatische u.a. Sprachen
z. B. Irokesisch Maya	Germanische Sprachen, z. B. Dänisch Romanische Sprachen, z. B. Italienisch Keltische Sprachen, z. B. Irisch Slawische Sprachen, z. B. Russisch Indoiranische Sprachen, z. B. Persisch	Afroasiatische Sprachen, z. B. Arabisch Altai-Sprachen, z. B. Japanisch Sinotibetanische Sprachen, z. B. Mandarin Uralische Sprachen, z. B. Estnisch

Tabelle 22.3: Die häufigsten heute gesprochenen Sprachen.

1. Mandarin	(770 Mio.)	4. Spanisch	(285 Mio.)
2. Englisch	(415 Mio.)	5. Russisch	(280 Mio.)
3. Hindi	(290 Mio.)	6. Arabisch	(170 Mio.)

diese Gestik mit Lauten verbanden. Eine interessante These geht davon aus, dass die Kinder dabei mit dem linken Arm festgehalten wurden, wodurch die rechten Hand zur dominierenden, geschickteren «Zeigehand» wurde. Diese wird aber vom linken Gehirn, das nun ebenfalls dominierte, kontrolliert. Möglicherweise ist dies die Ursache, dass die meisten Menschen linksseitig ihr Sprachzentrum haben.

> Noch heute nehmen die meisten Mütter ihre Kinder, wenn sie beruhigt werden sollen, auf die linke Seite. Vermutlich trägt der dort zu hörende mütterliche Herzschlag zur Beruhigung bei. Auch in der Kunst (vgl. Marienbilder) wird überdurchschnittlich häufig das Kind linksseitig gehalten.

Das die Sprache ursprünglich «mütterliche Wurzeln» hat, wird von manchen Autoren durch die statistisch gesehen größere Sprachgewandtheit von Frauen (gegenüber den mathematisch-räumlichen Fähigkeiten bei Männern) zu untermauern versucht.

Die **Tabelle 22.2** zeigt eine Auswahl heute noch gesprochener **Sprachen**. Die neuere Linguistik meint diese Sprachen in drei große Übergruppen einteilen zu können: amerindische Sprachen, indoeuropäische Sprachen und eine weitere Rubrik, die afroasiatische und andere Sprachen umfasst. Zur indoeuropäischen Sprachfamilie gehören die germanischen Sprachen (u. a. auch deutsch), die romanischen Sprachen, die slawischen Sprachen und viele mehr. Insgesamt werden

Tabelle 22.4: Sprachverwandtschaften, vor allem bei basalen Begriffen, zeigen sich sowohl bei noch gesprochenen Sprachen als auch bei ihren (rekonstruierten) Wurzeln.

Beispiele für europäische Sprachen	englisch	one	two	father	water
	deutsch	eins	zwei	Vater	Wasser
	dänisch	en	to		
	französisch	un	deux	père	eau
	griechisch	enas	dhyo	patér	
	russisch	adjin	dva		
	lateinisch	uno	duo	pater	aqua
Globale Sprachwurzeln	sanskrit			pitar	
	afroasiatisch				ak'w
	nilosaharisch				kwe
	amerindisch				akwa
	nostratisch / eurasiatisch				ak a

heute etwa 5000 Sprachen auf der Erde gesprochen, wobei allerdings viele vom Aussterben bedroht sind. Die **vergleichende Linguistik** versucht herauszufinden, wie sich Sprachen auseinander entwickeln. Hierzu werden Ähnlichkeiten und typische Verschiebungen verwandter Sprachen verglichen, um mögliche «Ursprachen» zu rekonstruieren.

Die **Tabelle 22.4** zeigt Ähnlichkeiten zwischen gesprochenen europäischen Sprachen. Je basaler und lebensnotwendiger solche Worte sind, desto größer ist die Wahrscheinlichkeit von Ähnlichkeiten – beispielsweise beim Wort «Wasser», aber auch bei Verwandtschaftsbezeichnungen oder einfachen Zahlwörtern. Manchmal lässt sich daraus eine gemeinsame Sprachwurzel rekonstruieren. Während über Dialektbildung und Populationsbewegungen (Völkerwanderungen) Sprachen «auseinanderdriften», bis sie (im Durchschnitt nach etwa tausend Jahren) für die jeweiligen Nachbarvölker unverständlich werden, gelingt es bei solchen Grundbegriffen manchmal auch noch später, gemeinsame Wurzeln festzustellen. Vor allem Flussnamen (im Gegensatz zu Städte- oder Staatsbezeichnungen) behalten oft über Jahrtausende ihren Namen, sie sind offensichtlich für die Orientierung zu wichtig, als dass man ihre Bezeichnungen ändern könnte.

Eine der ältesten Sprachwurzeln findet sich für das Wortfeld «Milch trinken»: In vielen Sprachen gibt es hierfür Wörter mit der Konsonantenfolge «M–l–k» oder Abkömmlingen, z. B. milk, Milch, Mjølk, arabisch mlj = an der Brust saugen, tamilisch melko =

Brust, aleutisch melug = saugen. Greenberg und Ruhlen vermuten, dass die Laute M–L–K, die eine Bewegung von den Lippen (M) über den vorderen Gaumen (L) zum hinteren Gaumen (K) ergeben, bereits in der allerersten menschlichen Ursprache mit der Milchaufnahme des Säuglings und Kleinkindes assoziiert waren – eine weitere Hypothese zur «mütterlichen Wurzel» menschlicher Sprachgeschichte.

Der Anthropologe und Genetiker Cavalli-Sforza legte interessante Arbeiten vor, in denen er genetische Gemeinsamkeiten (und leichte Veränderungen) z. B. hinsichtlich der Blutgruppen, mit der Ähnlichkeit oder Unterschiedlichkeit der von den jeweiligen Populationen gesprochenen Sprachen verglich. Er kam zu verblüffenden Übereinstimmungen zwischen den genetischen Befunden und sprachlichen Charakteristika: Je weiter Völker sprachlich voneinander entfernt sind, desto unterschiedlicher sind auch die genetischen Parameter. Er schloss daraus, dass vom Ursprung der Menschheit (vermutlich Ostafrika) ausgehend sich die (anatomisch moderne) Menschheit in einem etwa 100 000 Jahre andauernden Prozess über die gesamte Erde ausbreitete, wobei sich genetische Parameter geringfügig, die sprachlichen Besonderheiten außerordentlich verzweigten. (vgl. Cavalli-Sforza in DIFF, 1993).

Unser eigentliches Sprachorgan ist weder die Zunge noch der Kehlkopf – obwohl das Wort «Lingua» sowohl Sprache als auch Zunge meint. Aber zum einen sind die peripheren Artikulationsorgane ursprünglich zum Atmen, Essen oder anderen Funktionen angelegt und erst sekundär in den Sprachdienst einbezogen worden, zum anderen können Menschen mit Hörstörungen oder schweren Artikulationsstörungen eine grammatikalisch und semantisch vollwertige Sprache (nicht unbedingt eine Lautsprache) entwickeln. Das eigentliche Sprachorgan ist unser Gehirn. Wie die **Abbildung 22.1** zeigt, sind sehr unterschiedliche Zentren der Großhirnrinde am sprachlichen Prozess beteiligt. Das **sensorische Sprachzentrum** ermöglicht uns das Dekodieren von Sprache, wobei beim Lesen visuelle Informationen aus der Sehrinde, beim Hören akustische Information verarbeitet wird. Auch das Gedächtnis ist notwendig, um Worte nach Bekanntheit «abzugleichen». Das **motorische Sprachzentrum** (Broca) ermöglicht das Planen einer Wortgestalt und, mit Hilfe der motorischen Hirnrinde, die Artikulation dieses Wortes. Beide Zentren sind in der Regel in der linken Hirnrinde angelegt (vgl. Kap. 4 und 3, insbesondere Abb. 3.4, in der das Sprechen eines geschriebenen oder gehörten Wortes schematisch dargestellt wird).

Die Abbildung 22.1 zeigt darüber hinaus, dass Hirnareale gefunden wurden, in denen ganz bestimmte Worttypen oder grammatikalische Funktionen bearbeitet werden. So scheint es z. B. eine Region zu geben, in der **Farbbegriffe** bearbeitet werden. Fällt sie aus (z. B. im Rahmen eines Schlaganfalls), können zwar Farben gesehen und durch Zeigen voneinander unterschieden werden, aber sie können – bei sonst unbeschädigtem Sprachvermögen – nicht mehr differenziert benannt werden. Sprachgeschichtliche Untersuchungen weisen überdies darauf hin, dass in

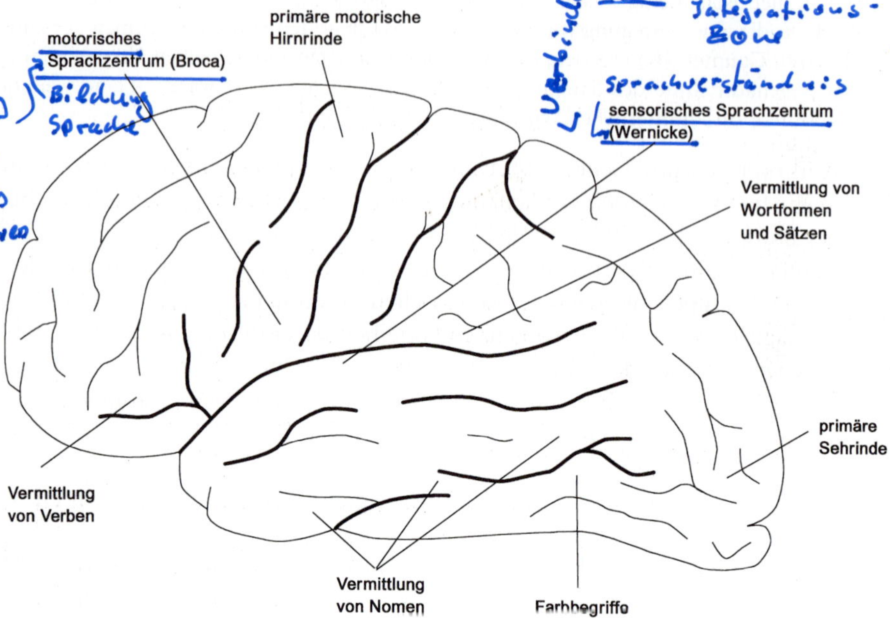

270 Die Welt begreifen. Komplexe kognitive Funktionen

Abbildung 22.1: Bei der Sprachverarbeitung und Sprachbildung beteiligte Rindenareale.

(Beschriftungen: motorisches Sprachzentrum (Broca); primäre motorische Hirnrinde; sensorisches Sprachzentrum (Wernicke); Vermittlung von Wortformen und Sätzen; primäre Sehrinde; Farbbegriffe; Vermittlung von Nomen; Vermittlung von Verben)

allen Kulturen je nach Entwicklungsstand der Kultursprache, Farbbegriffe in einer ganz bestimmten Reihenfolge auftreten.

> Die ersten in einer Sprache auftretenden Farbbegriffe bezeichnen «weiß» und «schwarz», oft im Sinne von «hell» und «dunkel». Die dritte auftauchende Farbe ist rot, dann kommen gelb oder grün, schließlich blau und braun. Auch im deutschen sind weitere Farbbegriffe wie «violett», «rosa» oder «orange» entwicklungsgeschichtlich spät zu finden, sie wurden im Mittelalter noch unter «braun» subsummiert (vgl. Beeh, in DIFF 1993).

Hier zeigt sich der enge Zusammenhang zwischen hirnphysiologisch angelegten Erkennungsstrukturen und der Prädisposition für sprachliche Bearbeitung.

Mitte der fünfziger Jahre begann Noam Chomsky zu untersuchen, welche Gesetzmäßigkeiten nicht nur menschlichen Sprachen, sondern der menschlichen Sprachfähigkeit zugrunde liegen könnten. Wie **Tabelle 22.5** zeigt, unterscheidet die **Linguistik** zwischen einer phonetischen Ebene, die die Artikulation sprachlicher Botschaften ermöglicht, einer syntaktischen Ebene, die eine grammatikalische Verbindung einzelner Wörter ermöglicht, einer semantischen Ebene, die als «Lexikon» unseres Wortschatzes bezeichnet werden kann, sowie einer kommunikati-

Tabelle 22.5: Ebenen der Sprache und der Sprachentwicklung.

Phonetische Ebene:	Artikulation sprachlicher Botschaften
Syntaktische Ebene:	Erarbeiten und Benutzen einer (auch für andere gültigen) grammatikalischen Struktur
Semantische Ebene:	Erlernen und Abrufen eines Wortschatzes, der durch das Gedächtnis zur Verfügung steht
Kommunikative Ebene:	Benutzung phonetischer, syntaktischer und semantischer Elemente im Dienste zwischenmenschlicher Kommunikation: pragmatisch, deskriptiv und argumentativ

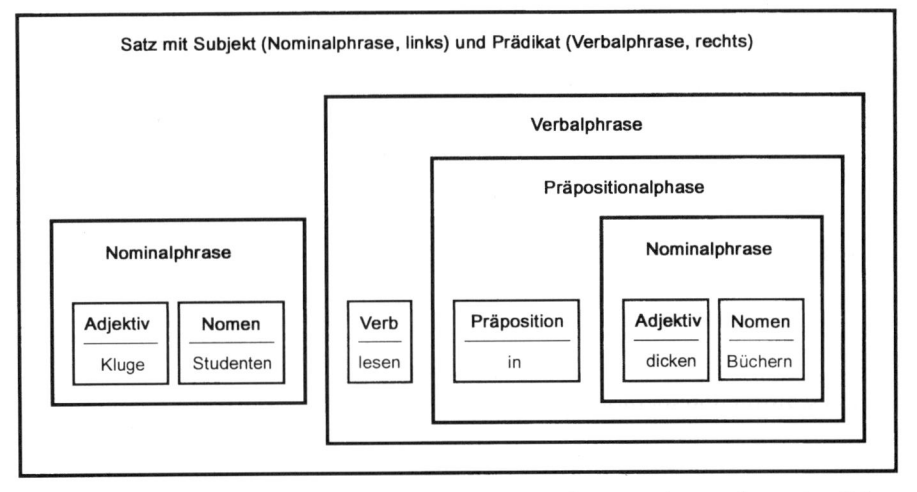

Abbildung 22.2: Syntaktische Struktur des Satzes: «Kluge Studenten lesen in dicken Büchern».

ven Ebene, innerhalb derer Semantik, Syntax und Phonetik in den Dienst der Kommunikation treten.

Chomsky untersuchte zunächst die **syntaktische Struktur** verschiedener Sprachen. Das Ergebnis dieser Untersuchung war, dass sich in allen gesprochenen Sprachen ähnliche Strukturelemente finden lassen.

> Wieso erkennen wir, dass der Satz «Kerl der große ist abgehauen» falsch ist, hingegen der Satz «Der große Kerl ist abgehauen» vermutlich Sinn macht?

In **Abbildung 22.2** wird der Satz «Kluge Studenten lesen in dicken Büchern» nach syntaktisch-strukturellen Gesichtspunkten zergliedert. Dabei entsteht eine Nominalphrase (Kluge Studenten), in der das Adjektiv (kluge) vom Nomen (Studenten) «regiert» wird. Die zweite Nominalphrase lässt sich in ähnlicher Weise «zerlegen», wird aber ihrerseits von der Präposition «in» regiert – es handelt sich um eine Präpositionalphrase. Diese wird wiederum vom Verb (lesen) bestimmt. Auch komplexe Sätze, so Chomsky, lassen sich prinzipiell in ähnliche Strukturelemente zerlegen. Charakteristisch für Sprachen ist nun, an welcher Stelle die jeweils phrasenbestimmenden (regierenden) Worte lokalisiert sind. Beim **Erlernen einer Sprache** kommt es also darauf an, ein Verständnis für dieses strukturelle Grundgerüst zu finden. Chomsky nimmt an, dass die Fähigkeit zur Erkennung der Tiefenstruktur einer Sprache in den mit Sprache befassten Hirnstrukturen bereits angelegt ist. Nur so sei es zu erklären, dass Kinder spielerisch eine hochkomplexe Sprache erlernen. Und dies meist bei höchst unzulänglichen Vorbildern: Wir Erwachsenen verschlucken Worte, bringen Sätze nicht zuende, halten uns nicht an grammatikalische Regeln – und trotzdem gelingt es den Kindern, aus diesem höchst unzulänglichen sprachlichen Surrogat die wesentlichen «Essentials» der Sprachstruktur herauszufiltern. Eine vergleichbare Leistung liegt bei dem Erlernen höherer Mathematik vor – dies gelingt uns Menschen in der Regel erst in der Pubertät, meist unter erheblichen Anstrengungen.

Chomsky und seine Mitarbeiter hoffen aufgrund syntaktischer Strukturanalysen, aber auch semantischer Untersuchungen, eine «Universalgrammatik» menschlicher Sprachen entwickeln zu können. Jedenfalls spricht viel für die These, dass die Sprachfähigkeit beim gesunden Menschen universell angelegt ist – jedes Neugeborene wäre prinzipiell in der Lage, jede auf Erden gesprochene Sprache zu erlernen. Allerdings nur in den ersten Lebensjahren. Lernen wir jenseits des 6. Lebensjahres eine zweite Sprache, so wird man am Klang unserer Sprache, am «Dialekt», immer erkennen, dass es sich um eine «Fremdsprache» handelt. Unsere grammatikalische Kompetenz, die uns das Erlernen einer Sprache ermöglicht, ist dem Menschen so eigentümlich, dass Chomsky sie als «geistiges Organ» bezeichnet, das eng mit benennbaren Strukturen der Großhirnrinde und einer spezifischen Zusammenarbeit dieser Areale zusammenhängt. Mit Hilfe dafür prädestinierter Hirnzentren und der wohl angelegten Fähigkeit, Strukturelemente einer Sprache zu erfassen, lernen Kinder in den ersten, dafür hochsensiblen Lebensjahren zu sprechen, wenn sie nicht – wie Caspar Hauser – durch extrem ungünstige soziale Verhältnisse (völlige Isolation oder schwere Deprivation) oder Verzögerungen in der Hirnreife daran gehindert werden. In einem reziproken Spiel von Aktion und Reaktion zwischen Kind und Umwelt werden anfängliche Lall-Laute modifiziert, korrigiert und zunehmend mit semantischer Bedeutung verknüpft, bis es dem Kind über Stadien von Ein- und Mehr-Wortsätzen schließlich gelingt, auch syntaktisch komplexe Sätze zu erkennen und richtig zu bilden, wobei der Wortschatz innerhalb der ersten Lebensjahre sprunghaft ansteigt.

Tabelle 22.6: Vereinfachte Übersicht über die kindliche Sprachentwicklung.

Sprachentwicklungsstadien	ungefähre Zeiträume	Erläuterungen / Beispiele	Wortschatz (am Ende der Phase)
präverbale Phase			
Schreiperiode	etwa 1.–3. Monat	zunächst reflexartig, dann modulierter, kommunikativer Schrei	
Gurrperiode (prim. Lallen)	etwa 1,5.–4. Monat	einfache Lautfolgen, sog. «Lalldrift»	
Lallperiode	etwa 6.–12. Monat	erste absichtliche Lautfolgen und Wiederholungen: z. B. «bababa»	
Sprachverständnis	etwa ab 8. Monat	Beziehung zwischen Objekt und Sprache, Sinnentsprechung	
verbale Phase			
Erstes Wort	etwa mit 1 Jahr	«mama», «papa» usw. Phonetische Universallaute	
Einwortsatz-Stadium	etwa mit 1–1,5 Jahren	mit «Wau-wau» z. B. werden Tiergruppen benannt oder «Tiergeschichten erzählt»	etwa 10–15
Zweiwortsatz-Stadium	etwa mit 1,5–2 Jahren	«Mama Eis» kann Feststellung, Aufforderung oder Frage sein	etwa 300
Mehrwortsatz-Stadium	etwa mit 2–3 Jahren	Mehrwortsätze ermöglichen Negation, Fragen oder Bitten: «Papa Klaus Lied vorsingt»	etwa 1000
Komplexere Sätze	etwa mit 3–5 Jahren	zunehmend grammatikalisch richtige Verknüpfung komplexer Wort- und Satzverbindungen z. B. «Klaus ging» statt «gingte» oder «gank»	etwa 2500
Perfektionierung der Sprache	etwa ab 5 Jahren	Syntaktisch komplexe Satzgefüge zur Kommunikation, Deskription und Argumentation	

274 Die Welt begreifen. Komplexe kognitive Funktionen

Stimmstörungen	Dysarthrien	Sprachstörungen	Sprechstörungen	Sprechverweigerung
Dysphonien Dysglossien	z. B. pyramidal, extrapyramidal usw.		Stottern (tonisch, klonisch), Poltern	Elektiver Autismus Totaler Autismus

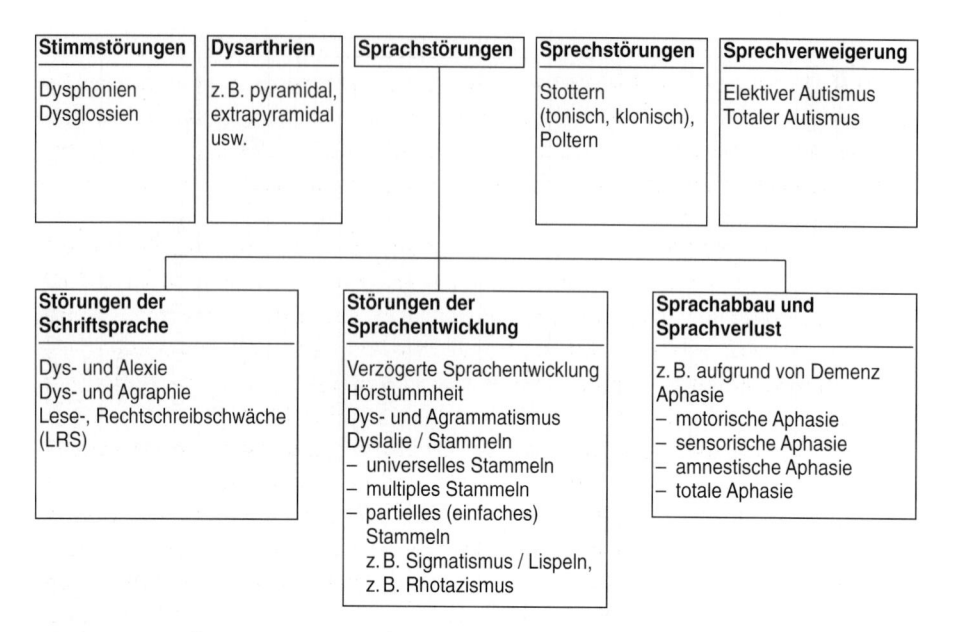

Störungen der Schriftsprache	Störungen der Sprachentwicklung	Sprachabbau und Sprachverlust
Dys- und Alexie Dys- und Agraphie Lese-, Rechtschreibschwäche (LRS)	Verzögerte Sprachentwicklung Hörstummheit Dys- und Agrammatismus Dyslalie / Stammeln – universelles Stammeln – multiples Stammeln – partielles (einfaches) Stammeln z. B. Sigmatismus / Lispeln, z. B. Rhotazismus	z. B. aufgrund von Demenz Aphasie – motorische Aphasie – sensorische Aphasie – amnestische Aphasie – totale Aphasie

Abbildung 22.3: Übersicht über Stimm-, Sprach- und Sprechstörungen.

Eine schematische Einteilung der **kindlichen Sprachentwicklung** zeigt die **Tabelle 22.6,** aus der die zunehmende Komplexität von Syntax und Sematik hervorgeht. Erfahrungsgemäß variiert die «Geschwindigkeit», in der die hier gezeigten Schritte erreicht werden, von Kind zu Kind erheblich. Die Reihenfolge der Entwicklungsschritte hingegen scheint relativ konstant zu sein. Zwar kann es vorkommen, dass Kinder sich in der sog. «Ein-Wort-Satz-Phase» kaum äußern, doch übersprungen wird diese Phase im eigentlichen Sinne – wie auch andere Phasen – nicht.

Die vielfältigen möglichen Sprech- und Sprachstörungen können unterschiedlich klassifiziert werden. Die in **Abbildung 22.3** vorgestellte Einteilung unterscheidet Stimmstörungen, Dysarthrien, Sprachstörungen, Sprechstörungen und die Sprachverweigerung. **Stimmstörungen** fallen in das Gebiet der Phoniatrie (Teilgebiet der Hals-Nasen-Ohrenheilkunde) und der Logopädie. Es handelt sich um Störungen der Stimmgebung, die hier nicht näher erläutert werden sollen. **Dysarthrien** können im Rahmen dieser Abhandlung ebenfalls nicht ausführlich beschrieben werden. Hierbei liegen Störungen in den motorischen Hirnzentren vor, die die Koordination der peripheren Artikulationsorgane steuern. Ein Beispiel ist die in Kapitel 10 genannte, mögliche verwaschene Sprache im Rahmen einer infantilen Zerebralparese. Hier handelt es sich, es sei noch einmal betont, nicht um eine Sprach-, sondern um eine Artikulationsstörung. Auch auf die **Sprechverweigerung** (Mutismus) kann hier nicht näher eingegangen werden: Ein elektiver Mutismus liegt vor, wenn ein sprachfähiges Kind die verbale Kommunikation zu einigen Menschen verweigert. Die totale Kommunikationsblockade wird als totaler Mutismus bezeichnet. In beiden Fällen sind psychische (reaktive oder neurotische) Ursachen zu vermuten.

Sprechstörungen können in zwei Gruppen eingeteilt werden: zum einen in das Poltern, zum anderen in das **Stottern**, das wiederum tonisch oder klonisch auftreten kann. Bei der tonischen Variante wirken Atmung, Stimme und Artikulation gepresst, während eine Unterbrechung mit Wiederholung von Einzellauten, vor allem am Wortanfang, als klonisches Stottern bezeichnet wird. Van Riper (vgl. Steinhausen 1989) unterscheidet vier Hauptgruppen des Stotterns: eine, die sich aus einer physiologischen Sprechunflüssigkeit des Kleinkindesalters heraus entwickelt (wenn im Kleinkindesalter die Vorstellungskraft und das Denkvermögen vorübergehend der motorischen Sprachfähigkeit vorauseilen, kommt es zu einem physiologischen, als normal anzusehenden Übergangsstottern, dieses kann allerdings persistieren). Eine zweite Form kann sich aus einer Sprachentwicklungsverzögerung, wie weiter unten beschrieben wird, entwickeln. Eine dritte Form ist als besondere Verarbeitung eines (meist traumatischen) Erlebnisgefüges zu verstehen, und möglicherweise gibt es auch ein vorwiegend psychogenes, mit seelischer Anspannung, Hemmung und neurotischen Komponenten gekennzeichnetes Stottern.

> So entwickelte ein 14-jähriger in der Phase der Scheidung seiner Eltern sowie im Rahmen einer deutlichen Pubertätskrise eine Stottersymptomatik, die vor allem in Situationen mit hohem subjektivem Erwartungsdruck auftrat. Diese Symptomatik besserte sich in der Schule, nachdem er mit Schülern und Lehrern offensiv über seine Befürchtung, durch das Stottern stigmatisiert zu werden, gesprochen hatte.

Das **Poltern** unterscheidet sich vom Stottern u. a. dadurch, dass sich die Symptomatik beim Poltern verbessert, wenn sich das Kind bewusst dem Sprechen zuwendet (beim Stottern ist in der Regel das Gegenteil der Fall). Als Poltern bezeichnet man einen überstürzten Redefluss, bei dem mitunter Laute, Wortenden oder Satzteile verschluckt werden, die Artikulation verwaschen sein kann und die Sprachmelodie monoton klingt. Der Sprechvorgang wirkt hastig, die Worte sind schwer zu verstehen. Langsames Sprechen und Vorsprechen, insbesondere mit rhythmischen Hilfen (Mitklopfen der Silbenzahl) und andere übende Maßnahmen können diese Sprechstörung positiv beeinflussen.

Sprachstörungen im eigentlichen Sinne können eingeteilt werden in Störungen der Sprachentwicklung sowie Syndrome des Sprachabbaus und des Sprachverlusts. Zu einem **Sprachverlust** kann es bei hirnorganischen Erkrankungen kommen, z. B. im Rahmen einer Altersdemenz (vgl. Kap. 27). Es kann aber auch eine Aphasie vorliegen, also der isolierte Verlust bestimmter sprachlicher Fähigkeiten, z. B. im Rahmen eines Schlaganfalls. Die möglichen Unterformen einer **Aphasie** (motorische, sensorische, amnestische oder totale Aphasie) wurden in Kapitel 20 kurz beschrieben.

Schließlich soll noch auf **Sprachentwicklungsstörungen** eingegangen werden. Wie oben schon gesagt, variiert die Entwicklung der Sprache von Kind zu Kind beträchtlich, so dass die Diagnose einer **Sprachentwicklungsverzögerung** in den ersten beiden Lebensjahren meist nicht gelingt (Anzeichen einer Hörstörung hingegen müssen unbedingt schon im Säuglingsalter beachtet und abgeklärt werden, vgl. Kap. 11). Spricht ein Kind mit 2 bis 2$^{1}/_{2}$ Jahren nach wie vor nur drei bis vier Wörter oder sind deutliche Sprachentwicklungsfortschritte um das dritte Lebensjahr festzustellen, so muss der Verdacht einer verzögerten Sprachentwicklung geäußert und diagnostisch abgeklärt werden. Anzeichen sind umschriebene Rückstände der Sprachbeherrschung und des Wortschatzes, Probleme bei Artikulation und Stimmbildung sowie Einschränkungen im Wort- und Satzverständnis. Auch die gleich zu besprechenden Stammelfehler und der Dysgrammatismus können Bestandteil einer allgemeinen Sprachentwicklungsverzögerung sein. Die Ursachen können zum einen in einer allgemeinen Retardierung oder in einer geistigen Behinderung liegen. Auch bei frühkindlichem Autismus (vgl. Kap. 26) findet sich eine Sprachentwicklungsstörung. Eine Hörschädigung, die prälingual, also vor dem Spracherwerb entstand (vgl. Kap. 11) kann ebenfalls Ursache einer Sprachentwicklungsverzögerung sein. Auch eine psychische, soziale oder emotionale Vernachlässigung, insbesondere bei mangelhafter sprachlicher Kommunikation, kann eine Verzögerung im Spracherwerb bedingen.

> Ein vierjähriges Mädchen wurde wegen schwerster Sprachentwicklungsverzögerung bei gleichzeitigem Verdacht auf Misshandlungs- und Deprivationssyndrom (Vernachlässigung) in die Kinder- und Jugendpsychiatrische Klinik eingewiesen. Das Mädchen sprach nur Zweiwortsätze, konnte keinerlei adäquate grammatikalische Strukturen bilden, seine Sprache war meist unverständlich und der Wortschatz außerordentlich gering – das Repertoire bestand zu einem großen Teil aus Schimpfworten und solchen des Anal- und Sexualbereichs. Innerhalb von drei Monaten konnten die meisten dieser sprachlichen Rückstände unter fürsorglicher stationärer Betreuung und gezielten logopädischer Maßnahmen behoben werden. Die emotionalen und sozialen Defizite hingegen waren wesentlich schwieriger aufzufangen.

Die bisher genannten Ursachen weisen darauf hin, dass Sprachentwicklungsverzögerung ein Symptom sehr unterschiedlicher zugrunde liegender Störungen sein kann. Darüber hinaus kann die Sprache bei normaler Intelligenz, Fehlen einer Sinnesbehinderung und optimalen psychosozialen und familiären Umständen verzögert auftreten. Meist handelt es sich dann um eine Teilleistungsschwäche im sprachlichen Bereich, die als neurophysiologische Reifungsverzögerung der oben skizzierten Hirnareale und insbesondere ihrer funktionellen Zusammenarbeit verstanden werden kann. Wird eine solche Störung frühzeitig und langfristig adäquat, d. h. logopädisch behandelt, so ist die Prognose in vielen Fällen günstig.

Die **Audimutitas**, Hörstummheit (weil sie trotz vorhandenen Hörvermögens auftritt) wird von Steinhausen als eine «extreme Variante einer verzögerten Sprachentwicklung», also als «Sprachentwicklungsbehinderung» klassifiziert. Unter **Dyslalie** versteht man eine Artikulationsstörung, die auch als **Stammeln** bezeichnet wird und bei der einzelne Laute oder Lautverbindungen fehlerhaft gebildet oder durch andere ersetzt werden. Beim partiellen (einfachen) Stammeln erstreckt sich der Stammelfehler auf ein oder zwei Laute, so dass die Sprache in der Regel noch gut verständlich ist. Ist die Bildung von mehr als zwei Lauten gestört und das Verständnis erschwert, so handelt es sich um ein multiples Stammeln, während die Sprache bei einem universellen Stammeln unverständlich ist. Eine andere Einteilung bezieht sich auf die betroffenen Laute: Am häufigsten findet sich der **Sigmatismus**, das **Lispeln**, bei dem s-Laute nicht adäquat gebildet werden können. Eine gestörte Bildung des Konsonanten «r» wird als Rhotazismus bezeichnet. Auf weitere Formen und Unterformen des Stammelns kann hier nicht eingegangen werden. Ich verweise auf die entsprechenden Kapitel der von Friedrich und Biegenzahn herausgegebenen Einführung in die Phoniatrie, in der sich auch differenzierte Beschreibungen finden.

Der **Dysgrammatismus** (in seiner schwersten Form als Agrammatismus bezeichnet) ist eine Sprachstörung, bei der nicht grammatisch korrekt gesprochen werden kann. Bei einfachen Formen kommt es zu Fehlern beim Deklinieren und Konjugieren sowie dem Verwechseln der Artikel. Bei schwereren Störungen finden sich Einwortsätze oder eine «Telegrammstil-Sprache», manchmal weicht das Kind auf Gebärden aus, um überhaupt verstanden zu werden.

Hinsichtlich der Ursachen von Dysgrammatismus und Dyslalie gilt prinzipiell, was bereits zu Sprachentwicklungsverzögerungen gesagt wurde: Beide können Symptome höchst unterschiedlicher zugrunde liegender Störungen sein. Darüber hinaus tritt sowohl das Stammeln als auch der Dysgrammatismus im Laufe der kindlichen Sprachentwicklung vorübergehend als ein physiologisches Durchgangsstadium auf, so dass erst das Andauern solcher Störungen zu Besorgnis Anlass gibt. Schließlich können neben den o.g. Ursachen (mangelnde Sprechförderung, soziale Deprivation, Hörstörungen usw.) auch Anomalien der Sprechorgane (Lippen, Zähne oder Zunge) vorliegen, so dass hier auch eine HNO-ärztliche Untersuchung notwendig ist.

Die meisten der hier aufgelisteten und zum Teil kurz skizzierten Sprech- und Sprachstörungen erfordern eine interdisziplinäre Diagnostik (Kinderärzte, HNO-Ärzte, Neuropädiater, Psychologen, Heilpädagogen, Logopäden usw.). Bei vielen dieser Störungen führt eine frühzeitige und intensive logopädische bzw. sprachheilpädagogische Behandlung zu beachtlichen Erfolgen. Ähnliches gilt für die Förderung in Sprachheil-Sonderschulen im Primarbereich.

Die Fähigkeit zur differenzierten Sprache mit deskriptiver und argumentativer Funktion ist ein «specificum humanum», dessen evolutionärer Vorteil so groß war, dass sich die daran beteiligten Hirnstrukturen außerordentlich differenzierten. Mit ihrer Hilfe gelingt es in der Interaktion mit anderen in den ersten Lebensjahren, syntaktische Regeln und einen semantischen Wortschatz zu erwerben. Damit sind wir nicht nur in der Lage, miteinander zu kommunizieren, sondern wir können Darüber hinaus in sprachgebundener Form abstrakte Gedanken bilden. Ähnlich wie die Fähigkeit zur Mathematik können wir mit Hilfe des «Denkzeugs» Sprache ein wenig unsere durch unsere beschränkten Sinne vorgegebene «kognitive Nische» übersteigen. Hierauf wird in Kapitel 28 noch näher eingegangen.

Überprüfen Sie Ihr Wissen!

22.1 Fragetyp A, eine Antwort richtig

Ein fünfjähriges Kind hat hochgradige Schwierigkeiten, Worte syntaktisch richtig miteinander zu verknüpfen. Hierbei handelt es sich am ehesten um

a) Ein physiologisches Durchgangsstadium

b) Eine Audimuditas

c) Eine Dyslalie

d) Einen Dysgrammatismus

e) Einen Sigmatismus

22.2 Fragetyp E, Kausalverknüpfung

1. Die logopädische Behandlung einer nach Spracherwerb eingetretenen Aphasie ist in der Regel wenig sinnvoll, denn
2. vor allem in den ersten vier Lebensjahren ist das Gehirn besonders plastisch und für den Spracherwerb prädestiniert.

a) Nur die Aussage 1 ist richtig.

b) Nur die Aussage 2 ist richtig.

c) Die Aussagen 1 und 2 sind richtig, die Kausalverknüpfung ist falsch.

d) Die Aussagen 1, 2 sowie die Kausalverknüpfung sind richtig.

e) Alle Aussagen sind falsch.

> **Vertiefungsfrage**
>
> Erläutern Sie bitte, dass eine Sprachentwicklungsverzögerung, ein schwerer Stammelfehler oder Dysgrammatismus auch psychosozial bedingt sein kann.

Adressen

Deutscher Bundesverband für Logopädie e.V., Postfach 400614, Augustinus-Str. 9d, 50226 Frechen
Bundesverband für die Rehabilitation der Aphasiker e.V., Oberthür-Str. 11a, 97070 Würzburg
Bundesvereinigung Stotterer-Selbsthilfe e.V., Gereonswall 112, 50670 Köln

23. Am Anfang war das Bild. Lesen und Schreiben und ihre Störungen

Kaum eine kognitive Fähigkeit des Menschen hat seine Umwelt so sehr verändert und kulturelle wie technische Neuerungen ermöglicht, wie die, Informationen schriftlich festzuhalten. Erst jetzt war es möglich, über lange Zeiträume und große Distanzen hinweg auch detaillierte Sachverhalte zu vermitteln. Diese für die kulturelle Evolution so wichtige Fähigkeit entstand aufgrund der Fähigkeit unseres Gehirns, hochdifferenzierte Zentren mit unterschiedlichsten Funktionen intermodal zu verknüpfen. Freilich bedurften diese schon seit hunderttausend Jahren beim neuzeitlichen Menschen angelegten Möglichkeiten einer nach Jahrtausenden zählenden kulturellen Entwicklung, um letztlich die Schriftsprache hervorzubringen.

Vielleicht versteht man die immensen Herausforderungen, die der Prozess des Lesen-Schreibenlernens stellt, am besten, wenn man sich die kulturhistorische Entstehungsgeschichte dieser Fähigkeiten anschaut. Am Anfang stand die zeichnerische Darstellung von Gegebenheiten, sog. Ikonogramme, die bereits vom Cro-Magnon-Menschen vor 30 000 Jahren angefertigt wurden. **Abbildung 23.1**, eine allerdings neuzeitliche Darstellung einer kriegerischen Auseinandersetzung zwi-

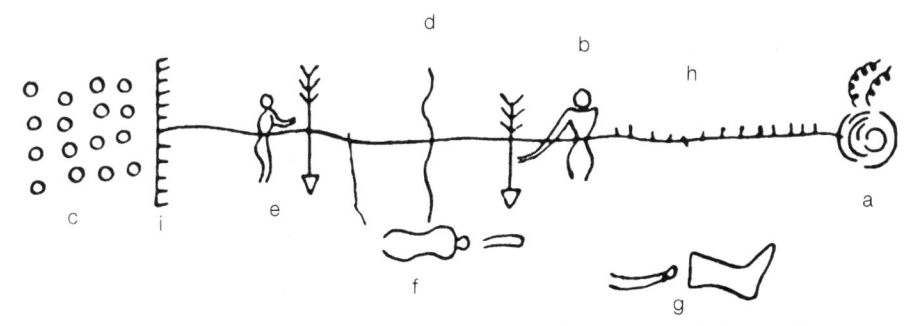

Abbildung 23.1: Bildliche Darstellung einer Auseinandersetzung zwischen Indianerstämmen.

282 Die Welt begreifen. Komplexe kognitive Funktionen

Abbildung 23.2: Darstellung des Sieges König Narmers über seine Gegner (um 3100 v. Chr.).

schen Indianerstämmen stellt die Grenzüberquerung, die Anzahl der Feinde und stilisierte Kampfhandlungen bildlich-szenisch dar. Auf einer höheren Stufe, allerdings immer noch im Rahmen ikonographischer Abbildungen, finden bereits Stilisierungs- und Normierungsprozesse statt. Die etwa 3000 Jahre alte Darstellung des Sieges des altägyptischen Königs Narmers über seine Gegner (**Abb. 23.2**) zeigt eine Reihe symbolischer Zeichen. Gefangene werden als «Köpfe mit einem Nasenring» kenntlich gemacht, ihre Anzahl (6000) durch sechs Lotusblumen (Chiffre für die Zahl 1000, vgl. auch Kap. 23) festgelegt. Die Beziehungen der Personen untereinander, werden durch formal-graphische Elemente dargestellt. Näheres hierzu in dem lesenswerten Buch «Erwachendes Denken» von F. Klix (1993, S. 249ff.).

In den Ballungsgebieten des vorderen Orients, etwa 5000 bis 10 000 Jahre vor unserer Zeitrechnung, erreichte das Zusammenleben und der Handel eine derartige Komplexität, dass zur Organisation des Gemeinwesens eine differenzierte

Lesen und Schreiben **283**

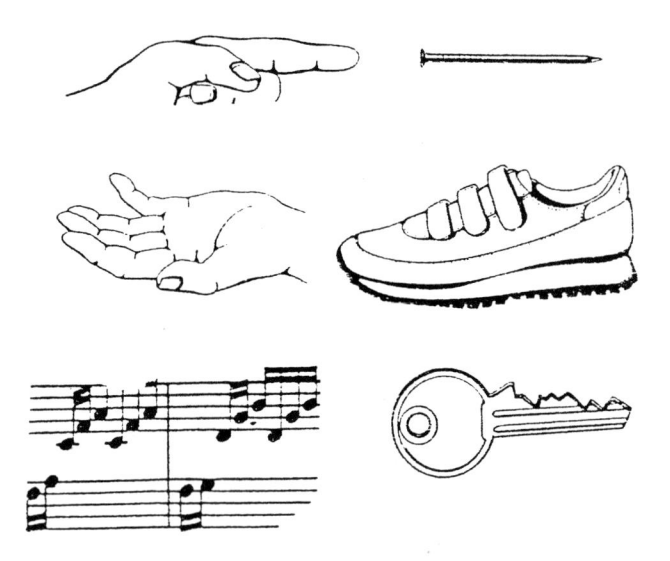

Abbildung 23.3: Beispiele von Rebus-Bildern.

Schriftsprache notwendig wurde. Über zum Teil weite Strecken, zum Teil an persönlich nicht bekannte Adressaten mussten hochkomplexe Nachrichten ausgetauscht werden. Die Art der Information wurde immer diffiziler und komplexer. Sie musste sich eines universellen Codes bedienen, der überall eindeutig verstanden wurde. Und schließlich bestand auch die Notwendigkeit, Anordnungen, Richtlinien und die Darstellung von Ereignissen «zu überliefern». Dies alles war auf Dauer mit einer einfachen Bildersprache nicht mehr zu gewährleisten. Immer neue Zeichen für immer komplexere Sachverhalte zu finden, überforderte die Kapazität des menschlichen Gedächtnisses. So führte in einer 2000 Jahre dauernden Entwicklung der Weg weg von der Bilderschrift, was offensichtlich ein außerordentlich schwieriger Prozess war – erforderte er doch das Verlassen alter Denkgewohnheiten. Lange war die «Versuchung» sehr groß, Informationen immer wieder bildlich darzustellen (in neuerer Zeit erlangen durch Comics, Videos und Computerprogramme solche ikonographischen Darstellungen wieder größere Bedeutung). Der entscheidende Schritt bei der Entstehung der Schrift war die Kopplung unserer visuellen und auditiven Fähigkeiten, ein Schritt, der in den alten Schriftkulturen mehrfach gegangen wurde, und der sich besonders bei der Entwicklung der ägyptischen Hieroglyphen auch heute noch rekonstruieren lässt.

> Bitte betrachten Sie die **Abbildungen 23.3**: beim Aussprechen der Teilbilder (Ikonogramme) entstehen Lautgebilde, die zusammengesetzt eine völlig andere Bedeutung ergeben: Finger-Nagel, Hand-Schuh, Noten-Schlüssel.

Bei diesem als **Rebus-Schrift** bezeichneten Verfahren werden Bilder in Lautkomplexe umgewandelt, und erst diese repräsentieren gedankliche Einheiten, die mit dem Gedächtnis in Verbindung gebracht werden. Ikonogramme werden erst in Phonogramme umgewandelt, bevor sie unter Zuhilfenahme des Gedächtnisses dekodiert werden. Es handelt sich also um eine höhere **intermodale** Leistung, bei der zerebrale visuelle Zentren mit auditiven gekoppelt werden (wobei auch das motorische und sensorische Sprachzentrum, Gedächtnisfunktionen und die Parietalregion eine wesentliche Rolle spielen, wie unten noch gezeigt wird). Lesen (und im Gefolge auch das Schreiben) stellt also eine besondere Herausforderung an die Fähigkeit unseres Gehirns dar, unterschiedlichste Hirnareale intermodal zu verknüpfen.

> Die Befriedigung einer solchen Leistung kann man beim «Aha-Erlebnis» eines Erstklässlers sehen, wenn er beim «erkennenden Lesen» zunächst buchstabiert, und schließlich «schlagartig» den Sinn des gelesenen Wortes versteht.

Die Umwandlung von visuell-graphischer Information in **Phoneme** hat einen entscheidenden Vorteil: sie ermöglicht die Zerlegung in immer kleinere Komponenten und damit die Neukombination dieser Einzelelemente (Silben, später auch Buchstaben) zu immer komplexeren Neuschöpfungen. Dieses Prinzip der **Segmentierung** und Neukombination finden wir auf biologischer wie auch kultureller Ebene, beispielsweise bei der Motorik, bei der Sprache und bei den später noch zu behandelnden mathematischen Fähigkeiten: immer werden anfangs komplexe Einheiten in möglichst kleine Segmente zerteilt, die nun in großer Vielfalt neu synthetisiert werden können. Die Silbennatur des Summerischen ermöglichte es, kleine phonetische Einheiten darzustellen und miteinander zu verbinden. Durch Vor- und Nachsilben lässt sich beim gesprochenen, später auch beim geschriebenen Wort eine Vielfalt neuer Bedeutungen kodieren.

> Bspw. mit der Vorsilbe Ver-: Ver-lust, Ver-sagen, Ver-gessen usw., oder dem Suffix -los: freud-los, lieb-los, hoffnungs-los usw.

Weitere Segmentierung führte schließlich dazu, dass einzelne Laute, zunächst nur die Konsonanten, eigenständig dargestellt wurden. Bereits die Phönizier kannten ein 23 Zeichen umfassendes **Alphabet**, wobei sich z. B. der Hauchlaut «Alef» vom Begriff «Ochsen», das «Beth» vom «Haus», und das «Gamel» vom Begriff «Kamel» ableitete. Die Verwandtschaft hebräischer, griechischer und lateinischer Schriftzeichen mit dem phönizischen Alphabet ist offensichtlich (vgl. **Abb. 23.4**). Ob sich das phönizische Alef und das sich daraus entwickelnde A tatsächlich aus einem stilisierten Rinderkopf ableiten lässt, ist allerdings Spekulation.

Nachdem das anfangs nur aus Konsonanten bestehende Alphabet von den Griechen um die Vokale erweitert wurde, war das Ziel der **Schriftsprache** erreicht. Trotz mancher Verfeinerungen und Ausformungen hat sich bis heute daran prin-

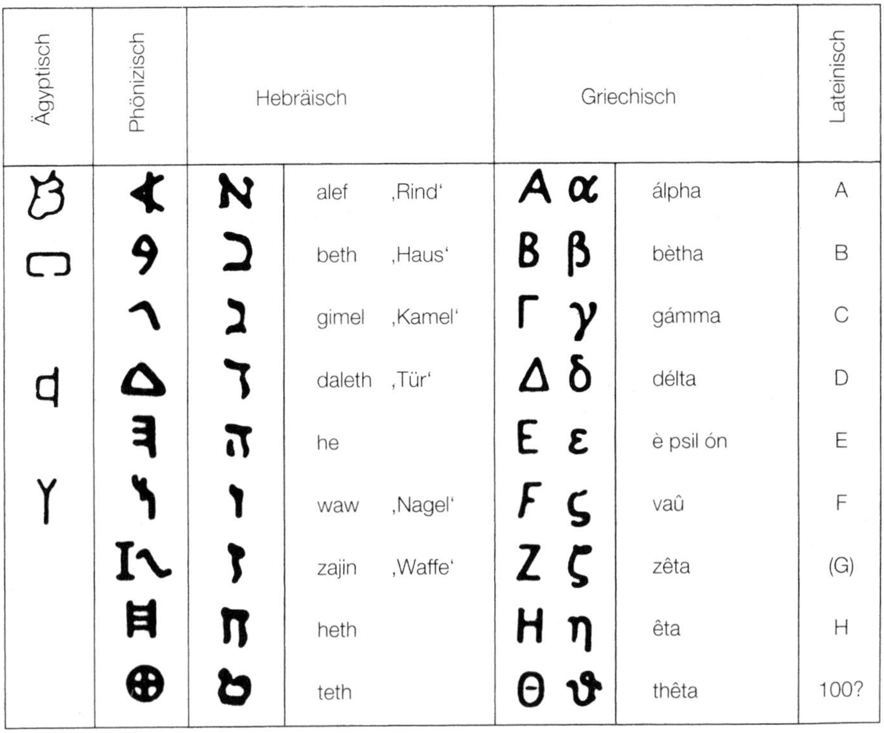

Lesen und Schreiben

Ägyptisch	Phönizisch	Hebräisch		Griechisch		Lateinisch
𓃾	𐤀	א	alef ‚Rind'	A α	álpha	A
⌂	𐤁	ב	beth ‚Haus'	B β	bètha	B
⌐	𐤂	ג	gimel ‚Kamel'	Γ γ	gámma	C
◁	𐤃	ד	daleth ‚Tür'	Δ δ	délta	D
	𐤄	ה	he	E ε	è psil ón	E
Y	𐤅	ו	waw ‚Nagel'	F ς	vaû	F
	𐤆	ז	zajin ‚Waffe'	Z ζ	zêta	(G)
	𐤇	ח	heth	H η	êta	H
⊕	𐤈	ט	teth	Θ ϑ	thêta	100?

Abbildung 23.4: Alphabet-Zeichen.

zipiell nichts geändert. Die Segmentierung und Kombinierbarkeit der Lautvarianten ermöglichte nun das Bilden aller denkbaren (und bisher noch nicht gedachten) Wortneuschöpfungen. Indem die Bilderschrift verlassen wurde, konnte auch in der Schriftsprache vom Anschaulichen abstrahiert werden. Jetzt konnten abstrakte Gedankengänge formuliert werden. Damit erreicht die Schrift den Status eines «Denkzeuges», das ähnlich wie die Sprache und die Mathematik den Menschen aus seinem bisherigen kognitiven Mesokosmos hinausführen kann. Die Weitergabe kultureller Fähigkeiten sowie der rasante technische Fortschritt beruhen nicht zuletzt auf den Möglichkeiten der Schriftsprache.

> Der Weg der schriftlichen Kodierung in Einzelelementen, die kombiniert werden können, wurde kulturhistorisch mehrfach gegangen: bei der Einführung der Notenschrift in der Musik, der Zahl in der Mathematik sowie in der modernen Computer- und Informationstechnologie.

Die hier kurz skizzierten kulturellen Entwicklungen wurden möglich, weil eine Reihe sehr unterschiedlicher funktioneller Großhirnareale synergistisch zusammenarbeiten können. Hierzu gehören zum einen das **sensorische Sprachzentrum** (Wernicke), mit dessen Hilfe sprachgebunden gedacht und Sprache verstanden werden kann. Zum anderen das **motorische Sprachzentrum** (Broca), das zum «Vorentwurf» artikulationsfähiger Wortmuster benötigt wird. (vgl. Kap. 23). Neben diesen vorwiegend linkshemisphärisch ausgebildeten Sprachzentren sind für das Erlernen des Lesens und Schreibens weitere Hirnzentren erforderlich: spezielle Zentren, die das geschriebene Wort aufnehmen und «erkennen» können – z. B. dass es sich um Buchstaben und nicht Klaviernoten handelt; auditive Zentren, die beispielsweise bei einem Diktat das gesprochene Wort verarbeiten, die aber auch notwendig sind, wenn beim Lesen eine visuelle Wortgestalt in ein Phonem umgewandelt wird. Für das Erkennen von Symbolen, auch visuelle Symbole in der räumlichen Lage, kommt dem **Gyrus angularis** (Brodtman-Areal 39) im Parietallappen der Großhirnrinde eine besondere Bedeutung zu (vgl. Kap. 3). Wie im Kapitel 24 (Mathematische und rechnerische Fähigkeiten) noch ausführlich gezeigt wird, ermöglicht uns dieses Hirnareal unter anderem das Erkennen der Bedeutung von Ziffern und Buchstaben. Alle bisher genannten funktionellen Hirnzentren stehen in Verbindung mit Gedächtnisstrukturen, mit deren Hilfe die Bedeutung eines gelesenen Wortes mit bereits Gelerntem abgeglichen wird. Die Zusammenarbeit unterschiedlichster Hirnareale im Dienste einer hochkomplexen Kulturtechnik stellt eine hohe intermodale Verknüpfungsleistung dar. Im folgenden soll auf Störungen solcher Leistungen eingegangen werden.

Unter **Dysgraphie** (in schweren Fällen Agraphie) wird eine Schreibstörung bzw. Schreibunfähigkeit verstanden, die infolge einer Hirnschädigung sekundär auftritt. Auch die **Dyslexie** (bwz. Alexie) bezeichnet die organische Störung einer zuvor bereits erworbenen Lesefähigkeit. Hiervon abzugrenzen sind Schwierigkeiten, die in der Regel als Lese und/oder Rechtschreibschwäche bezeichnet werden (LRS).

Von einer spezifischen **Lese-Rechtschreib-Schwäche** spricht man wenn bei durchschnittlicher intellektueller Begabung die Lese- und Rechtschreibleistungen signifikant von den Intelligenzleistungen abweichen (bei standarisierten Rechtschreibtests beispielsweise mindestens um eine Standardabweichung unter dem Mittelwert). Diese enge Definition hat allerdings Kritik erfahren (vgl. Sommer-Stumpenhorst, 1991), sofern sie als Begründung «missbraucht» wird, nur diesen Kindern eine gezielte Förderung zukommen zu lassen.

Erschwertes Lernen des Lesens und ungewöhnlich viele Rechtschreibfehler können auch Ausdruck geringer oder mangelhafter Förderung, Beziehungsstörungen zwischen Lehrer und Kind bzw. Eltern und Kind, emotionaler Schwierigkeiten oder sozio-ökonomischer Benachteiligungen und Belastungen sein (vgl. dazu die Ausführungen zur psychogenen Leistungsstörung in Kap. 24). Andererseits können auch Lernbehinderungen (also eine allgemein unterdurchschnittli-

Tabelle 23.1: Mögliche Reifungsverzögerungen bei Lese-Rechtschreib-Schwäche.

Reifungsverzögerungen, die einer Lese-Rechtschreib-Schwäche zugrunde liegen können.
1. Zentrale Sprachschwäche
2. Unfreie Raumwahrnehmung
3. Intermodale Störungen
4. Erschwerte Kodierung
5. Verminderte Erfassungsspanne
6. Seriale Störungen
7. Störungen bei der visuellen Figur-Hintergrund-Differenzierung
8. Visuelle Diskriminationsschwierigkeiten
9. Auditive Diskriminationsstörungen
10. Schwierigkeiten bei der Hypothesenbildung
11. Verminderte Kanalkapazität

che Begabung) sowie zerebral-motorische Störungen und (leichtere) Sinnesbehinderungen (Gehör, Sehvermögen) das Erlernen der Schriftsprache erschweren. Dies alles sind keine Lese-Rechtschreib-Schwächen im eigentlichen Sinne: eine spezifische LRS (manchmal noch als Legasthenie bezeichnet) wird meist als verzögerte Reifung spezifischer, für das Lesen und die Rechtschreibung notwendiger neuropsychologischer Funktionen (bei im übrigen normalen kognitivem Niveau) verstanden.

Das Verwechseln von Buchstaben, Wahrnehmungsfehler, Regelfehler und andere Schwierigkeiten, die weiter unten beschrieben werden, sind als «Übergangsphänomen» bei allen Erstklässlern zu beobachten – in unterschiedlichem Ausmaß. Kennzeichen einer LRS ist das Persistieren solcher Schwierigkeiten. Einer Einteilung von Steinhausen (1990) zufolge liegen bei 60 Prozent der Betroffenen Schwierigkeiten im sprachlich-linguistischen Bereich vor, so dass die korrekte Zuordnung von Phonemen und Graphemen (deren Wichtigkeit im kulturhistorischen Abschnitt dieses Kapitels beschrieben wurde) erschwert ist.

Bei etwa 10 bis 20 Prozent sollen Störungen der Sequenzbildung des verbalen Ausdrucks eine wesentliche Rolle spielen, während gestörte visuell-räumliche Fertigkeiten nur bei etwa 5 bis 10 Prozent von Bedeutung sind. Einen ersten Überblick über die Hirnfunktionen, die bei einer LRS (mehr oder weniger) gestört sein können, gibt die **Tabelle 23.1**. Solche «Störungen» kann man sich als Reifungsverzögerungen vorstellen, die unterschiedlich stark auf die komplexe Fähigkeit zu Schreiben oder zu Lesen Einfluss nehmen.

Dass ein normales Sprachvermögen eine wichtige Voraussetzung für die Fertigkeit des Lesens und Schreibens darstellt, leuchtet unmittelbar ein. Eine zentrale **Sprachschwäche**, oft, aber nicht notwendigerweise in Verbindung mit einer Dyslalie, wie sie in Kapitel 22 ausführlich beschrieben wurde, kann auch Störungen im Erwerb der Lese- und Schreibfähigkeit zur Folge haben.

Eine unreife **Raumwahrnehmung**, auf die in Kapitel 24 eingegangen wird, hat u. a. Rechts-Links-Vertauschungen (wie sie in der ersten Klasse noch normalerweise anzutreffen sind), zur Folge. So werden möglicherweise Buchstabenfolgen verwechselt (Leid-Lied, a/e, p/q).

Intermodale Störungen erschweren die eindeutige Zuordnung von Graphemen zu Phonemen, deren zentrale Bedeutung schon mehrfach hervorgehoben wurde. So mag ein Kind akustisch ein O von einem U oder A unterscheiden, auch kann es diese Buchstaben problemlos abschreiben. Verwechselt werden die Laute dann aber beim Lesen und Schreiben, so dass letztendlich der Übergang «Graphem-Phonem-semantische Bedeutung» gestört ist («Hase» statt «Hose»).

Eine gestörte **Kodierung** liegt vor, wenn bestimmten Abläufe nach mehrfachem Lernen nicht automatisiert werden können, sondern immer noch das volle Bewusstsein beanspruchen: z. B. dann, wenn ein Kind hohe Aufmerksamkeit seiner Feinmotorik beim Schreiben widmen muss, so dass nicht genug Kapazität für die Verarbeitung des diktierten Textes bleibt. Beim Erkennen von Worten spielen «halbautomatisierte» Erkennungsmuster eine wichtige Rolle: Beim Lesen teilen wir ökonomischerweise Wörter in Teilstrukturen auf (z. B. Vor- und Nachsilben wie ver-, -los, -ing usw.). Man nennt solche Buchstabengruppen, die sich visuell und auditiv gut einprägen lassen, **Chunks**. Durch eine solche Kodierung können mehr Informationen pro Zeiteinheit verarbeitet werden. Gibt es hier Schwierigkeiten, so muss ein Schüler sozusagen «Buchstaben für Buchstaben» auswendig lernen. Auch Fehler nach dem Muster «vereisen» anstatt «verreisen» können aus einer solchen mangelhaften Kodierung in Chunks resultieren. Auch kann eine Kodierungsstörung zu einer verminderten Erfassungsspanne führen, wenn Kinder einen viel höheren Grad von Aufmerksamkeit aufbringen müssen, um die nicht ökonomisch gebündelte Informationsmenge zu bewältigen: Sie werden dann oft als «konzentrationsgestört» klassifiziert, obwohl lediglich die Anforderungen an ihre Konzentration zu hoch sind.

Seriale Störungen sind nicht nur beim Rechnen (vgl. Kap. 24, dort findet sich eine ausführliche Beschreibung), sondern auch beim flüssigen Lesen und Schreiben von Bedeutung: Auch hier ist es notwendig, Buchstaben und Wortsequenzen in ihrer räumlich-zeitlichen Reihenfolge zu erfassen. Fehler wie «Lied» statt «Leid» können auch als Ausdruck serialer Störungen aufgefasst werden.

Schwierigkeiten in der **Figur-Hintergrund-Differenzierung** wurden bereits im Kapitel 17 (minimale zerebrale Dysfunktion) beschrieben. Solche grundlegenden Störungen können sich auch auf das Lesen und Schreiben auswirken und zu Diskriminierungsschwierigkeiten (Unterscheidungsschwierigkeiten) führen. Letztlich handelt es sich um die verminderte Fähigkeit, Einzelheiten zu einer sinnvollen Gestalt zusammenzufassen. Die Kinder bleiben bei unwesentlichen Details hängen und erkennen zu spät die «Gesamtbedeutung» des geschriebenen Wortes. Solche Diskriminierungsschwierigkeiten, die darin bestehen, dass Gesamtbedeutungen verkannt und unwesentliche Begleitinformationen überbewertet werden, treten auch bei Diktaten auf. Bei auditiven Diskriminierungsstörungen können Begleit- und Störgeräusche nur unzureichend «herausgefiltert» werden, so dass Phoneme letztlich nicht richtig erkannt werden.

> Flüstern Sie Ihrem Gegenüber einen Satz zu, während er akkustisch, optisch und taktil abgelenkt wird. Dies kann einen (zugegeben nur unzureichenden) Eindruck solcher Diskriminierungsschwierigkeiten vermitteln.

Ist die **Hypothesenbildung** erschwert, so fällt es schwer, zu kontrollieren, ob das Gelesene überhaupt einen Sinn hat – fehlerhaft Gelesenes zu erkennen und zu korrigieren wird zum Problem.

> Gerade die deutsche Sprache mit ihren langen grammatikalischen Verästelungen bietet hier besondere Schwierigkeiten, wie Mark Twain spöttisch anmerkt:
> «Ein durchschnittlicher Satz in einer deutschen Zeitung ... nimmt ein Viertel einer Spalte ein; ... er ist hauptsächlich aus zusammengesetzten Wörter aufgebaut... er handelt von 14 bis 15 verschiedenen Themen, die alle in ihrer eigenen Parenthese eingesperrt sind, und jeweils drei oder vier dieser Parenthesen werden hier und dort durch eine zusätzliche Parenthese abermals abgeschlossen, so das Pferche innerhalb von Pferchen entstehen; schließlich und endlich werden alle diese Parenthesen und Überparenthesen in einer Hauptparenthese zusammengefasst, die in der ersten Zeile des majestätischen Satzes anfängt und in der Mitte seiner letzten aufhört – und danach kommt das Verb, und man erfährt zum ersten Mal, wovon die ganze Zeit die Rede war; und nach dem Verb hängt der Schreiber noch «haben sind gewesen gehabt worden sein» oder etwas dergleichen an – rein zur Verzierung, soweit ich das ergründen konnte -, und das Monument ist fertig.»

Eine verminderte **Kanalkapazität** kann schließlich dazu führen, dass manche Schulkinder zwar orthographisch richtig zu schreiben in der Lage sind, wenn sie sich ausschließlich darauf konzentrieren, zu massiven Rechtschreibfehlern kommt es hingegen bei Aufsätzen, die Aufmerksamkeit für andere Gedankeninhalte absorbieren. Auch Fehleranhäufungen als Ausdruck von Ermüdungserscheinungen am Ende eines längeren Diktates können auf eine verminderte Kanalkapazität, also die Summe unserer sensorischen Aufnahme- und Verarbeitungsfähigkeit, hinweisen.

Bei Kindern mit LRS sind natürlich nicht zwangsläufig alle oben genannten Hirnfunktionen in ihrer Entwicklung verzögert – und nicht jede Verzögerung in diesen Bereichen führt zur Lese-Rechtschreib-Schwäche. Diese – zugegeben summarische – Darstellung soll auch weniger als Raster «bei der Ursachensuche» einer LRS dienen, sondern eher verdeutlichen, welche vielfältigen Hirnfunktionen notwendig sind, um das Lesen und Schreiben adäquat zu lernen. Zur diagnostischen Ab-

Tabelle 23.2: Diagnostische Testverfahren bei Lese-Rechtschreib-Schwäche.

Standardisierte Lese- und Rechtschreibtests	Diagnostischer Lesetest zur Frühförderung (DFL 1–2) Züricher Lesetest (ZT) Grundanforderungen Rechtschreibung (TGR 1/2) Deutscher Rechtschreibtest (DRT 2, 3, 4–5) Westermann-Rechtschreibtest (WRT 4–5, 6+)
Visuelle Wahrnehmung	Frostigs Entwicklungstest der visuellen Wahrnehmung (FEW)
Sprachentwicklung	Psycholinguistischer Entwicklungstest (PET) Heidelberger Sprachentwicklungstest (HSET)
Motorik	Lincoln-Oseretzky-Skala
Überprüfung der Intelligenz	Hamburg-Wechsler-Intelligenztest für Kinder–R. (HAWIK-R) Raven-Matrizen-Test (CMP)

klärung einer LRS können neben der schulischen Beobachtung, einer ausführlichen (auch nach psychosozialen Gesichtspunkten angelegten) Anamnese sowie einer kinderärztlichen bzw. neuropädiatrischen Untersuchung standarisierte Lese- und Rechtschreibetests, eine Überprüfung der kognitiven Leistungsfähigkeit sowie einige neuropsychologische Funktionstests durchgeführt werden. Eine Übersicht gibt die **Tabelle 23.2**.

Die Förderung und Therapie betroffener Kinder umfasst zum einen schulpädagogische Maßnahmen im Sinne innerer Differenzierung und Förderkurse, wobei unter Umständen auch eine Notenbefreiung für das Lesen oder die Rechtschreibung, eine Diktatbefreiung oder eine spezielle schulische Förderung sinnvoll ist. Darüber hinaus wird in der Regel eine gezielte Übungsbehandlung notwendig sein, die ein Lesetraining hinsichtlich Tempo und Textverständnis sowie ein Rechtschreibtraining mit Erarbeitung adäquater Strategien (u. a. Fehlerkontrolle) beinhaltet. Neben einer solchen, gezielt die gestörten Lese- und Rechtschreibfunktionen avisierenden pädagogischen Übungsbehandlung kann manchmal auch ein Training der grundlegenderen neuropsychologischen Funktionen nötig sein: Konzentration, Lautdiskrimination, sprachliche Kompetenz und die anderen oben skizzierten Teilfunktionen können gezielt geübt und mit dem Lese-Rechtschreibe-Vorgang verknüpft werden.

Weitergehende heilpädagogische Maßnahmen zielen auf eine Veränderung des Lernverhaltens, eine Steigerung des Selbstwertgefühls, einen Abbau von Leistungs-

und Erwartungsängsten, ein Überwinden der Misserfolgserlebnisse, eine Erhöhung der Frustrationstoleranz sowie gezielte Coping-(Problemlösungs-)Strategien ab. Der Elternberatung kommt eine besondere Bedeutung zu: Hier gilt es, die Eltern von dem Druck zu entlasten, ihr Kind sei «dumm, faul oder erziehungsschwierig» und ihnen Perspektiven zu eröffnen, wie sie das Kind mit seinen Teilleistungsschwierigkeiten so akzeptieren können, wie es ist. Dies setzt freilich auch voraus, dass man den (es sei noch einmal betont: normal intelligenten) Kindern auch eine normale Schullaufbahn ermöglicht.

Wenn aus einer Lese-Rechtschreib-Schwäche schwere Selbstwertprobleme, erhebliche soziale Schwierigkeiten (die bis zu dissozialen Tendenzen gehen können), psychosomatische Störungen (wie z. B. Einnässen), reaktive Depressionen oder ein generalisiertes Leistungsversagen resultieren, können psychotherapeutische Maßnahmen erforderlich sein, die in der Regel systemorientiert sind, also nicht nur das Kind, sondern auch seine Eltern, möglichst auch die Lehrer berücksichtigen.

Die hier nur skizzierten, mehrdimensionalen therapeutisch-pädagogischen Bemühungen sind sinnvoll, weil eine schwere Lese-Rechtschreibstörung weit reichende sekundäre soziale Folgen hat, obwohl es sich nur um eine isolierte Teilleistungsschwäche bei normaler Intelligenz handelt: Das Wort «Analphabet» stigmatisiert, die gesellschaftliche Partizipation wird bei schweren Störungen des Schreibens oder Lesens erheblich erschwert. Auch wenn in Zukunft Computergraphiken, Videos, Filme und Comics sowie die rechte Hemisphäre ansprechende Logos (vgl. Kap. 4) eine größere Rolle spielen: Weiterhin werden wesentliche Informationen und tradierte Kultur schriftlich weitergegeben – selbst wenn diese Schrift zum Teil elektronisch verarbeitet und nicht mehr gedruckt wird.

Fassen wir zusammen: Auf dem Boden zerebraler Teilfunktionen, die durch auditive, visuelle, sprachliche und motorische Großhirnzentren repräsentiert werden, und mit Hilfe der Fähigkeit des Gehirns, diese Zentren intermodal zu vernetzen, hat sich in einem Jahrtausende andauernden, kulturhistorischen Prozess die menschliche Fähigkeit zu Lesen und zu Schreiben entwickelt. Informationen können vom gegenständlichen Bild abstrahiert werden: Dies geschieht durch Schriftzeichen, Segmente, die beliebig zu kombinieren sind. Dadurch können auch hochkomplexe und abstrakte Sachverhalte schriftlich fixiert werden. Sie können über weite Räume (im Sinne von Nachrichten) und über zeitliche Distanzen (von Generation zu Generation), weitergeleitet werden. Das ist von höchster praktischer Bedeutung: Unsere heutige Zivilisation und Technik, das Funktionieren hochkomplexer Gesellschaften und die Weitergabe des sich immens entwickelnden menschlichen Wissens wäre ohne Schrift nicht möglich. Daneben haben wir in der Schrift (wie in der Sprache und der Mathematik auch) ein «Denkzeug», das uns zu abstrakteren kognitiven Leistungen befähigt und somit unsere Erkenntnismöglichkeiten ein wenig erweitern kann. Hierauf wird in Kapitel 28 näher eingegangen.

Überprüfen Sie Ihr Wissen!

23.1 Fragetyp C, Antwortkombinationsaufgabe

Welche der folgenden Aussagen sind richtig?

1. Die ältesten kulturhistorisch entstandenen schriftlichen Mitteilungen sind ikonographischer (bildlicher) Natur.
2. Bei den heutigen Schrifttypen werden während des Lesens Phoneme in Grapheme umgewandelt.
3. Die Fähigkeit, zu Lesen und zu Schreiben, setzt intermodal verknüpfte Hirnfunktionen voraus.
4. Bei einer spezifischen Lese-Rechtschreib-Schwäche ist das allgemeine Intelligenzniveau im Normbereich (oder darüber).
5. Bei einer Lese-Rechtschreib-Schwäche liegt immer auch eine zentrale Sprachschwäche vor.

a) Nur die Antworten 1, 2 und 3 sind richtig.

b) Nur die Antworten 1, 3 und 4 sind richtig.

c) Nur die Antworten 1, 2, 4 und 5 sind richtig.

d) Nur die Antworten 2, 3, 4 und 5 sind richtig.

e) Alle Antworten sind richtig.

23.2 Fragetyp D, Zuordnungsaufgabe

Bitte ordnen Sie die Beispiele 1–5 den neuropsychologischen Funktionsstörungen v–z zu.

1. Schwierigkeiten, die Vielzahl verwirrender «Striche und Bögen» einer Schrift auszumachen und zu unterscheiden
2. D und T, G und K werden beim Diktat nicht genau unterschieden.
3. a und e, b und p, 6 und 9 werden verwechselt.
4. Vor allem bei längerem Diktat treten vermehrt Fehler auf.
5. Ein Kind muss immer wieder Worte «Buchstabe für Buchstabe» mühsam sich einprägen.

v. Inversion (Vertauschung) bei unreifer Raumwahrnehmung

w. Visuelle Diskriminationsschwierigkeiten

x. Auditive Diskriminationsschwierigkeiten

y. Ermüdung bei verminderter Kanalkapazität

z. Erschwerte Kodierung

Eine der folgenden Kombinationen trifft zu. Welche?

a) 1x 2w 3v 4y 5z

b) 1y 2x 3w 4v 5z

c) 1w 2x 3v 4z 5y

d) 1w 2x 3v 4y 5z

e) 1w 2v 3y 4x 5z

Vertiefungsfrage

Welche Störungen sensorischer Verarbeitung und Integrationsleistung können einer Lese-Rechtschreib-Schwäche zu Grunde liegen?

Adressen

Bundesverband Legasthenie e.V., Königsstr. 32, 30175 Hannover
Landesverband Legasthenie Hessen e.V., Geschäftsstelle. Birkenweg 52a, 35435 Wettenberg. www.legasthenie.purespace.de

24. Die Welt wird berechenbar. Rechnerisch-mathematische Fähigkeiten und Dyskalkulie

Ein Kleinkind, das Steine vom Boden aufhebt und sie wieder fallen lässt oder Bonbons nimmt und sie wieder weglegt, erlebt dabei die Bedeutung von «oben und unten», von «nah und fern», «vorher und nachher», «viel und wenig», «alle und nichts mehr». Hierbei handelt es sich um wichtige Vorerfahrungen für das Erfassen von Raum, Zeit und Zahl. Das Erstaunen über ein zerrissenes Papier oder das umgeschüttete Glas Milch führt zu dem Wissen, dass Mengen ihre Form ändern können. Die Erkenntnis, das zwei 50-Pfennig-Stücke den gleichen Wert haben wie ein 1-DM-Stück, baut später hierauf auf (Beispiele in Anlehnung an M. Schmassmann).

Diese wenigen Beispiele mögen zunächst genügen, um zu zeigen, dass rechnerische Fähigkeiten und mathematisches Denken längst allgegenwärtig sind, bevor man sich (im Schulalter) bewusst mit Zahlen und mathematischen Operationen befasst, also ein Kodierungssystem einführt. Definiert man Mathematik als ein Herstellen von Beziehungen quantitativer und räumlicher Art (M. Schmassmann), so finden wir diese Fähigkeiten eben auch schon auf der in den Beispielen aufgezeigten Ebene.

38 + 9 = 47! Eigentlich ganz einfach.
Jedenfalls dann, wenn man weiß und berücksichtigt:
- dass in der Zahl 38 sowohl Zehner als auch Einer enthalten sind
- dass unser Stellenwertsystem von rechts nach links aufgebaut ist
- dass man zunächst die Einer addiert
- wobei aber der nächste Zehner überschritten wird
- dass man in diesem Fall die Ergänzung zu 10 sucht, wobei man die 9 in eine 2 und eine 7 zerlegt
- dass man nun die 7 als neuen Einer festhält und die aus der 8 und der 2 gebildete 10 den Zehnern zuschlägt
- wobei man natürlich die drei bereits vorhandenen Zehner nicht vergessen darf, um sie um einen Zehner aufzustocken und so zur 40 zu kommen
- die man mit dem neugefundenen Einer kombinieren muss, auf dass man das Ergebnis «47» erhält (Beispiel in Anlehnung an: Institut f. mathematisches Lernen (Hrsg.), 1987)

Bei dieser mathematischen Operation haben wir Beziehungen vom Konkretem **abstrahiert** (es geht nicht nur um die Verteilung von Bonbons, obwohl diese Anwendung möglich ist). Wir haben Mächtigkeiten, Mengen, in Zahlen ausgedrückt, wobei die Möglichkeit von Zahlen, Mächtigkeiten zu repräsentieren, als deren **kardinaler** Aspekt bezeichnet wird. Einen **ordinalen** Aspekt haben Zahlen, wenn sie Reihenfolgen bezeichnen (der Erste, der Zweite usw.). In unserem Dezimalsystem erfüllen die Zahlen sowohl ordinale als auch kardinale Funktionen: bei der Zahl 11 hat die zweite Ziffer eine andere Bedeutung als die erste.

Um zu verstehen, nach welchen Prinzipien Menschen die bisher nur angerissenen mathematischen Operationen entwickeln und erlernen, ist es hilfreich, sich das Entstehen rechnerischer und mathematischer Fähigkeiten in der uns bekannten Kulturgeschichte zu vergegenwärtigen. Gezählt wurde offensichtlich schon vor 30 000 Jahren: Die Einkerbungen auf den Knochen eines jungen Wolfes, angefertigt von eiszeitlichen Cro-Magnon-Menschen, zeigen die Fähigkeit der **Eins-zu-Eins-Zuordnung** (Abb. 24.1). Was gezählt wurde, wissen wir nicht, aber es wird mit Sicherheit von Bedeutung gewesen sein. Außerdem erkennt man bereits eine Fünferbündelung, wie wir sie (zufällig?) heute noch bei Stimmenauszählungen oder auf Bierdeckeln antreffen. Das **Zählen** und die Eins-zu-Eins-Zuordnung gehen über die intuitive Erfassung von Mächtigkeiten hinaus.

> Von Nomaden wird berichtet, dass sie, auch wenn sie in ihrer Kultur nicht über den Zahlenraum von 100 hinaus zu zählen gelernt haben, dennoch in der Lage sind, größere Mengen zu schätzen. Intuitiv können sie feststellen, dass ein Tier ihrer Herde fehlt. Auf diese, eher rechtshemisphärische Erfassung eines «Mächtigkeitseindrucks» wurde bereits in Kapitel 4 (rechts und links Gehirn) hingewiesen.

Die sensorische Isolierung eines Einzelelementes und die bewusste Zuwendung unserer Aufmerksamkeit zu ihm ist eine erste Voraussetzung für das Zählen. Die Erkenntnis, dass vergleichbare Einzelelemente identifiziert werden können, führt zunächst zum Paar, in einem weiteren Schritt zum Triplett. Hier beginnt das eigentliche Zählen.

Kleine Kinder neigen dazu, die Welt in «1, 2, viele» einzuteilen.

Es zeigt sich, dass sowohl kulturgeschichtlich als auch in der kindlichen Entwicklung beim Erlernen dieses Zählvorgangs die Finger zur Hilfe genommen werden.

> Menninger (in Klix) berichtet von einem Papua-Stamm, der Zahlen verschiedenen Körperteilen zuordnet: 1 (rechter Kleinfinger), 2, 3, 4 (Ringfinger, Mittelfinger, Zeigefinger), 5 (Daumen), 6 (Handgelenk), 7 (Ellenbogen) usw.

Das uns das Benutzen der «Hilfsmenge» der uns zur Verfügung stehenden Körperteile anthropologisch nahe liegt, sehen wir beim «Fingerrechnen» der Erstklässler. Darüber hinaus finden wir auch in unserer kulturellen Entwicklung Spuren dieses Werdegangs: Die **Bündelung** in Fünfer oder Zehner, wie wir sie nicht

Rechnerisch-mathematische Fähigkeiten **297**

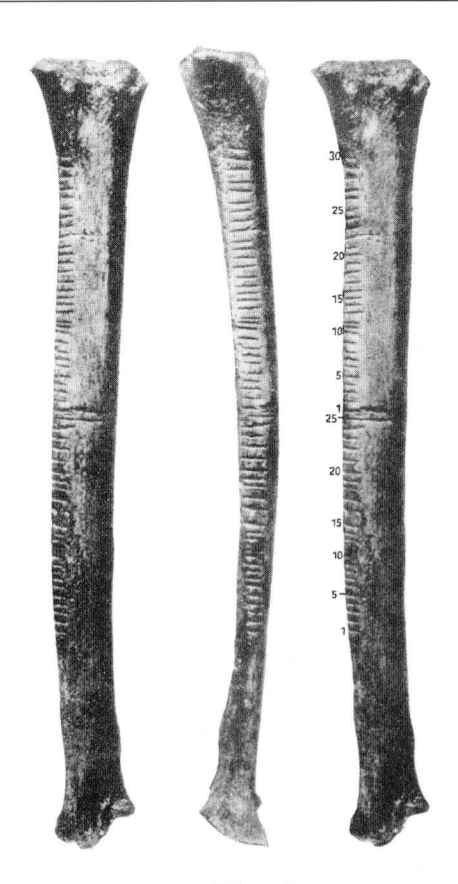

Abbildung 24.1: Einkerbungen auf einem Wolfsknochen vor etwa 30 000 Jahren.

erst auf Bierdeckeln, sondern schon in altindischen, altägyptischen oder römischen Ziffern wieder finden, ist eben nicht zufällig, sondern weist darauf hin, dass ursprünglich unsere fünf (oder zehn) Finger behilflich waren, Zahlenreihen zu bilden (vgl. **Abb. 24.2**). Auch die Zwanzig (10 Finger, 10 Zehen) scheint als Bündelungszäsur eine Bedeutung gehabt zu haben: die französische Bezeichnung für 80 (quatre-vingt, vier mal zwanzig) weist darauf hin.

Die Benennung der Zahlen ist ein weiterer, bedeutender Schritt auf dem Weg zur Mathematik. Dabei werden zunächst zählbaren Dingen Hilfsmengen zugeordnet: Für jedes zu tauschende Tier steht z.B. symbolisch eine Muschel, für jede Frucht ein Holzstäbchen, für jeden Krieger ein Pfeil. Mit diesen Hilfsmengen kann leichter operiert werden. Beim «Abzählen» werden nun Namen für die «Mächtigkeiten» gefunden: Die Zahlen werden benannt. Ursprünglich waren solche **Zahlenwörter** noch eng mit den zu zählenden Einzelelementen verbunden. Es fiel schwer, den durch die Zahl ausgedrückten Mengenbegriff vom gezählten Objekt

a)

//// //// ////
(Strichliste, drei Fünferbündel)

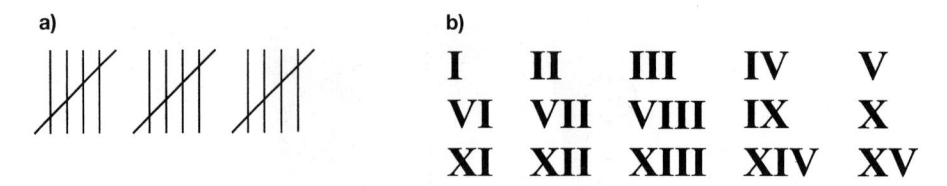

b)

I	II	III	IV	V
VI	VII	VIII	IX	X
XI	XII	XIII	XIV	XV

Abbildung 24.2: Das Prinzip der Bündelung. (a) Strichliste, (b) Römische Zahlen.

zu abstrahieren: Fünf Ochsen waren so augenscheinlich etwas anderes als 5 Reiskörner, dass zunächst unterschiedliche «Zahlwörter» gefunden wurden. Die für alle Fünferelemente zutreffende Bezeichnung «fünf», unabhängig davon, welche fünf Objekte gezählt wurden, ist bereits eine Abstraktionsleistung: Die zu zählenden Elemente werden nur noch nach ihrer Anzahl, nicht nach weiteren Eigenschaften kategorisiert.

Auf die archaischen, unterschiedlichen Zahlenworte weist auch unsere Sprache hin, vor allem bei den unterschiedlichen Bezeichnungen für «zwei»: wir sprechen von Zwillingen, einem Paar Schuhe oder einem Duett. Zwillingsschuhe gibt es nicht.

Einzelelemente können auf dieser Stufe rechnerischen Denkens identifiziert, gezählt und in ihrer Mächtigkeit benannt werden. Sie können aber auch getauscht oder verteilt werden: zunächst, indem man die realen Güter teilt, dann, indem man stattdessen die Hilfsmengen (z. B. Muscheln) teilt, schließlich als abstrakte Division im Kopfrechnen. Hinzutun und geben, wegnehmen und teilen sind notwendige Charakteristika des Tauschens, Handelns und sozialer Beziehungen, gleichzeitig aber auch die Grundlagen von Addition, Subtraktion und Division.

Einfachen Stammeskulturen konnte das zunächst genügen. Motorische Fähigkeiten bei der Jagd, dem Hausbau oder bei Kämpfen waren wichtiger als die Fortentwicklung mathematischer Fähigkeiten. Anders in den Stadtstaaten des vorderen Orients, die sich etwa seit 5000 v.Chr. entwickelten. Die Versorgung großer Menschenmengen, das Errichten gewaltiger Bauwerke und das Entstehen hochkomplexer Zivilisationen erforderte eine Verfeinerung des rechnerisch-mathematischen Repertoires.

Eine Pyramide kann nur bauen lassen, wer die Menge des benötigten Materials, die notwendige Beschaffenheit der Transportmittel, die einzusetzenden Arbeitskräfte, aber auch deren Verpflegung mit Bier, Getreide usw. über lange Zeiträume hinweg im Voraus berechnen kann. Das Einziehen von Steuern, das Verteilen von Konsumgütern, das Aufrechnen von Schulden und das Registrieren von hochdifferenziertem, unterschiedlichem Besitz erforderte mehr als das Zählen.

Klix nennt drei Triebkräfte bei der kulturellen Entwicklung rechnerischer Fähigkeiten: zum einen die oben genannte soziale Komplexität, die neue Dimensionen

Rechnerisch-mathematische Fähigkeiten **299**

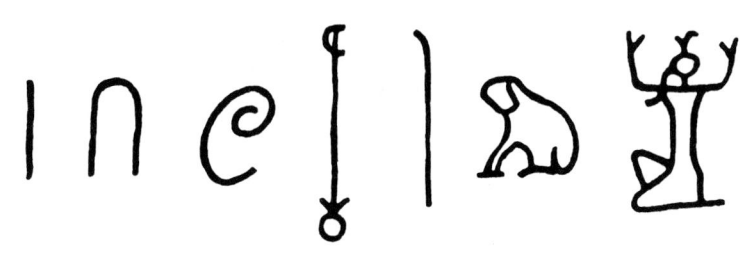

Abbildung 24.3: Ägyptische Zahlzeichen.

der «Berechnung» erforderte. Zum anderen die nun einsetzende Naturbeobachtung, wodurch periodisch wiederkehrende Ereignisse vorhersehbar und damit berechenbar wurden.

> Wer vorhersehen konnte, wann die Frühjahrsüberschwemmung des Nildeltas einsetzt, konnte die notwendigen agrar- und bewässerungstechnischen Schritte zeitgerecht planen. Wer den Verlauf der Gestirne errechnen konnte, konnte sich nicht nur orientieren und Seefahrt treiben, sondern auch die Jahreszeiten einschätzen. Die Berechenbarkeit von Naturereignissen verhalf zu Macht und sozialem Ansehen.

Ein drittes Moment scheint der Spaß am Umgang mit der Mathematik selbst gewesen zu sein: Das «Denkzeug» Mathematik ist sowohl Mittel zur Erkenntnis als auch Erkenntnisobjekt selbst.

Sollten mathematische Operationen über einfache Rechenschritte hinausgehen, mussten Zahlen nicht nur benannt, sondern auch graphisch dargestellt, geschrieben werden. Die Kombination von rechnerischen Fähigkeiten und schriftlichen Elementen (und damit eine weitere Vervielfältigung intermodaler Fähigkeiten, denn nun werden Auge und Gehör, Motorik und Tastsinn sowie viele damit befasste Hirnareale gekoppelt) schuf die Basis für komplexere Rechenoperationen. In der **Abbildung 24.3** sieht man ägyptische **Zahlensymbole**: Einer wurden als Strich dargestellt, Tausender (vierte Position von links) als Lotosblüte, Zehntausend als Schilfkolben und Hunderttausend als Frosch – offensichtlich hatten die Menschen im alten Ägypten wahre Froschplagen zu erdulden.

> Die **Abbildung 24.4** zeigt die Zahl «2246» in ägyptischen Symbolen geschrieben, wobei die Zahlzeichen über- und aneinander gereiht sind und addiert werden müssen; ihre Stellung spielt also noch keine Rolle.

Das Prinzip der Bündelung ist, so sieht man, weiter fortgeschritten. Offensichtlich ausgehend von den zehn Fingern der Hand, erkannte man, dass sich nicht nur zehn Einzelelemente bündeln lassen, sondern dass auch ein Bündel (bestehend aus zehn Elementen) gezählt werden kann: Zwei Bündel ergeben zwanzig, vier Bündel ergeben vierzig usw. Nun muss man für eine Zehner-Einheit (ein Bündel) ein neues Symbol finden – wie oben dargestellt. Hat man dieses Prinzip erst ein-

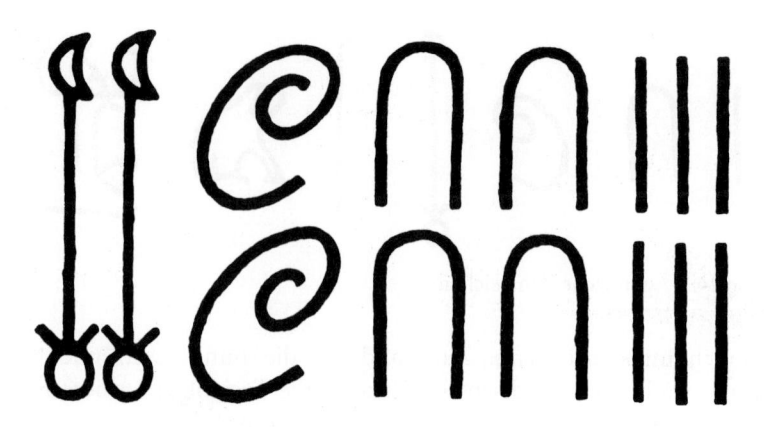

Abbildung 24.4: Die Zahl «2246» in ägyptischen Symbolen.

mal erkannt, so kann man natürlich in Hundertern, Tausendern und weiteren Schritten bündeln und zählen – von nun an ist man prinzipiell in der Lage, auch mit großen Mengen zu operieren. Die kognitive Leistung besteht darin, das Prinzip der Bündelung auf die nächsthöhere Kategorie, also das Bündel selbst, anzuwenden.

Die am Anfang noch ikonograpisch-bildliche Zahlendarstellung hat den Nachteil, dass das Operieren mit solchen Zeichen letztlich immer nur auf «Zusammenzählen, Wegnehmen und Verdoppeln» hinaus lief. Über die außerordentlich raffinierten Algorithmen, die es den Schreibern des alten Ägyptens erlaubten, mit diesen einfachen mentalen Konstrukten komplizierte Rechenoperationen durchzuführen, geht Klix in seinem spannend geschriebenen Buch «Erwachendes Denken» ausführlich ein. Erst mit dem Einführen **abstrakter Zahlen** und insbesondere der **Null** konnte das Rechnen soweit abstrahiert und automatisiert werden, dass nun neben den vier Grundrechenarten auch alle Folgeoperationen, die im heutigen höheren Mathematikunterricht angewandt werden, durchführbar waren. In Europa etablierte sich die aus Arabien kommende Ziffer «0» erst im Mittelalter. Wie Grundschullehrer wissen, ist es schwierig, die besonderen kardinalen und ordinalen Aspekte der Null wirklich zu «begreifen»: Warum ist $1 + 0 = 1$, 1×0 aber $= 0$? Wenn der Mächtigkeitsaspekt der Null nicht wirklich begriffen wurde, kann dies nur auswendig gelernt werden, und Schüler haben in späteren Schuljahren, wo das Auswendiglernen von Rechenergebnissen an Grenzen stößt, erhebliche Schwierigkeiten. Und zum ordinalen Aspekt: Wer den Unterschied zwischen 1001 und 1100 begreifen will, muss verstanden haben, dass die Null, obwohl ein «Nichts», für die ordinale Funktion erhebliche Bedeutung hat.

Die Möglichkeiten, die sich dem rechnenden Menschen erschlossen, waren von großer kultureller und technischer Tragweite. Sie erlaubten es, in ganz neue

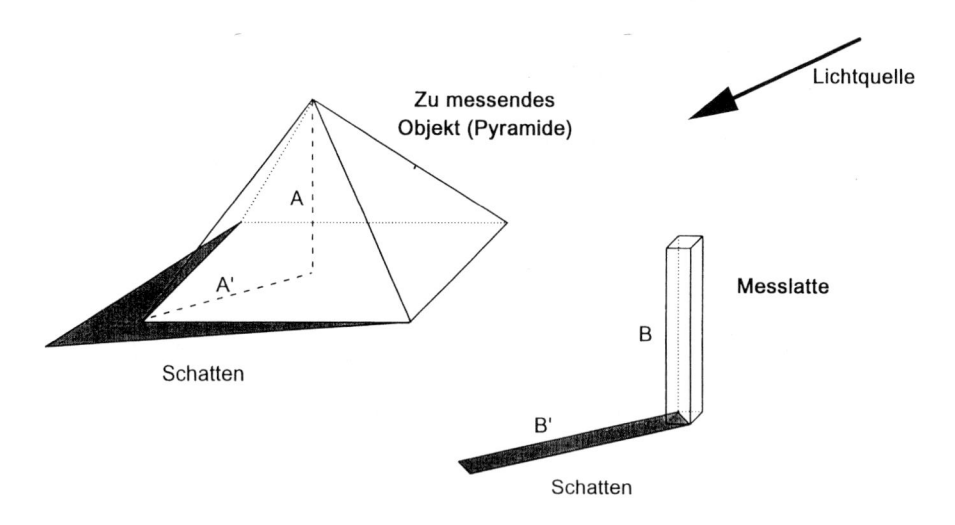

Abbildung 24.5: Schematische Darstellung der Höhenmessung nach Thales: Die Länge des Messstabes B verhält sich zu dessen Schatten B' wie die zu messende Höhe der Pyramide A zu deren Schatten A'.

Dimensionen des Denkens vorzustoßen (im letzten Kapitel dieses Buches wird noch darauf eingegangen, dass Mathematik, Sprache und Schrift die «Denkzeuge» sind, die es uns ermöglichen, wenigstens ein bisschen unseren kognitiven Mesokosmos zu übersteigen).

Wenn ich mir vornehme, einen bestimmten Weg zu gehen und den benötigten Proviant dafür zusammenzustellen, so löse ich ein spezielles Problem.

Etwas anderes ist es, für ganze Familien oder für sehr unterschiedliche Zeiträume Proviant zusammenzustellen. Habe ich die hierzu nötigen mathematischen Denkleistungen vom Konkreten abstrahiert, so bin ich schließlich in der Lage, grundsätzlich, für viele sehr unterschiedliche Situationen, Berechnungen nach dem gleichen Schema auszuführen. Ob ich den Getreidevorrat eines Volkes für ein Jahr oder den Reiseproviant einer Familie für fünf Tage zusammenstelle – der Rechenweg ist derselbe.

Damit erhält das Denken eine neue Dimension: Nicht nur ein konkretes Problem wird erfasst, sondern eine «Klasse von Problemen», für die es prinzipiell die gleichen Lösungswege gibt. Diese auf Analogie und Abstraktion beruhende kognitive Leistung findet sich auch bei der Thales von Milet zugeschriebenen Lösung, die Höhe einer Pyramide zu messen (**Abb. 24.5**):

Wenn der Schatten des Stabes genau so lang oder x-mal so lang ist wie der Stab hoch, dann entspricht auch der Schatten der Pyramide ihrer Höhe bzw. dem x-fachen ihrer Höhe. Oder, als mathematische Relation ausgedrückt: $A = A' \times B/B'$.

Mit diesem mathematischen Vorgehen lassen sich eben nicht nur Pyramiden, sondern viele andere unzugängliche Objekte oder Entfernungen vermessen.

Welches sind die zerebralen Voraussetzungen, die der Menschheit diese eben skizzierten kulturellen Entwicklungen im Bereich der Mathematik ermöglichen? Wie andere höhere kognitive Funktionen, z. B. das Sprechen oder das Schreiben, resultieren auch rechnerische Fähigkeiten aus dem Zusammenwirken unterschiedlichster neuronaler «Assemblies» und damit differenzierter funktioneller Einheiten unseres Gehirns. Eine besondere Bedeutung scheint dabei der **Parietallappen** (Scheitellappen) mit seinem **Gyrus angularis** (Brodtman-Areal 39, vgl. Abb. 3.1 und 3.2, Kap. 3) zu haben. Diese Struktur ist entwicklungsgeschichtlich deutlich jünger als die sie umgebende sensorische Hirnrinde davor und die visuelle Hirnrinde im Hinterhauptslappen. Diese beiden ursprünglich zusammenhängenden Strukturen sind in einer nach Jahrmillionen zählenden Zeitspanne auseinandergedriftet, und an ihren Schnittpunkten entstanden die neuronalen Zentren des Parietallappens. Was ist von einem solchen Areal zu erwarten, dessen «Paten» einerseits Zentren zur Körperwahrnehmung, andererseits solche zur visuellen Wahrnehmung sind? In der sensorischen Hirnrinde werden die taktilen Eindrücke über den eigenen Körper verarbeitet: Es entsteht eine Repräsentation unserer taktilen Wahrnehmung (vgl. auch das Bild des «Homunculus» in Abb. 9.3, Kap. 9). Die visuellen Areale des Hinterhauptlappens ermöglichen demgegenüber eine visuelle Rekonstruktion der Außenwelt (vgl. Kap. 12). Während uns also mit Hilfe der somatosensorischen Hirnrinde die Stellung unserer Gliedmaßen zueinander und der Ablauf unserer Bewegungen bewusst werden kann, ermöglicht ein Zusammenspiel dieser neuronalen Verbände mit denen der visuellen Hirnrinde einen Vergleich unserer Körperbewegung in Bezug zur visuell erlebten Außenwelt. Die Kombination beider Systeme ermöglicht also das Vorstellen von **Raum**. Während die Dimension «oben und unten» durch Schwerkraft und Vestibularorgan (vgl. Kap. 8) erfahren wird und auch die Dimension «vorne und hinten» aus der Erfahrung von Bewegung resultiert, ist die dritte Dimension, dargestellt durch den Gegensatz «rechts und links», erst durch komplexe intermodale Verknüpfungsleistungen von somatosensorischer und visueller Hirnrinde möglich. An der Schnittstelle dieser Zentren bildeten sich neue Zellverbände, insbesondere der Gyrus angularis des Schläfenlappens. Vor allem in der dominanten, meist linken Hemisphäre dient er nicht nur der rechts-links-Unterscheidung, sondern ermöglicht auch das bewusste Erleben eines **Körperschemas**: Bei seiner Schädigung können Gliedmaßen als «fremde Gegenstände» empfunden werden, z. B. der Arm als auf der Brust liegende Eisenstange. Auch bei der dreidimensionalen Raumvorstellung hat die Parietalrinde, die eng mit somatosensorischer und visueller Rinde verknüpft ist, eine wichtige Bedeutung. Und schließlich sind auch das Erkennen von Buchstaben und Zahlen (Symbolverständnis), das Zählen und rechnerische Operationen auf einen funktionsfähigen Gyrus angularis angewiesen.

Das «Gerstmann-Syndrom», eine erworbene Schädigung des Gyrus angularis, zeigt sich charakteristischerweise in der Unfähigkeit, rechts von links zu unterscheiden, im Verwechseln der Finger der eigenen Hände (wenn sie keine Ringe tragen) sowie in massiven Störungen beim Kopfrechnen. Solche Patienten haben große Schwierigkeiten, beim Blick auf eine Uhr festzustellen, ob es fünf vor oder fünf nach zwölf ist. Das Zurechtfinden mit Hilfe eines Stadtplanes ist gänzlich unmöglich.

Die Fähigkeit zur Orientierung im Raum, zu geometrischem Verständnis sowie für rechnerische und mathematische Operationen sind offensichtlich verwandter Natur. Sie werden ermöglicht durch Aktivitäten der somatosomatischen, visuellen und vor allem der parietalen Hirnrinde. Dem Gyrus angularis kommt offensichtlich eine integrierende Funktion zu.

Unsere Sprache verrät noch diese Zusammenhänge: Wenn wir uns etwas «vorstellen» oder etwas «begreifen», oder wenn wir etwas «einsehen», nehmen wir Bezug auf diese unterschiedlichen Wahrnehmungsqualitäten, meinen aber jeweils einen Vorgang des abstrakten Problemlösens.

Auch «Operationen auf dem Zahlenstrahl» werden, wenn man sie bewusst zu beschreiben versucht, oft räumlich geschildert: Beschreiben Sie einmal anschaulich die Lösung der Aufgabe «73-4»!

Mathematik im Sinne eines Herstellens von Beziehungen quantitativer und räumlicher Art beruht auf Fähigkeiten, die sich in einem Jahrtausende dauernden historischen Prozess kulturell entwickelt haben, und zwar auf dem Boden intermodal verknüpfter und integrativ zusammenarbeitender Hirnstrukturen bzw. Funktionseinheiten, die im Laufe von Millionen Jahren entstanden sind – zunächst «nur» im Dienste der räumlichen Orientierung.

Den oben skizzierten kulturellen Prozess durchlaufen unsere Kinder in der Regel in den vier Grundschuljahren. Dabei kommt es mitunter zu Schwierigkeiten. Noch bis vor etwa 20 Jahren dachte man, dass massive Rechenschwierigkeiten meist Ausdruck einer allgemeinen intellektuellen Leistungsminderung (Lernbehinderung) seien. Inzwischen wird die **Dyskalkulie** (spezifische Rechenstörung) als Teilleistungsstörung angesehen, wenn bei sonst durchschnittlichem Begabungsniveau und -profil deutliche («einbruchartige») Defizite im mathematisch-rechnerischen Bereich vorliegen. (Die Definition: «Werte unter einer Standardabweichung/Prozentrang 15 in einem spezifischen Rechentest bei sonst durchschnittlicher Intelligenz» ist, analog zur Diskussion bei der Lese-Rechtschreib-Schwäche, allerdings nicht unumstritten). Während man mit «Dyskalkulie» eine unten noch weiter zu beschreibende spezifische Rechenschwäche meint, bezeichnet man ein erworbenes Defizit mathematischer Fähigkeiten nach Hirntrauma als **Akalkulie**

Die Welt begreifen. Komplexe kognitive Funktionen

Mängel des rechnerischen Repertoires
z. B. pädagogische Mängel, fehlendes Vorwissen

Schwächen in den kognitiven Stützfunktionen der Intelligenz

Emotionale Schwierigkeiten
z.B. gestörte Leistungsmotivation, Angst, Depression

Auditive Kurzspeicherungsschwäche bei Zahlen

Schwächen im zentralen Intelligenzbereich
Konkret-logische Strukturierungsschwäche,
Bleiben beim Konkreten,
Schwierigkeiten beim Transfer

Visuelle Durchgliederungs- und Speicherschwäche

Erschwertes Sprachverständnis

Kulturtechnische störfaktoren
z. B. Lese- und Dekodierschwäche,
Störungen der Schreibmotorik,
Richtungsstörungen beim Zählen, Lesen und Schreiben

Schwierigkeiten bei assoziativer Verknüpfung

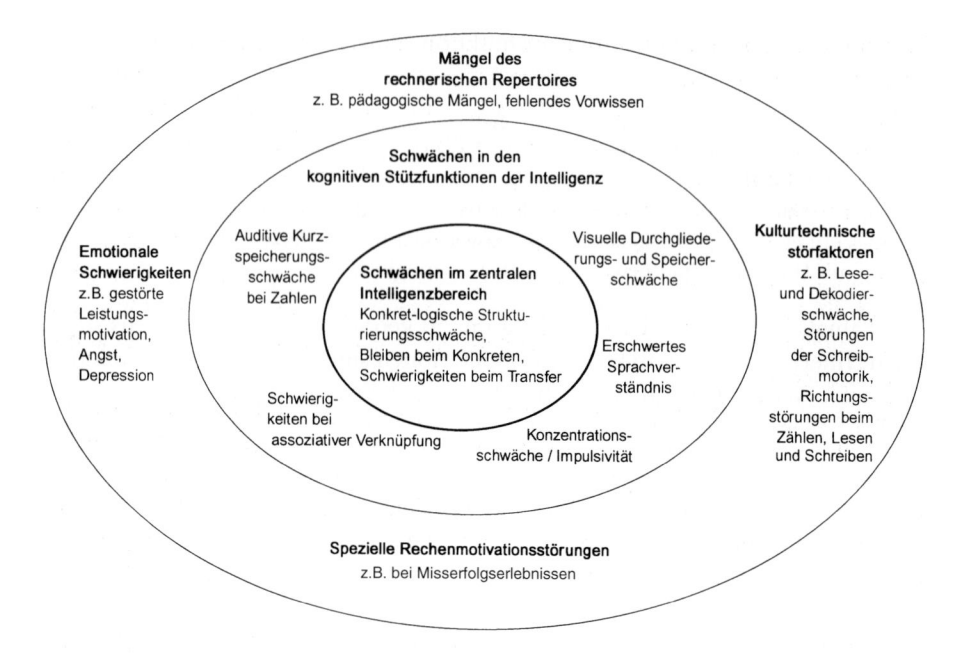

Konzentrationsschwäche / Impulsivität

Spezielle Rechenmotivationsstörungen
z.B. bei Misserfolgserlebnissen

Abbildung 24.6: Ursachen von Rechenstörungen.

(«-kalkulie» leitet sich ab von dem lateinischen Wort «calcus» = Spielwürfel aus Kalkstein).

Dass ein Mensch mit dem Rechnen Schwierigkeiten hat, kann viele verschiedene (Teil)-Ursachen auf unterschiedlichen Ebenen haben. Nur ein Teil davon kann auf eine Dyskalkulie im eigentlichen Sinne zurückgeführt werden. In dem von Grissemann und Weber vorgeschlagenen Schema (vgl. **Abb. 24.6**) finden sich drei Ebenen im Bedingungsgefüge für eine Rechenschwäche. Im äußeren Bereich handelt es sich um **Rahmenbedingungen des Rechnens** kultureller und psychosozialer Art, die zwar zu Rechenstörungen führen bzw. sie verstärken können, aber nicht im eigentlichen Sinne als Ursache einer Dyskalkulie anzusehen sind. So mag es elterliche Vorurteile («Mathematik ist einfach unverständlich») geben, die im Sinne einer Delegation tradiert werden: Kinderpsychiater sprechen vom «Schneewittchen-Komplex», wenn sich Kinder nicht erlauben, bessere Leistungen als ihre Eltern zu zeigen. Auch das Gegenteil ist denkbar: Übersteigerte Erwartungen in die Leistungsfähigkeit des Sprösslings können zu elterlichem Druck und ängstlicher Verspannung beim Kind führen, was sekundär partielle Lernstörungen zur Folge haben kann. Manchmal lassen sich im Hintergrund von Rechenstörungen Anpassungsstörungen, soziale und leistungsbezogene Schulängste oder Schulphobien finden, wobei hier Angst vor der Schule geäußert wird, die Angst vor elterlichem Verlassenwerden aber eine unbewusste Triebfeder darstellt. Auch Entwicklungskrisen in der Adoleszenz mit heftigem Protestverhalten, krisenhaften Leistungseinbrüchen oder Leistungsverweigerungen und Erschütterungen des Selbstwertgefühls können mitunter mit Lernschwierigkeiten korrelieren. Ähnliches gilt grundsätzlich für emotionale Störungen bei Vernachlässigung (Deprivation), Depression und Dissozialität. Auch eine gestörte Einstellung der Eltern der Schule gegenüber kann sich über Kommunikationsstörungen mit Kind und Lehrer negativ auf die Lernleistungen auswirken. Schließlich gibt es didaktogene Störungen, wenn es Lehrern nicht gelingt, mathematische Operationen individuell verständlich zu machen.

Erschwerend kann hinzu kommen, dass in der Mathematik eins auf dem anderen aufbaut. Während man in Fächern wie beispielsweise Geschichte die «Chance» hat, sich trotz Wissenslücken in der Geschichte des Altertums in der der Neuzeit gut auszukennen, ist dies in der Mathematik nicht so ohne weiteres möglich: Wer bereits bei Addition und Multiplikation Schwierigkeiten hat, wird die Potenzrechnung nicht verstehen können. Wer im Zahlenraum bis 20 alle denkbaren Rechenoperationen auswendig lernen musste, wird mit dieser «Problemlösungsmethode» bei größeren Zahlenräumen an unüberwindliche Grenzen stoßen. Rechenschwierigkeiten treten also häufig erst zu einem Zeitpunkt auf, wo der Schüler bereits «den Grund unter dem Boden verloren hat».

Im mittleren Bereich des in Abbildung 24.6 dargestellten Schemas finden sich Schwächen in den **kognitiven Stützfunktionen** der Intelligenz: Schwächen also, die sich negativ auf das mathematische Operationsvermögen auswirken können, aber nicht zum Kernbereich einer Dyskalkulie gehören. Eine auditive Kurzspeicherungsschwäche im Zahlenbereich kann z. B. zu Schwierigkeiten im Kopfrechnen führen, wenn Zwischenergebnisse auch kurzfristig nicht «behalten werden können». Eine zentrale Sprachverständnis-Schwäche ist keine Störung des rechnerischen Denkens, kann aber zum erschwerten Erfassen von Textaufgaben führen. Konzentrationsschwäche und Impulsivität, wie sie im Rahmen eines hyperkinetischen Syndroms (vgl. Kap. 17) auftreten können, sind ebenfalls als flankierende Störungen zu verstehen. Ähnliches gilt für visuelle Gliederungs- und Speicherschwächen, Störungen der Gestalterfassung und solche der Figur-Hintergrund-Differenzierung, die unter anderem zu Schwierigkeiten bei geometrischen Aufgaben führen. Eine verminderte Erfassungsspanne liegt vor, wenn am Ende des Grundschulalters 5 bis 7 Einzelelemente nicht erfasst werden können.

> Wenn man ein dreijähriges Kind bittet, aus der Küche zwei Gläser, drei Gabeln, vier Löffel und die Marmelade zu holen, so wird es die Hälfte des Auftrages vergessen. Bei Ausreifung des Gehirns sind wir in der Lage, bis zu sieben Einzelelemente kurzfristig zu erfassen und zu speichern, wobei wir größere Informationseinheiten wie z. B. Telefonnummern in Untereinheiten bündeln können.

Eine verminderte Erfassungsspanne kann sich z. B. negativ auf die Fähigkeiten im Kopfrechnen auswirken, ohne dass eine Dyskalkulie im eigentlichen Sinne vorliegt.

Bei einer **Dyskalkulie im engeren Sinne** (die maximal bei 2 Prozent aller Schüler auftritt) kommt es zu Störungen in der Zahlenvorstellung und Mengenkonstanz, zu Verzögerungen im Abstraktionsvermögen, zu einer defizitären Raumvorstellung sowie zu serialen Schwierigkeiten.

Bereits Kindergartenkinder verstehen, was es bedeutet, wenn man drei Bonbons hat und zwei abgeben muss. Mit Mengen können sie am Ende der Kindergartenzeit so operieren, dass ihnen klar ist, dass eine Mark mehr wert ist als drei Groschen.

Die Vorstellung von Mächtigkeiten und Mengen entwickelt sich, wie oben gezeigt, in der **intermodalen Verknüpfung** unterschiedlichster Sinnesbereiche. Treten hier Störungen auf, so lernt das Kind zwar sprachlich (auswendig), dass drei plus zwei fünf ergibt, ohne damit jedoch in der inneren Anschauung Mengen und Mächtigkeiten zu verbinden. Was sich in diesem niedrigen Zahlenbereich noch auswendig lernen lässt, führt bei größeren Mengenoperationen zu drastischen Schwierigkeiten, weil die Grundlagen fehlen.

Möglicherweise können solche intermodalen Schwächen auch durch die neueren Fernsehgewohnheiten negativ beeinflusst werden: Wer die Welt vorwiegend – auch durch noch so gut gemachte – Fernsehsendungen, d. h. vorwiegend visuell erfährt, anstatt Mengen zu fühlen, zu zählen, motorisch-handelnd mit ihnen umzugehen, kann möglicherweise, da einseitig visuell gefordert, intermodale Schwierigkeiten bekommen.

Auch in der **Eins-zu-Eins-Zuordnung** können Schwierigkeiten auftauchen, so dass beispielsweise ein Kind nicht die gleiche Anzahl von Tassen und Tellern aufdecken, im Takt klatschen oder die Anzahl der Würfelaugen auf die zu gehenden Schritte im «Mensch-ärgere-dich-nicht»-Spiel übertragen kann.

Eine verzögerte Reifung des **Abstraktionsvermögens** kann dazu führen, dass das Rechnen länger als in der Grundschule vorgesehen im Konkreten bleibt. Im niedrigen Zahlenraum, insbesondere unter zu Hilfenahme der Finger, kommt das Kind zurecht, aber es fällt ihm schwer, von konkret zu zählenden Objekten zu abstrahieren und das zugrunde liegende Prinzip zu erkennen – eine auch kulturhistorisch erst spät erworbene Fähigkeit (siehe oben). Solche Schwierigkeiten im Abstraktionsvermögen erschweren auch das Verständnis von Operationssymbolen (–, +, :, x), so dass mitunter bereits die Aufgabenstellung nicht richtig verstanden wird.

Auf die Wichtigkeit der **Raumvorstellung** für mathematische Operationen wurde bereits mehrfach hingewiesen. Ist diese gestört, fällt es schwer, sich vorzustellen, dass eine Eins sechsmal «in einer Sechs Platz hat»: An Legosteinen lässt sich dies üben. Es fällt schwer, Unterschiede in Größe, Form, Menge und Länge zu erfassen. Aber auch Inversionen und Reversionen (6/9, 23/32) können durch Raumerfassungsschwierigkeiten mitbedingt sein.

Schließlich spielen **seriale Störungen**, die bereits bei den Abhandlungen über MCD (vgl. Kap. 17) und LRS (vgl. Kap. 23) beschrieben wurden, bei der Entstehung einer Dyskalkulie eine Rolle. Wenn eine bestimmte Reihenfolge von Rechenoperationen nicht logisch verstanden und strukturiert wird, müssen Kinder automatisieren, ohne die logische Abfolge einer solchen Operation wirklich begriffen zu haben. Aber bereits bei der Darstellung von Einern, Zehnern und Hundertern sind seriale Fähigkeiten notwendig. Störungen in diesem Bereich führen oft zu Fehlern der Art «324» statt «342». Sind neben serialen Störungen noch Probleme im Verständnis von größeren oder kleineren Mengen sowie über die Bedeutung der Null vorhanden, so können Kinder den Unterschied zwischen «1100» und «1001» nicht begreifen (s.o.).

Bei der speziellen Förderung von Kindern mit Teilleistungsstörungen im mathematischen Bereich geht es zunächst darum, gezielt nach Fehlermustern zu suchen.

> Ein Kind, dass 243 x 2 = 486, aber 302 x 3 = 936 rechnet, hat die Grundprinzipien der Multiplikation, nicht aber die kardinale und ordinale Bedeutung der Null verstanden.

Die zugrunde liegenden Schwierigkeiten bzw. Störungen liegen in der Regel eine oder mehrere Ebenen unter der Manifestationsebene. Längere Zeit «behelfen» sich Kinder mit Lösungsstrategien, die vorübergehend nicht auffallen, bei komplexeren Aufgaben aber zum Misserfolg führen. Die eigentliche Verständnisstörung liegt dann in der Regel tiefer. Dies muss eine gezielte Pädagogik berücksichtigen: Sie setzt an, wo wirkliches Verständnis durch automatisiertes Lernen ersetzt wurde. Das kann im einen Fall bedeuten, Grundregeln einfacher rechnerischer Operationen noch einmal im Konkreten erfahren zu lassen, in einem anderen Fall ist es vielleicht «nur» notwendig, einzelne, aber grundlegende Missverständnisse auszuräumen, und in einem dritten Fall müssen vielleicht basale Störungen bei der intermodalen Verknüpfung durch gezielte heilpädagogische Maßnahmen gefördert werden. Natürlich müssen Leistungsängste und Selbstwertprobleme berücksichtigt werden, wenn sie das Lernen blockieren. So ist es oft sinnvoll, dass sich und ihr Kind überfordernde Eltern eine solche, gezielte Förderung, die auch ein hohes Maß spezifischen Fachwissens erfordert, dafür geschulten Pädagogen überlassen, anstatt sich in Ungeduld und Erwartungsangst zu verstricken.

Die Fähigkeit zu rechnerischen Operationen und mathematischem Denken, neurophysiologisch als intermodale Verknüpfung von visueller und somatosensorischer Raumerfassung angelegt, ermöglichte es der Gattung Mensch nach einem viele Jahrtausende umfassenden kulturellen Prozess, Mengen und Beziehungen zu erfassen und Ereignisse der Welt zu «berechnen». Die gewaltigen Fortschritte in naturwissenschaftlicher Forschung und technischer Zivilisation (an deren Grenzen wir jetzt stoßen) beruhen wesentlich auf diesen anthropologischen Voraussetzungen.

Überprüfen Sie Ihr Wissen!

24.1 Fragetyp C, Antwortkombinationsaufgabe

Welche der folgenden Aussagen sind richtig?

1. Unter «Dyskalkulie» versteht man eine spezifische Rechenschwäche, bei der u. a. Entwicklungsverzögerungen kognitiver Teilfunktionen vorliegen können, denn

2. In der Regel findet man bei Dyskalkulie auch einen leicht verminderten Intelligenzquotienten.

a) Nur die Aussage 1 ist richtig.

b) Nur die Aussage 2 ist richtig.

c) Nur die Aussagen 1 und 2 nicht aber die Kausalverknüpfung sind richtig.

d) Die Aussagen 1, 2 und die Kausalverknüpfung treffen zu.

e) Alle Aussagen sind falsch.

24.2 Fragetyp C, Antwortkombinationsaufgabe

Welche Aussagen sind richtig?

1. Zahlen können eine kardinale und ordinale Bedeutung haben.

2. Die Hauptkriterien einer Dyskalkulie sind Störungen im Zahlen- und Mengenbegriff, der Abstraktionsfähigkeit, der räumlichen Vorstellung sowie seriale Störungen.

3. Ähnlich wie bei der Lese-Rechtschreib-Schwäche können auch bei der Dyskalkulie Reversionen und Inversionen beobachtet werden.

4. Kulturhistorisch ist in der Bündelung von Zahlen und der numerischen Reihung solcher Bündel ein wichtiger Schritt zum Erwerb rechnerisch-mathematischer Fähigkeiten zu sehen.

5. Die Mathematik kann wie die Sprache als «Denkzeug» verstanden werden, das ein wenig aus dem kognitiven Mesokosmos des Menschen herausführen kann.

a) Nur die Aussagen 1, 2, 3 und 4 sind richtig.

b) Nur die Aussagen 2, 3, 4 und 5 sind richtig.

c) Nur die Aussagen 1, 3, 4 und 5 sind richtig.

d) Nur die Aussagen 1, 2, 3 und 5 sind richtig.

e) Alle Aussagen sind richtig.

Vertiefungsfrage:

Welche besonderen Schwierigkeiten macht der Umgang mit der Zahl «0» beim Vorliegen einer Dyskalkulie?

Adressen

IFRK. Initiative zur Förderung rechenschwacher Kinder e.V., Memeler Str. 47, 70378 Stuttgart

25. Wege zur Integration. Geistige Behinderung

Der 44-jährige Herr H. wohnte bei seiner 79-jährigen Mutter, die ihn, der Zeit seines Lebens als «leicht geistig behindert» eingestuft wurde, bisher betreute. Bis zu seinem 16. Lebensjahr besuchte Herr H. die Sonderschule für geistig Behinderte. Danach arbeitete er zunächst in einer Werkstatt für Behinderte, dann einige Jahre als Hilfskraft in einem Gartenbaubetrieb. Nach dem frühzeitigen Tod seines einzigen Freundes sowie seines Vaters zog er sich immer mehr zurück, ist jetzt seit einigen Jahren arbeitslos. Nun ist die Mutter, die seit einiger Zeit zunehmend altersverwirrt ist, nicht mehr in der Lage, ihren Sohn zu versorgen: Im Gegenteil, sie selbst ist massiv auf soziale und pflegerische Hilfe angewiesen, die ihr Sohn nicht zu leisten vermag. Auch der etwa 40-jährige zweite Sohn ist nicht in der Lage, die Mutter zu pflegen. Er sucht nach Möglichkeiten des «betreuten Wohnens» für seinen Bruder, nachdem die Mutter in ein Pflegeheim umzog.

Die Sozialpädagogin eines Wohlfahrtsverbandes, die im Rahmen des Konzeptes des «betreuten Wohnens» arbeitet, erkennt, dass Herr H. in der Lage ist, seinen Haushalt aufrecht zu halten und auch regelmäßig zu einer Arbeitsstelle zu gehen, wenn er behutsame, aber verbindliche Hilfen bekommt: Mehrfach in der Woche wird Haushaltsführung geplant, zum Leiter des Gartenbaubetriebs besteht ein enger Kontakt, und Herr H. wird immer wieder eingeladen, bei gemeinsamen Treffs und Freizeitaktivitäten teilzunehmen.
Gerade der Tagesstrukturierung und den Freizeitangeboten kommt eine besondere Bedeutung zu: Herr H. blüht sichtlich auf, findet einen neuen Freund (der ihn zeitweilig auszunutzen scheint, was von den Betreuern beachtet werden muss), freut sich auf gemeinsame Wanderungen und Gesellschaftsspiele, und es gelingt ihm mehr und mehr, aus seiner sozialen Isolation herauszukommen.

Der Begriff der «geistigen Behinderung» ist keineswegs unumstritten, ist er doch möglicherweise mit Etikettierung behaftet und verführt dazu, Menschen allein aufgrund ihrer intellektuellen Leistungsfähigkeit zu klassifizieren und andere Facetten ihrer Persönlichkeit hintanzustellen. Unter einer «geistigen Behinderung» versteht man eine **intellektuelle Minderbegabung** mit daraus resultierenden sozio-kulturellen Anpassungsschwierigkeiten. Die Weltgesundheitsorganisation hebt vor allem auf die unterdurchschnittliche allgemeine Intelligenz und eine Beeinträchtigung des adaptiven Verhaltens ab, während vom Deutschen Bildungsrat vor allem auf eine Schädigung der psychischen Gesamtentwicklung, der Lernfähigkeit sowie der voraussichtliche lebenslangen Notwendigkeit sozialer und pädagogischer Hilfen hingewiesen wird. So können geistig Behinderte möglicherweise darunter leiden, dass ihnen von Anfang an weniger zugetraut wurde und sie während ihrer gesamten Biographie einen sie kränkenden Sonderstatus hatten. Im Gegensatz zur Demenz, bei der es sich um Abbauprozesse bei vorher normaler intellektueller Begabung handelt (Beispiel: Alzheimer-Erkrankung) besteht eine geistige Behinderung von Anfang an.

Es muss zwischen **geistiger Behinderung** (engl.: mental retardation) und **Geisteskrankheit** (engl.: mental illness) unterschieden werden: Geisteskrankheiten aus dem schizophrenen Formenkreis gehen in der Regel mit einer normalem, manchmal sogar überdurchschnittlichen Intelligenz einher. Die schubweise auftretenden spezifischen Denkstörungen sind sehr spezifischer Art und haben nichts mit einer geistigen Behinderung zu tun.

> So wird beispielsweise ein geistig Behinderter eine Fabel sinngemäß, wenngleich stark vereinfacht wiedergeben können. Seine Schwierigkeiten bestehen in der detaillierten Analyse komplexer Sachverhalte. Ein Patient mit akuten Symptomen einer Schizophrenie wird möglicherweise den Sinngehalt einer Fabel nicht wiedergeben, sondern sich im Detail, das er vielleicht sehr differenziert wiedergibt, verstricken. Auch können bei einer Schizophrenie Gedankeneinbrüche, das Gefühl beeinflusster Gedanken und erhebliche emotionale Schwierigkeiten im Vordergrund stehen. Geistige Behinderung ist also etwas anderes als eine Geisteskrankheit.

Es ist notwendig, für diese beiden Gruppen ganz unterschiedliche Förderangebote, beispielsweise im Bereich der Werkstatt für Behinderte, anzubieten.

Wie schon erwähnt, unterscheidet die Weltgesundheitsorganisation (WHO) grundsätzlich bei Behinderten zwischen **impairment (Schädigung)**, **disability (Funktionseinbußen)** und **handicap (Beeinträchtigung)**. Die einer geistigen Behinderung zugrunde liegende Schädigung kann komplex sein, auf mögliche Ursachen wird unten weiter eingegangen. Entscheidend ist aber nicht nur der Schweregrad der Schädigung (auch schwere Hirnschäden können möglicherweise nur wenig Funktionseinbußen zur Folge haben). Auch die Frage, welche Fähigkeiten der Betroffene hat, ist von Interesse. Die Bestimmung des Intelligenzquotienten kann nicht das alleinige Kriterium einer geistigen Behinderung sein. Abzuklären sind auch fein- und grobmotorische Fähigkeiten, der sprachliche Entwicklungsstand, die Befähigung zum einfachen Lesen und Schreiben, der Grad der Abhängigkeit von sozialer Anleitung, der Grad der Selbständigkeit im alltäglichen Leben usw. Im Einzelfall ist also zu klären, welche schulische Ausbildung, welche Form beruflicher Arbeit, welche unterschiedliche Form der Betreuung, des Wohnens oder der Pflege sowie welche Förderungsmöglichkeiten angemessen sind. Und schließlich ist der Grad der Beeinträchtigung nicht nur von der Behinderung des

Tabelle 25.1: Schweregrade einer geistigen Behinderung nach der WHO.

Schweregrad der geistigen Behinderung	Intelligenzquotient
leicht	50–70
mittelgradig	35–45
schwer	20–34
schwerst	0–19

Betroffenen, sondern auch der Akzeptanz seines gesellschaftlichen Umfeldes abhängig. Geistig behindert ist niemand absolut, sondern immer bezogen auf die Wert- und Leistungserwartungen seiner jeweiligen Gruppe und der Gesellschaft (Dörner, 1989).

Der geistig behinderte, 31-jährige Hikarie Oe kann weder lesen, schreiben, sprechen noch singen. Er spielt Klavier und komponiert: z. B. Walzer und Stimmungslieder für Klavier. Sein Vater, der für seinen Roman über die Erlebnisse seines Sohnes den Nobelpreis für Literatur erhalten hat, hat versucht «zu schreiben, was mein Sohn gern gesagt hätte, wenn er sich sprachlich mitteilen könnte» (Der Spiegel 7/1995: 182).

Die WHO unterscheidet vier Stufen einer geistigen Behinderung (vgl. **Tab. 25.1**). Den **Intelligenzquotienten** (IQ) als einziges Kriterium der Diagnose anzusehen, ist allerdings, wie oben bereits gesagt, problematisch, zumal Aussagen darüber, was Intelligenz eigentlich sei, je nach Autor differieren. Intelligenztests können immer nur Teilbereiche kognitiver Fähigkeiten, und dies auch nur in einem bestimmten sozio-kulturellen Rahmen, überprüfen. Die **Tabelle 25.2** gibt eine Übersicht über die gebräuchlichsten Testverfahren zur Abklärung einer geistigen Behinderung und möglicher damit assoziierter Schwierigkeiten.

Bei etwa 75 Prozent aller geistigen Behinderungen bleibt die Ursache letztlich ungeklärt. Bei einem Viertel hingegen gelingt eine ätiologische Abklärung. **Tabelle 25.3** zeigt einige mögliche Ursachen: Exogene Störungen der Hirnentwicklung und -reifung können vor, während und nach der Geburt (prä-, peri- und postnatal) auftreten; pränatal z. B. infektionsbedingt bei einer Schädigung des Embryos durch **Rötelnviren** oder toxisch durch erheblichen **Alkoholmissbrauch**. Sowohl vor als auch während der Geburt kann **Sauerstoffmangel** ein Grund mentaler Schädigung sein. Im ersten Lebensjahr ist u. a. an Entzündungen des Gehirns und seiner Häute, an Traumen oder Folgen schwerer Ernährungsstörungen zu denken. Unter den chromosomalen Störungen ist die **Trisomie 21 (Morbus Down)** mit dreifachem Vorliegen des 21. Chromosoms, Schrägstellung der Lidachse, großer Zunge und anderen phänotypischen Merkmalen die häufigste Ursache einer geistigen Behinderung. Die stoffwechselbedingten geistigen Behinderungen beruhen in der Regel auf einem Enzymdefekt, der den ordnungsgemäßen Abbau von

Tabelle 25.2: Beispiele gebräuchlicher Testverfahren zur Abklärung einer geistigen Behinderung.

Tests zur Erfassung der allgemeinen Intelligenz	Hamburg-Wechsler-Intelligenztest für Kinder, 6.–15. Lebensjahr; Raven-Matrizen-Test (colored progressive matrices);
Tests zur Erfassung einer geistigen Behinderung	Testbatterie für geistig behinderte Kinder (TBGB), 7.–12. Lebensjahr; Columbia mental maturity scale (CMM 1–3), 6.–9. Lebensjahr; Snijders-Oemen nicht-verbale Intelligenzreihe (SON);
Entwicklungstests	Münchener funktionelle Entwicklungsdiagnostik, 0–2 Jahre; Sensomotorisches Entwicklungsgitter nach Kiphard;
Neuropsychologische Funktionstests	Körperkoordinationstest für Kinder (KTK), 5.–14. Lebensjahr; Lincoln-Oseretzky-Skala (LOS KF 18), 5.–14. Lebensjahr; Frostig-Test der visuellen Wahrnehmung (FEW), 4.–8. Lebensjahr.

Tabelle 25.3: Mögliche Ursachen einer geistigen Behinderung.

Schädigungskategorie	Pränatale Schädigung	Perinatale Schädigung	Postnatale Schädigung	Chromosomale Störung	Stoffwechsel-Störung	Sonstige Störungen
Beispiele	Alkoholembryopathie, Rötelninfektion	Sauerstoffmangel, Geburtstrauma	Hirnhautentzündung, Austrocknung	Trisomie 21 (Down-Syndrom), Turner-Syndrom	Phenylketonurie, Galactosämie	Prader-Willi-Syndrom, u. a.

Stoffwechselprodukten verhindert. Die so anfallenden Substanzen aus Eiweiß-, Kohlenhydrat- oder Fettstoffwechsel führen zu einer Schädigung des zentralen Nervensystems. Die bekannteste (Eiweiß-)Stoffwechselstörung ist die **Phenylketonurie**, bei der ein unzureichender Abbau der Aminosäure Phenylalanin zur Hirnschädigung führt. Routinemäßige Tests aller Säuglinge und eine langjährige Diät der betroffenen Kinder haben zu einer erfolgreichen Behandlung dieser Erkrankung geführt.

Die Ausprägung einer geistigen Behinderung resultiert aber nicht nur aus der Schwere der zentralnervösen Schädigung, sondern auch aus Störungen im Entwicklungsprozess, emotionalen und sozialen Adaptationsschwierigkeiten und unzureichender pädagogischer Förderung. Mangelnde Stimulation, emotionale und soziale Vernachlässigung und andere Faktoren können erheblichen Einfluss auf den Grad einer geistigen Behinderung haben.

Das Erscheinungsbild einer geistigen Behinderung kann sehr unterschiedlich sein. Motorische und sprachliche **Retardierung** sind erste, wenn auch natürlich nicht beweisende Hinweise. Eine **Hypermotorik** kann die Eltern erheblich belasten (wobei Hypermotorik durchaus auch Ausdruck anderer belastender Faktoren sein kann, vgl. Kap. 17 über das hyperkinetische Syndrom). Wesentliche Kriterien einer geistigen Behinderung sind Schwierigkeiten beim **abstrakten Denken**. Sinneseindruck und konkret Erfahrenes bleiben entscheidend.

> Ein Lehrer an einer Schule für geistig Behinderte versuchte mit seinen 10-jährigen Schülern das Telefonieren (Polizei, Feuerwehr) zu üben. Er demonstrierte dies mit Hilfe eines ausrangierten Telefons. Einer seiner Schüler weigerte sich, mitzumachen, weil das Telefon ja gar nicht angeschlossen sei – folglich könne man auch gar nicht damit üben.

Manchen Betroffenen fällt es schwer, Wesentliches von Unwesentlichem zu trennen oder Gründe gegeneinander abzuwägen. Ähnliches gilt für schlussfolgerndes, zielgerichtetes Handeln. Geistig Behinderte sind manchmal leichter zu beeinflussen und haben es oft schwerer, neue Situationen zu bewältigen.

> So können geistig behinderte Jugendliche und Frauen mitunter Opfer sexueller Ausbeutung werden.

Aufmerksamkeit und Wahrnehmung, Auffassung und gedanklicher Ablauf, Gedächtnis- oder Sprachfunktion können beeinträchtigt sein. Schließlich sind Einschränkungen, Verlangsamung oder Unregelmäßigkeiten der Entwicklung zu nennen. Dabei können durchaus besondere Fähigkeiten und Begabungen auf Teilgebieten bestehen, wie das Beispiel oben zeigt.

Natürlich wird man mit einer Überprüfung der Fähigkeiten und Fähigkeitseinbußen allein den Betroffenen nicht gerecht. Dörner empfiehlt, sich eigener «Unzulänglichkeiten» und der damit verbundenen Emotionen bewusst zu werden, um wenigstens ansatzweise dem psychosozialen Erleben der Betroffenen näher zu kommen.

> Erinnern Sie sich bitte: Wann und wo sind Sie an Grenzen Ihrer eigenen (auch intellektuellen) Leistungsfähigkeit gestoßen? Wie haben Sie reagiert, als alle anderen wussten, «was Sache ist» und es Ihnen erklärten? Wie gehen Sie damit um, dass Ihnen manche Fähigkeiten eingestandenermaßen fehlen? Wie fühlen Sie sich in Situationen, die Sie nicht mehr einordnen können, unter Menschen, deren Sprache und Gebräuche Sie nicht verstehen? Haben Sie Erfahrung gemacht mit mitleidsvoller Zuwendung oder

Spott, wenn Sie etwas nicht verstanden haben? Vielleicht haben Sie auch Beziehungen erlebt, in denen Sozialprestige, sprachliche Gewandtheit und intellektuelle Leistung nicht die entscheidenden Kriterien waren.

Die ersten und prägenden Erfahrungen machen geistige behinderte Kinder wie alle anderen Kinder auch in ihrer **Familie**. Sie brauchen wie alle Kinder eine verständnis- und liebevolle Atmosphäre, Halt, beständige soziale Beziehungen, alters- und entwicklungsgemäße Anforderungen und Förderung sowie die Sicherheit, so akzeptiert zu werden, wie sie sind. Die Unterstützung und Entlastung der Eltern ist hier von besonderer Wichtigkeit. Görres, selbst Mutter zweier behinderter Kinder, beschreibt eindrücklich belastende Situationen – beim Zahnarzt, im Cafe, bei der Überforderung durch verschiedenste, vier- bis fünfmal wöchentlich stattfindende Therapien, bei der Suche nach einem Heim, bei der Enttäuschung des Kindes, nicht zu einem Kindergeburtstag mit eingeladen zu werden usw. Wichtige soziale Entlastung wird oft denen nicht zuteil, die sie am nötigsten brauchen: uninformierten Eltern und unterpriviligierten Schichten. Dabei können Leistungen bei außerhäuslicher Aktivität der Eltern an Abenden oder Wochenenden, bei unvorhergesehenen Ereignissen, Krankheit eines Elternteils oder bei längeren Aufenthalten des Kindes außer Haus (auch Urlaub usw.) wichtige Hilfen sein.

Die Familiendynamik selbst kann sich durch die Geburt eines geistig behinderten Kindes ändern. Unverarbeitete Enttäuschung und mangelnde Aussprache hierüber können zur Distanz der Eltern untereinander – mit daraus resultierenden Kommunikationsstörungen und Schuldzuweisungen – führen. Schließlich kann der Elternkonflikt ganz auf den Indexpatienten, hier das Kind, abgeleitet werden, das nun für alle familiären Probleme verantwortlich gemacht wird. Andererseits tritt öfter auch ein kompensatorisch-überprotektives Verhalten eines Elternteils oder beider Eltern mit daraus resultierender «Starrolle» oder unnötiger Unselbständigkeit des Kindes auf. Schließlich können unerfüllte elterliche Wünsche auf nicht behinderte Geschwister delegiert werden, die dann überfordert sind. **Abbildung 25.1** stellt eine mögliche Konfliktsituation graphisch dar: In dieser skizzierten Situation ist das behinderte Kind zweifellos in die Familie integriert, es trägt sogar entscheidend zur Stabilisierung der Familie bei – allerdings oft zu einem ihm unangemessenen Preis.

Auch wenn es meist notwendig und möglich ist, dass ein geistig behindertes Kind so lange wie möglich in einem entspannten, akzeptierenden Rahmen in seiner Herkunftsfamilie wohnt, kann es Situationen geben, in denen die Aufnahme eines geistig behinderten Kindes in ein **Heim** auf Dauer nötig wird – vor allem bei emotionaler oder physischer Überforderung der Eltern. Eine solche Aufnahme in das Heim muss sowohl von Seiten des Heimes als auch von Seiten der Eltern gut vorbereitet werden. Vor allem dürfen weder das geistig behinderte Kind noch seine Geschwister die Heimaufnahme als Bestrafung empfinden. Die Kontakte der

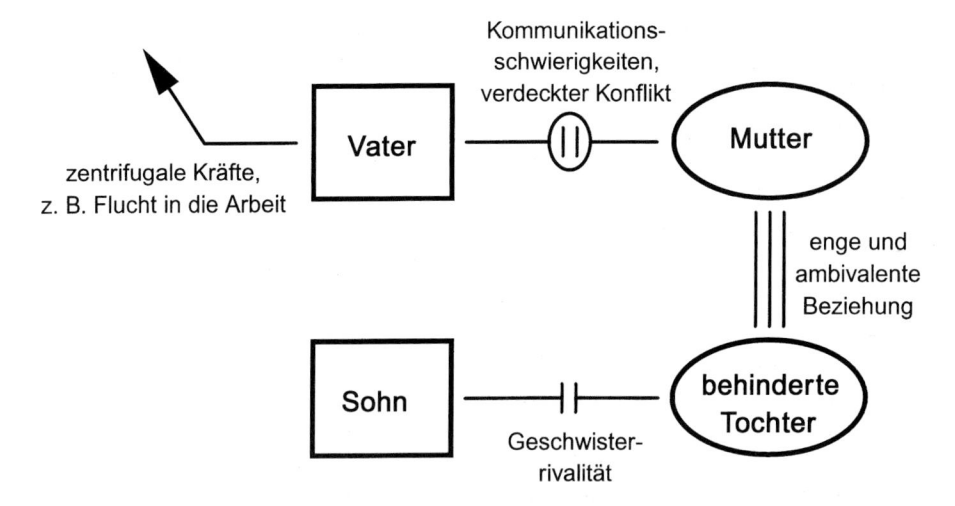

Abbildung 25.1: Mögliche konflikthafte Konstellation in einer Familie mit einem behinderten Kind.

Eltern sollten weiterhin verlässlich und regelmäßig sein. Ein Heim sollte nicht nur nach baulichen, strukturellen oder finanziellen Kriterien ausgesucht werden. Wichtige Kriterien (ohne Anspruch auf Vollständigkeit) sind u.a.: Wie groß ist die Einrichtung, wie groß die Gruppenstärke? Welche Alters- und Geschlechtsgruppen leben zusammen? Für welche Zeiträume kann das Kind/der Jugendliche bleiben? Wie ist die räumliche Ausstattung, wie die Infrastruktur (Lage des Heims)? Wie viele Mitarbeiter arbeiten im Heim? Arbeiten sie gern dort? Wie ist die Fluktuation? Gibt es Supervision oder externe Beratung? Welche speziellen Therapie- und Fördermöglichkeiten existieren? Wie ist der Tagesablauf strukturiert? Wie ist das Verhältnis von Arbeits- oder Schulzeit, strukturierter Freizeit und frei verfügbarer Zeit? Welcher Weltanschauung fühlen sich die Mitarbeiter verpflichtet? Sind Elternkontakte und Elternentscheidungen gern gesehen? Wie werden Feste gefeiert, wie Urlaub verbracht? Kann man mit Erziehern über Themen wie Strafe, Sexualität, Heimweh usw. sprechen, oder sind diese Themen tabu?

Eine geistige Behinderung ist die Resultante aus zentralnervöser Schädigung, Störung im Entwicklungsprozess, emotionaler und sozialer Adaptationsstörung und unzureichender pädagogischer Förderung. Wenngleich eine geistige Behinderung nicht «kausal zu heilen ist», kann mitunter der Schweregrad der Ausprägung und die Möglichkeit der Kompensation und Adaptation ganz wesentlich von einer früh einsetzenden und adäquaten Förderung abhängen. Eine solche Förderung wird zum Teil durch Frühförderstellen in kommunaler Trägerschaft oder solche der Lebenshilfe oder freier Wohlfahrtsverbände sowie durch sozialpädiatrische Zentren durchgeführt. Ein aufeinander abgestimmter Förderplan unterschiedlicher Berufsgruppen (Heilpädagogen, Krankengymnasten, Neuropädiater usw.) ist unerlässlich, um Eltern und Kind nicht zu überfordern und ein synergistisches Arbeiten zu ermöglichen. Praktische Erziehung (Kleiden, Essen, das Beherrschen von Alltagsverrichtungen) ist nicht nur eine Aufgabe des Kindergartens, sondern auch der Sonderschule für geistig Behinderte, die darüber hinaus folgende Aufgaben wahrnimmt: Sozialerziehung (Förderung von Hilfsbereitschaft, Kontakt- und Durchsetzungsfähigkeit), Arbeitserziehung (und Vorbereitung auf spätere Arbeit), Erziehung zur Körperbeherrschung und Wahrnehmungstüchtigkeit, musische, sprachliche und religiöse Erziehung sowie – in Abhängigkeit von der individuellen Entwicklung der Betroffenen – die Vermittlung von Rechnen, Schreiben und Lesen.

Den in den siebziger Jahren entwickelten Konzepten von **Sonderkindergärten** und **Sonderschulen** lag die Vorstellung zugrunde, dass geschulte ErzieherInnen und LehrerInnen mit spezieller Ausbildung den spezifischen Problemen, aber auch Fördermöglichkeiten ihrer Schüler besser gerecht werden könnten. Die Gefahr einer sekundären Neurotisierung durch Stigmatisierung in «normalen Spielgruppen und Klassenverbänden» wurde vielleicht überproportional gesehen. Folge war aber eine Ausgrenzung der Betroffenen, so dass Aspekte des «Normalisierungsprinzips» (s.u.) und der gesellschaftlichen Partizipation zunehmend erschwert wurden. Im Gegenzug setzten Anfang der achtziger Jahre verstärkt Bemühungen ein, auch geistig Behinderte in normale Lebensvollzüge – Regelkindergärten und Grundschule – zu integrieren. Insbesondere die Eltern und Elternverbände, aber auch engagierte ErzieherInnen und LehrerInnen erzielten hier Erfolge, wenngleich Ansätze eines Unterrichts Behinderter und Nichtbehinderter in der Sekundarstufe heute noch eher die Ausnahme sind.

Der Spannungsbogen zwischen Bemühungen um das Normalisierungsprinzip einerseits und das Schaffen sozialer Freiräume für die Besonderheiten geistig Behinderter andererseits findet sich auch im Wohn-, Arbeits- und Freizeitbereich erwachsener geistig Behinderter. Dabei versteht man unter dem **Normalisierungsprinzip** Bestrebungen, dem geistig Behinderten ein weitgehend normales Leben zu ermöglichen. Ziel ist, geistig behinderten Menschen Lebensbedingungen (Einkommen, Arbeit, Wohn- und Freizeitbedingungen, Gesundheitsdienste und Bildungsangebote) zu ermöglichen, die so gut sind wie die anderer Bürger. Geistig Behinderte sollen hinsichtlich ihres Erscheinungsbildes, ihrer Verhaltensweise, ihrer Erfahrungen und ihres Status und Ansehens gefördert und unterstützt werden. So ist es normal, dass man an einem Ort wohnt und an einem anderen arbeitet, dass man als Erwachsener eine Arbeit hat oder, wenn man keine Arbeit bekommen oder ausüben kann, finanziell unterstützt wird oder Rente bekommt. Auch ein normaler Tagesrhythmus mit wechselnden Aktivitäten, ein normaler Jahresrhythmus einschließlich Urlaub, Reisen, persönlichen Feiern usw., eine finanzielle Grundsicherung sowie zusätzliche leistungs- und fähigkeitsgerechte

Arbeitsbewertung und das Lernen des Umgangs mit freien Geldbeträgen sind wichtige Beiträge zur Normalisierung. Schließlich kann der geistig Behinderte erwarten, dass seine Wunsch-, Willens- und Gefühlsäußerungen im möglichen Umfange Resonanz finden und berücksichtigt werden. Neben dem Gebot, soviel «normale» Partizipation an gesellschaftlicher Wirklichkeit wie möglich zu erreichen, steht andererseits die Notwendigkeit sozialer Freiräume, Nischen also, in denen der Behinderte in seinem «Anderssein» akzeptiert wird und auf seine Weise ein befriedigendes Leben lebt.

> So führt Dörner in diesem Zusammenhang an: In einem Fall kann ich selbständig essen und mich ankleiden, jeden Tag Tisch decken und Blumen gießen und mache mich anderen bedeutsam, zum Beispiel durch meine Verlässlichkeit. In einem anderen Fall: Ich habe in einer Behinderten-Werkstatt Elektromontage gelernt, verdiene meinen Lebensunterhalt selbst, habe geheiratet, bin bei meinen Nachbarn wegen meiner technischen Geschicklichkeit unentbehrlich und bei meinen Freunden wegen meiner Fröhlichkeit geschätzt (Dörner, 1989, S. 90)

Auch der geistig Behinderte muss teilhaben können am sozialen Status der arbeitenden Menschen, aus eigener Kraft (wenn auch gegebenenfalls mit Hilfe) etwas schaffen können. **Arbeit** wirkt sich stets auf das Lernen und den Erfahrungsschatz aus und hat sozialisierende Momente. Auch der Verdienst und damit die Möglichkeit, zum Lebensunterhalt zumindest beizutragen, ist von Wichtigkeit.

Auf die Loslösung vom Elternhaus, das damit verbundene erforderliche Selbständigkeitstraining und das sog. «betreute Wohnen» wurde bereits eingangs im Fallbeispiel hingewiesen. **Sexualität** gehört zur Selbstentfaltung des Menschen und ist damit ein Menschenrecht auch des geistig Behinderten. Das gemeinsame Zusammenleben von (geistig behinderten) Männern und Frauen in Wohngemeinschaften oder kleineren Heimeinrichtungen führt oft dazu, dass die Bewohner vermehrt auf ihr Äußeres, ihr Ansehen, ihren Umgangston und die Wirkung auf andere achten. Die Möglichkeit des Gebens und Empfangens von Zärtlichkeit, Wärme und Geborgenheit, von Körperkontakt und sexueller Lust darf geistig Behinderten nicht vorenthalten werden. Auf eine Reihe von Schwierigkeiten sowie offenen und zum Teil heftig diskutierten Fragen kann hier nur hingewiesen werden: In welchem Umfeld ist Selbstbefriedigung des geistig Behinderten nicht störend, wo sozial nicht tragbar? Wie kann der geistig Behinderte vor sexueller Ausbeutung geschützt werden? Soll die Empfängnis bzw. Zeugung eines Kindes verhindert werden und wenn, wie – durch beaufsichtigende Betreuung, durch Antikonzeption (täglich oder als Depot), durch Sterilisation? Letztlich sind solche Fragen nur individuell, unter Berücksichtigung aller konkreten Umstände und unter Aussprache mit dem Behinderten selbst zu treffen.

Die **Freizeit** sollte auch dem geistig Behinderten Raum für mitmenschliche Begegnung, soziale Erfahrung, gesellschaftliche Integration und persönliche Entfaltung geben. Darüber hinaus ist sie eine Zeit des Erholens, Ausspannens und der kulturellen Selbstentfaltung. Leider sind gemeinsame Freizeitaktivitäten Behinderter und Nichtbehinderter (z. B. im Sport, im musischen Bereich, bei Exkursionen) immer noch die Ausnahme.

> Welche Veranstaltungen für geistig Behinderte und Nichtbehinderte bieten die Pfarrgemeinden, Bildungshäuser und die Volkshochschule Ihres Wohnortes? Haben Sie – nicht professionell – persönlichen Kontakt zu einem geistig Behinderten?

Aber auch in der Freizeit brauchen, wie oben schon erwähnt, geistig Behinderte die Möglichkeit, mit anderen geistig Behinderten Kontakt aufzunehmen und Freundschaften zu pflegen (vgl. das Fallbeispiel am Anfang dieses Kapitels).

Der **Alterungsprozess** kann bei geistig Behinderten früher eintreten. Wie andere alte Menschen auch, möchten geistig Behinderte in vertrauter Umgebung, in Kontakt mit anderen, so unabhängig wie möglich leben. Es gilt, die Bedürfnisse geistig Behinderter im Alter nach Muße, längeren Ruhepausen, konstanter und vertrauter Umgebung usw. zu respektieren, da der Alterungsprozess der geistig behinderten Menschen sich erschwerend auf die Sinneswahrnehmung, die körperliche Leistungsfähigkeit und die intellektuelle Flexibilität auswirken kann.

Bei den in diesem Kapitel notwendigerweise nur fragmentarisch aufgezeigten Aspekten kommt es wesentlich darauf an, geistig behinderten Menschen Gerechtigkeit widerfahren zu lassen und ihnen als gleichwertigen, gleichberechtigten Mitgliedern unserer Gesellschaft zu begegnen. Nicht nur der geistig Behinderte braucht uns, sondern auch wir brauchen ihn. Eine Gesellschaft, in der für geistig Behinderte kein Platz ist oder nur Randplätze vorgesehen sind, wird aggressiver, kälter, leistungsverherrlichender, inhumaner, und zwar für alle ihre Mitglieder. Die Begegnung von Menschen unterschiedlicher Begabung kann zur Einsicht zurückführen, dass der Mensch weit mehr ist als die Summe seiner intellektuellen Fähigkeiten.

Überprüfen Sie Ihr Wissen!

25.1 Fragetyp D, Zuordnungsaufgabe

Bitte ordnen Sie die unter 1–5 angegebenen möglichen Ursachen für eine geistige Behinderung den unter v–z angegebenen Kategorien zu.

1. Alkoholismus der schwangeren Mutter
2. Sauerstoffmangel durch Nabelschnurumschlingung
3. Hirnhautentzündung
4. Trisomie 21 (Morbus Down)
5. Phenylkentonurie

v. Chromosomale Störung
w. Postnatale Störung
x. Stoffwechselstörung
y. Praenatale Störung
z. Perinatale Störung

Nur eine der folgenden Kombinationen ist richtig. Welche?

a) 1y 2z 3w 4x 5v
b) 1z 2y 3w 4v 5x
c) 1y 2w 3z 4v 5x
d) 1y 2z 3v 4w 5x
e) 1y 2z 3w 4v 5x

25.2 Fragetyp B, eine Antwort falsch

Eine der fünf folgenden Aussagen zur Trisomie 21 (M. Down) ist falsch. Welche?

a) Beim M. Down liegt das 21. Chromosom nur einmal vor.
b) Häufige phänotypische Merkmale sind z. B. eine Schrägstellung der Lidachse und eine große Zunge.
c) Das Erkrankungsrisiko nimmt mit dem Lebensalter der Eltern statistisch zu.

d) M. Down gehört zu den chromosomalen Störungen.

e) Bei der Trisomie 21 leigt meist eine geistige Behinderung vor.

25.3 Fragetyp C, Antwortkombinationsaufgabe

Welche der fünf folgenden Aussagen sind richtig?

1. Motorische und sprachliche Retardierung können erste, wenn auch nicht beweisende Hinweise einer geistigen Behinderung sein.
2. Bei einer geistigen Behinderung liegen Schwierigkeiten beim abstrakten und theoretischen Denken vor.
3. Es wird geistig Behinderten oft schwer, Wesentliches von Unwesentlichem zu trennen.
4. Ihr Denken ist oft dem direkten Sinneseindruck und dem konkret Erfahrenen zugeordnet.
5. Die Anpassung an neue und ungewohnte Situationen kann erschwert sein.

a) Nur die Aussagen 1, 2 und 4 sind richtig.

b) Nur die Aussagen 1, 3 und 4 sind richtig.

c) Nur die Aussagen 2, 3, 4 und 5 sind richtig.

d) Nur die Aussagen 1, 3, 4 und 5 sind richtig.

e) Alle Aussagen sind richtig.

25.4 Fragetyp C, Antwortkombinationsaufgabe

Welche der folgenden Aussagen sind richtig?

1. Geistig Behinderte können Schwierigkeiten haben, Gründe gegeneinander abzuwägen.
2. Auch bei geistiger Behinderung kann es zu besonderen Fähigkeiten und Begabungen auf Teilgebieten kommen.
3. Die Weltgesundheitsorganisation unterscheidet leichte, mittelgradige, schwere und schwerste geistige Behinderungen.
4. Mangelnde Stimulation, unzureichende Förderung und emotionale und soziale Vernachlässigung können die geistige Entwicklung beeinflussen.

5. Bei den meisten Behinderten (etwa 80 Prozent) kann man die Ursache ihrer Behinderung klären.

a) Nur die Aussagen 1 und 3 sind richtig.

b) Nur die Aussagen 1, 3 und 4 sind richtig.

c) Nur die Aussagen 1, 2, 3 und 4 sind richtig.

d) Nur die Aussagen 1, 3, 4 und 5 sind richtig.

e) Nur die Aussagen 2, 3, 4 und 5 sind richtig.

Vertiefungsfrage

Äußern Sie sich bitte zu denkbaren Krisen und deren Bewältigungsmöglichkeiten von Eltern mit einem geistig behinderten Kind.

Adressen

Lebenshilfe für geistig Behinderte e.V. (Bundesverband), Raiffeisenstr. 18, 35043 Marburg

Selbsthilfegruppe für Menschen mit Down-Syndrom und ihre Freunde e.V. Röntgenstr. 24, 91058 Erlangen

26. Erschwerter Kontakt. Autismus

Nadine ist 11 Jahre alt, als sie wegen massiver Verhaltensauffälligkeiten in einer Kinder- und Jugendpsychiatrischen Abteilung vorgestellt wird. Die Eltern berichten, dass Nadine verspätet Sprechen und Laufen gelernt habe und schon als Kleinkind häufig in sich versunken gewesen sei. Auf Zuwendung habe sie oft gar nicht reagiert. Die sprachliche Entwicklung war über viele Jahre verzögert. Nadine plapperte «echohaft» nach, was man ihr vorsagte, hatte aber drei Jahre lang Schwierigkeiten, von sich aus Sätze zu bilden und Sachverhalte sprachlich auszudrücken. Immerhin gelang es ihr, im Laufe der Jahre eine zwar einfache, aber doch verständliche und adäquate Sprache zu entwickeln, wenngleich ihr Wortschatz relativ gering ist und vor allem die Sprachmelodie einen eher «leiernden» Charakter hat. Die größten Defizite, die auch trotz intensiver Betreuung und therapeutischen Bemühungen nach wie vor auffallen, liegen aber im sozialen und emotionalen Bereich. Nadine, so schildern die Eltern, beachtet andere oft nicht, schaut fast «durch sie durch». Hin und wieder artikuliert sie ihre Bedürfnisse, dann mitunter sehr aggressiv und schreiend. Oft aber kapsele sie sich ab und scheine gar keine Bedürfnisse zu haben. Stundenlang sei sie damit zufrieden, auf ihrem Schaukelstuhl hin und her zu schaukeln. Dann gäbe es wieder Phasen, wo sie in höchster Erregung «die Tapete abreißt und Löcher in die Wand gräbt». In der Sonderschule zeigt sie teilweise zufrieden stellende Leistungen, vor allem im Rechnen, doch kann sie «nicht so recht motiviert werden» und ihr Arbeitsverhalten ist sehr schwankend. Das Verhalten von Nadine ist für die Eltern, die eine zwei Jahre jüngere (unauffällige) Tochter haben, vor allen in den letzten Jahren außerordentlich belastend.

Im Stationsalltag fällt auf, dass Nadine sich sehr häufig zurückzieht – sei es in ihr Zimmer, wo sie stundenlang zu grübeln scheint, oder häufiger auf der Schaukel, wo sie über lange Zeiten in sich versunken schaukelt. Zu (manchmal aggressiv getönten) hochgradigen Erregungszuständen kommt es, wenn verlässliche Strukturen verändert werden, beispielsweise das Mittagessen verschoben wird oder die Reinmachefrau die wenigen Möbel ihres Zimmers verstellt, Ereignisse, bei denen Nadine in höchster Panik schreiend in Erregung gerät. Nadine ist unterdurchschnittlich intellektuell begabt (sie liegt im Bereich der sog. «niedrigen Intelligenz» oder Lernbehinderung). In Teilbereichen, z. B. im Rechnen, ist sie begabter als in sprachlichen Aktivitäten.

Ihre Zeichnungen sind zum Teil außergewöhnlich und originell, mitunter befremdlich. Aufgefordert, ihre Wohnung zu zeichnen, fällt eine Diskrepanz zwischen Wunsch nach Ordnung und Struktur und «chaotischen Tendenzen» auf (vgl. **Abb. 26.1**). Die Stationsschwestern zeigen, dass Nadine aus der Jugendzeitschrift «Bravo» Körper ohne Kopf oder isolierte Gliedmaßen ausgeschnitten hat.

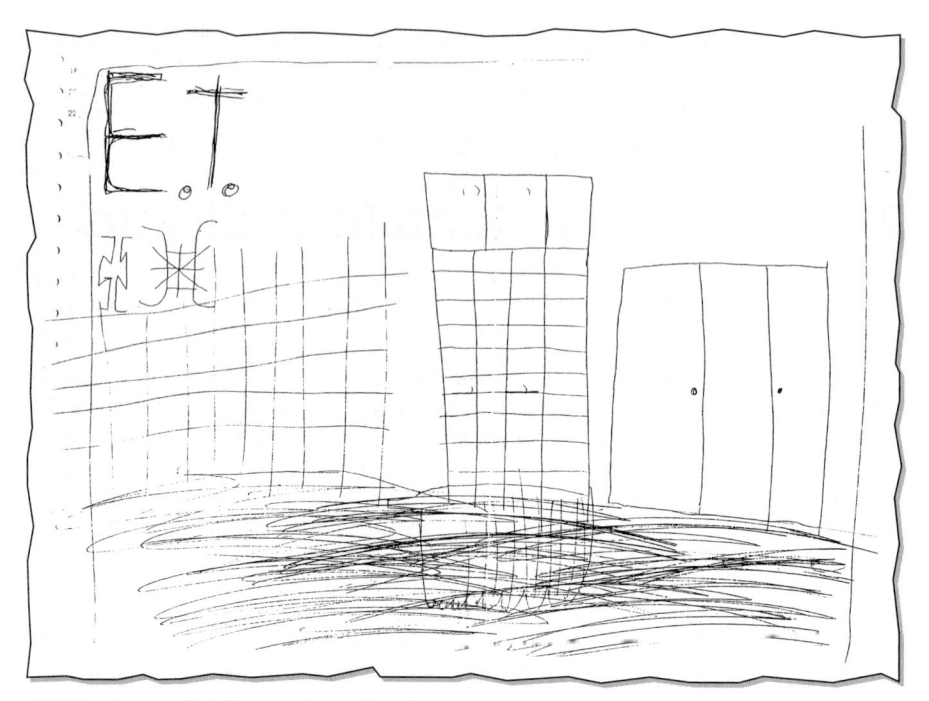

Abbildung 26.1: Zeichnung einer elfjährigen Autistin.

Es wird berichtet, dass Nadine gerne ihr und anderer Kinder Haar anfasst und mit der Hand darüber streicht, Puppenhaare abschneidet um diese intensiv zu bestreichen, sich exzessiv die Augen reibt, im Bett regelmäßig stereotype Schaukelbewegungen zeigt, manchmal mit dem Kopf gegen die Wand schlägt und sich die «Wangenschleimhaut zerbeiße». Schließlich fallen neurologisch geringfügige Störungen der Koordination und der Feinmotorik auf.

In den vierziger Jahren wurden unabhängig voneinander von dem Amerikaner Kanner und dem Österreicher Asperger Störungen der Kindheit bzw. Jugend beschrieben, die später unter der Bezeichnung «Autismus» subsummiert wurden. Unter **Autismus** versteht man zunächst den Rückzug von der Umwelt, das Versinken in eine eigene Welt mit dem damit verbundenen Abbruch sozialer Kontakte, wie er in Extremform bei der Schizophrenie vorkommt – nach Bleuler ist Autismus eines der vier Kernsymptome der Schizophrenie. Demgegenüber handelt es sich beim Autismus als eigenständigem Störungsbild (anders als die bei dem Teilsymptom der Schizophrenie) nicht um einen einbruchsartigen Rückzug, sondern um die Schwierigkeit bzw. Unmöglichkeit, von Anfang an adäquat Kontakt insbesondere zur sozialen Umwelt aufzunehmen. Die beiden «Hauptformen» des Autismus als eigenständigem Syndrom sind der frühkindliche Autismus (nach Kanner) und die sog. «autistische Psychopathie» nach Asperger. Man vermutet heute, dass letztere eine Unterform des autistischen Syndroms darstellt (vgl. Weber in Kisker, 1988).

Der **frühkindliche** Autismus (Kanner) fällt verhältnismäßig früh, jedenfalls vor dem 30. Lebensmonat auf. Am auffälligsten ist ein grundlegender Mangel an Reaktionen auf andere Menschen, beispielsweise die Eltern. Diese berichten oft, dass ihr Lächeln nicht erwidert wird, dass kein Blickkontakt gesucht wird, dass die Kinder «nicht begreifen, dass wir auch Menschen sind». Vor allem im späteren Lebensalter kann es vorkommen, dass autistische Kinder Schwierigkeiten beim empathischen Einfühlungsvermögen haben. Sie begreifen möglicherweise emotional nicht, wenn sie anderen wehtun. Die Kinder kapseln sich ab, scheinen «sich selbst genug zu sein», können stundenlang in «ihre eigene Welt tauchen». Charakteristisch sind auch bizarre Reaktionen auf Umgebungsveränderung. Autistische Kinder können in Ritualen verharren, gegen deren Veränderung sie sehr massiv und erregt angehen. Sie können ein eigentümliches Interesse an bestimmten belebten oder unbelebten Objekten haben, mitunter Sonderinteressen für beispielsweise Dinosaurier entwickeln, die dann in stereotyper Weise ihr Handeln und Denken für lange Zeit in Anspruch nehmen. Die Intelligenz ist bei einem Großteil der Kinder mit frühkindlichem Autismus deutlich erniedrigt, viele sind geistig behindert, doch kommen auch durchschnittliche Intelligenzstrukturen vor (im Gegensatz hierzu zeigen Kinder mit Asperger-Autismus oft nur leicht erniedrigte, mitunter normal bis überdurchschnittliche Intelligenz).

Immer kommt es beim frühkindlichen Autismus zu erheblichen **Sprachstörungen** bzw. Retardierungen. Wenn Sprache vorhanden ist, zeigt sich oft ein eigentümliches Sprachmuster, beispielsweise eine Echolalie (stereotypes Nachsprechen) oder die Umkehr von Pronomina. Der Sprachklang wirkt mitunter «gestelzt» oder «leiernd», ein Zeichen, dass der Sprache wichtige Teile des emotionalen Ausdrucksgehalts fehlen. Überhaupt gewinnt man den Eindruck, dass die Sprache, ähnlich wie die Mimik, nicht in adäquater Weise zur Kommunikation benutzt wird. Die Unfähigkeit oder die Schwierigkeit bei der Aufnahme von Sozialkontakten zeigt sich also besonders auch im kommunikativen Bereich. Ein Teil der Kinder lernt nicht sprechen, die Prognose hinsichtlich der relativ eigenständigen Lebensführung hängt u. a. davon ab, wie allgemeine Intelligenz und Sprachentwicklung etwa im Grundschulalter entwickelt sind. Das Fehlen sozialer Interaktionen, des Verständnisses und des Gebrauchs von Kommunikationsmustern und flexibler, kreativer Tätigkeiten (statt dessen Stereotypien) sind also zentrale Charakteristika des frühkindlichen Autismus. Darüber hinaus kommt es teilweise zu Verhaltensauffälligkeiten wie Jaktationen (Kopf- oder Körperschaukeln), Augenbohren, motorischen Auffälligkeiten sowie sensorischen Störungen. Hierbei handelt es sich nicht um Sinnesstörungen im eigentlichen Sinne, sondern um Verarbeitungsstörungen visueller, auditiver, olfaktorischer, geschmacklicher oder taktiler Reize. Hierauf wird weiter unten noch eingegangen.

Die «**autistische Psychopathie**» (**Asperger**) weist im Kindesalter einige Besonderheiten auf, wenngleich jenseits der Pubertät oft nicht mehr eindeutig zwischen beiden Formen unterschieden werden kann. Die Intelligenz ist, wie bereits erwähnt, oft nur leicht unterdurchschnittlich und manchmal sogar überdurchschnittlich. Auch fehlen die typischen Sprachverzögerungen, wie sie beim Kanner-Autismus regelmäßig beobachtet werden. Allerdings zeigen sich auch bei der Asperger-Variante deutliche Kommunikationsstörungen: die Betroffenen sprechen oft ohne Anpassung an die Zuhörer, führen mitunter lange Selbstgespräche, neigen zu Stereotypien und können bei guter Grammatik und Wortschatz einen auffälligen Stimmklang entwickeln. Auch die nonverbale Kommunikation ist gestört, oft wird das Gegenüber nicht angesehen, manchmal nicht wahrgenommen. Bewegungsstereotypien, ritualisierte Phänomene und Veränderungsängste können in unterschiedlichen Variationen ähnlich wie oben beschrieben auftreten. Vom Kanner-Autismus unterscheidet sich die Asperger-Verlaufsform vor allem durch eine allgemeine motorische Unsicherheit und dyspraktische Störungen, die hier regelmäßig auftreten. Schließlich sind Sonderinteressen zu erwähnen, die das Denken und Handeln der Betroffenen lange zu binden vermögen und ihnen oft eine Außenseiterstellung geben. Der Asperger-Autismus, der überwiegend bei Jungen/Männern auftritt, wird von manchen Autoren als eine prognostisch etwas günstigere Sonderform des Autismus bezeichnet, bei denen es den Betroffenen mitunter gelingt, relativ eigenständig, wenn auch oft als auffällige Außenseiter der Gesellschaft zu leben.

In den letzten fünfzig Jahren sind zahlreiche Theorien zu Ursachen und Entstehung dieses merkwürdigen Störungsbildes entstanden. Lange Zeit hielt man familiäre und psychosoziale Faktoren für zumindest mitursächlich an der Entstehung beteiligt. So wurde postuliert, dass intellektualisierende Oberschichtseltern mit relativ gefühlskaltem Verhalten zum Krankheitsbild beitrügen. Auch wenn dies nicht im Sinne einer Schuldzuweisung, sondern eher einer schicksalhaften Verstrickung gesehen wurde, so löste es bei den Eltern doch häufig massive Schuldgefühle aus, zumal sie sich von Fachleuten in ihrer Not nicht verstanden fühlten. In den letzten zwei Jahrzehnten gewannen zunehmend organisch-genetisch und neurophysiologisch orientierte Erklärungen an Bedeutung. Vor allem beim Asperger-Autismus scheint eine genetische Komponente erwiesen zu sein, wenngleich auch heute noch nicht klar ist, was denn wie vererbt wird und unter welchen Umständen es zum Tragen kommt. Eine Reihe nachzuweisender Erkrankungen, z. B. die Röteln-Embryopathie, das Marker-X-Syndrom, unbehandelte Phenylketonurie, bestimmte Formen geistiger Behinderung und andere können gemeinsam mit einem Autismus vorliegen, wenngleich alle o.g. Krankheiten nicht zwangsläufig zum Autismus führen. Andererseits gibt es viele Autisten, bei denen keine eindeutige hirnorganische Störung im o.g. Sinne festzustellen ist.

Es verdichten sich aber die Hinweise, dass beim Autismus vermutlich doch sich hirnorganisch manifestierende Dysfunktionen höherer und komplexer kognitiver und Wahrnehmungs-Funktionen vorliegen. Es scheint so, als ob es Autisten schwer fällt, die vielfältigen Reize unterschiedlicher Kanäle (Gehör, Geschmack, Geruch, Berührung, Sehsystem) miteinander zu verknüpfen und zu einem sinnvollen Ganzen zu **integrieren**. Manchmal können Reize nicht nach Wichtigkeit selektiert und ausgesondert werden, so dass es zu einer **Reizüberflutung** und einem Zusammenbruch der verarbeitenden Instanzen kommen mag. Manchmal scheinen bestimmte Reizmodalitäten über- oder unterbewertet zu werden. Möglich ist auch, dass optische oder andere Reize plötzlich ihre Gestalt oder Intensität wechseln, dass also keine ausreichende Konstanz erlebt wird. Auch die Koppelung zwischen Wahrnehmung und emotionaler (stimmungsmäßiger) Bewertung kann gestört sein. Von Bedeutung ist, dass eine solche kognitiv-affektive Wahrnehmungs- und Verarbeitungsstörung vor allem in den Bereichen sozialer Wahrnehmung auftritt. Verschiedene Autoren (vgl. Weber, 1988) vermuten Funktionsstörungen im Frontal-Limbischen System. Es muss aber nach wie vor darauf hingewiesen werden, dass solche Thesen bis heute hypothetischer Natur sind. Wahrscheinlich handelt es sich um ein Störungsbild mit sehr unterschiedlichen und multifaktoriellen Ursachenbündeln, die zu einem jeweils ähnlichen, en detail jedoch durchaus unterschiedlich akzentuierten Störungsbild höherer affektiv-kognitiver Funktionen führen. Dabei ist dann das Hauptcharakteristikum die Schwierigkeit im adäquaten Erkennen sozialer Beziehungssituationen sowie im adäquaten Handeln, einschließlich kommunikativer Prozesse.

Die Prognose ist, auch bei intensiver Betreuung und Behandlung, unterschiedlich und im Kindesalter nicht vorhersagbar. Darauf hinzuweisen ist wichtig, um Eltern einerseits zu gezielter Förderung zu ermutigen, andererseits vor Enttäuschungen und mitunter damit verbundenen Schuldgefühlen zu schützen. Keine der bis heute entwickelten Therapieformen vermag autistische Kinder zu heilen. Gelegentlich kann es zu unerwarteten Entwicklungsschüben, manchmal sogar bis zu altersentsprechender Intelligenz kommen.

Von besonderer Bedeutung in Förderung und Pädagogik ist eine klare, übersichtliche und gut strukturierte Lebens- und Alltagssituation. Auf das besondere Bedürfnis der Kinder nach klaren und für sie überschaubaren Verhältnissen, insbesondere eindeutigen sozialen Situationen, soll Rücksicht genommen werden.

Da jedes autistische Kind sehr individuelle Störungen und damit Bedürfnisse aufweist, ist eine subtile, komplexe und mehrdimensionale Diagnostik, die immer wieder auch Veränderungen berücksichtigt, von Nöten. Ebenso wie in der Diagnostik wie auch in der Förderung und Therapie müssen verschiedene Berufsgruppen (Heilpädagogen, Sozialpädagogen, Ärzte usw.) zusammen mit den Eltern «an einem Strang ziehen», also Behandlungspläne aufeinander abstimmen, und diese nach Bedürfnis und Entwicklungsstand des Kindes immer wieder modifizieren.

Dabei kommt es nicht nur darauf an, dass autistische Kinder durch passives Nachahmen lernen; besonderer Wert ist auf die Anregung eigener Aktivität und Kreativität zu legen, wobei die Loslösung von stereotypem Verhalten viel Geduld, langsame Schritte und lange Zeiträume erfordert. Auch wenn autistische Kinder ihre mitmenschliche Umwelt nicht oder unzulänglich wahrnehmen und auch in der Gruppe isoliert und abgekapselt reagieren, ist ein stetiger Versuch der Anbahnung sozialer Kontakte unter gezielter heilpädagogischer Betreuung sinnvoll und Erfolg versprechend, wenn man auch schon kleinere adaptive Schritte als Erfolg wertet.

Ziel der Förderung, Behandlung und Begleitung autistischer Kinder und Jugendlicher, die sich in der Regel über Jahre erstreckt, ist also die Weiterentwicklung der gestörten Fähigkeiten sozialen Erkennens und sozialen Reagierens und eine Adaptation an das soziale Umfeld, das soweit wie möglich ein relativ eigenständiges Leben ermöglicht. Einem Großteil der Autisten gelingt dies nur bedingt. Immerhin verweist Weber (in Kisker,1988, S. 83 f) auf «eine recht beträchtliche Anzahl autistischer Jugendlicher und Erwachsener, die auf ihre Weise am Leben teilhaben und auf ihre Weise zufrieden sind, zumindest nicht weniger zufrieden als die Mehrzahl der gesunden Menschen».

Überprüfen Sie Ihr Wissen!

26.1 Fragetyp A, eine Antwort richtig

Eine der fünf folgenden Aussagen zum Asperger-Autismus ist richtig. Welche?

a) Asperger-Autismus wird in der Regel nicht als eigenständiges Bild, sondern als eine Unterform der kindlichen Schizophrenie angesehen.

b) Eine frühzeitig einsetzende, kausale Therapie ermöglicht die Heilung des Asperger-Autismus.

c) Heilpädagogische Behandlung und trainierende Maßnahmen sind wichtige Pfeiler therapeutischer Bemühungen beim Asperger-Autismus.

d) Die motorische Entwicklung verläuft in der Regel normal.

e) Der Asperger-Autismus lässt sich bei intensiver Diagnostik immer vom Kanner-Autismus unterscheiden.

26.2 Fragetyp B, eine Antwort falsch

Eine der folgenden Aussagen ist falsch. Welche?

a) Ein häufiges Zeichen des Kanner-Autismus ist die extreme Abkapselung aus der menschlichen Umwelt.

b) Autismus geht praktisch immer mit einer geistigen Behinderung einher.

c) Die Prognose eines Kanner-Autismus, bei dem die Sprachentwicklung bis zum 5. Lebensjahr nocht nicht eingesetzt hat, ist eher ungünstig.

d) Bei Verdacht auf einen Kanner-Autismus muss u. a. eine Hörstörung ausgeschlossen werden.

e) Kognitive Defizite wie Teilleistungsstörungen, sensorische Verarbeitungsstörungen usw. sind von großer Bedeutung bei der Entwicklung eines Autismus.

26.3 Fragetyp C, Antwortkombinationsaufgabe

Welche der folgenden Symptome würden sie häufig beim Kanner-Autismus erwarten?

1. Extreme Abkapselung aus der menschlichen Umwelt
2. Veränderungsangst
3. Störung der Intelligenzentwicklung.
4. Störung der Sprachentwicklung

a) Nur die Aussagen 1 und 3 sind richtig.

b) Nur die Aussagen 2 und 3 sind richtig.

c) Nur die Aussagen 1, 3 und 4 sind richtig.

d) Nur die Aussagen 1, 2 und 3 sind richtig.

e) Alle Aussagen sind richtig.

26.4 Fragetyp D, Zuordnungsaufgabe

Bitte ordnen Sie die folgenden Symptome jeweils dem Asperger- und dem Kanner-Autismus zu.

1. Erstsymptome etwa im 2. bis 3. Lebensjahr
2. Erstsymptome in den ersten Lebensmonaten
3. Regelmäßig mit Sprachentwicklungsstörungen verbunden
4. Väter zeigen häufig auch autistische Züge.
5. Jungen und Mädchen betroffen.

x. Asperger-Autismus

y. Kanner-Autismus

Nur eine der folgenden Kombinationen stimmt. Welche?

a) 1y 2x 3y 4x 5y

b) 1x 2y 3y 4y 5x

c) 1x 2y 3y 4x 5y

d) 1x 2y 3x 4x 5y

e) 1y 2x 3x 4y 5y

Vertiefungsfragen

Äußern Sie sich kurz zu Zusammenhängen von Schwierigkeiten adäquater Informationsverarbeitung und Störungen des sozialen Kontakts bei autistischen Syndromen.
Erläutern Sie Gründe für die Veränderungsangst autistischer Kinder.

Adressen

Hilfe für das autistische Kind, Vereinigung zur Förderung autistischer Menschen e.V., Bebelallee 141, 22297 Hamburg. E-mail: info@autismus.de

27. Orientierungslos. Alzheimer-Erkrankung

Der 78-jährige ehemalige selbständige Malermeister A.M. lebt seit drei Jahren in einem Altenpflegeheim, nachdem seine Frau verstorben ist und seine Kinder sich außerstande sahen, den zunehmend verwirrter werdenden Mann zu pflegen und zu versorgen. Die Tochter berichtet, dass ihr Vater in den letzten sechs Jahren zunehmend desorientiert werde. Anfangs sei es nur zu leichten Merkschwierigkeiten gekommen: Ihr Vater habe sich Namen nicht mehr merken können, der Handlung einfacher Spielfilme im Fernsehen nicht mehr folgen können, was ihn zunehmend irritiert habe, habe Zeitschriften und Bücher nicht mehr zuende lesen können, später auch den Sinnzusammenhang nicht mehr verstanden. Lange Zeit habe er eine «Fassade» aufgebaut, z. B. habe er beim gemeinsamen Fernsehen so getan, als könne er der Handlung folgen. So habe die Familie zunächst nicht gemerkt, welche schwer wiegenden Veränderungen der Gedächtnisleistungen und der Auffassungsgabe sich ergaben. Stutzig sei man geworden, als der Vater das Buch verkehrt herum gehalten habe oder beispielsweise seinen Fotoapparat (er war begeisterter Hobbyphotograph) nicht mehr bedienen konnte.

Der Vater, der seit drei Jahren in einem Altenpflegeheim lebt, ist inzwischen hochgradig verwirrt und desorientiert. Er erkennt sein eigenes Bild im Spiegel nicht mehr, findet sich ohne fremde Hilfe in der Einrichtung nicht zurecht, ist darauf angewiesen, immer wieder räumlich und zeitlich von anderen orientiert zu werden. Er erkennt seine nächsten Angehörigen oft nicht mehr, doch wechselt dies. Er lebt viel in der Vergangenheit, erinnert sich an Episoden aus seiner Kindheit, ist aber nicht mehr in der Lage, neuere Informationen zu behalten. Er leidet immer wieder unter Angst und Erregung, insbesondere dann, wenn er die räumliche Orientierung verloren hat, wenn er sich beispielsweise in der Nacht auf dem Flur wieder findet und nicht weiß, wohin er gehen soll.

Herr M. partizipiert gern an gemeinsamen Heimveranstaltungen, bei denen er zuhören oder zusehen kann, ohne dass von ihm etwas verlangt wird. Aber auch gemeinsames Singen (vor allem Lieder aus seiner Jugendzeit) macht ihm Freude. Er ist sehr empfänglich für Stimmungen in seiner Umgebung, und wenn er auch kognitiv oft nicht begreift, was um ihn herum vorgeht, fühlt er doch intensiv mit und reagiert sehr emotional auf Veränderungen in seiner Umgebung.

Herr M. hilft gerne, wo ihm das möglich ist. Dazu ist es notwendig, dass komplexe Arbeitsvorgänge (z. B. das Herstellen eines Obstsalates) in kleinste Arbeitssequenzen aufgeteilt werden und dass man ihm immer wieder geduldig jeden neuen Handlungsschritt sagt und vormacht («Bitte zerkleinern Sie jetzt die Äpfel so»).

Verwirrtheitszustände mit Einbußen bzw. weitgehendem Verlust höherer kognitiver Fähigkeiten, oft gepaart mit massivem Gedächtnisverlust, werden als **Demenzen** bezeichnet. Im Gegensatz zu einer geistigen Behinderung handelt es sich bei einer Demenz um eine sekundäre, erworbene kognitive Beeinträchtigung, nachdem der Betroffene für lange Zeiten seines Lebens unauffällig war. Treten sie im Alter auf, so spricht man von **Altersdemenzen**.

Verwirrtheit ist ein Symptom, allerdings das wichtigste einer solchen Demenz. Verwirrtheit kann sehr unterschiedliche Ursachen haben. Akute Verwirrtheitszustände können beispielsweise bei akuten Erkrankungen (z. B. Entzündungen der Hirnhäute), bei Stoffwechselstörungen (z. B. Schilddrüsenunterfunktion, einem nicht erkannten oder falsch eingestellten Altersdiabetes usw.), bei Vergiftungen und Ernährungsfehlern (z. B. bei einer akuten Dehydratation, also einem massiven Flüssigkeitsmangel) und einer Vielzahl anderer internistischer Erkrankungen auftreten. Es ist wichtig, solche Störungen grundsätzlich abzuklären, weil sie leider gar nicht so selten sind und natürlich im Prinzip behoben werden können, sofern man die Störung rechtzeitig erkennt und entsprechende Maßnahmen einleitet.

> So ist beispielsweise die Mangelernährung und insbesondere der schleichende Wasserverlust ein leider nicht so seltenes Phänomen im hohen Lebensalter: Eine zuvor schon bestehende Vergesslichkeit oder Unselbständigkeit, gepaart mit schwierigen psychosozialen oder pflegerischen Umfeldbedingungen mögen dazu führen, dass der Betroffene zu wenig trinkt und dass es infolge einer solchen schleichenden Dehydratation zu zunehmender Verwirrtheit kommt, was einen Teufelskreis in Gang setzt.

> Aber auch psychische und soziale Belastungen können einen Verwirrtheitszustand auslösen oder seine Symptomatik verschlimmern: Der plötzliche Tod des geliebten Ehepartners, die plötzliche Hospitalisierung aufgrund einer anderen Erkrankung mit dem damit verbundenen, für den Betroffenen manchmal nicht zu verkraftenden Umgebungswechsel, der mit Schmerz und Trauer verbundene Abschied von einer bisherigen Lebenssituation, beispielsweise bei der Unterbringung in ein Heim sowie Isolation und Entwurzelung sind einige von vielen weiteren psychosozialen Faktoren, die eine Verwirrtheit im Alter (mit)bedingen können.

Gegenstand dieses Kapitels sind allerdings Demenzen und Verwirrtheitszustände primär organischer Genese mit chronischem Charakter. Neben einer Reihe sehr spezieller und relativ selten vorkommender Erkrankungen kommen hier vor allem zwei Grundstörungen in Betracht: zum einen die Multi-Infarkt-Demenz, zum anderen die sog. Alzheimer'sche Erkrankung.

Bei der **Multi-Infarkt-Demenz** (MID) handelt es sich um eine Vielzahl diffus über das Gehirn verstreuter kleinerer Infarkte, also einer Art «Mini-Schlaganfälle», die sich meist auf dem Boden einer arterio-sklerotischen Gefäßveränderung ergeben haben. Dachte man früher, dass die Mehrzahl aller Altersdemenzen darauf zurückzuführen sind, so weiß man heute, dass dies nur bei einem Viertel bis Drittel der Fall ist. Die übrigen Verwirrtheitszustände chronisch-organischer Art gehen eher auf das Konto der sog. «Alzheimer» Krankheit (wobei Mischformen zwischen MID und M.-Alzheimer möglich sind).

Beim **Morbus Alzheimer** handelt es sich um eine Erkrankung, bei der Hirnzellen zerstört werden und Hirngewebe zugrunde geht, was sich in einem zunächst schleichenden Prozess manifestiert. Etwa 600 000 Bundesbürger leiden zur Zeit am Alzheimer-Syndrom, und man rechnet mit etwa 50 000 Neuerkrankungen pro Jahr. Während das Erkrankungsrisiko in der Gesamtbevölkerung bei einem Prozent liegt, sind es bei den über 65-jährigen schon 5 Prozent, und jenseits des achtzigsten Lebensjahres sind bereits 20 Prozent von dieser Krankheit betroffen. Hieraus wird deutlich, dass – epidemiologisch gesehen – die Alzheimer'sche Erkrankung auch ein Altersproblem ist, das bei einer sich ändernden demographischen Struktur zunehmend vermehrte finanzielle und personelle Anstrengungen zur Versorgung dieser Bevölkerungsgruppe erforderlich macht.

Die Ursachen dieser Erkrankung sind letztlich nicht geklärt. Bereits vor über 100 Jahren hat der deutsche Arzt Alois Alzheimer beschrieben, dass das Hirngewebe betroffener Patienten um ein Drittel schrumpft, und dass sich in den Gehirnen verstorbener Alzheimer-Patienten außerordentlich harte Inseln, sog. **senile Plaques**, finden lassen. Man weiß heute, dass es sich hierbei um ein Konglomerat von Eiweißfragmenten, Resten abgestorbener Hirnzellen und zum Teil eingelagertem Aluminium handelt. Außerdem finden sich regelmäßig abgestorbene und funktionsunfähige Hirnzellen sowie Neurofibrillen, feine Proteinfäden als Zeugen eines Zelluntergangs. Bei den Protein(Eiweiß)-Fragmenten innerhalb der senilen Plaques, dem sog. **Amyloid**, das, wie man heute weiß, wiederum aus 43 Aminosäuren zusammengesetzt ist, handelt es sich wahrscheinlich um das Bruchstück eines ursprünglich wesentlich größeren Proteins, das im gesunden Zustand Bestandteil der Nervenzellwand, also der Membran der Nervenzelle, ist. Das Amyloid ist also ein «stummer Zeuge» eines Zelluntergang-Phänomens, bei dem eine hochkomplexe und labile Membranstruktur zugrunde gegangen ist. Der Aufbau von und die Reparaturvorgänge an diesem Membraneiweiß werden wahrscheinlich von der DNA im Zellkern gesteuert. Eine Störung im genetisch verankerten Programm kann diese komplizierten Vorgänge irritieren. Man nimmt heute an, dass bei einem Teil der Patienten eine höhere Verletzlichkeit auf dem 21. Chromosom am Entstehen einer Alzheimer-Erkrankung mitbeteiligt ist. Dafür spricht, dass ein höherer Prozentsatz der von M. Down (Trisomie 21) Betroffenen schon im mittleren Lebensalter an der Alzheimer-Störung erkranken. Letztlich ist ein chromosomaler Einfluss (unterschiedliche Genorte werden «angeschuldigt») aber nicht geklärt.

Das vermehrte Auftreten von Amyloid kann seinerseits die umliegende Hirnstruktur, insbesondere an den synaptischen Verbindungsenden noch intakter Nervenzellen, stören und Anlass zu weiteren Zelluntergangsprozessen sein. Wahrscheinlich lagert sich erst beim erkrankten Gehirn vermehrt Aluminium ein, was dann allerdings seinerseits einen Teufelskreis auslösen kann. Der Ausfall von Neurotransmittern scheint eine weitere Rolle zu spielen. Als erstes sind vermutlich Strukturen des **Limbischen Systems**, das ja mit Gefühls- und Gedächtnisprozessen assoziiert ist, betroffen. Die Bahnen, die insbesondere von der Amygdala (dem Mandelkern) ins Großhirn führen, arbeiten mit **Acetylcholin** als Botenstoff. Dieser scheint bei Alzheimer-Patienten vermindert zu sein, eine Folge geschädigter Hirnsubstanz. Das hat aber seinerseits zur Folge, dass die zerebralen Empfängerstrukturen sekundär in Mitleidenschaft geraten: Auch hier ergibt sich ein Teufelskreis. Die neuere Forschung bemüht sich, einen Ersatz für das verminderte Acetylcholin zu kreieren, der die Botenstoff-Funktion übernehmen kann. Ob diese Versuche, die lediglich einer symptomatischen Behandlung gleichkommen, erfolgreich sind, werden die nächsten Jahre zeigen.

Bei der fortschreitenden Alzheimer-Krankheit sind die Verbindungen zwischen Limbischem System und höheren kortikalen Strukturen als erste gestört. Daraus ist zu erklären, dass am Anfang das **Kurzzeitgedächtnis** ausfällt: In der Großhirnrinde verarbeitete Eindrücke müssen in den Strukturen des Limbischen System bearbeitet werden, um schließlich in Zentren des Großhirns fest gespeichert zu werden. Ausfälle in diesem sensiblen Regelkreissystem führen folglich zu Störungen des Kurzzeit- und mittelfristigen Gedächtnisses.

Die Diagnostik ist in der Regel eine Ausschlussdiagnostik: Behandelbare Formen einer organischen Demenz werden durch eine gründliche neurologische und internistische Untersuchung abgeklärt. Auch psychosoziale Komponenten gilt es zu erkennen und in positiver Weise zu beeinflussen. Es bleibt eine große Zahl altersverwirrter Menschen, bei denen zunächst nicht immer eindeutig zwischen Multi-Infarkt-Demenz und M. Alzheimer unterschieden werden kann. Oft verbieten sich mehr oder weniger invasive diagnostische Maßnahmen im hohen Lebensalter. Die **Positronen-Emissionstomographie** kann manchmal Hinweise auf eine Alzheimer'sche Erkrankung geben, doch ist zu überlegen, wann und unter welchen Bedingungen man diese Untersuchung einem alten Menschen zumutet. **Wahrnehmungstests** (vgl. **Abb. 27.1**) können mitunter schon frühzeitig auf eine Altersdemenz aufmerksam machen. Verbaltests, bei denen aus einer Reihe sinnloser Worte ein sinnvolles herausgesucht werden muss, können der Frühdiagnostik dienen:

Nale, Sahe, Nase, Nesa, Sehna

Kirse, Sirke, Krise, Krospe, Serise

Feudasmus, Fonderismus, Föderalismus, Födismus, Föderasmus

Mitunter können auch Halluzinationen (z. B. Geruchshalluzination) Erstsymptome einer Alzheimer'schen Erkrankung sein: Wichtige Anteile des Riechens gehören ja zum Limbischen System (auf die Zusammenhänge von Riechvermögen, Geruch und Emotion wurde in Kapitel 7 eingegangen).

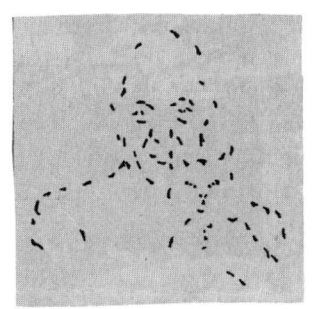

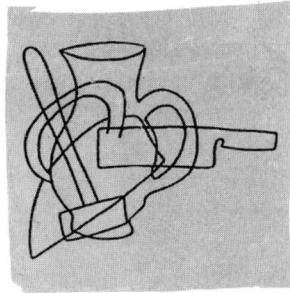

Abbildung 27.1: Zwei Wahrnehmungstests. Ein Alzheimer-Kranker würde evtl. nur sinnlose Punkte bzw. Linien erkennen können.

Die Alzheimer'sche Erkrankung beginnt wie oben schon beschrieben meist im höheren Lebensalter. Daneben gibt es wahrscheinlich noch eine andere Verlaufsform, die zwischen dem vierzigsten und sechzigsten Lebensjahr beginnt und in der Regel schneller und stürmischer verläuft. Ansonsten erstreckt sich die Alzheimer'sche Erkrankung auf einen längeren Zeitraum, im Schnitt sechs bis zehn Jahre. Manche Autoren (vgl. Grond, 1988) geben eine Einteilung der Krankheit in vier Phasen an, die, wie alle solche Phasenkonstrukte, letztlich eine Frage der Definition sind, andererseits in der individuellen Betreuung Alzheimerbetroffenen hilfreich sein können (mehr dazu unten). In einem frühen Stadium ist die Alzheimer'sche Erkrankung durch unauffälligen und schleichenden Beginn gekennzeichnet. Soeben Gedachtes wird wieder vergessen, geplantes Handeln kann nicht mehr adäquat in die Tat umgesetzt werden, das Kurzzeitgedächtnis versagt mehr und mehr. Insbesondere der Gedächtnisverlust wird von den Betroffenen registriert, sie versuchen dieses Phänomen zu verdrängen und nach außen hin eine Fassade aufzubauen. Vermutlich ist dies eine Phase, in der sie sehr stark unter den beginnenden Veränderungen, die teilweise noch als solche wahrgenommen werden, leiden. Manchmal wird das Unerklärliche vergessen oder das Verlieren im Sinne von Schuldvorwürfen auf andere projiziert.

> «Frau C. beschrieb verschiedene ... Ereignisse bei ihrem Ehemann. Anlass war das Verlegen einer Brille. «Du hast meine Brille aus dem Fenster geworfen», sagte er. «Ich habe deine Brille nicht berührt», anwortete sie. «Das sagst du immer, wie kannst du erklären dass sie verschwunden ist?» «Du machst mir diese Vorwürfe jedes Mal, wenn du deine Brille verlierst». «Ich habe sie nicht verloren, du hast sie aus dem Fenster geworfen». (Aus: Mace L., Rabins V., 1988, S. 42)

In einem fortgeschrittenen Stadium kommt es zu Sprachunfähigkeiten (Aphasien), die in Kapitel 4 und 22 bereits beschrieben wurden, zu Wortfindungsstörunge, zu Apraxien, also einer Handlungsunfähigkeit, die gezielte Handlungen mehr und mehr erschwert, sowie Agnosie, also der zunehmenden Unfähigkeit, Sachen oder Mitmenschen wieder zu erkennen. Auch ein deutlicher Schwund intellektueller Fähigkeiten ist zu registrieren, insbesondere Schwierigkeiten bei Problemlösungsstrategien. Die Familienangehörigen leiden u. a. auch darunter, dass der Betroffene sich körperlich immer weniger versorgen kann. Auch die Gedächtnisprobleme umfassen jetzt viele Situationen des Alltags und führen zu vielfältigen psychosozialen Schwierigkeiten.

> Eine betagte, altersverwirrte Frau lehnte sich immer wieder aus dem Fenster und rief den verdutzten Passanten zu, seit Tagen nichts mehr zu essen zu bekommen. Die Angehörigen wussten sich nicht anders zu helfen, als schließlich ein Schild ans Fenster zu hängen, aus dem hervorging, dass die alte Dame regelmäßig und adäquat versorgt werde.

Die stark einsetzende räumliche Desorientierung steht im Mittelpunkt eines dritten, späten Stadiums, das sich mit Verzweiflung, Angst und Erregung paart und in ziellosem Wandern, u. a. auch nachts, niederschlägt. Die Kranken finden ihr Zimmer oder die Toilette nicht mehr, eine starke situative Verwirrung lässt sie vertraute Personen und räumliche Zusammenhänge nicht mehr erkennen. Zunehmend kommt es zu Hilfsbedürftigkeit, Pflegebedürftigkeit und schließlich Bettlägerigkeit.

Nach einem vierten, im Verhältnis zu den übrigen Phasen recht kurzen Stadium mit geschwächter Immunabwehr und Bettlägerigkeit kommt es schließlich zum Tod, meist infolge von Sekundär- und Begleiterkrankungen wie beispielsweise Lungen- oder Nierenbeckenentzündungen.

Ein frühes Charakteristikum der Alzheimer'schen Erkrankung ist, wie bereits erläutert, der Verlust des Kurzzeit-, später auch des mittelfristigen **Gedächtnisses**. Mit dem Schwinden dieser Fähigkeiten ist aber auch eine zunehmende Schwierigkeit in der **zeitlichen Orientierung** verbunden. In einer interessanten Abhandlung über Orientierung in Zeit und Raum verdeutlicht Pöppel (1993, S. 13), dass wir Ereignisse nicht für sich allein stehend wahrnehmen, sondern einzelne Ereignisse zeitlich aufeinander beziehen und dadurch Vergangenes und Zukünftiges von der subjektiven Gegenwart, dem «Jetzt», abgrenzen. Die Differenzierung solcher zeitlichen Phänomene einerseits und die Integration zu einer Wahrnehmungsgestalt im Sinne eines zeitlichen Kontinuums ermöglicht uns eine zeitliche Orientierung und darüber hinaus das Erleben unserer zeitbezogenen Identität (ich war, ich bin, ich werde sein). Diese hochkomplexen psychischen Vorgänge, auf die hier nicht näher eingegangen werden kann, setzen aber ein Gedächtnis voraus. Ist dieses gestört, wenn wir also nur in der fernen Vergangenheit unseres Langzeitgedächtnisses leben, so kommt es zum Verlust des Zeitgitters und letztlich zum Verlust unserer zeitbezogenen Identität. Ein solcher Vorgang, der sich in den mittleren und späten Stadien der Alzheimer'schen Erkrankung entwickelt, ist außerordentlich schmerzhaft. Er führt zu hochgradigen Verwirrtheitszuständen und Ängsten, denn die zeitliche Orientierung ist eine elementare anthropologische Konstante, deren Verlust schicksalhaft ist. Auch rhythmisch orientierte Zeitfaktoren (Wochentage, Jahreszeiten, wiederkehrende Feste), die unserem Zeitempfinden dienen können, fallen ja bei einem Verlust des Gedächtnisses weitgehend aus. In einem späteren Stadium der Alzheimer'schen Erkrankung kommen Wahrnehmungsstörungen und **Agnosien** hinzu, d. h. Sinnesreize werden zwar richtig wahrgenommen, aber nicht mehr adäquat verarbeitet. Ein Nicht-Erkennen von Menschen und Gegenständen, aber auch sozialer und komplexer Situationen ist die Folge. Neben der zeitlichen Desorientierung tritt nun eine räumliche und später auch soziale Desorientierung auf. Auch die räumliche Orientierungslosigkeit ist hochgradig angstbesetzt, da wir durch zahlreiche hirnphysiologisch verankerte Mechanismen auf eine Orientierung im Raum geprägt sind und deren Verlust mit Identitätskrisen einhergeht. Die Folge ist meist eine hochgradige Erregung, die sich u. a. in rastlosem Wandern und hilflosem Suchen äußert, wobei die Alzheimerbetroffenen meist nicht angeben können, was sie eigentlich suchen.

Andere Auswirkungen des Gedächtnisverlustes sind das Vergessen von Namen und Zahlen, das Verwechseln von Räumlichkeiten, schließlich das Vergessen basaler sprachgebundener Begriffe im Sinne einer **amnestischen Aphasie**, die sich anfangs in leichten Wortfindungsstörungen zeigt, später zu schweren Kommunikationsstörungen führen kann. Auch Lese- und Rechenstörungen (**Dysgraphie, Dyskalkulie**) können im Gefolge einer Verwirrtheit auftreten und führen zu weiterer Verunselbständigung, beispielsweise, wenn Rechnungen nicht mehr beglichen und Briefe nicht mehr beantwortet werden können. Schließlich kommt es zu **Apraxien**, Werkzeugstörungen also, bei denen komplexe motorische Handlungen nicht mehr gelingen. Zwar ist der Betroffene in der Lage, einzelne Handgriffe mit zum Teil unverändertem motorischem Geschick zu tätigen, wenn man es ihm genau erklärt und zeigt (und zwar immer wieder aufs neue). Komplexen Aufforderungen wie: «Decken Sie bitte den Tisch und bereiten Sie bitte das Essen zu» kann aber nicht mehr nachgekommen werden. Gedächtnisleistungen und komplexe seriale Planungsentwürfe wären notwendig (zunächst die Kartoffeln schälen, dann zerkleinern, dann ins Wasser geben, dann den Herd anstellen usw.), und eine solche seriale Leistung kann vom Betroffenen nicht mehr erbracht werden. Ähnliches gilt für das abstrakte, nicht-anschauungsgebundene Denken und die Urteilsfähigkeit in komplexen Situationen.

Die Folge solcher und einer Reihe anderer basaler Probleme (mehr dazu in der angegebenen Literatur, insbesondere bei Zgola, 1988 und Mace, 1988) sind Schwierigkeiten bei der Alltagsbewältigung und eine zunehmende Hilflosigkeit. So ist z. B. der Umgang mit größeren Geldbeträgen, insbesondere per Scheck oder Postanweisung erschwert. Auch die Mobilität wird rasch eingeschränkt, wenn das Autofahren oder das Benutzen des Busses nicht mehr möglich ist. Im weiteren

Verlauf der Erkrankung sind die Betroffenen zunehmend auf Fremdhilfe angewiesen. Wenn das Alleinleben nicht mehr länger möglich ist, werden ein Großteil der Betroffenen in der Familie gepflegt (über die längere Zeit der Krankheit etwa 90 Prozent). Die Hauptaufgabe der Pflege tragen erfahrungsgemäß noch die Töchter oder Schwiegertöchter, die in besonderer Weise belastet werden. Solche Belastungen sind zum Teil physischer Natur: Das nächtliche Umherwandern der Verwirrten kann den Schlaf der gesamten Familie stören. Die zunehmende Notwendigkeit körperlicher Pflege, insbesondere beim Waschen und Anziehen, bei der Ernährung und der Grundpflege, machen einen Teil der körperlichen Belastung aus. Aber auch das Suchen nach weggelaufenen verwirrten alten Menschen sowie die Notwendigkeit einer ständigen Bereitschaft zur Betreuung belasten und können zur Erschöpfung führen. Dazu kommt eine Reihe von psychischen und sozialen Belastungsfaktoren: Ungerechtfertigte Vorwürfe vonseiten des Patienten, die zwar Resultat seiner Krankheit sind und insofern auf Verständnis stoßen sollten, können dennoch sehr belasten. Auch die vom Pflegenden geforderte Geduld, beispielsweise die ständig zu wiederholenden Erklärungen bei der Aufteilung komplexer Arbeitsschritte in kleinste Einzelschritte, die vom verwirrten Menschen noch bewältigt werden können, erfordern viel seelische Kraft. Die **filiale Rollenumkehr**, in der man nun den eigenen Elternteil pflegt, so wie man einst von den Eltern versorgt wurde, kann ebenfalls belastend sein, zumal im Gegensatz zur Kindheit bei der Altersverwirrtheit eine zunehmende Hilfsbedürftigkeit zu erwarten ist. Manch ein pflegender Angehöriger gerät auch in Isolation, mag nach außen hin nicht zeigen, wie belastet er ist oder stößt auf soziales Unverständnis. Hinzu kommt die Trauer darüber, dass der geliebte Elternteil diese doch schwer wiegende Veränderung seiner Persönlichkeit durchmacht. Wut und Trauer, Hilflosigkeit, aber auch Schuldgefühle können sich einstellen. Solche Schuldgefühle sind in der Regel unberechtigt. Was immer der pflegende Angehörige tut, es ist zu wenig – jedenfalls zu wenig, um das Leid des Betroffenen aufzuheben. Dies liegt aber am Krankheitsbild, nicht an der Insuffizienz des Pflegenden.

Es ist außerordentlich wichtig, eine **Überlastung pflegender Angehörige** rechtzeitig zu erkennen. Warnzeichen können Müdigkeit und Schlaflosigkeit, allgemeine Erschöpfung oder Neurasthenie sein. Hektische Betriebsamkeit, die zunehmende Unfähigkeit, mal «an etwas ganz anderes zu denken», gesellen sich hinzu. Die soziale Isolation, der weitgehende Rückzug aus bisher wahrgenommenen Aktivitäten ist ein nicht zu unterschätzendes ernstes Warnsymptom. Depressionen und psychosomatische Beschwerden sollten ebenfalls als solche erkannt werden. Suchtverhalten, insbesondere der Missbrauch von Schmerz-, Schlaf- und Beruhigungstabletten, aber auch verstärkter Alkoholkonsum sollten als Warnsymptome verstanden werden. Schließlich können aufgestaute Aggressionen zur Vernachlässigung des alten Menschen, manchmal sogar zu seiner Misshandlung führen. In all diesen Situationen ist es wichtig, nicht mit Vorwürfen (oder Selbstvorwürfen), sondern mit Verständnis und dem Wissen zu reagieren, dass hier eine Pflegesituation zu belastend und überfordernd ist. Im Sinne des zu Pflegenden, aber auch des Pflegenden muss eine Änderung initiiert und die Belastung abgebaut werden, auch wenn solche verändernden Schritte manchmal sehr schmerzhaft sind. Ob es sich dabei «lediglich» um regelmäßige Treffen in einer Selbsthilfegruppe für pflegende Angehörige handelt (die außerordentliche karthartische Hilfen bedeuten können), ob man auf externe Hilfen (ambulante Dienste) rekurriert oder ob die Unterbringung in einem Heim die zwar schmerzliche, aber doch für alle Beteiligten notwendige Lösung ist, kann natürlich nur in der Einzelsituation entschieden werden.

Hinsichtlich der Betreuung der Betroffenen hat sich gezeigt, dass während langer Phasen der Erkrankung zwar nicht die Krankheit beeinflusst, wohl aber die Sekundärsymptomatik gelindert werden kann. An dem Phänomen der Vergesslichkeit ist in der Regel nichts zu ändern. Man kann aber die Orientierung im Alltag auch bei abnehmenden Hirnleistungen erleichtern, wenn man beispielsweise Türen oder Kleiderschränke durch Photos oder Farben markiert, an mehreren Aufenthaltsstellen Uhren und Kalender mit jahreszeitlichen Photos anbringt, komplexe Handlungen in kleinere Schritte zerlegt, klare und eindeutige Kommunikationsstile einführt oder im Sinne des sog. «Daily-Living-Trainings» die verbliebenen kognitiven Fähigkeiten in den Dienst einer teilweisen Selbständigkeit stellt, wo dies noch möglich ist. Wichtiger als der möglichst lange Erhalt praktischer und kognitiver Fähigkeiten ist aber die soziale Begegnung und emotionale Geborgenheit, die der Betroffene spüren sollte. Auch wenn die kognitiven Fähigkeiten bereits deutlich abgenommen haben, sind die verwirrten alten Menschen oft empfänglich für die Stimmungen ihrer Umgebung und empfinden in der Regel bis zu ihrem Lebensende Freude und Trauer, Angst und Geborgenheit, Ärger und Gelassenheit. Alle Übungsmaßnahmen und sozialen Aktivitäten sollten darauf abzielen, zum emotionalen Wohlbefinden der Betroffenen beizutragen. Auch das passive Partizipieren an sozio-kulturellen Veranstaltungen und anderen Gruppenaktivitäten kann hierbei sinnvoll sein. Oft gelingt es, durch das Anknüpfen an lang zurückliegende Erlebnisse die aktuelle Situation zu verbessern oder positive Emotionen zu wecken.

> So fiel eine verwirrte Bewohnerin eines Altenheimes oft durch lautes und mitunter lang andauerndes Beten und Singen religiöser Texte auf, was zu erheblicher Irritation und Unruhe im Pflegeheim führte, so dass die ältere Dame sogar sediert wurde, nachdem sie sich auf aggressive Weise gegen Aufforderungen gewehrt hatte, mit diesem Verhalten aufzuhören. Als eine Sozialarbeiterin, die sich damit nicht zufrieden geben wollte, in der biographischen Arbeit von ihrer Tätigkeit als Vorbeterin und Organistin in der Kirchengemeinde hörte, konnte sie die Dame, die sich an diese Lebensphase (im Gegensatz zu aktuellen Ereignissen) sehr plastisch erinnerte, auffordern, über diese Zeit zu sprechen. Im folgenden gelang es immer wieder, der verwirrten Frau zu verdeutlichen, dass

sie zur Zeit nicht in der Kirche sei – woraufhin das die Mitbewohner irritierende Verhalten unterblieb.

Bekannt ist auch, dass verwirrte alte Menschen Lieder aus ihrer Kindheit und Jugend oft fehlerlos singen können, wobei auch dabei die damals vorhandenen positiven Gefühle wieder erweckt werden.

Um falsche Erwartungen, aber auch Etikettierungen zu vermeiden, sollte man nicht den Begriff «Therapie» von Alzheimer-Erkrankten gebrauchen. Der Verlauf der eigentlichen Erkrankung lässt sich zur Zeit nicht wesentlich beeinflussen. Pflegerische, betreuende und vor allem auch soziale und pädagogische Förderung können aber über weite Strecken das nach wie vor vorhandene Leid mildern und sollten dazu beitragen, den Betroffenen ein Leben in Würde zu ermöglichen. Besonders kommt es darauf an, zu Geborgenheit und emotionaler Ausgeglichenheit beizutragen.

Es würde den Rahmen dieser Abhandlung sprengen, gezielt auf psychosoziale individuelle Hilfen für die Betroffenen und das breit gefächerte Spektrum an möglichen Hilfen für das soziale Umfeld, insbesondere die Familien, einzugehen. Es sei auf die zum Teil hervorragende Literatur zu diesem Thema verwiesen: insbesondere Zgola J.M. (1989), Mace und Rabins (1988), Grond (1988), Böhm (1992) sowie Weakland und Herr (1984). Die dort beschriebenen Anregungen einer intensiven und auf die Bedürfnisse der Betroffenen wie ihrer Angehörigen zugeschnittenen Maßnahmen zeigen, dass auch bei dieser schweren und progredienten Erkrankung Hilfestellungen wichtig und möglich sind.

Überprüfen Sie Ihr Wissen!

27.1 Fragetyp B, eine Antwort falsch

Die Ursache des M. Alzheimer ist letztlich ungeklärt. Eine Reihe von Faktoren werden zur Erklärung (hypothetisch) herangezogen. Einer der fünf folgenden gehört nicht dazu. Welche?

a) Störungen im Neurotransmittehaushalt (Acetylcholin)

b) Störungen im 21. Chromosom

c) Strukturelle Hirnveränderungen, wie z. B. senile Plaques

d) Sauerstoffmangelversorgung durch Embolie

e) Eiweißveränderungen und Fibrillenbildung.

27.2 Fragetyp B, eine Antwort falsch

Eine der fünf folgenden Aussagen zur Alzheimer-Erkrankung ist falsch. Welche?

a) Auch bei intensiver Diagnostik lässt sich die Diagnose «Alzheimer-Erkrankung» nicht immer sicher stellen.

b) Frühsymptome der Alzheimer-Erkrankung sind Gedächtnisstörungen.

c) Im fortgeschrittenen Stadium fällt es dem Alzheimer Betroffenen schwer, sich auszudrücken.

d) Die durchschnittliche Dauer vom Ausbruch der Alzheimer-Erkrankung bis zum Tod beträgt (im statistischen Mittelwert) etwa zwei Jahre.

e) Im Spätstadium der Alzheimer-Erkrankung kommt es manchmal zu einer erheblichen Behinderung, u. a. mit Inkontinenz und Bettlägerigkeit.

27.3 Fragetyp A, eine Antwort richtig

Der 63-jährige Herr G. leidet an der Alzheimer-Krankheit. Als Herr und Frau G. ihren Sohn zum Abendbrot besuchen, setzt Herr G. sofort wieder seinen Hut auf, zieht den Mantel an und besteht darauf, nach Hause zu gehen. Nachdem man ihn mit Mühe dazu gebracht hatte, doch noch zum Abendbrot zu bleiben, besteht er danach darauf, sofort wieder nach Hause zurückzukehren. Worauf ist das Verhalten am ehesten zurückzuführen?

a) Auf einen Verlust des Zeitgefühls

b) Auf einen hormonell bedingten Unruhezustand

c) Auf einen paranoiden Verfolgungswahn

d) Auf einen Koordinationsverlust

e) Auf die Unfähigkeit, Gefühle zu empfinden.

27.4 Fragetyp B, eine Antwort falsch

Welches der fünf folgenden Symptome gehört nicht zu den typischen Symptomen der Alzheimer-Erkrankung?

a) Gedächtnisprobleme

b) Unangemessene und überschießende emotionale Reaktionen

c) Krampfanfälle

d) Probleme mit Sprache und Mitteilungsvermögen

e) Verlust des Zeitgefühls.

Vertiefungsfrage

Was bedeutet die räumliche und zeitliche Desorientierung von Alzheimerkranken, und wie wirkt sie sich auf die Persönlichkeit aus?

Adressen

Deutsche Alzheimer Gesellschaft e.V., Kantstr. 152, 10623 Berlin
Alzheimer-Angehörigen-Initiative e.V., Brunnenstr. 5, 10119 Berlin, aai@alzheimerforum.de

28. Vom Gehirn zum Ich. Bewusstsein, Selbstbewusstsein, Psychosen und die Grenzen unserer Erkenntnis

Am Ende dieses Buches wollen wir uns der Frage zuwenden, wie wir die bisher beschriebenen Funktionen des Gehirns subjektiv erleben. Was meinen wir damit, wenn wir «denken»? Was lässt mich die Welt als Außen-Welt, mich aber als Person mit einer eigenständigen Identität begreifen? Was hat es mit Bewusstsein und Selbstbewusstsein auf sich? Wie wirklich ist unsere Wirklichkeit, wie sicher unsere Erkenntnis und schließlich: Was hat es mit dem Phänomen des Geistes auf sich?

Das Wort **Bewusstsein** wird in zwei etwas unterschiedlichen Bedeutungen gebraucht: In der Medizin kennt man verschiedene Formen von Bewusstseinszuständen bzw. Wachheitsgraden. Demzufolge ist ein komatöser Patient schwerst bewusstlos, aber es finden sich auch andere Formen eingeschränkten, leicht getrübten Bewusstseins. Ähnliche Erfahrungen machen wir im Übergang von Schlaf- und Wachzustand, und unser Bewusstsein kann durch Drogen unterschiedlich beeinflusst werden. Eine etwas andere Akzentuierung erfährt das Wort, wenn wir unter Bewusstsein die gezielte Aufmerksamkeit auf ein Phänomen verstehen.

> Schauen Sie nach dem Lesen dieser Zeilen aus dem Fenster und nehmen Sie bewusst wahr, «was sich da draußen tut». Sie richten Ihr Bewusstsein selektiv auf ein anderes Geschehen – und wenden es hoffentlich bald wieder diesem Text zu.

Im folgenden soll dieser Aspekt unseres Bewusstseins am Beispiel der **visuellen Wahrnehmung** etwas näher erläutert werden. Bereits in Kapitel 12 wurde aufgezeigt, dass visuelle Merkmale über drei unterschiedliche Kanäle weiter verarbeitet werden. Bitte vergleichen Sie noch einmal die Abbildung 12.8: Helligkeit, Wellenlänge und Ort des visuellen Eindrucks sind drei unterschiedliche Merkmalsqualitäten, die zunächst parallel verarbeitet werden. Dabei werden die beteiligten Neurone immer komplexer zusammengeschaltet. Von der Netzhaut über die primäre Hirnrinde werden in sekundären und tertiären Hirnrindengebieten von hyperkomplexen Zellverbänden immer speziellere Merkmale zusammengefasst. So wird z. B. auf der Netzhautebene Kontrast registriert, während die primäre Hirnrinde Kanten «erkennt» und in sekundären Hirnrindengebieten Umrisse erkannt werden. Wird auf der Ebene der primären Hirnrinde Farbe registriert, so wird in sekundären Hirnrindengebieten Farbkonstanz festgestellt. Der dritte visuelle Kanal, der sich mit den Bewegungen befasst, kann auf der Ebene der sekundären Hirnrindengebiete dreidimensionale Bewegungen erkennen. Eine weitere Verschaltung in immer komplexeren neuronalen Verbänden erlaubt es uns schließlich, Gestalten, Szenen und Raumorientierung zusammenzufassen. Wir sehen, wie in Kapitel 12 bereits beschrieben, zum Beispiel bewegte, farbige, szenisch angeordnete Gestalten in einer räumlichen Orientierung und vergleichen das Gesehene mit Gedächtnisinhalten, so dass ich «meinen roten Ball, der mir zugeworfen wird», als solchen erkennen kann. Eine intermodale Verknüpfung mit akustischen und taktilen Informationen lassen mich das gesehene Objekt tasten oder hören, und schließlich «begreife ich», dass es sich bei den verschiedenen Sinneseindrücken und Gedächtnisinhalten um ein und dasselbe Objekt, z. B. meinen Ball, handelt. Das Gehirn vollbringt hier eine **integrative Leistung**. Wie in Abbildung 12.9 (Kap. 12) verdeutlicht wird, werden sehr unterschiedliche Merkmale der Welt zusammengefasst und zu einer einheitlichen Gestalt integriert. Das ist mit **sensorischer Integration** gemeint.

Wir finden also das merkwürdige Phänomen, dass es nur vielfältige Verknüpfungen, aber keine «übergeordnete Schaltzentrale» gibt, die innerhalb unseres Gehirns die Welt erkennt. Es gibt keinen Punkt im Gehirn, an dem unser **Ich** lokalisiert wäre. Zwar haben die Lokalisations-Theoretiker (vgl. Kap. 3) insofern recht, als es hochspezialisierte Zentren innerhalb unserer Großhirnrinde gibt, die sich bevorzugt mit visueller Wahrnehmung, Spracherkennung oder anderem befassen. Andererseits haben aber auch die «Generalisten» recht, die zeigen, dass bewusste Wahrnehmung und Kognition immer das Zusammenspiel von Millionen, möglicherweise Milliarden von Nervenzellen erfordert. Unterhalb der grauen Substanz unserer Großhirnrinde befinden sich, wie in Kapitel 3 beschrieben, parallel zur Hirnoberfläche verlaufende Fasern, Leitungsbahnen, die Millionen von Hirnzellen miteinander verbinden und temporär und kurzfristig zu Funktionseinheiten zusammenschalten können. Die **Abbildung 28.1** gibt das Prinzip, keineswegs natürlich die Komplexität solcher neuronaler Assemblies wieder.

Woher aber «wissen» die beteiligten Neuronen, wann sie zusammenagieren müssen? Die unterschiedlichen Merkmale der von uns erfahrenen Welt werden zu einem gemeinsamen **«raum-zeitlichen Schicksal»** verknüpft. Zum Teil haben wir in der neuronalen Struktur bereits angelegte «Vorerwartungen», welche Wahrnehmungsentitäten gemeinsam bearbeitet werden müssen. Wir können die Welt nur in bestimmten Kategorien begreifen und wahrnehmen. Zum Teil aber haben wir

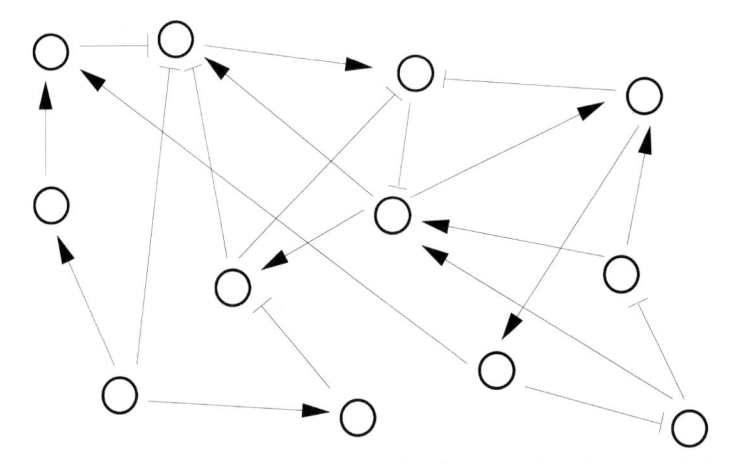

Abbildung 28.1: Verschaltung neuronaler Netze über hemmende und erregende Synapsen.

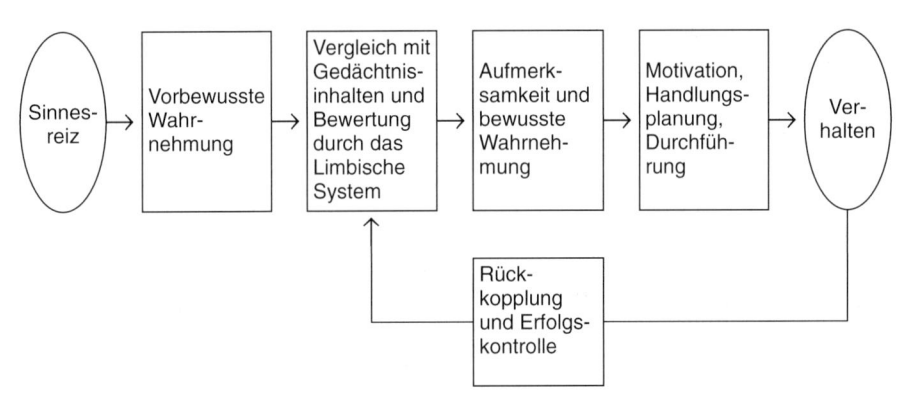

Abbildung 28.2: Vorbewusste und bewusste Wahrnehmung im Gesamtprozess der Interaktion von Wahrnehmung und Verhaltenssteuerung.

im Laufe unseres Lebens, vor allem in der frühen Kindheit, erlebt, dass bestimmte Merkmale der uns umgebenden Welt zusammengehören, also ein räumlich-zeitlich gemeinsames Schicksal haben. Die integrative Verknüpfung durch unser Gehirn resultiert also aus angeborenen neuronalen Strukturmustern und Erfahrungswissen.

In **Abbildung 28.2** wird gezeigt, dass zunächst **vorbewusst** Sinneseindrücke wahrgenommen werden, die dann durch Gedächtnis und Limbisches System bewertet und ggf. als interessant eingestuft werden. Dies führt zur **bewussten Aufmerksamkeit** im Sinne einer attentiven Wahrnehmung sowie zur Handlungsplanung, Handlungssteuerung und entsprechendem Verhalten, wobei das Ergebnis unserer Handlung im Sinne einer Rückkopplung wieder bewertet wird. Für unser bewusstes Erleben und unsere Aufmerksamkeit ist also die Zusammenschaltung von Wahrnehmen, Gedächtnisinhalten und Gefühlen von entscheidender Bedeutung. Bewusste Prozesse umfassen aber immer nur einen kleinen Teil unseres Gehirns, nämlich den, der in besonderer Weise mit dem Gegenstand unserer Aufmerksamkeit befasst ist.

> Beim Lesen dieser Zeilen richten Sie ihr Bewusstsein ganz darauf ab, und andere, prinzipiell jederzeit bewusstseinsfähige Phänomene sind Ihnen zur Zeit nicht bewusst – es sei denn, Sie fragen sich, ob Sie im Moment eigentlich bequem sitzen.

Vor allem ungewohnte und neue Eindrücke sowie Fertigkeiten, die wir noch nicht sicher beherrschen, erfordern unsere bewusste Aufmerksamkeit. Je vertrauter eine Situation ist und je sicherer eine Funktion beherrscht wird, desto mehr können Wahrnehmung und Handlung automatisiert werden.

> Am Anfang des Tanzkurses mögen Sie damit beschäftigt sein, die Schritte und Drehungen im Takt der Musik in die richtige Reihenfolge zu bringen, was Ihre ganze Aufmerksamkeit beansprucht. Sobald Sie diese Fertigkeiten beherrschen, können Sie Ihr Bewusstsein Wichtigerem, z. B. dem Tanzpartner zuwenden.

Bewusstsein ist also ein Phänomen, das temporär und selektiv auftritt und für das Wahrnehmen von Welt sowie das Lernen von großer Bedeutung ist – es ist keineswegs ein reines «Epiphänomen» oder eine unnötige «Beigabe» neuronaler Prozesse. Erkenntnis ist eine aktive Leistung unseres Gehirns.

Die reine **Empfindung** lässt uns die Farbe Rot sehen oder die Beschaffenheit eines Stuhls fühlen, bei der **Wahrnehmungserkenntnis** erfolgt bereits eine Interpretation des sinnlich Empfundenen. Insbesondere optische Täuschungen, wie sie die **Abbildung 28.3** zeigt, weisen darauf hin, dass wir strukturelle «Vorerwartungen» haben, in deren Licht wir Sinneswahrnehmungen deuten. So fällt es uns schwer, zu akzeptieren, dass bei der sog. Müller-Lyer-Täuschung die horizontalen Striche gleich lang sind. Auch die **Gestaltwahrnehmung**, also das Wahrnehmen in «ganzen Gestalten», beruht auf der Tendenz unseres Gehirns, Wahrnehmung nach vorgefassten Kriterien zu interpretieren. In der **Abbildung 28.4** reichen einige wenige Strukturelemente, um uns ein Gesicht sehen zu lassen – unser Wahrnehmungsapparat ist sozusagen immer auf der Suche nach Gesichtern, was für sozial lebende Primaten offensichtlich evolutionär von Vorteil war. In **Abbildung 28.5** meinen wir ein weißes Dreieck zu sehen, das objektiv nicht existiert. Anhand solcher Sinnestäuschungen kann deutlich werden, dass wir die Wirklichkeit nicht «so sehen, wie sie ist», sondern so, wie sie unsere Denkstrukturen zu sehen erlauben. Hierauf wird weiter unten noch eingegangen.

Denken kann als inneres Problemlösen verstanden werden. Die Frage «was ist der Fall?», wird als **Kontemplation**, als theoretische Betrachtung bezeichnet, während die Frage «was ist zu tun?» eine **Deliberation**, ein praktisches Abwägen beinhaltet.

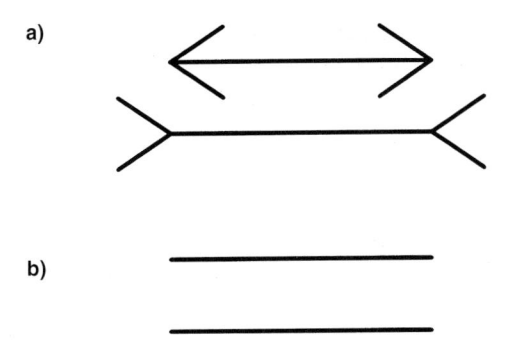

Abbildung 28.3: Sogenannte «Müller-Lyer-Täuschung»: Die waagrechten Linien in (a) wirken unterschiedlich lang, während sie in (b) als gleich lang erkannt werden.

Abbildung 28.4: Wenige Strukturelemente genügen, um ein «fröhliches» bzw. «trauriges Gesicht» wahrzunehmen.

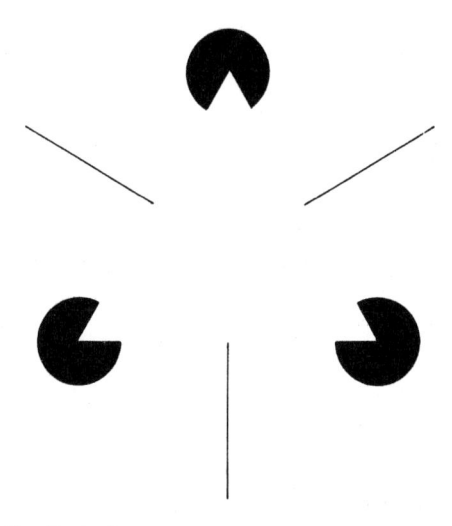

Abbildung 28.5: Virtuelles Dreieck.

In beiden Vorgängen geht es darum, im Kopf Hypothesen aufzustellen und Vor- und Nachteile abzuwägen. Der Verhaltensforscher Konrad Lorenz hat es treffend formuliert: Das Individuum muss nicht mehr handelnd überprüfen, ob eine Aktion lebensgefährlich ist – es kann Hypothesen sterben lassen, anstatt sich selbst unnötigen Risiken auszusetzen. Verständlich, dass diese Fähigkeit kognitiver Problemlösung von großem evolutionärem Vorteil war.

> Wenn Sie kurz die Augen schließen, dann können Sie sich das Zimmer, in dem Sie sitzen, vorstellen, Sie können sich Dinge dazu vorstellen oder Dinge «wegphantasieren», ja Sie können sogar Gegebenheiten imaginieren, die den Naturgesetzen widersprechen.

Denken kann also auch als ein Hantieren im **Vorstellungsraum** verstanden werden, ein Vorgang, bei dem Aspekte der uns umgebenden Wirklichkeit im neuronalen Netz unseres Gehirns rekonstruiert werden.

Schließlich kann sich das Denken seiner selbst bewusst werden, also zum reflexiven Denken und zur Selbstkritik führen. Das Descartes'sche «Cogito, ergo sum» (Ich denke, also bin ich) bringt diesen Aspekt des Selbst-Bewusstseins zum Ausdruck. Ansätze von **Selbstbewusstsein** finden sich im Tierreich bei Schimpansen (und nur bei ihnen): Ein im Schlaf an der Stirn rot geschminkter Schimpanse wird nach dem Erwachen, wenn er sich im Spiegel betrachtet, an seine Stirn fassen – Gorillas fassen noch an den Spiegel. Der Schimpanse hat also etwas über seine eigene **Identität** begriffen. Er ist auch in der Lage, sich in andere Identitäten «einzufühlen», z. B. wenn er einen kurzen Film über einen Menschen sieht, der von Feuer bedroht ist und über eine Mauer klettern müsste. Schimpansen können aus den zur Verfügung gestellten Materialien nach Ansehen eines solchen Filmes gezielt eine Leiter als «Rettungswerkzeug» auswählen. Sie haben nicht nur die technische Seite des Problems verstanden, sondern **Empathie** gezeigt, waren also in der Lage, sich in die Situation anderer einzufühlen. Reflektives Bewusstsein und Selbstbewusstsein ermöglichen also auch, um das subjektive Selbstbewusstsein anderer zu wissen und sich partiell einzufühlen.

Fassen wir das bisher Gesagte zusammen, so kann man die Prozesse im menschlichen Gehirn, die Wahrnehmung, Gefühl, Aufmerksamkeit, Gedächtnisleistungen und das Denken zu einem ganzheitlichen Geschehen verbinden, wie folgt skizzieren: Die Wahrnehmungen der äußeren Gegebenheiten werden über unsere Sinnesorgane dem Gehirn zugeleitet. Zustandsbilder über Muskeltonus, hormonelle Gegebenheiten und unsere Propriorezeptoren (z. B. Gelenkstellung oder Muskelspannung) gelangen ebenfalls an das Gehirn. Die so weitergeleiteten Informationen über die «Innen- und Außenwelt» werden Stufe für Stufe verarbeitet: zunächst auf Stammhirnebene, wo sie lebensnotwendige Reflexe hervorrufen (wenn beispielsweise der Säure-Base-Haushalt reguliert wird oder das Hungergefühl nach Sättigung strebt bzw. ein erschreckendes Außenereignis für einen hohen Wachheitsgrad sorgt). Bereits auf Stammhirnebene kommt es zu einem Abgleichen der vorhandenen Daten und einer ersten, wenn auch noch recht archaischen «Rekonstruktion der inneren und äußeren Wirklichkeit» im Gehirn. Von Verarbeitungsstufe zu Verarbeitungsstufe wird diese Rekonstruktion innerer und äußerer Wirklichkeit feiner, detaillierter und ermöglicht flexiblere Reaktionen. Auf der Zwischenhirnebene sind bereits ganze Szenarien denkbar und das Limbische System färbt das innere und äußere Erleben affektiv ein: Wir erleben die Situation lust- oder unlustbetont. Auf der nächsthöheren Ebene können wir bereits Primärgefühle empfinden und mit kognitiven Prozessen verbinden: Aus einer dumpfen Unlust wird Trauer, Angst oder ein kognitiv-affektives Zustandsbild, das wir beispielsweise als Scham empfinden. Gleichzeitig erlauben die differenzierten Hirnstrukturen unseres Großhirns eine genauere Analyse der Situation. Das Zusammenschalten vieler neuronaler Assemblies, angefangen von der primären Seh-Hirnrinde über benachbarte sekundäre Sehrinden bis zu all den tertiären Sehrinden, die an dem Wahrnehmungsprozess des visuellen Erkennens beteiligt sind, führen en detail zu einer individuell der akuten Situation angepassten hochdifferenzierten punktuellen Zusammenarbeit unterschiedlichster Subsysteme. Daraus resultiert ein visuelles Erkennen der jetzigen Situation, wobei die Situation mit Gedächtnisspeichern verglichen wird, also im Lichte bereits erlebter visueller Erlebnisse gedeutet werden kann. Eine intermodale Verknüpfung mit akustischen, taktilen, somatosensorischen und anderen Reizen ermöglicht eine noch differenziertere Ist-Analyse. Indem das so erkannte Geschehen in der äußeren Welt, gefühlsmäßig untermischt, mit Aufmerksamkeit bedacht und mit Vergangenem aus dem Gedächtnisspeicher verglichen wird, kann es dem ebenfalls erlebten Körperbewusstsein gegenüber gestellt werden. Im Augenblick des ganzheitlichen Erkennens der Außenwelt werden diese Informationen verglichen mit der ebenfalls als real empfundenen Innenwelt, die sich größtenteils aus somato-sensorischen Informationen, Gefühlen und dem daraus resultierenden Gefühl des «Selbst» speist. Mit anderen Worten: Die eben grob skizzierten Vorgänge ermöglichen durch räumlich-zeitliche Synchronisation neuronaler Assemblies eine Rekonstruktion der Außenwelt innerhalb unserer neuronalen Systeme, und diese Rekonstruktion dessen, was außen geschieht, wird abgebildet vor dem Hintergrundempfinden des ebenfalls neuronal verarbeiteten Gefühls für den eigenen Körper und das eigene Erleben. Hierdurch wird der Eindruck der Außenwelt von dem der Innenwelt getrennt, «Ich» erlebe, was außerhalb meiner geschieht, ich nehme wahr, ich fühle, ich denke. Dabei ist weder das einheitliche Erleben noch die «Ichhaftigkeit» des Erlebens und die Fähigkeit, Subjekt und Objekt voneinander getrennt wahrzunehmen, an einen bestimmten Ort im Gehirn gebunden. Es gibt keinen «Homunculus», kein kleineres Wesen im Gehirn, das als «Ich» die Welt wahrnimmt. Nach Stand des heutigen Wissens ist es vielmehr so, dass vor allem eine zeitliche Verknüpfung neuronaler Prozesse zum ganzheitlichen Erleben eines Ereignisses führt. Wenn viele funktionell zusammengehörige neuronale Assemblies synchronisiert Kontakt zueinander aufnehmen und temporär zusammenarbeiten, entsteht der Eindruck eines ganzheitlichen Erlebens, einer stimmigen Wahrnehmung, eines Denkprozesses, den ich als eigenen Denkprozess kategorisiere und wahrnehme. Es spricht viel dafür, dass bei dieser integrativen Hirnleistung vor allem Strukturen des Frontalhirns, wahrscheinlich in Verbindung mit dem Limbischen System, eine große Rolle spielen. Menschen mit Verletzungen in diesem Bereich können Schwierigkeiten haben, Gefühle und Denkprozesse sinnvoll miteinander zu koppeln und ich-bezogene Entscheidungen sinnvoll zu fällen. In seinem bahnbrechenden Buch «Descartes' Irrtum – Fühlen, Denken und das menschliche Gehirn» geht Antonio Damasio sehr detailliert auf diese Phänomene ein. Auch die integrative Funktion unseres Gehirns ist Ausdruck neuronaler Prozesse. Allerdings legt auch Damasio großen Wert auf die Feststellung, dass nicht einzelne neuronale Subsysteme oder gar einzelne Neurotransmitter Substrat unseres «Ichs» sind. So richtig es ist, dass Störungen bestimmter Hirnzentren (und möglicherweise die Überflutung mit bestimmten Neurotransmittern) das Gefühl der «Ich-Haftigkeit» oder das Erleben eines «Selbstgefühls» erschweren, so ist doch festzuhalten, dass erst die räumlich-zeitliche Synchronisation sehr unterschiedlicher neuronaler Systeme (unter Zuhilfenahme beteiligter Transmitter) zum individuellen Erleben dessen führen, was wir als Ich-bezogenes Denken bezeichnen.

Exkurs 1: Psychosen aus dem schizophrenen Formenkreis

Psychosen sind Störungen bzw. Krankheiten, bei denen die Einheit des Denkens und Erlebens vorübergehend gestört ist und die Realität daher nicht adäquat erfasst werden kann. Generell unterscheidet man körperlich begründbare Psychosen, beispielsweise durch Drogeneinwirkungen oder im Rahmen eines unfallbedingten psycho-organischen Syndroms, sowie Psychosen, deren Ursache letztlich noch nicht eindeutig geklärt sind, die unter den Begriff der «endogenen Psychosen» zusammengefasst werden. Hier werden wiederum Psychosen des schizophrenen Formenkreises von psychotischen Gemütsleiden (manischen bzw. schwerst depressiven Episoden) unterschieden. Zunächst soll kurz auf die relativ häufigen Psychosen des schizophrenen Formenkreises eingegangen werden. Etwa 1% der Bevölkerung (unabhängig vom Kulturkreis) leiden vorübergehend unter dieser schwersten seelischen Störung. Es ist hier nicht der Ort, detailliert auf Diagnostik, Entstehung und Therapie der **Schizophrenie** einzugehen. Hier sei insbesondere auf das ausgezeichnete Buch von Finzen sowie die Ausführungen von Tölle und Schwarzer verwiesen. Stattdessen soll versucht werden, anhand der Störungen bei der schizophrenen Psychose noch mal aus einem anderen Blickwinkel über die geistige Tätigkeit des Gehirns nachzudenken.

Nach Bleuler (In: Tölle, a.a.O) sind die Kernsymptome der Schizophrenie Störungen des Denkens, des Gefühls und des Wollens, Handelns und Ich-Erlebens (sog. Ich-Störungen). Zusätzliche Symptome sind Wahn, Halluzinationen und katatone Symptome. Die ICD10 (International Classification of Diseases) diagnostiziert eine Schizophrenie, wenn aus einer Reihe von Symptomen einige über definierte Zeiträume bestehen. Zu diesen Symptomen gehören Denkstörungen, Wahn, akustische Halluzinationen, andere Halluzinationen, Katatonie sowie Negativ-Symptome wie Apathie, Sprachverarmung, verflachte oder inadäquate Affekte usw. Schauen wir uns einige dieser Symptome etwas näher an: Kennzeichen der formalen Denkstörung ist nicht etwa eine geistige Behinderung. Die Betroffenen können (und sind es in der Regel) durchschnittlich oder überdurchschnittlich intelligent sein. Im akuten psychotischen Schub kommt es zu einem zerfahrenen Denken, einer Denkdissoziation: Die Gedanken werden zunehmend zusammenhangslos und erscheinen dem Zuhörer oder Betrachter alogisch. Gedanken können mitunter nicht zu Ende gedacht werden, was subjektiv von dem Betroffenen manchmal als «Gedankenentzug» verarbeitet bzw. gewähnt wird. Gedankenabreissen und die nun einschießenden neuen Gedanken werden zunehmend als Ich-fremd erlebt, so dass die Patienten von gemachten Gedanken oder äußeren Eingebungen berichten. Begriffe zerfallen oder können nicht mehr konkretisiert werden. Mitunter werden Begriffe miteinander verbunden, so dass es zu Begriffsneubildungen kommt (Tölle berichtet, dass ein Patient die Worte traurig und grausam zu «trauram» verbindet und damit etwas assoziiert, was dem Außenstehenden zunächst unvorstellbar ist).

Die Affektivität ist ebenfalls gestört. Gefühle wechseln permanent, ja schlimmer: Sie können parallel auftreten. Dem Gesunden ist es nicht vorstellbar, gleichzeitig Glück zu empfinden und traurig zu sein, aber die Dissoziation im Gefühlsleben akut schizophrener Patienten scheint eben diese unvorstellbaren Gefühlsgemische zu ermöglichen. Außerdem können Gefühle ständig wechseln und möglicherweise situationsinadäquat sein. Der betroffene Patient erlebt ein für ihn unverständliches Auseinanderdriften zwischen Denk- und Gefühlsprozessen, wobei verständlicherweise die vorherrschende Gefühlsdimension die der Angst ist. Entrücktheit, Ratlosigkeit und depressive Verstimmungen sind ebenfalls zu beobachtende Phänomene.

Kardinalsymptom dieser schweren Störung ist sicherlich die Desintegration von Denken, Fühlen, Wollen und Handeln, was als **Ich-Störungen** beschrieben wird. So benennt Tölle eine Störung der Ich-Vitalität (ich bin mir meiner eigenen Lebendigkeit nicht mehr gewiss), Störungen der Ich-Aktivität (was ich erlebe, wird nicht mehr mit Gewissheit als mein eigenes Erleben wahrgenommen), Störungen der Ich-Konsistenz (die Gewissheit, dass ich war, bin und sein werde kann nicht mehr erlebt werden), der Ich-Demarkation (Schwierigkeiten in der Abgrenzung des Eigenbereiches) sowie der Ich-Identität (der Gewissheit des eigenen

Selbst). All diese Ich-Störungen führen zum Erleben von Derealisation sowie zu Isolation und Autismus.

Die als **Autismus** bezeichnete Abkapselung von der äußeren Welt, die im Extremfall bis zur körperlichen Erstarrung (der Katatonie) führen kann, ist möglicherweise als letzter, verzweifelter Versuch zu verstehen, mit den überbordenden und das Ich überschwemmenden Wirklichkeiten fertig zu werden. Wo Sinnesreize nicht mehr affektiv wie kognitiv sinnvoll verarbeitet werden können sondern den Kern der Persönlichkeit überschwemmen und zu zerstören drohen, kann die völlige Abkapselung von der Außenwelt ein verzweifelter «Rettungsversuch» sein.

Die oft bei der Schizophrenie zu findenden akzessorischen (begleitenden) Symptome, die nicht zwangsläufig zu diesem Krankheitsbild gehören, andererseits für Außenstehende sehr beklemmend und eindrucksvoll sind, lassen sich auf dem Hintergrund des bisher Gesagten verstehen: Der **Wahn** beispielsweise ist weniger gekennzeichnet durch die Absurdität dessen, was gewähnt wird, als vor allem durch die Gewissheit, mit der gewähnt wird. Wo die äußere Realität nicht mehr adäquat verarbeitet werden kann, wo alles ins Schwimmen gerät, wo nicht mehr klar ist, was ich und was nicht-ich ist, versucht der Mensch in verzweifelter Not, ein Denk- und Interpretationsschema zu finden, das all seine Ängste und unverständlichen Erlebnisse wieder zu einem sinnvollen Ganzen ordnet. Die innere Notwendigkeit und der seelische Druck ist dabei so stark, dass das nun selbst geschaffene Kategorisierungssystem, der Wahn, imperativ gilt und auch durch äußere Überzeugung nicht zu verrücken ist. Wo der Gedankenabbruch zu unvorstellbarer Angst führt, wird gewähnt, dass eine äußere Macht einem die Gedanken entzieht. Wo Sinneseindrücke ein übermächtiges Eigenleben führen, wird gewähnt, dass göttliche Stimmen eingegeben wurden. Nicht die Absurdität, es wurde bereits erwähnt, ist das charakteristische des Wahns. Auch Gesunde können Sachlagen verkennen und zu absurden Schlussfolgerungen kommen. Entscheidend für den Wahn ist, dass man nicht eines Besseren belehrt werden kann, dass die Korrekturmöglichkeit fehlt.

> Im Zug sitzend kann ich zunächst der falschen Überzeugung sein, dass der Zug gerade angefahren ist. Wahrnehmung fehlender Vibration und die richtige Einordnung der optischen Signale aus dem Zugfenster belehren mich alsbald, dass der Zug des Nachbargleises sich in Bewegung gesetzt hat. Hier vollziehen Gefühl und Verstand eine «kopernikanische Wende», ein Umdenken im Bezugssystem. Ein solches Umdenken aber ist dem Wahnkranken in der akuten psychotischen Phase oft nicht möglich.

Auch die **Halluzinationen** sind als Phänomen einer (diesmal sensorischen) Desintegration zu verstehen. Am häufigsten sind akustische Halluzinationen, die als «Stimmenhören» internalisiert werden. Aber auch optische oder haptische Halluzinationen kommen vor, oder sogar Halluzinationen und Empfindungen, die überhaupt nicht im Repertoire des Gesunden vorhanden sind, beispielsweise das Gefühl, «elektrisiert» zu werden.

Unter einer Illusion versteht man das Verkennen einer sinnlichen Wahrnehmung: Das verängstigte Kind kann in der Nacht die wehenden Vorhänge am Fenster als eine «Hexe» interpretieren, lässt sich aber alsbald von der Mutter beruhigen, so dass es seine Wahrnehmung korrigieren kann. Demgegenüber ist eine Halluzination eine Wahrnehmung, die als real erlebt wird, obwohl ihr kein physikalisches Substrat zu Grunde liegt: Alle Außenstehenden sehen das Halluzinierte nicht.

Im Gegensatz zu anderen Krankheitsbildern, beispielsweise der Alkoholvergiftung, weisen Halluzinationen bei Schizophrenien nicht nur eine Bedrohung, sondern auch einen starken emotionalen Bezug zum Erleben des Erkrankten auf. Weniger dass man etwas sieht, als vielmehr, dass man visuell bedroht und «beschaut» wird, führt zu Panik und Entsetzen. Auch die akustischen Halluzinationen haben einen direkten Bezug zum psychischen Erleben: Stimmen kommentieren, machen Vorwürfe und peinigen den Patienten.

Die sog. «Negativ-Symptome», die vor allem bei wiederholten Schüben und langfristigen Verläufen zu beobachten sind, sind möglicherweise nicht nur als Ausdruck der Erkrankung, sondern auch ungünstiger psychosozialer Rahmenbedingungen zu sehen. So können Apathie, Verarmung in der Sprache und im Gefühlserleben, sozialer Rückzug oder die Schwierigkeit, emotionale Belastungen auszuhalten, nicht immer ausschließlich der Krankheit, sondern manchmal auch unzureichenden Rahmenbedingungen in der Phase der Rehabilitation und Wiedereingliederung zugeordnet werden.

Entgegen früheren Lehrbuchmeinungen und häufig noch anzutreffenden Auffassungen in der uninformierten Öffentlichkeit lassen sich Schizophrenien heute recht gut behandeln. Ein Großteil der Betroffenen leidet «nur» vorübergehend unter psychotischen Schüben und gesundet mehr oder weniger vollständig. Anderen, die unter einer chronischen (oder chronisch rezidivierenden) Schizophrenie zu leiden haben, kann durch geeignete medikamentöse und sozio-therapeutische Massnahmen dennoch ein für sie zufriedenstellendes Leben ermöglicht werden. Hierauf geht Finzen in seinem ebenso empathischen wie sachkundigen Lehrbuch detailliert ein.

Die Ursache (besser: die Ursachen) der Schizophrenie sind nach wie vor ungeklärt. Eine erste Übersicht findet sich in der im Anhang angegebenen Literatur. Genetische Untersuchungen, insbesondere Zwillingsuntersuchungen weisen darauf hin, dass die Wahrscheinlichkeit an einer Schizophrenie zu erkranken bei genetischer Vorbelastung deutlich erhöht ist. Aber eine solche genetische Vorbelastung reicht keinesfalls aus, um zu einer Schizophrenie zu führen. Ebenso wenig wie eine familiäre Häufung von Diabetes, Magengeschwüren oder Epilepsien in Familien allein ausreicht, in der Folgegeneration diese Krankheit hervorzurufen: Zu Recht würde niemand ein familiär gehäuftes Magengeschwürsleiden als Erbkrankheit bezeichnen. Vielmehr scheint es so zu sein, dass möglicherweise sehr viele verschiedene genetische Faktoren, möglicherweise aber auch physikalische und chemische Faktoren in der Schwangerschaft sowie im weiteren Verlauf des Lebens zu einer strukturellen Verletzlichkeit in der Zusammenarbeit unterschiedlicher Hirnareale führen. Welcher Art diese Verletzlichkeit ist, ist keineswegs geklärt. Möglicherweise sind Verbindungsstrukturen zwischen Limbischem System und Frontalhirn, die stark mit Dopaminbahnen zusammenhängen, bei gefährdeten Menschen irritierbarer als in der übrigen Bevölkerung. Hierfür sprechen geringfügige morphologische Befunde (die sich manchmal, keineswegs immer finden lassen), vor allem aber das Phänomen, dass manche Symptome der Schizophrenie sich medikamentös mit Dopamin blockenden Medikamenten behandeln lassen. Dies führte zur These, dass die Symptome einer Schizophrenie eng mit einem Überangebot an Dopamin, zumindest aber mit einer unausgeglichenen Stoffwechsellage im Dopaminhaushalt zusammenhängen. Ob allerdings dieser gestörte Dopaminhaushalt Ursache oder Folge schizophrener Symptome ist, ist noch nicht geklärt.

Wie dem auch sei, die neuere Forschung postuliert, dass eine Reihe sehr unterschiedlicher und im Detail nicht feststehende biologische Faktoren zur Schizophrenie disponieren können und den Betroffenen verletzlicher machen, ohne dass es deswegen allein schon zu einer Schizophrenie kommt. In Zusammenhang mit psycho-sozialen Faktoren, so wird weiter postuliert, kann es zu einer Verstärkung dieser **Vulnerabilität** (Verletzlichkeit) kommen. Möglicherweise können Menschen, bei denen die Zusammenarbeit affektiver und kognitiver neuronaler Subsysteme leichter zu stören ist als bei anderen, in Kindheit und Jugend auf besondere Weise auf psycho-sozialen Stress reagieren. Es mag sein, dass zu einem solchen psychosozialen Stress eine zu enge emotionale Dichte gehört: Von außen kommendes distanzloses Verhalten, permanent überflutende (vor allem negative) Gefühle und sog. «high-expressed emotions», gegen die man sich schwer abgrenzen kann, belasten jeden Menschen. Menschen mit grösserer Vulnerabilität und Irritationen in der emotional-sensorisch-kognitiven Verarbeitung innerer und äußerer Reize mögen solche Konstellationen besonders schwer verkraften können. Daraus mag eine verstärkt verletzliche Persönlichkeitsstruktur resultieren, die im Laufe der Jahre besonders irritierbar wird. Zur akuten Psychose kommt es nach diesem «Vulnerabilitätskonzept», wenn akute, zusätzliche Belastungen die emotionalen und kognitiven Verarbeitungssysteme überfordern. Möglicherweise ist so zu erklären, dass vor allem die späte Pubertät mit ihren vielfältigen Aufgaben, insbesondere hinsichtlich der Eigenständigkeit und der Loslösung vom Elternhaus und dem Aufbau eines eigenen Lebens- und Wertekonzepts besonders anfällig für das Entstehen von Psychosen ist. Aber auch biologische Faktoren, insbesondere die hormonelle Umstellung in der Pubertät, psychische Faktoren (die Belastungen des Arbeitslebens oder des Militärdienstes) sowie psychosoziale Faktoren im weiteren Sinne können hier synergistisch zusammenwirken und zur akuten psychotischen Dekompensation führen. Natürlich sind dies nicht die Ursachen. Keiner der

Bewusstsein, Selbstbewusstsein, Psychosen **357**

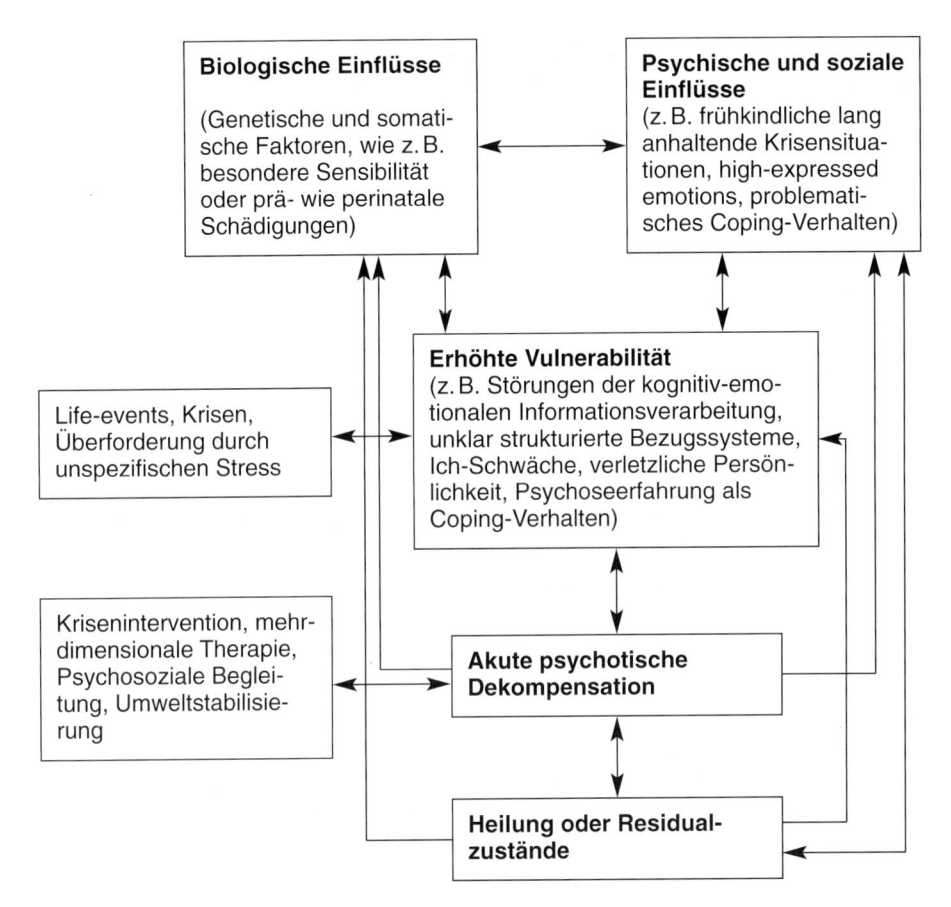

```
┌─────────────────────────────┐      ┌─────────────────────────────┐
│  Biologische Einflüsse      │      │  Psychische und soziale     │
│                             │      │  Einflüsse                  │
│  (Genetische und somati-    │◄────►│  (z. B. frühkindliche lang  │
│  sche Faktoren, wie z. B.   │      │  anhaltende Krisensitua-    │
│  besondere Sensibilität     │      │  tionen, high-expressed     │
│  oder prä- wie perinatale   │      │  emotions, problemati-      │
│  Schädigungen)              │      │  sches Coping-Verhalten)    │
└─────────────────────────────┘      └─────────────────────────────┘
```

Abbildung 28.6: Mehrdimensionale Entwicklung einer psychotischen Dekompensation. Modifiziert nach Ciompi, 1982.

angeführten Mechanismen und Faktoren kann bis heute als «die Ursache der Schizophrenie» charakterisiert oder identifiziert werden. Vielmehr geht das Vulnerabilitätskonzept von einem zirkulären und synergistischen Zusammenwirken vieler unterschiedlicher Faktoren aus. Die Zusammenhänge werden, modifiziert nach Ciompi, in **Abbildung 28.6** noch einmal dargestellt.

Nach meiner Ansicht ist das von Ciompi vorgeschlagene Vulnerabilitätskonzept, was das Wesen und die Entstehung der schizophrenen Psychose angeht, das momentan plausibelste und in der Praxis hilfreichste Modell. Leider ist noch weitgehend ungeklärt, welche Bedeutung die biologischen oder psychosozialen Faktoren haben und vor allem, wie sie miteinander interagieren. Soviel allerdings kann man bereits heute vermuten: Die Fähigkeit unseres Gehirns, räumlich-zeitliche

Zusammenhänge unterschiedlichster Sinnesmodalitäten herzustellen, diese mit akuten Bewusstseinsprozessen und gespeichertem Wissen in unserem Gedächtnis zu verbinden und darüber hinaus gefühlsmäßig zu untermischen und aus all dem eine stimmige Rekonstruktion der momentanen Wirklichkeit herzustellen, wobei diese Wirklichkeit auf dem Hintergrund des subjektiven Ich-Erlebens wahrgenommen wird – diese Fähigkeit ist sehr komplex und mitunter störbar. Wenn diese integrative, räumlich-zeitliche Synchronisation maßgeblich von Funktionsbahnen zwischen Limbischem System und Frontalhirn gesteuert wird, die darüber hinaus als Hauptbotenstoff Dopamin benutzen, so könnte es immerhin sein, dass diese diffizilen Regelkreise bei der Schizophrenie gestört sind. Nun zu behaupten, es liege eine Hirnstörung vor, oder gar, Schizophrenie sei Folge eines gestörten Dopaminangebotes, wäre zu kurz gegriffen: Die hier aufgezeigten Funktionen sind viel zu komplex, um sie einer solch simplen Betrachtungsweise zuzuordnen. Nicht die einzelnen Funktionen, sondern die Interaktion zwischen vielen Subsystemen und den damit verbundenen biochemischen Prozessen scheint gestört zu sein. Aber diese Funktion ist nicht unabhängig vom psychischen Erleben, den psychischen Vorerfahrungen (und Bewältigungsstrategien) und der psychosozialen Belastung, in der das Individuum gerade lebt. Ebenso kurzschlüssig wäre es, emotionaler Dichte oder besonderen Lebensereignissen die «Schuld» am Ausbruch einer Schizophrenie zu geben: Solche psychosozialen Faktoren mögen mehr oder weniger stark an der Interaktion beteiligt sein, die letztlich zur Psychose führen, sie sind aber nur ein Teilfaktor.

Eine solch hohe Komplexität in den Erklärungsversuchen für das Zustandekommen einer Psychose ist unbefriedigend, kommt der Wirklichkeit aber vermutlich näher als simplifizierende Erklärungen. Sie hat vor allem praktische Konsequenzen: Viele Jahre wurde Angehörigen unberechtigt und fälschlicherweise die Schuld an einem Zustandekommen der Schizophrenie gegeben. Über ebenso lange Zeiten meinte man, Schizophrenie als ein im Wesentlichen stoffwechselbedingtes Geschehen verstehen zu können, dass hauptsächlich, wenn nicht sogar nur pharmakologisch zu behandeln sei. Ganz zu schweigen von Ansätzen, die Schizophrenie im Wesentlichen als Erbkrankheit sahen und daraus fatale Konsequenzen zogen.

Die heutige Behandlung besteht aus einer gezielten zeitlich begrenzten und den Symptomen angepassten, im Einzelfalle immer mit dem Patienten zu besprechenden medikamentösen Therapie unter Beachtung der Nebenwirkungen, einer differenzierten psychologischen und psychosozialen Behandlung in der akuten Phase, vor allem zur Krisenentlastung, der psychotherapeutischen Aufarbeitung des Krankheitserlebens nach dem psychotischen Schub und insbesondere (ganz wesentlich!) einer soziotherapeutischen Behandlung, vor allem auch in der postakuten Phase. Dabei gilt es, biologisch, psychisch und psychosozial zur Stabilisierung des Betroffenen beizutragen. Auf einer vorwiegend biologischen Ebene können Neuroleptika (z. B. Haldol®,), also Stoffe, die in den Dopaminhaushalt eingreifen, von Wahn- und Denkstörungen distanzieren und somit stabilisierend wirken. Eindeutigkeit in der Kommunikation, klare Grenzen, das Vermeiden doppeldeutiger Botschaften und die Regulierung von Nähe und Distanz (vor allem das Vermeiden überbordender Emotionen) tragen zur psychischen Stabilisation bei. Und beim «Schaffen stabilisierender Umwelten» (vgl. Süllwolt) geht es beispielsweise um die Vermeidung von Doppel- und Mehrfachbelastungen, die Abstimmung von Nähe und Distanz im sozialen Miteinander, die Regelung des Tagesablaufs, ein ausgewogenes Verhältnis der Anforderungen (mit möglichst Vermeidung von Unter- und Überforderung) sowie psychosoziale Konzepte des Betroffenen und seiner Umwelt, mit vorhandenen und zukünftigen Krisen umzugehen (wobei individuell geschaut werden muss, was vom Betroffenen als Krise erlebt wird). Wir sehen: Ein differenziertes Verständnis von Schizophrenie im Rahmen des Vulnerabilitätskonzeptes und die beginnende Auseinandersetzung damit, dass die komplexen Prozesse unserer neuronalen Systeme mit unserem Erleben der Umwelt interagieren, ermöglichen ein therapeutisches Vorgehen, das dem Krankheitsbild wesentlich angemessener ist als simplifizierende Ansätze.

Dies trifft nicht nur bei Psychosen des schizophrenen Formenkreises, sondern auch bei Gemütskrankheiten zu, wie im Folgenden gezeigt werden soll.

Exkurs 2: Affektive Störungen

Wie bereits in Kapitel 5 gezeigt, gehören Gefühle (**Affekte**) lebensnotwendig zu unserem Leben und Erleben. Wir können nicht anders als gefühlsbetont wahrnehmen. Gefühle färben das, was wir wahrnehmen, denken und empfinden, sie bewerten und «legen die Welt für uns aus». Sie entstehen zunächst unabhängig von unserem Willen (ich kann mir nicht aussuchen, ob ich ärgerlich oder fröhlich bin), und sie haben ganz offensichtlich eine dem Überleben förderliche Funktion. An anderer Stelle (Hülshoff 1999) habe ich detailliert dargelegt, dass wir keinen Augenblick ohne Gefühle sein können und dieses Phänomen überlebensnotwendig für uns ist. Nur wer Angst empfinden kann, meidet Gefahr, nur wer Wut empfinden kann, kann sich und die Seinen verteidigen, nur wer traurig ist, schätzt Bindungen, und nur wer sich freuen kann, nimmt Anstrengungen in Kauf. Allerdings können Gefühle «aus dem Ruder geraten», können in Extreme umschlagen. So sinnvoll die Fähigkeit Angst zu empfinden ist: Es gibt ein Übermaß an inadäquater Angst (z. B. als Panik, Phobie oder frei flottierender Angst), die dem Leben nicht mehr förderlich ist, sondern ihrerseits zu schweren Krisen führt.

Wie an anderer Stelle ausführlich beschrieben (Hülshoff 1999), manifestieren sich Gefühle auf allen Ebenen unseres Gehirns. Bereits im Stammhirn führen Verarbeitungsprozesse und die damit verbundenen neuronalen und humoralen Vorgänge dazu, dass wir relativ schläfrig oder besonders wach (respektive hochgradig erregt) sind. Hochgradige Erregung aber lässt beispielsweise eine Angst oder eine erotische Beziehung anders gefühlsmäßig erleben als der Zustand der Schläfrigkeit.

Auf der Ebene des Limbischen Systems kommt es, wie bereits in Kapitel 5 besprochen, zur Wahrnehmung der Primärgefühle, vor allem Wut, Trauer/Depression, Angst, Freude/Lust und Ekel. Diese intensiven Gefühlsqualitäten, die noch vor unserem eigentlichen Bewusstsein unser Erleben emotional anfärben, sind zunächst nicht steuerbar, entstehen also ohne unser Wollen. Sie gehen in der Regel mit massiven körperlichen, insbesondere hormonell bedingten Veränderungen einher, wie am Beispiel der Angst, der Wut oder der sexuellen Erregung unmittelbar einsichtig ist. Wir reagieren vegetativ auf unsere Gefühle, wir bekommen eine Gänsehaut, Herzklopfen, Schweißausbruch oder was dergleichen Reaktionen mehr sind. Zunächst unbewusst reagieren auch Körperhaltung, Mimik und Gestik automatisch und können von unserem Gegenüber beobachtet und interpretiert werden.

Reagiert das Zwischenhirn und insbesondere das Limbische System vorbewusst, archaisch und, wenn man so will, stereotyp auf Ereignisse der Außenwelt, so kann das Großhirn mit seinen potentiell bewusstseinsfähigen Interaktionen differenzierte kognitiv-emotionale Prozesse etablieren. Diese von Ciompi auch als «Affekt-Logik» bezeichneten Phänomene führen dazu, dass nun auch höhere kognitiv-emotionale Wahrnehmungsgestalten entstehen. So kann beispielsweise Trauer nicht nur als «dumpfe Hintergrundstimmung», sondern als definiertes Verlusterlebnis wahrgenommen werden. Aber auch Sekundärgefühle wie Reue, Scham oder Schuldgefühle zählen zu diesen emotional-kognitiven Erlebnissen.

> Nach neueren Forschungen, insbesondere von LeDoux (vgl. Goleman 1996, 34ff) steht, was das Limbische System angeht, der Mandelkern, die **Amygdala**, im Mittelpunkt des emotionalen Geschehens: Wenn eine potentielle Gefahr aus der Außenwelt, beispielsweise eine «schlangenähnliche» Struktur, vom Sinnesorgan (dem Auge) wahrgenommen wird, wird diese Information zunächst an den Thalamus, das Vorzimmer des Bewusstseins, weitergeleitet. Von hier aus gelangt die Information zum einen zur Amygdala, dem «Mischpult der Gefühle», was zur sofortigen Ausschüttung sog. Stresshormone führt und die «Flight-and-Fight-Reaction» auslöst: Instinktiv und voll panischer Angst springen wir zur Seite, wenn das Frühwarnsystem uns ein «schlangenähnliches Objekt» signalisiert. Vom Thalamus gelangt die Information gleichzeitig aber in die Großhirnrinde, wo wir nach einem zeitlich etwas länger dauernden Prozess schließlich wahrnehmen, dass es sich nur um einen Gartenschlauch handelt. Die Großhirnrinde übernimmt nun die Steuerung und ermöglicht es uns, unserer Panik wieder Herr zu werden. Dieser zweigleisige, komplizierte und mitunter zu Fehlinterpretationen führende Mechanismus der Informationsverarbeitung führt des öfteren, insbesondere in unserer Zivilisation, zu Panik, Stress und Fehlalarm. Andererseits hat er, bezogen auf das hier vorgestellte Beispiel, über Millionen Jahre schlangengefährdeten Individuen das Leben gerettet, was evolutionär offensichtlich von Nutzen war.

Eine solche Verarbeitung emotionaler Prozesse auf unterschiedlichen Ebenen finden wir nicht nur bei Angst und Wut, sondern auch bei den Emotionen der Freude und Euphorie sowie der **Trauer** und **Depression**. Hierauf soll nun etwas näher eingegangen werden.

Jeder Mensch kennt das Erlebnis, einen schweren Verlust erlitten zu haben und die damit verbundenen Gefühle der Ohnmacht, des Alleinseins, des verminderten Antriebs, der Interessenlosigkeit, des Weinens (oder noch nicht einmal mehr Weinen könnens), des veränderten Zeitgefühls und der tiefen Hoffnungslosigkeit.

Auf einer basalen körperlichen und vegetativen Ebenen zeigt sich tiefer Kummer durch einen Verlust an Energie und Vitalität. Die Haltung ist gebückt, die Mimik starr, man scheint an Lebendigkeit eingebüßt zu haben, alle Aktivitäten sind mehr oder weniger gehemmt. Es gibt Zusammenhänge zwischen biogenen Aminen, insbesondere Noradrenalin und Serotonin, und der Kummerreaktion. Bei schweren Depressionen wirken stimmungsaufhellende Medikamente (sog. Antidepressiva) in zum Teil sehr unterschiedlicher Weise auf den Stoffwechsel dieser und anderer Neurotransmitter. Man geht heute davon aus, dass sehr subtile und vernetzte Regelkreise, an denen unter anderem (aber nicht ausschließlich) Serotonin und Noradrenalin beteiligt sind, zeitweilig aus dem Gleichgewicht geraten sind, doch erscheinen Einzelheiten dieses Fließgleichgewichts noch widersprüchlich und sind keineswegs restlos geklärt.

Im intrapsychischen Erleben des Trauernden äußert sich der Kummer als eine Empfindung, in der wir uns einsam und isoliert fühlen, ohnmächtig und elend, ungeliebt und wertlos. Die Zeit scheint sich endlos hinzuziehen und sogar still zu stehen.

Die Fähigkeit zu trauern und Kummer zu erleben, macht biologisch Sinn. Bereits auf einer basalen, körperlichen Ebene kann dies gezeigt werden: das Weinen beispielsweise hat nicht nur seelisch eine kathartische (reinigende) Wirkung: Die in der Tränenflüssigkeit enthaltenen Lysosomen wirken antibakteriell. Die **Apathie**, Teilnahmslosigkeit, der Stillstand motorischer Prozesse und die vagotone Erregungslage (also das Ausruhen, sich Zurückziehen und Verharren) können als ein Prozess charakterisiert werden, in dem der Körper «auf Schonung umschaltet». Manchmal reicht nach schwerer Erschöpfung oder schwerem Verlust eine durchgeschlafene Nacht, um wieder Kräfte zu sammeln und dann «wieder besserer Stimmung zu sein». Manchmal, insbesondere bei heftiger Erschöpfung oder schweren Verlust, dauert dieser Prozess länger. An anderer Stelle (Hülshoff 1999) habe ich detaillierter beschrieben, dass es zu schweren Krankheiten führen kann, sich einen Trauerprozess, z. B. nach Verlust eines Ehepartners, «nicht zu erlauben».

Auch auf anderen Ebenen macht Trauer «Sinn»: Wer um eine Beziehung, eine verlorene Körperfunktion oder den Verlust seiner Gesundheit trauern kann, setzt Beziehungen, seine körperliche Integrität und seine Gesundheit nicht leichtfertig aufs Spiel. Trauer ist, auf dieser Ebene, eine Reaktion auf Verlust.

Aber auch auf psychosozialer Ebene kann Trauer unterschiedliche Funktionen haben, beispielsweise als Bindungsemotion. Das gemeinsame Klagen um Verstorbene, das gemeinsame Trauern verbindet Menschen miteinander («geteiltes Leid ist halbes Leid») und ermöglicht – neben anderen Emotionen – den Aufbau sozialer Beziehungen und gesellschaftlicher Netze.

So sinnvoll Trauer ist: Trauer und Kummer können auch entgleisen und verzerrt, zu lange oder zu beherrschend auftreten, wobei sie Wachstum und Entwicklung behindern und zu erheblichem Leid führen können. In der Regel sprechen wir dann von Depression. Dabei handelt es sich um eine deutliche bzw. schwere Störung im affektiven Erleben, bei der die Stimmung und der Antrieb herabgesetzt sind. Dabei kann die **Depression** (aus dem lat. deprimere: niederdrücken) nicht einfach als eine besonders schwere Form von Trauer verstanden werden. Vielmehr können bei einer Depression in ihrer schwersten Auswirkung kaum noch Emotionen empfunden werden, es kann noch nicht einmal mehr getrauert oder geweint werden. Betroffene schildern ihr Leben als auf eine unvorstellbare Weise ausgebrannt, leer und gefühllos, sie wirken freudlos und gedrückt (und empfinden sich auch so), zeigen kaum noch Interesse für Gegebenheiten des Alltags, klagen über verminderte Konzentration und gestörtes Gedächtnis und sind kaum in der Lage, Entscheidungen zu fällen. Ihr Denken kreist grüblerisch immer wieder um wenige Themen, vor allem um Krankheit (und die Hoffnungslosigkeit wieder gesund zu werden), um Schuld (und eine vermeintliche, damit verbundene Ausweglosigkeit) oder um die Sorge vor Verarmung. Angst und innere Unruhe treten vor allem des Morgens auf. Man meint, den Tag nicht bewältigen zu können, fühlt sich müde und energielos. Schlafstörungen, Appetitlosigkeit und Gewichtsverlust, sexuelle Interessenlosigkeit, eine Reihe von vegetativen Symptomen (z. B. Verstopfung), aber auch Druck- und Schweregefühl, Kopf- oder Bauchschmerzen und anderes mehr können somatische Zeichen einer Depression sein. Mitunter stehen sie so im Vordergrund, dass fälschlich eine primär organische Krankheit angenommen und eine Depression zunächst nicht erkannt wird: Dann spricht man von einer larvierten (versteckten) Depression.

Manchmal kommt es zu einem Verlust der «inneren Werdenszeit». Die Zeit scheint subjektiv still zu stehen. Mit der Unfähigkeit, eine Veränderung von Zeit und Leid überhaupt für möglich zu halten, geht eine tiefe Hoffnungslosigkeit einher. Manche schwer depressive Menschen können suizidgefährdet sein, und manchmal verhindert nur ihre Antriebslosigkeit, den Suizid in die Tat umzusetzen. In der schwersten Form der Depression, die mitunter auch als **Melancholie** bezeichnet wird, kommt es zu Versteinerung und Leere; die Herabstimmung und das Gefühl, «nicht traurig sein zu können», gehören zum Kern der Melancholie und führen im Erleben des Melancholischen zu einem Zustand, der ihm selbst fremd und unbegreiflich ist, den wir uns nur im Groben annähern können und dem der Patient jeden anderen Leidenszustand bevorzugen würde.

Auch die gegenteilige Stimmung, im «normalen Alltag» mit Lust und Freude sowie Interesse assoziiert, kann ins Extrem umschlagen und zur seelischen Krankheit führen, wobei man dann von einer **Manie** spricht. Hierbei handelt es sich um eine seelische Störung mit extrem gehobener Stimmung: Initiative und Drang zum Handeln sind deutlich erhöht, man fühlt sich voller Leben und Energie. Selbstsicherheit und Selbstüberschätzung führen nicht selten dazu, dass man gewagte Risiken eingeht, geschäftliche Transaktionen durchführt, die inadäquat oder unsinnig sind, sich durch Nichts oder Niemanden bremsen lässt und einen Teil der Kritikfähigkeit einbüßt. Die Selbstüberschätzung kann bis zum Größenwahn gehen. Auch wenn man sich nach eigener Einschätzung wohl fühlt, ist die soziale Umgebung zu Recht irritiert. Eine zunehmende Gereiztheit (das griechische Wort Manie bedeutet auch Raserei) des Betroffenen macht den Kontakt mit ihm mitunter äußerst schwierig. Die Manie als Extrem einer gehobenen Stimmungslage hat erhebliche psychische und soziale Konsequenzen. Sie ist zum Glück behandelbar. Ihre Entstehungsbedingungen werden kontrovers diskutiert. Neben biochemischen Faktoren (insbesondere Neurotransmitter) mögen psychodynamisch auch depressionsabwehrende Komponenten eine Rolle spielen.

Sowohl die Depression als auch die Manie kann man als Extremvariante menschenmöglicher Stimmungslagen verstehen. Die ihnen zu Grunde liegenden basalen Gefühle von Trauer und Freude manifestieren sich auf unterschiedlichen biologischen, psychischen und sozialen Ebenen und sind in vielfältiger Hinsicht dem Überleben förderlich, machen also Sinn. Am Beispiel der Trauer und ihrer Extremvariante, der Depression, lässt sich demonstrieren, dass sich dieses Gefühl auf unterschiedlichen Ebenen zeigt. Auf der biologischen Ebene des Stammhirns beispielsweise führt die Depression zur Erregungslosigkeit, zu vegetativen Störungen, Schlafstörungen und anderen Phänomenen. Auf Zwischenhirnebene und unter Beteiligung des Limbischen Systems werden u.a. Gefühle der Bedrücktheit und der Antriebslosigkeit wahrgenommen. Unsere «affekt-logischen» Empfindungen sind im Großhirn verankert und führen beispielsweise dazu, dass wir Hoffnungslosigkeit, Initiativlosigkeit oder Lustlosigkeit (Ahedonie) als solche bewusst wahrnehmen können. Auch die bei schwerer Melancholie zu beobachtenden Selbstvorwürfe und Schuldgefühle sowie eventuelle Wahngeschehen (Versündigungs-, Armuts- oder Krankheitswahn) sind kognitiv-emotionale Prozesse. Auf psychosozialer Ebene führen Ausdrucksverhalten und die Mimik von Kummer und Leid zu Reaktionen unserer Umwelt (z.B. Mitleid, manchmal aber auch Aggression), die wiederum rekursiv auf das eigene Erleben und Verhalten zurück wirken. Auf dieser Ebene kann Trauer auch als Bindungsemotion verstanden werden. Auf all diesen Ebenen entsteht das Gefühl der Trauer (wie auch andere Gefühle) in einem komplexen, zirkulären und vernetzten Prozess biologischer, psychischer und sozialer Gegebenheiten. Vermutlich gilt dies auch mehr oder weniger für die Extremform, die Depression. Diese kann also nicht als ein alleiniges Produkt eines entgleisten Serotoninstoffwechsels gelten, obwohl schwere Formen von Depressionen sicherlich eine starke biologische und biochemische Komponente haben und das Serotonin eine große Rolle spielt. Vielmehr ist, analog zur Schizophrenie, eine gewissen **Vulnerabilität** zu postulieren, die sich nicht nur aus genetischen, biochemischen und physikalischen Umwelteinflüssen in Schwangerschaft und Kindheit speist, sondern auch als Ergebnis einer fortwährenden Interaktion genetischer, biochemisch-physikalischer und psychosozialer Gegebenheiten und Interaktionen zu verstehen ist. Auf der Basis einer solchen Vulnerabilität können nun belastende Lebensereignisse (z. B. biologisch-chemischer Art in Pubertät, Wochenbett, Klimakterium oder bei Infektionen), in Umstellungskrisen (Auszug aus dem Elternhaus), bei Verlusterlebnissen (Krankheit, Scheidung, Tod eines Angehörigen) oder anderen «life-events», insbesondere mit Krisencharakter, auftreten. Auch hier macht die Depression möglicherweise «Sinn» – sie kann vor akuter Erschöpfung und Zusammenbruch schützen, sie mag für eine Schonzeit sorgen, in der wir unsere seelischen Narben reparieren und uns erholen können.

Eine solche integrative Betrachtungsweise der Depression, die ich an anderer Stelle detaillierter erläutere (Hülshoff 1999) und die insbesondere in dem hervorragenden Buch von Daniel Hell (Welchen Sinn macht Depression? – Ein integrativer Ansatz) vorgestellt wird, ist nicht nur von theoretischer, sondern auch von therapeutischer Bedeutung: Interessant sind nicht nur die einzelnen Faktoren, die mehr oder weniger zur Depression führen können. Von Interesse sind auch die Interaktionen dieser einzelnen Faktoren. Wie wirkt beispielsweise die Tatsache, dass ein depressiver Mensch Antidepressiva bekommt, auf seine vielleicht im Mitleid verfangenen Familienangehörigen, denen durch die Medikamenteneinnahme nun bewusst wird, dass es sich um eine Krankheit handelt, so dass sie anders reagieren? Wie wirkt eine Lichttherapie, die primär den Hormon- und Stoffwechselhaushalt des Limbischen Systems beeinflusst, auf das psychische Erleben (Großhirnfunktion!) des Betroffenen? Diese Interaktionen unterschiedlicher Wirkebenen sind in ihren Einzelheiten noch lange nicht erforscht und mögen in Zukunft zu einem verbesserten Verständnis der Depression beitragen. Darüber hinaus gilt es, die unterschiedlichen therapeutischen Ansätze, die auch auf unterschiedlichen Ebenen wirken, miteinander zu verknüpfen und synergistische Effekte auszunutzen. So wird auf biologischer Ebene möglicherweise vorübergehend mit Antidepressiva zu behandeln sein. Auch Schlafentzug bzw. Schlafregulierung, oder in manchen Situationen die Lichttherapie sind Maßnahmen auf vorwiegend biologischer Ebene. Die Krisenintervention, der Schutz vor emotionaler und psychosozialer Überforderung und die stützend-helfende Beziehung in der akuten Krise sind ebenso Ausdruck einer psychotherapeutischen Grundhaltung wie im späteren Verlauf das psychische Aufarbeiten des Krankheitserlebens sowie möglicher psychischer Belastungen, insbesondere seelischer Verlusterlebnisse. Aber auch die psychosoziale Begleitung depressiver Menschen und ihrer Angehörigen mit all den

Krisen und Missverständnissen in Kommunikation und sozialer Interaktion können zur emotionalen Stabilisierung der Betroffenen beitragen. Erst eine Therapie, die nicht nur aus diesen und anderen, andererorts beschriebenen therapeutischen «Bausteinen» besteht, sondern auch die Verknüpfung und Interaktion der einzelnen therapeutischen Elemente beachtet, führt zu einem integrativen Vorgehen, das dem Betroffenen helfen kann, mit seiner emotionalen Krise auf allen Ebenen seines Erlebens fertig zu werden. Mitunter kann dann diese Krise sogar als Herausforderung und Chance für das weitere Leben verstanden werden.

Anhand der Beispiele der Psychosen und Affektstörungen sollte gezeigt werden, dass die Auseinandersetzung mit der hochkomplexen Arbeitsweise unseres Gehirns auch für Störungen im Wahrnehmen und Fühlen, also psychiatrische Krankheiten von Bedeutung ist. Zwar wissen wir weder über Ursachen und Zusammenhänge von Gemütskrankheiten noch über das Zustandekommen von Psychosen aus dem schizophrenen Formenkreis genug, um diese Störungen wirklich zu verstehen – wie wir ja auch über die Funktionsweise unseres Gehirns und die normalen geistigen und emotionalen Prozesse erst erste Erkenntnisse haben. Aber soviel sollte immerhin deutlich geworden sein: emotionale wie geistige Prozesse sind hochkomplexe Phänomene, die als Ergebnis eines komplexen, räumlich-zeitlich synchronisierten Zusammenarbeitens neuronaler Subsysteme entstehen, wobei ihr Zustandekommen stets auf der Interaktion mit der physikalischen wie psychosozialen Umwelt sowie den im Gedächtnis gespeicherten Erfahrungen beruht, die wiederum Ergebnis der bisherige Biografie sind. Auch die oben vorgestellten Störungen sind folglich als ein hochkomplexes physisch-psychisch-soziales Gesamtgeschehen zu verstehen.

Kommen wir aber nach dem Exkurs über gestörte Integrationsfunktionen unseres Gehirns zurück zum Prozess des Wahrnehmens und des Denkens.

Wie bereits oben ausgeführt, können wir nicht die objektive Welt an sich erkennen, sondern nur das, was unsere Denkstrukturen zu erkennen erlauben. Bereits Kant hat auf solche «a priori» (von Anfang an) festgelegten **Kategorien** unseres Denkens hingewiesen. Wir können, so formulierte er u.a., die Welt nur räumlich und zeitlich erkennen. Wie tief die räumlichen Dimensionen unseres Welterlebens in unsere Sinnesstrukturen eingegraben sind, wurde u.a. im Kapitel über unseren Gleichgewichtssinn aufgezeigt. Im Kapitel «Musikempfinden» wurde gezeigt, wie die zeitliche Strukturierung unserer Wahrnehmung und unseres Empfindens beschaffen ist: Es wurden die Phänomene der Gleichzeitigkeit, Ungleichzeitigkeit, Aufeinanderfolge, subjektive Gegenwart und Dauer erörtert. **Raum** und **Zeit** sind also notwendige Bedingungen unseres Denkens – wir können nicht anders denken als räumlich und zeitlich. Eine wichtige «a-priori-Kategorie» nach Kant ist das Kausalitätsdenken: Wir sind so strukturiert, dass wir immer versuchen, zwischen von uns wahrgenommenen Ereignissen eine **Kausalität** herzustellen. Das kann zu Irrtümern führen: In Unkenntnis der naturwissenschaftlichen Erklärungen entstand die Vorstellung, ein zürnender Donnergott wolle mit Blitz und Donner Menschen für Fehlverhalten strafen. Typisch menschlich an dieser Vorstellung ist weniger das Erklärungsmuster (es gibt und gab in der Menschheitsgeschichte andere), als vielmehr das Bedürfnis des Menschen, den Dingen auf den Grund zu gehen und Kausalitäten aufzuspüren.

Wenn aber in unseren neuronalen Netzen bereits strukturell angelegte Erkenntnismuster dazu führen, die Welt nur in ganz bestimmten Eigenschaften und Kategorien erfahren zu können, dann stellt sich die Frage, wie wirklich unsere **Wirklichkeit** eigentlich ist. Anders ausgedrückt: wenn unsere Sinne Fenster zur Wirklichkeit sind – wie klar sind die Scheiben? Konrad Lorenz weist darauf hin, dass sich die Möglichkeiten unserer Sinnesorgane und die Strukturen der Wahrnehmungsverarbeitung evolutionär entwickelt haben. Vertreter einer solchen evolutionären Erkenntnistheorie sprechen von **Passungen**: Sowohl unsere Sinnesorgane als auch die wahrnehmungsverarbeitenden Strukturen haben sich im Laufe von Millionen Jahren so entwickelt, dass sie «stimmig sind», also zu der uns umgebenden Welt passen. Es gibt also einen dreidimensionalen Raum, denn ein Sensorium zum Erkennen dieses dreidimensionalen Raums war ganz offensichtlich dem Überleben förderlich. Das bedeutet allerdings nicht, dass es *nur* einen dreidimensionalen Raum gibt. Eine mögliche raumzeitliche Vierdimensionalität des Raumes wird uns allerdings für immer unbegreiflich bleiben – solche Dimensionen waren für unser evolutionäres Überleben unwichtig, folglich fehlt uns dafür das Sensorium.

> Analogien, in denen zweidimensionale Flächenwesen sich auf einem Luftballon befinden, der sich ausdehnt und aufgeblasen wird, werden in einschlägigen Physikbüchern immer wieder bemüht, um Phänomene der Raum-Zeitkrümmung zu verdeutlichen. Es handelt sich aber immer um Analogien, das für uns Unbegreifliche bleibt natürlich unbegreiflich.

Auch das von Einstein beschriebene Postulat, dass die Lichtgeschwindigkeit nicht überschritten werden kann, gehört zu dem für uns Unvorstellbaren. Der «gesunde Menschenverstand» sagt uns, dass wir Geschwindigkeiten addieren können. Wenn wir in einer Eisenbahn, die mit 100 km/h fährt, mit einer Eigengeschwindigkeit von 5 km/h in gleicher Richtung laufen, so haben wir eine Effektivgeschwindigkeit von 105 km/h. Was bei solchen «menschlichen Geschwindigkeiten» wenigstens annäherungsweise stimmt, trifft bei Pulsaren, rotierenden Lichtquellen, die viele Lichtjahre von uns entfernt sind, nicht mehr zu: die Lichtgeschwindigkeit beträgt immer 300000 km/sec, egal, ob der Pulsar sich von uns weg oder auf uns zu bewegt.

Vorstellen kann man sich das alles nicht. Unsere Denkstrukturen sind auf einen menschlichen **Mesokosmos** (einer «mittleren Welt» zwischen dem Mikrokosmus der Atomstrukturen und dem Makrokosmus des Universums) ausgerichtet. Wir können nicht beliebig komplex denken. Unsere **kognitive Nische** reicht bei der Zeitwahrnehmung von Sekundenbruchteilen bis zu einigen Jahrzehnten (was politische Planung über Generationen hinweg so schwer macht). Geschwindigkeiten bis zu Sprinterbeschleunigungen sind uns wohl vertraut, was darüber hinaus geht, sprengt unser Vorstellungsvermögen, was bei riskanten Überholmanövern auf der Autobahn nur zu deutlich wird. Wir sind also in der bereits von Platon beschriebenen Lage eines Höhlenmenschen, der die Schatten der Welt, die sie an die Höhlenwand wirft, erkennt, nicht aber die Welt selbst. Immerhin wissen wir um die Relativität unserer Erkenntnis und um die Tatsache, dass der von uns erlebte Kosmos nicht der Kosmos an sich ist. Und wir können – zumindest mit der Nasenspitze – ein wenig unseren Mesokosmos verlassen. Die «wichtigsten Denkzeuge» hierzu sind die Sprache und die Mathematik, die es uns ermöglichen, auch Unvorstellbares in Worte zu kleiden bzw. durch mathematische Operationen auszudrücken. Freilich werden solche Gegebenheiten umso unanschaulicher, je weiter sie sich von unserem alltäglichen Mesokosmos entfernen.

Während die mögliche Beschaffenheit des Universums oder die Struktur physikalischer Elementarteilchen (noch) nicht von unmittelbarer Bedeutung für unser Überleben sind, trifft uns unsere Unfähigkeit zu komplexem und vernetztem Denken inzwischen in beträchtlichem Maße.

Am Montag befand sich auf einem Weiher eine Seerose, am Dienstag zwei, am Mittwoch vier und am Donnerstag acht. Am Samstag ist der halbe Weiher von Seerosen bedeckt. Wann wird die Wasserfläche vollständig bedeckt sein?

Stellen Sie sich vor, ein Zeitungsblatt von 0,2 mm Dicke zu falten und damit die Dicke zu verdoppeln: es ist nun 0,4 mm dick. Eine weitere Verdopplung führt zu 0,8 mm, im nächsten Schritt zu 1,6 mm Dicke. Welche Dicke erreicht man nach 50 solchen gedachten Verdopplungsschritten? (Beide Beispiele aus: v.Ditfurth, H. 1985)

Warum zögern wir bei der Beantwortung der «Seerosenfrage»? Warum gelingt es uns nicht, abzuschätzen, dass bei der zweiten Denksportaufgabe eine Dicke erreicht wird, die die Entfernung Erde-Mars weit übertrifft? Offensichtlich sind unsere Denkstrukturen nicht für das Erkennen **exponentieller Zusammenhänge** geeignet. Was bei solchen Denksportaufgaben nicht weiter ins Gewicht fällt, wird problematischer, wenn es um die Einschätzung der Wachstumsrate der Erdbevölkerung oder den Ressourcenverbrauch geht – ein Teil potentieller globaler Katastrophen sind auf dieses Unvermögen menschlicher Vorstellung zurückzuführen. Der uns zur Verfügung stehende kognitive Mesokosmos beim Begreifen von Zusammenhängen und Systemen ermöglicht uns das Vorstellen von Zusammenhängen, die durch eine Gerade darstellbar sind – bei Exponentialfunktionen beginnen die Schwierigkeiten. Auch **vernetzte Systeme**, zirkuläre sowie komplexe Rückkopplungsphänomene überfordern uns in der Regel.

Auch erfahrenen Familientherapeuten fällt es schwer, systemisch zu denken und Zusammenhänge wie «die Frau nörgelt, weil der Mann sich zurückzieht, weil die Frau nörgelt, weil der Mann sich zurückzieht...» zirkulär und nicht im Sinne einfacher monokausaler Schuldzuschreibungen zu betrachten.

Offensichtlich genügte in unserer bisherigen evolutionären Entwicklung die Fähigkeit, einfache Systeme zu überschauen. Mit zunehmender Komplexität der von uns geschaffenen Welt könnten wir uns unter Umständen überfordern. Bei der Erfindung des Autos hat niemand gewollt, dass durch die Verkehrsdichte Straßen und Wege verstopfen, die Urbanisierung weiter fortschreitet, Schadstoffe die Luft belasten und Tausende von jährlichen Verkehrsopfern zu beklagen sind. Niemand hat das gewollt, niemand hat das vorhersehen können. Bleibt zu fragen, ob simplifizierende, lineare Lösungsstrategien (mehr Autos erfordern mehr Straßen) der Komplexität des Problems gerecht werden.

Der Psychologe Dietrich Dörner beschreibt in seinem Buch «Logik des Misslingens» eindrucksvoll, wie gutwillige und intelligente Versuchspersonen bei der Lösung komplexer Aufgaben scheitern können. In Computersimulationen mussten Probanden Probleme eines fiktiven Schwellenlandes «Tanaland» oder eines ebenso fiktiven Ortes «Lohausen» lösen. Sie konnten beispielsweise Brunnen graben lassen, Viehbestände vergrößern, Impfungen einführen, Marketingstrategien entwickeln usw. Ein Großteil der Probanden konnte nicht rechtzeitig die vom Computer weiterentwickelten Folgen dieser Aktionen richtig interpretieren, geschweige denn korrigierend eingreifen. Im Gegenteil: Gerade bei dem Bemühen, Fehlentwicklungen entgegenzusteuern, «verschlimmbesserten» die Probanden die Situation häufig. Es drängt sich der Verdacht auf, das sowohl in der realen Entwicklungshilfe als auch beim Management komplexer Technik (Stichwort: Tschernobyl) Menschen von der Komplexität der Materie überfordert werden.

Gerhard Vollmer (1993), ein Nestor der evolutionären Erkenntnistheorie, fordert, den begrenzten Erkenntnismöglichkeiten des Menschen Rechnung zu tragen, indem in Ausbildung und Studium bewusst darauf hingearbeitet wird, mit Systemen umzugehen, die man nicht durchschaut (bzw. durchschauen kann). Anstatt Studenten immer vor vollständig lösbare Aufgaben zu setzen, sollte man sie bewusst schulen, behutsam und kritisch, in langsamen Schritten, unter Beobachtung von Wirkungen und Nebenwirkungen an Problemen zu arbeiten, die unbefriedigenderweise nicht vollständig «in den Griff zu bekommen sind» – dies spiegelt die realen Anforderungen im Beruf vermutlich besser wieder.

Nachdem einige neurophysiologische Grundlagen kognitiver Prozesse dargestellt wurden, bleibt noch die Frage zu erörtern, ob kognitive, geistige und seelische Phänomene ausschließlich Folgen materieller Prozesse (z. B. bioelektrischer Funktionen) sind oder ob es sich bei **geistigen Phänomenen** um solche handelt, die über die materielle Welt hinaus transzendieren.

Es dürfte klar geworden sein, dass die in diesem Buch beschriebenen geistigen Phänomene eng an die neuronalen Strukturen unseres Gehirns gekoppelt sind.

Man weiß heute schon recht viel darüber, welche Strukturen des Limbischen Systems bei Angstzuständen erregt werden und welche Großhirnareale zur räumlichen Vorstellung oder sprachlichen Kodierung aktiviert werden. Bestimmte Bewusstseinsphänomene können gezielt pharmakologisch verändert werden. Insofern liegt die materialistische und **monistische** Auffassung nahe, seelische und geistige Prozesse seien *ausschließlich* Folge der aufgezeigten chemisch-physikalischen, also materiellen Prozesse. Anders formuliert: Ist ein neuronales Netz erst komplex genug, entwickelt es Systemeigenschaften, die Kognition, Denken usw. notwendigerweise hervorbringen. Solche quantitativen «Sprünge» von Systemen werden von Konrad Lorenz als «Fulguration» bezeichnet: auf einer niedrigeren Stufe kann auch das Entstehen von Leben bei genügend komplexer Materienstruktur als ein solcher Fulgurationsprozess begriffen werden.

So plausibel diese materialistisch-monistische Sichtweise ist: Logisch zwingend ist sie nicht. Dass zwei Phänomene eng miteinander zusammenhängen, heißt nicht notwendigerweise, dass das eine aus dem anderen folgt. Es ist ebenso denkbar, das Geist einerseits und Gehirnfunktion andererseits zwei Aspekte einer Wirklichkeit sind, die dahinter (oder darunter) liegen, die wir aber nicht erkennen können, weil sie unseren Denkkategorien (die, wie wir inzwischen wissen, unvollkommen sind), verschlossen bleiben. Anders ausgedrückt: Vielleicht ist das menschliche Gehirn und der menschliche Geist in letzter Konsequenz einfach nicht in der Lage, sich als Phänomen zu begreifen.

Wenn auch die vermutlich größere Zahl der naturwissenschaftlich orientierten Neurophysiologen die o.g. monistische These vertreten, so gibt es doch auch Vertreter der Gegenseite, wie z. B. den Neurophysiologen und Nobelpreisträger Eccels oder den bekannten Psychiater und Wissenschaftsjournalisten Hoimar von Ditfurth. Letzterer vertritt die **dualistische** These, dass es neben der materiellen Welt auch geistige Phänomene geben könne, die sich im Falle des Menschen durch das Gehirn und seine Funktionen manifestieren, grundsätzlich aber auch außerhalb des menschlichen Denkens existent sein können. In seinem lesenswerten Buch «Wir sind nicht nur von dieser Welt» (1981) führt er gute Gründe auf, die für eine solche Annahme sprechen. Gleichzeitig stellt er unmissverständlich klar, dass sich die Existenz einer rein geistigen Welt grundsätzlich nicht beweisen lässt. Die Frage nach «extrazerebralem Geist» oder einer «unsterblichen Seele» kann nach naturwissenschaftlichen Kriterien nicht beantwortet werden. Es handelt sich um eine Glaubens-, keine Wissensfrage. Es gibt aber gute Gründe (wenngleich keine Beweise), zur dualistischen These zu tendieren, dass sich Geist zwar *auch*, keineswegs aber *nur* und exklusiv in menschlichen Gehirnen manifestiert.

Damit sind wir am Ende dieses Buches angelangt. Zunächst wurden die grundlegenden Strukturen unseres Gehirns, ihre Wirkprinzipien, Funktionen und Dysfunktionen beschrieben. Der zweite Teil des Buches befasste sich mit unseren

«Fenstern zur Welt», den Sinnen und der damit verbundenen Wahrnehmung. In einem dritten Teil wurde das Gehirn als Steuerungsorgan für unser motorisches Handeln vorgestellt, wobei exemplarisch einige Funktionseinbußen und Krankheiten skizziert wurden. Der vierte Teil befasste sich mit höheren kognitiven Funktionen, die uns teilweise, vor allem bei der Schriftsprache und der Mathematik, ein Stückchen aus der kognitiven Nische unseres Mesokosmos herausführen können. Es sollte gezeigt werden, dass das Gehirn eine Vielzahl sehr unterschiedlicher Funktionen wahrnimmt. In der Verarbeitung von Außenreizen und der Steuerung von Reaktionen und Handlungen geht der evolutionäre Trend offensichtlich dahin, die Außenwelt immer detaillierter im neuronalen Netz zu rekonstruieren, um auf die immer detaillierter rekonstruierte Wirklichkeit ebenso differenziert und flexibel reagieren zu können. Als «Überlebensorgan» konzipiert, hat unser Gehirn eine Komplexität erreicht, die es uns ermöglicht, zumindest teilweise unserer selbst bewusst zu werden.

Überprüfen Sie Ihr Wissen!

28.1 Fragetyp E, Kausalverknüpfung

1. Ansätze von Selbstbewusstsein finden sich im Tierreich nicht

denn

2. Ansätze von Selbstbewusstsein gehen mit dem Begreifen von Identität einher.

a) Nur die Aussage 1 ist richtig.

b) Nur die Aussage 2 ist richtig.

c) Die Aussagen 1 und 2 sind richtig, die Kausalverknüpfung ist falsch.

d) Die Aussagen 1,2 sowie die Kausalverknüpfung sind richtig.

e) Alle Aussagen sind falsch.

28.2 Fragetyp B, eine Antwort falsch

Ein 32-jähriger Mann leidet wiederholt unter erheblichen Erregungszuständen, weil er sich von unheimlichen Mächten verfolgt fühlt. Manchmal empfinde er heftige Angst und andere seltsame Gefühle zugleich. Er habe schwarze Hände gesehen, die aus der Wand gekommen seien. Man versuche, ihm seine Gedanken abzusaugen, so dass er nichts mehr zu Ende denken könne. Seine

Äußerungen wirken bisweilen zusammenhanglos. Angehörige berichten, dass er sich zeitweilig völlig von der Umwelt abkapsele und keinen Kontakt zulasse. Öfter hat der Betroffene geäußert, nicht wirklich er selbst zu sein. Im Grunde wisse er oft nicht mehr, ob er es sei, der denke oder andere.
Eine Aussage ist falsch. Welche?

a) Im o.g. Fallbeispiel sind alle Grundsymptome einer Schizophrenie (vgl. Bleuler) zu finden.

b) Bei Halluzinationen handelt es sich um verfälschte Wahrnehmungen real existierender Objekte.

c) Gedankenabbruch kann von einem Menschen im schizophren-psychotischen Schub als Gedankenentzug gewähnt werden.

d) In einem akuten Zustand wie oben können Neuroleptika u.U. distanzierend und beruhigend wirken.

e) Die o.g. Abkapselung wird als autistisches Verhalten bezeichnet.

28.3 Fragetyp B, eine Antwort falsch

Eine Aussage zur depressiven Phase einer affektiven Psychose (Melancholie) stimmt nicht. Welche?

a) Typisch für die Melancholie sind Versteinerung, Leere und Herabgestimmtsein.

b) Die Initiative und der Antrieb sind meist herabgesetzt.

c) Das Denken kann in der melancholischen Phase einförmig und unproduktiv (ständiges Kreisen) sein.

d) In der melancholischen Phase ist häufig die Innere Werdenszeit gestört.

e) Eine erfolgreich behandelte bzw. geheilte Depression wird als «larvierte Depression» bezeichnet.

Vertiefungsfragen

Worin unterscheiden sich monistische und dualistische Ansätze zum Verständnis der «Leib-Seele-Problematik»?
Welche Zusammenhänge zwischen schwerer Depression und gestörter Innerer Werdenszeit kennen Sie?

Beantwortung der Multiple-Choice-Fragen

Am Ende eines jeden Kapitels folgen einige Multiple-Choice-Fragen, anhand derer Sie Ihr Wissen überprüfen können. Dabei ist jeweils nur eine der fünf möglichen Antworten (a–e) richtig.
Sie finden fünf verschiedene Fragetypen:

Frage Typ A, eine Antwort richtig
Von fünf Aussagen (a–e) ist nur eine richtig und somit anzukreuzen.

Frage Typ B, eine Antwort falsch
Von fünf Aussagen (a–e) ist genau eine falsch und soll deshalb angekreuzt werden.

Frage Typ C, Antwortkombinationsaufgabe
Es werden Ihnen einige Aussagen (z.B. 1–5) angeboten. Anschließend finden Sie fünf Antwortkombinationen (a–e), etwa nach dem Muster

a) Nur die Aussagen 1, 3 und 5 sind richtig.

b) Nur die Aussagen 1, 4 und 5 sind richtig.

Sie müssen die Kombination mit den zutreffenden, richtigen Aussagen herausfinden.

Frage Typ D, Zuordnungsaufgabe
Mehrere Phänomene oder Symptome (1–5) und fünf Erklärungen/Erläuterungen (v–z) werden angeboten. Außerdem finden Sie fünf Zuordnungs-Kombinationen (a–e), etwa nach dem Muster:

a) 1v, 2w, 3x, 4y, 5z

b) 1z, 2y, 3x, 4w, 5v

Sie sollen die richtige Zuordnung herausfinden.

374 Das Gehirn

Frage Typ E, Fragen mit Kausalverknüpfung
Bei diesem Fragetyp werden Ihnen zwei Aussagen angeboten, die mit einer Kausalverknüpfung (weil, denn, sodass usw.) verbunden sind. Sie sollen überprüfen, ob keine, eine oder beide Aussagen richtig sind und ob der kausale Zusammenhang stimmt. Dafür stehen Ihnen fünf Antwortalternativen (a–e) zur Verfügung.

Über jeder Frage wird noch einmal angegeben, um welchen Typ es sich handelt.

Die Lösungen der Multiple-Choice-Fragen finden Sie hier:

1.1 e	8.2 a	15.3 e	22.1 d
1.2 c	9.1 c	15.4 e	22.2 b
1.3 b	9.2 e	16.1 c	23.1 b
2.1 c	10.1 d	16.2 d	23.2 d
2.2 e	10.2 e	16.3 b	24.1 a
2.3 a	10.3 b	16.4 d	24.2 e
3.1 e	10.4 b	17.1 e	25.1 e
3.2 d	11.1 c	17.2 a	25.2 a
3.3 b	11.2 c	17.3 e	25.3 e
4.1 c	11.3 a	17.4 a	25.4 c
4.2 d	12.1 b	17.5 e	26.1 c
4.3 b	12.2 c	18.1 d	26.2 b
4.4 d	12.3 e	18.2 d	26.3 e
5.1 c	12.4 c	18.3 c	26.4 c
5.2 e	13.1 b	18.4 a	27.1 d
6.1 b	13.2 b	19.1 b	27.2 d
6.2 b	13.3 b	19.2 d	27.3 a
6.3 d	13.4 b	19.3 a	27.4 c
6.4 c	14.1 d	20.1 b	28.1 b
7.1 b	14.2 e	20.2 c	28.2 b
7.2 c	14.3 d	20.3 b	28.3 e
7.3 a	14.4 e	20.4 b	
7.4 b	15.1 c	21.1 c	
8.1 c	15.2 d	21.2 c	

Kommentierte Literaturhinweise

Im folgenden Literaturverzeichnis beschränke ich mich auf die Bücher und Arbeiten, auf die ich mich in besonderer Weise bezogen habe oder die zur Vertiefung des jeweiligen Themas hilfreich sind.

0. Lehrbücher und Übersichtswerke, die auf mehrere der hier vorgestellten Themen eingehen.

0.1 Bischof, N.: Das Rätsel Ödipus. Die biologischen Wurzeln des Urkonflikts von Intimität und Autonomie. München, Zürich 1997[4].
Spritzig geschriebenes Buch eines evolutionsbiologisch orientierten Psychologen, der sich mit den Grundlagen psychischer Verhaltensweisen des Menschen befasst. Ein Buch, in dem man immer wieder schmökern kann.

0.2 Bruhn, H., Oerter, R., Rösing, H. (Hrsg.): Musik-Psychologie. Ein Handbuch. Reinbek 1993.
Ausgezeichnetes Handbuch mit zahlreichen Beiträgen kompetenter WissenschaftlerInnen zu vielfältigen soziokulturellen, psychischen und physiologischen Aspekten musikalischer und musikpsychologischer Phänomene.

0.3 Dt. Inst. f. Fernstudien an der Univ. Tübingen (DIFF) (Hrsg.): Funkkolleg «Der Mensch». Anthropologie heute. Weinheim, Basel 1992/1993.
In dreißig ausführlichen Studienbegleitbriefen stellen führende Wissenschaftler die gesamte Bandbreite des heutigen anthropologischen Wissens dar. Die Studienbriefe sind didaktisch ausgezeichnet aufgebaut, gut verständlich und wissenschaftlich fundiert. Ich verdanke ihnen zahlreiche neue Erkenntnisse, die zum Teil in dieses Buch eingeflossen sind.

0.4 Von Ditfurth, H.: Der Geist fiel nicht vom Himmel. Die Evolution unseres Bewusstseins. München 1992 (Neuaufl.).
Das meines Erachtens gelungenste Buch des bekannten Psychiaters und Wissenschaftsautors, indem er sich mit der Entwicklungsgeschichte und den evolutionsbiologischen Vorgängen bei dem Entstehen höherentwickelter Gehirnsysteme befasst. Sehr verständlich und einleuchtend geschrieben.

0.5 Doering, W. und Doering, W. (Hrsg): Sensorische Integration. Anwendungsbereiche und Vergleiche mit anderen Fördermethoden/Konzepten. Dortmund 1999[4].
Sammelband, in dem auf unterschiedliche im weiteren Sinne senso-motorische Integrations- und Fördermethoden eingegangen wird. Erste Übersicht und Kompedium.

0.6 Eccles, J.C.: Die Evolution des Gehirns – die Erschaffung des Selbst. München 1999[5].
Sehr ausführliches und detailliertes, aber mitunter schwer zu lesendes Buch des renommierten Nobelpreisträgers und Hirnphysiologen, der hier alle wesentlichen neueren Forschungsergebnisse zur Hirnevolution und zum Bewusstsein zusammenträgt.

0.7 Eggers, C., Lempp, R., Nissen, G., Strunk, P.: Lehrbuch der speziellen Kinder- und Jugendpsychiatrie. Berlin 1994[7].
«Klassiker» der Kinder- und Jugendpsychiatrie, ein Lehrbuch, in dem alle relevanten Störungen des Kinder- und Jugendalters unter psychiatrischer Sicht breit abgehandelt werden.

0.8 Eibl-Eibesfeld, I.: Der Mensch – das riskierte Wesen. Zur Naturgeschichte menschlicher Unvernunft. München, Zürich 1997[3].
Spritzig geschriebene Abhandlung des Lorenz-Schülers zu unterschiedlichen Themen der Humanethologie. Einige Abhandlungen fordern zu Kontroversen heraus.

0.9 Kahle, W.: Taschenatlas der Anatomie. Bd. 3: Nervensystem und Sinnesorgane. Stuttgart 1991 (Neuaufl.).
Schritt für Schritt werden auf jeweils zwei aufeinander folgenden Seiten Anatomie und Physiologie/Funktion zerebraler Subsysteme erläutert. Die Zeichnungen sind übersichtlich, die Kommentare knapp und skriptartig. Zum Nachschlagen und zur Vertiefung geeignet.

0.10 Kisker, K.P. u.a. (Hrsg.): Psychiatrie der Gegenwart. Bd.7: Kinder- und Jugendpsychiatrie. Berlin, Heidelberg, New York u.a. 1988.
Umfassendes, sehr detailliertes und wissenschaftlich orientiertes Standardwerk der Kinder- und Jugendpsychiatrie.

0.11 Klix, F.: Erwachendes Denken. Geistige Leistungen aus evolutionspsychologischer Sicht. Heidelberg, Berlin, Oxford 1993.
Der emeritierte Psychologe gibt hier ein umfassendes Werk zur Anthropologie und Evolution menschlich-geistiger Fähigkeiten. Das nicht ganz einfach zu lesende Buch ist dennoch spannend geschrieben und vereint profundes psychologi-

sches und neurophysiologisches Wissen mit anthropologischen und kulturhistorischen Grundlagen. Eine spannende Herausforderung an die kleinen grauen Zellen des Lesers.

0.12   Kolb, B., Whishaw, I.Q.: Neuropsychologie. Heidelberg, Berlin, Oxford 1996².
        Sehr ausführliches Grundlagenwerk, das wissenschaftlich fundiert und sehr detailliert auf die Grundlagen neurophysiologischer Prozesse und vielfältigste Störungsformen eingeht.

0.13   Maelicke, A. (Hrsg.): Vom Reiz der Sinne. Weinheim u.a. 1990.
        Begleitbuch zur gleichnamigen Fernsehserie im ZDF. Reich bebildertes, populärwissenschaftlich gehaltenes und meistens hochinteressant geschriebenes Buch, das Abhandlungen verschiedener Autoren zu unseren Sinnessystemen enthält. Als Übersichtsbuch zur Sinnesphysiologie auch für Anfänger sehr geeignet.

0.14   Mummenthaler, M.: Neurologie. Stuttgart 1994.
        Medizinisches Standardlehrbuch.

0.15   Nauta, W.J.H.; Feirtag, M.: Neuroanatomie. Eine Einführung. Heidelberg 1993.
        Interessant geschriebenes, sehr detailliertes Buch, das sich der funktionellen Anatomie, auch aus entwicklungsbiologischen Gesichtspunkten, verpflichtet fühlt. Bei sehr speziellem Interesse empfehlenswert.

0.16   Oerter, R., Montada, L. (Hg).: Entwicklungspsychologie: Ein Lehrbuch. München 1998⁴.
        Umfassendes Standardwerk.

0.17   Popper, K.R., Eccles, J.C.: Das Ich und sein Gehirn. München, Zürich 1989 (Neuaufl.).
        Umfassendes Grundlagenwerk, in dem der bekannte Philosoph mit dem renommierten Neurophysiologen ein «Drei-Welten-Konzept» zur Leib-Seele-Thematik erarbeitet. Sehr detailliert und mitunter sehr kompliziert geschrieben, ein fundiertes Grundlagenwerk.

0.18   Sacks, O.: Der Mann, der seine Frau mit einem Hut verwechselte. Reinbek 1995 (Neuaufl.).
        Außergewöhnliches Buch, in dem ein origineller Neurologe und Psychiater hirnorganisch bedingte Krankheiten aus einem etwas anderen Blickwinkel vorstellt.

0.19   Schmidt, R.F. (Hrsg.): Grundriss der Sinnesphysiologie. Berlin u.a. ⁵1985.
        Medizinisches Standardlehrbuch, in dem alle wesentlichen Aspekte der Sinnesphysiologie präzise und ausführlich abgehandelt werden.

0.20   Schmidt, R.F. (Hrsg.): Grundriss der Neurophysiologie. Berlin u.a. ⁶1987.
        Medizinisch gehaltenes Standardlehrbuch der Neurophysiologie, das prägnant und zum Teil sehr detailliert wesentliche Grundlagen dieses Fachgebietes darstellt. Nicht immer leicht zu lesen.

0.21   Schwarzer, W. (Hrsg.): Lehrbuch der Sozialmedizin. Dortmund 1998².
Knappe, aber breit gefächerte Einführung in die Sozialmedizin, in der insbesondere auch psychogene und neurogene Störungen sowie Behinderungen und chronische Erkrankungen erläutert werden.

0.22   Spektrum der Wissenschaften: Gehirn und Nervensystem. Woraus sie bestehen, wie sie funktionieren, was sie leisten. Heidelberg 1988⁹.
Populärwissenschaftlich gehaltenes, fundiertes Sammelheft, das Abhandlungen renommierter Wissenschaftler enthält.

0.23   Spektrum der Wissenschaft: Gehirn und Kognition. Heidelberg 1992 (Neuaufl.).
Deutsche Ausgabe des Scientific American, in der in verständlicher Weise über neuere Ergebnisse der Hirnforschung, u.a. die Verarbeitung visueller Informationen, Gedächtnisprozesse und das Lernen sowie neuronale Plastizität berichtet wird.

0.24   Steinhausen, H-C.: Psychische Störungen bei Kindern und Jugendlichen. München 1996³.
Standardlehrbuch der Kinder- und Jugendpsychiatrie, zum Teil etwas medizinisch gehalten, insgesamt aber klar strukturiert und übersichtlich.

0.25   Thompson, R.F.: Das Gehirn. Von der Nervenzelle zur Verhaltenssteuerung. Heidelberg 1994².
Fundiertes Grundlagenbuch, das in USA zur Basis-Lektüre von Psychologiestudenten gehört. Teilweise schwierig zu lesen, bietet es andererseits einen fundierten Überblick über die neueren neurophysiologischen Forschungsergebnisse und ist auch für «Nicht-Physiologen» geeignet.

Kapitel 1: Von der Feinstruktur des Neurons zur Komplexität des ZNS

1.1   Christner, J.: Abiturwissen Biologie. Nerven, Sinne und Hormone. Stuttgart 1998⁹.
Skriptähnliche Zusammenfassung der wichtigsten Grundlagen zur Neurophysiologie. Gut verständlich.

1.2   Dudel, J.: Erregung von Nerv und Muskel. In: Schmidt, R.F. (s. 0.20), S. 20–69.
Sehr naturwissenschaftlich gehaltene *Darstellung der Erregungsweiterleitung*.

1.3   Schmidt, R.F.: Synaptische Übertragung. In: Schmidt, R.F. (s. 0.20), S. 70–104.
Zum Teil sehr detaillierte Beschreibung der Biochemie der Synapse. Weiterführende Erläuterungen für Interessierte.

1.4 Snyder, S.H.: Chemie der Psyche. Drogenwirkungen im Gehirn. Heidelberg 1994 (Neuaufl.).
Reich bebildertes und gut verständliches Buch eines Neurowissenschaftlers, der sich mit der Chemie der Reizübertragung und Verarbeitung befasst. Die biochemischen Aspekte von Sucht und einigen anderen neurogenen Erkrankungen werden hier spannend und gut zu lesen beschrieben.

1.5 Thompson, R.F.: Das Gehirn. Von der Nervenzelle zur Verhaltenssteuerung. Heidelberg 1994^2.
siehe 0.25

Kapitel 2: Aufbau und Funktion des Gehirns in der Übersicht

2.1 Von Ditfurth, H.: Der Geist fiel nicht vom Himmel. Die Evolution unseres Bewusstseins. München 1992 (Neuaufl.).
siehe 0.4

2.2 Eccles, J.C.: Die Evolution des Gehirns – die Erschaffung des Selbst. München 1999^5.
siehe 0.6

2.3 Kahle, W.: Taschenatlas der Anatomie. Bd. 3: Nervensystem und Sinnesorgane. Stuttgart 1991 (Neuaufl.).
siehe 0.9

2.4 Kolb, B., Whishaw, I.Q.: Neuropsychologie. Heidelberg, Berlin, Oxford 1996^2.
siehe 0.12

2.5 Roth, G.: 100 Milliarden Zellen. Gehirn und Geist. In: Dt. Inst. f. Fernstudien (s. 0.3), Studieneinheit 5.
Meines Erachtens zur Zeit beste und übersichtlichste Darstellung des menschlichen Gehirns nach heutigem Wissensstand. Allgemeinverständlich geschrieben, fasst diese Abhandlung die neueren hirnphysiologischen Erkenntnisse zusammen. Gelungener Abschnitt über Bewusstseinsvorgänge.

2.6 Schmidt, R.F.: Der Aufbau des Nervensystems. In: Schmidt, R.F. (s. 0.20), S. 1–19.
Erste Übersicht über den Aufbau des ZNS, als Einführung gut geeignet.

2.7 Schmidt, R.F.: Integrative Funktionen des zentralen Nervensystems. In: Schmidt, R.F. (s. 0.20), S. 275–323.
Übersicht über die Integration neurophysiologischer Leistungen des ZNS.

2.8 Spektrum der Wissenschaften (Hrsg.): Gehirn und Nervensystem. Woraus sie bestehen, wie sie funktionieren, was sie leisten. Heidelberg 1988[9].
siehe 0.22

2.9 Thompson, R.F.: Das Gehirn. Von der Nervenzelle zur Verhaltenssteuerung. Heidelberg 1994[2].
siehe 0.25

Kapitel 3: Die Organisation der Großhirnrinde

3.1 Von Ditfurth, H.: Der Geist fiel nicht vom Himmel. Die Evolution unseres Bewusstseins. München 1992 (Neuaufl.).
siehe 0.4

3.2 Kahle, W.: Taschenatlas der Anatomie. Bd. 3. Nervensystem und Sinnesorgane. Stuttgart 1991 (Neuaufl.).
siehe 0.9

3.3 Kolb, B., Whishaw, I.Q.: Neuropsychologie. Heidelberg, Berlin, Oxford 1996[2].
siehe 0.12

3.4 Roth, G.: 100 Milliarden Zellen. Gehirn und Geist. In: Dt. Inst. f. Fernstudien (s. 0.3), Studieneinheit 5.
siehe 2.5

3.5 Spektrum der Wissenschaften (Hrsg.): Gehirn und Nervensystem. Woraus sie bestehen, wie sie funktionieren, was sie leisten. Heidelberg 1988[9].
siehe 0.22

3.6 Thompson, R.F.: Das Gehirn. Von der Nervenzelle zur Verhaltenssteuerung. Heidelberg 1994[2].
siehe 0.25

Kapitel 4: Die funktionale Asymmetrie des Großhirns

4.1 Berker, P., Hülshoff, Th.: Familienbilder. Familienrekonstruktion und professionelle Familienarbeit. In: Kath. FH NW, Abt. Münster (Hrsg.): Theorie und Praxis sozialer und pädagogischer Lehre im Blickpunkt. Münster 1992.

4.2 Kolb, B., Whishaw, I.Q.: Neuropsychologie. Heidelberg, Berlin, Oxford 1996[2].
Das Kapitel 9 geht auf Grundlagen der Hirnasymmetrie ein.

4.3 Oepen, G. (Hrsg.): Psychiatrie des rechten und linken Gehirns. Neuropsychologische Ansätze zum Verständnis von «Persönlichkeit», «Depression» und «Schizophrenie». Köln 1988.
Wissenschaftliche Beiträge verschiedener Fachautoren, klinisch-neurophysiologisch gehaltenes Grundlagenwerk zur Split-Brain-Forschung und zu funktionellen Asymmetrien.

4.4 Popper, K.R., Eccles, J.C.: Das Ich und sein Gehirn. München, Zürich 1989 (Neuaufl.).
siehe 0.17

4.5 Springer, S.P., Deutsch, G.: Linkes, rechtes Gehirn. Funktionelle Asymmetrien. Heidelberg 1998[4].
Relativ kritisch werden die Ergebnisse von 10 Jahren Split-Brain-Forschung zusammengetragen und anschaulich auf populärwissenschaftlichem Niveau präsentiert.

4.6 Thompson, R.F.: Das Gehirn. Von der Nervenzelle zur Verhaltenssteuerung. Heidelberg 1994[2].
siehe 0.25

4.7 Watzlawick, P.: Wie wirklich ist die Wirklichkeit? Wahn, Täuschung, Verstehen. München, Zürich 1998[24].
Bestseller des bekannten amerikanischen Psychologen, der sich dem Konstruktivismus verpflichtet fühlt.

4.8 Watzlawick, P.: Die Möglichkeit des Andersseins. Zur Technik der therapeutischen Kommunikation. Stuttgart u.a. 1991[4].
Ein weiterer Bestseller des Autors, in dem besonders auf rechtshemisphärische Kommunikationsformen eingegangen wird. Zum Teil sehr plastische und instruktive Beispiele.

Kapitel 5: Das Limbische System

5.1 Andreasen, N.C.: Das funktionsgestörte Gehirn: Einführung in die biologische Psychiatrie. Weinheim 1990.
Populärwissenschaftlich geschriebenes Einführungsbuch einer Psychiaterin, das hauptsächlich die biologisch-medizinischen Aspekte psychiatrischer Erkrankungen plastisch und mit vielen gelungenen Fallbeispielen darstellt.

5.2 Beine, K.: Neuroleptika. Einnehmen oder Wegnehmen? In: Bock, Th. u.a. (Hrsg.): Hand-Werks-Buch Psychiatrie. Bonn 1991, S. 370ff.
Die wesentlichen Aspekte der aktuellen Diskussion werden hier gut verständlich dargestellt.

5.3 Von Ditfurth, H.: Innenansichten eines Artgenossen. Düsseldorf 1992³.
Im Kapitel «Leben und Zeit» (S. 268ff) gibt der bekannte Psychiater und Wissenschaftsjournalist eine interessante Deutung der Melancholie, als deren Grundursache er eine Störung der inneren Werdenszeit vermutet.

5.4 Von Ditfurth, H.: Der Geist fiel nicht vom Himmel. Die Evolution unseres Bewusstseins. München 1992 (Neuaufl.).
Unter der Überschrift «Stimmungen legen die Welt aus» (S.288ff) beschreibt der Autor eindrücklich, das unsere Welterkenntnis nicht «wertneutral», sondern affektiv getönt ist.

5.5 Eccles, J.C.: Die Evolution des Gehirns – die Erschaffung des Selbst. München 1999⁵.
siehe 0.6

5.6 von Holst, D., Scherer, K.R.: Stress. In: Deutsches Institut für Fernstudien der Univ. Tübingen (Hrsg.): Funkkolleg Psycho-Biologie. Studieneinheit 15, Weinheim/Basel 1986.
Die renommierten Forscher geben einen guten Überblick über das Stressgeschehen, in dem besonders auf die vegetativen Vorgänge eingegangen wird.

5.7 Hülshoff, Th. : Emotionen. Eine Einführung für beratende, therapeutische, pädagogische und soziale Berufe. München, Basel 1999
Primäraffekte wie Angst, Ärger, Wut, Freude oder Trauer sowie kognitiv-emotionale Prozesse (z.B. Schuldgefühle) werden auf biologischen, psychischen und sozialen Ebenen beschrieben. Es ist Anliegen dieses Buches, nicht nur nach dem Zustandekommen, sondern auch nach Sinn und Funktion dieser Gefühle auf den jeweils unterschiedlichen Ebenen zu fragen. Die Untersuchung der Beziehungen sozialer, psychischer und biologischer Faktoren beim Entstehen eines Gefühlserlebnisses führt zu einer systemisch-integrativen Sichtweise menschlicher Emotionen.

5.8 Hülshoff, Th.: Stress und Stressbewältigung. In: Heimstatt-Bewegung e.V. (Hrsg.): Die Heimstatt. Werkheft für Jugendsozialarbeit. Heft 1–2, 1989, S. 53–62.
Nach der Erläuterung der physiologischen Vorgänge beim Stressgeschehen kommen psychologische Bewältigungsstrategien und soziale Hilfen zur Sprache.

5.9 Klein, A., Meyendorf, R.: ...und plötzlich überfiel mich Todesangst. Stuttgart 1991.
Erfahrungsberichte über eine endogene Depression und ihre Heilung.

5.10 Raphaelsen, O.J., Helmchen, H.: Depression, Melancholie, Manie. Stuttgart 1982.
Klinisch orientierter, gut verständlicher und einfühlsamer Ratgeber für Kranke und Angehörige. Recht umfassend.

5.11 Schneider, K., Scherer, K.R.: Motivation und Emotion. In: Dt. Inst. f. Fernstudien (Hrsg.): Funkkolleg «Psycho-Biologie». Verhalten bei Mensch und Tier. Studieneinheit 14, S. 57–94. Weinheim/Basel 1987.
Didaktisch geschickt und wissenschaftlich fundiert werden motivationale und emotionale Prozesse bei Tier und Mensch erläutert.

5.12 Snyder, S.H.: Chemie der Psyche. Drogenwirkungen im Gehirn. Heidelberg 1994 (Neuaufl.).
siehe 1.4

Kapitel 6: Der Geruchssinn

6.1 Altner, H.: Physiologie des Geruchs. In: Schmidt, R.F. (s. 0.19), S. 299–309.
Medizinisch gehaltener Grundlagentext zur Physiologie des Geruchssinns, detaillierte funktionelle und anatomische Beschreibung.

6.2 Hatt, H.: Physiologie des Riechens und Schmeckens. In: Maelicke, A. (s. 0.13), S. 93–128.
Ausgezeichnete und allgemein verständliche Darstellung des Riech- und des Schmeckvorgangs. Der Autor versteht es, gut verständlich auch neuere Forschungsergebnisse darzustellen.

6.3 Kahle, W.: Taschenatlas der Anatomie. Bd. 3: Nervensystem und Sinnesorgane. Stuttgart 1991 (Neuaufl.).

6.4 Kobal, G.: Die Psychophysiologie des Geruchs. In: Maelicke, A. (s. 0.13), S. 129–148.
Interessante, aber teilweise sehr detaillierte Darstellung unterschiedlicher Aspekte des Geruchssinns und der Geruchsverarbeitung und Exkurs zur Aromatherapie.

6.5 Kolb, B., Whishaw, I.Q.: Neuropsychologie. Heidelberg, Berlin, Oxford 1996[2].
Auf den Seiten 70 ff. gehen die Autoren auf das Geschmacks- und Geruchssystem ein.

6.6 Schiefenhövel, W.: Signale zwischen Menschen. Formen nichtsprachlicher Kommunikation. In: Dt. Inst. f. Fernstudien (s. 0.3), Studieneinheit 11.
Der bekannte Arzt und Anthropologe gibt eine Übersicht über nonverbale (mimische, gestische, olfaktorische und proxemische) Kommunikationsformen und zeigt ihre evolutionsbiologischen Wurzeln auf.

6.7 Süskind, P.: Das Parfum. Diogenes, München 1994.
Roman.

Kapitel 7: Der Geschmackssinn

7.1   Altner, H.: Physiologie des Geschmacks. In: Schmidt, R.F. (s. 0.19), S. 287–298.
Übersichtsabhandlung zur Sinnesphysiologie des Geschmacks, die vor allem für medizinisch Interessierte gedacht ist. Ausführliche Darstellung der Vorgänge an den Geschmacksknospen.

7.2   Hatt, H.: Physiologie des Riechens und Schmeckens. In: Maelicke, A. (s. 0.13), S. 93–128.
Ausgezeichnete und allgemein verständliche Darstellung des Riech- und des Schmeckvorgangs. Der Autor versteht es, gut verständlich auch neuere Forschungsergebnisse darzustellen.

7.3   Kahle, W.: Taschenatlas der Anatomie. Bd. 3: Nervensystem und Sinnesorgane. Stuttgart 1991 (Neuaufl.).

7.4   Kolb, B., Whishaw, I.Q.: Neuropsychologie. Heidelberg, Berlin, Oxford 1996^2.
Auf den Seiten 70 ff. gehen die Autoren auf das Geschmacks- und Geruchssystem ein.

Kapitel 8: Die Gleichgewichtssinne

8.1   Kahle, W.: Taschenatlas der Anatomie. Bd. 3: Nervensystem und Sinnesorgane. Stuttgart 1991 (Neuaufl.).

8.2   Klinke, R.: Physiologie des Gleichgewichtssystems. In: Schmidt, R.F. (s. 0.19), S. 272–286.
Ausgezeichnete und gut verständliche Darstellung des Gleichgewichtsystems. Einleuchtende Grafiken.

8.3   Thurm, U.: Die mechanischen Sinne: Hören, Tasten... In: Maelicke, A. (s. 0.13), S. 75–91.
Gelungene Übersicht über die Neurophysiologie des Tastens und des Hörens, in der insbesondere Aufbau und Funktion des Cortischen Organs und der Schnecke didaktisch gut beschrieben werden.

Kapitel 9: Somatosensorische Systeme

9.1   Kahle, W.: Taschenatlas der Anatomie. Bd. 3: Nervensystem und Sinnesorgane. Stuttgart1991 (Neuaufl.).

9.2 Kolb, B., Whishaw, I.Q.: Neuropsychologie. Heidelberg, Berlin, Oxford 1996².
U.a. gehen die Autoren auf das somato-sensorische System ein.

9.3 Schmidt, R.F.: Somato-viszerale Sensibilität. In: Schmidt, R.F. (s. 0.19), S. 36–78.
Übersicht über die neurologischen Grundlagen der körperbezogenen Sensibilität.

9.4 Schmidt, R.F.: Nozirezeption und Schmerz. In: Schmidt, R.F. (s. 0.19), S. 140–173.
Gute Übersicht über die beiden unterschiedlichen Schmerzempfindungs- und Weiterleitungssysteme.

9.5 Thompson, R.F.: Das Gehirn. Von der Nervenzelle zur Verhaltenssteuerung. Heidelberg 1994².
Im 7. Kapitel geht der Autor auf sensorische Prozesse ein.

9.6 Thurm, U.: Die mechanischen Sinne: Hören, Tasten... In: Maelicke, A. (s. 0.13), S. 75–91.
Gelungene Übersicht über die Neurophysiologie des Tastens und des Hörens, in der insbesondere Aufbau und Funktion des Cortischen Organs und der Schnecke didaktisch gut beschrieben werden.

9.7 Zimmermann, M.: Neurophysiologie sensorischer Sinne. In: Schmidt, R.F. (s. 0.19), S. 82–139.

Kapitel 10: Der Hörsinn

10.1 Klinke, R.: Physiologie des Hörens. In: Schmidt, R.F. (s. 0.19), S. 242–271.
Gute Darstellung der Hörphysiologie, sehr detailliert und fundiert, aber schwierig zu lesen.

10.2 Kolb, B., Whishaw, I.Q.: Neuropsychologie. Heidelberg, Berlin, Oxford 1996².
U.a. gehen die Autoren auf das auditorische System ein.

10.3 Thurm, U.: Die mechanischen Sinne: Hören, Tasten... In: Maelicke, A. (s. 0.13), S. 75–91.
siehe 9.6

Kapitel 11: Hörbehinderung und Schwerhörigkeit

11.1 Böger, J., Kanowski, S.: Gerontologie und Geriatrie für Krankenpflegeberufe. Stuttgart 1995².
U .a. findet sich eine kurze Abhandlung zum Thema «Schwerhörigkeit im Alter», insbesondere wichtige Erläuterungen zu Kommunikationsregeln bei Schwerhörigkeit.

11.2 Grond, E.: Hörbehinderung. In: Grond, E. (Hrsg.): Einführung in die Sozialmedizin. Dortmund ²1990.
Knapp gehaltene, übersichtliche Einführung.

11.3 Landschaftsverband Westfalen-Lippe (Hrsg.): Die begleitende Hilfe im Arbeitsleben für Hörbehinderte. Münster 1987.
Sehr praxisnaher und gut zu lesender Ratgeber für Betroffene und Begleiter, insbesondere bei Kommunkationsfragen.

11.4 Landschaftsverband Westfalen-Lippe (Hrsg.): Die berufliche Situation der Hörbehinderten. Münster 1983.
Unter anderem Erläuterungen zu wichtigen technischen Hilfsmitteln

11.5 Sacks, O.: Stumme Stimmen. Reise in die Welt der Gehörlosen. Reinbek 1992 (Neuaufl.).
Empathisches Buch des bekannten und mitunter nonkonformen Neurologen.

Kapitel 12: Das Sehen

12.1 Federspiel, K. u.a.: Mit anderen Augen. Köln 1987.
Verständlich geschriebener Ratgeber über Augenprobleme und Augenkrankheiten, geeignet für Betroffene, Angehörige und nicht-medizinische Betreuer.

12.2 Grüsser, O.-J., Cornehls, U.: Physiologie des Sehens. In: Schmidt, R.F. (s. 0.19), S. 174–241.
Grundlegende Abhandlung, in der alle wesentlichen physiologischen Aspekte des Sehvorgangs beschrieben werden.

12.3 Hubel, D.H.: Auge und Gehirn. Neurobiologie des Sehens. Heidelberg 1989 (Neuaufl.).
Der Autor stellt hier seine bahnbrechenden Ergebnisse zur Neurophysiologie des Sehens dar, für die er den Nobelpreis bekommen hat. Das Buch ist reich bebildert und populärwissenschaftlich konzipiert (dennoch streckenweise ziemlich schwierig). Insgesamt eine spannende Herausforderung.

12.4 Küchle, H.J.: Taschenbuch der Augenheilkunde. Bern, Göttingen, Toronto, Seattle 1991³.

12.5   Rock, I.: Wahrnehmung. Vom visuellen Reiz zum Sehen und Erkennen. Heidelberg 1998 (Neuaufl.).
Reich bebildertes und gut verständliches Buch über Wahrnehmungsprozesse, in dem insbesondere anhand von zahlreichen Beispielen auf optische Täuschungen eingegangen wird.

12.6   Roth, G.: 100 Milliarden Zellen. Gehirn und Geist. In: Dt. Inst. f. Fernstudien (s. 0.3), Studieneinheit 5.
Meines Erachtens zur Zeit beste und übersichtlichste Darstellung des menschlichen Gehirns nach heutigem Wissensstand. Allgemeinverständlich geschrieben fasst diese Abhandlung die neueren hirnphysiologischen Erkenntnisse zusammen. Gelungener Abschnitt über die Bearbeitung visueller Information.

12.7   Stieve, H., Wicke, I.: Wie unsere Augen sehen. In: Maelicke, A. (s. 0.13), S. 25–46.
Ausgezeichnete und gut verständliche Einführung und Übersicht über die neueren Ergebnisse der visuellen Sinnesphysiologie. Eine ebenso gut lesbare wie fundierte Abhandlung.

12.8   Sütterlin, Ch.: Warum es uns gefällt. Kunst und Ästhetik. In: Dt. Inst. f. Fernstudien (s. 0.3), Studieneinheit 18.
Originelle und fesselnde Abhandlung über die evolutionsbiologischen Wurzeln unseres ästhetischen Empfindens mit zahlreichen Beispielen.

12.9   Wolf, R. und Wolf, D.: Vom Sehen zum Wahrnehmen. Aus Illusionen entsteht ein Bild der Wirklichkeit. In: Maelicke, A. (s. 0.13), S. 47–74.
Ebenso fundierte wie originelle Darstellung der verblüffenden Leistungen unseres Gehirns, aus selektiv gesehenen visuellen Reizen ein «Weltbild» zu konstruieren. Neurophysiologische und konstruktivistische Aspekte.

Kapitel 13: Die Organisation motorischer Systeme

13.1   Eggers, C.: Störungen der Motorik. In: Eggers, C. (s. 0.7).

13.2   Kolb, B., Whishaw, I.Q.: Neuropsychologie. Heidelberg, Berlin, Oxford 1996[2].
Im 6. Kapitel gehen die Autoren auf die Organisation, im 7. Kapitel auf Störungen motorischer Systeme ein.

13.3   Schmidt, R.F.: Motorische Systeme. In: Schmidt R.F. (s. 0.20), S. 157–204.
Ausgezeichnete und detaillierte Übersicht über die unterschiedlichen zentralnervösen Ebenen, die sich mit der menschlichen Motorik befassen.

13.4   Thompson, R.F.: Das Gehirn. Von der Nervenzelle zur Verhaltenssteuerung. Heidelberg 1994[2].
Im 8. Kapitel geht der Autor auf motorische Kontrollsysteme ein.

Kapitel 14: Multiple Sklerose

14.1 Bodenstein, K.: Heute ist gestern und morgen. Eine Sozialarbeiterin berichtet über die Probleme einer Langzeitkrankheit (Multiple Sklerose). Hannover 1982.

14.2 Hirschmann, J.: Multiple Sklerose. Reihe «Kommunikation zwischen Partnern», Band 201.
Kleine Broschüre zur stationären und ambulanten Behandlung der Multiplen Sklerose. Bundesarbeitsgemeinschaft Hilfe für Behinderte e.V., Düsseldorf.

14.3 Kemm, R., Welter, R.: Coping mit kritischen Ereignissen im Leben Körperbehinderter, dargestellt am Beispiel der Multiplen Sklerose – Ein Arbeitsbericht. Heidelberg 1987.

14.4 Krämer, G., Besser, R.: Multiple Sklerose. Stuttgart, NewYork 1997 (Neuaufl.).
Leicht lesbare, knappe aber doch umfassende Darstellung der Multiplen Sklerose für Betroffene und nichtärztliche Helfer.

14.5 Künzle, O.: Alltagstraining bei Multipler Sklerose. Zürich 1986.
Gut verständliches Übungsbuch für Patienten mit Anregungen für Helfer und Therapeuten.

Kapitel 15: Querschnittslähmung

15.1 Dechense, B. u.a.: ...aber nicht aus Stein. Weinheim/Basel 1981.
Medizinische und psychologische Aspekte von körperlicher Behinderung und Sexualität. Detaillierte und einfühlsame Darstellung aus der Sicht unterschiedlicher Fachgebiete/Betroffener.

15.2 Lotze, R., Schoch, H. (Hrsg.): Rehabilitation 2000. Freiburg i.Br. 1987.
Chancen und Erwartungen körperbehinderter Menschen.

15.3 Pampus, I.: Ärztlicher Rat für Querschnittsgelähmte. Stuttgart 1978.
Umfassender und gut verständlicher Leitfaden für Betroffene und Helfer, der in seinen wesentlichen Aussagen immer noch aktuell ist.

Kapitel 16: Infantile Zerebralparese

16.1 Eggers, C.: Störungen der Motorik. In: Eggers, C. (s. 0.7).

16.2 Kalbe, U.: Kinder mit cerebralen Bewegungsstörungen. Stuttgart 1993.
Gut lesbares, sehr detailliertes und informatives Standardlehrbuch zur infantilen Zerebralparese.

16.3 Oyen, R.: Infantile Cerebralparese. In: Schwarzer, W. (Hrsg.): Einführung in die Sozialmedizin. Dortmund 1998[2].
Kurze Darstellung der wichtigsten medizinischen Fakten zur infantilen Zerebralparese.

16.4 Steinhausen, H-C.: Psychische Störungen bei Kindern und Jugendlichen. München 1996[3].
siehe 0.24

Kapitel 17: Hyperkinetisches Syndrom und «minimale zerebrale Dysfunktion»

17.1 Corboz, R.J.: Psychische Störungen bei organischen Hirnschädigungen. In: Kisker, K.P. u.a. (Hrsg.): Psychiatrie der Gegenwart, Bd. 7, Kinder- und Jugendpsychiatrie. S. 147–185.
Wissenschaftlich orientierte Gesamtübersicht.

17.2 Franke, U. (Hrsg.): Aggressive und hyperaktive Kinder in der Therapie. Berlin, Heidelberg 1988.
Sammelband unterschiedlicher Fachrichtungen mit teilweise interessanten Beiträgen.

17.3 Hartmann, J.: Zappelphilip, Störenfried. Hyperaktive Kinder und ihre Therapie. München 1997[6].
Gut verständlicher Elternratgeber einer engagierten und kompetenten Journalistin.

17.4 Lempp, R.: Organische Psychosyndrome. In: Eggers, C. (s. 0.7), S. 426ff.
Einer der wichtigsten Autoren zum frühkindlichen exogenen Psychosyndrom gibt hier eine gut verständliche Übersicht.

17.5 Ruf-Bächtiger, L.: Das frühkindliche psycho-organische Syndrom. Minimale Cerebrale Dysfunktion. Diagnostik und Therapie. Stuttgart, New York 1995[3].
Praxisorientierte, klinisch gehaltene und umfassende Einführung zu den Themenkreisen Hyperkinetisches Syndrom, Teilleistungsstörungen und minimale

zerebrale Dysfunktion. Ausführlich wird auch auf Lese-Rechtschreibstörungen sowie die Dyskalkulie eingegangen.

17.6 Steinhausen, H.C.: Psychische Störungen bei Kindern und Jugendlichen. München 1996[3].
Gut strukturierte zusammenfassende Darstellung des HKS.

Kapitel 18: Epilepsie

18.1 Eggers, C.: Anfallskrankheiten. In: Eggers, C. (s. 0.7).

18.2 Matthes, A., Kruse R.: Der Epilepsiekranke. Ratgeber für den Kranken, seine Familie, für Lehrer, Erzieher und Sozialarbeiter. Trias, Stuttgart 1989.
Ausgezeichneter, umfassender und gut verständlicher ärztlicher Ratgeber, geschrieben von einem führenden Experten.

18.3 Matthes, A.: Schneble, H.: Epilepsie. Stuttgart 1996[6].
Medizinisches Standardlehrbuch.

18.4 Mummenthaler, M.: Neurologie. Stuttgart 1996[10].
Medizinisches Standardlehrbuch.

18.5 Schneble, H.: Von der «heiligen Krankheit» zum «fallenden Siechtag». Reinbek 1989 (Neuaufl.).
Informative Abhandlung zur Epilepsie in Antike und Mittelalter.

18.6 Steinhausen, H.C.: Psychische Störungen bei Kindern und Jugendlichen. München 1996[3].
U.a. findet sich eine umfassende, systematische, knapp gehaltene Abhandlung zum Thema Epilepsie.

18.7 Tieber, E., Krüse, G.: Epilepsien (Anfallskrankheiten) im Kindes- und Jugendalter. In: Remschmidt, H. (Hrsg.): Kinder- und Jugendpsychiatrie. Stuttgart 1987.

Kapitel 19: Parkinson'sche Erkrankung

19.1 Birkmayer, W., Danielczyk, W.: Die Parkinson-Krankheit: Ursachen, Symptome, Behandlung. Stuttgart 1996[7]
Verständlich geschriebener, umfassender Ratgeber für Betroffene, Pflegende und Angehörige, in dem zwei führende Experten detailliert auf Ursachen, Symptome und therapeutische Möglichkeiten der Parkinson'schen Erkrankung eingehen.

19.2 Emmans, D., Fuchs, G. (Hrsg.): Morbus Parkinson und Psychologie: Ein Handbuch. Göttingen 1997
Handbuch, das insbesondere auf psychische Schwierigkeiten und Störungen im Gefolge der Parkinson'schen Erkrankung eingeht. Z.T recht wissenschaftlich gehalten.

19.3 Goetz, C.G. u.a.: Neurosurgical Horizons in Parkinson's Disease. In: Neurology 1993; 43: 1–7
Übersichtsaufsatz über stereotaktische Operationen, Elektrostimulation und die Transplantation embryonalen Gewebes bei Parkinson'scher Erkrankung.

19.4 Sacks, O.: Awakens. Zeit des Erwachens. Reinbek 1991
Eigenwilliges und fesselndes Buch eines Neurologen, in dem er empathisch die positiven Veränderungen seiner Patienten nach Einführung der medikamentösen Therapie (L-Dopa) schildert. Vgl. Filmhinweis zu Kapitel 19

19.5 Steinwachs, K.C. (Hrsg.): Der Parkinson-Patient: Ursachen, Diagnostik, biologische Bewältigung und soziale Dimension.
Unterschiedliche Aspekte, u.a. auch soziale Dimensionen der Parkinson'schen Erkrankung werden vorgestellt.

19.6 Thümmler, R.: Die Parkinson-Krankheit: Ein Leitfaden für Betroffene und Therapeuten. Berlin, Heidelberg, N.Y. 1999
Gut zu lesendes Buch mit umfassenden Informationen und Ratschlägen.

19.7 Tronniere, V.M. u.a.: Deep Brain Stimulation for the Treatment of Movement Disorders. In: Neurology, Psychiatry and Brain Research (1999) 6: 199–215
Übersichtsaufsatz zu bisherigen Ergebnissen der Elektrostimulation u.a. bei Parkinson'scher Erkrankung.

Kapitel 20: Schlaganfall

20.1 Böger, J.; Kanowski, S.: Gerontologie und Geriatrie für Krankenpflegeberufe. Stuttgart 1995³.
U.a. gehen die Autoren detailliert auf die Klinik des Schlaganfalls ein.

20.2 Huemer-Drobbril, u.a.: Leben nach dem Schlaganfall. Köln 1987.
Ausgezeichneter, am Alltag orientierter Ratgeber für Kranke, Familien und Betreuer, sehr praxisnah mit konkreten Tipps.

20.3 Mäurer, H.C. (Hrsg.): Schlaganfall. Rehabilitation statt Resignation. Stuttgart 1989.
Praxisorientiertes Buch, in dem die unterschiedlichsten Professionen (Psychologen, Ärzte, Sozialarbeiter, Architekten usw.) das Thema von ihrem Blickwinkel her aufgreifen.

Kapitel 21: Musikalisches Empfinden

21.1 Brückner, J., Mederacke, J., Ulbrich, C.: Musiktherapie für Kinder. Berlin 1991.
Umfassendes und gut zu lesendes Werk zur Einführung.

21.2 Bruhn, H., Oerter, R., Rösing, H. (Hrsg.): Musik-Psychologie. Ein Handbuch. Rheinbek/Hamburg 1993.
Ausgezeichnetes Handbuch mit zahlreichen Beiträgen kompetenter WissenschaftlerInnen zu vielfältigen sozio-kulturellen, psychischen und physiologischen Aspekten musikalischer und musikpsychologischer Phänomene.

21.3 Cuddy, L.: Synaesthesie. In: Bruhn, H. (s. 20.2), S. 499 ff.
Interessanter Beitrag zu neueren Forschungsergebnissen.

21.4 Eibl-Eibesfeld, J.: Die Biologie des menschlichen Verhaltens. Grundrisse der Humanethologie. München 1997[4].
Standardwerk, in dem sich auch ein Kapitel über die anthropologischen Grundlagen musikalischen Ausdrucksverhaltens findet.

21.5 Petsche, H.: Cerebrale Verarbeitung. In: Bruhn, H.(s. 20.2).
Kurze informative Zusammenstellung der für das Musikempfinden wichtigsten zerebralen Prozesse.

21.6 Pöppel, E.: Wo bin ich? Orientierung in Zeit und Raum. In: Dt. Inst. f. Fernstudien (s. 0.3), Studieneinheit 20.
Ausgezeichnete Abhandlung über die biologischen Grundlagen unseres Zeiterlebens eines auf diesem Sektor führenden Wissenschaftlers. Gut zu lesen.

21.7 Roesing, H.: Musikalische Ausdrucksmodelle. In: Bruhn, H. (s. 20.2), S. 579 ff.
Kurze Zusammenstellung/Übersicht.

21.8 Sacks, O.: Der Mann, der seine Frau mit einem Hut verwechselte. Reinbek 1995 (Neuaufl.).
Siehe 0.18

21.9 Strobel, W., Huppmann, G.: Musiktherapie. Grundlagen, Formen, Möglichkeiten. Göttingen u.a. 1997[3].
Eine gute Grundlagenübersicht mit wissenschaftlicher Orientierung.

Kapitel 22: Sprache und Sprachstörungen

22.1 Beeh, V.: Was ich dir sagen will. Der Mensch und die Sprache. In: Deutsches Institut für Fernstudien (s. 0.3), Studieneinheit 21.
Ausgezeichnete und umfassende Abhandlung sowohl über die Entwicklungsgeschichte der Sprachentstehung als auch insbesondere über die semantischen und syntaktischen Grundlagen der Sprache und ihre Korrelation zur Hirnfunktionen.

22.2 Cavalli-Sforza, L. und F.: Verschieden und doch gleich. München 1996 (Neuaufl.).
Gut lesbares Buch, in dem sich der Humangenetiker und Anthropologe mit grundlegenden anthropologischen Fragen befasst, u.a. mit der menschlichen Sprache.

22.3 Eccles, J.C.: Die Evolution des Gehirns – die Erschaffung des Selbst. München 1989. siehe 0.6

22.4 Friedrich, G., Bigenzahn, W. (Hrsg.): Phoniatrie. Bern, Göttingen, Toronto, Seattle 1995.
Eine praxisorientierte und verständlich geschriebene Einführung in die medizinischen, psychologischen und linguistischen Grundlagen von Stimme und Sprache. Grundlegendes Standardwerk.

22.5 Geo-Wissen (Hrsg.): Kommunikation. Hamburg 1989.
Reich bebilderte, populärwissenschaftlich gehaltene Übersichtssammlung von Themen, die sich mit Kommunikation befassen: u.a. gute Aufsätze zur Entstehung von Sprache, zu Verständigungsschwierigkeiten sowie zu biologisch-anthropologischen Grundlagen der Kommunikation.

22.6 Klix, F.: Erwachendes Denken. Geistige Leistungen aus evolutionspsychologischer Sicht. Heidelberg, Berlin, Oxford 1993.

22.7 Kolb, B., Whishaw, I.Q.: Neuropsychologie. Heidelberg, Berlin, Oxford 1996[2].
U. a. gehen die Autoren auf neurophysiologische Grundlagen der Sprache ein.

22.8 Lempp, R.: Störungen der Sprachentwicklung. In: Eggers, C. (s. 0.7).

22.9 Remschmidt, H.: Störungen des Sprechens und der Sprache. In: Remschmidt, H. (Hrsg.): Kinder- und Jugendpsychiatrie. Stuttgart 1987.

22.10 Schiefenhövel, W.: Signale zwischen Menschen. Formen nicht-sprachlicher Kommunikation. In: Dt. Inst. f. Fernstudien (s. 0.3), Studieneinheit 11.
siehe 6.6

22.11 Sommer, V.: Lob der Lüge. Täuschung und Selbstbetrug bei Tier und Mensch. München 1992.
Interessant geschriebenes Buch, in dem sich der Anthropologe und Primatologe mit den evolutionären Vorteilen täuschenden Verhaltens befasst.

22.12 Steinhausen, H-C.: Psychische Störungen bei Kindern und Jugendlichen. München 1996[3].
U. a. findet sich eine knappe, aber informative Übersicht über Störungen der Sprache und des Sprechens

Kapitel 23: Lesen und Schreiben und ihre Störungen

23.1 Klix, F.: Erwachendes Denken. Geistige Leistungen aus evolutionspsychologischer Sicht. Heidelberg, Berlin, Oxford 1993.
Der emeritierte Psychologe gibt hier ein umfassendes Werk zur Anthropologie und Evolution menschlich-geistiger Fähigkeiten. Das nicht ganz einfach zu lesende Buch ist dennoch spannend geschrieben und vereint profundes psychologisches und neurophysiologisches Wissen mit anthropologischen und kulturhistorischen Grundlagen. Kapitel 5 beschreibt die kulturelle Entwicklung der Schrift. Einige Aspekte habe ich in diesem Buch vorgestellt.

23.2 Lempp, R.: Organische Psychosyndrome. In: Eggers, C. (s. 0.7).
Der Autor geht auf Seite 395 ff. auf Teilleistungsstörungen, u.a. auch auf Lese-Rechtschreib-Schwäche, ein.

23.3 Ruf-Bächtiger, L.: Das frühkindliche psycho-organische Syndrom. Minimale Cerebrale Dysfunktion. Diagnostik und Therapie. Stuttgart, New York 1987.
siehe 17.5

23.4 Sommer-Stumpenhorst, N.: Lese- und Rechtschreibschwierigkeiten: Vorbeugen und Überwinden. Frankfurt/M. 1993[3].
Praxisorientierte, detaillierte und mit zahlreichen Beispielen ausgestattete Einführung eines Schulpsychologen in das Thema.

23.5 Steinhausen, H-C.: Psychische Störungen bei Kindern und Jugendlichen. München 1996[3].
Der Autor geht auf Lern- und Leistungsstörungen, u.a. auch auf Lese-Rechtschreibschwäche, ein.

23.6 Warnke, A.: Teilleistungsschwächen. In: Remschmidt, H.: Kinder- und Jugendpsychiatrie. Stuttgart 1987.
Kurze Übersicht über Lese-Rechtschreib-Schwäche und Dyskalkulie.

Kapitel 24: Rechnerisch-mathematische Fähigkeiten und Dyskalkulie

24.1 Von Ditfurth, H.: Der Geist fiel nicht vom Himmel. Die Evolution unseres Bewusstseins. München 1992 (Neuaufl.).
Im Kapitel «Die Entstehung der Zahl» erläutert der Autor die evolutionsbedingte Entstehung der Zentren, die für unsere mathematischen Fähigkeiten von Bedeutung sind.

24.2 Institut für mathematisches Lernen (Hrsg.): Ratgeber für den Umgang mit Schwierigkeiten in Rechnen und Mathematik. Essen [7]1987

24.3   Klix, F.: Erwachendes Denken. Geistige Leistungen aus evolutionspsychologischer Sicht. Heidelberg, Berlin, Oxford 1993.
Der emeritierte Psychologe gibt hier ein umfassendes Werk zur Anthropologie und Evolution menschlich-geistiger Fähigkeiten. Das nicht ganz einfach zu lesende Buch ist dennoch spannend geschrieben und vereint profundes psychologisches und neurophysiologisches Wissen mit anthropologischen und kulturhistorischen Grundlagen. In zwei Kapiteln geht der Autor auf die kulturelle Entwicklung des Rechnens und der Mathematik ein. Einige seiner Gedankengänge habe ich vorgestellt.

24.4   Lempp, R.: Organische Psychosyndrome. In: Eggers, C. u.a. (s. 0.7).
Der Autor geht auf Teilleistungsstörungen, u.a. auch auf Störungen des Rechnens, ein.

24.5   Ruf-Bächtiger, L.: Das frühkindliche psycho-organische Syndrom. Minimale Cerebrale Dysfunktion. Diagnostik und Therapie. Stuttgart, New York 1995^3.
siehe 17.5

24.6   Schmassmann, M.: Dyskalkulie-Praevention im schulischen und außerschulischen Alltag. In: Brunsting, M., Keller, H.-J., Steppacher, J. (Hrsg.): Teilleistungsschwächen. Prävention, Therapie. Luzern 1990, S. 179ff.

24.7   Steinhausen, H-C.: Psychische Störungen bei Kindern und Jugendlichen. München 1996^3.
U.a. geht der Autor auf Lern- und Leistungsstörungen, z.B. spezifische Rechenstörungen, ein.

24.8   Warnke, A.: Teilleistungsschwächen. In: Remschmidt, H.: Kinder- und Jugendpsychiatrie. Stuttgart 1987.
Kurze Übersicht über Lese-Rechtschreib-Schwäche und Dyskalkulie.

Kapitel 25: Geistige Behinderung

25.1   Dörner, K., Plog, U.: Irren ist menschlich. Lehrbuch der Psychiatrie/Psychotherapie. Bonn 1996^3.
Unkonventionelles, sozialpsychiatrisch orientiertes Standardlehrbuch der renommierten Autoren, die im zweiten Kapitel empathisch auf geistige Behinderung eingehen.

25.2   Eggers, C.: Störungen der Intelligenz. In: Eggers, C. (s. 0.7).

25.3   Görres, S.: Leben mit einem behinderten Kind. München u.a. 1987.
Die Psychologin und Mutter zweier behinderter Kinder gibt in ihrem gut zu lesenden und empathisch geschriebenen Buch wichtige Eindrücke aus dem Alltag betroffener Familien. Ein Buch, das Betroffenen wie professionellen Helfern nur wärmstens empfohlen werden kann.

25.4 Heimlich, H., Rother, D.: Wenn's zuhause nicht mehr geht. Eltern lösen sich von ihrem behinderten Kind. München 1995 (Neuaufl.).
Eine Sozialarbeiterin und ein Diplompädagoge stellen unterschiedliche Belastungen und überfordernde Erfahrungen von Eltern zusammen und thematisieren Wege der Ablösung. Ein praxisorientiertes und empathisches Buch.

25.5 Hofmann, A. u.a.: Kinder mit Down-Syndrom. Ein Ratgeber für Betroffene. Stuttgart 1998².
Ein Ratgeber, der von einer Elterngruppe geschrieben wurde. Sehr viele persönliche Erlebnisberichte, insbesondere mit Klein- und Kindergartenkindern mit Down-Syndrom. Zusätzlich eine Übersichtsarbeit einer Expertin.

25.6 Hülshoff, Th.: Schwere Wirklichkeiten. In: Köhn, W. (Hrsg.): Auf der Suche nach dem Verbindenden in der Heilpädagogik. Köln 1992. S. 79ff.
Übersicht über unterschiedliche intrapsychische Coping-Strategien und mögliche Aufgaben professioneller Helfer.

25.7 Hülshoff, Th.: Geistige Behinderung. In: Schwarzer, W. (Hrsg.): Lehrbuch der Sozialmedizin. Dortmund 1998².
Einführende Übersicht über Ursachen, Diagnostik, Merkmale und psychosoziale Aspekte einer geistigen Behinderung.

25.8 Schlack, H.G.: Die Therapie wirkt auf die ganze Familie. In: Zusammen, Heft 4, April 1991. 11.Jg. S. 11ff.
Kurzer Aufsatz, in dem sehr anschaulich aufgezeigt wird, dass Fördermaßnahmen, Therapie und Interventionen bei Behinderten Auswirkungen (nicht nur erwünschte) auf die ganze Familie haben können.

25.9 Selikowitz, M.: Down-Syndrom: Krankheitsbild, Ursachen, Behandlung. Heidelberg 1992.
Gut verständliches und sehr detailliertes, umfassendes Werk aus dem Spektrum-Verlag (Reihe «Verständliche Wissenschaften»), das allerdings sehr naturwissenschaftlich-medizinisch gehalten ist.

25.10 Tamm, C.: Diagnose Down-Syndrom. München u.a. 1994.
Sehr einfühlsames Buch einer Medizinerin, das sich vor allem mit der Phase beschäftigt, in der die Eltern mit der Diagnose konfrontiert werden.

Kapitel 26: Autismus

26.1 Martin, M.: Autistische Syndrome. In: Remschmidt, H. (Hrsg.): Kinder- und Jugendpsychiatrie. Stuttgart, N.Y. 1987.

26.2 Nissen, G.: Autistische Syndrome. In: Eggers, C. (s. 0.7).
Umfassende und detaillierte Darstellung unterschiedlicher Autismusformen.

26.3 Steinhausen, H.C.: Psychische Störungen bei Kindern und Jugendlichen. München 1996³.
U.a. findet sich eine gut zu lesende, knappe und prägnante Abfassung zum Kanner-Autismus, die auch neuere Ursachentheorien berücksichtigt.

26.4 Weber, D.: Autistische Syndrome. In: Kisker, K.P. (s. 0.10).
Knappe, aber sehr differenzierte und informative Darstellung autistischer Syndrome.

26.5 Zöller, D.: Wenn ich mit euch reden könnte... München 1991.
Ein Betroffener berichtet über den außergewöhnlichen Verlauf und die besondere Förderung einer autistischen Störung.

Kapitel 27: Die Alzheimer-Erkrankung

27.1 Geo-Wissen (Hrsg.): Gehirn, Gefühl, Gedanken. Hamburg 1987.
Reich bebilderte, populärwissenschaftlich gehaltene Übersichtssammlung, in der auf S. 98 ff. auch auf die Alzheimer-Krankheit eingegangen wird.

27.2 Grond, E.: Die Pflege verwirrter alter Menschen. Freiburg i.Br. 1996⁸.
Praxisorientiertes Standardwerk zur Pflege altersverwirrter Menschen.

27.3 Mace, N.L., Rabins, P.: Der 36-Stunden Tag. Bern, Göttingen, Toronto, Seattle 1996⁴.
Ausgezeichnetes und praxisnahes Buch, insbesondere für Angehörige altersverwirrter Menschen.

27.4 Snyder, S.H.: Chemie der Psyche. Drogenwirkung im Gehirn. Heidelberg 1994 (Neuaufl.).
Auf den Seiten 35 ff. findet sich eine verständliche Darstellung biochemischer Prozesse bei der Alzheimer-Krankheit.

27.5 Der Spiegel (Hrsg.): Alzheimer. Der Spiegel 13/1994, Hamburg.

27.6 Weakland, J.H., Herr, J.J.: Beratung älterer Menschen und ihrer Familien. Bern, Göttingen, Toronto, Seattle ²1992.
Familientherapeutisch-systemisches Lehrbuch mit vielen Praxisbeispielen, u.a. zum Thema «Verwirrtheit im Alter».

27.7 Zgola, J.M.: Etwas tun. Bern, Göttingen, Toronto, Seattle 1993 (Neuaufl.)
Praxisorientierte Information zur Sozial- und Beschäftigungstherapie Alzheimer-Erkrankter.

Kapitel 28: Bewusstsein, Selbstbewusstsein und die Grenzen unserer Erkenntnis

28.1 Ciompi, L.: Affektlogik. Über die Struktur der Psyche und ihre Entwicklung. Ein Beitrag zur Schizophrenieforschung. Stuttgart 1989
Der bekannte, sozialpsychiatrisch orientierte Schweizer Psychiater legt in seinem grundlegenden Werk einen integrativen Ansatz zu einem neuen Verständnis der Schizophrenie vor.

28.2 Damasio, A.R.: Decarte`s Irrtum. Fühlen, Denken und das menschliche Gehirn. München 1999
In seinem sehr fundierten, mitunter nicht einfach zu lesenden Buch informiert der Autor über den neuesten Erkenntnisstand der Hirnforschung. Insbesondere seine Ausführungen über die Rekonstruktion der erlebten Wirklichkeit sowie das Entstehen von Bewusstsein in den neuronalen Netzen unseres Gehirns sind sehr lesenswert.

28.3 Von Ditfurth, H.: Der Geist fiel nicht vom Himmel. Die Evolution unseres Bewusstseins. München 1992 (Neuaufl.).
siehe 0.4

28.4 Von Ditfurth, H.: Wir sind nicht nur von dieser Welt. Naturwissenschaft, Religion und die Zukunft des Menschen. Hamburg 1993 (Neuaufl.).
In diesem Buch werden Zusammenhänge zwischen Neurophysiologie und Evolutionsbiologie einerseits und Erkenntnistheorie sowie der Frage nach Transzendenz andererseits aufgezeigt. Der Autor vertritt einen dualistischen Standpunkt in der Leib-Seele-Diskussion.

28.5 Von Ditfurth, H.: So lasst uns denn ein Apfelbäumchen pflanzen. Es ist soweit. Hamburg 1988 (Neuaufl.).
Der bekannte Wissenschaftautor befasst sich in diesem Buch mit apokalyptischen ökologischen Krisen und ihren anthropologischen Ursachen.

28.6 Dörner, D.: Die Logik des Misslingens. Strategisches Denken in komplexen Situationen. Reinbek 1992.
Originelles, spritzig geschriebenes Buch, in dem der Psychologe und Experte für kognitive Anthropologie sehr detailliert auf Grenzen menschlicher Erkenntnisfähigkeit und Planungen eingeht. Sehr lesenswert.

28.7 Eccles, J.C.: Die Evolution des Gehirns – die Erschaffung des Selbst. München 1989.
siehe 0.6

28.8 Finzen, A.: Schizophrenie. Die Krankheit verstehen, Bonn 1995.
Empathisches, fundiertes und gut zu lesendes Lehrbuch, in dem alle wesentlichen Aspekte dieser Erkrankung sowohl für den professionellen Helfer als auch den interessierten Laien dargestellt werden.

28.9 Geo-Redaktion (Hrsg.): Geo-Wissen. Intelligenz und Bewusstsein. Nr. 3/92. Hamburg.
Reich bebildertes, populärwissenschaftlich gehaltenes Sonderheft, in dem unterschiedliche Aspekte von Intelligenz, Bewusstsein und neuronalen Grundlagen thematisiert werden. Unter anderem auch ein interessanter Aufsatz zur Intelligenzentwicklung im Kindesalter.

28.10 Goleman, D.: Emotionale Intelligenz. München/Wien 1996
Populärwissenschaftlich geschriebener Bestseller, der aktuelles Wissen über die Entstehung, Ausprägung und Interaktion menschlicher Gefühle zusammenträgt.

28.11 Hell, D.: Welchen Sinn macht Depression? Ein integrativer Ansatz. Reinbek 1994
M.E. derzeit beste und umfassendste Darstellung des Phänomens «Depression». Dem Psychiater und Autor ist es gelungen, Trauer und Depression auf biologischen, psychischen und sozialen Ebenen zu untersuchen, diese Ebenen zu verknüpfen und nach dem Sinn der Depression im jeweiligen Kontext zu fragen.

28.12 Herrlich, J. Süllwold J.: Gibt es stabilisierende Umwelten für schizophren Erkrankte? In: Andresen, B. u.a. (Hrsg.):
Mensch, Psychiatrie, Umwelt. Bonn 1992
Ausgezeichnete Darstellung des Vulnerabilitätskonzepts mit praktischen Konsequenzen.

28.13 Hobson, J.A.: Schlaf. Gehirnaktivitäten im Ruhezustand. Heidelberg 1990.
Reich bebildertes, gut verständliches Buch, in dem auf alle wesentlichen neurophysiologischen Aspekte des Schlafs (z.B. auch Traumphasen usw.) eingegangen wird. Für speziell Interessierte.

28.14 Hülshoff, Th.: Emotionen. Eine Einführung für beratende, therapeutische, pädagogische und soziale Berufe. München, Basel 1999
S. 5.7

28.15 Pöppel, E.: Wo bin ich? Orientierung in Zeit und Raum. In: Dt. Inst. f. Fernstudien (s. 0.3), Studieneinheit 20.
siehe 20.6

28.16 Popper, K.R., Eccles, J.C.: Das Ich und sein Gehirn. München, Zürich 1989 (Neuaufl.).
siehe 0.17

28.17 Riedl, R.: Evolution und Erkenntnis. Antworten auf Fragen unserer Zeit. München, Zürich ⁴1990.
Gut geschriebenes Buch des Lorenz-Schülers und bekannten Biologen zur Evolution von Erkenntnisprozessen. Seine Ausführungen sind wegweisend und gut verständlich geschrieben.

28.18 Roth, G.: 100 Milliarden Zellen. Gehirn und Geist. In: Dt. Inst. f. Fernstudien (s. 0.3), Studieneinheit 5.
Neueste Erkenntnisse der Hirnforschung und Neurophysiologie werden vorgestellt. Insbesondere das Phänomen des Bewusstseins wird sehr detailliert erörtert. Spannend und interessant zu lesen, allerdings nicht immer «leichte Kost».

28.19 Schwarzer, W., Trost, A. (Hrsg.): Psychiatrie und Psychotherapie für psycho-soziale und pädagogische Berufe.
Dortmund 1999
Eine breit angelegte Einführung in die Psychiatrie, die sich sowohl als Nachschlagewerk für Berufserfahrene als auch zur Einarbeitung in diese Thematik eignet.

28.20 Tölle, R.: Psychiatrie. Berlin, Heidelberg, New York u.a. 1994[10]
Grundlegendes, klinisch orientiertes und doch auch für Nichtmediziner verständliches Lehrbuch der Psychiatrie.

28.21 Vollmer, G.: Was können wir wissen? Denken und Erkennen. In: Dt. Inst. f. Fernstudien (s. 0.3), Studieneinheit 19.
Ein führender Wissenschaftler dieses Gebiets widmet sich in dieser Abhandlung der Frage, welche Erkenntnisse dem menschlichen Gehirn prinzipiell zugänglich sind und welche nicht. Ein außerordentlich lesenswerter Aufsatz.

28.22 Watzlawick, P.: Wie wirklich ist die Wirklichkeit? Wahn, Täuschung, Verstehen. München, Zürich 1998[24].
Bestseller des bekannten amerikanischen Psychologen, der sich dem Konstruktivismus verpflichtet fühlt.

28.23 Watzlawick, P.: Die Möglichkeit des Andersseins. Zur Technik der therapeutischen Kommunikation. Stuttgart u.a. 1998[24].
Ein weiterer Bestseller des Autors, in dem besonders auf rechtshemisphärische Kommunikationsformen eingegangen wird. Zum Teil sehr plastische und instruktive Beispiele.

28.24 Wolf, R und Wolf, D.: Vom Sehen zum Wahrnehmen. Aus Illusionen entsteht ein Bild der Wirklichkeit. In: Maelicke, A. (s. 0.13), S. 47–74.
siehe 12.9

Medienhinweise

Im Folgenden soll auf einige Lehrmedien (bspw. CD-ROM, Lehrfilme oder Spielfilme) hingewiesen werden, die zur Illustration einiger hier vorgestellter Themen oder zur vertieften Auseinandersetzung mit der Materie dienen könnten. Die hier vorgenommene Auswahl beinhaltet keine Wertung. Ich bin für weitere Hinweise und Anregungen dankbar.

Geschmacks-, Geruchs-, Tast- und Gleichgewichtssinn:
- «Snoezelen – der Weg nach vorn».
  VHS, 1994. Grasleben: Thieme-Therapie, 1994

Tastsinn:
- Basale Stimulation: Grundlagen und Anwendung in der Pflege.
  CD-ROM, Nydahl, P., Bartoszek, G. (Hrsg.) u.a., Wiesbaden: Ullstein Medical, 1998, ISBN 3-86126-930-9

Gehör:
- EDV-gestütztes Lexikon der vereinfachten Gebärdensprache für mehrfachbehinderte gehörlose Menschen in der WfB.
  CD-ROM, Petz, U.(Hrsg.) u.a., Freiburg 1998, c/o Bundesarbeitsgemeinschaft katholischer Einrichtungen für sinnesbehinderte Menschen, Freiburg
- Spielfilm: Jenseits der Stille

Sehstörungen:
- Mit Finger-Spitzen-Gefühl: Sehbehinderte und blinde Menschen im Alltag.
  VHS, 1999. Gschaider-Kraner, M., Edition Bentheim, ISBN 3-925265-85-6

Multiple Sklerose:
- Multiple Sklerose: Wenn der Körper nicht tut, was der Kopf befiehlt.
  VHS, 42 min.,1995. C/o Vincentz-Verlag, Hannover, ISBN 3-87870-514-x

Querschnittslähmung:
- «I like Robaba» (Rollstuhl-Basketball)
  VHS, 25 min., 1989. Produktion und Realisation: Video Club Münster

Infantile Cerebralparese:
- Ivo, ein spastisches Kind. Verlaufsbeobachtung.
  VHS. C/o Institut für den Wissenschaftlichen Film, Nonnenstieg 72, 37075 Göttingen

Hyperkinetisches Syndrom/Aufmerksamkeitsstörungen:
- Therapie mit aufmerksamkeitsgestörten Kindern.
  VHS, 61 min. 1997. Lauth, G.W., Schlottke P.F., Beltz, Psychologie-Verlags-Union. ISBN 3-621-27353-0

Schlaganfall:
- Ergotherapie im Alten- und Pflegeheim
  VHS, 30 min. 1990. Klaus Tschirner Idstein: Schulz-Kirchner. ISBN 3-925196-97-8

Parkinson'sche Krankheit:
- Parkinson'sche Krankheit: Leben gegen Widerstand.
  VHS, 30 min. 1992. C/o Vincentz-Verlag, Hannover. ISBN 3-87870-503-4
- Spielfilm: Zeit des Erwachens

Musikerleben:
- «Meine Seele hört im Sehen»: Spielarten der Musiktherapie.
  VHS, 45 min., 1996. Loos, K., Göttingen, Zürich: Vandenhoeck und Ruprecht. ISBN 3-525-45645-X

Sprachstörungen:
- Sprachentwicklungsverzögerungen.
  VHS, C/o Institut für den Wissenschaftlichen Film, Nonnestieg 72, 37075 Göttingen

Geistige Behinderung:
- «So wie du bist» – Leben mit dem Down-Syndrom heute.
  VHS, 1994. Produktion: tna Nürnberg/Fürth, im Auftrag der Selbsthilfegruppe für Menschen mit Down-Syndrom und ihrer Freunde e.V., Röntgenstr. 24, 91058 Erlangen.

Autismus:
- Der frühkindliche Autismus – Symptome
  VHS, 29,5 min. C 1714

- Der frühkindliche Autismus – Therapie
  VHS, 26 min. C 1715. C/o Institut für den Wissenschaftlichen Film, Nonnenstieg 72, 37075 Göttingen
- Spielfilm: Rainman

Alzheimer'sche Erkrankung:
- Alzheimer'sche Krankheit: Das Vergangene verloren, der Zukunft beraubt. *VHS, 1991. C/o Vincentz-Verlag, Hannover, ISBN 3-87870-502-6*

Psychosen aus dem schizophrenen Formenkreis:
- Spielfilm: Ich hab' Dir nie einen Rosengarten versprochen

Nachweis der Abbildungen und Tabellen

Abbildung 1.1: Aus: Spiegel, R.: Einführung in die Psychopharmakologie. Verlag Hans Huber, Bern, Stuttgart, Toronto, Seattle 1988. Abb. 5.3, S. 122.
Abbildung 1.2: Aus: Bigenzahn, W., Fertl, E., in: Friedrich, G., Bigenzahn, W. (Hrsg.): Phoniatrie: Einführung in die medizinischen, psychologischen und linguistischen Grundlagen von Stimme und Sprache. Verlag Hans Huber, Bern, Göttingen, Toronto, Seattle 1995. Abb. 9.1, S. 159.
Abbildung 1.3: Nach: Snyder, H.S.: Chemie der Psyche. Drogenwirkungen im Gehirn. Spektrum der Wissenschaft, Heidelberg 1989, S. 18, modif., sowie nach: Hubel, D.H.: Auge und Gehirn. Neurobiologie des Sehens. Spektrum der Wissenschaft, 1989. Abb. 2.3, S. 27. modif.
Abbildung 1.4: Zeichnung: H. Bruns.
Abbildung 1.5: Nach: Christner, J.: Abiturwissen Biologie. Nerven, Sinne und Hormone. Klett, Stuttgart 1987[3], Abb. 25, S. 24, modif.
Abbildung 2.2: Aus: Sobotta, Atlas der Anatomie des Menschen in zwei Bänden. Band 1, 20. Aufl. 1993. Urban und Schwarzenberg, München, Wien, Baltimore. Mit freundlicher Genehmigung des Verlags.
Abbildung 2.3: In Anlehnung an: von Ditfurth, H.: Der Geist fiel nicht vom Himmel. DTV, München 1980. Abb. 11. modif.
Abbildung 3.1: Aus: Bigenzahn, W., Fertl, E., in: Friedrich, G., Bigenzahn, W. (Hrsg.): Phoniatrie: Einführung in die medizinischen, psychologischen und linguistischen Grundlagen von Stimme und Sprache. Verlag Hans Huber, Bern, Göttingen, Toronto, Seattle 1995. Abb. 9.4, S. 173.
Abbildung 3.2: In Anlehnung an: Kolb, B., Whishaw, I.Q.: Neuropsychologie. Spektrum Akademischer Verlag, Heidelberg, Berlin, Oxford, 1993
Abbildung 3.3: Aus: Geschwind, N.: Die Großhirnrinde. In: Spektrum der Wissenschaft (Hrsg.): Gehirn und Nervensystem. Heidelberg 1987[8], S. 114, Bild 2. Orig. by Norman Geschwind: »Specializations of the Human Brain«, Scientific American, September 1982, page 182. Nachdruck mit freundlicher Genehmigung des Scientific American, New York.
Abbildung 3.4: Nach: Geschwind, N.: Die Großhirnrinde. In: Spektrum der Wissenschaft (Hrsg.): Gehirn und Nervensystem. Heidelberg 1987[8], S. 117, Abb. 5 a und b. Modif.
Abbildung 4.1: Nach: Springer P.S., Deutsch, G.: Linkes, rechtes Gehirn. Funktionelle Asymmetrien. Heidelberg 1987[8], Abb. 1.2, Seite 5. Modif.

Abbildung 4.2: Zeichnung: H. Bruns.
Abbildung 4.3: Aus: Kolb, B., Whishaw, I.Q.: Neuropsychologie. Spektrum Akademischer Verlag, Heidelberg, Berlin, Oxford, 1993, Abb. 5.7, Seite 85. Nach: Kolb, B., Milner, B., Tylor, L.: Perception of faces by patients with localized cortical excisions. Canadian J. of Psychology 37: 8–18, 1983.
Abbildung 5.1: Nach: Jänig, W. in: Schmidt, R.F. (Hrsg.): Grundriss der Neurophysiologie. Springer-Verlag Berlin, Heidelberg, N.Y. u.a., 1987[6], Abb. 8.24 B, S. 272. Modif.
Abbildung 5.2: Nach: Plutchik, R. (Emotion. Psychoevolutionary Synthesis. N.Y. 1980, S. 164). in: Schneider K.U., Scherer, K.R., in: DIFF (Hrsg.): Funkkolleg Psychobiologie. Verhalten bei Mensch und Tier. Tübingen, Weinheim, Basel, Hemsbach (Beltz-Verlag) 1987. Studieneinheit 14, S. 83, Abb. 8. Modif.
Abbildung 6.1: Aus: Hatt, H.: Physiologie des Riechens und Schmeckens. In: Maelicke, A. (Hrsg.): Vom Reiz der Sinne. VCH-Verlagsgesellschaft m.b.H., Weinheim 1990, Abb. 6.9, S. 107. Mit freundlicher Genehmigung von Verlag und Herausgeber.
Abbildung 6.2: Nach: Hatt, H. in: Maelicke, A. (Hrsg.): Vom Reiz der Sinne. VCH-Verlagsgesellschaft m.b.H., Weinheim 1990, Abb. 6.11, S. 109. Modif.
Abbildung 7.1: Nach: Altner, H. in: Schmidt, R.F. (Hrsg.): Grundriss der Sinnesphysiologie. Springer-Verlag, Berlin, Heidelberg, N.Y. u.a., 1985[5], Abb. 8.1, S. 288. Modif.
Abbildung 7.2: Aus: Hatt, H.: Physiologie des Riechens und Schmeckens. In: Maelicke, A. (Hrsg.): Vom Reiz der Sinne. VCH-Verlagsgesellschaft m.b.H., Weinheim 1990, Abb. 6.1, S. 96. Mit freundlicher Genehmigung von Verlag und Herausgeber.
Abbildung 7.3: Aus: Hjortsjö, C.H.: Man's face and Mimic language. Student Literature. Lund, 1970, S. 56. in: Schievenhövel, W.: Deutsches Institut für Fernstudien an der Universität Tübingen (DIFF), (Hrsg.): Funkkolleg Der Mensch. Anthropologie heute. Tübingen/Weinheim/Basel/Hemsbach (Beltz-Verlag), 1992/1993, Studieneinheit 11, S. 29. Abb. 8.
Abbildung 8.1: Nach: Klinke, R. in: Schmidt, R.F. (Hrsg.): Grundriss der Sinnesphysiologie. Springer-Verlag, Berlin, Heidelberg, N.Y. u.a., 1985[5], Abb. 7.1, S. 273. Modif.
Abbildung 8.2: Nach: Klinke, R. in: Schmidt, R.F. (Hrsg.): Grundriss der Sinnesphysiologie. Springer-Verlag, Berlin, Heidelberg, N.Y. u.a., 1985[5], Abb. 7.3, S. 275. Modif.
Abbildung 8.3: Nach: Schmidt, R.F. (Hrsg.): Grundriss der Sinnesphysiologie. Springer-Verlag, Berlin, Heidelberg, N.Y. u.a., 1985[5], Abb. 2.11, S. 62. Modif.
Abbildung 8.4: In Anlehnung an: Grüsser, O.-J. und U. in: Schmidt, R.F. (Hrsg.): Grundriss der Sinnesphysiologie. Springer-Verlag, Berlin, Heidelberg, N.Y. u.a., 1985[5], Abb. 5–38, S. 234. Modif.
Tabelle 9.1: Nach Schmidt, R.F. (Hrsg.): Grundriss der Sinnesphysiologie. Springer-Verlag, Berlin, Heidelberg, N.Y. u.a., 1985[5], Abb. 2.1, S. 37 sowie Abb. 4.1, S. 141. Modif.
Tabelle 9.2: Nach: Schmidt, R.F. (Hrsg.): Grundriss der Sinnesphysiologie. Springer-Verlag, Berlin, Heidelberg, N.Y. u.a., 1985[5], Abb. 2–1, S. 37. Modif.
Abbildung 9.3: Aus: Geschwind, N.: Die Großhirnrinde. S. 114, Bild 2, in: Spektrum der Wissenschaft (Hrsg.): Gehirn und Nervensystem. Heidelberg 1987[8]. Orig. by Norman Geschwind: «Specializations of the Human Brain», Scientific American, September 1982, page 182. Nachdruck mit freundlicher Genehmigung des Scientific American, New York.
Abbildung 9.4: Nach: Zimmermann, M. in: Schmidt, R.F. (Hrsg.): Grundriss der Sinnesphysiologie. Springer-Verlag, Berlin, Heidelberg, N.Y. u.a., 1985[5], Abb. 3–8 A und B, S. 100/101. Modif.

Abbildung 10.1: Zeichnung: H. Bruns.
Tabelle 10.1: In Anlehnung an Spreng, M. in: Bruhn, H., Oerter, R., Rösing, H. (Hrsg.): Musik-Psychologie. Ein Handbuch. Rowohlts Enzyklopädie, Rheinbek bei Hamburg, 1993, Abb. 1, S. 657.
Abbildung 10.2: Aus: Klinke, R. in: Schmidt, R.F. (Hrsg.): Grundriss der Sinnesphysiologie. Springer-Verlag, Berlin, Heidelberg, N.Y. u.a., 1985[5], S. 250, Abb. 6.6. Mit freundlicher Genehmigung von Verlag und Autor.
Abbildung 10.3: Aus: Höfler, H. in: Friedrich, G., Bigenzahn, W. (Hrsg.): Phoniatrie: Einführung in die medizinischen, psychologischen und linguistischen Grundlagen von Stimme und Sprache. Verlag Hans Huber, Bern, Göttingen, Toronto, Seattle 1995, Abb. 7.1, S. 131.
Abbildung 10.4: Nach: Meyer-Nachschlagwerk «Wie funktioniert das? Der Mensch und seine Krankheiten.» Redaktion Naturwissenschaften und Medizin des Bibliographischen Instituts. Mannheim, Wien, Zürich 1984, Abb. 4, S. 463. Modif.
Abbildung 10.5: Aus: Höfler, H. in: Friedrich, G., Bigenzahn, W. (Hrsg.): Phoniatrie: Einführung in die medizinischen, psychologischen und linguistischen Grundlagen von Stimme und Sprache. Verlag Hans Huber, Bern, Göttingen, Toronto, Seattle 1995, Abb. 7.3, S. 135.
Abbildung 10.6: Zeichnung: H. Bruns.
Abbildung 10.7: Nach: Klinke, R. in: Schmidt, R.F. (Hrsg.): Grundriss der Sinnesphysiologie. Springer-Verlag, Berlin, Heidelberg, N.Y. u.a., 1985[5], Abb. 6.16, S. 267. Modif. sowie Kolb, B., Whishaw, I.Q.: Neuropsychologie. Spektrum Akademischer Verlag, Heidelberg, Berlin, Oxford, 1993, Abb. 4.9, S. 66. Modif.
Tabelle 11.1: In Anlehnung an: Grond, E.: Einführung in die Sozialmedizin für Sozialarbeiter, Sozial- und Heilpädagogen. Dortmund 1990, S. 164. Modif.
Abbildung 12.1: Nach: Stieve, H., Wicke, I. in: Maelicke, A. (Hrsg.): Vom Reiz der Sinne. VCH-Verlagsgesellschaft m.b.H., Weinheim 1990, Abb. 3.5, S. 30. Modif.
Abbildung 12.2: Aus: Küchle, H.J., Busse, H.: Taschenbuch der Augenheilkunde. Verlag Hans Huber, Bern, Göttingen, Toronto, Seattle 1991[3], Abb. 1, S. 37.
Abbildung 12.3: Nach: Wolf, R. und D., in: Maelicke, A. (Hrsg.): Vom Reiz der Sinne. VCH-Verlagsgesellschaft m.b.H., Weinheim 1990, Abb. 4.7 b und c, S. 58. Modif.
Abbildung 12.4: In Anlehnung an: Hubel, D.H.: Auge und Gehirn. Neurobiologie des Sehens. Spektrum der Wissenschaft, Heidelberg 1989, Abb. 3.16, S. 61. Modif.
Abbildung 12.5: Nach: Hubel, D.H.: Auge und Gehirn. Neurobiologie des Sehens. Spektrum der Wissenschaft, Heidelberg 1989, Abb. 8.6, S. 172. Modif.
Abbildung 12.6: Zeichnung: H. Bruns.
Abbildung 12.7: Aus: Yarbus, L.A.: Eye Movements and Vision. N.Y., (Plenum) 1967. In: Hubel, D.H.: Auge und Gehirn. Neurobiologie des Sehens. Spektrum der Wissenschaft, Heidelberg 1989, Abb. 4.17, S. 90.
Abbildung 12.8: Aus: Roth, G. in: Deutsches Institut für Fernstudien an der Universität Tübingen (DIFF), (Hrsg.): Funkkolleg Der Mensch. Anthropologie heute. Tübingen/Weinheim/Basel/Hemsbach (Beltz-Verlag), 1992/1993, Studieneinheit 5, Abb. 17, S.34.
Abbildung 12.9: In Anlehnung an: Roth, G. in: Deutsches Institut für Fernstudien an der Universität Tübingen (DIFF), (Hrsg.): Funkkolleg Der Mensch. Anthropologie heute. Tübingen/Weinheim/Basel/Hemsbach (Beltz-Verlag), 1992/1993, Studieneinheit 5, S. 35, Abb. 18. Modif.

Abbildung 13.1: Nach: Bloom, Fawcett (1969): Textbook of Histology, Saunders Co. Philadelphia. Aus: Dudel, J. in: Schmidt, R.F. (Hrsg.): Grundriss der Neurophysiologie. Springer-Verlag Berlin, Heidelberg, N.Y. u.a., 1987[6], Abb. 5.3, S. 132, modifiziert.
Abbildung 13.2: In Anlehnung an: Schmidt, R.F. (Hrsg.): Grundriss der Neurophysiologie. Springer-Verlag Berlin, Heidelberg, N.Y. u.a., 1987[6], Abb. 6.8, S. 175. Modif.
Abbildung 13.3: Nach: Schmidt, R.F. (Hrsg.): Grundriss der Neurophysiologie. Springer-Verlag Berlin, Heidelberg, N.Y. u.a., 1987[6], Abb. 6.10, S. 179 und Abb. 6.11. S. 181. Modif.
Abbildung 13.4: Nach: Schmidt, R.F. (Hrsg.): Grundriss der Neurophysiologie. Springer-Verlag Berlin, Heidelberg, N.Y. u.a., 1987[6], Abb. 6.17 und 6.18, S. 196/197. Modif.
Abbildung 15.1: Aus: Pampus, I.: Ärztlicher Rat für Querschnittsgelähmte. Thieme, Ärztlicher Rat, Stuttgart 1978. Abb. 1, S. 4. Nachdruck mit freundlicher Genehmigung des Verlags.
Abbildung 15.2: Aus: Pampus, I.: Ärztlicher Rat für Querschnittsgelähmte. Thieme, Ärztlicher Rat, Stuttgart 1978. Abb. 3, S. 6. Nachdruck mit freundlicher Genehmigung des Verlags.
Tabelle 16.1: In Anlehnung an: Kalbe, U.: Die Cerebralparese im Kindesalter. Verlag Gustav Fischer, Stuttgart, N.Y. 1981, Abb. 30, S. 32. Modif.
Tabelle 16.2: Nach: Oyen, R. in: Grond, E. (Hrsg.): Einführung in die Sozialmedizin für Sozialarbeiter, Sozial- und Heilpadagogen. Dortmund, 1990[2], S. 175. Modif.
Abbildung 16.1: Nach: Kalbe, U.: Die Cerebralparese im Kindesalter. Verlag Gustav Fischer, Stuttgart, N.Y. 1981, Abb. 19, S. 25. Modif.
Abbildung 16.2: In Anlehnung an: Kalbe, U.: Die Cerebralparese im Kindesalter. Verlag Gustav Fischer, Stuttgart, N.Y. 1981, Abb. 31, S. 35. Modif.
Abbildung 16.3: Nach: Kalbe, U.: Die Cerebralparese im Kindesalter. Verlag Gustav Fischer, Stuttgart, N.Y. 1981, Abb. 4 und 5, S. 7. Modif.
Abbildung 17.2: Aus: Frostig's Entwicklungstest der visuellen Wahrnehmung, Untertests II b 5 und V d, Hogrefe, Göttingen, Bern, Toronto, Seattle. Nachdruck mit freundlicher Genehmigung des Hogrefe-Verlags für Psychologie.
Abbildung 17.4: Aus: Raven Coloured Progressive Matrices, Untertest A 8, Hogrefe, Göttingen, Bern, Toronto, Seattle. Nachdruck mit freundlicher Genehmigung des Hogrefe-Verlags für Psychologie.
Abbildung 18.1: Aus: Matthes, A., Kruse, R.: Der Epilepsiekranke. Ratgeber für den Kranken, seine Familie, für Lehrer, Erzieher und Sozialarbeiter. Trias, Ärztlicher Rat, Stuttgart 1989, Abb. 6, S. 18.
Abbildung 18.2: Aus: Matthes, A., Schneble, H.: Epilepsie. Verlag Georg Thieme, Stuttgart 1992, Abb. 71, S. 126. Mit freundlicher Genehmigung von Autor und Verlag.
Tabelle 19.1: In Anlehnung an: Vincentz-Verlag (Hrsg.): Leben gegen Widerstand. Parkinson'sche Krankheit. Begleitheft zur Video-Kassette. ISDN 3-87870-503-4
Abbildung 19.1: Hülshoff/Middendorf
Abbildung 20.1: Zeichnung: H. Bruns.
Abbildung 20.2: Zeichnung: H. Bruns.
Abbildung 20.3: Aus: Mummenthaler, M.: Neurologie. Verlag Georg Thieme, Stuttgart 1994. Abb. 1.8, S. 70. Nachdruck mit freundlicher Genehmigung des Verlags.
Tabelle 21.1: Modifiziert und vereinfacht nach: Rösing, H. in: Bruhn, H., Oerter, R., Rösing, H. (Hrsg.): Musik-Psychologie. Ein Handbuch. Rowohlts Enzyklopädie, Rheinbek bei Hamburg, 1993, Tab. 1, S. 580–581.

Abbildung 21.1: Zeichnung in Anlehnung an Henry Gleitmann, in: Rock, I.: Wahrnehmung. Vom visuellen Reiz zum Sehen und Erkennen. Spektrum der Wissenschaft. Heidelberg 1985, S. 104. Modif.

Abbildung 21.2: In Anlehnung an: Illert, M. in: Bruhn, H., Oerter, R., Rösing, H. (Hrsg.): Musik-Psychologie. Ein Handbuch. Rowohlts Enzyklopädie, Rheinbek bei Hamburg, 1993, S. 641, Abb. 1. Modif.

Abbildung 21.3: Aus: Bursch, P.: Peter Bursch's Gitarrenbuch, Bd. 2. Voggenreiter Verlag, Bonn/Bad Godesberg 1995, S. 113 (Ausschnitt).

Tabelle 22.1: Nach: Popper, in: Eccles J.C.: Die Evolution des Gehirns, die Erschaffung des Selbst. München, Zürich 1989, Abb. 4.1, S. 126. Modif.

Tabelle 22.2: Nach: Beeh, H. in: Deutsches Institut für Fernstudien an der Universität Tübingen (DIFF), (Hrsg.): Funkkolleg Der Mensch. Anthropologie heute. Tübingen/Weinheim/Basel/Hemsbach (Beltz-Verlag), 1992/1993, Studieneinheit 21, Tab. 1, S. 8/9. Modif.

Tabelle 22.3: Nach: Beeh, H. in: Deutsches Institut für Fernstudien an der Universität Tübingen (DIFF), (Hrsg.): Funkkolleg Der Mensch. Anthropologie heute. Tübingen/Weinheim/Basel/Hemsbach (Beltz-Verlag), 1992/1993, Studieneinheit 21, Tab. 1, S. 8/9. Modif.

Tabelle 22.4: Nach: Beeh, H. in: Deutsches Institut für Fernstudien an der Universität Tübingen (DIFF), (Hrsg.): Funkkolleg Der Mensch. Anthropologie heute. Tübingen/Weinheim/Basel/Hemsbach (Beltz-Verlag), 1992/1993, Studieneinheit 21, S. 10 ff. Modif. Sowie Cavalli-Sforza, L. und F.: Verschieden und doch Gleich. München 1994, S. 269 und S. 290. Modif.

Abbildung 22.1: In Anlehnung an: Damasio, A.R. und Damasio H.(1992): Sprache und Gehirn. In: Spektrum der Wissenschaft, Heft 11 (Nov.), S. 80–92, dort S. 89. Modif.

Tabelle 22.5: Nach: Denk, D.M. in: Friedrich, G., Bigenzahn, W. (Hrsg.): Phoniatrie: Einführung in die medizinischen, psychologischen und linguistischen Grundlagen von Stimme und Sprache. Verlag Hans Huber, Bern, Göttingen, Toronto, Seattle 1995.

Abbildung 22.2: In Anlehnung an: Beeh, H. in: Deutsches Institut für Fernstudien an der Universität Tübingen (DIFF), (Hrsg.): Funkkolleg Der Mensch. Anthropologie heute. Tübingen/Weinheim/Basel/Hemsbach (Beltz-Verlag), 1992/1993, Studieneinheit 21, Abb. 11, S. 23. Modif.

Tabelle 22.6: Nach: Denk, D.M. in: Friedrich, G., Bigenzahn, W. (Hrsg.): Phoniatrie: Einführung in die medizinischen, psychologischen und linguistischen Grundlagen von Stimme und Sprache. Verlag Hans Huber, Bern, Göttingen, Toronto, Seattle 1995, Tab. 13.1, S. 202, Tab. 13.4, S. 215 und Tab. 13.5, S. 216. Modif.

Abbildung 22.3: In Anlehnung an: Friedrich, G., Bigenzahn, W. (Hrsg.): Phoniatrie: Einführung in die medizinischen, psychologischen und linguistischen Grundlagen von Stimme und Sprache. Verlag Hans Huber, Bern, Göttingen, Toronto, Seattle 1995.

Abbildung 23.1: Aus: Jensen, H.: Die Schrift in Vergangenheit und Gegenwart. Deutscher Verlag der Wissenschaft, Berlin 1969. Nachdruck mit freundlicher Genehmigung der Hüthig Fachverlage GmbH, Heidelberg.

Abbildung 23.2: Aus: Wills, F.H.: Schrift und Zeichen der Völker. Econ, Düsseldorf 1977. Nachdruck mit freundlicher Genehmigung der Econ-Verlagsgruppe.

Abbildung 23.4: Aus: Menninger, K.: Zahlwort und Ziffer. Vandenhoeck und Ruprecht, Göttingen. Entnommen der 3. Aufl. 1979, Bd. 2, S. 70, mit freundlicher Genehmigung des Verlags.

Tabelle 23.1: In Anlehnung an: Ruf-Bächtiger, L.: Das frühkindliche psychoorganische Syndrom. Minimale cerebrale Dysfunktion. Diagnostik und Therapie. Thieme, Stuttgart, N.Y. 1987.

Tabelle 23.2: In Anlehnung an: Steinhausen, H.-C.: Psychische Störungen bei Kindern und Jugendlichen. Lehrbuch der Kinder- und Jugendpsychiatrie. Verlag Urban und Schwarzenberg, München, Wien, Baltimore 1988, Tab. 4.6, S. 39/40. Modif.

Abbildung 24.1: Aus: Detlefsen, M.: Kerbknochen und Kerbhölzer. In: Wissenschaft und Fortschritt 2719 (1977), Akademie-Verlag Berlin. Mit freundlicher Genehmigung des Verlags.

Abbildung 24.3: Aus: Wußing, H.: Mathematik in der Antike. Leipzig (Teubner) 1962. Abb. 6.6, S. 299. Nachdruck mit freundlicher Genehmigung der B.G. Teubner-Verlagsgesellschaft Stuttgart und Leipzig.

Abbildung 24.4: Aus: Wußing, H.: Mathematik in der Antike. Leipzig (Teubner) 1962. Abb. 6.7, S. 299. Nachdruck mit freundlicher Genehmigung der B.G. Teubner-Verlagsgesellschaft Stuttgart und Leipzig.

Abbildung 24.5: Nach: Klix, F.: Erwachendes Denken. Geistige Leistungen aus evolutionspsychologischer Sicht. Spektrum Akademischer Verlag, Heidelberg, Berlin, Oxford 1993, Abb. 7.9, S. 342. Modif.

Abbildung 24.6: Nach: Grissemann, H. und Weber, A.: Spezielle Rechenstörungen, Ursachen und Therapie. Verlag Hans Huber, Bern 1982. In: Steinhausen, H.-C.: Psychische Störungen bei Kindern und Jugendlichen. Lehrbuch der Kinder- und Jugendpsychiatrie. Verlag Urban und Schwarzenberg, München, Wien, Baltimore 1988, S. 130, Abb. 13.1. Modif.

Tabelle 25.2: Nach: Steinhausen, H.-C.: Psychische Störungen bei Kindern und Jugendlichen. Lehrbuch der Kinder- und Jugendpsychiatrie. Verlag Urban und Schwarzenberg, München, Wien, Baltimore 1988, Tab. 4.6, S. 39–40. Modif.

Abbildung 25.1: Modifiziert nach: Hülshoff, Th. in: Grond, E. (Hrsg.): Einführung in die Sozialmedizin für Sozialarbeiter, Sozial- und Heilpädagogen. Dortmund 1992², S. 173.

Abbildung 27.1: Aus: Der Spiegel, Hamburg, 13/1994.

Abbildung 28.1: Modifiziert nach: Palm, G., in: Spektrum der Wissenschaft (Hrsg.): Gehirn und Kognition. Heidelberg 1990, S. 167, Bild 3.

Abbildung 28.2: Nach: Roth, G. in: Deutsches Institut für Fernstudien an der Universität Tübingen (DIFF), (Hrsg.): Funkkolleg Der Mensch. Anthropologie heute. Tübingen/Weinheim/Basel/Hemsbach (Beltz-Verlag), 1992/1993, Studieneinheit 5, Abb. 19, S. 41. Modif.

Abbildung 28.3: Zeichnung: H. Bruns.

Abbildung 28.4: Zeichnung: H. Bruns.

Abbildung 28.5: Aus: Pöppel, E.: Lust und Schmerz. Siedler Verlag, Berlin 1982, S. 169.

Abbildung 28.6: Modifiziert nach Ciompi, L.: Affektlogik. Stuttgart 1982, S. 328

Glossar

Absence: kurzzeitiger Bewusstseinsverlust im Rahmen eines kleinen hirnorganischen Krampfanfalls.
Absorption: Aufnahme, Aufsaugen, Verschlucken.
Abstraktion, abstrahieren: Ablösung (ablösen) vom Anschaulichen, das Allgemeine hinter den wahrnehmbaren Merkmalen erkennen.
Acetylcholin: Neurotransmitter, der vor allem bei der Muskelsteuerung von Bedeutung ist. Außerdem an Gedächtnisprozessen beteiligt.
Adaptation: Anpassung.
Adoleszenz: Jugendzeit. Im Gegensatz zur «Pubertät» werden hiermit eher die psychosozialen als die biologischen Reifungsaspekte beschrieben.
Ätiologisch: Im Hinblick auf die Ursache einer Erkrankung
Affekt: Zustand heftig empfundenen Gefühls bzw. emotionaler Stimmung
Afferente Bahnen: Bahnen, die von der Peripherie in Richtung Gehirn ziehen.
Aggression, Aggressivität: Bestreben, ein eigenes Bedürfnis gegen Widerstand mit Macht durchzusetzen. Angriffsverhalten.
Agnosie: Unfähigkeit, sensorische Reize zu erkennen.
Agrammatismus: schwerste Form der Störung, grammatisch geordnete Strukturen zu erkennen oder in solchen Strukturen zu sprechen.
Agraphie: schwerste Form der Schreibunfähigkeit.
Akalkulie: schwerere Form einer Rechenschwäche (vgl. Dyskalkulie).
Akinesie/Akinese: Bewegungsarmut, Fehlen von Bewegungen.
Aktionspotential: Spannungsänderung an der Nervenzellmembran, die durch das Einströmen von Natrium in die Zelle entsteht.
Akkustik: Lehre vom Schall.
Akustisch evozierte Potentiale (AEP): Elektrische Erregungsmuster, die an der Schläfen-Schädeloberfläche abgeleitet werden können und eine Antwortaktivität der Hörzentren auf akustische Reize wiederspiegeln.
Akustikuskerne: Zentren im Hirnstamm, in denen Informationen aus dem Nervus statoacusticus umgeschaltet werden.
akut: plötzlich auftretend (Gegensatz von chronisch)
Alexie: Die Unfähigkeit, zu lesen.
Alkoholembryopathie: Schädigung des ungeborenen Kindes durch Alkoholkonsum der Mutter während der Schwangerschaft. Kann mit unterschiedlichen Retardierungen einhergehen.
Altersschwerhörigkeit: siehe Prespyakusis.

Alpha-Motoneurone: Nervenzellen, die von den motorischen Vorderhörnern des Rückenmarks zu den Muskeln ziehen und somit die motorischen Nervenfasern bilden.
Alzheimer-Krankheit: organisch begründete Erkrankung des Gehirns mit fortschreitendem Gedächtnisverlust und zunehmender Verwirrtheit.
Ambivalenz: Zwiespältigkeit.
AMESLAN: American Sign Language. Gebärdensprache Hörgeschädigter.
Amnesie: Gedächtnisverlust.
Amnestische Aphasie: Unterform einer Aphasie (zentrale Sprachstörung), bei der Worte nicht erinnert und Objekte nicht benannt werden können.
Amphetamine: Weckamine, stimulierende Psychopharmaka mit Suchtgefahr.
Amplitude: Schwingungsweite, Größe bzw. Auslenkung einer Welle.
Amygdala: Mandelkern. Ein Teil des Limbischen Systems, der u.a. an der affektiven Tönung der Wahrnehmung beteiligt ist.
Amyloid: Eiweiß-Zucker-Komplex.
Anamnese: Vorgeschichte (einer Krankheit, des Kranken).
Anatomie: medizinisches Lehrfach, das sich mit dem Bau und der Struktur des Körpers, seiner Organe und Gewebe befasst.
Aneurysma: Sackartige Ausweitung einer Arterie, die eine potentielle Blutungsgefahr bedeutet.
Angstneurose: seelische Störung im Sinne einer unteroptimalen, intrapsychischen Konfliktverarbeitung mit Angst als vorherrschendem Symptom.
Anion: negativ geladenes Teilchen (Atom oder Molekül).
Anosmie: Unfähigkeit zu Riechen.
Antagonist, antagonistisch: Gegenspieler, entgegenwirkend.
Antidepressivum (pl.: Antidepressiva): Arzneimittel mit stimmungshebender Wirkung, z.T. zusätzlich erregend oder dämpfend. Indikation: schwere Depression.
Antikonvulsivum (pl. Antikonvulsiva): Medikament zur Verhinderung eines hirnorganischen Krampfanfalls.
Antikonzeption, Antikonzeptiva: Empfängnisverhütung, empfängnisverhütende Mittel.
Apathie: Teilnahmslosigkeit
Aphasie: zentrale Sprachstörung. Wird oft unterteilt in motorische, sensorische und amnestische Aphasie (siehe dort).
Apoplex: Schlaganfall, siehe dort.
Apraxie: Unfähigkeit zu sinngerichteter Bewegung und Ausführung praktischer Handlungen, obwohl die Beweglichkeit uneingeschränkt ist.
archaisch: in einer Frühphase entstanden.
Arteria carotis: Halsschlagader.
Arteriosklerose/Atherosklerose: Arterienverkalkung mit Verhärtung, Verengung und Verlust der Elastizität der Blutgefäße.
Asperger-Autismus: Unterform des Autismus, oft nicht so früh und so gravierend auftretend wie der «Kanner-Autismus», auch als autistische Psychopathie bezeichnet.
Assembly: Gruppierung. In der Neurophysiologie ein Zusammenschluss funktional miteinander in Verbindung stehender Nervenzellen.
Assoziation: Verknüpfung, Verbindung.
Assoziationsbahnen: Nervenfasern, die Hirnbezirke miteinander verbinden.
Assoziationskortex: Gesamtheit der Hirnrinde mit Ausnahme der motorischen und sensorischen Areale.

Assoziationsfelder: Die Großhirnrindenfelder (sekundäre und tertiäre), die nicht direkt der sensorischen Reizverarbeitung oder der Motorik zugeordnet werden.
Ataxie: Störung der Koordination und des sinnvollen Zusammenwirkens von Muskeln.
Athetose: motorische Störung mit unwillkürlichen, langsam-drehenden Bewegungen.
Atrophie: Abnahme bzw. Schwund von Gewebe.
Audimuditas: Hörstummheit. Schwerste Form einer Sprachentwicklungsstörung bei vorhandener Hörfähigkeit.
Audiogramm: Aufzeichnung bei der Überprüfung der Hörfähigkeit und Messung des Hörvermögens (Audiometrie).
auditiv: das Hören betreffend.
Aura: merkwürdige Veränderung der sensorischen Wahrnehmung am Anfang eines großen hirnorganischen Anfalls.
Autismus: 1. eines der vier Grundsymptome einer Schizophrenie, verbunden mit Isolation und Ich-Versunkenheit. 2. bei Kindern eigenständiges Störungs- bzw. Krankheitsbild, das in den frühkindlichen Autismus nach Kanner (siehe dort) oder die autistische Psychopathie nach Asperger (siehe dort) eingeteilt wird.
autistische Psychopathie: Siehe Asperger-Autismus.
Axon: Fortsatz der Nervenzelle, über den bioelektrische Information weitergeleitet wird. Wird auch als Neurit bezeichnet.
Axonhügel: Teil am Nervenzellkörper unmittelbar vor Abgang des Axons, von dem aus bioelektrische Aktivität fortgeleitet wird.

Balken: siehe Corpus callosum.
Basalganglien: unterhalb der Großhirnrinde gelegene Kerngruppe, zu der das Striatum (mit Putamen und Nucleus caudatus), Pallidum und Substantia nigra gehören. Motorischer «Unterausschuss» im Dienste der extrapyramidalen Bewegung.
Basilarmembran: Haut, die die Windungen der Gehörschnecke in Röhren (bzw. Skalen) teilt. An der Basilarmembran sind die Sinneszellen angelagert.
bilateral: beidseitig.
bipolare Zellen: Nervenzellen mit zwei Fortsätzen (Polen).
Blinder Fleck: Austrittsstelle des Sehnerven aus der Netzhaut. Da sich an dieser Stelle keine Zapfen oder Stäbchen befinden, kann dort nicht gesehen werden.
Blut-Hirn-Schranke: Durch die die Nervenzellen stützenden Gliazellen wird eine physiologische Schranke errichtet, die Gift- und Schadstoffe abhält.
BNS-Krämpfe: Blitz-Nick-Salaam-Krämpfe. Schwere hirnorganische Krämpfe der Säuglingszeit.
Bogengänge: In den drei Dimensionen des Raumes angeordnete, bogenförmige Teile des Gleichgewichtorgans.
Bradyphrenie: Verlangsamung geistiger Leistungen
Broca-Sprachzentrum: motorisches Sprachzentrum in der dominanten, meist linken Großhirnhälfte. Hier entsteht der Sprachentwurf zum Aussprechen eines gedachten Wortes.
Broca-Aphasie: Unterform einer zentralen Sprachstörung (Aphasie), bei der das Formen flüssiger, verständlicher Sprachinhalte gestört ist.
Brodmann-Areal: feinarchitektonisch abgegrenztes, anatomisches Areal an der Großhirnrinde, dem oft eine bestimmte Funktion zugeordnet werden kann.
bulbär: eine Region zwischen Gehirn und Rückenmark (Bulbus) betreffend.
Bulbus olfactorius: Riechkolben. Beginn der Riechbahn, die den Riechnerv aufnimmt.

c (in lateinischen Wörtern): siehe auch k, z (eingedeutscht).
Cerebellum, zerebellär: Kleinhirn (siehe dort), das Kleinhirn betreffend.
Cerebrum, zerebral: Gehirn, das Gehirn betreffend.
Chemorezeptor: Sinneszelle, die auf chemische Reize anspricht (beispielsweise Geschmacks- oder Geruchsinneszellen).
Chiasma opticum: Sehbahnkreuzung. Hier kreuzen auf Zwischenhirnebene die nasalen (inneren) Bahnen des linken und rechten Sehnerven.
Chimärenbild: Zusammengesetztes Bild, das aus zwei unterschiedlichen, aber ähnlichen Strukturelementen (z.B. zwei Gesichtshälften) besteht.
Chorea: motorische Störung bei extrapyramidaler Schädigung, die mit Hyperkinesen (siehe dort) sowie plötzlich einschießenden, unwillkürlichen Bewegungen einhergeht.
Chorea Huntington: Fortschreitende, autosomal-dominante vererbte Nervenkrankheit mit Chorea als Hauptsymptom.
Chromosom, chromosomal: Träger der Erbinformation (der Gene). Der Mensch besitzt 22 Autosomenpaare sowie einen XX- oder XY-Gonosomensatz.
chronisch: anhaltend, langsam verlaufend. Gegenteil von «akut».
Cochlea: Schnecke, in der das Hörorgan liegt.
Cochleaimplantat: Platinelektrode, die in die Cochlea implantiert wird und über die die Nervenzellen des Hörsystems elektrisch stimuliert werden können.
Compliance: Bereitschaft eines Patienten, therapeutische Maßnahmen zu akzeptieren bzw. zu befolgen.
Computertomogramm, Computertomographie (CT): geschichtete Röntgenbilder, die mit Hilfe von Computerberechnungen angefertigt werden.
Coping: problemlösendes Verhalten.
Cornea: Hornhaut; äußerste, schützende Schicht des Auges.
Corpus callosum: Balken. Über die etwa 200 Millionen Kommisurbahnen des corpus callosum werden funktional gleiche Bezirke der linken bzw. rechten Hirnhälfte miteinander verbunden.
Corpus geniculatum laterale: seitlicher Kniehöcker. Struktur des Thalamus, Schaltstelle der Sehbahn.
Corpus geniculatum mediale: mittlerer Kniehöcker. Teil des Thalamus, Schaltstelle der zentralen Hörbahn.
Corti'sches Organ: Hörorgan mit Sinneszellen, das sich in der Schnecke (Cochlea) befindet.
Cortison: Nebennierenrindenhormon (auch als Medikament verfügbar) mit entzündungshemmender, abschwellender und antiallergischer Wirkung sowie zahlreichen Nebenwirkungen.
CT: siehe Computertomogramm.

Daily-Living-Training: Übungsprogramm zum (Wieder-)Erlernen lebenspraktischer Fertigkeiten im Rahmen einer Rehabilitationsbehandlung.
Dehydratation: Austrocknung, meist durch Wasserverlust infolge zu wenigen Trinkens, anhaltenden Erbrechens, erheblicher Durchfälle und vermehrten Schwitzens.
Deliberation: praktisches Abwägen.
Dekodieren: entschlüsseln.
Decubitus: Liegegeschwür.
Demenz: erworbene (im Gegensatz zur geistigen Behinderung) intellektuelle Einbuße, die oft mit Verwirrtheit einhergeht.

Dendrit: feinverästelte Fortsätze der Nervenzelle, über die Informationen aufgenommen werden.
Depression: emotionale Störung mit niedergedrückter Stimmung und vermindertem Antrieb, die reaktiv, neurotisch oder im Rahmen eines endogenen Krankheitsbildes auftreten kann.
Deprivation: Vernachlässigung, die mit Depression, emotionaler und sozialer Fehlentwicklung einhergehen kann.
Dermatom: abgegrenzter Hautabschnitt, der von den sensorischen Anteilen eines einzigen (peripheren) Spinalnerven versorgt wird. Auch als Headsche Zone bezeichnet.
deskriptiv: beschreibend.
deszendierende Hemmung: von zentralnervösen Strukturen ausgehende Hemmung sensorischer Information.
Dezibel (dB): logarhythmische Maßeinheit für den Schalldruck.
Diabetes mellitus: umgangsprachlich «Zuckerkrankheit»: Störung im Zuckerhaushalt, die auf einen Untergang (juveniler oder Typ I-Diabetes) oder eine Unterfunktion (Alters- bzw. Typ-II Diabetes) der insulinproduzierenden Zellen der Bauchspeicheldrüse zurückzuführen ist.
Diagnose, Diagnostik: das Erkennen einer Krankheit an typischen Krankheitszeichen (Symptomen), das eine Vorhersage (Prognose) und ggf. eine Behandlung (Therapie) ermöglicht.
Differentialdiagnose: Unterscheidung und Abgrenzung zweier Krankheitsbilder, die einander ähnlich sind.
Diplegie: doppelseitige Lähmung (z.B. beider Arme).
Disability: Beeinträchtigung. Vgl. auch Impairment (Schädigung) und Handicap (Benachteiligung). Nach der WHO ein Teilaspekt einer Behinderung.
Diskrimination, diskriminieren: Unterscheidung, unterscheiden.
Diskriminationsfähigkeit, Deskriminationsverlust: Fähigkeit bzw. Unfähigkeit, ähnliche sensorische Informationen voneinander zu unterscheiden.
Disposition: Veranlagung.
dominante Hirnhälfte: die Großhirnhälfte, in der sich das sensorische und motorische Sprachzentrum und in der Regel auch die führende (geschicktere) Steuerung der Handmotorik befindet – meist linksseitig angelegt.
Dopamin: Neutrotransmitter (s.d.) mit Wirkung auf unterschiedliche zentralnervöse Strukturen. Eine Störung im Dopaminhaushalt kann zu schweren Krankheiten wie z.B. Parkinson-Syndrom (s.d.) oder Schizophrenie (s.d.) führen bzw. beitragen.
Dorsalwurzel: hinterer Teil eines Rückenmarksegments, über den die sensorische Information verarbeitet und weitergeleitet wird.
Down-Syndrom: Trisomie 21-Störung, bei der es bei dreifachem Vorliegen des 21-Chromosoms zu typischen äußeren Veränderungen (z.B. Augenlidfalte) und in der Regel auch einer geistigen Behinderung kommt.
dualistisch: von zwei verschiedenen Ebenen her, zwei Gesichtspunkte.
Dysarthrie: Sprechstörung bei mangelnder Sprechkoordination.
Dysfunktion: Fehlfunktion, Funktionsstörung.
Dysgrammatismus: Schwierigkeit, syntaktisch bzw. grammatikalisch korrekt zu sprechen. Kann in drei Schweregrade eingeteilt werden (vgl. auch Agrammatismus)
Dysgraphie: Schwierigkeit, zu schreiben. (vgl. auch Agraphie).
Dyskalkulie: Schwierigkeit beim Rechnen und der Durchführung mathematischer Operationen.

Dyslalie: Stammeln. Störung bei der Wortbildung. Tritt als ein einfaches, multiples oder universelles Stammeln auf. Meist entwicklungsbedingt.
Dyslexie: Leseschwierigkeit.
Dyspraxie: Störung der Fähigkeit, Bewegungen zweckmäßig und auf das praktische Tun zielgerichtet auszuführen. (vgl. Apraxie).

Echolalie: Wiederholen von Wörtern oder Geräuschen.
EEG: Elektroenzephalogramm, Ableitung von Potentialschwankungen des Gehirns an der äußeren Kopfhaut. Diagnostische Methode zur Erkennung und Überwachung eines hirnorganischen Krampfanfalleides (Epilepsie)
efferente Bahnen: Bahnen, die bioelektrische Impulse (z.B. motorische Steuerungssignale) von zentralnervösen Instanzen zur Peripherie leiten.
elaboriert: ausgearbeitet.
Elektroenzephalogramm: siehe EEG.
Embolie: Verstopfung eines Blutgefäßes durch einen fortgeschwemmten Pfropf.
Emotion: (affektiver) Gefühlszustand, der unsere Wahrnehmung und kognitive Prozesse begleitet und Grundlage motivationalen Handelns ist.
endogen: von innen heraus.
Endolymphe: Flüssigkeit im Hör- und Gleichgewichtsorgan.
Endorphine: körpereigene, morphinähnliche Substanzen mit betäubender, schmerzlindernder und euphorisierender Wirkung.
Enzephalitis: Gehirnentzündung.
Epidemiologie: die Wissenschaft von der Verteilung und Häufigkeit von Krankheiten in Bevölkerungen, deren Ursachen und Teilursachen sowie Folgen.
Epilepsie: zerebrale Funktionsstörung mit hirnorganischen Krampfanfällen unterschiedlicher Ursachen und verschiedener Anfallsformen (vgl. auch Grand-mal-Anfälle und Petit-mal-Anfälle).
Epiphänomen: Begleitphänomen.
Ergotherapie: Arbeits- und Beschäftigungstherapie.
Ethnologie: Völkerkunde.
Ethologie: Verhaltensforschung.
Etikettierung: Zuschreibung.
Euphorie: Glücksgefühl.
Eustachische Röhre: Röhre, die vom Mittelohr zum Nasen-Rachenraum führt und dem Druckausgleich dient.
evozieren: hervorrufen.
evozierte Potentiale: Potentiale bestimmter Großhirnregionen (z.B. Seh- oder Höreareale), die über der Kopfhaut abgeleitet werden können und Ausdruck der Verarbeitung spezifischer sensorischer Information sind (vgl. auch akkustisch, visuell uns somatosensorisch evozierte Potenziale)
exogen: von außen verursacht.
Expansion: Ausbreitung.
expressiv: ausdrückend.
extrapyramidales System: Zusammenfassung aller motorischen Bahnen und Steuerungsinstanzen außerhalb des Pyramidenbahnsystems (siehe dort). Dient vor allem der nicht-willkürlichen Koordination, Modifizierung und Feinsteuerung motorischer Prozesse.

Feed-Back: Rückkopplung.
filiale Rollenumkehr: (lat. filia = Tochter) Umkehr der Rollen und Aufgaben im Generationsverhältnis.
Fissur: Spalt durch Einfaltung der Großhirnrinde.
fokaler Anfall: Herdanfall. Gehört zu den «kleinen Anfällen» im Rahmen eines hirnorganischen Anfallsleidens (Epilepsie).
Formatio reticularis: im Stamm- und Zwischenhirn anzutreffendes Nervenzell- und Fasersystem, das eng mit dem Erregungs-, Wachheits- und Bewusstseinszustand verbunden ist.
Fovea centralis: Macula densa. Zentrale Sehgrube, Stelle des schärfsten Sehens auf der Netzhaut. Hier sind die Zapfen am dichtesten angeordnet.
freezing: Einfrieren
Frequenz: Zahl der Schwingungen einer Welle pro Zeiteinheit. Einheit: Hertz (Hz).
frontal: vorne, stirnwärts.
Frontallappen: Stirnregion der Großhirnrinde.
frühkindlicher Autismus: siehe Kanner-Autismus.
frühkindliches exogenes Psychosyndrom: siehe MCD, minimale zerebrale Dysfunktion.

Gamma-Amino-Buttersäure (GABA): Neurotransmitter (chemischer Botenstoff), überwiegend an hemmenden Synapsen.
Gamma-Motoneuron: Nervenfasern, die vom Rückenmark zur Muskulatur ziehen und für Muskeltonus und Reflexaktivität von Bedeutung sind.
Ganglion: Nervenzellanhäufung.
Ganglion spirale: Ausgangspunkt der vom Hörorgan zentralwärts ziehenden Nervenfasern.
Gebärdensprache: nonverbale Sprache mittels Gebärden zur Kommunikation mit Hörgeschädigten (siehe auch AMESLAN).
Gehörknöchelchen: drei knöcherne Strukturen des Mittelohres, die zur Schallübertragung dienen: Hammer, Amboss und Steigbügel.
geistige Behinderung: intellektuelle Minderbegabung.
Gerstmann-Syndrom: komplexes neurologisches Krankheitsbild, bei dem die Fähigkeit zu rechnen und zu schreiben ebenso wie die Rechts-Links-Unterscheidung gestört ist und das durch eine Läsion der Scheitelregion des Großhirns, insbesondere des Gyrus angularis, zustande kommt.
Gestik: Gesamtheit der Ausdrucksbewegungen.
Gliazellen: Stützzellen, die die Axone der Nervenzellen umgeben. Sie haben Strukturierungs-, Schutz- und Ernährungsfunktionen und tragen zur schnellen Reizweiterleitung bei.
Globus pallidus: Pallidum (siehe dort)
graue Substanz: alle Hirnareale und Strukturen des Rückenmarks, die aus Nervenzellkörpern bestehen und nicht myelinisiert sind (im Gegensatz zur weißen Substanz, deren Leitungsbahnen meist von Mark umgeben sind).
Grammatik: Teilgebiet der Sprachwissenschaft, das sich insbesondere mit der Struktur und Syntax (siehe dort) befasst, somit die Regeln sprachlicher Verknüpfung fokussiert.
grand mal: großer hirnorganischer (epileptischer) Krampfanfall, der meist von einer Aura (s.d.) eingeleitet wird und zunächst tonische, später klonische Krämpfe aufweist, bevor es zum Erschöpfungsschlaf kommt.

Graphem: Bildgestalt eines Wortes.
Großhirn: Entwicklungsgeschichtlich jüngster und übergeordneter Teil des hierarchisch aufgebauten Gehirns, in dem sensorische, motorische und kognitive Funktionen ihr biologisches Substrat finden.
gustatorisch: geschmacklich.
Gyrus: Gehirnwindung.
Gyrus angularis: eine Gehirnwindung im Scheitellappen, der vor allem bei der Raumerkennung, dem Symbolverständnis, dem Lesen und dem Schreiben eine Rolle spielt.
Gyrus praecentralis: Hirnwindung, die direkt vor der Zentralfurche liegt.

Habituation: Gewöhnung.
Halluzination: Sinneswahrnehmung, der kein physikalisch objektiver Reiz zugrunde liegt (im Gegensatz zur Illusion, einer Täuschung bzw. Fehlwahrnehmung eines an sich aber vorhandenen Reizes). Man unterscheidet u.a. optische, akustische, geruchliche oder taktile Halluzinationen.
Handicap: Benachteilung. Nach der WHO ebenso wie das Impairment (Schädigung) und die Disability (Beeinträchtigung) ein Teilaspekt der Behinderung.
Haarzellen: bestimmte Sinneszellen, z.B. im Cortischen Organ (Hörorgan).
Headsche Zone: umschriebenes, von einem bestimmten sensorischen Nerventeil versorgtes Hautareal. Vgl. Dermatom.
hedonistisch: lustbetont.
Heilpädagogik: Spezielle Form der Pädagogik, die die Förderung, Begleitung und therapeutisch-rehabilitative Maßnahmen für Behinderte beinhaltet. Sie versteht sich als «Pädagogik unter erschwerten Bedingungen».
Hemiplegie: Halbseitenlähmung.
Hemisphäre: Gehirnhälfte.
Herschel-Gyrus: Hirnwindung im Schläfenlappen, die das primäre Hörzentrum beinhaltet.
Hieroglyphen: Altägyptische Schriftzeichen, zum Teil noch ikonographischer Herkunft.
Hirnnerven: 12 paarig angelegte Nerven, die größtenteils dem Stammhirn entspringen. Einige dienen der Augenmotorik, andere der Weiterleitung spezieller sensorischer Sinne (Hörnerven, Sehnerv, Geruchsnerv etc). Auch der Nervus vagus, der zum Teil die Eingeweide versorgt, gehört zu den Hirnnerven.
Hirnstamm: entwicklungsgeschichtlich archaischer, basaler Teil des Gehirns, der sich an das Rückenmark anschließt und überlebenswichtige Funktionen steuert.
Hippocampus: Seepferdchen. Archaische, subcorticale Hirnstruktur, die dem Limbischen System zugeordnet wird und ohne die Gedächtnisinhalte nicht dauerhaft gespeichert werden können.
HKS: siehe hyperkinetisches Syndrom.
Hörsturz: Plötzliche Innenohrschwerhörigkeit, oft infolge von Durchblutungsstörungen, mitunter ungeklärte Ursache.
holistisch: ganzheitlich.
Homunculus: ursprünglich Bezeichnung für einen künstlich geschaffenen Menschen. Nun auch als Metapher für die Repräsentation sensorischer oder motorischer Verarbeitung in der Großhirnrinde verwendet.
Hormone: körpereigene Wirkstoffe, die bereits in kleinsten Mengen über das Blut abgegeben an bestimmten Organen oder Strukturen eine spezifische Wirkung entfalten.

Hospitalismus: ursprünglich Bezeichnung für alle infolge eines Krankenhausaufenthaltes entstandenen Schäden. Unter psychischem Hospitalismus wird eine Schädigung infolge emotionaler Vernachlässigung verstanden. Vgl. auch Deprivation.
Humanethologie: Lehre vom menschlichen Verhalten.
Hypästhesie: Schmerzunterempfindlichkeit.
Hyperästhesie: Schmerzüberempfindlichkeit.
Hyperaktivität: motorische Unruhe.
Hyperkinesie: vermehrte Bewegungen in unterschiedlichen Körperregionen.
Hyperkinetisches Syndrom (HKS): Syndrom, das u.a. mit motorischer Unruhe, Konzentrationsstörungen und vermehrte Impulsivität einhergeht. Vgl. auch MCD, minimale zerebrale Dysfunktion.
Hypertonus, Hypertonie: erhöhter Druck, erhöhte Anspannung. In der Inneren Medizin meist für den Bluthochdruck gebraucht, in der Neurologie wird auch von Muskelhypertonus gesprochen.
Hyperventilation: vermehrtes Atmen.
Hypophyse: Hirnanhangsdrüse. «Oberste Hormondrüse», deren Hormone ihrerseits andere hormonausschüttende Drüsen beeinflussen können.
Hyposmie: vermindertes Geruchsvermögen.
Hypothalamus: Im Zwischenhirn gelegene zentralnervöse Struktur, mit wichtigen Regulationszentren.
Hypothese: Vermutung, deren Richtigkeit überprüft werden muss.
Hypotonus, Hypotonie: Unterdruck, verminderte Spannung. In der Inneren Medizin meist im Sinne von «niedrigem Blutdruck» gebraucht. In der Neurologie spricht man u.a. auch von einem muskulären Hypotonus.

ICP, infantile Zerebralparese: zentrale Lähmung, die meist durch eine prä-, peri- oder postnatale Schädigung des Gehirns, z.B. bei Sauerstoffmangel entstanden ist und oft mit Spastik einhergeht.
Identität: psychische, innere Einheit der Person, das erlebte «Selbst».
Ikonogramm, ikonographisch: bildhafte Aufzeichnung, bildlich dargestellt.
Illusion: Verkennung einer sinnlichen Wahrnehmung.
Impairment: Schädigung. Wie die Disability (Beeinträchtigung) und das Handicap (Benachteiligung) ein Teilaspekt einer Behinderung.
innervieren, Innervation: beeinflussen, versorgen bzw. die Beeinflussung oder Versorgung einer peripheren Struktur (Muskel, Drüse) durch einen Nerven.
Infarkt: Untergang eines Organs, Organteils oder Gewebes durch Drosselung der Blutzufuhr und erheblichen Sauerstoffmangel.
Inhibition: Hemmung.
Inkontinenz: Unvermögen, Urin einzuhalten.
Innenohrschwerhörigkeit: Hörstörung, die auf eine Läsion im Innenohr, vor allem an den Haarsinneszellen zurückzuführen ist.
Integration, Integrationsstörung: die ganzheitliche Verarbeitung und Einordnung sehr unterschiedlicher sinnlicher Reize und Wahrnehmungen bzw. die Störung dieses Prozesses.
intermodale Verknüpfung: Verknüpfung zweier oder mehrerer Sinnesreize (z.B. Sehen und Tasten).
Interneurone: Nervenzellen, die zwischen sensorischen und motorischen Neuronen liegen und der Weiterverarbeitung der Information dienen.

Intoxikation: Vergiftung.
intrauterin: im Mutterleib, vorgeburtlich.
Inversion: Umkehrung.
Ionenkanäle: Zwischenräume in der halbdurchlässigen Nervenzellmembran, durch die elektrisch geladene Teilchen austreten können, was eine Ladungsänderung an der Zelle zur Folge hat.
ipsilateral: auf der gleichen Seite gelegen.
IQ: Intelligenzquotient. In seiner Wertigkeit nicht unumstrittener Parameter für intellektuelle Begabung, der mit Hilfe standardisierter Tests bestimmt wird.
Iris: Regenbogenhaut des Auges.
ischämischer Insult: spezielle Form des Schlaganfalls. Hirninfarkt aufgrund einer Mangeldurchblutung und Sauerstoffunterversorgung bestimmter Hirnteile.

Jackson-Anfälle: hirnorganische Herdanfälle, die von den motorischen Großhirnarealen ausgehen. Gehören zu den Petit-mal-Anfällen.
Jaktation: Schleuder- oder Schüttelbewegung, insbesondere das Hin- oder Herwälzen des Kopfes oder Körpers in stereotyper Weise. Kann u.U. sowohl bei Deprivation als auch bei Autismus auftreten.

kalorischer Nystagmus: unwillkürliche Augenbewegung, die nach Kälte- oder Wärmereizung des Innenohres auftritt.
Kanner-Autismus: frühkindlicher Autismus, der in der Regel mit erheblichen Kommunikations- und Sprachentwicklungsstörungen einhergeht und dessen Hauptsymptom in Abkapselungstendenzen liegt.
Kation: positiv geladene chemische Teilchen (z.B. Na^+).
kausal: ursächlich.
kinästhetisch: hierunter versteht man Lage- und Bewegungsempfindlichkeit sowie Empfindungen der Tiefensensibilität.
kinetisch: bewegend.
Kleinhirn: Cerebellum. In der hinteren Schädelgrube gelegener Teil des Gehirns, der bei der Aufrechterhaltung des normalen Muskeltonus, der Gleichgewichtsreaktionen und der motorischen Koordination mitwirkt.
Klonus: Zuckung.
klonische Krämpfe: krampfartige Zuckungen im Rahmen eines Grand-mal-Anfalls.
kodieren: verschlüsseln.
Körperimago: Körperbild, Körpervorstellung.
Kognition: Erkennen, Wahrnehmen, Denken.
kognitiv: das Erkennen/Denken betreffend.
Koma: Zustand tiefer Bewusstlosigkeit.
Kommissur: Bahnen, die linke und rechte Großhirnareale miteinander verbinden. Vgl. auch Corpus callosum.
Kommissurotomie: Durchtrennung des Balken und damit der Kommissurbahnen zur Verhinderung des Übergreifens eines epileptischen Anfalls von der einen auf die andere Hirnhälfte.
Kommunikation: Informationsaustausch.
Kompensation: Ausgleich, beispielsweise einer Unter- oder Fehlfunktion durch eine Ersatzfunktion.

Kompetenz: Fähigkeit.
Kontemplation: Betrachtung.
Kontraktur: das Zusammenziehen. In Orthopädie und Pflegewissenschaften wird auch die Gelenkversteifung als Kontraktur bezeichnet.
kontralateral: gegenseitig, auf der Gegenseite gelegen.
Koordination: zur Zusammenarbeit notwendige Abstimmung.
Kortex: Rinde, insbesondere Großhirnrinde. Sitz höherer sensorischer, motorischer und assoziativer zerebraler Funktionen.
kortikal: die Hirnrinde betreffend.

Läsion: Verletzung, Schädigung.
lateral: seitlich.
laterale Hemmung: Hemmung benachbarter, reizverarbeitender Nervenzellen, sodass ein Reiz in eindeutiger Richtung weitergeleitet wird.
Lateralisierung: zunehmende Lokalisation bestimmter Hirnfunktionen auf eine Gehirnseite.
L-Dopa: als Medikament genutzte chemische Vorstufe des Neurotransmitters Dopamin (siehe dort).
Lemniskus lateralis: seitliche Schleifenbahn.
Lese-Rechtschreib-Schwäche: Teilleistungsstörung, bei der bei normaler Intelligenz die Fähigkeit zu Lesen oder orthographisch richtig zu Schreiben eingeschränkt ist.
Life-Events: Lebensereignisse, oft belastender Art, die als herausragend und zum Teil krisenhaft bewertet werden.
Limbisches System: Strukturen an der Grenze von Zwischenhirn und Großhirn, die Wahrnehmungen affektiv tönen und für die Speicherung im Gedächtnis von Bedeutung sind («Mischpult der Gefühle, Pforte des Gedächtnisses»). U.a. gehören Amygdala, Hippocampus und Riechhirn zum Limbischen System.
Linguistik: Sprachwissenschaft.
Liquor cerebro-spinalis: Gehirn- und Rückenmarkflüssigkeit.
Logopädie: Sprachheilkunde.
LRS: Lese-Rechtschreib-Schwäche, siehe dort.
Lumbalpunktion (LP): Einstich unterhalb des 5. Lendenwirbels, bei dem Rückenmarksflüssigkeit zur Untersuchung entnommen wird.

Macula densa: siehe Fovea centralis.
Manie: affektive Störung, bei der Stimmung und Antrieb extrem erhöht sind.
Mastoid: Warzenfortsatz.
MCD: siehe minimale zerebrale Dysfunktion.
Mechanorezeptoren: Sinneszellen, die auf Druck ansprechen (z.B. Tastkörperchen oder die Haarzellen des Innenohres).
medial: in der Mitte gelegen.
Medulla oblongata: verlängertes Rückenmark.
Melancholie: Schwermütigkeit. Klinisch ältere Bezeichnung für schwere (endogene) Depression bzw. major depression (s.d.).
Meningitis: Hirnhautentzündung.
Mesokosmos: Lebenswelt (auch im übertragenen Sinne), Umgebung, in der sich ein Individuum zurechtfindet.

Mikrographie: Kleinerwerden der Schrift.
Mimik: Gesichtsausdruck.
minimale zerebrale Dysfunktion (minimal cerebral dysfunction, MCD): ätiologisch umstrittenes Störungsbild, bei dem bei normaler intellektueller Begabung verschiedene Teilleistungen gestört sind, beispielsweise die motorische Kontrolle, Koordination oder Konzentrationsfähigkeit. Manchmal liegt außerdem eine Hyperkinesie vor (vgl. hyperkinetisches Syndrom).
Mobilität: Beweglichkeit, Fähigkeit, sich fortzubewegen.
modifiziert, Modifikation: verändert, Veränderung.
monistisch: Phänomene aus einem Prinzip oder unter einem Gesichtspunkt erklärend (Ggs. zu dualistisch).
monokausal: auf eine Ursache zurückzuführen.
Morbus: (abgekürzt: M.) Krankheit. Beispielsweise M. Down.
Morbus Alzheimer: siehe Alzheimer-Erkrankung.
Morbus Down: siehe Down-Syndrom.
Morbus Parkinson: siehe Parkinson'sche Erkrankung.
Motivation: Beweggrund für ein Verhalten.
Motoneuron: Nervenzelle im Dienst motorischer Erregung. Vgl. Alpha- und Gamma-Motoneurone.
Motopädie: praktische Fachrichtung, die sich mit den normalen und gestörten Bewegungsabläufen, vorwiegend des Kindesalters, befasst.
motorische Aphasie: Unterform einer zentralen Sprachstörung, bei der die Planung zur Ausführung einer Wortgestalt gestört ist.
motorisches Rindenfeld: beidseitig angelegtes Areal in der Großhirnrinde, von dem aus die präzise Willkürmotorik gesteuert wird.
Motorik: Sammelbezeichnung für aktive Bewegungsvorgänge.
Multi-Infarkt-Demenz (MID): im Alter auftretende Einbuße der intellektuellen Leistungsfähigkeit mit Verwirrtheit infolge vieler kleiner, auf Sauerstoffunterversorgung beruhender Hirninfarkte.
Multiple-Sklerose: ätiologisch nicht eindeutig geklärte Erkrankung des zentralen Nervensystems, bei der primär die markhaltigen Stützzellen zugrunde gehen. Die Krankheit kann unterschiedliche Verlaufsformen aufweisen. Im Vordergrund stehen motorische, koordinatorische, sensorische und Sprechstörungen.
Mutismus: Sprachverweigerung bei intakter Sprachfähigkeit. Meist reaktiver oder neurotischer Genese. Kann total oder nur auf einige Personen bezogen (elektiv) auftreten.
Myelin: isolierende Hülle um die Axone, die aus einer fetthaltigen Substanz besteht.

Neokortex: jüngster Teil der Großhirnrinde.
Nervus facialis: siebter Hirnnerv, der große Teile des Gesichts versorgt.
Nervus occulomotorius: einer der drei Hirnnerven, die für die Augenbewegung zuständig sind.
Nervus olfactorius: Geruchsnerv.
Nervus opticus: Sehnerv.
Nervus statoacusticus: achter Hirnnerv: Hör- und Gleichgewichtsnerv.
Nervus sympathicus: siehe sympathisches Nervensystem.
Nervus vagus: zehnter Hirnnerv, der Eingeweide versorgt und zum parasympathischen Nervensystem gezählt wird.

Neurit: Axon. Der Nervenzellfortsatz, über den die elektrische Erregung weitergeleitet wird.
Neuroendokrinologie: Wissenschaft, die sich mit den Zusammenhängen und Interaktionen des Nervensystems mit dem hormonellen System befasst.
Neurofibrillen: feinste Fasern innerhalb der Nervenzelle.
Neurokinine: chemische Stoffe, die bei der Schmerzempfindung und -übertragung von Bedeutung sind.
Neuroleptikum, (pl.: Neuroleptika): Erregungsdämpfendes und vom Wahnerleben distanzierendes Psychopharmakon.
Neurologie: Nervenheilkunde. Medizinische Fachrichtung.
Neuron: Nervenzelle einschließlich ihrer Fortsätze.
Neuropädiatrie: Medizinisches Teilgebiet, das sich mit der neurologischen Entwicklung und ihren Störungen im Kindesalter befasst.
Neurotransmitter: chemische Boten- und Übertragungsstoffe.
Nocizeptoren: schmerz-registrierende Sinneszellen.
Noradrenalin: Hormon aus dem Nebennierenmark, dass das sympathische Nervensystem unterstützt und die Leistungsbereitschaft des Körpers erhöht.
Normalisierungsprinzip: Handlungsmaxime, nach der insbesondere geistig Behinderten ein weitgehend der gesellschaftlichen Normalität entsprechendes Leben ermöglicht werden soll.
Nucleus: Kern. In der Biologie oft Zellkern, in der Neurologie werden Ansammlungen von Gehirnzellen als Nucleus bezeichnet.
Nucleus caudatus: Schwanzkern. Bildet zusammen mit dem Putamen das Striatum und damit eine Teilstruktur der Basalganglien (siehe dort).
Nucleus ruber: Roter Kern. Kern im Mittelhirn, der zum extrapyramidal-motorischen System gehört.
Nystagmus: unwillkürliche Augenbewegung, die von zentralnervösen Strukturen gesteuert wird und im Falle des visuellen Nystagmus (siehe dort) der reaktiven Aufrechterhaltung eines konstanten Bildes dient. Vgl. auch vestibulärer und kalorischer Nystagmus.

Oberflächensensibilität: Fähigkeit zur Wahrnehmung von Berührungs- und Temperaturreizen sowie der Lokalisation und Unterscheidung dieser Reize.
Objektkonstanz: funktionale Fähigkeit des Gehirns, Objekte als «konstant und einheitlich» wahrzunehmen.
Okzipitallappen: Hinterhauptslappen.
Ödem: Schwellung infolge einer Flüssigkeitsansammlung im Gewebe.
olfaktorisch: geruchlich.
Olive: Teil des verlängerten Rückenmarks, in dem u.a. auditorische Reize weitergeleitet werden.
Optik, optisch: Lehre von den Sehvorgängen, das Sehen betreffend.
oral: auf den Mund bezogen.
Otosklerose: Erkrankung knöcherner Ohrstrukturen, insbesondere verminderte Beweglichkeit des Steigbügels (eines der drei Gehörknöchelchen) mit daraus resultierender Schallleitungsschwerhörigkeit.
ovales Fenster: von einer Membran verschlossene Öffnung zwischen Mittel- und Innenohr.
overprotection: Überbehütung.

Pallidum: Struktur der Basalganglien, siehe dort.
Papille: Erhebung. Am Auge der Teil der Netzhaut, an dem der Sehnerv entspringt, sodass dort wegen fehlender Sinneszellen nicht gesehen werden kann (vgl. Blinder Fleck).
paralinguistische Phänomene: Eigenschaften der Sprache, die neben der semantischen, bedeutungstragenden Information ebenfalls von Bedeutung sind, beispielsweise Stimmklang, Lautstärke, Ausdrucksverhalten usw.
Paralyse: vollständige Lähmung.
Paranoia, paranoid: Verfolgungswahn, sich verfolgt fühlend.
Paraplegie: Lähmung beider Beine, meist aufgrund eines Querschnittsyndroms.
Parasympathikus: der Teil des vegetativen (unwillkürlichen) Nervensystems, der im Dienste von Erholungs-, Reparatur- und Regenerationsvorgängen steht. Gegenspieler des sympathischen Nervensystems (siehe dort).
Parese: im Gegensatz zur Paralyse eine leichte, unvollständige Lähmung.
Parietallappen: Scheitellappen.
Parkinson'sche Erkrankung: Erkrankung der extrapyramidalen-motorischen Zentren, insbesondere der Substantia nigra, mit den Hauptsymptomen Rigor (wächserne Steife), Tremor (Zittern) und Akinesie (Bewegungsarmut).
paroxysmal: anfallsweise auftretend.
partiell: teilweise.
Partizipation, partizipieren: Teilnahme, Anteil nehmen an, teilhaben an.
Pathogenese: Krankheitsentstehung.
Peer-Group: Gruppe Gleichaltriger.
perinatal: um den Geburtszeitpunkt (Geburtsvorgang) herum.
peripheres Nervensystem: im Gegensatz zum ZNS (siehe dort) versteht man unter dem peripheren Nervensystem die Nerven, die außerhalb von Rückenmark und Gehirn liegen und Muskulatur, Hautareale, Eingeweide und Sinneszellen versorgen.
persistieren: anhalten, fortdauern.
Perzeption: Wahrnehmung.
PET: Positronen-Emissions-Tomographie. Bildgebendes Verfahren, bei dem die Aktivität kurzfristig Positronen ausstrahlender Kontrastmittel computergestützt zu einem Bild verarbeitet wird.
petit mal: kleiner hirnorganischer Krampfanfall (vgl. auch Epilepsie).
Phenylketonurie: angeborene Stoffwechselerkrankung mit Störungen im Phenylalaninhaushalt, die unbehandelt zur geistigen Behinderung führen kann.
Pheromone: chemische Stoffe aus der Gruppe der Hormone, sog. Erkennungs- bzw. Sexuallockstoffe.
Phobie: Furcht, zielgerichtete Angst vor bestimmten Objekten oder Situationen.
Phon: Einheit, die die subjektive Empfindung einer Lautstärke angibt (vgl. auch Dezibel).
Phonem: Lautgestalt, lautliche Einheit, mit deren Hilfe Bedeutungen unterschieden werden können.
Phonetik: Lehre von der Lautbildung.
Phoniatrie: Teilgebiet der Medizin, das sich vor allem mit der Untersuchung und Behandlung von Stimm-, Sprech- und Sprachstörungen sowie der Hörentwicklung im Kindesalter befasst.
Physiologie, physiologisch: Wissenschaft von den normalen Lebensvorgängen, normal und funktional ablaufend.
Plastizität: Fähigkeit des Gehirns, sich in gewissem Maße umzustrukturieren und Ausfälle zu kompensieren.

Plegie: vollständige Lähmung (entspricht «Paralyse»).
Pneumonie: Lungenentzündung.
Poltern: Sprechstörung mit hastigem, übereiltem und undeutlichem Sprechablauf.
postlingual: nach Spracherwerb.
postnatal: nach der Geburt.
postsynaptische Membran: die Membran einer nachgeschalteten Nervenzelle jenseits des synaptischen Spaltes (siehe dort).
prälingual: vor Spracherwerb.
pränatal: vorgeburtlich.
präsynaptische Membran: Membran einer vorgeschalteten Nervenzelle, von der aus Vesikel (siehe dort) zwecks Signalübertragung den synaptischen Spalt (siehe dort) überwinden.
Presbyakusis: Altersschwerhörigkeit.
primäre Sehrinde: Großhirnareal in der Hinterhauptsregion, das primär die visuelle Information verarbeitet, bevor diese zu weiteren erkennenden Zentren weitergeleitet wird.
primäre Rindenfelder: Areale in der Großhirnrinde, die als erste Informationen von sensorischen Systemen verarbeiten oder direkt (willkürlich) motorische Impulse in die Peripherie schicken.
Prognose: zu erwartende Entwicklung einer Krankheit.
Progredienz, progredient: fortschreitender Verlauf, fortschreitend.
Projektionsbahnen: auf- und absteigende Bahnen, die die Großhirnrinde mit darunter liegenden Zentren verbinden.
Propriozeptoren: auf Bewegungen und Lageveränderungen des Körpers reagierende Sinneszellen.
Prosopagnosie: Unfähigkeit, bekannte Gesichter zu erkennen.
Psychose: schwere psychische Erkrankung (z.B. Schizophrenie, s.d.), deren hervorstechendstes Merkmal der gestörte Realitätsbezug ist.
Pupille: das durch die Öffnung in der Regenbogenhaut (Iris) gebildete Sehloch, mit dessen Hilfe der Lichteinfall reguliert werden kann.
Putamen: bildet mit dem Nucleus caudatus das Striatum und gehört somit zu den Basalganglien (siehe dort).
Pyramidenbahn: Gesamtheit der Nervenfasern, die von der motorischen Großhirnrinde zum Rückenmark ziehen und im Dienste der Willkürmotorik stehen.

Querschnittslähmung: Lähmung infolge einer Schädigung des Rückenmarks. Sie kann komplett oder inkomplett sowie als hohe oder tiefe Querschnittslähmung auftreten.

Ranvierscher Schnürring: bezeichnet bei ansonsten ummanteltem Axon die Abschnitte, die myelinfrei sind. Ermöglicht eine sprunghafte und damit schnellere Erregungsweiterleitung.
Rebound (-phänomen): Rückstoß, Gegenreaktion.
Reflexe: automatische, unwillkürliche und stereotyp verlaufende motorische Antwort auf spezifische sensible Reize.
Reflexion: Spiegelung.
Regression: Rückschritt. Im Gegensatz zur Retardierung (siehe dort) ein «sich zurückentwickeln» auf einen bereits überwundenen, früheren Entwicklungsstand.
Rehabilitation: Gesamtheit der Maßnahmen zur weitestgehenden Wiederherstellung von Fähigkeiten und Fertigkeiten sowie der Wiedereingliederung in das soziale Umfeld.

Reissnersche Membran: Trennwand innerhalb des Cortischen Hörorgans.
Rekonstruktion: Wiederherstellung, u.a. Bezeichnung für ein psychotherapeutisches Verfahren zur Verdeutlichung von und Konfrontation mit biographischen Ereignissen.
Remission: Rückgang, Rückbildung von Symptomen oder Krankheitserscheinungen.
Resonanz: Mitschwingen.
Resorption: Aufnahme, Aufsaugung.
Retardierung: im Gegensatz zur Regression (siehe dort) eine Entwicklungsverzögerung.
Retina: Netzhaut. Der Teil des Auges, der Lichtquanten in bioelektrische Erregung umwandelt. «Außenposten» des die visuelle Informationen verarbeitenden Teils unseres Gehirns.
Reversion: Umkehrung.
rezeptives Feld: der Teil der Peripherie, durch den eine zuständige Sinneszelle erregt wird.
Rezeptoren: Sinneszellen oder Nervenendorgane, die durch spezifische Sinnesreize erregt werden.
Rhinenzephalon: Riechhirn, Teil des Limbischen Systems.
Rhotazismus: Untergruppe einer Dyslalie (Stammel-Störung), bei der die Aussprache des stimmhaften R gestört ist.
Rhythmus: Takt, Gleichmaß, Schlagfolge.
Riechkolben: siehe Bulbus olfactorius.
Rigor: wächserne Steifheit. U.a. Teilsymptom der parkinsonschen Erkrankung, siehe dort.
Rötelnembryophathie: Schädigung des im Mutterleib heranwachsenden Kindes in den ersten drei Monaten durch eine Rötelninfektion. Kann u.a. mit Herzfehlern, Sinnes und geistiger Behinderung einhergehen.
Rückenmark: Gesamtheit der auf- und absteigenden Bahnen sowie «Umschaltstationen», die von Wirbelsäulenstrukturen umgeben sind.
Ruhepotential: elektrische Spannung zwischen Nervenzellinnen- und außenraum im Ruhezustand, die beim Menschen etwa -70 mV beträgt.

saltatorische Leitung: (Salto: der Sprung) Schnelle Erregungsweiterleitung am myelinisierten Axon (vgl. Ranvierscher Schnürring).
Scala media: mittlerer Hohlraum des Innenohres, in dem sich die Haarsinneszellen befinden.
Schallleitungsschwerhörigkeit: Hörstörung durch erschwerte Schallweiterleitung im Außen-, Mittel- und in geringem Maße auch Innenohr.
Schallempfindungsschwerhörigkeit: Hörstörung durch Schädigung der Haarsinneszellen oder nachgeordneter Nervenzellen im Innenohr.
Schlafentzugs-EEG: spezielles diagnostisches Verfahren zur Feststellung oder Überprüfung einer Epilepsie, bei dem nach Schlafentzug ein EEG (siehe dort) abgeleitet wird.
schlaffe Lähmung: im Gegensatz zur spastischen Lähmung (siehe dort) eine Lähmung mit schlaffem Muskeltonus, oft in der Anfangsphase einer zentralnervösen Schädigung anzutreffen.
Schlaganfall: Apoplex. Schädigung eines Hirnareals, die auf eine Störung der Blutzufuhr und damit eine Sauerstoffunterversorgung oder eine Blutung zurückzuführen ist. Die Symptome sind sehr unterschiedlich und hängen von Größe und Lokalisation der Schädigung ab.
Schnecke: Cochlea. Der Teil des Innenohres, der das Hörorgan enthält.

Schizophrenie: schwere psychotische Erkrankung mit Störung des Realitätsbezugs, spezifischen Denkstörungen, affektiven Symptomen, autistischen Verhaltensweisen und Ich- bzw. Persönlichkeitsstörungen.
Schwannsche Zelle: Gliazelle (Stützzelle) im peripheren Nervensystem.
Sehbahn: Gesamtheit der Nervenfasern, die von der Netzhaut über Strukturen des Thalamus zur primären Sehrinde des Großhirns führt.
sekundäre Rindenfelder: Areale der Großhirnrinde, die Informationen aus primären Rindenfeldern (siehe dort) erhalten und weiterverarbeiten.
Selektion, selektiv: Auswahl, auswählend.
Semantik: Bedeutung und Inhalt von Schrift und Sprache.
sensibel: empfindlich, empfindend.
Sensibilität: Empfindung, Fähigkeit zur Reizwahrnehmung.
sensitiv: empfindlich, überempfindlich.
Sensomotorik: beschreibt die Zusammenhänge zwischen Reizverarbeitung und Wahrnehmung sowie motorischer Aktion.
sensorisch: der Empfindung dienend.
sensorische Aphasie: Unterform einer zentralen Sprachstörung (Aphasie) mit Schädigung des sensorischen Sprachzentrums, bei der die Bedeutung geschriebener, gehörter oder gesprochener Sprache nicht mehr adäquat verstanden werden kann.
sensorische Integration(sstörung): die Fähigkeit (bzw. Störung der Fähigkeit) des Gehirns, unterschiedliche sensorische Reize zu einer sinnvollen Wahrnehmung zusammenzufassen und zu ordnen, so dass Erkenntnis möglich wird. Hierbei sind viele unterschiedliche Hirnareale in funktioneller Abstimmung beteiligt.
serial, seriale Störungen: aufeinander bezogene Funktionsabläufe in Folge bzw. eine Störung dieses Prozesses.
Serotonin: Neurotransmitter (s.d.) mit Wirkungen auf das zentrale und periphere Nervensystem.
Sigmatismus: spezieller Stammelfehler (vgl. Dyslalie) mit Störung der Aussprache von S- und Zischlauten.
simplifizieren: vereinfachen.
Skotom: Sehfeldeinschränkung bzw. -ausfall.
somatisch: körperlich, auf den Körper bezogen.
somato-sensorisch: auf die Sinnesempfindungen/Reize des Körpers bezogen.
somato-sensorisches Rindenfeld: Areal der Großhirnrinde, das die Tast-, Berührungs-, Druck-, Schmerz- und Temperaturempfindungen bearbeitet.
somnolent, Somnolenz: schläfrig, Schläfrigkeit.
Spastik, spastische Lähmung: Lähmung, die mit vermehrtem Muskeltonus einhergeht und auf eine ungenügend kontrollierte Erregung des zweiten Motoneurons zurückzuführen ist, da das erste Motoneuron oder übergeordnete und regulierende motorische Instanzen geschädigt sind.
Spielaudiometrie: Testverfahren zur Feststellung der Hörfähigkeit im Kindesalter.
Spina bifida: Vorgeburtlich bedingte mangelhafte Schließung des Rückenmarkkanals, die mit Lähmungen unterschiedlicher Schweregrade einhergehen kann.
spinaler Schock: erste, oft lebensbedrohliche Phase bei akuter Querschnittslähmung.
Spinalnerven: Nerven, die vom Rückenmark ausgehend die Peripherie erreichen und sensible wie motorische Fasern enthalten.

Split-Brain-Forschung: Erforschung der unterschiedlichen Funktionen der rechten und linken Großhirnhälfte bei Patienten, deren Balken durchtrennt wurde (vgl. Kommissurotomie).

Sprachstörungen: im Gegensatz zu Sprechstörungen Schwierigkeiten, Sprachbedeutungen zu verstehen oder sprachliche Äußerungen hinsichtlich ihrer Bedeutung (Semantik) oder ihrer Struktur (Syntax) adäquat zu bilden. Neben Sprachentwicklungsstörungen vor allem auch Aphasien (siehe dort).

Sprechstörungen: im Gegensatz zu Sprachstörungen Störungen der Artikulation, also der Aussprache und des Redeflusses.

Stäbchen: farbenblinde Fotorezeptoren (Sehzellen), die noch auf kleinste Lichtreize reagieren und für das Bewegungs- sowie das Dämmerungssehen von Bedeutung sind.

Stammeln, Stammelfehler: siehe Dyslalie.

Stammhirn: basaler, archaischer Teil des Gehirns, der mit lebenswichtigen Steuerungsfunktionen (z.B. der Atmung) befasst ist.

Status epilepticus: lebensbedrohliche Serie wiederholter großer hirnorganischer Krampfanfälle (vgl. auch Grand-Mal-Anfälle).

Stellreflexe: Reflexe auf Mittelhirnebene, die das Halten des Gleichgewichts und die Kontrolle der Körperstellung sowie Kopfhaltung und Augenkoordination ermöglichen.

stereotyp, Stereotypie: gleichförmig wiederholt ablaufend. Handlung, Bewegung oder Äußerung, die gleich bleibend wiederholt wird.

Stigma, Stigmatisierung: Kennzeichen. Zuschreibung, oft als soziale Stigmatisierung mit negativer Bewertung.

Stimmstörung: periphere Störung des Stimmklangs und der Stimmbildung.

Stottern: Sprechstörung mit Unterbrechung des Redeflusses. Beim klonisches Stottern kurze, rasch aufeinander folgende Laut-Silben oder Wortwiederholung. Beim tonischen Stottern Verkrampfung und Blockierung der Artikulation.

Striatum: Unterhalb der Großhirnrinde gelegene Struktur im Dienste der extrapyramidalen Motorik, die aus Putamen und Nucleus caudatus besteht und zu den Basalganglien (siehe dort) gehört.

Stroke: (engl.) Schlaganfall, siehe dort.

subkortikal: unterhalb der Großhirnrinde gelegen.

Substantia nigra: unterhalb der Hirnrinde gelegene Struktur im Dienste der Extrapyramidalmotorik, die zu den Basalganglien (siehe dort) gehört und deren Schädigung zur Parkinson'schen Erkrankung (siehe dort) führt.

Sulcus: Spalt zwischen den Großhirnwindungen.

Sulcus centralis: Spalt der Großhirnrinde, die den Stirn- vom Scheitellappen trennt.

Sympathikus: der Teil des vegetativen (unwillkürlichen) Nervensystems, der im Dienste von Aktion, insbesondere Angriffs- oder Fluchtaktionen steht und somit vielfältige Organ-, Sinnes- und Hormonsysteme erregt. Gegenspieler des parasympathischen Nervensystems (siehe dort).

Symptom: Krankheitszeichen.

symptomatisch: typisch oder bezeichnend für eine Krankheit oder Störung.

Synästhesie: (Mit-)Empfindung eines nicht gereizten Sinnesystems bei Stimulation eines anderen Sinnesystems (z.B. das Hören von Farben).

Synapse: Verbindungsstelle zwischen den Fortsätzen zweier Nervenzellen oder einer Nervenzelle und einem Muskel.

synaptischer Spalt: kleiner Raum zwischen den Fortsätzen zweier Nervenzellen, durch den mittels kleiner Bläschen (Vesikel) chemische Botenstoffe zwecks Erregungsweiterleitung zur nachgeschalteten Nervenzelle gelangen können.
Synaptogenese: Entstehung neuer synaptischer Verbindungen/Verknüpfungen bereits vorhandener Nervenzellen.
synchron: gleichzeitig.
Syndrom: Komplex von (meist typischen) Symptomen, die auf eine bestimmte Störung oder Krankheit hinweisen.
synergistisch: zusammenwirkend (Gegensatz von antagonistisch, siehe dort).

taktil: das Tasten, die Berührung betreffend.
Teilleistungsstörung: isolierte Schwäche einer zerebralen Leistung (z.B. im motorischen Bereich) oder einer höheren kognitiven Funktion (z.B. Rechen- oder Leseschwäche) bei ansonsten durchschnittlicher oder überdurchschnittlicher intellektueller Begabung.
temporär: vorübergehend, zeitlich begrenzt.
Temporallappen: Schläfenlappen.
Terminalschlaf: Erholungsschlaf im Rahmen eines Grand-Mal-Anfalls (siehe dort).
tertiäre Hirnrindenareale, tertiäre Rindenfelder: die Teile der Großhirnrinde, die Informationen von sekundären Großhirnrindenarealen erhalten und in hochkomplexer Weise weiterverarbeiten.
Tetraplegie: Lähmung aller vier Extremitäten.
Thalamus: im Zwischenhirn gelegene, subkorticale, zentrale Umschaltstelle für sensorische Informationen («Vorzimmer des Bewusstseins»). Außerdem hat der Thalamus Verbindungen zum Limbischen System sowie zum hormonregulierenden System und ist darüber hinaus auch an bestimmten motorischen «Reaktionsprogrammen» beteiligt.
Thermorezeptoren: Sinneszellen, die auf Wärme- oder Kältereize ansprechen.
Thrombose: Bildung eines Blutgerinsels.
Tiefensensibilität: Empfindung für Körperhaltung, Lage einzelner Körperabschnitte, Tiefenreize und Tiefenschmerz.
Ton: Geräusch, das idealerweise nur aus einer einzigen (reinen) Frequenz besteht.
tonisch: auf die Spannung bezogen.
tonische Krämpfe: Krämpfe bzw. Krampfphasen, die mit einer erhöhten Anspannung der Muskulatur einhergehen (im Gegensatz zu klonischen Krämpfen, siehe dort).
Tonus: Spannung.
toxisch: giftig.
Tractus: Nervenfaserzug.
Tremor: Zittern.
Trisomie 21: siehe Down-Syndrom.
Trommelfell: häutige Membran, die den äußeren Gehörgang vom Mittelohr trennt.
Tube, tuba Eustachii: siehe eustachische Röhre.

vegetatives Nervensystem: unwillkürliches Nervensystem, das im wesentlichen aus den beiden Gegenspielern «Sympathikus» und «Parasympathikus» (siehe dort) besteht.
Ventrikel: Hohlräume des Gehirns, die eine Flüssigkeit (den Liquor cerebrospinalis, siehe dort) enthalten.
Vesikel, synaptische: Bläschen innerhalb einer Nervenendigung, die chemische Botenstoffe (sog. Neurotransmitter, siehe dort) enthalten und sie über den synaptischen Spalt

hinweg zwecks Informationsweitergabe zur anliegenden Nervenzelle transportieren können.
vestibulärer Nystagmus: Augenzittern, das durch eine Reizung des Gleichgewichtsorgans ausgelöst werden kann.
Vestibulärsystem: Gleichgewichtsorgan im Innenohr.
visuell, visuelles System: das Sehen betreffend, das Sehsystem.
visueller Nystagmus: Augenzittern, das durch visuelle Manipulationen ausgelöst werden kann.
vital: lebendig, das Leben betreffend, lebend, lebenstüchtig.
Vulnerabilität: Verletzlichkeit, Anfälligkeit (beispielsweise gegenüber einer bestimmten Krankheit).

Wahn: unkorrigierbare, mit der Wirklichkeit nicht vereinbare Überzeugung, deren Ursprung in einer seelischen Störung liegt.
weiße Substanz: Areale des zentralen Nervensystems, in denen myelinisierte auf- und absteigende Fasern verlaufen.
Wernicke-Aphasie: siehe sensorische Aphasie.
Wernicke-Mann-Haltung: typische Haltung bei Halbseitenlähmung (Hemiplegie): Beugung des gelähmten Armes, möglicherweise gleichseitig betroffene mimische Muskulatur und Zirkumduktion (Herumführen) des leicht gestreckten, gelähmten Beines (vgl. Abb. 19.4).
Wernicke-Sprachzentrum: in der dominanten (meist linken) Großhirnhälfte angelegtes Areal, das dem Erkennen semantischer Bedeutung und struktureller Merkmale geschriebener, gelesener und gesprochener Sprache dient.
Willkürmotorik: willentlich gesteuerte Motorik, die präzise von der motorischen Großhirnrinde gesteuert und über das Pyramidenbahnsystem (siehe dort) weitergeleitet wird.

Zapfen: farbempfindliche Fotorezeptoren (Lichtsinneszellen), die vor allem in der Fovea centralis (siehe dort) zu finden sind und dem scharfen sowie dem Farbsehen dienen.
Zerebralparese: zentrale Lähmung, die nicht durch eine Muskelstörung, sondern durch eine Erkrankung des Gehirns, (oft nach Sauerstoffmangel) hervorgerufen wird und deren häufigstes Symptom (nicht obligat) die Spastik ist. Vgl. auch «Infantile Zerebralparese».
zentrale Hörbahn: Bahnen, die akustische Informationen vom Hirnstamm bis zur primären Hörrinde im Schläfenlappen des Großhirns weiterleiten.
zentrale Hörstörung: Hörschädigung infolge einer Störung oder Erkrankung der zentralen Hörbahn oder der primären Hörrinde.
zentrale Sehstörung: Störung des Seh- und Wahrnehmungsvermögens durch Schädigung der zentralen Sehbahn.
Zilie: Flimmerhaar. Bestandteil von Haarsinneszellen.
ZNS, zentrales Nervensystem: die Gesamtheit aller Nervenzellen und Bahnen, die nicht zum peripheren Nervensystem (siehe dort) hören, also Rückenmark und Gehirn.

Sachregister

A
Absence 217
Abstraktionsvermögen 296, 306, 315
Acetylcholin 18, 336
Adaptation 84, 176
Aderhaut 136
Affekt 359
affektive Störung 65
Agnosie 339
Akalkulie 303
Akinese 158, 230
Akkord 254
Aktionspotential 16
Alkoholmissbrauch 313
Alpha-Motoneuron 150
Alphabet 284
Altersdemenz 334
Alterungsprozess 320
Amygdala 360
Amyloid 335
Aneurysma 241
Antiepileptikum 220
Antikonvulsivum 220
Apathie 361
Aphasie 244, 276
 –, amnestische 244, 339
 –, globale 244
 –, motorische 244
 –, sensorische 244
Apoplex 239
Apraxie 339
Arbeit 319
argumentative Funktion 266
Assoziationsbahnen 37
Ataxie 159, 186

Athetose 186
Audimutitas 277
Audiogramm 112, 126
Aufmerksamkeit, bewusste 347
 –, vorbewusste 347
Aura 215
Ausdrucksverhalten 62, 254
Auslöser (eines epileptischen Anfalles) 214
Außenohr 113
Autismus 325 ff., 354
 –, frühkindlicher 327
autistische Psychopathie (Asperger) 328
Axon 11

B
Balken 33, 47
Basalganglion 158
Beeinträchtigung 186, 312
Behinderung 186
 –, geistige 312
Benachteiligung 187
Bewegungssinn 102
Bewusstsein 53, 345
biochemischer Prozess 82
bitter 81
blinder Fleck 140
Blut-Hirn-Schranke 12, 233
Blutung 241
BNS-Krampf 216
Bobath 191
Bogengangorgan 90
Bulbus olfactorius 38
Bündelung 296

C

Chemorezeptoren 24
Chorea 186
Chunk 288
Cochlea 115
Cochlea-Implantation 128
Colliculus inferior 119
completed stroke 242
Corpus geniculatum laterale 140
Corpus geniculatum mediale 119
Corti'sches Organ 115

D

Dämmerattacke 218
Dauer 258
Deliberation 348
Demenz 334
Dendrit 11
Denken 348
Depression 361 f.
deskriptive Funktion 266
Dezibel 111
disability 312
Diskriminationsfähigkeit 202
Divergenz 19
Dopamin 18, 228
Down-Syndrom 313
Dreidimensionalität 90
Dualismus 369
Durchblutungsstörung 240
Dysarthrie 274
Dysfunktion, minimale zerebrale 198 ff.
Dysgrammatismus 277
Dysgraphie 286, 339
Dyskalkulie 303 ff., 339
Dyslalie 277
Dyslexie 286

E

efferente Fasern 26
Eins-zu-Eins-Zuordnung 296, 306
Elektro-Enzephalogramm (EEG) 218
Emotion 59
Emotionalität 74

Empathie 350
Empfindung 348
Endorphin 108
Entladung, bioelektrische 213
Entwicklung, motorische 188
Ernährungsstörung 240
exponentieller Zusammenhang 367
expressive Funktion 266
extralemniskales System 104
extrapyramidale Bahn 154, 227

F

Familie 316
Farbbegriff 269
Farbe 138
Feinmotorik 157
Fieberkrampf 220
Figur-Hintergrund-Differenzierung 202, 288
fokaler Anfall 218
Freizeit 319
Frequenz 111, 117
Funktionseinbuße 312

G

Gamma-Amino-Buttersäure 18
Gamma-Motoneuron 150
Gebärdensprache 130
Gedächtnis 61, 338
Gegenwart 258
Gehörlosigkeit 126
Geisteskrankheit 312
geistiges Phänomen 368
Gelegenheitskrampf 214
Geräusch 112
Geruchsqualität 73
Geschmacksknospe 82
Geschmacksqualität 79
Gestalterfassungsstörung 202
Gestaltwahrnehmung 348
Gleichgewichtsstörung 95
Gleichzeitigkeit 256
Gliazellen 14, 164
Grand-mal-Anfall 215

graue Substanz 171
Großhirn 30
Großhirnrinde, motorische 156
Grundemotion 63
Gyrus angularis 286, 302
Gyrus postcentralis 38
Gyrus präcentralis 37

H

Haar-Sinneszelle 89
Halbseitenlähmung 242
Halluzination 354
Haltereflex 156
handicap 312
Handlungsplan 157
Heim 316
Hemiplegie 172
Hemisphäre 33, 47
–, dominante 48
Hemmung 159, 190
–, deszendierende 108
–, laterale 107
Herdanfall 218
Hertz 111
Hirnareal, motorisches 37
–, sensorisches 37
–, visuelles 42
Hirnembolie 240
Hirnnerv 26
Hirnschädigung, frühkindliche 184
Hirnstamm 28, 152
Hormonsystem 60
Hörgerät 127
Hornhaut 135
Hörrinde 38, 119
Hörstörung, prälinguale 126
Hörverlust 126
Hyperkinese 159, 185
hyperkinetisches Syndrom 198 ff.
Hypermotorik 315
Hypothesenbildung 289
Hypotonus 159

I

Ich 346
Ich-Störung 353
Identität 350
impairment 312
Induktionsschleife 128
Inhibition 159, 190
Innenohr 115
Insult, apoplektischer 239
–, ischämischer 240
Integration 259
–, sensorische 346
integrative Leistung 346
integrieren 329
Intelligenzquotient 313
intermodale Störung 203, 288
intermodale Verknüpfung 108, 259, 284, 306
Ionenkanäle 16
Ionenpumpe 17
Intentionstremor 159

J

Jackson-Anfall 218

K

Kälterezeptoren 26
Kanalkapazität 289
Kardinalzahl 296
Kartierung der Großhirnrinde 35
Kategorie 365
Kausalität 365
Klang 112, 253
Kleinhirn 28, 158
klonisches Stadium 215
Kodierung 288
kognitive Nische 367
Kommissurbahnen 37, 47
Kommunikation 265
komplexe Fähigkeit 149
Kontemplation 348
Konvergenz 19
Koordinationsstörungen 165
Körperschema 96, 302

Kortex, assoziativer 157
Kraftsinn 102
Kurzzeitgedächtnis 336

L
Lähmung, schlaffe 172
—, spastische 172, 185
Lappen 33
Lateralisation 48
Lautstärke 111
L-Dopa 233
Lederhaut 136
Lemniskus-System 104
Lese-Rechtschreib-Schwäche 286
Licht 135
Limbisches System 30, 60, 336
Linguistik 270
—, vergleichende 268
Linse 135
Lumbalpunktion 164

M
Makulaorgan 89
Manie 363
Markscheide 12
Mechanorezeptoren 24, 100, 111
Mehrfachbehinderung 184
Melancholie 362
Mesokosmos 366
Minderbegabung, intellektuelle 311
Mittelhirn 29
Mittelohr 113
Mobilität 165
Monismus 369
Morbus Alzheimer 335
Morbus Down 313
Motivation 59
motorische Fasern 26
motorische Hirnrinde 37, 152
motorisches Hirnareal 37
motorisches Programm 151
motorisches Zentrum 60
Multi-Infarkt-Demenz 334
musikalisches Grundmuster 254

Muskel 150
Muskelfaser 150
—, extrafusale 150
—, intrafusale 150
Muskelspindel 91, 150
Myofibrille 150
Myofilament 150

N
Neokortex 33
Nervensystem, autonomes 26, 60
—, peripheres 26
—, vegetatives 60
Nervus opticus 140
Nervus statoacusticus 119
Netzhaut 136
Neurit 13
Neuroleptikum 233
Neuron 13
Neurotransmitter 17, 63
Noradrenalin 18
Normalisierungsprinzip 318
Nucleus cochlearis 119
Null 300
Nystagmus 95

O
Oberflächensensibilität 99
Olive 119
Ordinalzahl 296
Ordnungsschwelle 257

P
Papille 81
Paraplegie 172
Parasympathikus 26
Parietallappen 302
Parkinson-Syndrom 158
Passung 366
Petit-mal-Anfall 216
Perzeption 143
Phenylketonurie 314
Phon 111
Phonem 112, 284

Photorezeptoren 24
Plaque, senile 335
Poltern 275
Positronen-Emisionstomographie 336
Potential, evoziertes 164
Präzisionsgriff 157
Primärgeruch 73
Programmsteuerungsstörung 201
progressive stroke 242
Projektionsbahnen 37
prolongiertes reversibles neurologisches Defizit 242
Propriorezeptoren 92, 102
psychogener Anfall 220
psychomotorische Kopplung 256
psychomotorischer Anfall 218
Pupille 135
Pyramidenbahn 152

Q
Querschnittslähmung 172 ff.
 –, inkomplette 173
 –, traumatische 175

R
Ranvien-Schnürringe 16
Raum 302, 365
Raumvorstellung 306
Raumwahrnehmung 288
Rebus-Schrift 284
Rechnen, Rahmenbedingungen 304
reflektorisch 84
Reflex 23
 –, statischer 156
 –, stato-kinetischer 156
Regenbogenhaut 135
Rehabilitationsbehandlung 176
Reizüberflutung 329
Repolarisation 17
Retardierung 315
rezeptives Feld 105, 142
Rezeptoren 17, 24, 100
Rhinencephalon 72
Rhythmik 258
Riechschleimhaut 71

Riechzellen 71
Rigor 158, 229
Rindenfeld, somatosensorisches 105
 –, tertiäres 40
Rollenumkehr, filiale 340
Rückenmark 26, 171
Ruhepotential 16
Ruhetremor 158

S
salzig 80
Sauerstoffmangel 313
Schädigung 186, 312
Schallreiz, neuronale Verarbeitung 120
Schallverarbeitungsschwerhörigkeit 125
Schallweiterleitungsschwerhörigkeit 125
Schicht 34
Schicksal, raum-zeitliches 346
Schizophrenie 352
Schmerzqualität 99
Schmerzrezeptor 26
Schmerzzustand 103
Schriftsprache 284
Schwerhörigkeit 118
Segmentierung 184
Sehkanal 142
Sehnerv 50
Sehrinde, primäre 140
Sehstörung 244
Sehzentrum 40
Selbstbewusstsein 350
Sensation 143
Sensibilität, viszerale 99 f.
sensorisches Hirnareal 37
seriale Störung 203, 288, 307
Serotonin 18
Sexualität 166, 319
Sinneseindruck 143
Sigmatismus 277
Signalfunktion 266
Sinnesmodalitäten 128
Sinnesorgane 24
Somatosensorik 99
Sonderkindergarten 318
Sonderschule 318
Sozialverhalten 74

Spastik 165
Spina bifida 173
Spinalnerv 26, 171
spinaler Schock 175
Sprache 265 ff.
 –, Erlernen 272
Sprachentwicklung, kindliche 274
Sprachentwicklungsstörung 276
Sprachentwicklungsverzögerung 276
Spracherwerb 129
Sprachschwäche 287
Sprachstörung 275, 327
Sprachverlust 275
Sprachzentrum, motorisches 40, 269, 286
 –, sensorisches 40, 269, 286
Sprechstörung 275
Sprechverweigerung 275
Stäbchen 136
Stammeln 277
stato-kinetischer Reflex 94
Status epilepticus 216
Stellreflex 94, 156
Stellungssinn 102
Stimmstörung 274
Stottern 275
Stützfunktion, kognitive 305
Sucht 64
süß 81
Sympathikus 26
Synapse 12
synaptischer Spalt 17
Synästhesie 109, 261
syntaktische Struktur 271
System, vernetztes 367
Systemebene 20

T
Takt 258
Tastsinn 99f.
Teilleistungsstörung 198
Tetraplegie 172
Thermorezeptor 103
Tiefensensibilität 92, 99
Ton 112, 253
tonisches Stadium 215

transitorische ischämische Attacke 242
Trauer 361
Tremor 186, 229
Trisomie 21 313

U
Überlastung pflegender Angehöriger 340
Untersuchung, neurologische 105

V
Verwirrtheit 334
Vestibularis-Kerngebiet 92
Vestibularorgan 89
viszerale Sensibilität 99
Vojta 191
Vorstellungsraum 350
Vulnerabilität 356, 364

W
Wahn 354
Wahrnehmung 143
 –, visuelle 345
Wahrnehmungserkenntnis 348
Wahrnehmungsgestalt 257
Wahrnehmungsstörung 201, 244
Wahrnehmungstest 336
Wärmerezeptoren 26
weiße Substanz 171
Willkürmotorik 154
Wirklichkeit 366

Z
Zahl, abstrakte 300
zählen 296
Zahlensymbol 299
Zahlenwort 297
Zapfen 137
Zeit 365
zeitliche Empfindung 256
zeitliche Orientierung 338
Zentralnervensystem 26
Zunge 80
Zwischenhirn 29

Rein Tideiksaar

Stürze und Sturzprävention

2000. 216 Seiten, 80 Abb., 10 Tab., Kt
DM 49.80 / Fr. 44.80 / öS 364.–
(ISBN 3-456-83269-9)

Ein praxisnahes Handbuch zum Erkennen von Sturzursachen und Sturzgefahren individueller und institutioneller Art mit ersten Hilfemaßnahmen nach einem Sturz und effektiven Methoden zur Verhinderung von Stürzen.

Mave Salter

Körperbild und Körperbildstörungen

1998. 352 S., 12 Abb., 4 Tab., Kt
DM 64.– / Fr. 58.– / öS 467.–
(ISBN 3-456-83274-5)

Dieses Standardwerk stellt Veränderungen und Störungen des Körperbildes dar, die Personen durch eine Erkrankung, Behinderung oder eine Verletzung erfahren haben. Es beschreibt die Rolle der Pflegenden, stellt Skalen zur Bestimmung von Körperbildveränderungen vor und zeigt pflegerische Interventionsmöglichkeiten auf.

Verlag Hans Huber http://Verlag.HansHuber.com
Bern Göttingen Toronto Seattle

Jos Arets / Franz Obex / John Vaessen / Franz Wagner

Professionelle Pflege 1

Theoretische und praktische Grundlagen

3. Auflage 1999. XIV + 407 Seiten, 111 meist farbige Abb., 13 Tab. und Checklisten, Gb DM 62.– / Fr. 55.80 / öS 453.– (ISBN 3-456-83292-3)

Viele Rückmeldungen bestätigen, daß dieses Buch ein Schülerbuch ist! Die beschreibende Ausdrucksweise und die einfache Sprache transportieren die anspruchsvollen theoriegeleiteten Inhalte durchaus versteh- und nachvollziehbar. Lernende, Lehrende und Studierende haben bestätigt, daß dieses Buch die zeitgemäßen Ansprüche der heutigen Pflege erfüllt.

Jos Arets / Franz Obex / Lei Ortmans / Franz Wagner

Professionelle Pflege 2

Fähigkeiten und Fertigkeiten

1999. XXX + 1063 Seiten, über 500 meist farbige Abb., 85 Tab. und Checklisten, 75 Handlungsschemata Gb DM 89.90 / Fr. 81.– / öS 656.– (ISBN 3-456-83075-0)

Professionelle Pflege 2 erweitert und komplettiert das Angebot professioneller Pflegeliteratur für die Pflegeausbildung und definiert einen neuen Standard zur Vermittlung sozialer, kommunikativer, fachlicher und personaler Kompetenzen in der Pflege. Professionelle Pflege 2 stellt pflegerische Fähigkeiten und Fertigkeiten in den Mittelpunkt, die im Krankenpflegegesetz unter § 4 «zur verantwortlichen Mitwirkung bei der Verhütung, Erkennung und Heilung von Krankheiten» verlangt werden. Differenziert werden begleitende, beratende und instrumentell-technische Fertigkeiten schrittweise, praxisorientiert und begründet dargestellt und vermittelt.

Set aus Bd. 1 und Bd. 2: DM 120.– / Fr. 108.– / öS 876.–
(ISBN 3-456-83076-9)

Verlag Hans Huber
Bern Göttingen Toronto Seattle

http://Verlag.HansHuber.com